烘焙原理

藝術與科學的美妙碰撞

寶拉·費吉歐尼 Paula Figoni 著

國立高雄餐旅大學烘焙管理系教授
葉連德 中文審定

HOW BAKING WORKS

exploring the fundamentals of baking science, 3rd edition

目錄

1　烘焙入門　13

2　熱傳遞　35

3　烘焙工序概觀　51

序言

許多年前,要成為麵包師或糕點師只有一條路,那就是跟在大師身邊當學徒。學徒邊做邊學,重複練習必要技巧,持續多年,直到技術純熟。以前的麵包和糕點師傅必須累積多年的經驗,才能了解食材或某種手法的原因。他們知道該怎麼做多半是透過觀摩示範,這樣的訓練方式也的確行得通。

不過今天的麵包師及糕點師面對更多挑戰。他們必須精通更多技巧,必須適應快速變化的趨勢,並學習使用來自不同文化的多樣食材,以及化學實驗室調配出的調味品。他們必須在更短的時間內學習這一切。

大學院校的麵包與糕點課程能為有志成為烘焙師傅的人打好基礎,協助他們面對日後的挑戰,其中包括教導他們把科學知識應用到烘焙坊中,這正是本書的目的。有些人可能會懷疑真的有必要學習這些知識嗎?能實際派上用場嗎?在烘焙坊中練習技巧還不夠嗎?

我和經驗豐富的麵包師及糕點師合作多年,也有訓練學生的多年經驗,我深知現今光有技術是不夠的。我相信食品科學相關知識能協助你面對烘焙坊中的挑戰,而這樣的知識對於初學者和經驗老到的師傅都大有助益。

食品科學家發掘不同食材的加工方法,以組成成分的角度來審視食材,並將烘焙坊中的流程與步驟視作不同成分間的互動關係。如果我們可以從這個角度觀看食材,就更能理解烘焙坊中的各種現象,能更準確預測食材在不同的條件與情況下會如何變化,也更容易避免失敗。本書的目標就是和麵包師及糕點師分享食品科學家的觀看角度。我盡可能使本書內容著重於新手與現職麵包師及糕點師的興趣與需求,只列出協助理解所必要的理論,也都能立即應用在烘焙坊中。

科學除了實用,還具有一種獨特的美,將科學運用至日常生活中最能體現這樣的美。我希望本書能讓還未領略科學應用之美的讀者至少看出這種可能性。

溫度與重量換算之說明

數字給人一種精確感,但其實未必如此。舉例而言,書中常提及酵母細胞死亡的溫度是140℉(60℃),那環境是潮濕還是乾燥?溫度上升過程是快還是慢?使用的是哪一種酵母,混合物酸度多高?鹽分、糖分多寡?

我們必須考量這種種因素,才能知道酵母細胞死亡的實際溫度,所以其實不一定是140℉(60℃),文中提到的溫度從華氏換算成攝氏時大多會提供五度的誤差範圍。雖然這樣可能看起來不精確,但最能反映現實情況。

不過也有時候溫度必須精準。比方說,酵母麵團必須在81℉至85℉(27℃至29℃)之

間進行發酵，在這種情況下，溫度從華氏換算成攝氏時就會以最接近的整數來呈現。

同樣的，重量與體積的換算也不一定會精確到1克或1毫升。多數情況下，美式／英制單位會精確到0.25盎司，換算成公制單位則精準到5克或5毫升。這也符合烘焙坊中的實際操作情況，因為多數設備器材讀數也是以此為最小單位。

第三版的更動

《烘焙原理》第三版的核心架構與主題不變，不過增加了數個重點，也有幾處修改，概略說明如下：

● 加入以健康烘焙為主題的新章節，這一章（第18章）談論到如何製作有益一般顧客整體健康的糕點與烘焙品，也談及特殊飲食烘焙的相關資訊，包括為糖尿病患、食物過敏及敏感者烘焙的調整方式。

● 關於脂肪與油脂的章節（第9章）也做了修正並擴充篇幅，以反映自本書第二版出版以來產業出現的大幅變化。這些變化多半來自北美及世界各地逐漸捨棄反式脂肪的趨勢。除了提供反式脂肪替代品的相關資訊，本書也談到一般脂肪與油脂的加工程序，以便加深讀者的認知。當然本章也加入更多關於脂肪與油脂的化學資訊，不過內容仍主要以初學者為對象，所以我盡量將這些進階教材獨立列於書頁側邊的欄位中，與主文分開。

● 我也根據讀者與審閱者的建議調整章節次序。雖然各章可獨立閱讀，但有些章節如果先了解之前章節的基礎知識會更容易理解。新的章節順序強調這種知識的建構，同時也更能反映烘焙坊中食材的重要性。

比如關於蛋的章節挪動到增稠劑與膠凝劑之前，而關於巧克力產品的章節移到水果與調味料之前也是基於同樣的理由。

● 每章之末的習作與實驗也做了數個更動。首先，我增加更多習作與實驗，內容也多有更動。更重要的是，我調整實驗的格式，以便讀者輕易遵從指示，結果的評估標準也更明確。最後，我改寫習作與實驗結尾的問題，以便妥善整合實驗所得與本書內容，我的目的是以實驗學到的經驗來強化內文的重點。

● 增加許多新的照片、圖片、表格，也做了許多修正。

● 我修改關於巧克力調溫與乳化劑功能的部分，簡化說明，但仍保留甚至增進背後的科學完整性。相關的事實、細節與說明也都經過仔細檢查，並據此調整內文用字。

● 檢查每章結尾的問題是否夠明確，並視需要調整，也依據內文更動增加新的問題。

另有搭配本書的指導手冊（ISBN 978-0470-39814-2），若有需要，請聯絡出版社業務。另提供電子書版本的指導手冊，可在此網站購得：www.wiley.com/college/figon。

關於習作與實驗

本書習作與實驗的目標是透過示範來加深讀者對內文教材的印象，希望避免一味說明。部分習作純粹是文字問答，部分牽涉到數學計算，還有許多習作涉及食材的感官評估。納入這類感官練習有數個原因，第一個直接的目標就是學習分辨不同食材的特徵，進一步認識食材對成品的影響。

另一項可能較少見但相當實用的目的是學習分辨沒有標示或不小心標錯的食材。第三是廣泛提升對烘焙坊中各種味覺、質地、外觀的認識，不論這些感官感受有多微小或平凡。就算你每天接觸、烘烤同樣的食材，烘焙坊中有好多事物仍待學習，學習的第一步就是學習注意到這些平凡之處。

雖然每章之末的習作算是清楚，實驗的部分的確會需要一些說明。實驗能讓學生精進基本烘焙技巧，但這並不是實驗的主要目的，實驗所要強調的是以有系統的方式比較並評估成品的差異。

實驗真正的「成品」會是學生的發現，學生應將發現總結記錄在實驗末尾的結果表格中。每項實驗之後也有幾個相關問題，學生可在空白處總結自己的發現。

實驗的設計可讓班級分成五組以上，並在四小時的課程內完成章節末的一或多個實驗。班級中的每一組可完成實驗中的一或多個成品，製作完成並放涼後就可以開始評估成品，可以整個班級一同進行，也可以讓學生個別試吃。指導者應提供室溫水（如果自來水味道明顯則使用瓶裝水），讓學生品嘗下一件成品前能清洗味蕾，也應提醒學生要一直回去試吃對照組，與測試品進行一對一的比較。如果情況許可，每次實驗都應指派兩個不同組別準備對照組，以免有一組製作出來的成品無法使用。

妥善操作實驗的關鍵在於備料及烘烤必須在謹慎控制的條件下進行，每項實驗配方區塊所提供的細節在在強調這一點。不過攪拌與烘烤時間仍可能需要更動，以配合不同烘焙教室中的設備與條件。除了嚴格遵從明列的準備步驟外，更重要的是，班級每次進行實驗製作成品的方式必須一模一樣。

進行實驗時，常識應為最高原則。有時候應該捨棄固定不變的規定，烘焙師傅和科學家要知道什麼時候該「就手邊食材進行變通」，也就是說，如果因為食材性質不同，程序必須有所調整時，那就該進行調整。第5、6章以不同麵粉製作小圓麵包的實驗就是必須有所調整的一個例子。如果每一種麵粉都使用等量的水，麵粉中的筋性可能無法吸收充足水分。不過這些調整不能隨意忽略，必須記錄在結果表格中。每個表格中都有備註欄位，就是用來記錄這類事項。

課程可以在任何烘焙教室中進行，不過實驗若要有效率地進行，可能會需要注意以下事項。比方說，烘焙坊應備有多個小型設備與器材，例如一組會需要一台5夸脫（約5公升）容量的攪拌機，而不是一台大型的攪拌機供全班共用。

以下列出進行實驗所需準備的設備與器材。

設備與器材

1 烘焙天平秤或電子秤

2 各種尺寸的量杯與量匙

3 篩網或濾網

4 Hobart N50三段速附有5夸脫（約5公升）鋼盆的攪拌機，十段速商用KitchenAid攪拌機，或同等容量之他牌攪拌機

5 攪拌機配件，包括槳狀攪拌器、鉤狀攪拌器、球狀攪拌器

6 塑膠刮板

7 切麵板

8 麵團切割器（直徑2.5吋或65公釐）

9 溫度計：包括烤箱溫度計、電子速讀溫度計、煮糖溫度計

10 烘焙紙

11 烤箱（傳統式、搖籃爐、層爐）

12 爐具

13 半盤烤盤

14 瑪芬模（直徑2.5／3.5吋或65／90公釐）與瑪芬紙模

15 半盤深烤盤

16 Silpat矽膠墊（半盤大小）

17 8號、16號、30號冰淇淋勺

18 計時器

19 尺

20 發酵箱

21 不鏽鋼盆，特別是2夸脫（約2公升）與4夸脫（約4公升）容量

22 攪拌匙，包括木製與不鏽鋼製

23 曲柄抹刀及刮刀，材質包括耐熱矽膠、橡膠、彈性鋼

24 不鏽鋼深平底鍋，厚底，容量2夸脫（約2公升）

25 桿麵棍

26 西點刀，包括鋸齒刀、抹刀等

27 保鮮膜

28 擠花袋

29 圓形擠花嘴

30 削皮器

31 蛋糕模（直徑9吋）

32 砧板

33 塑膠試吃小湯匙

34 水杯

35 標籤貼紙和筆

36 抹平刀

37 打蛋器

38 盤子（直徑6吋）或小碗

39 毛刷

40 食物處理機

41 竹籤（測試用）

42 桿麵棍厚度刻度

43 陶瓷圓烤盤（6液盎司或180毫升）

致謝

首先，我想感謝建議我動筆撰文，並持續鼓勵我出版此書的強生威爾斯大學（Johnson & Wales University，簡稱JWU）羅德島校區廚藝學院的學校同仁。

而值得我特別感謝的，就是JWU的烘培暨西點系。系方允許我進入他們的實習廚房，對於我的提問有問必答，並將操作時會發生的狀況實際演練，供我觀摩，把我當成自己人。老師們也將自己所知的烘培科學傾囊相授，毫不藏私。我在JWU的這幾年，有收穫，有挑戰，但也充滿歡樂，這些經驗更是讓我脫胎換骨。其中，我要特別感謝這些主廚：查爾斯·阿姆斯壯、米區·史塔曼、理查·米斯科維奇、珍·盧卡·迪若還有羅伯特·比卡。他們給予我金玉良言、支持協助、美好友誼和珍饈美食，他們都是一群樂於熱心分享、關懷朋友的好人。

我也要感謝約翰威立出版社（John Wiley and Sons）參與本書出版的人員，特別是我的主編克里斯汀·馬奈特，他沉穩堅毅的作風協助我保持客觀，維持工作進度。我也要感謝我的初稿審閱者：JWU的艾咪·費德爾，安妮亞倫杜爾學院的維吉尼亞·奧森，新墨西哥州立大學的M·金潔·斯卡布羅博士，還有三戟技術學院的大衛·維嘉斯卡。他們提供的意見讓我受益匪淺，為本書增色不少，讓內容更有說服力。

同樣的，我仍要感謝我的家人：永遠活在我回憶中的父母，以及我的姊妹們，她們同時也是我的摯友。最後，我要特別感謝我的鮑伯，他持續支持我，並保持著幽默風趣的態度，他也理解這本書對我多麼重要。我也要特別恭喜他熬過這一切，這本書不但是我的，更是你的功勞。

寶拉·費吉歐尼
羅德島州·普羅維登斯

烘焙入門

本章目標

1. 說明「精準」對烘焙坊的重要性,以及操作方式。

2. 掌握容量和重量的不同,以及這兩種度量適用的狀況。

3. 了解公制及美式英制單位的不同。

4. 介紹烘焙百分比的概念。

5. 說明掌控原料和烤箱溫度的重要性。

導論

人們踏入烘焙糕點藝術這塊領域的理由各有不同。有的人是因為從幾個簡單的基本材料，就能享有親手做出美食的樂趣；有的是因為麵包店人潮川流不息，或是烘焙食品令人垂涎的外觀和香味讓人感到滿足；也有的是樂於挑戰，想給客人帶來歡樂和驚喜。不管理由為何，會立志踏入烘焙這一行的人，不論過去的經驗是來自專業烘焙坊或自家廚房，他們多半是打從心底熱愛食物的。

然而，在專業烘焙坊工作和在自家廚房玩烘焙卻是截然不同。專業烘焙坊的生產批量大，作業日復一日，有時還有時間壓力。而烘焙場所的高溫和濕度讓人不舒服，工作時間也很長。即使是在這麼難受又高壓的環境下，烘焙出來的食品也必須維持高水準的品質，才能符合顧客的期待。

因此，想要成功達到這個目標，必須要具備專門的知識和技術。而這些知識和技術，能夠幫助烘焙師眼耳鼻口面面俱到，留意產品的變化；比方說，有經驗的麵包師和糕點師一邊攪打盆子裡的蛋糕糊，一邊聽著攪拌的碰撞聲，就能知道蛋糕糊的變化；推拉捶打麵團時回饋給手的觸感，就能知道麵團的狀態；只要靠近烤箱聞一下飄出來的味道，就知道麵包糕點何時出爐。而產品正式送到顧客面前之前，他們會試一下味道確保品質無虞。

資深的烘焙師也相當仰賴計時器、溫度計等工具，因為他們明白時間和溫度會大大影響烘焙食品的品質，所以準備精準的度量器具是必須的。

精準對烘焙坊的重要性

麵包糕點的原料大多相同，就是麵粉、水、糖、蛋、膨鬆劑和油脂。有時候兩種不同的烘焙食品，差別只在組合原料的準備方式，或是配方裡各個原料的比例不同。只要準備方式或是原料比例有些微差異，就會大大影響烘焙食品的品質。所以對烘焙師來說，確實遵守準備程序、正確稱量原料分量是至關重要的。否則，烤製出來的烘焙食品可能超出預期，更糟的是品質甚至難以讓人接受或無法食用。

比方說，燕麥餅乾的配方裡如果酥油放得太多而蛋放得太少，那原本濕潤彈牙的口感，就會變得又脆又乾。蛋糕麵糊也一樣，蛋是撐起蛋糕組織和體積的來源，蛋放太少，烤出來的蛋糕就會失敗。事實上，比起廚師，麵包師和糕點師在原料稱量上，需要的精準度更高。

廚師在燉湯時，如果湯裡的芹菜放太少或洋蔥放太多，都不會有太大的問題，廚師還是會有一鍋湯，如果這鍋湯走味了，燉湯中途還能調味。但烘焙師的製作過程卻不能這麼做，如果麵團的鹽放少了，也不能在已經送爐烘烤的麵包上撒鹽。換句話說，烘焙作業在開始的時候，就必須稱量好所有的原料。

所以呢，麵包師和糕點師比起廚師更像是廚房裡的化學家。而身為化學家，創造力和技術是成功的關鍵，但精準也是必要條件。如果配方要求2磅的麵粉，那就是整整2磅，不是「大約」2磅，不會多也不會少。

天平秤和量秤

烘焙坊的配方等於廚房的食譜，配方會列出所需的原料以及製作方法。然而，和廚師使用的食譜不一樣的是，配方裡會註明各原料所需要的度量單位，通常以重量表示。而衡度原料重量的過程就叫做「稱量」，因為糕點師大多使用秤來稱重。

烘焙坊使用的傳統量秤稱為烘焙用天平秤，這種天平秤透過機械原理，在稱量原料時，讓相對應的兩邊達成平衡，進而得出原料的重量。因為天平秤耐用又精準，可視為一種值得投資的工具。一台良好的烘焙天平秤最大可以稱到8磅（4公斤），而最小可以稱到四分之一盎司（0.25盎司或5克），為大部分的食物稱量作業提供了精準的衡度。

麵包師和糕點師也會使用數位式電子秤，有些價格實惠的電子秤就和烘焙用天平秤一樣精準，準確度甚至更高。不過這兩種量秤都不需厚此薄彼，因為不論是機械式的烘焙天平秤或是數位式的電子秤，一台秤精準與否，乃是取決於內部設計構造、平時的保養和有無適當的校準等。

大部分的電子秤會在前方或是背後的面板上，標記本身的精度（測量值與實際值接近的程度）和秤量（最大稱重能力或滿載值）。例如，一台電子秤上標記為4.0 kg x 5 g，就表示這台秤的秤量為4公斤，也就是最大值可以達4公斤（8.8磅）。而5 g則為這台秤的感量，也就是這台秤在數位面板上所能顯示的最小數值。而感量有時也會標示為英文字母的d，以此表示這台秤的精度。一般說來，一台秤的感量越小，測量少量物體的能力也越好。一般電子秤的感量大多為5克，5克等於或約略於0.2盎司，而一台精

實用祕訣

烘焙用天平秤還有所屬配件（量碗和砝碼）都要好好保養，才能維持天平秤的平衡。平日保養可用軟布擦拭，使用中性清潔劑清潔，不能重壓或是摔落。唯有日常勤於保養，才能確保天平秤準確讀取重量。

若要檢查天平秤是否平衡，首先先清空兩邊的秤盤，將重量指示砝碼（游碼）移到橫樑最左方（也就是歸零）。然後以雙眼直視，確認天平秤兩邊的秤盤都在同樣的高度。如果高度不一致，挪動秤盤下方的重量指示砝碼。測試的時候，將量碗放在左邊的秤盤上，而右邊的秤盤上則放置配重砝碼。如果天平秤仍需要平衡，則增加或減少右邊配重砝碼的重量。

密的烘焙天平秤，最小感量為0.25盎司，兩者的感量其實相當接近。

舉例來說，有一台電子秤標記為100 oz. x 0.1 oz.，也就是說這台秤的最大秤量為100盎司（6.25磅或2.84公斤），而最小感量為0.1盎司（3克）。這台秤的感量比起一般的烘焙用天平秤還要小，因此在測量極少量的香料和調味料上，更能夠幫助烘焙師量測出最為準確的分量。

雖然感量標明了一台秤的最小刻度，但並不是說就可以拿這台秤去稱量這麼少的物體。若把太過接近感量的物體放在秤上，很大的可能就會稱不準。要找出一台秤的最小稱重，有一個黃金原則，就是將感量乘以10倍（最多到10倍），寫成算式就是這樣：

最小的稱重能力＝量秤的感量×10

舉例來說，量秤的感量為0.25盎司（7克），那這台秤的最小稱重為2.5盎司（70克）。若量秤的感量為0.1盎司（3克），那最小的稱重能力為1盎司（30克）。

電子秤和烘焙用天平秤一樣，都要定期檢查精準度。通常電子秤會附帶黃銅材質的砝碼，用於精準校正。每天一定要用黃銅砝碼檢查電子秤（圖1.1），如果電子秤面板顯示的重量和砝碼重量不相符，請遵照廠商的操作手冊校正電子秤。對於烘焙坊來說，量秤是很重要的器具，最好偶爾檢查，並且使用兩種以上

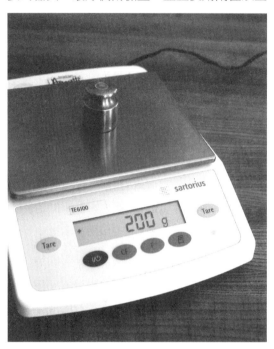

圖1.1　每日以砝碼檢查電子秤是否正確校正。

細說「感量」

量秤上的英文字字母d，為感量（readability）的縮寫。感量表示一台秤的分度值，分度值就是量秤的測量範圍被平均等分的最小刻度。也就是說，量秤測量物體重量時，顯示於面板上的重量數字，就是感量的分度值，以等差數字的方式呈現。例如這台量秤的感量為5克，那量秤面板顯示的數字會從0開始，然後依序為5、10、15、20的等差數字。因此，不管稱量的物體實際重量為何，這台量秤所顯示的數字，一定都是5的等差數字。假設該物體實際重量是6克，那量秤面板所顯示的就是5克。如果物體實際重量是8.75克，那量秤面板上顯示的就是10公克。

有時候量秤面板上顯示的數字是浮動的，比如說浮動數字介於5克到10克之間，就表示之前稱量的物體實際重量是7.5公克，剛好介於5克和10克之間。

不同重量的砝碼進行校正（例如200克或2000克），如果電子秤無法正確顯示兩種砝碼的重量，就必須調整或維修。

此外，把原料放在電子秤上進行稱重的方式，有時也會造成判讀誤差。例如，同樣重量的原料，少量分批放在電子秤上稱重，會比一口氣全部放在秤上稱出的重量還要輕。之所以會這樣，是因為電子秤設計為不會因為物體之間的空氣流動，讓數字過度浮動，而且電子秤也判讀不出流動於少量物體間的空氣。

實用祕訣

　　平日請遵守以下電子秤使用及保養原則，在稱量極少量物體時更要確實遵守。

- 請將電子秤置放於平穩的工作檯面上使用，避免震動造成讀取數字浮動。
- 使用電子秤時請遠離會製造強烈電磁波的設備，例如電磁爐。
- 避免將電子秤直接暴露在過熱或過冷的風口下，氣流可能會造成數字浮動。
- 如果被測物體過熱或過冷，先把秤盤刻度歸零，可避免過度的溫差造成數字誤差。
- 稱重原料時，請不要使用塑膠器皿盛裝稱重，尤其是在空氣乾燥的環境中。因為塑膠器皿容易產生靜電，會影響電子秤的機能。

測量單位

　　電子秤和烘焙用天平秤使用的單位不是美國通用單位（美式英制的磅或盎司，以及加拿大的正統英制單位），就是公制單位（公斤和克）。

　　有些多功能的電子秤只要在面板上按個鍵，就能切換美式／加拿大英制單位和公制單位。全球大部分的國家都已採用公制單位，這也讓配方可以廣泛流傳，無遠弗屆。

　　最重要的是，當你熟悉公制單位，使用上比較簡便。比方說，想要重新換算一批原料的單位時，公制單位的計算步驟比較少。1公斤等於1000克，換算不同的公制單位時，只要挪動小數點就可以了。例如，1.48公斤等於1480克，而343克等於0.343公斤。你可以試試看把磅換算成盎司、盎司換算成磅，會不會一樣快！

　　另一方面，也因為使用上的便利，在北美有越來越多烘焙師在麵包店工作的時候，也會採用公制單位。

　　一律採用公制單位的最大好處就是，換算的時候就不用在克、磅或公斤之間進行冗長繁瑣的計算。

　　公制單位比一般所想的還要簡單，表1.1就列舉了公制單位和一些美國通用單位／美式

英制單位的對照表，提供給需要換算單位的人參考。

一般人都會誤解公制單位比美式英制單位更精準，然而，公制單位雖然換算步驟簡單，但未必保證精準。

再次提醒，精準的測量取決於量秤本身的設計結構，並非量度的單位。

表1.1　美式英制單位與公制單位換算對照表

重量	
1 盎司	＝28.4 克
1 磅	＝454 克
容量	
1 茶匙	＝5 毫升
1 夸脫	＝0.95公升

重量與容量的測量

在北美，一般家庭烘焙大多會用容量為單位稱量原料，也就是用量杯和量匙稱量濕料和乾料。但這在稱量某些原料時會有問題，像是麵粉。麵粉放久了會產生沉澱現象，一旦麵粉沉澱，麵粉粒子之間的空氣含量就會變少，密度就會變高，這時就必須在量杯中添加麵粉，才能填補到足量。相反的，如果麵粉在稱量前就先過篩，那麵粉粒子之間的空氣含量就會增多，密度相對降低，那量杯內的麵粉就不需要再補到足量（圖1.2）。

為了避免這種誤差，糕點師和麵包師不用容量，而是用重量去稱量粉料、乾燥的原料，還有大部分的濕料，以求精確。因為以重量去稱量物體時，物體重量不會受到空氣含量或密度的影響，但容量會。比方說，1磅的過篩麵粉和1磅的未過篩麵粉，無論兩種麵粉的密度如何，重量都是1磅。

有些糕點師和麵包師會用量秤稱量所有的原料，有些則是為了方便而用容量去量測特定的液體，會用量杯去量水或密度接近水的液

盎司要怎麼比克更精準呢？

1克比1盎司還來的輕（28.35克等於1盎司），在這種情況下，盎司是怎麼能和克一樣精準，甚至還更準呢？

假設以克為單位的量秤，感量為1克；而以盎司為單位的量秤，感量為1盎司的話，克秤自然比盎司秤要更準確。然而，這種例子相當少見。

就拿前文提到的那兩台電子秤來舉例，一台以克為單位，感量為5克，也就是0.2盎司（5克除以28.35克）。另一台以盎司為單位，感量為0.1盎司（3克）。在這個例子中，盎司秤會比克秤要來的準，因為盎司秤本身的設計結構能夠讀取出更少的重量。

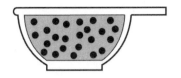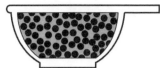

圖1.2　左圖表示量杯內裝滿過篩的麵粉，麵粉粒子少，每量杯的重量較輕。右圖表示量杯內裝滿沒有過篩的麵粉，麵粉粒子較多，每量杯的重量較重。

體。在配方中，將磅換算為1品脫為單位（或每500克標為半公升）。

　　雖然每間烘焙坊的實際作法不盡相同，但會以容量去量測的液體大多是牛奶、鮮奶油還有蛋。表1.2指出了原因，請注意1品脫（半公升）重的牛奶、鮮奶油還有蛋，重量都相當接近水。雖然這些液體以磅和品脫為重量時，數值並不是剛好一比一，但也近似一比一了（請留意，半公升也就是500毫升的室溫水，正好是500克重，這可不是巧合）。

　　其他像是蜂蜜、玉米糖漿還有植物油等液體，由於密度和水相差很大，每一品脫和每一磅的重量比並非一比一，因此還是要以重量為量測單位。

表1.2　各原料1品脫和半公升約略值對照表

液體種類	每品脫（美制量杯2杯）換算為盎司的大約重量	每半公升（500毫升）換算為克的大約重量
Splenda品牌粉狀代糖	4.0	120
薑末	6.0	180
過篩麵粉	8.2	245
未過篩麵粉	9.2	275
白砂糖	14.1	420
植物油	14.8	445
鮮奶油（高脂）	16.4	490
水	16.7	500
全脂牛奶	17.0	510
全蛋	17.2	515
柳橙汁	17.4	520
咖啡利口酒	17.5	525
糖水（水和糖等量的糖漿）	20.6	615
蜂蜜、糖蜜和高果糖玉米糖漿	23.0	690

重量盎司和液量盎司的差別

表1.3列舉了美國常見的容量單位換算值，有沒有注意到16盎司正好等於1品脫（美制量杯2杯），回想一下，16盎司不也是等於1磅嗎？為什麼會這樣？我們從表1.2不就得知了並不是所有1品脫重的原料就等於1磅重嗎？同樣的，16茶匙等於美制量杯1杯，而8盎司也等於美制量杯1杯，但16茶匙卻不是8盎司重？這些問題都有一個共通點：盎司，但盎司本身卻代表兩種不同的意義。

盎司，本身既可做為重量（或是質量）的單位，也可做為容量或是容積的單位。也就是說，盎司可分成用於量測重的「重量盎司」，以及用於量測容量的「液量盎司」。請留意表1.3裡各單位換算成盎司的部分，是液量盎司，並不是重量盎司。雖然1液量盎司有時會等於1重量盎司，但這並非常態。

試想一下羽毛和子彈的差別，沒有人會認為一量杯的羽毛會和一量杯的子彈一樣重吧，所以，不同種類的原料雖然用同樣的量杯裝滿，但重量卻不見得一樣。我們來複習一下表1.2中的原料——按照密度由低到高排列——這些原料的重量都是以每品脫（美制量杯2杯），以及每半公升（500毫升）標記，而這些數值差異的範圍也很大。俗語「一品脫一磅，世界就這樣」（a pint's a pound the world 'round'），但不管是羽毛或子彈，或是麵包店常見的原料，都不適用於這個俗語。不過對於水（還有密度近似水的液體）來說，大概是正確的，因為1液量盎司和1重量盎司的水都是一樣的。而1毫升和1公克的水，也是一樣重。實際上，不管是用重量還是容量去測量水，結果都是一樣的。

> **實用祕訣**
>
> 如果配方中記載的單位是盎司，要先確認這是液量盎司或是重量盎司。除非你很確定原料的密度為何，不然的話，不要隨意把重量單位換成容量單位，反之亦然。

表1.3　容量單位換算美國通用單位對照表

1 大匙	＝3茶匙
	＝0.5液量盎司
1 量杯	＝48茶匙
	＝16大匙
	＝8液量盎司
1 品脫	＝16液量盎司
	＝2量杯
1夸脫	＝32液量盎司
	＝4量杯
	＝2品脫
1加侖	＝128液量盎司
	＝16量杯
	＝8品脫
	＝4夸脫

密度和稠度的分別

密度是粒子或分子在液體或固體的排列程度，如果粒子或分子之間的排列鬆散，那這個液體或固體的密度就會低，每杯或每公升的重量會較輕。如果物體粒子或分子之間的排列緊密，那密度就會高，那液體和固體的重量較重。換句話說，兩個重量相同的原料，和密度較高的相比，密度較低的原料所占的空間比較大。如圖1.3所示的原料：高果糖糖漿、過篩的低筋麵粉和水，說明了重量一樣（都是7盎司或200克），但密度不同的原料，所占的容積各有不同。特別注意一下同樣是7盎司（200克）重的糖漿和低筋麵粉，糖漿的容積就比麵粉小。

圖1.3　（由左至右）高果糖糖漿、過篩的低筋麵粉和水，三者重量相同，但容積不同。

實用祕訣

除非你很肯定某種液體的密度接近清水，不然不能單靠外觀去判斷液體密度的高低。如果你不知道這種液體的密度，那就必須稱重。也就是說，要先假設這種液體的1液量盎司未必等於1重量盎司，且1毫升（容量）也未必等於1克重。

黏度或稠度，是指液體容不容易流動的程度。如果液體的粒子或分子之間易於滑動，液體就易於流動，質地也比較稀薄。如果液體粒子或分子彼此擠壓互相纏結，那液體就不容易流動，質地就會比較濃稠。就像水果泥，果泥中微小的糊狀分子互相擠壓纏結，阻擋了分子之間水分的流動，使流動遲滯，這就是果泥質地濃稠的原因。

圖1.4　糖蜜的分子之間滑動性不佳，因此呈現濃稠的外觀。

有些常見的液體如蜂蜜和糖蜜，不但密度高，而且外觀濃稠。這兩種液體的分子排列緊密，形成的密度也比較高。且分子之間的滑動遲滯，使液體的外觀也很濃稠（圖1.4）。

另一方面，植物油的外觀比清水還要濃稠，但密度卻比水低，這也是為什麼油可以浮在水上。可見，液體的密度高低，不能單靠外觀做判斷。

造成糖漿密度高的原因

蜂蜜、糖蜜還有高果糖糖漿都是高密度的液體，重量大約是每1品脫23盎司（每半公升690克）。為什麼這些液體會比糖或清水的密度還要高？

我們先想像一下，這裡有一杯砂糖和一杯清水。砂糖結晶之間有明顯的空隙，會降低砂糖的密度，而且這個空隙很明顯，我們用肉眼就能看到砂糖顆粒分明的狀態。其實水分子之間也有空隙，只是不像砂糖那麼明顯，我們用肉眼看不見而已。

把一杯砂糖倒進一杯水中攪拌，糖和水的分子會立即互相吸引。分子的吸引作用會分離糖分子，也就是溶解，被分離的個體糖分子就會填補水分子之間的空隙。所以，糖漿的密度會高，就是因為糖分子之間的空隙變小。此外，一杯砂糖加一杯水，兩者相加總共只有1又2/3杯。

水

溶解了砂糖的水

烘焙百分比

配方，特別指的是麵包配方，有時候也會稱為「烘焙百分比」。麵粉被當做烘焙百分比的基底，主要是因為麵粉是大部分烘焙食品的主原料。在配方表中，麵粉的總量為百分之百，再加上其他原料，總合會超過百分之百。

表1.4以一份麵包配方為例，分別以重量和烘焙百分比表示。請留意一下在表1.4的配方當中，用了不只一種麵粉，將這些麵粉加總後，總重量即為百分之百。

如果配方中沒有麵粉，那就以最主要的原

表1.4　全麥麵包配方表，以重量及烘焙百分比表示

材料	磅	盎司	克	烘焙百分比
高筋麵粉	6		3,000	60%
全麥麵粉	4		2,000	40%
水	5	10.0	2,800	56%
壓縮酵母		6.0	190	4%
鹽		3.0	95	2%
合計	16	3.0	8,085	162%

（附註：為了避免複雜的小數點數字造成繁複的計算，在這張表格以及本章內容中，出現的公制單位換算為美式英制單位的數字皆為四捨五入，並非完全符合實際換算結果。而烘焙百分比不論其單位如何，百分比都是大致相同。）

料為代表，其他原料以此為基底計算占比。像是椰棗甜內餡，主要原料為椰棗，其他的原料就以占了椰棗總量的占比表示（表1.5）。另外像是焗烤布丁，是以乳製品為主要的原料，其他原料就要以占了牛奶和鮮奶油的總量占比來表示。

烘焙百分比，亦稱配方百分比，或者是標明為「以麵粉總重量為基底」的百分比，和我們一般認知的數學不一樣。烘焙百分比為各原料在麵粉總量的占比，而一般認為的百分比，大致來說就是把一整批產品所使有的原料全部加總，總量即為百分之百，再分別計算各原料在總量上的占比。實際計算的例子，請參考表1.6，表1.6的數字借用了表1.4的麵包配方表。

比起前文提到的總量百分比，烘焙百分比還有一個好處，那就是在改動原料比例時的計算步驟比較簡易。如果是總量百分比，想要增減其中一項原料的比例，那所有的原料分量都要重新計算。而且，這批產品完成的數量也會

改變，更不用說計算過程複雜費時，所以烘焙百分比會被烘焙師採用原因也是在此。

為什麼配方的分量這麼麻煩，還要用百分比表示？那是因為百分比讓原料的比例更清楚易懂。表1.7列了兩份麵包配方表，請先看一下各原料的重量，你能馬上知道哪一份麵包配方比較鹹嗎？在麵包二的配方裡，鹽有6盎司（190克），而在麵包一的配方裡，鹽有3盎司（95克）。

只看重量的話，你會認為麵包二比較鹹。但在下判斷前，請先看看麵包二的麵粉比例，很明顯的，麵包二的配方做出來的麵團分量比較多。除非配方的成品總數量有變，不然的話，光是看鹽的重量，無法判斷哪一份麵包配方比較鹹。

我們不用重量，也不用總量百分比，而是改用烘焙百分比去比較兩種原料，就很清楚看出麵包一的配方比較鹹。因為在麵包一的配方中，鹽占了2%，而在麵包二的配方，鹽只占了1%。

表1.5　椰棗甜內餡配方，以重量和烘焙百分比表示

材料	磅	克	烘焙百分比
椰棗	6	3,000	100%
砂糖	1	500	17%
清水	3	1,500	50%
合計	10	5,000	167%

表1.6　全麥麵包配方表，以重量及總量百分比表示

材料	磅	盎司	克	總量百分比
高筋麵粉	6		3,000	37%
全麥麵粉	4		2,000	25%
水	5	10.0	2,800	35%
壓縮酵母		6.0	190	2%
鹽		3.0	95	1%
合計	16	3.0	8,085	100%

表1.7　全麥麵包配方表，以重量和烘焙百分比表示

麵包一配方表

材料	磅	盎司	克	烘焙百分比
高筋麵粉	6		3,000	60%
全麥麵粉	4		2,000	40%
水	5	10.0	2,800	56%
壓縮酵母		6.0	190	4%
鹽		3.0	95	2%
合計	16	3.0	8,085	162%

麵包二配方表

材料	磅	盎司	克	烘焙百分比
高筋麵粉	22		10,000	60%
全麥麵粉	15		6,800	40%
水	21		9,550	57%
壓縮酵母		18	500	3%
鹽		6	190	1%
合計	59	8	26,965	161%

掌控原料溫度的重要性

原料可以精挑細選，精準稱量並且仔細拌合。但原料的溫度如果沒有控制好，可能就會功虧一簣。為什麼呢？有的原料會因為溫度變化而產生質變，比如動物性脂肪中的奶油就很容易融化。在製作可頌麵團時，奶油一定要維持在特定的溫度（65℉至70℉或18℃至21℃），才能在麵團上輾壓均勻。如果奶油的溫度太低，就無法在麵團上適當輾壓。反之，如果奶油溫度太高，融化的奶油會滲進麵團內，降低了可頌的層次感。

在拌合不同溫度的原料時要特別小心，尤其是溫差過大的原料，以免過熱或過冷的原料會因為溫差的衝擊而遭到破壞。例如，製作香草卡式達醬時，生冷的蛋黃不能直接拌入熱牛奶，因為生蛋黃遇熱會凝固。這時就要利用一種叫做「調溫」的技巧：先把少量的熱牛奶拌入生冷的蛋黃，稀釋並預溫蛋黃，調溫過的蛋黃就能安全地拌入大量的熱牛奶中。

想讓鮮奶油持久膨鬆，就要添加明膠（吉利丁），這時也需要調溫的技巧。遇熱融化的明膠若是太早拌入冰冷的鮮奶油就會硬化，並形成橡膠狀的小顆粒。所以要先在融化的溫熱明膠中拌入少量的鮮奶油，讓明膠稀釋並且稍微降溫，最後再將稀釋後的明膠倒入大量的冰冷鮮奶油中，才是安全的作法。

注意到了嗎，在第一個調溫的例子中，是把少量的熱原料拌入冷原料，避免冷原料被破壞；而在第二個例子中，則是把少量的冷原料拌入熱原料裡，避免熱原料被破壞。

本書還會示範許多調溫的例子，透過實際演練，對於如何掌控調溫技巧、調溫時該注意的地方等，將會更加得心應手。

實用祕訣

如果你不知道到底是要把哪個原料先加進哪個原料時，請參考這個原則：

將少量引起問題的材料，添加到會產生問題結果的材料中。

比方說，如果把熱牛奶直接拌入生蛋黃，熱牛奶會讓生蛋黃凝固。所以熱牛奶是引起問題的成因，而遇熱凝固的蛋黃就是問題的結果。所以要先把少量的熱牛奶先拌入生蛋黃，預溫過的蛋黃再倒進剩下的熱牛奶中。

同樣的，冰冷的鮮奶油會讓融化的溫熱明膠產生橡膠狀的小顆粒，所以要先把少量的鮮奶油（引起問題的成因）拌入明膠（因為遇冷硬化而產生的顆粒，就是問題結果）。

掌控烤箱溫度的重要性

我們在第2章會完整說明關於熱傳遞的原理,以及調控溫度的技巧等。然而,如果烤箱的使用方式不正確,像是麵團、麵糊送進烤箱之前沒有充分預熱,在烘烤中途一直打開烤箱的門,或是烤箱門打開得太久等等,即使技巧談得再多也是枉然。所以,要維持烘焙食品穩定的高品質,一定要留意這些基本要點。

麵團或麵糊是否能順利膨脹,控制烤箱的溫度就很重要。圖1.5就說明了不同溫度烤出的酥皮千層派,膨脹的結果也不一樣。比起用較高溫度烤出來的千層派,較低溫度烤出來的千層派膨脹度就比較少,這是因為高溫產生的蒸氣可以迅速填充麵團的內部組織,讓麵團更加膨脹。

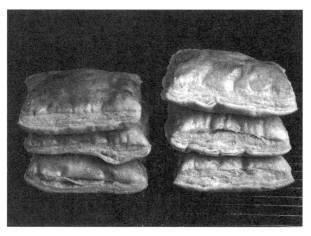

圖1.5　不同溫度烘烤出來的酥皮千層派,左邊是以350℉(175℃)烘烤。右邊是同樣的千層派,以400℉(200℃)烘烤。

烤蛋糕時,烤箱溫度的重要性

在液態高甘油酥油蛋糕(請參考第9章〈酥油〉一節)的配方中,和麵粉的分量相比,液體和糖的分量占比很高。這些原料只要一個攪拌步驟,就能拌出含有大量小氣泡的蛋糕糊。一般來說這種蛋糕非常簡單好做,但若是烤箱溫度不夠高,像這麼簡單的蛋糕也會烤失敗。

如果烤箱溫度太低,蛋糕形成組織的時間就會太晚,蛋糕麵糊會因為組織內的溫度上升緩慢而變得稀薄,這時蛋糕麵糊內的氣泡就能輕易穿過稀薄的蛋糕組織跑到表面上,而澱粉就會下沉到底部。所以,如果烤箱溫度過低時,烤出來的蛋糕裡會有一層因澱粉糊化作用(亦稱凝膠作用)形成的橡膠狀物質,而且蛋糕體積會縮小,組織內還會出現從底部直通表面的長條狀孔洞,這些孔洞就是氣泡從底部往上竄逃的痕跡。

複習問題

1   比起廚師，為什麼烘焙師在稱量原料時需要更加精準？

2   烘焙用天平秤傾斜代表了什麼？請描述如何檢查天平秤是否平衡，以及如何校正。

3   有一台電子秤的前方面板上標記著500 g × 2 g，請問這兩個數字代表什麼意義？

4   有一台電子秤上的面板標記著500 g × 2 g，那這台秤實際上能量測的最小重量為何？（請使用這台秤的感量為準，計算出能實際量測的最小重量）

5   比較起美式英制的重量單位（盎司和磅），公制重量單位（克和公斤）的好處更大，請問是什麼？

6   請說明以克為單位稱重時，未必比盎司為單位稱重時更準確的原因。

7   在稱量原料時，比起容量，為什麼烘焙師更偏向使用重量為量測單位？（請以麵粉為例回答本題）

8   稱重的麵粉需要過篩，那麼麵粉是要在稱重前先過篩，或是稱重後再過篩呢？還是都無所謂？請說明可以或不行的理由。

9   盎司有兩種意思，這兩種意思是什麼？有某種原料，不管是用哪一種盎司測量，結果都很雷同，請問這種原料是什麼？

10   請舉出三種最常以容量來量測的原料（容量單位為品脫、公升、量匙或毫升）。

11   為什麼蜂蜜的密度比水高？換句話說，為什麼每量杯蜂蜜的重量比較重，且外觀也比較黏稠？

12   以百分比來表示配方所需的原料分量，最大的好處是什麼？

13   比起總量百分比，使用烘焙百分比的好處更大，原因是什麼？

14   為原料「調溫」是指什麼？

15   請說明如何為熱牛奶和生蛋黃進行調溫。

問題討論

1 你有個朋友準備要做「1─2─3」酥油餅乾（1磅糖、2磅奶油、3磅麵粉和3顆蛋等原料），他不是用稱重的方式量出原料分量，而是用量杯量出了1杯糖、2杯奶油和3杯麵粉。這個餅乾麵團很可能會失敗，為什麼呢？

2 你正準備要做柳橙醬，需要32液量盎司的柳橙汁和1盎司的澱粉。你打算要在量秤上稱出32盎司的柳橙汁，參考表1.2，並說明你是否要添加還是減少比實際所需要的柳橙汁分量。你的柳橙醬最後會變得比較稠還是比較稀？

3 請依照表1.2判斷下列幾組對照的原料，哪一邊的密度比較高：鮮奶油或全脂牛奶、全蛋或柳橙汁、植物油或清水、清水或蜂蜜。接著，根據你的經驗，判斷哪一邊的原料比較黏稠？而比較黏稠的原料密度也會比較高嗎？你是怎麼做出判斷的？那麼，光從原料的稀稠程度就能判斷原料本身的重量嗎？

4 請說明在攪拌卡士達醬時拌入空氣，會讓卡士達醬變得更濃稠的原因，以及空氣會對卡士達醬的密度發生什麼影響。

5 請說明在拌合融化的溫熱巧克力和冰鮮奶油時，如何避免溫熱的巧克力遇冷硬化形成小碎粒？

習作與實驗

❶ 習作：裸麥麵包配方

請參考下面兩份配方表，並回答下面問題。

配方一

材料	磅	盎司	克	烘焙百分比
高筋麵粉	8		3,000	60%
白裸麥粉	2		2,000	40%
水	6		2,800	56%
壓縮酵母		6	190	4%
鹽		3	95	2%
藏茴香		2.4	75	1.5%
合計	16	11.4	8,160	163.5%

配方二

材料	磅	盎司	克	烘焙百分比
高筋麵粉	22		10,000	60%
白裸麥粉	15		6,800	40%
水	21		9,550	57%
壓縮酵母		15	425	2.5%
鹽		9	260	1.5%
藏茴香		4.75	135	0.8%
合計	59	12.75	27,170	161.8%

1   根據這兩份配方，你認為哪一份配方會有比較濃郁的藏茴香香味？請說明原因。

_____

_____

_____

2　根據這兩份配方表中酵母的分量，你覺得哪一份配方會發酵的比較快，而且酵母風味也比較明顯？請說明理由。

_____

_____

_____

❷ 習作：計算烘焙百分比

　　請計算下列表格各原料的烘焙百分比（提示：請使用表中以公克為單位表示的數值進行計算會比較容易，而且計算結果也會和磅及盎司單位的一樣）。請記得，烘焙百分比就是各原料分量占麵粉總量的占比，請參考下列公式並進行計算，表中已經將第一和第二項原料的烘焙百分比計算好了。

　　　烘焙百分比＝100%×（原料重量）÷（麵粉總重量）

黑糖肉桂餅乾

材料	磅	盎司	克	烘焙百分比
低筋麵粉	2	8	1,200	＝100%×1,200÷1,200 ＝100%
黑糖	1	4	600	＝100%×600÷1,200 ＝50%
奶油	1		500	
蛋		4	125	
肉桂		0.7	20	
鹽		0.25	8	
合計	5	4.95	2,453	

❸ 實驗：以容量來檢驗原料的黏稠度和密度

目標

- 證明黏稠的原料密度未必就比稀薄的原料密度要高
- 證明以不同的方式添加麵粉和其他乾燥原料會影響整體密度

材料與設備

- 麵粉（種類不拘）
- 勾芡用的澱粉，種類不拘，例如玉米澱粉
- 小湯匙或挖杓
- 擦乾的量杯
- 篩網
- 秤

步驟

1　首先準備稠狀的勾芡物（約25克的玉米澱粉和400克的水），加熱水和玉米澱粉，直到黏稠狀，熄火後放置室溫待涼。另一種準備方式，就是把速成勾芡粉倒入水中攪拌，直到呈現明顯稠狀為止。攪拌途中小心不要拌入空氣，否則會影響勾芡物的黏稠度。不可以預先拌合糖和速成勾芡粉，這會增加勾芡粉的密度，影響實驗結果。

2　將以下原料分別以量杯（250毫升）稱出一量杯的分量後，再用秤檢驗重量：
- 用湯匙舀麵粉輕輕放入量杯中
- 用湯匙舀麵粉放入量杯中。但是每放幾匙麵粉，就要搖晃一下量杯，讓量杯中的麵粉盡量沉澱。
- 先過篩麵粉，然後用湯匙舀麵粉再輕輕放入量杯中。
- 用量杯裝一杯室溫水
- 將步驟1的室溫勾芡物放入量杯

結果

把每一量杯的原料重量填進下列的結果表當中,並在表中註明你所使用的單位(克或盎司)。

結果表　密度的測量結果

原料	每一量杯的重量
用湯匙舀的麵粉	
用湯匙舀的麵粉,搖晃過量杯	
先過篩再用湯匙舀的麵粉	
水	
室溫勾芡物	

誤差原因

請列出所有可能讓實驗難以得出正確結論的誤差原因。具體來說,像是澱粉勾芡在冷卻途中是否混入了空氣?原料放入量杯時有沒有用直尺刮平杯口?原料是否都保持在室溫?有無正確使用量秤?

請列出下次可以採取哪些不同的作法,以縮小或去除誤差。

結論

1　請依照密度由低到高,依序排列湯匙舀的麵粉、湯匙舀並搖晃量杯的麵粉、先過篩再用湯匙舀的麵粉。

根據上述結果，請說明為什麼在稱量麵粉和乾燥材料時，重量才是最好的測量單位，容量卻不是？

_____

_____

_____

2　澱粉勾芡物的密度（每杯重量）和水的密度相比，有何差異？你要如何說明這樣的結果？

_____

_____

_____

熱傳遞

本章目標

1. 說明烹調與烘焙的主要熱傳遞方式。

2. 說明控制烹調與烘焙熱傳遞的方法。

3. 說明各種烹調與烘焙器皿材質的優缺點。

導論

我們都知道爐具和烤箱會產生熱能,但熱能是怎麼從熱源傳遞至食物?也就是說,熱能如何傳遞?本章的主題就是熱傳遞。了解熱傳遞後,麵包及糕點師傅就更能掌控烹調與烘焙的過程及烘焙品的品質。

熱傳遞的方式

熱能從熱源傳遞至食物的三種主要方式分別是輻射、傳導、對流。燉煮、翻炒、油炸、爐烤等大多數烹調和烘焙方法都同時運用一種以上的熱傳遞方式(圖2.1)。第四種熱傳遞方式是感應加熱,需要特殊的爐具。以下將分別說明上述熱傳遞方式。

輻射

輻射熱傳遞,又稱輻射,是熱能從溫度較高的物體快速傳遞至溫度較低物體表面的方式。物體表面的分子吸收到熱輻射,就會開始快速振動。振動會使物體產生摩擦熱,因此雖然散發出熱輻射的物體沒有直接碰觸到另一物體,但熱能可以進行傳遞。由於沒有直接接觸,因此輻射屬於一種間接熱。主要透過輻射加熱的家電包括烤吐司機、燒烤爐(火焰不會接觸到食材)、紅外線加熱燈管和傳統式烤箱。

熱鍋也會散發出熱輻射,證明方法就是把手放在燒熱的空鍋上方(沒有接觸到鍋子),手也能感受到鍋子表面散發出的熱能。深色的表面通常會比淺色散發出更多熱輻射,因為深色物體一開始就吸收較多熱能。同樣的,不光滑的表面也會比光滑表面吸收並輻射出更多熱。因此可想而知,黑色霧面烤盤烘烤食物的

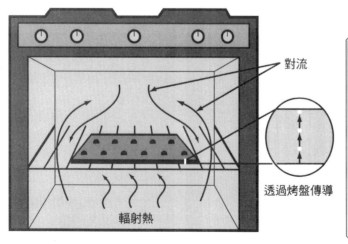

對流

透過烤盤傳導

輻射熱

圖2.1　烤箱中的輻射、傳導、對流

速度會快於淺色亮面烤盤。表2.1列出數種常見材質放射熱能的相對數值，也就是放射率。黑色霧面材質放射的熱能最高，放射率為1。請注意磚材放射熱能的效率也很好，傳統窯烤爐就是使用這種材質。

微波能量傳遞的主要原理也是輻射。微波爐中一種叫做磁控管的特殊管子會產生微波能量，微波能量可以穿透許多種器皿，比起熱輻射更容易穿透食物表面。不過熱傳遞的原理仍然成立，食物吸收微波之所以溫度會升高，是因為食物中的特定分子吸收能量後產生振盪，進而摩擦生熱。食物升溫的主要熱源就是分子運動產生的熱能。

微波爐通常加熱不平均，部分原因是不同的物質吸收微波能量的效率不一，另外一部分原因是，有些物質升溫所需的能量（包括微波等其他形式的能量）較少。比方說，微波果醬甜甜圈時，含糖的果醬餡料溫度極高，而外層的甜甜圈溫度則低得多。

微波加熱相對快速，因為微波輻射穿透的深度比熱輻射深，前者穿透的深度約1至2吋，而後者只從表面開始加熱。不過微波能量產生的熱是如何散布擴及整個食物，輻射熱又如何加熱食物的表層之下？答案是透過另兩種熱傳遞方式：傳導與對流。

表2.1　各種材質的輻射熱傳遞效率

材質	輻射熱傳遞相對數值
黑體（霧面）	1.0
磚材	0.93
鋁（霧面）	0.2
鋁（亮面）	0.04

傳導

傳導指的是熱能從同一物體較高溫之處流向較低溫之處。熱能透過分子進行傳遞，也就是說，當分子吸收熱能，開始振動，它會將熱傳遞到鄰近的分子，使這些分子也開始振動。熱能傳導持續在分子間進行，直到最終整體物體溫度升高。由於熱傳導需要物體直接接觸才能傳遞，熱傳導屬於直接熱傳遞的一種。

熱傳導是爐面烹調的主要加熱方式，熱能從熱源（瓦斯爐火或電磁線圈）直接傳導至鍋底外層，再從鍋具傳導至內部盛裝的食物。即便將鍋具移開熱源，傳導仍會持續進行，直到鍋具和食物達到同樣的溫度，這是所謂的餘熱烹調，也就是食物離開熱源後繼續加熱的現象。

熱傳導也是烘烤的重要加熱方式。舉例來說，輻射熱使盛裝餅乾的烤盤升溫後，傳導進一步將熱能自烤盤傳遞至餅乾。將餅乾移出烤箱及烤盤後，熱傳導持續作用，直到餅乾內外達到同樣溫度。同時餅乾也會輻射熱能到烘焙坊的環境中，直到餅乾降至室溫。

熱傳導也是冷卻的重要機制。將高溫製品移至低溫的烤盤或表面時，熱能自高溫製品傳導出去，快速冷卻。因此我們常將煮製完成的醬料自熱鍋中盛出，移至低溫的碗中，然後再

把醬料碗下半部放入冰水中。低溫碗提供第一回合的傳導冷卻，浸冰水則是第二次冷卻。

要了解輻射與傳導之間的差異，請想像一群人排成兩列，一列十人。兩列都要把球從第一人交到最後一人手中。第一列的第一個人把球直接丟給最後一人，快速完成傳球；第二列

則是一個個傳球，直到傳給最後一人。第一列的方式就類似輻射，而第二列類似傳導。輻射能穿越空氣，快速傳球（熱能）；傳導則是一個個傳球，傳遞速度較慢。

同樣是一個個傳球，不同隊伍的速度不一樣，不同材質傳導熱能的速度也有差異。導熱率佳的材質導熱快，一般來說，固體的導熱率比液體和氣體好，因為固體中的分子相鄰較近。由於分子距離近，分子之間傳遞熱能比較容易（要記得傳導無法「丟球」）。

依據材質的導熱率不同，烹調器皿和烤皿熱傳導的速度有快有慢。雖然金屬輻射熱能的效率不佳，但導熱率很高，事實上，由於金屬分子結構緊密，其導熱率在固體當中數一數二。不過即便同樣是金屬，其導熱率還是有差異，各種金屬與其他材質的導熱率相對數值請見表2.2。數值越高，導熱速度越快。

導熱率不佳的材質又稱為熱絕緣體或絕熱體，空氣、鐵氟龍和矽膠都算是熱絕緣體。熱絕緣體適合用來減緩熱傳遞，可以解決加熱過快或不均的問題。

鍋具的材料厚度也會影響熱傳導，比起薄

> ### 實用祕訣
>
> 　　水的導熱率低，意思是熱傳導效率很差。所以烘烤卡士達和起司蛋糕這類需要緩慢、平均加熱的點心時最好使用水浴法。
>
> 　　空氣的導熱率甚至比水更低，因此使用兩個烤盤或雙層鍋就是利用空氣的隔熱特性。烘烤餅乾時，在原本的烤盤下疊一個空烤盤，餅乾底部較不容易烤焦，因為兩個烤盤之間的空氣能減緩熱傳遞。至於雙層鍋，上層鍋盛裝食物，下層鍋子煮滾開水，上層鍋沒有直接接觸到滾水，因此食物與滾水之間有一層具隔熱效果的空氣。雙層鍋適合用來緩慢加熱不耐高溫的食材，例如蛋白、巧克力和翻糖。

如何烘烤出沒有外層硬皮的麵包

烘烤過程中，麵包外層會形成硬皮，因為麵團表層直接暴露於輻射熱中，因此表皮變脆、顏色變深。麵團內部則透過熱傳導緩慢加熱，麵包中心的溫度不會超過200℉（93℃）。

有一種叫做介電烤箱的新式烤箱會放射出無線電波，也可以用來烘烤麵包。以無線電波加熱類似微波加熱，不過無線電波能穿透至食物更深處。這種烤箱造價很高，能讓麵團內外快速烘烤均勻，烤出表層與內部顏色、質地均一的麵包。換言之，無線電波能烤出沒有外層硬皮的麵包。介電烤箱用來製造日式麵包粉，質地均一，輕盈、酥脆、白皙。日式麵包粉適合用來包裹天婦羅等炸物。

表2.2　各種材質的導熱率

材質	導熱率相對數值
銀	4.2
銅	3.9
鋁	2.2
不鏽鋼	0.2
大理石	0.03
水	0.006
鐵氟龍	0.002
木頭	0.001
空氣	0.0003

底鍋具,厚底材質導熱較慢,不過一般仍偏好後者,因為厚底鍋具的熱傳遞較平均。下方簡單介紹烘焙坊中常見的金屬與其他材質。

銅　銅的導熱率很高,代表銅導熱快速,因此常用來煮糖,可以在相對較短的時間內達到高溫。不過銅鍋造價高,不適合當日常使用的烹調或烘焙器皿。此外,銅也容易和食材產生反應,含量高時可能具有毒性。為了防止和食物產生反應,銅製的烹調器皿通常會在接觸食物的表面鍍上一層薄薄的保護層,例如不鏽鋼或錫。

鋁　鋁的導熱效率大約只有銅的一半,不過仍算很快,而且不像銅,鋁製器皿造價便宜。和銅一樣,鋁也會和食物產生反應,尤其是酸性食物。鋁製器皿會使含有水果的製品變色,也會使奶蛋混合物染上難看的灰色,因此不適合當成爐面的烹調器皿。鋁製的攪拌器配件也不適合用於易起反應的食材,容易發生問題,讓某些製品變色。由於鋁屬於軟金屬,容易刮傷或留下凹痕。

因為導熱率高、價格便宜,鋁是烤盤和蛋

為什麼即便烘焙坊中室溫高,大理石仍能維持涼爽的觸感?

一手觸摸大理石,另一手觸摸木頭,大理石的觸感明顯比較涼爽,不過兩種材質都已經放在同一個環境中一段時間,同樣都是室溫,為什麼會有這樣的差異?

這是因為大理石的導熱率比木頭好,所以觸摸大理石時,熱從你的身體傳遞出去的速度比觸摸木頭時快。觸摸大理石的手降溫較快,因此大理石的觸感似乎比較涼爽(其實大理石的溫度會稍微高一些,因為熱能從你的手傳遞到大理石上)。

現在換成一手觸摸大理石,另一手觸摸不鏽鋼或其他金屬,由於金屬的導熱率比大理石更高,因此不鏽鋼的觸感似乎比大理石涼爽。同樣的,這也是因為觸摸不鏽鋼時,熱從你的手傳遞出去的速度比觸摸大理石快。

由於大理石導熱率佳,在烘焙坊中常用於快速冷卻高溫的甜品,那為什麼不用不鏽鋼呢?一般來說是因為價格的考量,不鏽鋼的價格令人望之卻步。因為厚實的不鏽鋼桌造價非常昂貴,所以一般見到的不鏽鋼桌面都很薄,溫度上升很快。不過甜品製造商可選用特殊的不鏽鋼冷卻檯,這類檯面的設計可讓冷卻水在兩層不鏽鋼板之間循環,熱能快速自不鏽鋼表面傳導至水,然後透過傳導與對流帶走熱能。

糕模等烘焙器皿的常見材質，烘焙比較不會有變色的問題。用鋁製器皿烹調或烘焙容易燒焦，尤其如果器皿輕薄、爐溫過高更是如此。使用厚底器皿並鋪上烘焙紙可以盡量預防這類問題。若有需要，烘烤容易上色的精緻製品時，請在鋁製烤盤上鋪上矽膠烘焙墊或疊裝兩個烤盤。矽膠墊或兩個烤盤間的空氣可以充當熱絕緣體，把熱傳導減緩到容易控制的程度。

深色加硬陽極氧化鋁是一種新型材質，經過電化處理，改變鋁的表面，使其硬化耐用。陽極氧化鋁不會和食物產生反應，也容易清潔。雖然導熱速度不如一般鋁製材質，不過由於顏色為深色所以也能透過輻射傳遞熱能。陽極氧化鋁鍋具一般比較厚實，因此能夠均勻烹調，但也比一般鋁製烹調器皿昂貴。

不鏽鋼　不鏽鋼是一種低碳鋼（鐵合金），含有多種金屬混合物，包括鉻，通常也有鎳。不鏽鋼不算是熱的良好導體，不過有耐用、易清潔、價格合理的優點，而且基本上屬於惰性材質，也就是不易與食物產生反應。不鏽鋼顏色淺，易反光，容易觀察食物烹調的狀態。

為了改善導熱率，較低品質的不鏽鋼烹調器皿會設計為薄底，不過要把不鏽鋼（或任何金屬）製成均勻的輕薄型態並不容易，因此薄底的不鏽鋼烹調器皿常出現熱點，易使食物燒焦，所以雖然這類器皿不貴，其實不建議烘焙坊使用。

比較好的爐面烹調器皿替代選項是不鏽鋼包夾鋁的材質。不鏽鋼表面不易產生反應，顏色淺，因此容易觀察食物烹調的狀態，同時也好清潔，而鋁製中心則能提升導熱率。最高品質的鋁心不鏽鋼烹調器皿，鋁的部分會延伸至

鍋體側邊，更有利均勻加熱。

鋁心不鏽鋼烹調器皿是爐面烹調水果製品、香草卡士達醬與糕點餡料的最佳選擇。

鑄鐵　鑄鐵的導熱率很理想，和鋁一樣，選用厚實的產品較佳，可減緩、平均熱交換。由於鑄鐵器皿為黑色，也能透過輻射傳遞熱能。不過鐵也會和食物起反應，可能讓食物產生金屬味或變色。由於反應活性高，烘焙坊很少使用鑄鐵材質的器皿。若要使用，第一次使用前必須妥善開鍋，以免沾黏或生鏽。鑄鐵鍋的開鍋程序如下：抹上薄薄一層植物油或酥油，置於烤箱中以350℉（175℃）烘烤約一小時。傳統會使用鑄鐵鍋烘烤玉米麵包，有利形成深色、酥脆的外皮。

錫　錫器是常見的法國傳統烘焙器皿。錫具有質輕、導熱率佳、便宜的優點。不過錫器容易生鏽，接觸酸性食物也會變黑。假如烘焙坊使用錫器，洗淨之後必須立刻擦乾，以免生鏽。

玻璃、搪瓷（琺瑯）、陶器、石器　玻璃、搪瓷（琺瑯）、陶器、石器的導熱率都不好。不過導熱率不好的材質一旦升溫後，續溫能力佳，因此適合慢燉類型的料理。比方說陶製的小烤皿就適合用來烘烤卡士達，因為這道料理需要緩慢烘烤。

不沾器皿　不沾器皿的耐用程度差異大，經過多次使用後，表層可能破裂、剝落，多半也會出現刮痕。由於不沾材質的導熱率極差（請參照表2.2），鐵氟龍等不沾塗層能充當熱源與鍋中食物之間的熱絕緣體。因此使用不沾鍋具

為什麼會有對流？前面提到，材質和物體溫度上升時，其中的分子會振動，溫度越高，振動越快。隨著溫度上升、振動加劇，分子間的距離會拉大。由於分子遠離彼此，高溫液體及氣體的體積會擴張，密度下降。密度低的高溫液體和氣體會上升，離開熱源，隨著高溫液體及氣體上升，低溫者（密度較高）就會下沉往熱源靠近。此時對流啟動，使熱能快速、平均地擴散。烤箱中的空氣、烤箱中的液態麵糊、深鍋中的稀薄液體、炸鍋中的油脂都會產生對流。

烹調速度較慢，比較不容易上色。如果不需要快速加熱，也是可以使用不沾深鍋。

矽膠烘焙器皿、模具、烘焙墊 矽膠是熱的不良導體。因此製品需要較長的烘焙時間，上色程度也會比較均勻（但很慢）。Flexipan廠牌模具等專業的矽膠烘焙器皿有多種形狀與尺寸，Silpat等廠牌的矽膠烘焙墊也有半盤或整盤的大小。矽膠器皿具有不沾黏的特性，且可以直接從烤箱（溫度高達580℉／300℃）移至冷凍庫。由於矽膠具有彈性，輕凹模具即可取出烘焙製品。

對流

對流是熱傳遞到食物（以及在食物之中傳遞）的第三種方式。對流透過液體和氣體進行熱傳遞，這兩種型態的傳導能力不佳。對流的運作原理是，溫度較高的液體與氣體因密度較低而上升，而溫度較低的液體和氣體密度較高，所以會下沉。因此高低溫的水流或氣流會持續進行交互移動，就好像有一隻隱形的手在攪動鍋中食物。

對流不須藉助外力，不過攪拌可以加快鍋中液體的移動。攪拌對於質地濃稠的液體尤其

重要，因為原本的對流較弱。同樣的，烤箱中也有對流效應，不過如果有機制能促使空氣循環，可以進一步增強烤箱中空氣的流動，這就是對流烤箱的運作原理。有些對流烤箱內部附有風扇，可以吹動熱空氣，促進烤箱中空氣的流動；另外搖籃或旋轉式烤箱則是會移動製品的位置。不論如何，對流烤箱的烘烤速度比傳統烤箱快，因為熱空氣能更快吹向烘焙品的低溫表面，冷空氣也能快速移開。因此對流烤箱（包括搖籃及旋轉式）所需的烤溫較低，烘烤時間較短，加熱也比較平均，比較沒有熱點。

不過對流烤箱也並非適合所有烘焙品，對流烤箱最適合用來烘烤麵團較重的製品，像是餅乾。可是如果對流太強或烤溫太高，蛋糕和瑪芬成品的形狀可能不對稱，海綿蛋糕和舒芙蕾可能會塌陷，而卡士達和起司蛋糕很容易過度烘烤。

實用祕訣

從傳統烤箱轉換成對流烤箱時，大略的原則是把烤溫調低約25℉（15℃），烘烤時間也縮短25%。第一次變換烤箱時，請仔細觀察製品狀態，視情況需要調整烘烤時間與烤溫。

對流也有不方便的地方，打開烤箱門觀察製品狀況時，外界的冷空氣與烤箱中的熱空氣會快速流動，使烤箱內部降溫、烘焙坊室內升溫。為了維持烘烤的烤溫，請盡量不要打開烤箱門，開啟時間也要盡量縮短。

> **實用祕訣**
> 　　為了盡量提升烤箱中的對流效應，烤盤的放置位置注意不要阻擋到烤箱中的空氣流動，也就是不要一次烘烤太多製品，要確保烤盤之間有足夠空間讓空氣循環流動。

感應加熱

感應加熱是新的熱傳遞方式。歐洲的廚房及烘焙坊常見這種烹調方式，在北美也越來越普及。感應加熱需要特殊的平滑陶瓷爐面，下方有電磁線圈，會產生強力磁場，磁場使鍋具中的分子快速振動，產生摩擦熱，鍋子可以立即升溫，熱能再透過傳導快速傳遞至食物。

平底鍋具才能用於感應爐，中式炒鍋不適用，而且必須是磁性材質。要判斷鍋具是否以磁性材質製成，可以把磁鐵放在鍋底，如果能夠吸住磁鐵，就代表鍋具有磁性。鑄鐵鍋及部分不鏽鋼鍋可用於感應爐，不過鋁鍋和銅鍋不適用。許多烹調器皿廠商都有販售用於感應爐的鍋具。

比起瓦斯爐或電圈爐，感應烹調能快速加熱、節省能源，因此越來越受歡迎。由於直接加熱鍋具，散逸到爐外或空氣中的熱能較少，烘焙坊可以維持涼爽。

調整火力大小也比瓦斯爐或電圈爐方便，爐面溫度也比較低，因此更為安全。不過還是要注意鍋底會透過傳導將熱能傳遞至陶瓷爐面，因此爐面仍會燙手。

複習問題

1 熱傳遞的三種主要方式為何？

2 輻射熱能穿透至食物多深的地方？

3 為什麼輻射屬於間接熱？

4 傳統烤箱主要透過什麼方式加熱？

5 微波輻射能穿透至食物多深的地方？

6 新的光亮鋁製烤盤或老舊的深色霧面烤盤，哪一種烘烤速度較快，為什麼？

7 請說明熱傳導的原理。

8 哪種材質的導熱率較佳，鋁還是不鏽鋼？

9 烹調卡士達醬時應使用什麼材質的鍋子，不鏽鋼鍋或鋁鍋？為什麼？

10 影響烹調器皿熱傳導速度的兩大因素為何？

11 請用傳球的比喻來解釋熱傳導速度比熱輻射慢的原因。

12 哪種介質的導熱率較佳，鋁還是空氣？

13 熱絕緣體的定義為何？請舉出兩種優秀的熱絕緣體。

14 烤餅乾時疊裝兩層烤盤的原因可能是什麼？

15 熱能傳遞至固體食物內部的主要方式是什麼？熱能主要透過哪兩種方式傳遞至液體食物內部？

16 請舉例說明什麼時候會希望減緩熱傳導？請舉出一種減緩熱傳導的方式（除了直接調降火力）。

17 對流烤箱與傳統烤箱的主要差別為何？

18 請舉出一種透過移動製品位置來提高對流的烤箱（不是促使製品周圍的空氣流動）。

19 哪一種烤箱所需的烤溫較低，烘烤時間也較短，傳統烤箱還是對流烤箱？為什麼？

20 請說明感應烹調的原理。比起瓦斯爐或電圈爐，感應烹調有哪些優點？

問題討論

1 鋁製烹調器皿會使某些食物變色，那為什麼鋁仍是最常見的烤盤材質？為什麼烘焙品不像鍋煮醬料，比較不會有變色的問題？

2 有些糕點師傅加熱香草卡士達醬的牛奶時會在鍋底灑一層糖，這能防止鍋底牛奶燒焦，這代表糖的導熱率好還是差？請說明你的答案。

3 為什麼冰水浴的冷卻效果比直接將製品放入冰箱中好？可參考表2.2回答此問題。

4 請說明用烤箱烘烤餅乾時，輻射、傳導、對流的作用方式。

5 請說明將炸油加熱到350℉（175℃）時，熱傳導與對流的作用。

習作與實驗

❶ 習作：熱傳遞

假設你要用烤箱烤餅乾，你希望緩和熱傳遞的效果，以免餅乾中心還沒有熟，外層就焦掉了。請說明以下減緩熱傳遞技巧背後的原理。習題1是範例，已經替你完成了。

1 以較低的烤溫烘烤。
理由：這是緩和熱傳遞最直接的方法，因為調低烤溫能減少熱源輻射出的熱能。

2 使用亮面金屬烤盤，而不是黑色霧面烤盤。
理由：_____

_____

_____

3　使用不鏽鋼烤盤，而不是鋁製烤盤。

理由：＿＿＿＿＿＿＿＿＿＿＿＿＿＿＿＿＿＿＿＿＿＿＿＿＿＿

＿＿＿＿＿＿＿＿＿＿＿＿＿＿＿＿＿＿＿＿＿＿＿＿＿＿＿＿＿＿＿

＿＿＿＿＿＿＿＿＿＿＿＿＿＿＿＿＿＿＿＿＿＿＿＿＿＿＿＿＿＿＿

4　使用光亮的新烤盤，而不是老舊髒汙的烤盤。

理由：＿＿＿＿＿＿＿＿＿＿＿＿＿＿＿＿＿＿＿＿＿＿＿＿＿＿

＿＿＿＿＿＿＿＿＿＿＿＿＿＿＿＿＿＿＿＿＿＿＿＿＿＿＿＿＿＿＿

＿＿＿＿＿＿＿＿＿＿＿＿＿＿＿＿＿＿＿＿＿＿＿＿＿＿＿＿＿＿＿

5　使用厚底鍋而不是薄底鍋。

理由：＿＿＿＿＿＿＿＿＿＿＿＿＿＿＿＿＿＿＿＿＿＿＿＿＿＿

＿＿＿＿＿＿＿＿＿＿＿＿＿＿＿＿＿＿＿＿＿＿＿＿＿＿＿＿＿＿＿

＿＿＿＿＿＿＿＿＿＿＿＿＿＿＿＿＿＿＿＿＿＿＿＿＿＿＿＿＿＿＿

6　疊裝兩個烤盤。

理由：＿＿＿＿＿＿＿＿＿＿＿＿＿＿＿＿＿＿＿＿＿＿＿＿＿＿

＿＿＿＿＿＿＿＿＿＿＿＿＿＿＿＿＿＿＿＿＿＿＿＿＿＿＿＿＿＿＿

＿＿＿＿＿＿＿＿＿＿＿＿＿＿＿＿＿＿＿＿＿＿＿＿＿＿＿＿＿＿＿

7　烤盤位置遠離烤箱壁面。

理由：＿＿＿＿＿＿＿＿＿＿＿＿＿＿＿＿＿＿＿＿＿＿＿＿＿＿

＿＿＿＿＿＿＿＿＿＿＿＿＿＿＿＿＿＿＿＿＿＿＿＿＿＿＿＿＿＿＿

＿＿＿＿＿＿＿＿＿＿＿＿＿＿＿＿＿＿＿＿＿＿＿＿＿＿＿＿＿＿＿

8　將餅乾放在Silpat矽膠墊上，不要直接放在烤盤上。

理由：＿＿＿＿＿＿＿＿＿＿＿＿＿＿＿＿＿＿＿＿＿＿＿＿＿＿

＿＿＿＿＿＿＿＿＿＿＿＿＿＿＿＿＿＿＿＿＿＿＿＿＿＿＿＿＿＿＿

＿＿＿＿＿＿＿＿＿＿＿＿＿＿＿＿＿＿＿＿＿＿＿＿＿＿＿＿＿＿＿

9　關掉對流烤箱中的風扇。

理由：_____

_____

_____

❷ 實驗：傳統烤箱中的熱點

　　很少有烤箱能全面均勻加熱，如果無法擁有完美烤箱，那你該知道烤箱中的熱點在哪裡。「摸清烤箱」最快速也最容易的方法就是使用紅外線溫度計，以溫度計對準預熱完成烤箱中的各個表面，就能快速得知哪些地方可能會烘烤不均。

　　辨認熱點的另一個方法就是將食材放置在不同位置，實際烘烤並觀察差異。

目標

　　觀察烤箱中有無熱點，若有則找出熱點的位置。

製作成品

　　在傳統烤箱或層爐烤箱（沒有對流風扇）中不同位置烘烤出的餅乾。

材料與設備

- 秤
- 篩網
- 烘焙紙
- 5夸脫（約5公升）鋼盆攪拌機
- 槳狀攪拌器
- 刮板
- 原味甜餅乾麵團（請見配方），如使用整盤烤盤，餅乾數量不小於24片，半盤不小於12片
- 兩個整盤或半盤烤盤（配合烤箱大小），尺寸盡量一致
- 30號（1液量盎司或30毫升）冰淇淋勺，或同等容量量匙
- 烤箱溫度計

配方

原味甜餅乾麵團

分量：48片餅乾

材料	磅	盎司	克	烘焙比例
高筋麵粉		8	250	50
低筋麵粉		8	250	50
鹽		0.25	8	1.6
小蘇打		0.25	8	1.6
通用酥油		13	410	82
白砂糖		18	565	113
蛋		6	185	37
合計	3	5.5	1,676	335.2

製作方法

1　烤箱預熱至375℉（190℃）。

2　所有材料回復至室溫（材料溫度會影響成品一致性）。

3　麵粉、鹽、小蘇打粉過篩至烘焙紙上，重複三次，混合均勻。

4　在攪拌缸中混合酥油與糖，低速攪拌1分鐘，必要時停下機器刮缸。

5　以中速攪拌油糖混合物2分鐘至打發，停下機器刮缸。

6　加入蛋，同時低速攪拌30秒，停下機器刮缸。

7　加入麵粉，低速攪拌1分鐘，停下機器刮缸。

步驟

1　根據配方表準備餅乾麵團（也可使用其他原味甜餅乾配方）。為減少實驗誤差，請使用酥油取代奶油。

2　若烤盤上有烤焦的食物殘渣，請妥善清除並鋪上烘焙紙。

3　在烘焙紙上標記烤盤前後方向及烤盤位置（例如上層、緊鄰烤箱左壁……等等）。

4　以30號冰淇淋勺或同等容量量匙挖出餅乾麵團，置於烤盤上。平均分配麵團間距。半盤烤盤放置六個麵團，整盤放置十二個。

5　將烤箱溫度計放置於烤箱中央，記錄烤箱初溫。初溫：_____。

6　烤箱預熱完成後，放進兩個烤盤，烘烤19至21分鐘（或根據你的配方標示的時間）。

7　以同樣的時間烘烤所有餅乾，中途不要調轉烤盤方向。

8　取出烤盤，餅乾留在烤盤上放涼。

9　記錄烤箱終溫，終溫：＿＿＿＿＿＿＿＿。

結果

1　餅乾留在烤盤上不動，評估每片餅乾的上色程度。由淺至深給1至5分。

2　將各個烤盤的分數記錄於圖2.3及2.4中。記錄方式請見圖2.2範例。

圖2.2　實驗結果範例：整盤烤盤水平放置於傳統烤箱中層

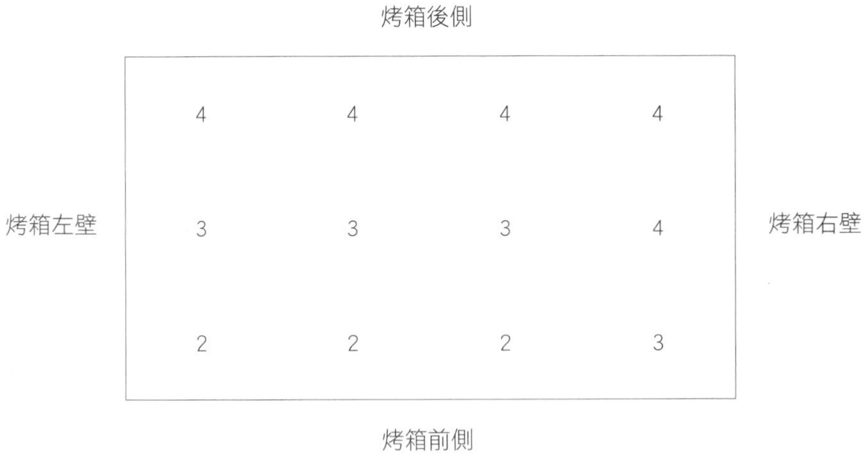

烤箱後側

4	4	4	4
3	3	3	4
2	2	2	3

烤箱左壁　　　　　　　　　　　　　　　　　　烤箱右壁

烤箱前側

烤箱類型：　　　　傳統烤箱
烤盤在烤箱中的位置：　　　中層

圖2.3

烤箱類型：＿＿＿＿＿＿＿＿＿＿
烤盤在烤箱中的位置：＿＿＿＿＿＿＿＿

圖2.4

烤箱類型：＿＿＿＿＿＿＿＿＿＿＿

烤盤在烤箱中的位置：＿＿＿＿＿＿＿＿＿＿＿

誤差原因

請列出所有可能讓實驗難以得出正確結論的誤差原因。以這項實驗來說，請特別注意烤盤
（底部不平、凹陷、燒焦食物殘渣）及烤箱（烘烤時烤溫是否穩定？）方面的問題。

＿＿＿＿＿＿＿＿＿＿＿＿＿＿＿＿＿＿＿＿＿＿＿＿＿＿＿＿＿＿＿＿＿＿＿＿＿

＿＿＿＿＿＿＿＿＿＿＿＿＿＿＿＿＿＿＿＿＿＿＿＿＿＿＿＿＿＿＿＿＿＿＿＿＿

＿＿＿＿＿＿＿＿＿＿＿＿＿＿＿＿＿＿＿＿＿＿＿＿＿＿＿＿＿＿＿＿＿＿＿＿＿

請列出下次可以採取哪些不同的作法，以縮小或去除誤差。

＿＿＿＿＿＿＿＿＿＿＿＿＿＿＿＿＿＿＿＿＿＿＿＿＿＿＿＿＿＿＿＿＿＿＿＿＿

＿＿＿＿＿＿＿＿＿＿＿＿＿＿＿＿＿＿＿＿＿＿＿＿＿＿＿＿＿＿＿＿＿＿＿＿＿

＿＿＿＿＿＿＿＿＿＿＿＿＿＿＿＿＿＿＿＿＿＿＿＿＿＿＿＿＿＿＿＿＿＿＿＿＿

結論

請在**粗體**選項中選擇其中一項或在空白處填充。

1　距離烤箱壁面最近與最遠的餅乾上色程度差異是**小／適中／大／沒有差異**。上色最深的餅乾
　最接近烤箱的**壁面／位於中間／都不是**。原因可能是：

＿＿＿＿＿＿＿＿＿＿＿＿＿＿＿＿＿＿＿＿＿＿＿＿＿＿＿＿＿＿＿＿＿＿＿＿＿

＿＿＿＿＿＿＿＿＿＿＿＿＿＿＿＿＿＿＿＿＿＿＿＿＿＿＿＿＿＿＿＿＿＿＿＿＿

＿＿＿＿＿＿＿＿＿＿＿＿＿＿＿＿＿＿＿＿＿＿＿＿＿＿＿＿＿＿＿＿＿＿＿＿＿

2　接近烤箱前側與後側的餅乾上色程度差異是**小／適中／大／沒有差異**。上色最深的餅乾最接近烤箱的**後側／前側／都不是**。原因可能是：

_____

_____

_____

3　根據上述結果，烤箱中有無熱點？如果有熱點，之後可以如何調整來彌補這一點，以免熱點成為之後實驗的重大誤差原因？

_____

_____

_____

4　你是否注意到餅乾有無其他差異，或對這項實驗有其他心得？

_____

_____

_____

3

烘焙工序概觀

本章目標

1. 呈現出烘焙配方在增韌劑與嫩化劑之間,以及增濕劑與乾燥劑之間達成的平衡。

2. 討論正確攪拌技術的重要性。

3. 概述麵糊和麵團攪拌時會發生的變化,並討論水在這個過程中的重要性。

4. 概括總覽以烤箱進行烘焙時會發生的十一種主要反應。

5. 簡要概述成品在冷卻時會發生的八種變化。

導論

綜觀烘焙的過程，在稱量原料後會有三個明顯區隔的步驟（也可以說是分成了三個階段）。首先將原料混合成麵糊或麵團，接著烘烤這些麵糊或麵團，最後再使其冷卻。每通過這三個階段中的任何一個，烘焙食品都會產生許多化學變化與物理變化。如果糕點師或麵包師對這些變化有所了解，就可以更精確地加以掌控成品。舉例來說，一位糕點師如果了解攪拌、烘烤和冷卻會如何影響層狀結構、柔軟度、褐變量與組織結構，就能控制烘焙品的這些特質。

本章會對許多烘焙過程中既重要又複雜的工序做出概述。這些工序的細節會在之後的章節中一一細談。

為成功打下基礎

在第1章已經提到了正確稱量原料的重要性。正確稱量原料非常重要，因為那些成功的配方都是在結構充填劑（增韌劑）、嫩化劑、增濕劑和乾燥劑之間精心達成平衡的組合。結構充填劑是指那些維持住烘焙食品大小與形狀的成分。這些成分相互作用時會形成結構體，從而生成整體的架構，使成品得以組成一個整體。所有烘焙食品都需要一定數量的結構體，但過多的結構體會導致口感過於堅韌。事實上，結構充填劑就常被稱為增韌劑，包含麵粉、雞蛋、可可粉和澱粉等等。

儘管麵粉被當做結構充填劑，但其中只有特定的成分（尤其是形成麵筋的蛋白質和澱粉顆粒）才能形成結構體。同樣的，蛋能做為結構充填劑，也是因為卵蛋白質的緣故。

嫩化劑與結構充填劑的作用正好相反。嫩化劑是一種干擾結構體形成的烘焙原料，可以藉此使烘焙食品更軟、更容易咬下。所有的烘焙食品都得經過一定程度的軟化好讓食用的過程更愜意，但是軟化過度產品就會碎裂、崩解。嫩化劑包含糖、糖漿、油脂和膨鬆劑等。

增濕劑包含了水（或水分）和含水食材，如牛奶、雞蛋、鮮奶油和糖漿，也包含液態脂肪類的成分，比如油。

在什麼狀況下軟性的烘焙食品不濕潤？

儘管某些原料（比如油）同時具有增濕與嫩化的作用，但濕潤的烘焙食品可不一定軟，軟性的烘焙食品也未必濕潤。軟性的烘焙食品容易咬下，但唯有口中同時感到某種程度的潮濕感，或甚至能擠出液體，它們才算是濕潤的。舉個反例來說，有些烘焙食品比如厚酥餅，很容易咬下（軟性），但在口裡就很乾燥。軟性而乾燥的烘焙食品通常會被形容為脆或粉質。關於描述烘焙食品質地的更多細節，請參見第4章。

乾燥劑則與增濕劑相反。這類原料會將增濕劑吸收，其中包括了麵粉、玉米澱粉、奶粉和可可粉等。

要注意的是，有些食材不只歸於一類。舉例來說，油既是嫩化劑也是增濕劑，而麵粉既是結構充填劑也是乾燥劑。

當稱量出原料的精確用量後，就必須以特定方式將其攪拌，通常這個過程也會在特定的溫度下進行。改變攪拌方式或溫度會對烘焙食品造成變化，而這些變化有時會非常顯著。舉例來說，製作瑪芬時通常會使用瑪芬拌合法來攪拌原料，也就是融化脂肪後與其他液體一起拌進乾原料中。另一種混合瑪芬原料的方法是先將糖與脂肪稍微打發，再加入其他液體與乾原料。瑪芬拌合法做出的瑪芬內裡質地較粗糙、口感緊密，糖油拌合法則可以做出像蛋糕般的細緻內裡，口感也會更鬆軟。表3.1簡要列出了幾種烘焙業者常用的拌合法。在表列出來的拌合法之外，還有許多將這些拌合法中的部分特質加以組合的其他拌合法。

表3.1　烘焙坊常用的拌合方法

方法	說明	使用實例
直接法	將所有原料全部加在一起，相互攪拌直到麵團變得滑順、發酵完全。	酵母發酵麵包
中種法	將液狀原料、酵母、部分麵粉與部分糖拌合成麵糊或麵團（這種狀態被稱做中種麵團或預發酵麵種），等它發酵後再加入其他原料中，加以拌合直到麵團滑順、發酵完全。	使用波蘭冰種（液種法）、比加（義式酵種，通常質地較硬）、魯邦種（自然發酵酵種），或其他中種麵團、預發酵麵種製作的酵母發酵麵包。
糖油拌合法	將酥油和糖稍微打發後加入蛋，接著慢慢地將液態原料（如果有的話）和篩過的乾原料以低速攪拌，交替加入。	酥油蛋糕、花式甜麵包、餅乾、偏蛋糕的瑪芬
二段式（或混合）	用攪拌槳以慢速攪拌已過篩的乾原料，將軟化的油脂切塊拌入，將液體分兩次緩緩倒入與拌合（蛋連同第二次一起加入），藉由攪拌拍打將空氣拌入。	高糖蛋糕
液態酥油	以低速攪拌所有原料，然後切換成高速，最後轉為中速，好將氣體打入。	液態高甘油酥油蛋糕
海綿蛋糕	將全蛋（或蛋黃）與糖一邊隔水加熱一邊攪打，直到其質地變得又輕又稠。接著加入液態原料，再將篩過的乾原料輕輕拌入，然後是融化的奶油（如果有的話），或是打發的蛋白（如果與蛋黃分開打的話）。	海綿蛋糕（比司吉）、傑諾瓦士蛋糕、手指餅、瑪德蓮
天使蛋糕	蛋白與糖攪打至尖端已成形但不會很堅挺的蛋白霜後，輕輕拌入乾原料。	天使蛋糕
戚風	將篩過的乾原料以低速攪拌、混合，然後加入油與其他液狀原料，輕輕拌勻，直到表面滑順。將蛋白與糖攪打至尖端已成形但不會很堅挺的蛋白霜，再拌入油粉混合物中。	戚風蛋糕
瑪芬法（或一段式）	將篩過的乾原料以低速攪拌、混合後，將液狀脂肪和其他液狀原料一次加入，輕拌直到質地變得濕潤。	瑪芬、速發麵包、速發花式甜麵包
比司吉或派皮	將篩過的乾原料以低速攪拌、混合後，將固狀油脂用手揉開或用刮刀切塊，再將液體輕輕加入拌勻。	比司吉、司康、派皮、千層酥

第一階段：攪拌

攪拌這個動作能讓原料均勻地分布在麵糊和麵團中。顯然這就是將原料進行攪拌的主因，但在攪拌的階段中也會發生其他重要的事。比如說，在進行攪拌時，攪拌槳和攪拌球會推著麵糊與麵團翻動，而氣囊就在此時被包覆進去。這可以使麵糊或麵團變得輕盈一點，使其更容易進行混合和處理。隨著持續的攪拌，大氣囊（或氣泡）會分成許多更小的氣囊（氣泡），它們會在烘烤過程中做為「核心」膨脹開來，成為一個個撐滿的氣室。這意味著如果要讓烘焙食品正確地膨脹開來，那麼它的麵糊和麵團就一定要經過適當的攪拌。

由於麵糊和麵團含有被拌入的空氣，它們有時會被稱做泡沫。在下文中將會說明到，當麵糊和麵團受到烘烤時，它們會從包覆空氣的泡沫轉變為不包覆空氣的多孔海綿。無論該成品是否具有彈性或是類似海綿的質地，都能使用「海綿」這個術語來描述。這個術語單純是指烘焙食品所具有的開放多孔結構，而在這個結構中，空氣與各類氣體得以自由進出。

在攪拌的過程中，攪拌機與麵糊或麵團之間的摩擦會將那些較大的顆粒磨細，使這些顆粒在水中可以更快溶解或形成水合物。隨著麵粉這類的顆粒水合，水能移動的自由性會跟著降低，麵糊或麵團也就隨之變稠了。水（有時會被稱為廣用溶劑）溶解顆粒、分子或形成水合物的能力，在攪拌的過程當中是相當重要的一環。

水的特殊作用

在攪拌過程中，水全程都在溶解（或至少水合）大量至關重要的分子和顆粒，且作用的分子大小皆有。就算有配方沒把水列入原料，水還是會參與所有麵糊和麵團的混合過程，因為許多食材都是重要的水分來源。

表3.2列出了各種烘焙業常用原料的含水量。值得留意的是，這些原料就算沒有流動性，也可能含有大量水分。比如說，酸奶油和香蕉的含水量超過70%，奶油起司也超過50%，而奶油則超過15%。

直到分子在水中溶解或水合，它們才會開始如我們所預期地那樣發揮作用。舉例來說，未溶解的糖晶體無法使蛋糕增濕或軟化、使被

什麼是空氣？

空氣由不同的氣體混合而成：主要是氮氣（接近80%）、氧氣和少量二氧化碳。氧氣是空氣中最重要的氣體，因為生命需要它才得以維持。有許多對烘焙業者來說至關重要的化學反應也需要氧氣，比如那些增加麵筋強度、使麵粉白化的化學反應。此外，某些破壞性的反應（如油脂的氧化）也需要氧氣才能作用，這就是為什麼有些原料（如堅果）可能會以真空包裝來排除空氣。

攪打的蛋白變得穩固，或被嘗出甜味；未溶解的鹽既無法減緩酵母發酵，也無法保存食物；而未溶解的泡打粉則不會產生二氧化碳使烘焙食品膨發。以上三者（糖、鹽和泡打粉）都必須先在水中溶解，才能起作用。

許多較大的分子（如蛋白質和澱粉）在水中無法完全溶解，但會膨脹與水合。當大分子（如蛋白質和澱粉）與水相互吸引並結合時，就會發生水合作用。水合分子周圍會有一層水形成液體外殼，使其膨脹並懸浮在其中。就像糖、鹽和泡打粉必須先溶解才能產生作用，大分子要發揮作用前也必得水合。

麵粉中含有一塊塊堅硬的蛋白質，必須先水合過才能轉化成麵筋。麵筋是一種有彈性的巨大網狀物，對於烘焙食品能形成適當的大小與組織結構十分重要。攪拌的過程會將麵粉中的蛋白質塊逐層剝落，加速水合的作用和麵筋的形成。如果沒有水讓蛋白質塊水合，不論如何攪拌都不會形成麵筋。

除了將食物分子溶解與水合之外，水還有其他重要的功用始於攪拌階段。比如說，水可以活化酵母，使其發酵。如果沒有足夠的水，酵母細胞會維持休眠（非活性）狀態，或甚至死亡。

水也是一種調節麵糊和麵團溫度的簡單手段。比如說，在派皮麵團中加冷水可以防止脂肪融化，確保烤出來的派皮呈層狀結構。如果在製作麵包時像這樣審慎控制水溫，就可以確保混好的麵團處於合適的發酵溫度。尤其是未發透麵團，它在攪拌的過程中會產生摩擦熱。一點點摩擦熱還在容許範圍，甚至為人所樂見，但在製作酵母麵團時，產熱過多就會使酵母被加熱到超過進行適當發酵的理想溫度。

麵糊或麵團中的水量會影響其黏度或稠度。事實上，正是稠度的差別決定了一份麵粉混合物究竟是麵糊還是麵團。麵糊是含水較多的未烘烤麵粉混合物，這些水分使它的濃度較稀，可以傾倒出來或舀出來。麵糊的例子有蛋糕、可麗餅和瑪芬麵糊。麵團則是水分相對較少的未烘烤麵粉混合物，較少的水分使它們稠密而且可塑，這類例子有麵包、派皮、餅乾和用泡打粉製作的比司吉麵團。麵糊和麵團的稠度對於烘焙食品能否正確地成型與膨發也是十分重要的因素。

脂肪和烘焙中使用的許多其他成分不一樣，它不溶於水，也不會與水進行水合。相反的，固體脂肪在攪拌形成乳狀液時會分解成小塊，而液體脂肪（油）則會分解成小滴。這些小塊和小滴會散布在麵糊和麵團中，包覆住被吸引過來的顆粒。

表3.2　各種烘焙原料中的含水量

材料	含水量（%）
草莓	92
檸檬汁	91
柳橙汁	88
牛奶（全脂）	88
蛋（全蛋）	75
香蕉	74
酸奶油	71
奶油起司	54
凝膠與果醬	30
奶油	18
蜂蜜	17
葡萄乾	15

任何覆有油脂的東西都無法輕易吸水，事實上，這就是油脂做為嫩化劑如此有效的原因之一。油脂會包覆麵筋蛋白和澱粉等結構充填劑，干擾其水合與形成結構的能力。

　　不難看出為什麼麵糊和麵團會被視作複雜難解的事物，不過與接下來的步驟相比，攪拌的過程已經相對簡單直接了。下一個步驟是烘烤，在這個階段裡，烤箱的熱能會促使其他化學變化與物理變化發生。

　　這些變化將將在下一節分成十一個事件分開陳述，但這些事件之間環環相扣，也有許多事件是同時發生的。

如何攪拌派皮麵團

　　派皮麵團的攪拌分成兩個步驟。一般來說，首先會將固體脂肪混入或揉入麵粉中，然後才加水。脂肪會隨著揉入而越來越徹底地裹上麵粉顆粒。裹上脂肪的麵粉顆粒不易吸收水分，這限制了麵筋結構形成的能力，也使得派皮更加軟性。事實上，一般認為那些製作時在麵粉中徹底揉開脂肪的派皮是酥脆或粉質的，這表示它們已經軟性到會碎成玉米粉大小的脆片。有些時候就需要粉性的派皮，尤其是在做為多汁的派或餡餅的底殼時，粉性的派皮比較不會吸收餡料的水分後變韌。

　　不過在更多時候，多層片狀（而非粉質）的派皮會更討喜。要做出多層片狀結構，就得讓固體脂肪維持塊狀；當這些油塊越大、越硬實，做出來的派皮就越會分成一層層薄片。為了做出這種分層而酥脆的派皮麵團，固態脂肪在揉入麵粉時，揉到變為榛子或萊豆大小就不會再繼續揉開了。接下來會擀平麵團使這些脂肪塊變得扁平且均勻地分布在整個麵團裡。這裡可以注意到層狀結構和粉狀結構在部分步驟中形成了差異：若脂肪保持完整的一大塊，就會形成多層片狀結構；若脂肪徹底揉進麵粉，就會做出軟質而粉性的成品。

　　接下來，將水加進去並輕柔地與麵團混合。加入的水一定要是冰水，這樣脂肪才能維持一整塊固態。如果脂肪因為水溫太高而融化，派皮就會呈粉狀而非層狀。混合的動作會讓水分布到整個麵團裡，但同時也會增加麵筋的形成、增加韌性。因為層狀派皮中的麵粉顆粒被脂肪包裹的程度並不高，所以在過程中增加韌性的風險特別高。為了讓麵團免於長時間攪和，又能有足夠的時間吸收水分，糕點師通常會將派皮麵團冷卻放置數小時或隔夜後再繼續製作。這樣既能完整吸收水分，又能避免脂肪在麵團中被揉散，也使脂肪堅實，得以做出更好的層狀結構。總而言之，要做出既軟性又有層狀結構的派皮，就得控制加水前與加水後的混合程度，並在擀平、烘烤之前先將麵團冷卻。

油與水如何在蛋糕麵糊中攪拌？

既然油和水無法混合，為什麼油脂在蛋糕麵糊中不會浮到攪拌缸的最上層呢？首先，攪拌的過程會將脂肪分成小塊或將油分成小滴，這兩種狀態都比較不容易浮上去。而且水合的麵粉顆粒和其他乾燥劑都會使麵糊變稠，這也會減慢油脂的上升。第三個因素則是乳化劑可以幫助脂肪、油和水互相混合。蛋黃、乳製品和某些種類的酥油中都含乳化劑。它們既具有親水端（親水性）又具有親脂端（親脂性），因此在一部分乳化劑與水結合的同時，另一部分的乳化劑也會與油脂結合。如此一來，乳化劑就能讓油水「混合」。

這些乳狀液在定義上由兩種液體組成，其中一種液體會形成懸浮在另一種液體中的小滴。如果這些小滴的尺寸極小，或是它們受到正確的乳化劑、乳化蛋白包覆，又或者懸浮液體很濃稠，這些因素都會使乳狀液長時間維持。舉例來說，正確製作的美乃滋，穩定程度足以視為永久性乳狀液。

第二階段：烘烤

烘烤這個步驟涉及了將熱從蛋糕、餅乾和麵包的表面逐漸傳導到內部核心的過程。隨著熱的傳遞，熱能會將麵糊和麵團轉化為具有乾燥堅固的外皮和較軟核心的烘焙食品。

烘焙食品的柔軟內核由多孔間壁環繞的氣室組成。這些孔壁由卵蛋白與麵筋蛋白嵌入澱粉與其他顆粒形成的網狀物所組成。當麵包師與糕點師提到烘烤食品的組織或紋理時，他們指的是將烘烤食品切片時所見的柔軟內部（圖3.1）。

本節將會描述烘焙的期間發生的十一個事件。儘管它們是做為十一個事件被分別列出，但它們其實會同時發生，而且在部分情況下，事件之間也會互相影響。某些烘烤過程中發生的事件（如澱粉糊化）在室溫下並不會發生，而另一些事件則是放在室溫下終究會發生，但烤箱的熱能會加快它們發生的速度。

有些事件會附上發生時的溫度，但此處列出的溫度僅做為參考，因為事件發生時的實際溫度會被許多複雜的因素影響。此外，蛋白質凝結和一些其他的變化過程（例如澱粉糊化和氣體蒸發）沒有溫度上限，只要烘焙食品待在烤箱裡，這類的過程就會繼續進行下去。

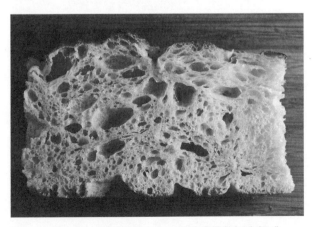

圖3.1　烘焙食品的組織是由多孔間壁環繞的氣室組成。

1. 脂肪融化

　　將烘焙食品放入烤箱後發生的第一件事就是固體脂肪融化。此事件發生時的實際溫度隨著脂肪種類與其熔點的不同而變化，比如說，奶油會比通用酥油更早融化。

　　大多數脂肪會在90℉至130℉（30℃至55℃）之間開始融化。當脂肪融化時，被包覆其中的空氣和水會從中逸脫。水化為蒸氣蒸發，空氣與蒸氣會一同膨脹，推動孔壁，使得烘焙食品的體積增加。換句話說，融化脂肪有助於膨發。一般來說，脂肪融化得越晚，膨發就越完全。這是因為如此一來，氣體逸脫的時候孔壁已經堅固到足以保持形狀了。儘管熔點低的奶油在妥善使用時也能撐起體積和層狀結構，但有許多種脂肪可以做出比奶油做出的食品更大的體積與層狀結構，就是因為它們的熔點更高。酥皮人造奶油（puff pastry margarine）就是一種為高熔點設計的脂肪，可以使膨發體積和層狀結構最大化。不過，熔點過高的脂肪會有令人不快的蠟質口感。

　　除了熔點，脂肪中的水與氣體含量也會影響其膨發能力。一般來說，含水約16%的酥皮人造奶油比不含水的酥皮酥油更能使烘焙食品膨發；而稍做打發的酥油含有被打入的空氣，可以比未打發的酥油膨發得更多。至於液態的油，它們既不包含空氣也不包含水，完全不會使麵團或麵糊膨發。

　　一旦開始融化，脂肪就會在麵糊和麵團中滑行，並在這個過程中覆上麵筋、卵蛋白質和澱粉。這會干擾這些結構充填劑，阻止它們進行水合作用與形成結構。換句話說，脂肪會將麵糊或麵團嫩化。

　　油脂在結構充填劑上覆蓋得越多越廣，嫩化效果就越好。通常來說，在烘烤中越早融化的脂肪嫩化效果會越好，因為這樣就有更多的時間包覆結構充填劑。同樣的道理，液體油通常會比固體脂肪更有嫩化效果，因為油在攪拌階段就已經開始包覆結構充填劑了。

　　最後一點，當固體脂肪融化、液化時，它們會使麵糊和麵團變稀。當我們將餅乾麵團擀開、希望將餅乾烤得薄脆時，變稀就是件好事。然而，變稀太多就不是我們所樂見的了，比如太稀的蛋糕麵糊會在烤箱中塌陷，或是在烘烤時形成細薄的孔道。

2. 氣體的形成與膨脹

　　烘焙食品中最重要的三種膨發氣體是空氣、水蒸氣與二氧化碳。烤箱的熱能會在許多方面對這些膨發氣體造成影響。舉例來說，熱會導致水蒸發成水蒸氣，熱也會加速酵母發酵食品中的發酵速率，因此，酵母能以更快的速率生成二氧化碳氣體和酒精，至少在它死亡之前是如此。最後一點，熱能也有助於讓作用緩慢的泡打粉溶解，好將它們活化。當泡打粉活化後，會將二氧化碳釋放進麵糊或麵團的液體部分。根據泡打粉的配方，這個過程可能在室溫時就開始進行了，然後會一直持續到溫度達170℉（75℃）以上。

　　隨著溫度升高，水蒸氣和二氧化碳氣體會移動到攪拌時形成的氣泡，將氣泡撐大，同時熱能也會導致氣體本身膨脹。隨著氣泡被撐大以及氣體進一步地膨脹，這些氣體會推動孔壁，迫使其延展，烘焙食品的尺寸和體積都會隨之增加。換句話說就是它膨發了。因為孔壁

在膨發過程中被延展開來，所以它們變得更薄了，使得烘焙食品更容易被咬下。換句話說，膨發可以使烘焙食品嫩化。

以那些由酵母發酵的烘焙食品來說，大部分的膨發都在烘焙很前期的時候發生。這種酵母麵團在烘烤的最初幾分鐘內快速膨脹的現象稱為爐內膨脹（oven spring）。這是水氣化為蒸氣、酵母以更快的速度發酵、氣體體積膨脹並撐大氣泡等作用共同導致的結果。

3. 微生物死亡

微生物是指那些很小的（微觀尺寸的）生物，其中包含了酵母、黴菌、細菌和病毒。大多數的微生物會死於135℉至140℉（55℃至60℃），但實際致死溫度取決於許多變因，包括微生物的種類，以及糖與鹽的含量。

當酵母死亡，發酵就停止了（即酵母不會繼續自糖類生成二氧化碳）。這是件好事，因為過度發酵的麵團會有種蓋不掉的酸味。熱能除了能殺死酵母外，還能消滅沙門桿菌等病原微生物。病原微生物是指那些致病、甚至致命的微生物。因此，烹飪或烘烤都能使食物食用起來更為安全。

4. 糖的溶解

對許多麵糊與麵團來說，糖在攪拌時就已經完全溶解了。然而，如果麵糊和麵團的糖分太多或水分太少（大多數餅乾麵團和部分蛋糕麵糊就是如此），未溶解的晶狀糖粒會在剛開始進行烘烤時出現。這些未溶解的晶體有助於將麵糊和麵團增稠與固化。

不過，這些晶狀糖粒會隨著繼續受熱而溶解在麵糊和麵團中，溶解時會從其他分子（如澱粉和蛋白質）中吸取水分，形成糖漿，又使麵糊和麵團變稀。當溫度接近160℉（70℃）時，這種稀化過程會變得更加明顯。溶解的糖就像融化的脂肪一樣會讓餅乾延展得更開，也會使烤箱中的蛋糕麵糊變稀，使其更容易塌陷或形成孔道。為了不讓蛋糕麵糊在受熱時塌陷，結構充填劑在這時就必須開始變得濃稠與定型了。

5. 卵蛋白與麵筋蛋白凝結

卵蛋白和麵筋蛋白是烘焙食品中最重要的兩個結構充填劑。它們一受熱就會開始變乾、硬化或凝結。可以參考生雞蛋在烹飪、凝結時發生的變化來想像卵蛋白質受熱後的變化過程。雞蛋會從透明變得不透明，但更重要的是它會從液態變成固態。這個過程通常從140℉至160℉（60℃至70℃）開始，隨著溫度的升高而持續進行。

儘管雞蛋受熱時發生的變化肉眼可見，但導致這些變化的蛋白質分子我們就看不到了，就算是透過顯微鏡也看不見它們。如果能看到這些蛋白質的話，那麼生雞蛋的蛋白質看起來就會是被水包圍、相對來說十分巨大的捲曲分子。當這些分子受熱時，就會展開（質變）並彼此結合，形成團簇（圖3.2）。這些凝結的卵蛋白質團簇會將水困住，形成一種圍繞著氣室的連續網狀結構。

同時，孔壁會在膨脹氣體的加壓下延展。到最後水會從蛋白質中溢出，相互結合的蛋白質也會變硬，孔壁隨之失去伸展力。這時膨脹

氣體的壓力會使硬化的孔壁破裂，因此變得多孔。正是這種硬性結構確立烘焙食品最終形成的尺寸與形狀。卵蛋白質的凝結過程將會在第10章中詳細討論。而麵筋蛋白的變化則會在第7章中做討論。

如果要讓成品有恰到好處的大小，就得在蛋白質的凝結方面謹慎以待，以掌握氣體膨脹的時間。只有在原料分量稱量無誤、烤箱經過校準且設定在適當的溫度時，成品的大小才會恰到好處。如果氣體膨脹的時間不對，烘焙食品可能會在膨脹後又塌陷，或甚至根本沒有膨脹。不過，你會在下一節中了解到澱粉的糊化可以加強烘焙食品的結構，而這也能夠使其免於塌陷。

> **實用祕訣**
>
> 高糖蛋糕麵糊變得太稀可能導致蛋糕塌陷、形成孔道或在底部形成膠粘層，而導致麵糊變得太稀的可能原因很多。如果所使用的配方可靠無誤，也用了正確的麵粉（通常是低筋麵粉）、適量的脂肪與糖，那麼請確認麵糊是否用了正確的攪拌方式，也要確認烤箱溫度不能太低。如果攪拌程度太低，麵粉和其他乾燥劑就無法適當的水合與增稠。如果烤箱溫度太低，麵糊會在變稀的狀態中維持太久才定形結構。烘焙是個兼顧各方平衡的過程，不僅要在增韌劑和嫩化劑間取得平衡，在攪拌方面、烘烤速度與時間等方面亦是。
>
> 另外，瑪芬裡形成孔道的原因與蛋糕完全不同。瑪芬中的孔道將在第7章中討論。

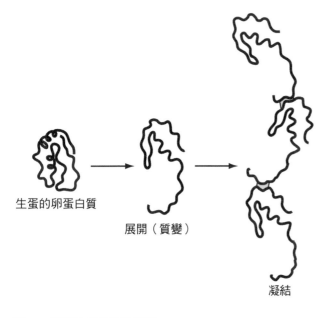

生蛋的卵蛋白質

展開（質變）

凝結

圖3.2 卵蛋白質的凝結過程

6. 澱粉的糊化

或許是因為麵筋在生麵包麵團中有著主導性的重要作用，澱粉做為結構充填劑常常在麵粉中被遺忘。不過，一旦麵包開始烘烤，澱粉對建構整體結構的貢獻就與麵筋相差無幾了，甚至可能還比麵筋更多。

我們可以斷言，糊化澱粉的結構比卵蛋白與麵筋蛋白的結構更柔軟也更嫩性。想想新鮮出爐的麵包有什麼樣的質地吧，這些麵包的柔軟內裡組織大多都來自糊化澱粉。然而，就跟蛋白質結構一樣，澱粉過多也會使成品變得又硬又乾。

當澱粉顆粒加熱時，它們會吸收水分並將

水分困於其中，澱粉的糊化就發生了。所謂的澱粉顆粒是那些與澱粉分子緊密堆疊的微粒或顆粒。它們在生的時候硬而粗糙，但熟了之後就會膨脹與軟化。當澱粉顆粒糊化時，會吸收所有能吸收的水，包括麵筋和其他蛋白質在加熱時所釋出的水分。

澱粉顆粒會在120℉至140℉（50℃至60℃）時開始膨脹。當溫度達170℉（75℃）時，糊化作用正如火如荼地進行著，顆粒也吸收了大量水分。這會使得麵糊或麵團明顯變稠，也會呈現出烘焙食品最終成形的形狀與組織結構。不過糊化至此尚未結束，要到溫度達200℉（95℃）左右且有足夠的水分讓它們吸收，這個作用才會完全完成。如果糊化進行到這個階段，澱粉分子會從顆粒中移出，顆粒也會隨之開始變形並塌陷。澱粉的糊化將在第12章中詳細討論。

烘焙食品中的澱粉很少有完全糊化的機會，因為在糊化時通常都不會有足夠的水或時間使之發生。舉例來說，派或餅乾的麵團就幾乎不會發生澱粉糊化，因為其中包含的水分很少。不靠澱粉糊化，派皮的結構主要仰賴於麵筋，而餅乾的結構則仰賴於麵筋蛋白與卵蛋白。與這兩者相反，蛋糕麵糊的含水量很高，而這種烤焙蛋糕就很需要糊化澱粉（以及凝結的卵蛋白）來撐起結構。

然而，就算有足夠的水分，其他原料（如糖和脂肪）也會提高澱粉糊化的所需溫度。這表示澱粉在高油糖麵包麵團（糖與脂肪含量高的麵團）中糊化時，會需要比在低油糖麵團時更高的溫度。

就像蛋白質凝結，一旦澱粉糊化順利進行，就確立了烘焙食品（或布丁餡、派餡）最終呈現的體積和形狀。在烘烤的這個階段，烘焙食品可以維持住整體形狀，但還具有濕麵團的質地、顏色淺淡，也沒有香氣。

實用祕訣

如果你做的酵母發酵甜麵包或小圓麵包在冷卻時塌陷或起皺，很可能是因為大量糖分阻礙澱粉充分糊化。為了避免這種情況發生，請減少糖的添加量、使用麵筋含量更高（即更堅固）的麵粉，或是延長烘烤時間，必要的話，也可以將烤箱溫度降低25℉（15℃）。

7. 氣體蒸發

膨發的三種主要氣體是大氣、水蒸氣與二氧化碳，不過烘焙食品中當然也包含了其他氣體。許多液體（包括香草精和酒類）在受熱時會蒸發成氣態，任何蒸發成氣體的液體都有做為膨發氣體的作用，可別低估這些不在主要氣體中的氣體對烘烤過程的重要性。由於酒精是酵母發酵的最終產物，因此所有酵母發酵的烘焙食品都含有一定程度的酒精含量。

為什麼貝果經滾水煮過會有光澤？

貝果的傳統作法是在烘烤前短暫以滾水煮過。沸水會讓貝果表面的澱粉糊化，而這些糊化澱粉形成了光滑的薄膜，使其表面光滑到足以使光線均勻地反射。

當溫度高於室溫時，麵糊和麵團會損失少量的二氧化碳與其他氣體。這是因為潮濕的孔壁並非完全固態，能讓氣體在整個未烘烤的半成品中緩慢但穩定地移動。然而，到了某個時間點，這些孔壁就會因氣體膨脹的壓力而破裂，使得氣體大量逸出。蛋白質凝固與澱粉糊化也大約是在同個時間點發生的，這並非巧合。也就是說，隨著烘焙食品的結構變得堅固，它對氣體來說也變得越來越多孔。它從困住空氣的濕泡沫變成了無法留住空氣的多孔海綿。以麵包來說，這種情況大約會發生在160℉（72℃）時。麵包麵團就是在這個時間點失去了留存氣體與膨脹變大的能力，氣體不再留在裡面，而是移往外露的表面並蒸發。

實用祕訣

儘管廚房計時器等工具都很有用，但經驗豐富的麵包師和糕點師在烘焙坊工作時會倚仗他們所有的感官，包括嗅覺。舉例來說，從烤箱傳出的香氣是一種早期指標，提醒人要盡快檢查烘焙食品的烤熟程度。

當氣體從烘焙食品中逸出，一些重要的變化也會隨之發生。首先，水分流失會在表面形成乾而硬的外皮。根據配方和烤箱條件的差異，外皮可能變脆，正確製作的法式長棍麵包就是如此，也可能像是用牛奶製成的麵包那樣柔軟。無論如何，在烘烤的這個階段，外皮還是淡白色的。

除了產生乾硬的外皮，烘焙食品也會因失去水分而減輕重量。平均而言，18盎司（510克）的麵團按比例來說會做出一條1磅（450克）重的典型麵包。隨著氣體蒸發發生的第三個變化則是風味的喪失。當烘焙坊充滿香氣，比如香草這類香氣時，其實也表示這些香氣正從烘烤中的烘焙食品中逸散。

不過，烘焙食品大多還是會留有足夠的風味讓買家享用。在烘烤的這個階段，其他風味的損失並不明顯，但還是很重要。比如說，酒精和二氧化碳都與生麵團的味道有關。當溫度增加到約75℃（170℉）時，這兩者都已經大量從烘焙食品中揮發掉了。對於含有較多這兩種氣體的烘焙食品（如發酵麵團），這會導致它的風味產生的微妙卻重要的變化。

為什麼要在麵包的烘烤過程中將蒸氣打入烤箱？

由於麵包配方本身的性質，許多酵母麵包的外皮在烘烤時會成形得十分迅速。一旦形成乾硬的外皮，即使麵包中的氣體繼續膨脹，麵包也沒辦法再變大了。氣體頂多會在從中逸出時使麵包的表面破裂，但還是無法再使麵包膨脹。

如果在烘烤的早期階段將蒸氣打入烤箱，麵包的表面就會保持濕潤柔軟，這能讓麵包持續膨脹的時間更長，麵包也就會變得更高、更輕，以及不那麼紮實。

由於打入蒸氣能延遲外皮的形成，因此會形成較薄的外皮，而濕潤的蒸氣會催化麵包表面的澱粉糊化，也就使得外皮更脆、更光滑。

用微波爐製成的麵包不會順利地變成褐色，味道也很平淡。用微波爐加熱與用烤箱烘烤完全不同，以烤箱烘烤時，烤箱溫度很高，烘焙食品透過傳導由外而內加熱；而微波爐本身則一直保持涼快，而且是將整個烘焙品均勻地加熱。這意味著麵包表面的外層在微波爐中不會變得很熱，而沒有經歷高溫就不會發生褐變反應。外皮因此保持淺色，褐變反應中才會產生的理想烤焙風味也不會出現。

8.外皮的焦糖化 與梅納褐變反應

只要水繼續從烘焙食品的外皮上蒸發，蒸發冷卻作用就能防止表面溫度升高。然而，一旦蒸發的速度明顯減緩，表面溫度就會迅速升到300℉（150℃）以上。高溫會將烘焙食品表面上諸如糖、蛋白質之類的分子分解，從而形成理想的烘烤風味與褐色。可以想見的是，這些反應對絕大多數的烘焙食品都很重要，因為基本上所有的烘焙食品都含有糖和蛋白質。

麵包師和糕點師未必會去分辨哪些分子分解了，大部分時候所有形成褐色和烤焙風味的現像都稱做「焦糖化」。不過要精確來說的話，焦糖化是指糖分解的過程。將糖置於鍋子裡放在爐上加熱，糖最終會焦糖化成散發香氣的棕色團塊。

當糖在蛋白質存在的時候分解，就稱做梅納褐變反應。由於食物中含有許多不同種類的糖和蛋白質，因此梅納褐變反應有助於增加各種食品的風味，比如烤堅果、烤牛肉和烤麵包。

雖然前面提到的八個事件對於麵包師和糕點師來說是最重要的幾件事，但在烘焙過程中還會發生以下三個事件。

9. 酵素失去活性

酵素是在植物、動物與微生物之間做為生物催化劑的蛋白質。它們會催化或加速化學反應的進行，而且不會在過程中被消耗掉。這使得酵素的使用效率很高，只要用一點就能達到大幅進展。酵素不僅可以加速化學反應，也可以導致一些原本並不會發生的反應發生。

所有的酵素都是蛋白質，因此都會因受熱而質變。質變的過程會使酵素失去活性，進而停止作用。大多數的酵素在160℉至180℉（70℃至80℃度）的溫度下就會失去活性，但是不同種類的酵素對熱的敏感性不盡相同。不過，高溫在使其失去活性之前會先增強其作用，而這只會發生在烘烤的早期階段。

澱粉酶（amylase）是一種對酵母發酵的烘焙食品來說很重要的酵素。它存在於麵包麵團中會用到的幾種原料裡，包括麥芽大麥粉、糖化麥芽糖漿和某些麵團調整劑、改良劑。在失去活性之前，澱粉酶（也稱為糖化酶〔diastase〕）會將澱粉分解為糖與其他分子。有一定量的澱粉分解成糖，對於褐變反應、軟化麵包、延遲腐壞來說都是件好事。

然而，如果被分解的澱粉太多，麵包就會因為太多糖產生褐變而變黑，麵包也可能因此

變得軟爛，因為澱粉是麵包和其他烘焙食品中很重要的結構充填劑。透過加熱來使澱粉酶失去活性是個合理的作法，因為這能限制它分解澱粉的量。

烘焙原料中含有的其他酵素包括分解蛋白質的蛋白酶（protease）和分解脂類（脂肪、油和乳化劑）的脂酶（lipase）。我們可以注意到，這些酵素的命名都以-ase做為字尾。

10. 營養素發生變化

蛋白質、脂肪、碳水化合物、維生素和礦物質是食物中的幾種營養成分，而加熱的過程會對某些營養素產生一些非常重大的改變。舉例來說，麵粉裡的蛋白質和澱粉在加熱後就更容易被消化，這表示含麵粉的烘焙食品通常比生食更有營養。不過，加熱對食物的影響並非全然都是正面效益。加熱也會破壞一些營養素，比如維生素C（抗壞血酸）和硫胺素（維生素B1）。

11. 果膠的分解

果膠並不存在於麵糊或麵團裡，但是許多烘焙食品都含有水果，而果膠是使水果維持一體的主要成分之一（圖3.3）。當它因受熱而溶解，水果也會因此變軟，失去原先的形狀。雖然其他的變化也會導致水果在煮熟時變軟，但果膠的分解是最重要的原因之一。

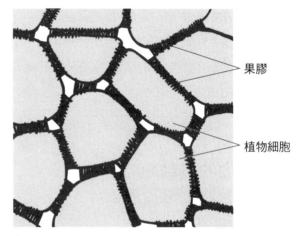

果膠

植物細胞

圖3.3　果膠是新鮮水果中維持植物細胞相連的接合劑。

第三階段：冷卻

烘焙食品從烤箱中取出後還會繼續其受熱過程，直到它的溫度冷卻至室溫。這個現象稱為「餘熱烹調」。由於餘熱烹調的緣故，在烘烤的最後幾分鐘一定要仔細觀察烘焙食品，並且必須在其烘烤至完美之前（而不是在完美的那一刻）將其取出。

就算烘焙食品已經冷卻，也被適當地包裝了，在儲存的過程中還是會繼續變化，那些主要變化可以概括如下。

1　氣體收縮，不再對間壁施加壓力。一旦沒有這種壓力，那些沒有多孔間壁也沒有充分形成結構的烘焙食品（如舒芙蕾與沒烤熟的半成品）就會塌陷。

2 脂肪會重新凝固，變得較不油膩。不過，根據脂肪的不同，烘焙品也可能會硬化、產生蠟質感，用高熔點脂肪製成的酥皮就是這樣。

3 糖會在高糖低水分的產品（如餅乾、某些蛋糕和瑪芬）的外皮上再結晶，使這些成品有理想的脆皮。

4 澱粉分子鍵結固化，使結構更牢固與堅硬。澱粉鍵結（又稱回凝）會在之後幾天內持續進行，這就是導致澱粉老化的主要原因。老化的烘焙食品質地會又硬又乾，而且易碎。

5 蛋白質分子也會隨著成品凝固而鍵結固化，這同樣可能會導致蛋白質老化而走味。在脆弱的烘焙食品冷卻與結構固化之前，最好不要切開它們，以免將它們弄碎。有個不錯的經驗法則是這樣做的：先將成品冷卻到100℉（38℃）或更低溫，再進行切片。

6 水分會在烘焙食品的組織裡重新分布，這也可能導致老化。

7 在麵包等含水量高的產品中，水分會從較濕的組織內裡轉移到乾燥的外皮上。到了第二天，外皮就不脆了，或是有時會變得太有韌性而有點橡膠感。

8 味道會逐漸蒸發掉，到了第二天左右那種剛出爐的絕妙風味就不復見了。有些風味會喪失的原因是澱粉在回凝時將風味鎖住了，這個時候，用烤箱稍微重新加熱可以讓一些消失的風味重現，也能軟化結構。

複習問題

1　請舉出增韌劑、嫩化劑、增濕劑和乾燥劑的實例。

2　請舉一個例子來說明不同的攪拌法對做出的烘焙食品有什麼影響。

3　請列出將原料混入麵糊或麵團時會發生的七件事，並簡要說明。

4　請說明兩種攪拌麵包麵團的主要方法。

5　一般來說有哪些烘焙食品會使用糖油拌合法攪拌？

6　為什麼未經烘烤的麵糊和麵團有時會被稱做泡沫？

7　為什麼烘焙食品有時會被稱做海綿？

8　在烘烤時，水能起到哪五個作用？

9　相同的派皮麵團配方在某種狀況下會做出易碎、粉質的外皮，在另一種情況下卻能做出多層片狀結構的外皮，這是為什麼？又是怎麼做到的？

10　脂肪如何導致烘焙食品膨脹？

11　熔點為130°F（55℃）的酥油和熔點為130°F（55℃）的人造奶油，哪一個更能讓烘焙品膨脹呢？請解釋為什麼。

12　油脂如何使烘焙食品嫩化？

13　熔點為105°F（40℃）的酥油和熔點為130°F（55℃）的酥油，哪一個更能讓烘焙品膨脹呢？請解釋為什麼。

14　熔點為105°F（40℃）的酥油和熔點為130°F（55℃）的酥油，哪一個能讓烘焙品更軟質呢？請解釋為什麼。

15　固體脂肪如何幫助餅乾麵團擴散？

16　結晶的糖對麵糊和麵團的稠度有什麼影響？溶解的糖對此又會造成什麼影響？

17　什麼是爐內膨脹，造成這個現象的原因又是什麼？

18 烘焙食品有三種主要的膨發氣體，請問是哪三種？

19 膨鬆劑如何嫩化烘焙食品？

20 請舉幾個微生物的例子，說明它們在烘烤過程中會發生什麼事，以及列出兩個原因說明這些事的重要性。

21 請描述雞蛋的凝結過程。

22 請描述澱粉糊化的過程。

23 是什麼使得烘烤食品形成乾燥的表皮？

24 請問氣體蒸發會導致哪三件事？

25 請舉一種酵素為例，說明它和其他酵素在烘烤過程中發生了什麼事？

26 請舉一種營養素為例，簡要說明做為一種營養素在烘烤過程中會發生什麼事？

27 烘烤期間發生了什麼，導致蘋果派中的蘋果變軟、變形？

28 請列出烘焙食品在冷卻時會發生的八種情況，並做出簡要的描述。

29 請問烘焙食品老化變質的主要原因是什麼？除此之外還有哪些其他因素會導致老化？

問題討論

1 請說明如果蛋白質凝結得太早（在氣體膨脹之前）會發生什麼情況？

2 請說明如果蛋白質凝結得太晚（在氣體膨脹之後）會發生什麼情況？

3 如果烘焙食品中只有很少（甚至沒有）結構充填劑，你覺得會發生什麼事？

4 如本章所述，如果要使澱粉糊化，就要有充足的水與熱。下列有幾種烘焙品，請考量它們的液體含量，在下列兩組中，分別指出哪一個的結構比較依賴澱粉糊化，也就是說，哪一個會發生更多澱粉糊化的現象：

● 麵包還是派皮？

● 又乾又脆的餅乾，還是瑪芬？

5　八個在烤箱中發生的主要事件中，有兩個涉及氣體。請將這兩個事件合併起來，描述烘烤過程從頭到尾對氣體有什麼影響，以及氣體的變化會如何影響成品。

習作與實驗

❶ 習作：在蛋糕麵糊中形成的孔道

試著想像一下，你用了高糖蛋糕的配方來焙烤蛋糕或杯子蛋糕，接著，你注意到它們在烘烤過程中冒出了難看的孔道。這可能是因為麵糊太稀或是在變稀的狀態維持了太久。請解釋以下各項技術之所以能增加麵糊稠度、減少孔道現象的原因。第一項已經完成，可以做為範例。

1　使用低筋麵粉，而非高筋麵粉或中低筋麵粉。
原因：低筋麵粉與高筋麵粉和中低筋麵粉不同，其中的澱粉能吸收更多液體，因此低筋麵粉更能使麵糊變稠（更多相關資料請參見第5章）。

2　增加麵粉的量。
原因：_____
_____
_____

3　選用更堅實、熔點更高的脂肪。
原因：_____
_____
_____

4　減少糖的添加量。
原因：_____
_____
_____

5　調高烤箱溫度。

原因：_____

_____

_____

6　減少放入同一烤模中的麵糊分量。

原因：_____

_____

_____

② 實驗：攪拌方式如何影響瑪芬的整體品質

目標

演示以瑪芬拌合法與糖油拌合法分別如何攪拌原料並兩相對照

- 備料的簡易度
- 瑪芬的外觀和質地
- 瑪芬的整體接受度

製作成品

分別以下列方式製作瑪芬

- 瑪芬（一段式）拌合法
- 糖油拌合法或其他傳統的攪拌法
- 依需求使用其他攪拌法（如比司吉攪拌法，或是不同分量的糖油拌合法）

材料與設備

- 秤
- 瑪芬模（直徑2.5／3.5吋或65／90公釐）
- 紙襯、烤盤油噴霧或烤盤塗膜
- 篩網
- 5夸脫（約5公升）鋼盆攪拌機
- 槳狀攪拌器

- 刮板
- 瑪芬麵糊（請見配方），分量足以讓每種變因都做24個以上的瑪芬
- 16號（2液量盎司／60毫升）冰淇淋勺或同等容量量匙
- 半盤烤盤（非必要）
- 鋸齒刀
- 尺

配方

基本瑪芬麵糊

分量：24個瑪芬（會剩一點麵糊）

材料	磅	盎司	克	烘焙百分比
酥油		7	200	35
中低筋麵粉	1	4	570	100
糖（一般砂糖）		8	225	40
鹽（1茶匙）		0.2	6	1
泡打粉		1.2	35	6
蛋（全蛋）		6	170	30
牛奶	1		455	80
香草精（1.5茶匙）		0.2	7	1
合計	3	10.6	1,668	293

製作方法

1 將烤箱預熱至400℉（200℃）。

2 讓所有原料溫度都趨於室溫（原料的溫度對於結果的一致性非常重要）。

3 按照瑪芬拌合法或糖油拌合法的指示進行攪拌。

進行瑪芬拌合法，請按以下方式攪拌原料：

1 融化酥油，然後稍微放涼。

2 將麵粉、糖、鹽與泡打粉一起過篩三次。

3 將蛋輕輕攪打，然後將牛奶、香草和融化的酥油加入。

4 將上述液體倒進攪拌缸裡的乾原料。

5　使用攪拌槳，以低速攪拌原料15秒或攪拌到將乾原料弄濕為止，這時麵糊看起來會有些結塊。

進行糖油拌合法，請按以下方式攪拌原料：

1　將麵粉、鹽和泡打粉一起過篩三次。

2　使用攪拌槳，以低速攪拌酥油和糖30秒後停下，以刮刀刮缸後再攪拌30秒，然後再次刮缸。

3　以中速攪打1分鐘，然後停下來刮缸。

4　繼續攪打2分鐘或攪打到麵糊變得輕盈膨鬆為止。

5　將蛋輕輕攪打，並加入香草精。

6　分兩次加入剛剛輕輕打好的雞蛋混合物。在這個過程中以低速攪拌共40秒，或攪拌到相互混合為止。

7　將過篩的乾原料與牛奶分三次交替加入，同時以低速攪拌1分鐘或到混合為止。視需求停下來刮缸。

步驟

1　以上述的配方或任何基礎瑪芬配方製備瑪芬麵糊。每種攪拌方法都各製備一份。

2　在瑪芬模上墊紙襯、以烤盤油噴霧輕輕噴塗，或是以烤盤塗膜進行潤滑，以及在各個烤盤上標出該盤使用的攪拌法。

3　稱取2盎司（60克）的麵糊放入備好的瑪芬烤盤。以16號勺做為標準，但不同變因的組別可能在體積上會略有不同。

4　如果需要的話，將瑪芬模放在半盤烤盤上。

5　用放在烤箱中央的烤箱溫度計讀取最初的烤箱溫度，並記錄在此處：＿＿＿＿＿＿＿。

6　將烤箱正確地預熱後，將裝滿的瑪芬模放入烤箱，並設定計時器為20至22分鐘，或根據配方進行設定。

7　持續烘烤瑪芬，直到呈現淺褐色，且輕按中心頂部時會回彈，即可取出。所有瑪芬都要在經過相同長的烘烤時間後從烤箱取出，不過如有必要，可以針對烤箱差異調整烘烤時間。

8　確認烤箱的最終溫度，並記錄在此處：＿＿＿＿＿＿＿。

9　從熱烤盤中取出瑪芬，將其冷卻至室溫。

結果

1 在瑪芬完全冷卻後，請按下述方式估量每批瑪芬的平均高度：

● 每一批各擇三個冷卻的瑪芬對切，注意不要在切的時候擠壓到。

● 將尺沿著平面那邊擺放，測量每個瑪芬的最高高度。以1/16吋（1公釐）為單位記錄每個瑪芬的測量結果，並將結果記錄在下面的結果表一。

● 將每批瑪芬的高度相加再除以3，就能算出每一批的平均高度。請將結果記錄在結果表一中。

2 評估瑪芬的形狀（均勻的圓頂、尖峰狀、中心凹陷等等），並將結果記錄在結果表一。

結果表一　以不同方法攪拌的瑪芬具有的高度與形狀

攪拌方式	三個瑪芬個別的高度	瑪芬的平均高度	瑪芬的形狀	備註
瑪芬拌合法				
糖油拌合法				

3 對完全冷卻的瑪芬在感官上的特性進行評估，並在結果表二中記錄評估結果。評估請參考下列因素：

● 外皮顏色，從極淺到極深分為1到5級

● 外皮質地（濕潤／乾燥、柔軟／酥脆等等）

● 內裡的樣子（小而均勻的氣室、大而不規則的氣室、孔道等等）；另外，也請評估內裡的顏色

● 內裡的質地（濕潤／乾燥、韌性／嫩性、橡膠口感、易碎等等）

● 整體風味（如雞蛋味、麵粉味、鹹味、甜味等等）

● 整體滿意與否，從高度不滿意到高度滿意，由1至5給分

● 如有需要可加上備註

結果表二　以不同方法攪拌的瑪芬所具有的感官特性

攪拌方法	外皮顏色與質地	內裡的樣子與質地	整體風味	整體滿意度	備註
瑪芬拌合法					
糖油拌合法					

誤差原因

　　請列出所有可能讓實驗難以得出正確結論的誤差原因。尤其必須考量到能否正確攪拌原料與烤箱方面遇到的任何問題。

_____

_____

_____

　　請列出下次可以採取哪些不同的作法，以縮小或去除誤差。

_____

_____

_____

結論

　　請圈選**粗體字**的選項或填空。

1　與瑪芬拌合法相比，以糖油拌合法進行攪拌**比較容易／比較難／難度相同**，而且花費了**更多／更少／相同**的時間來完成。

2　與使用瑪芬拌合法製作的瑪芬相比，使用糖油拌合法製作的瑪芬有**更小而均勻／更大而不均勻／相同**的氣室。整體來說，使用**糖油／瑪芬**拌合法製作的瑪芬外觀會比較像蛋糕。

3　與使用瑪芬拌合法製作的瑪芬相比，使用糖油拌合法製作的會**更韌性／更嫩性／既沒有更韌性也沒有更嫩性**。

4 用不同攪拌方法製作的瑪芬之間，有沒有其他明顯差異：

_____

_____

_____

5 我發現接受度比較高的瑪芬是使用**糖油／瑪芬**拌合法製成的，因為：

_____

_____

_____

❸ 實驗：製作方法如何影響磅蛋糕的品質

目標

說明打發脂肪與將乾原料過篩的程度如何影響磅蛋糕麵糊

- 打發酥油的稠度
- 蛋糕麵糊的稠度
- 磅蛋糕的體積
- 內裡的樣子：磅蛋糕的粗糙度與顏色
- 磅蛋糕的整體接受度

製作成品

以下列方式處理磅蛋糕

- 不打發脂肪，不過篩
- 打發脂肪4分鐘，過篩3次（對照組）
- 視意願加上其他方式（打發脂肪4分鐘，不過篩；不打發脂肪，過篩三次；打發脂肪8分鐘等等）

材料與設備

- 秤
- 篩網
- 攪拌勺

- 5夸脫（約5公升）鋼盆攪拌機
- 槳狀攪拌器
- 刮板
- 磅蛋糕麵糊（請見配方），分量足以分別為各變因製作一個以上的9吋蛋糕
- 9吋蛋糕烤模，每個變因各一個
- 烤模塗膜或烤盤油噴霧
- 刮勺
- 烤箱溫度計
- 兩個相同的透明1杯分量量杯（或類似尺寸的透明容器），用於測量打發酥油的密度
- 抹平刀
- 鋸齒刀
- 尺

配方

酥油混合物

材料	磅	盎司	克
通用酥油		10	280
糖（一般砂糖）		20	560
奶粉		1	30
合計	1	15	870

製作方法（製作對照組）

1　將酥油放入攪拌缸，用攪拌槳以低速攪拌15秒使其軟化，這時停下並刮缸。

2　以中速打發1分鐘的同時慢慢加入糖，然後停下來刮缸。

3　繼續以中速打發1分鐘，然後再次停下與刮缸。

4　以中速打發2分鐘的同時慢慢加入奶粉。中途要停下來刮缸。

磅蛋糕麵糊

分量：一層9吋大小的磅蛋糕

材料	磅	盎司	克	烘焙百分比
低筋麵粉		8	225	100
泡打粉		0.25	7.5	3
鹽		0.1	2.5	1
酥油混合物		15.5	435	193
蛋		7	190	84
水		4.5	125	56
合計	2	3.35	985	437

製作方法（準備對照組）

1 將烤箱預熱至350℉（175℃）。

2 讓所有原料溫度都趨於室溫（原料溫度對於結果的一致性非常重要）。

3 將麵粉、泡打粉和鹽過篩到烘焙紙上，重複三次，混合均勻。

4 將15.5盎司（435克）的酥油混合物放入攪拌缸中，剩下的留待之後使用。

5 用攪拌槳以低速攪拌45秒，同時慢慢加入大略打過的雞蛋，然後停下來刮缸。請注意：打發的混合物看起來可能有點凝結，但裡面還是保留了大量空氣。總之，可不要把它攪拌過度了。如果雞蛋和酥油混合物在45秒前就已經均勻混合，請馬上進行下一個步驟。

6 將乾原料與水分成三次交替加入，同時以低速攪拌1分鐘，然後停下來刮缸。

製作方法（準備不打發脂肪也不過篩的蛋糕）

按照對照組的製作方法進行，但下列步驟要改變作法：

1 製作酥油混合物時，將糖和奶粉一次加入，慢速攪拌直到相互混合但還未打發的狀態，約1分鐘。

2 不要在步驟3時將原料過篩，而是用勺子輕輕攪拌，攪拌要徹底。

3 接著執行步驟4。

步驟

1 以上述的配方或任何基礎磅蛋糕配方製備磅蛋糕麵糊。一份以對照組的製作方法準備，一份

按照不打發、不過篩的方法製作。為了將實驗誤差最小化，請用酥油製作，而非奶油或人造奶油。請注意，「酥油混合物」的配方已經是製作一層磅蛋糕需要量的兩倍了。

2 以烤模塗膜或烤盤油噴霧對蛋糕烤模進行潤滑，並在烤模上標示個別的製作方式。

3 稱取麵糊倒進備好的蛋糕烤模，每種變因的重量都要相同（每個9吋的烤模各倒入32盎司／900克），然後以刮勺將麵糊抹平。

4 評估每種麵糊的稠度，從極稀、流動性強到極濃稠，分別為1到5級，並記錄在結果表一。

5 用放在烤箱中央的烤箱溫度計讀取最初的烤箱溫度，並記錄在此處：＿＿＿＿＿＿＿＿。

6 將烤箱正確地預熱後，將裝滿的蛋糕烤模放入烤箱，並設定計時器為30至35分鐘，或根據配方進行設定。持續烘烤蛋糕，直到對照組（經過4分鐘的打發與過篩）呈現淺褐色，且輕按後會回彈，即可取出。所有蛋糕取出時都必須經過相同的時長，不過如有必要，可以針對烤箱差異調整烘烤時間。

7 確認烤箱的最終溫度，並記錄在此處：＿＿＿＿＿＿＿＿。

8 將蛋糕靜置1分鐘以上，然後從熱烤模中取出，冷卻至室溫。

結果

1 拿各個版本的配方在製作時剩下的酥油混合物來分別量測密度。量測密度時：
- 將酥油混合物的樣本小心地倒入重量已經歸零的量杯中。
- 以肉眼檢查量杯，確認其中沒有較大的氣泡空隙。
- 用抹平刀將量杯的頂部抹平。
- 稱量每杯打發酥油混合物，將結果記錄在結果表一。

2 在蛋糕完全冷卻後，請按下述方式評估高度與外形：
- 將每一份蛋糕對切，注意切的時候不要擠壓到。
- 將尺沿著平面那邊擺放，測量每個蛋糕的最高高度。以1/16吋（1公釐）為單位記錄測量結果，並記錄在下面的結果表一。
- 在結果表一的「蛋糕外形」欄中記錄蛋糕的頂部是否為均勻的圓頂，又或者呈尖峰狀或中心凹陷。
- 也請記錄蛋糕是否傾斜，即是否有其中一邊高於另一邊的現象。

結果表一　以不同的準備方法製成的蛋糕

準備方法	麵糊稠度	酥油混合物的密度	蛋糕高度	蛋糕外形	備註
無過篩與打發					
過篩3次，打發4分鐘（對照組）					

3　對完全冷卻的蛋糕在感官上的特性進行評估，並在結果表二中記錄評估結果。請確保將每種變因與對照組交替進行比較，並參考下列因素進行評估：

- 內裡的顏色
- 內裡的樣子（小而均勻的氣室、大而不規則的氣室、孔道等等）
- 整體滿意與否，從高度不滿意到高度滿意，由1至5給分
- 如有需要可加上備註

結果表二　用不同製作方法製成的磅蛋糕具有的外觀與其他特性

準備方法	內裡的顏色與樣子	整體滿意度	備註
無過篩與打發			
過篩3次，打發4分鐘（對照組）			

誤差原因

　　請列出所有可能讓實驗難以得出正確結論的誤差原因。尤其要去考量測量酥油密度時遇到的任何難題、麵糊的攪拌與處理方式的差異，以及關於烤箱的任何問題。

_____

_____

_____

請列出下次可以採取哪些不同的作法，以縮小或去除誤差。

_____

_____

_____

結論

請圈選**粗體字**的選項或填空。

1 當做對照組的酥油混合物密度會**高於／低於／等於**未打發混合物的密度。這是因為酥油混合物中的空氣量會隨著打發時間的增加而**增加／減少／保持不變**。兩者的密度差距**很小／中等／很大**。

2 對照組的麵糊比無打發與過篩版本的麵糊**濃稠／稀／相同**。兩者的濃度差距**很小／中等／很大**。

3 對照組內裡中的氣室比未打發與過篩版本中的氣室**更小而均勻／更大而不均勻／相同**，而且，對照組的內裡顏色比未打發與過篩版本的內裡顏色**更淺／更深／相同**。這是因為打發混合物中的空氣量會隨著打發時間的增加而**增加／減少**。

4 兩者之間的其他明顯差異如下：

_____

_____

_____

5 我發現接受度較高的磅蛋糕是_____，因為：

_____

_____

_____

6 已知兩個蛋糕由相同分量的相同原料製成，那麼你會如何解釋兩個蛋糕內裡顏色的差異？

_____

_____

_____

7 請查閱食譜和網路，列舉出兩種你認為會像這種蛋糕一樣受不恰當的過篩與打發過程影響的烘焙食品配方，並解釋為什麼你會這麼認為。

_____

_____

_____

4

食物的
感官特質

導論

感官知覺的研究，就是探索人體的感覺器官（眼、耳、鼻、口及皮膚）如何偵測人體周圍的變化，以及大腦如何接收並編譯這些訊息。負責偵測周圍變化的受器位於感覺器官之內，而我們在吃東西的時候，這五種感覺器官內的受器，其實是同時在運作。感覺器官內的受器，包括了遍布口腔中的味覺細胞，鼻腔最上方的嗅覺細胞，皮膚表層下的游離神經末梢，視網膜內的視桿細胞及視錐細胞，以及耳部的聽覺細胞。本章將重點放在食物的感官特質（外觀、風味和質地），以及如何客觀評估和描述這些特質。透過本章，將會了解人體在分析食物的感官特質時，這五種感覺器官是如何獨立作業以及分工合作。我們在吃東西時，五感雖然是同時運作，但有的感官運作會比其他的更加活躍。例如，市售食品的外觀幾乎是最重要的賣點，只有少數食品才會以聽覺為賣點，像是焙烤堅果、薄脆餅乾還有花生糖。有關於如何提升食物風味的內容，我們會在第17章中詳細討論。

評估食物和純粹的品嘗不一樣，感官評估相當複雜，因此需要練習，並且全神貫注。專業的麵包師和糕點師都必須學習如何評估食物，才能在問題發生時找出錯處並加以排除。身為專業人士，我們所製作的產品未必出自個人喜好，才更要客觀評估自己的產品，確保產品品質無虞。

個人在客觀評估食物上的能力，會受到許多因素的影響；例如遺傳、性別和健康狀況等等。然而，經驗，應該是最大的影響因素，因為經驗會讓個人注意到最微小的細節。換句話說，不論你現在的評估能力如何，就和學習其他技巧一樣，只要經過不斷練習，就能精進這份能力。

外觀

外觀是顧客看到食品的第一印象，而第一印象往往是最重要的。不論食品的味道有多好，只要外觀不吸引人，就很難讓人再去多看一眼。所謂「視覺饗宴」（eat with our eyes），因為人類的視覺是五感中最發達的，許多動物不像人類有如此發達的視覺，比如狗是靠嗅覺來探索這個世界。

由於人類的視覺是感官之中最發達的，因此當大腦接收到其他感官的訊息與視覺的訊息相抵觸，大腦大多會忽略來自其他感官的訊息。例如黃色的糖果應該是檸檬口味的，但若其實是葡萄口味的話，有許多人反而無法判斷出正確的味道。還有像是加了紅色食用色素的草莓冰淇淋，味道吃起來就是比沒加色素的冰淇淋為更濃郁，明明這兩種冰淇淋其實都一樣。所以，身為專業人士才更要鍛鍊自己的感官不被視覺欺騙，而了解食物的外觀會如何影響顧客的看法也是很重要的。

當光波進入我們的眼睛，會先通過瞳孔，接著通過水晶體，最後到達位於眼部最後方的視網膜。視網膜由上百萬個受器細胞緊密相連而組成，這些受器細胞主要有兩種：視桿細胞和視錐細胞，它們因細胞本身的形狀而得名。

這兩種視覺受器皆為感光細胞，內部包含能夠接收光線的色素，並產生感光作用，但它們作用的方式相當不同。視桿細胞能夠辨別光線明暗的變化，光敏感高，但不會辨別色彩。而視錐細胞則是能辨別色彩，但是對暗處的光敏感度很低，只能辨別強光的光線。所以我們能在黑暗中看到影子卻看不到色彩，就是這個原因。

外觀的要素有很多，但顏色（或是成色）——比如食物是黃色還是紅色——卻是最重要的部分，其他要素還有不透明度、光澤感、形狀、大小，還有肉眼可識別的質地。不透明度就是物體透光的程度，會讓食物外觀呈現透明或混濁，不透光的像是牛奶，透光透明的如清水。光澤感是物體表面呈現鏡面光滑或閃閃發光，反之就是霧面消光或是黯淡無光，例如透出光澤感的蜂蜜、霧面消光的蘇格蘭奶油酥餅。

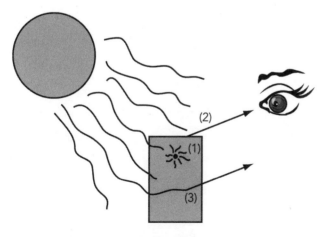

圖4.1 光線投射在物體上，會發生(1)被物體吸收、(2)反射，或(3)透射現象。

物體外觀的感知

當光投射在物體，物體會反射（反彈）、透射（穿透）或是吸收光線（圖4.1）。物體反射或透射光線時，我們的肉眼才能看到物體；若物體吸收全部的光線，我們就看不到這個物體。

影響物體外觀知覺的要素

會影響物體外觀看起來相似或相異的要素有三種，其中兩個分別是光線來源以及物體本身，當光線投射在食物上，光線會被食物吸收、反射或透射，造成視覺知覺上食物所呈現的樣貌。而第三種因素，則是周圍環境的影響造成物體外觀差異，這偏向是一種視覺錯覺。

光線來源　光線投射在物體上發生的變化有三種：被吸收、反射或透射，物體外觀也會因光線而改變。因此光的亮度和種類（如螢光燈、白熾燈和鹵素燈，圖4.2），就是必須要考慮的要點。麵包師和糕點師一定要注意自己的產品在店鋪的燈光下，和顧客用餐時的燈光下，

當光線被食物吸收會變成什麼樣子？

當可見光被食物或物體完全吸收，我們的視覺對這些物體的外觀知覺就會被障蔽，也就是「看不見」。不過，這不表示物體消失不見。光是一種能源的型態，當光被物體吸收，純粹就是從一種型態的能源，轉換成另一種型態而已（就像熱能或動能）。

物體在吸收光線時是有選擇性的，不同種類的物體會選擇不同的光線來吸收。比方說，植物的葉子含有葉綠素，葉綠素會吸收大部分的光，但不會吸收綠光，因此綠葉看起來會是綠色的，就是因為我們的眼睛接收到綠葉所反射的綠光。同樣的道理，覆盆子看起來是紅色的，就是因為覆盆子除了紅光以外吸收了大部分的光，也只反射了紅光。而黑色的物體之所以是黑色的，是因為物體吸收了幾乎全部的光，肉眼能接收到的反射光線微乎其微。至於白光則是所有光的集合體，也就是彩虹（拿一個稜鏡對著光，你會看到白光被稜鏡分離出原本的光）。也就是說，一個物體看起來是白色的，是因為它吸收的光線非常微量，甚至是根本沒有吸光。

看起來可能會不同。烘焙坊的光源通常是高亮度的白熾光，而餐室或餐廳的燈光通常是比較柔和的偏黃暖光，暖光會柔化產品的外觀。

> **實用祕訣**
> 如果廚房內場的光源和外場店鋪的光源不同，一定要把成品拿到外場檢查，確認食品的外觀能被顧客接受。

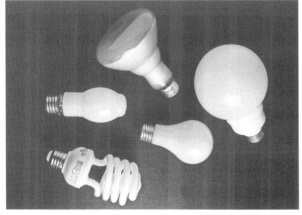

圖4.2 螢光燈、白熾燈和鹵素燈。物體的外觀會因為光線而改變，尤其是在亮度不同的照射下。

物體本身 物體因為本身的特質，對光線的反應（吸收、反射和透射）也不盡相同。主要因素有兩個：一是物體的化學性質，另一個就是物理結構。

如果物體的化學性質不同，外觀自然也不同，這很合理。換句話說，不同的配方或不同的原料做出來的東西，外表看起來當然會不一樣。像是巧克力糖霜和香草糖霜的外觀就不一樣，因為糖霜的基本原料中加了巧克力，而巧克力吸收了大部分的光線，所以顏色就比香草糖霜要深；而香草糖霜的顏色比較淺，是因為大部分的光都被反射到了糖霜表面。用了淺色蛋黃做的法式卡士達奶油醬，顏色就比用了深色蛋黃做的奶油醬要淺，那是因為深色蛋黃的化學性質和淺色蛋黃不同，深色蛋黃含的類胡蘿蔔素比較多。而蛋黃之所以是黃色的，也是因為蛋黃裡的類胡蘿蔔素反射了黃光，卻吸收了其他的光。

如果用不同的時間或不同的溫度烘烤麵包糕餅，出來的成品外觀也會不同。比起烘烤

30分鐘的蛋糕，烘烤了45分鐘的蛋糕因為上色的時間比較久，表面顏色自然也比較深。同樣的道理，比較起用300℉（150℃）烘烤的蛋糕，用425℉（220℃）烤的蛋糕顏色就比較深。在這兩種情況下，上色的時間和溫度改變了蛋糕本身的化學性質，而原本蛋糕對於光線反應（被吸收、反射和透射）的性質也跟著改變了。

我們在打發蛋白的時候，蛋白分子會抓住大量細小的氣泡，形成互相連結的網狀結構，這讓蛋白本身發生物理變化。物理上的結構改變，外觀自然也跟著改變。原本的蛋白清澈透明，但打發蛋白呈現不透明白色，這是因為光線難以穿透蛋白分子，而在蛋白分子之間的細小的圓形空氣細胞中四處反射，形成散射，因而讓蛋白的顏色白而不透明。

相同的道理，蛋糕組織的氣泡越小（組織也較細緻），顏色就會比組織粗糙的蛋糕要白。這就是為什麼攪拌不均勻的麵糊烤出來的白色蛋糕，不但組織粗糙，顏色看起來還比較黃。即使配方相同，攪拌不均勻的巧克力蛋糕糊烤出來的蛋糕，顏色也會比攪拌均勻的蛋糕還要深，就是相同的道理。

翻糖若是適當處理（使用前加溫至手溫即可），就會形成光滑潔白的釉面，散發出美麗的光澤。如果用高於100℉（38℃）的溫度融化翻糖，翻糖冷卻之後，表面就會變得粗糙又暗沉。如果用高於100℉（38℃）加熱翻糖，原本細小的結晶體融化並冷卻之後，這些結晶體就會形成不規則的大結晶體，只要溫度改變，翻糖的外觀就會截然不同。事實上，翻糖的化學性質並沒有改變，不管是粗糙的還是光滑的，兩種翻糖的成分還是一樣，只是結晶體

的大小改變了。而結晶體改變，反射在翻糖表面的光線被我們肉眼接收到之後，產生的視覺知覺也會跟著改變（圖4.3）。

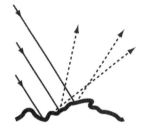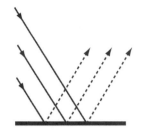

圖4.3　左圖表示光線反射在不規則的粗糙表面時，就會呈現暗沉或霧面的外觀。右圖則表示光線反射在光滑的表面時，就會呈現光滑亮澤的外觀。

實用祕訣
在檢查產品的光滑程度時，要從不同角度去檢查，因為物體在不同角度所呈現的光澤會不一樣。比方說，從物體的上方用俯視角度，就會比從物體側面去看的光澤度要低。

周圍環境的影響　兩種食品可以由化學性質判別異同，也能放在同樣的光源下比對外觀。不過，若是把它們放在不同的盤子裡，所呈現的外觀可能會有差異。比方說，放在黑色盤子裡的白色蛋糕，看起來就會比放在純白盤子裡的還要白。這和肉眼接收到的光線沒有關係，而是一種視覺錯覺。

換句話說，這種錯覺和大腦判讀有關，黑色和白色的反差相當強烈，在對比之下，讓黑盤子裡的白蛋糕看起來更白。環境因素造成的顏色差異，對顧客的實質影響不見得會比較少，因此和其他因素一樣，也應將陳列產品的環境納入考量之中。

麵包師和糕點師的工作就是變化：透過攪拌、加熱、冷卻還有整形，將烘焙坊常見的原料變化成各式各項的麵包、糕點、巧克力和甜品。其中，有些原料只是發生了物理改變，而有的則是發生了化學改變。

原料發生物理改變，就是指構成原料本身的物質並沒有改變。比方說水（H_2O）不管是凍結成冰或蒸發成水蒸氣，水還是水，組成分子還是一氧化二氫。同樣的，融化的巧克力還是巧克力，大顆結晶體的糖粒即使被磨碎成糖粉也還是糖；攪打鮮奶油時混入了空氣，但鮮奶油的乳脂、乳蛋白質和乳糖還是一樣沒有變化。這些都是物理變化，原料本身並沒有發生任何化學變化。

相反的，若是原料發生化學變化，構成原料本體的物質也會變異，也就是變質。這種變質的情況常見於加溫加熱，或是混合了另一種原料後產生的化合反應。比方說，酸性的塔塔粉（cream of tartar）混合了鹼性的小蘇打粉，產生化合反應，形成的結果就是碳酸（H_2CO_3，即CO_2+H_2O），碳酸和塔塔粉、小蘇打粉已經是完全不一樣的物質，這就是化學變化。再比如糖，放在鍋中的糖拿到爐子上加熱，糖分子遇熱後分解並重新形成不同的分子，這種化學變化就是焦糖化，焦糖化也會讓糖產生物理變化，但這種物理變化是因為化學變化導致的。

風味

顧客對食物的第一眼印象，或許是來自食物的外觀，但是會讓顧客留下記憶的，還是食物的味道（風味）。味道是風味的廣泛用詞，但對科學家來說，味道只是風味的一小部分。風味包括了基本味道、氣味和三叉神經作用（化學感覺因子）。

當食物分子（化學分子）刺激口腔和鼻腔的受器，這三種感官就會產生感官知覺。因為這三種感官知覺的化學性質，能夠體現出這三種感官系統，因此稱為化學感覺系統。表4.1簡要說明了由這三種感官構成風味的要素，以及各別相關的感官系統。從表4.1可以看到，這三種要素分為基本味道、氣味和三叉神經作用，彼此的差異很大，而且被不同的化學分子刺激，接收的受器也不一樣。這三種感官被刺激時，大腦同時也在進行外觀和質地的判斷。所以，判斷感官特質是一種挑戰，要培養這種判斷力需要不斷練習和專注力。

化學感覺系統的運作方式

化學感覺系統（味道、氣味和三叉神經作用）開始運作的第一步，就是風味分子首先接觸到各司其職的受器。基本的味道，也就是味

表4.1 風味的三種要素

感覺系統	實例	受器	受器的位置	風味的化學性質
基本味道	甜、鹹、酸、苦、鮮味	味蕾上的味覺細胞	遍布於口腔，大多集中在舌頭上	一定要溶於水分（唾液）
氣味	香草味、奶油味等上千種氣味	嗅球上的嗅覺細胞	鼻腔最上方	一定要溶於水（鼻腔黏液）；或是揮發為氣體
三叉神經作用	辣、燒、麻、涼感	皮膚表層的末梢神經端	遍布口部及鼻腔（包含全身）	必須要透過皮下吸收；或是揮發之後由末梢神經感知

什麼是超級味覺者？

就像每個人天生的眼睛顏色和身高體重不同，我們舌頭上的味蕾數量也不同。知名味覺研究者琳達·巴特舒克和她的同事將一種藍色染劑塗抹在受試者的舌頭上，以此計算受試者舌上的乳突（也就是舌頭上粉紅色的突起物），並推算出受試者的味蕾數量。平均來說，每個乳突下方會有五到六個味蕾，當受試者的乳突塗過藍色染劑，就能大略推算出味蕾的數量。

巴特舒克根據計算結果，將味覺者分為三個等級：超級味覺者、一般味覺者和無感味覺者。大部分人（60%）歸類在一般味覺者，20%的人是超級味覺者，另外20%的人則是無感味覺者。

超級味覺者擁有的味蕾數量最多，而且影響了他們的味覺知覺。具體來說，超級味覺者對苦味特別敏感，但這不表示無感味覺者嘗不出苦味，而是對無感味覺者來說，苦味並不強烈。超級味覺者或無感味覺者只是因為味蕾的數量而被歸類，並不能反映出他們對於氣味的敏感度。記得，人對於味覺的感知不只有來自味蕾，還會受到許多因素的影響，經驗和訓練才是最重要的因素，因為大腦才是真正的感覺器官。

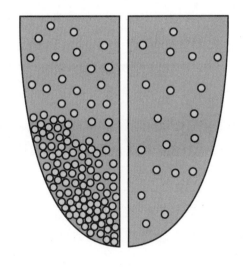

對於麵包師和糕點師來說，了解每個人處於不同的味覺世界是相當重要的。如果別人覺得你的產品味道比你自己認為的還要清淡或是濃厚，那你必須適當調整味道，而非以個人喜好影響產品的味道。

覺的化學分子（糖、酸和鹽等等），要被唾液分解後才能接觸到味蕾；氣味分子要蒸發後才能接觸到嗅覺細胞；而激發三叉神經作用的分子（薄荷醇、辣椒素和乙醇等），先要接觸皮膚最表層的末梢神經端。這些風味分子抵達各自對應的受器時，就會以不同的形式，促動（激發）受器發生反應。比方說，與受器結合。因為這些受器會對不同的分子（或化學物質）和濃度產生反應，因此也稱為化學受器。當化學受器被激發，就會產生電流脈衝，電流脈衝經過神經細胞達到腦部的特定區域，這些區域就是大腦處理資訊的部分。也就是說，真正發生感覺的器官既不是眼睛，也不是耳朵、鼻子、舌頭或皮膚，而是大腦。

┌─────────────────────────────┐
│ **實用祕訣**   │
│   │
│ 　　在判斷食物的特質時，一定要仔細 │
│ 咀嚼食物，讓乾燥的食物有時間和唾液 │
│ 充分混合，把食物內的風味分子「釋   │
│ 放」到感覺受器，幫助你偵查到可能會 │
│ 被遺漏的風味。   │
└─────────────────────────────┘

基本味道

　　基本的味道包括甜、鹹、酸、苦、鮮。當這些化學分子（糖、高濃度代糖、鹽、酸、咖啡因等等）和味覺細胞的受器連結，或是產生其他反應，舌頭和口腔就會嘗到這些味道。

　　味覺細胞集中在味蕾，味蕾中包含了上百個味覺細胞個體，而每個味覺細胞大多能偵測到其中一種基本味道。雖然味蕾分布於整個口腔之中，大部分還是集中在舌頭上。舌頭上的小突起稱為乳突，味蕾就位於部分乳突的溝槽下方。請見圖4.4。

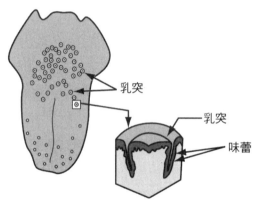

圖4.4　味蕾以及味覺受器

酸味、苦味和澀味的差別

　　酸的食物一入口，嘴裡就會馬上嘗到酸味。而苦味的知覺較遲鈍，比較像是食物下嚥之後逗留在口腔的感覺。雖然說味覺受器分布在整個口腔中，但是舌尖比起舌側更能感覺到酸味，而舌後方比較能感覺到苦味。換言之，如果食物味道又酸又苦，酸苦的味道就會充滿整個口腔。

　　第三種味道，澀味，則比較常和酸味及苦味混淆。酸味會讓口腔分泌較多的唾液，而澀味反而會讓人覺得口乾舌燥。有時候澀味會被形容成「往嘴巴裡塞了一堆棉花球」。事實上，澀味並不是基本味道，那份乾燥感是來自食物中的單寧酸和唾液中的蛋白質結合產生的口感。會產生大量酸味的食物有酸黃瓜、優格和酪乳（白脫牛奶），產生大量苦味的食物包括黑咖啡、深色黑啤酒還有苦巧克力，像濃茶和葡萄皮則是澀味很重的食物。

圖4.5　提供鮮味的食物和原料，從右上起順時針依序為：醬油、乾香菇、乾燥鰹魚片（柴魚片）、乾海苔、熟成藍起司、味精（中央）。

唾液的主要成分是水，在品嘗食物味道的時候，唾液會將味覺的化學分子（糖、酸、鹽和苦味的化合物）帶進乳突溝槽下方的味蕾，來感覺味道，因此唾液在味覺感知上有很重要的作用。

事實上，甜味和鹹味很容易區別，但是酸味和苦味則時常會混淆，原因是有的食物本身又酸又苦，而酸苦都是不愉悅的味道。因此，想要清楚分辨酸味與苦味需要不斷練習，判斷酸苦是烘焙師一種重要的技巧之一，一定要學起來。

至於鮮味，雖然一般來說甜點不需要鮮味，但對於像是法式鹹派、佛卡夏和披薩等鹹點麵包，卻是很重要的提味。圖4.5列舉了一些含有高度鮮味的食物和原料，能大大提升味覺層次。

氣味

香氣或味道，都是氣味。一般說來，氣味是形成風味三大要素當中最重要的一個，也是最複雜的一個。人類只能辨別五種基本味道，卻能聞出上百種、甚至是上千種不同的氣味。而大部分的氣味本身就很複雜，比方說，咖啡的香氣是上百種化學分子組成的，單靠一種分子是無法形成咖啡的香味。

食物想要產生氣味，分子要先揮發（也就是說，食物分子必須要揮發後才能離開本體）。分子揮發後，才能接觸到鼻腔的頂端。鼻腔頂端聚集了上百萬個嗅覺細胞（嗅覺受器），這些嗅覺細胞都浸潤在黏液當中，而黏液大多是水分組成的，因此揮發的氣味分子有部分必須是水溶性的，才能接觸到嗅覺細胞。氣味分子從食物本體揮發後，主要經過兩個通道，才能觸及位於鼻腔上方的嗅覺細胞：一個是通過鼻腔（也就是鼻前通道，亦稱鼻前嗅覺），另一個則是在咀嚼食物的時候，食物受到口腔的加溫，氣味從喉嚨後方上部通過，這個通道則是鼻後通道（又稱鼻後嗅覺，請見圖4.6）。

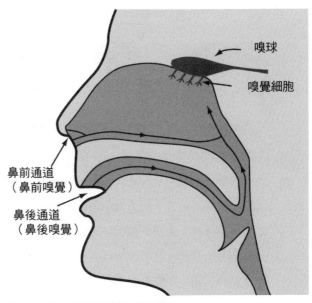

嗅球

嗅覺細胞

鼻前通道
（鼻前嗅覺）

鼻後通道
（鼻後嗅覺）

圖4.6　嗅覺細胞及嗅覺感覺受器

什麼是鮮味？

鮮味，源自日文的Umami（日文漢字為旨味），意思就是美味可口、味道鮮美，今日鮮味已被定義為第五種基本味道。想要知道什麼是鮮味，只要把幾粒味精放在舌頭上就可以了。或是你願意花點時間，可以熬煮一鍋濃郁的雞湯，或是用昆布（乾燥海帶）、柴魚片和乾香菇熬煮湯底，加上味增（一種大豆發酵製成的醬），煮成日式味增湯嘗嘗看，表4.2列舉幾種提供鮮味的食物原料以供參考。

在1900年代初期，當味精從乾燥海帶（昆布）提煉出來，日本科學家就提出了「鮮味」為基本味道之一。當時仍有許多科學家認為鮮味並不是基本的味道，而是由多種味道混和而成，比較像是甜味和鹹味混合出來的味道，而其他的科學家則把鮮味定義成三叉神經作用（關於三叉神經會在本章後面的內容討論）。但在今日，已經有許多科學家認為鮮味為基本味道之一，原因是那些被富含鮮味的食物所刺激的味覺細胞，並不會對其他基本味道產生反應。除此之外，科學家發現老鼠能夠分辨油脂味和鈣質礦物質的味道，或許人類也擁有這種味覺細胞。

表4.2　來自天然食物的鮮味來源

熟成起司，像是帕瑪森起司和洛克福羊奶起司。
魚類發酵的醬，例如鯷魚醬、伍思特醬、蠔油醬、泰式魚露。
大豆類發酵的醬，例如醬油、味增、豆豉醬、海鮮醬
乾燥蔬菜，如香菇乾、日曬風乾番茄，還有乾燥海帶。
乾燥酵母產品，如營養酵母、馬麥醬（英國式發酵酵母醬）和維吉麥醬（澳洲式發酵酵母醬）
風乾肉品和魚類，包括塞拉諾火腿、帕瑪火腿、喬立佐香腸、義大利鹹鱈魚乾和柴魚片（乾燥的鰹魚片）。
肉類高湯、濃縮肉高湯或是肉味調味粉，像是小牛肉高湯和法式濃縮肉汁。

氣味被視為形成風味最主要的原因，是因為大多數的風味來自氣味。而有的意見則認為，風味的形成有80%是靠氣味。氣味能具體呈現出食品的特質，比方說草莓汁和櫻桃汁，如果不靠氣味，光從外觀和味道其實很難清楚分辨兩者的差別。甚至大多數人還是要仰賴嗅覺感知的氣味，才能分辨出這兩種果汁。

氣味對風味的影響，還有一個實例，感冒中的人常常抱怨他們吃不出東西的味道。嚴格來說，他們還是能嘗出基本的味道，但聞不出來。因為感冒的時候，鼻道阻塞，導致氣味分子無法接觸嗅覺細胞，而且風味是由氣味著色，聞不到味道，自然也嘗不出其中的風味。

雖然嗅覺受器位於鼻腔頂端，但氣味常被認為是嘴巴的味覺，而非鼻子的嗅覺。再強調一次，真正在進行感知運作的，既不是口腔也

　　如果判斷氣味的練習，只是拿著紙和筆，坐在那邊沒完沒了地聞著食品，其實還滿讓人乏味的。以下這些祕訣可以幫助你加強對氣味的敏銳程度。

● 找一個安靜的地點練習，集中你的注意力。

● 學小兔子用力吸的方式嗅味道，這樣做可以把氣味分子拉近嗅覺細胞。

● 咀嚼時摀住鼻子一下下再放開，放開時深呼吸，這時候氣味分子會被拉近喉部後方，更能觸發嗅覺細胞。

● 咀嚼食物時要細嚼慢嚥，這樣能幫助食物加溫並分解，有利於氣味分子的揮發，讓氣味分子更容易觸及到嗅覺細胞。

● 要試吃樣品時，多找幾種樣品一起比較試吃。比起只試單一樣品，若和別的樣品做對照，比較容易描述出來。

● 連結氣味和記憶。接收來自嗅覺細胞訊號的大腦區域，同時也負責記憶和情緒。好好應用這塊大腦區域的特點，幫助你辨識味道。

● 隨時讓你的鼻子休息一下，因為嗅覺細胞和大腦很容易感到疲勞。把正在聞的東西移開，去呼吸一下新鮮空氣，就可以緩解嗅覺疲勞了。而且休息的好處是，當你重新回頭練習，嗅覺會變得更敏銳。

● 更有系統地進行練習。比方說，從你收納的香料開始練習。先從幾種味道截然不同的香料開始，像是肉桂、茴香還有薑，反覆練習到你能完全分辨出各別的味道。接著再練習幾種味道相似的香料，例如肉豆蔻和豆蔻乾皮，或是多香果（又稱眾香子、牙買加胡椒）和丁香。等到你能完全辨別出幾種香料的味道之後，增加練習的數量。下一步，就是著手練習同一種類但略有差異的香料，例如產自世界各地的肉桂，或是同一款起司熟成和新鮮的差別。

不是鼻腔，而是大腦。大腦感覺到食物在口腔中咀嚼，就會認定氣味也是從口腔發生的。

三叉神經作用

　　三叉神經作用的感覺包括薑的辣感、肉桂的灼燒感、薄荷的清涼感、辣椒的炙熱感、碳酸汽水的麻感、酒精的刺感等等（圖4.7）。位於口腔和鼻腔的末梢神經端透過神經，向大腦傳送感覺訊號，這個過程就是三叉神經作

圖4.7　會引起三叉神經作用的原料。從最上方依順時針順序：薄荷葉、黑胡椒粒、肉桂條、墨西哥辣椒、生薑。

為什麼聞到好聞的味道會流淚？

你曾經因為聞到香水、花香或某些食物的味道而觸動心弦嗎？如果有，那你就知道氣味、記憶和情緒是彼此聯結的。

當氣味分子結合了鼻腔頂端的嗅覺細胞後，就會產生嗅覺。結合了氣味分子的嗅覺細胞會產生電訊號，往大腦傳送，在分流進入大腦區域之前，電訊號會先匯集到一個稱為嗅球的區域。大腦是透過腦皮層感知並接收嗅覺訊號，但在訊號傳遞的途中，會經過皮質邊緣系統。 這是大腦古老的區域之一，涉及到情緒和某些類型的記憶。氣味會喚起人類的記憶和情緒，也是由此而來。這就是為什麼香水能震懾人心，而香味是烘焙坊強力的促銷工具。

用。更有意思的是，三叉神經也能向大腦傳送溫度和壓力的感覺訊號。那麼便有個疑問，三叉神經作用的知覺是「熱」或「涼」呢？

雖然麵包師或糕點師不太使用這個專有名詞，但三叉神經作用的知覺還是很重要。當香料的風味並非來自香料本身，還滿難命名的，三叉神經作用還有其他別稱，像是化學感覺因素、刺激物質、化學刺激、化學感官刺激和化學味覺等。

請記得，就如同基本味道和氣味，三叉神經作用也是風味的一種，都是由食物分子觸發了人的感官。

表4.3列舉了一些能夠觸發三叉神經作用

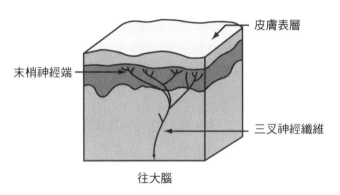

圖4.8　三叉神經的受器為位於皮下的末梢神經端

的食物，以及引起三叉神經作用的主要分子（刺激成分）。這些刺激主要是由位於皮下的末梢神經所接收，而這些末梢神經遍布口腔和鼻腔（圖4.8）。

氣味的化學分子若是要接觸到皮下的末梢神經，首先要被皮膚表層吸收。如果是要觸發鼻腔內的三叉神經，那麼氣味分子要先揮發，而且要有部分氣味分子溶於脂肪，才有利於皮下吸收。

影響風味的感官知覺因素

風味的感官知覺會受到許多因素影響，不

表4.3　能夠觸發三叉神經作用的食物

食物名稱	刺激成分
薄荷葉	薄荷醇
紅辣椒	辣椒素
生薑	薑醇
酒精性飲料	乙醇
碳酸飲料	二氧化碳
黑胡椒	胡椒鹼

僅是和被品嘗的食物有關，也和品嘗者本身有關。這些因素決定了最終的風味感受，本節會有詳細的說明。雖然我們現在還不清楚為何這些因素能影響風味的感官知覺，不過普遍來說，食物釋放氣味和味覺分子的方式不同，那麼每個人所感知的風味也會不一樣。

原料的來源 甜味劑的來源不同，提供的甜味風格也不同。像是阿斯巴甜，又稱代糖，嘗起來雖然是甜的，但這種高甜的甜味劑，甜味就和一般的砂糖不一樣。砂糖會在嘴中立即釋放甜味，但阿斯巴甜釋放甜味的速度比較緩慢，在嘴裡逗留的時間也比較久。因此對許多人來說，阿斯巴甜反而嘗起來有些苦味。

同樣的，像是蘋果中最主要的酸類——蘋果酸，就和檸檬裡的檸檬酸、醋裡的醋酸不一樣。這就是為什麼淡味的蘋果即使加了檸檬汁或醋，酸度還是比不上真正自然的酸味蘋果。

產品的溫度 產品的溫度不同，也會變化出不同的風味。像是鹹食會因為溫度變高，鹹味反而變淡，這就是為何溫熱的比司吉的鹹味會比室溫的比司吉還要淡。

甜食則是會因為溫度升高而變得更甜，也就是說，如果調味正確的話，雪酪冰沙的原料

在室溫下嘗起來會很甜，但冰凍了以後就不會那麼甜了。氣味也會隨著食物溫度升高而變得更濃，那是因為氣味分子在較高的溫度更容易揮發，讓更多的氣味分子接觸到嗅覺細胞。

質地和黏稠度 如果產品的質地硬實或是黏稠，那味覺分子就要多花點時間才能被唾液分解，揮發到鼻腔或是由皮下吸收。這會延遲味覺分子觸及感覺受器造成刺激的時效，產品的風味也會受到影響。

其他風味的存在 在甜品中加一點點酸味，甜品的味道就不會那麼甜。雖然糖的分量並沒有改變，但酸味可以降低甜味的感官刺激。同樣的，在調製酸味食品的時候加一點點甜味，也能降低酸味的程度。此外，甜味和苦味、甜味和三叉神經作用的味道都可以互相提味。所以糕點師要經常平衡不同的味道，創造出最令人愉悅的組合。

用鹽和糖也會影響嗅覺，因為鹽、糖比例改變，氣味分子的揮發程度也會跟著改變。一般來說，鹽或糖加得越多，氣味分子揮發的速度也越慢，這個好處是風味會持續得比較久。有時候食物產品只要少量的鹽或糖，就能改善並提升整體的風味。

脂肪含量 零脂肪的食物常常因為風味不佳而讓人不敢恭維，那是因為脂肪會在不經意的地方影響風味。有很多味覺分子是脂溶性的，如果脂肪含量受限，就會影響味覺分子觸及味蕾、嗅球和皮下末梢神經的速度，進而延遲風味感知的程度。一般來說，如果食品中不含脂肪，雖然味道會立即釋放，卻沒有持續的能力。所以，增加食品風味最好的方法就是加入少量的脂肪，幫助風味持久。因此，想要維持低脂食品的風味，還是需要額外調味，才能讓人滿意。

質地

質地就和風味一樣複雜。我們常會忽略食物的質地，除非入口的食物口感太過強烈或讓人不悅，像是早餐穀物片，直到穀物片被泡得太濕太爛，我們才會注意到穀片不好吃了。

質地主要由觸覺來感知：像是皮膚接觸時的知覺，口腔溫度融化食物時的感覺，擠壓、啃咬和咀嚼時所回饋的觸感等等。雖然觸覺是判斷食物質地的主要方式，但是其他的感官多少也牽涉其中。第一個是外觀，雖然用外觀去判斷質地並不準確，但還是能透露些蛛絲馬跡。外觀可以提供質地的第一手情報，像是在品嘗的時候，質地會提供柔軟的、扎實的、堅韌的或滑順的感覺。此外，聲音對質地來說也滿重要的，多力多滋玉米脆片和花生糖咬起來香香脆脆，就是因為咬下去發出的清脆聲音（音頻），洋芋片和新鮮切片蘋果吃起來爽脆也是同樣的道理。

就如同風味，麵包師或糕點師也會用豐富的詞彙描述食物的質地，表4.4整理出一些常見的形容方式以及實例。從這張表格可以發現，光是餅乾就有硬的、軟的、扎實的、鬆軟的、酥碎的、耐嚼的、濕潤的、乾燥的、油膩的或軟糯的等許多詞彙。有時候，食物只有一種質地特別突出，所以對專業人士來說，能夠全面解析食物的質地是很重要的。

食物在嘴裡產生的回饋感覺，這時質地會被稱為口感，像滑順、濃密和軟糯都是用來形容口感的。

聲音會讓我們覺得食物更酥脆嗎？

就和觸覺（壓力的回饋）一樣，判斷食物是否酥脆時，聲音也占了很重要的部分。研究者為了測量食物的酥脆程度，在受試者的下顎裝了微型麥克風，錄下受試者食用酥脆食物時發出的聲音，藉以測量聲音的音量、頻率和強度。如果食物越酥脆，下顎發出的音量越大、頻率越高而且強度越高。反之，如果食物不夠酥脆，那聲音的音量、頻度都比較小。

表4.4　形容食物質地用詞

問題	形容詞	實際食物／食品
容易按壓或擠壓嗎？	軟	新鮮的Wonder Bread白吐司*
	扎實、硬	放置一段時間有點走味的Wonder Bread白吐司
容易嚼碎或咬斷嗎？	柔韌的	適度攪拌的派皮
	堅硬的	過度攪拌的派皮
結構緊密嗎？	耐嚼的（硬；緊實）	Tootsie Roll軟糖†
	QQ的、有彈性的（軟；緊實）	口香糖
	鬆脆的（柔軟；鬆散）	玉米麵包
	硬碎的（硬；鬆散）	花生糖
能立即吞嚥嗎？	稀釋的	水
	黏稠的	糖蜜
彈牙嗎？	軟塌的（固狀、不會彈牙）	白酥油
	Q彈的（會彈牙）	果凍
	海綿般的（密實、Q彈、膨鬆）	蛋加比較多的蛋糕
口腔軟組織的反饋感如何？	滑順（沒有顆粒）	柔滑花生醬
	滑膩（黏稠而滑順）	香草卡士達醬
	粗砂（小顆粒）	凝結的卡士達醬；某些梨子的果肉，特別是Seckel或Clapp品種的西洋梨
	鬆鬆沙沙（顆粒較小）	高蛋白質能量棒
	乾乾粉粉（鬆鬆沙沙且乾燥）	粗砂糖
	稀爛、稀稀糊糊	混果肉的柳橙汁
顆粒是什麼形狀？	片狀	千層酥狀派皮
紋理方向一致嗎？	纖維的、一絲一絲的（長條線狀）	芹菜；大黃
液體的比例有多少？	乾燥	乾燥的早餐穀物片
	濕潤	有點嚼勁的巧克力布朗尼
	水水的、多汁的	水
脂肪是液態還是固態？	流動的（稀釋）	植物油
	油膩的（厚重感、包覆口腔）	吸了油的甜甜圈
	軟滑（半固態或固態）	蜂蠟；酥皮酥油
空氣含量有多少？	輕盈、有空氣感	打發蛋白
	起泡沫的（輕盈、有空氣感、濕潤）	熱蒸奶
	厚實、稠密	有嚼勁的巧克力布朗尼

* Wonder Bread為美國最普遍的零售麵包品牌，最經典的產品為袋裝切片白吐司。

† Tootsie Roll是軟糖品牌，類似瑞士糖，部分進口商中譯為同樂笑軟糖。

複習問題

1 為什麼我們會說「視覺饗宴」（eat with our eyes）？

2 光線投射到物體時，會產生哪三種現象？其中有哪兩種現象是我們眼睛可以看到的？

3 我們眼中的檸檬為什麼是綠色的？

4 請舉出三個影響物體外觀的主要成因。

5 請說明為什麼同樣的物體，在不同光源下所呈現的外觀會有所不同。

6 以蛋糕為例，請說明以下蛋糕外觀變化的原因，哪個是因為物理變化，哪個則是化學變化：蛋糕糊拌合不均勻、使用漂白麵粉取代非漂白麵粉、延長蛋糕烘烤時間5分鐘。

7 什麼因素會造成翻糖溫度過高時表面暗沉？

8 請說明下列可增加烘焙品內部空氣感的方式，何種是利用物理變化，何種是化學變化：打發蛋白、添加泡打粉（小蘇打粉添加酸劑製成）、打發奶油、過篩乾粉原料。

9 請說明哪一個巧克力蛋糕糊烤出來的蛋糕顏色會比較深：適度攪拌的蛋糕糊，或是攪拌不均勻的蛋糕糊？

10 請舉例說明，不同顏色的盤子或盤子中的醬汁顏色不同，為什麼會讓白色的蛋糕看起來比其他的更白。

11 風味的三種要素是什麼？感知這三種要素的感覺受器是什麼？位於人體的哪個部位？

12 為什麼唾液在感知基本味道時相當重要？

13 什麼是「澀味」？請舉出會產生「澀味」的食物。

14 風味的三種要素中，哪一個普遍認為是占最主要的部分？

15 請說明四個能夠幫助提升氣味判斷力的祕訣。

16 為什麼熱食會比冷食更有風味？

17 為什麼感冒時很難嘗出食物的味道？

18 請舉出四個能刺激三叉神經作用的食物，以及兩個不能造成刺激的食物。

19 三叉神經作用還有哪些別稱？

20 當食物入口時比平常的涼，吃起來會比較甜還是比較淡？

21 當食物入口時比平常的涼，吃起來會比較鹹還是比較淡？

22 如果用來固定巴伐利亞奶油的明膠放太多了，會變成什麼樣的味道？

23 聲音在品嘗某些質地的食物時相當重要，請舉出兩種這樣的食物。另外，也請舉出
    兩種不會被聲音影響的食物。

24 請試著闡述何謂「口感」。

問題討論

1   請以基本味道的感官知覺為例，闡述人體的化學感覺系統如何運作。

2   基本味道有五種，請為這五種味道各舉出兩種以上最具代表性的食物。

3   身為專業廚師，了解自己是超級味覺者或是無感味覺者，為什麼很重要？

習作與實驗

❶ 習作：你是超級味覺者嗎？

　　請準備以下材料：普通的（水溶性）藍色食用色素、棉花球以及放大鏡。棉花球沾上藍色色
素後擦拭舌前半吋的位置，再用水沖掉多餘的色素（你可以漱口把水吐掉，或是直接喝下水）。
接著，照鏡子觀察你的舌尖，如果有需要，可以用手電筒照亮一點方便觀察。從鏡子中，你看到
你的舌頭大部分都是藍色的，只有幾個粉紅色小點突出來？還是大部分都是粉紅色的，只有幾個

藍色的小點呢？這些舌頭上的粉紅色小點叫做「蕈狀乳突」，蕈狀乳突是味蕾唯一存在的地方。而舌頭上被染成藍色的小點，也是乳突，這些乳突大多沒有味蕾。也就是說，如果舌頭上的粉紅小點越多，就表示味蕾也越多。

拿一片紙孔加強圈貼紙貼在舌尖，或是拿一小張紙在上面打洞，壓在舌尖上觀察。對著鏡子數一下，被紙圈圈起來的粉紅色蕈狀乳突有幾個。一般來說，無感味覺者的蕈狀乳突不到十五個，一般味覺者大約有十五到三十個，而超級味覺者在舌上極小的範圍內，聚集的蕈狀乳突會超過三十個。和你的同學互相比較舌頭的外觀，看看誰有可能是超級味覺者，而誰可能是無感味覺者呢？

❷ 習作：冰淇淋的保存與質地

以同一種口味的冰淇淋為例，比較一下妥善保存的冰淇淋（或是新鮮的冰淇淋），和保存方式不良的冰淇淋（稍微解凍後再放回冰庫冷凍，持續幾天反覆數次），質地會有什麼樣的變化。請把你的觀察填進下列的表格，請參考表4.4，幫助你釐清各種質地的差異。

結果表　妥善保存和保存不良的冰淇淋質地變化

冰淇淋樣本	外觀變化（以1~5做為指標，1為最不光滑、有顆粒感）	挖取時的觸感（以1~5為指標，1為最柔軟，最容易挖取）	入口時的滑溜感（以1~5 為指標，1為最不滑順濃密、有顆粒感）	備註
妥善保存				
保存不良				

請用一句話總結兩種冰淇淋的外觀差異：

_____

_____

_____

❸ 習作：質地

請選擇兩種產品做為樣本，比較兩者在質地上的差異。樣本包括 ：奶油和人造奶油、新鮮和走味的麵包、兩種不同的調溫巧克力、兩種不同的蛋糕、兩份派的填料、兩種不同的水果乾、薑餅和棉花糖。把這兩種產品名稱填入下表的第一行，決定好兩種樣本的知覺特性，並在表格的第一列寫下要比較的項目，描述兩者的感官差異。請參考表4.4，幫助你釐清質地的差異。

結果表

產品				

請用一句話總結兩種樣本在質地上的差異：

_____

_____

_____

❹ 實驗：蘋果汁的風味

蘋果汁是味道最溫和的果汁，如果加水稀釋，味道會變得很淡。在這項實驗中，我們會在已經稀釋過的果汁中加入其他原料，以此鑑別果汁風味的差異。有些樣本的味道可能比較強烈，而有些反而淡到難以察覺，這是因為每個人的味覺世界都不一樣，如果有必要，把你比較嘗不出味道的原料找出來，再做一份味道強烈的果汁，繼續練習。

在進行這項實驗的時候，請放慢練習的速度。你會發現在練習的過程中，逐漸能夠判斷出彼此的差異，並且清楚地描述出來。如果有需要，多品嘗幾次，並從頭開始進行評比，盡量多重複幾遍。

雖然這項實驗的樣本是蘋果汁，但你可以觸類旁通。除了蘋果汁，也可以運用在其他食物，甚至是烘焙食品，例如派的餡料、覆盆子醬、冰淇淋，甚至是巧克力布朗尼和起司蛋糕。

目標

- 分辨並描述酸、澀和苦的差別

- 示範如何用糖調整酸味
- 示範如何用酸劑調整甜味
- 說明基本味道和澀味在整體風味中的重要性
- 調配出一杯融合甜味、酸味和澀味又好喝的蘋果汁

製作成品

準備數杯各含下列成分的稀釋蘋果汁樣本

- 無任何添加物的純稀釋蘋果汁（對照組）
- 糖
- 酸劑
- 食品級單寧酸（粉狀）
- 咖啡因
- 糖和酸劑
- 其他（糖加粉狀單寧酸的果汁、糖加咖啡因的果汁、不同酸味或不同甜味的果汁等等）
- 自選添加物

材料與設備

- 6夸脫（6公升）以上的蘋果汁
- 2夸脫（2公升）的水，市售瓶裝水或自來水都可以
- 可承載11夸脫（11公升）容量的大碗或是其他容器
- 可裝入1夸脫（1公升）的水壺或罐子，每份蘋果汁樣本各裝一罐
- 秤
- 量匙
- 一般細砂糖
- 蘋果酸或其他酸劑（檸檬酸、酒石酸或塔塔粉）
- 粉狀食品級單寧酸（釀酒時做為抗氧化劑使用），如果無法取得，可以明礬代替（有時可在超市中購得，可在調味品區或是罐頭食品區找到）。
- 200毫克的咖啡因錠，任何廠牌皆可，像是Vivarin或是NoDoz的強效提神咖啡因錠。
- 嘗試樣本用的杯子（1液量盎司／30毫升的舒芙蕾杯或更大的杯子）
- 原味無鹽的蘇打餅乾

步驟

1　準備一壺1夸脫（1公升）的蘋果汁。

2　找個大碗或是其他容器，倒進5夸脫（5公升）的蘋果汁加2夸脫（2公升）的水稀釋，如果蘋果汁的味道還是很甜或太濃，繼續加水稀釋。稀釋好之後，量出1夸脫（1公升）的稀釋蘋果汁，裝進罐子裡，並標示「稀釋蘋果汁」。

3　另外再量出五份稀釋蘋果汁，一份各為1夸脫（1公升），分別裝進罐子。裝好後，再分別添加下列原料（稀釋蘋果汁可能會有剩餘）。注意：由於以下原料的分量都很少，所以同時列出重量和容量的單位，如果有需要可使用量匙。

- 容器1：在1夸脫（1公升）的稀釋蘋果汁中，加入1盎司（30克）的糖，並標示「添加糖」。

- 容器2：在1夸脫（1公升）的稀釋蘋果汁中，加入0.15盎司或1茶匙（4克或5毫升）的蘋果酸，並標示「添加酸」。

- 容器3：在1夸脫（1公升）的稀釋蘋果汁中，加入0.1盎司或1/2茶匙（2.5克或2.5毫升）的粉狀單寧酸，並標示「添加單寧酸」。

- 容器4：在1夸脫（1公升）的稀釋蘋果汁中，加入4顆碾碎的咖啡因錠，並標示「添加咖啡因」。注意：這裡的咖啡因含量和一般咖啡的含量一樣。

- 容器5：在1夸脫（1公升）的稀釋蘋果汁中，加入1盎司（30克）的細砂糖，還有0.15盎司／1茶匙（4克／5毫升）的檸檬酸，並標示「添加糖和酸」。

4　原料和蘋果汁要攪拌均勻，尤其是咖啡因錠需要一點時間才能充分溶解。調配好蘋果汁後，放置室溫等待30分鐘，讓原料能完全溶於蘋果汁當中。

結果

1　分別品嘗添加酸、添加單寧酸和添加咖啡因的蘋果汁，分析味道後將結果記錄在下方的表格中。在品嘗每項樣本的時候，記得都要和對照組的稀釋蘋果汁做比較。嘗味道的時候要摀住鼻子，將注意力放在味覺上面。每對比完一次樣本之後，一定要清除口腔遺留的味道，可以喝水配原味無鹽的蘇打餅乾。然後，接著繼續分析下一個樣本，並且用心留意下列事項：

- 除了甜味和香味，嘴裡還有什麼樣的感覺？（收斂感、分泌更多的唾液、口乾舌燥、其他不舒服的感覺等等）

- 果汁一入口之後，經過多久就能感受到味道？（立刻、稍慢或是吞嚥之後才感覺到等等）

- 舉出其他類似味道的食物（例如黑苦巧克力、Sour Patch Kids牌的酸甜軟糖、濃紅茶等等）

結果表一　酸味、苦味和澀味蘋果汁味道分析

蘋果汁種類	味道	感受到味道的時間	類似味道的其他食物	備註
稀釋，無添加物				
稀釋，添加酸				
稀釋，添加單寧酸				
稀釋，添加咖啡因				

2　分別品嚐添加糖、添加酸、添加糖和酸的稀釋蘋果汁，分析味道後將結果記錄在結果表二。

    a　每次分析樣本的時候，都要和對照組做比較（對照組為無添加物的稀釋蘋果汁，以1到5為指標表示味道濃淡程度，對照組指標為3），每分析完樣本之後，都要喝水配原味無鹽蘇打餅乾清除口腔裡遺留的味道。如果有需要，重新再進行幾次試驗，反覆數次。味道評測的項目包括下列：

      ●　整體味道的濃淡程度（濃味表示蘋果汁嘗起來不會水水的或過稀）

      ●　甜味

      ●　酸味

    b　下一步，和無稀釋的原味蘋果汁做對照，評估可接受度。依照下列比較項目，將分析結果填入表二當中：

      ●　將每個樣本分為可接受和不可接受，並說明原因。

      ●　如果必要，請額外補充說明。

    c　再次分析無稀釋的原味蘋果汁，並且將分析結果記錄在結果表二的最後一列。盡可能對原味蘋果汁的濃淡程度、甜味和酸味進行全面的分析。同時對原味蘋果汁的澀味進行分析，如果你忘了澀味的感覺是什麼，再回頭嘗試添加單寧酸的稀釋蘋果汁。

結果表二　混合成分對蘋果汁風味的改變

蘋果汁種類	整體味道（以1~5為指標，1為味道最淡）	甜味（以1~5為指標，1為味道最淡）	酸味（以1~5為指標，1為味道最淡）	整體接受度	備註
無添加物的稀釋蘋果汁（對照組）	3	3	3		
添加糖					
添加酸					
添加糖和酸					
無稀釋的蘋果汁					

3　根據上述結果，混調各樣本的稀釋果汁，或是再多添加原料，盡可能的調出和無稀釋蘋果汁類似的味道；或是自行調配出在甜味、酸味和澀味都達到平衡的好喝蘋果汁。

- 在混合樣本和添加原料的時候，都要記錄下來，各別標示之後，列於結果表三的第一欄。
- 分析你自行調配的蘋果汁和無稀釋蘋果汁做比較，在整體味道和整體接受度上有何差異，並將結論填入結果表三的第二和第三欄。
- 如果必要，請額外補充說明。

結果表三　自行調配蘋果汁和無稀釋蘋果汁的整體接受度比較

自行調配的蘋果汁	整體味道	整體接受度（和無稀釋蘋果汁比較）	備註

誤差原因

請列出所有可能讓實驗難以得出正確結論的誤差原因。細想一下，在評測樣本的時候，樣本的溫度都是一樣的嗎？粉狀原料都有充分溶解嗎？或是樣本數量太多，導致評測流程太過複雜而造成混淆？

_____

_____

_____

請列出下次可以採取哪些不同的作法，以縮小或去除誤差。

_____

_____

_____

結論

請在**粗體**選項中選擇其中一項或在空白處填充。

1　酸味和苦味有一點不同，那就是**酸味／苦味**會讓你分泌更多的唾液。另一個不同的地方，就是品嘗完味道之後，**酸味／苦味**逗留在嘴裡的時間比較久。舉例來說，會產生酸味的食物是 _____，而會產生苦味的食物是 _____。

2　酸味和澀味不同的地方在於，**酸味／澀味**會讓你口乾舌燥，而會產生澀味的食物則是 _____ _____。

3　糖會**增加／降低／不改變**稀釋蘋果汁的酸味。

4　酸劑會**增加／降低／不改變**蘋果汁的甜味。

5　糖會**增加／降低**稀釋果汁整體的風味，除此之外，還有什麼因素會讓果汁整個變味？

_____

_____

_____

6 若發現其他會造成產品差異的原因，請說明：

_____

_____

_____

7 描述你調配一杯好喝蘋果汁的策略。

_____

_____

_____

8 你準備了一些新鮮草莓，榨了汁做成草莓醬（水果醬），但你嘗了味道後發現草莓醬的味道
   很淡，不夠豐富，草莓果味也不濃。根據實驗結果，你可以添加什麼改善草莓醬的風味呢？

_____

_____

_____

5

小麥麵粉

本章目標

❶ 說明小麥仁及胚乳的組成。

❷ 說明常見的麵粉添加物與加工方式。

❸ 為烘焙坊中常見的麵粉及其他小麥製品分類,並說明其特徵與用途。

❹ 條列並說明麵粉的功能。

❺ 說明儲藏與處理麵粉的建議方法。

導論

小麥是一種穀粒，玉米、燕麥、米、裸麥也都是穀粒。農業起於一萬年前的中東地帶，當時人類首次開始種植、培育小麥，後來人們開始普遍食用穀粒。

今日，全世界有上千種不同的小麥品種，有些品種能在北極圈種植，有些能生長於赤道附近的安地斯山脈，不過多數小麥需要溫度適中的種植環境。北美洲數地擁有理想的小麥種植環境，例如美國中西部與加拿大南部的草原。其他主要的小麥生長地帶包括中國（小麥種植量大於世界其他國家）、印度、歐盟、俄羅斯。

小麥是最普遍用於烘焙品的穀粒，主要是因為麵粉與水混合後會產生麵筋。若沒有麵筋，麵包很難發酵膨脹。普遍小麥使用的另一個原因是小麥風味溫和，帶有堅果香。上述兩種因素無疑都使小麥成為世界上種植最廣泛的穀物。

小麥仁

小麥仁是小麥的種子，也正是研磨成麵粉的部位。穀物屬於草本植物，因此小麥仁是一種草類植物種子。事實上，小麥苗田看起來就像是草地。

小麥仁也叫做小麥粒，分成三個部位：胚乳、胚芽、麩皮（圖5.1）。全麥麵粉包含小麥仁的全部三個部位，白麵粉則是由胚乳研磨而成。全麥麵粉中來自小麥三個部位的比例必須等同小麥仁原粒中三種部位的比例，才能叫做全穀粒產品。美國所稱的全麥麵粉必定是全穀粒產品。

胚乳是小麥仁中的主要部位，占比超過80%。胚乳是顏色最白的部位，部分原因是其成分主要為澱粉，事實上，胚乳將近四分之三屬於澱粉。澱粉由緊密的澱粉顆粒組成，鑲嵌於大塊蛋白質中。小麥胚乳中的兩大蛋白質是麥穀蛋白和穀膠蛋白，負責形成麵筋。麵粉與水混合後，麥穀蛋白和穀膠蛋白會形成麵筋網絡，這是烘焙品中的重要結構。事實上，小麥是唯一含有足夠麥穀蛋白和穀膠蛋白的常見穀

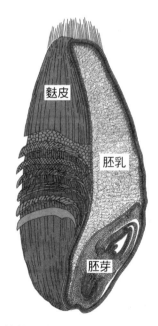

麩皮

胚乳

胚芽

圖5.1　小麥粒剖面圖

深入了解全穀粒產品

　　全穀粒包含整個穀粒或麥仁。就算麥仁裂開、碎裂、輾成薄片或磨成粉，還是必須維持原本穀粒中麩皮、胚芽、胚乳的比例，如此才能稱為全穀粒。

　　深色的產品不一定就是全穀粒麵粉，因為烘焙品時常加入糖蜜或焦糖色素，賦予營養豐富的表象。「七種穀物麵包」、「石磨」或「有機」等品名都不能保證產品以全穀粒製成。

　　根據2005年出版的《美國人飲食指南》（Dietary Guidelines for Americans），每天攝取三份以上1盎司（或同等分量）全穀粒可以降低罹患數種慢性疾病的風險，也有助維持體重。根據近來所做的調查，大約只有一成美國人達到這個標準。

什麼是膳食纖維？

　　膳食纖維是植物中人類無法消化的物質，有可溶與不可溶兩大類。可溶纖維與水混合後會吸收水分，變稠或形成膠狀；不可溶纖維可能沉入水中或浮於水面，因為不會吸收水分，所以狀態基本上沒有變化。人類無法消化膳食纖維，但不代表它就不重要。可溶與不可溶纖維都是健康不可或缺的物質，在身體中執行不同功能。比方說，不可溶纖維能促進腸道健康，一般認為能降低罹患特定癌症的風險；可溶纖維能降低血膽固醇，可能有降低心臟病風險的功效。目前建議北美人口將膳食纖維的攝取量提升至一天20至35克以保持健康，對許多人來說，這代表目前的攝取量必須加倍才能達標。

　　含有豐富纖維的食物不一定有纖維口感，比方說，肉類可能口感乾柴，但那些纖維全都是可消化的蛋白質，並不是膳食纖維。即便是纖維口感明顯的蔬菜（例如芹菜），膳食纖維含量也不一定比口感較佳的蔬菜多。富有可溶與不可溶纖維的來源包括多數水果、蔬菜、全穀粒穀物、堅果與種子、豆類與可可粉。

粒，能形成製作麵包所需的足夠麵筋。第7章將進一步說明麵筋及其獨特特性。

　　胚芽是小麥的胚胎，如果環境合宜，胚芽會發芽長成一株新的植物（圖5.2）。小麥胚芽只占小麥仁中的很小一部分（約2.5%），不過蛋白質含量很高（其中25%為蛋白質），也富含脂肪、B群維生素、維生素E與礦物質。胚芽發芽時，這些營養素扮演重要角色。雖然胚芽中的蛋白質不會形成麵筋，但以營養的角

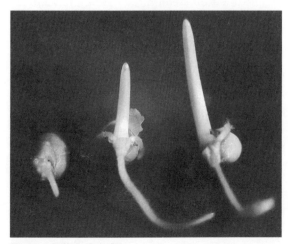

圖5.2　發芽中的小麥仁

度來看是高品質的蛋白質。

市面上可購得小麥胚芽，加入烘焙品中。麵包師添加小麥胚芽多半是為了提高蛋白質、維生素及礦物質等營養價值。市售胚芽通常經過烘烤，這道程序能為小麥胚芽添加堅果風味，也能破壞其中的脂酶酵素，脂酶會分解油脂，促使油脂氧化。由於小麥胚芽富含多元不飽和油脂，容易氧化，因此最好冷藏保存。胚芽不含能形成麵筋的蛋白質，因此小麥胚芽無法形成烘焙品中的麵筋結構。

麩皮是小麥仁的保護性外殼，顏色通常比胚乳深得多，不過也有淺色麩皮的白麥。不論什麼品種，麩皮富含膳食纖維。事實上，麩皮中有42%為膳食纖維，其中多數屬於不可溶纖維。麩皮也含有大量蛋白質（15%），也富含脂肪、B群維生素與礦物質。和小麥胚芽一樣，麩皮的蛋白質無法形成麵筋，其實小麥胚芽和麩皮還會妨礙麵筋的形成，本章後段將詳細說明這一點。

市面上可購得小型片狀的小麥麩皮，可加入烘焙品中。麩皮接觸到水時，其中的可溶纖維會軟化、膨脹，具有乾燥劑的作用。此外，麩皮顆粒造就烘焙品深色、質樸的外觀，也帶來獨特的堅果風味及珍貴的膳食纖維。

麵粉成分

白麵粉由胚乳研磨而成，主要成分是澱粉，不過其他天然成分也會影響其特性。後續數段將列出白麵粉的主要成分，約略占比標示於括弧之中。在這些成分中，最為關鍵的兩項為澱粉和蛋白質。圖5.3顯示麵粉中的主要成分及一般高筋麵粉中這些成分的相對含量。

澱粉是麵粉的主要成分（68%至76%），即便是澱粉含量較低的高筋麵粉，其中澱粉也比其他所有成分的總合還多。麵粉中的澱粉以顆粒的形式存在，研磨過程中，部分澱粉顆粒會受損，潮濕的儲藏環境也會破壞澱粉顆粒。破損的澱粉較容易被澱粉酶這種酵素水解為糖（葡萄糖和麥芽糖），可受酵母作用開始發酵。麵粉中天然糖的含量很低（小於0.5%），不足酵母正常發酵所需，因此酵母麵團的配方多半包括糖分或其他澱粉酶的來源。

麵粉中的大量蛋白質（6%至18%）負責將胚乳中的澱粉顆粒聚合在一起。麥穀蛋白和穀膠蛋白能形成麵筋，這兩種蛋白質占了胚乳中蛋白質含量的80%。白麵粉中的其餘蛋白質還包括澱粉酶、蛋白酶、脂酶等酵素。

麵粉中的水分一般介於11%至14%之間，若水分含量超過14%，就容易發霉、生蟲、產生異味、促使酵素活動。因此麵粉應妥善封

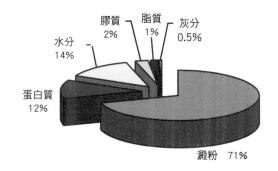

圖5.3 高筋麵粉的成分

什麼是小麥麵粉?

　　有些麵包品牌的成分中含有「小麥麵粉」，小麥麵粉不同於全麥麵粉，雖然這兩種名稱很相像。美國所稱的全麥麵粉來自全穀粒，由整顆小麥仁研磨而成。小麥麵粉只是白麵粉的別稱，都是由胚乳研磨製成，之所以稱為小麥麵粉，是要與裸麥麵粉、玉米粉、燕麥粉或米粉做出區別。若對小麥製品過敏，這是一項實用資訊，不過也可能使消費者誤以為小麥麵粉擁有全麥麵粉的各種健康效益。

　　同樣的，小麥麵包也不同於百分之百全麥麵包，小麥麵包的主要成分通常是小麥麵粉（也就是白麵粉）。常見小麥麵包中的麵粉混合物，白麵粉通常占了總成分的60%至75%，而全麥麵粉只占25%至40%。英國市面上也有一種黑麵包，類似美國的小麥麵包。以下是常見小麥麵包的成分標示，含量最多的成分列於前面，依次遞減:

　　成分:營養添加麵粉（小麥麵粉、大麥麥芽粉、菸鹼酸、硫酸亞鐵、噻胺硝酸鹽、核黃素、葉酸）、水、高果糖玉米糖漿、全麥麵粉、酵母。以下成分含量低於2%:小麥蛋白、鹽、大豆油、硬脂醯乳醯乳酸鈉、焦糖色素。

起，儲藏於乾燥涼爽處。

　　麵粉中澱粉以外的碳水化合物包括膠質（2%至3%），主要為聚戊醣。我們很容易忽略白麵粉中聚戊醣膠的重要性，因為其含量相對較低，不過麵粉中的聚戊醣膠扮演不只一種重要功能。

　　由於聚戊醣膠可以吸收自己重量十倍以上的水分，因此即便量少，仍對麵粉的吸水性有重大影響。聚戊醣也能使麵糊及麵團變稠，增加其黏稠度，有助於發酵時包裹空氣。小麥麵粉中的少量聚戊醣似乎也能與麵筋產生作用，增進其韌度與結構。不過過量的聚戊醣則有反效果，會導致烘焙品體積縮小。聚戊醣膠為膳食纖維的來源，主要提供可溶纖維。

　　白麵粉中只有少量脂質（1%至1.5%），也就是油脂和乳化劑。部分脂質（尤其是其中的乳化劑）是麵筋充分發展的必要成分。不過

小麥中油脂容易氧化變味，縮短麵粉的保存期限，雖然食用不會危險或不安全，不過最好妥善保存麵粉，盡快使用完畢，以免產生不新鮮的紙板味。

　　灰分由小麥仁中天然的無機物質（礦物鹽）構成，主要位於麩皮之中，包括鐵、銅、鉀、鈉、鋅。經過適當研磨的白麵粉灰分含量相對低（小於0.6%），因此不足以提供飲食中重要的礦物質。

　　若灰分含量高，可能是因為麵粉中含有過多麩皮，表示麵粉未經妥善研磨。測量灰分含量的方法是高溫（超過1000°F或540℃）燃燒麵粉或穀粒樣本並量測其殘存重量。

　　白麵粉中類胡蘿蔔素的含量極低（百萬分之一至四），造就未漂白麵粉的乳白色澤。白麵粉中的類胡蘿蔔素（葉黃素）和胡蘿蔔中的橘色素 β-胡蘿蔔素屬於同一種類。

小麥分類

麵包師傅一般以小麥仁的硬度做為小麥的分類依據，也就是根據小麥仁觸感的軟硬來為小麥分類。硬質小麥仁摸起來較硬是因為其中的蛋白質形成大塊堅硬的團塊，緊密包裹澱粉顆粒。硬質小麥仁的蛋白質含量通常較高，而軟質小麥仁通常較低。麵粉中的蛋白質越多，澱粉就越少。硬質小麥仁的類胡蘿蔔素含量通常比軟質小麥仁高，吸水的聚戊醣與破損澱粉顆粒也較多。

硬質小麥仁研磨而成的麵粉通常呈現乳黃色或乳白色。由於堅硬的小麥仁很難磨成細粉，所以觸感稍具砂狀顆粒感。硬質小麥麵粉觸感粗糙，因此捏握時不易結塊，適合撒在工作檯上防止麵團沾黏。硬質小麥麵粉通常可以形成「高品質」（強力）的麵筋，這種麵筋富有延展性，在發酵及烘焙過程中可以形成強韌的薄膜包裹氣體。由於硬質小麥麵粉可以形成強韌的麵筋，所以稱為強力粉。強力粉是優秀的乾燥劑，吸水性比薄力粉強。強力粉充分形成麵筋所需的攪拌時間較長，但也比較不容易過度攪拌。強力粉通常用來製作酵母發酵的製品，例如麵包、小圓麵包、貝果，也會用來製作摺疊類的製品，例如可頌、酥皮、丹麥麵包等。

由軟質小麥仁研磨而成的麵粉比硬質小麥麵粉色澤更白，觸感也更細。由於粉粒很細，捏握軟質小麥麵粉時粉體容易結塊，因此不適合撒在工作檯上，沒有防沾黏的效果。軟質小麥麵粉形成的麵筋強度較弱，容易破裂，因此也稱為薄力粉。薄力粉的蛋白質、聚戊醣膠、破碎澱粉顆粒的含量較低，因此吸水性比強力粉差，但不代表薄力粉就比不上強力粉，薄力粉的製品，質地較柔軟，適合用來製作蛋糕、甜鹹餅乾、糕點等。

小麥的其他分類方式

硬度是小麥最常見的分類方式，不過也有其他區分方法。我們也可以用植物學上的類別、多年生或一年生，或是小麥仁的顏色來區分小麥。事實上，美國的六大類小麥分別是硬紅冬麥、軟紅冬麥、硬紅春麥、硬白麥、軟白麥、杜蘭小麥。除了杜蘭小麥（學名：*Triticum durum*）外，北美洲研磨成麵粉的小麥多數屬於所謂的普通小麥（學名：*Triticum aestivum*）。

任一類別中的麵粉品質可能差異極大，地理、氣候與土壤的差異都可能影響小麥的組成成分與品質，因此研磨廠通常會混合來自不同地區的小麥，才能長年提供品質一致的產品給顧客。

顆粒大小

小麥等穀粒可以研磨成許多不同的尺寸，從非常細緻的麵粉到裂粒或全粒（圖5.4）。細小的顆粒能快速吸收水分，而使用全粒或裂粒、未篩粗粉、麥片等大顆粒前，通常需要浸泡隔夜或以小火水煮，穀粒才能吸收充足水分並軟化。麵包師傅一般稱這種泡水膨脹的軟化穀粒混合物為「浸泡液」。

證據顯示，比起細粉，身體吸收、消化全粒等大顆粒的速度較慢，這有益於預防糖尿病，也適合控制血糖者食用。

麵粉

麵粉望文生義，就是研磨成顆粒尺寸相對細小的穀粒。不過並非所有麵粉的顆粒大小都一樣，比方說，軟質小麥麵粉的顆粒通常比硬質小麥麵粉細小，因為前者小麥仁較柔軟，容易研磨細緻。

圖5.4 圖中皆為全穀粒產品。左上：全麥中低筋麵粉，左下：一般全麥麵粉。右側由上至下：碎麥仁、小麥仁（粒）、麥片。

粒狀產品

粒狀產品比麵粉粗糙。和麵粉一樣，如果是以整顆小麥仁研磨而成，那就是全穀粒產品；如果只以胚乳研磨製成，那就不算。粒狀小麥產品包括粗穀粉和粗粒小麥粉。粗穀粉是由硬紅麥的胚乳部位研磨而成的粗粒，「Cream of Wheat」是粗穀粉的一個常見品牌。杜蘭粗粒小麥粉是以杜蘭小麥的胚乳研磨成的粗粒，「semolina」是義大利文中粗穀粉的意思。由於杜蘭粗粒小麥粉是黃色，很容易被誤認成玉米粉。

粗粉、粗磨穀粉由粗到細，有各種顆粒大小，各種材料製作出來的烘焙品質地都不太一樣。不過這兩個名稱較常用來指稱小麥以外的粒狀產品，比方說玉米或稻米。

裂粒

裂粒是輾壓成碎片的整顆小麥仁，碎麥仁或麥片都屬於裂粒。

全粒

市面上也可購得整顆的穀粒，整顆麥仁的產品通常稱為小麥粒（wheat berries）。使用之前必須先浸泡軟化，能為麵包添加口感對比與視覺的吸引力。

麵粉與麵團添加物和加工方式

研磨廠通常會在麵粉中加入少量添加物。麵包師傅也能購得部分添加物，直接混入麵團中。政府機關嚴格規範添加物的種類與含量。根據法律，研磨廠必須標示麵粉中含有的添加物。

麵粉添加物種類不少，有些能提升麵粉營養，法律規定必須添加；有些則能讓麵團更易操作、改善烘焙特性，或是漂白麵粉的顏色。以下將介紹幾種主要麵粉添加物。

維生素和礦物質

營養添加麵粉是添加鐵質和B群維生素的白麵粉，使其含量等同或超過全麥麵粉。營養添加麵粉包含以下四種B群維生素：維生素B1、維生素B2（核黃素）、菸鹼酸、葉酸。除了這些之外，麵粉廠也可自行選擇加入其他維生素和礦物質。基本上，北美所有以白麵粉製成的烘焙品與義大利麵類產品，都添加以上營養素。

天然熟成

剛研磨完成的「生麵粉」接觸到空氣後開始天然熟成程序，為期數週以上，經過這道程序的麵粉中充滿空氣。空氣是一種強效添加物，能帶來兩種主要變化：首先，麵粉顏色會變白；其次，能強化麵粉所形成的麵筋。

事實上，空氣中的活性成分為氧氣，氧氣是一種氧化劑。氧氣能氧化麵粉中的類胡蘿蔔素，改變其化學結構，降低其吸收的光線量，這使麵粉看起來比較白、顏色比較淺。形成麵筋的蛋白質經過氧氣的氧化作用後，也能形成更強韌的麵筋。比起生麵粉，由熟成麵粉製成的酵母麵團比較容易操作，因為麵團的麵筋較強韌，比較不黏手，延展時麵筋也比較不會斷

為什麼白麵粉要添加營養素？

麵粉的研磨過程會去除麩皮與胚芽，只留下胚乳，因此也一併去除掉麩皮與胚芽中含有的維生素、礦物質、膳食纖維、蛋白質與脂質，很可能也同時去除了其他目前未知的重要營養素。為麵粉添加營養素能補充在研磨過程中流失的某些維生素與礦物質，但不能取代麩皮中的膳食纖維、胚芽中的高品質蛋白質，或麩皮與胚芽中其他目前還未發現的重要營養素。

美國政府調查發現某些疾病的高發病率是缺乏特定維生素與礦物質所導致，因此一九四〇年代初期開始在麵粉中添加營養素。政策實施後，實質上消滅了腳氣病和癩皮病兩種疾病。

美國與加拿大政府定期重新評估北美人口的營養需求，一九九〇年代，葉酸也成為營養添加麵粉必須添加的維生素與礦物質之一。葉酸能預防脊柱裂等先天缺陷，也能降低罹患冠狀動脈心臟病的風險。

裂。發酵與烘焙時氣體膨脹，此時麵團延展而不斷裂的特性尤其重要，這樣麵包成品才會體積膨鬆、組織細緻。

不過天然熟成也有幾個缺點。首先，熟成需要數週或數月的時間。這段時間內，麵粉會占用寶貴的穀倉空間，使研磨廠無法賺取收入；此外，麵粉在穀倉中儲藏越久，就越容易開始發霉或受到昆蟲與齧齒類動物侵擾。天然熟成可能使成品品質不一，因為其效率比不上化學漂白劑或熟成劑。不過消費者通常比較偏好天然熟成的麵粉，而不是添加漂白與熟成劑的，天然熟成麵粉通常會標示「未經漂白」。

漂白與熟成劑

熟成劑這種添加物可以改變麵粉的烘焙特性。研磨廠可能直接在麵粉中添加熟成劑，麵包師使用的許多麵團調整劑中也有這項成分。

有些熟成劑能強化麵筋，有些的作用則是弱化麵筋。以同樣的名稱「熟成劑」來描述功能完全相反的添加物，容易產生混淆，因此在本文中，溴酸鉀和抗壞血酸（也就是維生素C）等可以強化麵筋的熟成劑都稱為「強化麵筋的熟成劑」，其餘則稱做「弱化麵筋的熟成劑」。不論哪一種熟成劑，微量（用量單位為百萬分之一）使用就能達到所需效果。

溴酸鉀是一種能強化麵筋的熟成劑，添加溴酸鉀的麵粉稱為溴化麵粉。二十世紀初起就開始使用溴酸鉀，而且是用來評斷其他熟成劑的標準。儘管如此，加拿大及歐洲已禁止在麵粉中添加溴酸鉀。溴酸鉀是一種致癌物質，動物試驗顯示會引發癌症。雖然美國仍允許使用，但使用頻率已經逐漸降低，現今的添加量

也比以前少得多。加州規定含有溴酸鉀的產品必須於包裝標示警語。

許多廠商正研究以溴酸鉀替代品來強化麵筋。眾多溴酸鉀替代品中，抗壞血酸是最普遍使用的一種，抗壞血酸又稱維生素C，雖然效果不如溴酸鉀，作用稍微不同，但因為溴酸鉀有安全疑慮，抗壞血酸的使用頻率逐漸上升。

漂白劑可以漂白麵粉中的類胡蘿蔔素。最常見的漂白劑是過氧化苯甲醯。各類麵粉都可使用過氧化苯甲醯，漂白效果極佳且不會有熟成作用，用途單純只有漂白。過氧化苯甲醯常用來漂白高筋、特高筋、中筋、低筋與中低筋麵粉。

漂白劑氯幾乎只用於低筋麵粉。一九三○年代開始採用，目前部分國家仍在使用，包括美國、加拿大、澳洲、紐西蘭及南非。除了漂白，氯還能改善軟質小麥麵粉的烘焙特性，主要是透過氧化麵粉中的澱粉，使澱粉顆粒更容易吸收水分並膨脹。換句話說，氯化麵粉的吸水性較佳，可以形成較濃稠的麵糊與較堅固的麵團。氯也能提升澱粉與脂質結合的能力，有助於脂肪均勻分布於麵糊與麵團中，形成更細緻的組織。雖然氯也可以大幅弱化麵筋，不過業界比較注重這種添加物對澱粉的效果。

請注意，氯對於麵筋的作用跟天然熟成或溴酸鉀等熟成劑大不一樣，氯這種熟成劑會弱化麵筋，只用於軟質小麥麵粉；而溴酸鉀和抗壞血酸這兩種熟成劑會強化麵筋，用於硬質小麥麵粉。表5.1統整上述麵粉添加物對於麵粉的作用。

從包裝標示可以看出麵粉是否經過漂白，但不一定能知道廠商使用哪一種漂白劑，如果想要知道，可以詢問製造商相關資訊。

表5.1 麵粉添加物及其效果

種類	添加物	類胡蘿蔔素	麵筋	澱粉	主要用於
天然熟成	空氣（氧氣）	漂白	強化	沒有效果	所有麵粉
強化麵筋的熟成劑	溴酸鉀	沒有效果	強化	沒有效果	特高筋麵粉
	抗壞血酸	沒有效果	強化	沒有效果	特高筋麵粉、部分高筋麵粉
漂白劑	過氧化苯甲醯	漂白	沒有效果	沒有效果	所有麵粉
漂白與弱化麵筋的熟成劑	氯	漂白	弱化	提高吸水性與膨脹幅度	低筋麵粉

*台灣衛福部於1994年公告溴酸鉀為非法麵粉改良劑，並禁止使用，詳情請見：https://topic.epa.gov.tw/chemiknowledgemap/sp-product-cont-K0001-21-5.html。行政院環保署毒物及化學物質局也於2017年9月26日將溴酸鉀公告列為食安風險疑慮化學物質管制項目，詳情請見 https://www.tcsb.gov.tw/cp-31-172-f7450-1.html。

澱粉酶

澱粉酶是麵包製作過程中的一種重要酵素，第3章提到，澱粉酶會將麵團中的澱粉分解為糖等產物，這是酵母發酵的養分來源，並能增加烘焙的上色程度、軟化組織、延長保存期限。

發酵過程中，澱粉酶的主要作用在於破損的澱粉顆粒。烘焙過程中，澱粉顆粒開始糊化後較易受澱粉酶活動影響，此時澱粉酶活性會提高。隨著溫度上升，澱粉酶受熱會逐漸失去活性。

雖然白麵粉含有少許澱粉酶，不過含量通常太低，無法發揮作用，因此研磨廠有時會在麵粉中添加澱粉酶彌補這項缺點。

澱粉酶不是來自細菌就是真菌。若研磨廠未添加澱粉酶，麵包師也可以選擇加入任何含有豐富澱粉酶來源的成分，包括麥芽粉、發芽小麥粒、浸泡穀粒、糖化麥芽糖漿、裸麥粉、生大豆粉，或任何含有這類澱粉分解酵素的麵團調整劑。

麥芽粉

你可以把麥芽粉想成是具有酵素活性的麵粉。麥芽粉中的主要酵素是澱粉酶，不過也含有蛋白酶（分解蛋白質的酵素）。雖然所有穀粒都可能發芽，大麥是麥芽粉最常見的穀粒原料。麥芽粉、乾麥芽指的都是大麥麥芽粉，也可能直接簡稱為麥芽。

部分品牌的酵母麵團麵粉已事先添加大麥麥芽粉，麵包師傅也可以另外購買乾麥芽粉加入酵母麵團中，用量約0.25%至0.5%（烘焙百分比）。

市面上也有小麥麥芽粉與裸麥麥芽粉，這兩者的風味和酵素活性不同於大麥麥芽粉。麥芽糖漿（也稱為麥芽精）和乾麥芽精是相關產品，第8章將深入討論。

強化麵筋的熟成劑之作用機制

　　強化麵筋的熟成劑作用類似天然熟成，也就是氧化部分麥穀蛋白和穀膠蛋白分子，改變其特性，使麵筋形成時產生更多鏈結，因此麵團也更強韌、乾燥、有彈性。在最終發酵與爐內膨脹的階段，氣體會膨脹，而強韌的麵筋可以延展而不斷裂，因此氣體不會散逸，使麵包體積膨大，內部組織細緻，許多熟成劑的強化麵筋效果優於天然熟成。不過強化麵筋的熟成劑多半沒有漂白麵粉的作用。

　　雖然溴酸鉀及其替代品的作用方式都類似，不過是在製作麵包的不同階段發揮效果，因此商用的麵團調整劑通常會混合不同的強化麵筋熟成劑，以便在整個製程強化麵團。比方說，有些溴酸鉀替代品作用快速，麵粉一與水混合就開始氧化麵筋；另一方面，溴酸鉀作用較慢，主要是在最終發酵與烘焙初期（爐內膨脹階段）發揮作用，而此時正是最需要強韌麵筋的階段。而抗壞血酸只要有接觸到氧氣（空氣），就能在整個麵包製程持續發揮作用，不過效果比溴酸鉀稍差。

澱粉酶的來源會造成差異嗎？

　　你可能沒想到，研磨廠所添加的澱粉酶（更精確來說是 α 澱粉酶）來源會為麵包成品帶來差異。這是因為澱粉酶彼此之間並不一樣，尤其啟動不同澱粉酶的烤溫不同。因為澱粉酶在烘烤時對麵包麵團最具活性，因此熱穩定性極為重要。

　　比方說，澱粉顆粒糊化之前，澱粉酶的活動不易發揮效果，而真菌澱粉酶在澱粉顆粒開始糊化之後才會開始活動。假如添加澱粉酶的唯一原因是促進發酵，那麼澱粉酶在烘焙階段初期就停止活動是可以接受甚至樂見的現象。畢竟當麵團升溫至140℉（60℃）時，發酵就會停止。不過如果添加澱粉酶是為了軟化組織、延緩老化，那麼真菌澱粉酶就沒有什麼效果，因為在酵素分解足量的澱粉顆粒之前，溫度就會使其失去活性。

　　另一方面，早期的細菌澱粉酶會在烘焙階段後期才失去活性，有時甚至可以全程保持活躍。若使用這類澱粉酶，澱粉分解程度很高，麵包口感可能變得黏牙。新式的細菌澱粉酶失去活性的溫度介於一般真菌澱粉酶與早期細菌澱粉酶之間。事實上，新式細菌澱粉酶的熱穩定性最接近穀物澱粉酶，可以分解足量澱粉，延緩老化，但又不會過量以致麵包口感黏牙。

麵團調整劑

麵團調整劑也稱為麵團改良劑，為乳白色的乾燥顆粒物，外觀類似麵粉。麵團調整劑用於製作酵母發酵的產品。由於成分多樣，麵團調整劑具有多種功能。如果需要充分形成麵筋，使麵包體積膨鬆、組織細緻的話，此時麵團調整劑就特別有用，尤其如果麵粉品質不佳或烘焙環境嚴苛的時候。嚴苛環境可能出現於大規模的烘焙工廠中，工廠以自動化設備處理麵團，揉製過程可能粗略不仔細；又例如麵團可能經過冷凍，麵筋結構受冰晶破壞。

有時候烘焙工廠也倚賴麵團改良劑來取代第一次發酵，雖然這能節省時間，不過較長時間的發酵能產生麵包獨特的風味，縮短製程會削弱麵包風味。

什麼是孵麥芽？

孵麥芽意指在受控的環境下使整顆穀仁發芽，就和孵豆子或種子一樣。釀酒和烘焙都會用到發芽穀粒。

如要製作麥芽粉，孵麥芽有三個主要步驟：浸泡、孵芽、乾燥。浸泡穀粒時，將整顆小麥仁緩緩放入一缸冷水中靜置。待麥仁的重量增加至接近原先的兩倍時，將這些吸水膨脹的麥仁移至平坦的芽床孵芽。發芽中的麥仁會製造多種活性酵素，包括能分解澱粉的澱粉酶和分解蛋白質的蛋白酶。在涼爽潮濕的環境中發芽四至五天，再將這些已發芽麥仁移至烤箱中慢慢烘乾至原本的溼度（小於14%），這能使麥芽停止發芽但保留其中的酵素活性。最後一步是將乾燥的發芽麥仁磨成粉狀。

麵團調整劑包含什麼成分？

雖然麵團調整劑有眾多品牌，但多數都包含以下成分：

- DATEM和乳酸硬脂酸鈣等乳化劑，提高吸水性和麵筋強度（DATEM全名為單及雙脂肪酸甘油二乙醯酒石酸酯）。
- 碳酸鈣或磷酸二氫鈣（或稱磷酸一鈣）等酸式鹽，透過調整水質硬度與酸鹼值，使麵筋形成環境處於最佳狀態。碳酸鈣可以提高水質硬度與酸鹼值；磷酸二氫鈣則是提高水質硬度，降低酸鹼值。許多泡打粉中也有磷酸二氫鈣這種酸式鹽。
- 強化麵筋的熟成劑，包括溴酸鉀、抗壞血酸、碘酸鉀、偶氮二甲醯胺（ADA）。
- 銨鹽等酵母活化劑可以促進酵母發酵。
- 澱粉酶等酵素可以促進酵母發酵、提高上色程度、軟化組織、延緩老化。
- 半胱胺酸等還原劑可以打斷麵筋的鏈結或阻礙麵筋形成。還原劑能提升麵團的延展性，降低其韌度，和強化麵筋的熟成劑作用相反，例如，添加半胱胺酸能使披薩麵團充分延展、容易操作、不易回縮。

要注意的是，不應過度使用麵團調整劑，否則麵包質地和體積都會不理想，甚至可能違法，美國和加拿大針對麵團改良劑中的多種添加物都設有規範。

小麥蛋白

小麥蛋白是一種活性蛋白質含量很高（高達75%）的乾粉，活性蛋白質就是與水混合後能形成麵筋的蛋白質。市售小麥蛋白粉呈乳黃色，可以改善麵粉品質，添加到酵母發酵的麵團中可增加麵團的攪拌與發酵程度容忍度，使體積膨鬆、組織細緻。添加小麥蛋白，配方中的水量須隨之增加才能充分水合。由於水量較多，再加上額外麵筋能使體積增大，麵包能更長時間保持柔軟，延長保存期限。不過須注意不能在麵包配方中添加過量小麥蛋白，以免筋性過強導致製品口感堅韌而難嚼。

實用祕訣

如果烘焙坊的乾燥儲藏空間不足，可以嘗試減少麵粉的庫存種類。比方說，與其購買兩種強力粉，分別用來製作法國長棍與貝果，可以考慮以同一種麵粉製作兩種製品。製作需要更強筋性的貝果時可以添加少量小麥蛋白粉。小麥蛋白粉的使用量約麵粉用量的2%至5%，或是每磅麵粉添加1/4到3/4盎司的小麥蛋白粉（每公斤麵粉約加入20至50克小麥蛋白粉）。實際用量可根據烘焙坊需求與使用麵粉的性質再做調整。

白麵粉的商用等級

之前提到，胚乳是小麥仁中顏色最白的部分，也是磨製成白麵粉的部位，而且所有形成麵筋的蛋白質都位於胚乳之中，北美白麵粉商用等級的區分標準就是純胚乳的含量比例。胚乳含量高的麵粉必須經過仔細研磨，因此價格較高。胚乳含量高的麵粉顏色較白，因為其中的麩皮與胚芽雜質較少，所以高品質麵粉指的是適合用於烘焙，但營養價值其實很低。

由於小麥麩皮中的灰分含量高，因此製造商傳統上確認麵粉等級的方式就是測量其灰分含量。雖然灰分含量也會受小麥種類與土質影響，但多少還是能據此判斷麵粉中的麩皮含量，進而定出麵粉的商用等級。以下所談的麵粉分級適用於小麥與裸麥。

粉心粉

粉心粉*是最高品質的商用白麵粉。麵包師說到粉心粉，指的多半是高筋粉心粉，不過今日市面上的麵粉，不論高筋或低筋，其實都是粉心粉。粉心粉是搜集前幾道粉流所得到的

*因為這種麵粉只取小麥仁中心的胚乳部位，故稱為粉「心」粉。台灣有時也以粉心粉稱呼中筋麵粉，但其實粉心粉不限於中筋。

研磨麵粉有兩大步驟，首先是分離胚乳與麩皮、胚芽，其次是將穀粒研磨成細粉。理想上希望盡可能分離出越多胚乳越好，同時盡量不要損傷澱粉顆粒，不過這很難辦到。事實上，雖然胚乳占了小麥仁85%的重量，不過每100磅小麥，商業研磨平均只能製造出72磅麵粉，也就是製粉率約72%。現代研磨廠執行上述兩大步驟時又可再細分為以下流程：

1　清洗小麥仁，去除灰塵、雜草種子、碎石等雜物。

2　調整水分含量潤麥，這道程序能使麩皮變硬，使胚芽變得柔韌，以利將胚乳與麩皮、胚芽分離。

3　將麥仁送入有波紋（齒溝）的滾軋機中，分離胚乳與麩皮、胚芽。

4　利用篩網及氣流篩選出胚乳，剔除麩皮與胚芽，這道程序所得出的粗穀粒胚乳稱為粗麵粉。

5　以一系列輥式輾粉機將胚乳粗粉磨成細粉，這類機器外觀類似大型的壓麵機。輥子之間的距離越近，麵粉就越細。經過這道程序，麵粉顆粒逐漸降低，篩分出數道粉流。

最後三道程序會重複數次，得到數道粉流，每次送回滾軋機中的粉流含有的胚乳越來越少，麩皮與胚芽等「雜質」越來越多。粉流經過篩選、混合，分出不同的商用麵粉等級。之後麵粉可能經過天然熟成的程序，或是以漂白與熟成劑進行加工，也可能加入其他法律核可的添加物，最後送往包裝、銷售。

麵粉，來自胚乳最中心的部位，基本上不含麩皮與胚芽，因此粉心粉灰分含量低，顏色淨白，最能形成麵筋而不受麩皮或胚芽雜質的干擾。粉心粉可再根據第幾道粉流細分不同等級，最高品質的粉心粉又稱為特級或一級粉心粉（extra short或fancy patent）。

二等麵粉

二等麵粉是所有麵粉商用等級中品質最低者，來自胚乳的外層部位，研磨出粉心粉後剩餘的粉流即為二等麵粉（圖5.5）。二等麵粉也可再細分不同等級，不過其麩皮、蛋白質與灰分含量都相對較高，色澤稍灰，這是因為二等麵粉包含糊粉，也就是胚乳最接近麩皮的部位。糊粉的酵素活性高，含有豐富膳食纖維與礦物質（灰分）。雖然富含營養，但糊粉中能形成麵筋的蛋白質含量少。

高等級的二等麵粉稱為一級二等麵粉，是研磨硬質小麥粉心粉後剩餘的部分。大部分賣給麵包師的二等麵粉多半是研磨自硬質小麥的一級二等麵粉，蛋白質含量通常介於13%至15%之間，灰分含量約為0.8%。

二等麵粉價格比粉心粉低，雖然總蛋白質含量較高，但形成的麵筋較弱。

裸麥與全穀粒麵包常加入一級二等麵粉，因為其蛋白質能為低筋穀粉提供所需的筋度，裸麥或全穀粒麵包的深色也能掩蓋二等麵粉稍灰的色澤。品質較低、顏色更深的二等麵粉可用於製造小麥蛋白粉。

粉心粉的名稱由來？

粉心粉英文稱做patent flour，直譯意為「專利麵粉」，之所以如此稱呼，是因為十九世紀中期的傳統磨粉廠無法研磨美國中西部與加拿大的硬質春麥仁。後來自匈牙利引進一種使用花崗岩磨石的新流程，大幅改善磨粉廠將硬質小麥仁研磨成白麵粉的能力。不過一直要到一位名叫拉克魯瓦的法國人研發出清粉機，提升白麵粉的產量與品質，研磨廠才開始普遍以硬質春麥磨製白麵粉。1865年，美國專利局授予清粉機專利，後續白麵粉的精製程序又獲得數百項專利。美國明尼蘇達州的研磨廠使用這些受到專利保障的流程，革新磨粉業界。北美與歐洲的消費者對於美國中西部專利麵粉的需求持續升高，美國磨粉工業的中心也逐漸從東部城市移至上中西部，後來這裡也成為世界著名的磨粉中心，因此今日英文仍以「專利麵粉」來稱呼高純度的白麵粉。

統粉

統粉（圖5.5）由整顆胚乳研磨而成。統粉是搜集研磨程序中所有可用的麵粉，包含不易與胚乳分離的麩皮與胚芽顆粒。北美烘焙業不常使用統粉，不過法國的麵包師傅會使用統粉來製作麵包。

圖5.5　由左至右：統粉，研磨自整顆胚乳；二等麵粉：只包含麩皮內側；粉心粉：取自胚乳中心。

什麼是沉降係數？

強力粉中，不論是高筋、特高筋或二等麵粉，其規格標示多半包括沉降係數，用來表示澱粉酶的活性。

麵粉沉降係數的測量方式是，在試管中混合麵粉與水，加熱的同時以攪拌棒攪拌。澱粉糊化的同時，麵粉中澱粉酶的活動也會液化麵粉水溶液，使麵粉溶液變稀，因此攪拌棒沉落到試管底部。攪拌棒沉落到試管底部所花費的時間（單位為秒）就是該麵粉的沉降係數。沉降係數越高，麵粉中澱粉酶活性越弱。

一般來說，沉降係數大於兩百秒以上的麵粉即可用來製作麵包。數值偏低的麵粉可能酵素活性太旺盛，會導致麵包外皮色深、組織黏牙、結構軟弱。為了讓消費者在不同時間購買的麵粉品質一致，研磨廠會混合不同粉流中的麵粉，或是調整澱粉酶含量或乾麥芽添加量，藉此校正麵粉中的澱粉酶活性，如此一來，同品牌麵粉的沉降係數與澱粉酶活性能長年保持一致。

粉心小麥粉的種類

今日麵包師及糕點師所購買的麵粉，不論是高筋、中低筋或低筋，都屬於粉心粉，由胚乳的中心研磨而成。不同筋性的粉心小麥粉之間有眾多差異，部分差異是來自製造麵粉所用的小麥種類，也有些差異是來自研磨過程與添加物。

高筋麵粉

高筋麵粉以硬紅春麥或硬紅冬麥研磨製成。蛋白質含量高（通常介於11.5%至13.5%之間），可以形成良好的麵筋，酵母發酵的烘焙品若要體積膨鬆、組織細緻，這點至關重要。由於高筋麵粉是以硬質小麥仁製成，研磨較為困難，因此高筋麵粉的質地比中低筋麵粉稍粗，其中受損、破裂的澱粉顆粒比例較高。破損的澱粉顆粒能比完整顆粒吸收更多水分，因此能延緩麵包老化；破損顆粒也更容易被澱粉酶分解，也有助於延緩老化。此外，澱粉酶能將澱粉分解為糖，促進酵母發酵。

市面上高筋麵粉分為未漂白及漂白兩種（常用的漂白劑為過氧化苯甲醯）。部分高筋麵粉含有添加的大麥麥芽粉，能提升澱粉酶活性、促進酵母發酵、使麵團更易操作並延長保存期限。高筋麵粉一般用於製作鍋餅、小圓麵包、可頌與酵母甜麵包。

歐式麵包專用粉

歐式麵包所用的麵粉是以硬紅冬麥研磨而成，類似於法國麵包專用麵粉，也就是說，比起其他高筋麵粉，這種麵粉的蛋白質含量相對較低（11.5%至12.5%），而灰分較高。

冬麥的蛋白質含量較低，因此容易製作出脆皮（吸水率較低）與麵包中令人喜愛的不規則孔洞。換句話說，這類麵粉適合製作法國長棍麵包等擁有薄脆外皮的無油糖酵母麵包。

雖然歐式麵包專用粉的蛋白質含量比其他高筋麵粉低，不過其蛋白質品質必須具有相當水準。高品質的蛋白質可以形成彈力與延展性俱佳的筋度，如果麵筋彈力不足，麵團伸展時會斷裂，也會因為無法支撐歐式麵包所需的長

實用祕訣

如果麵包組織過濕、黏牙，結構軟弱，外皮色深，那麼降低澱粉酶活性可能有助改善麵團。要降低澱粉酶活性，可採取以下作法：

- 減少乾麥芽、發芽麥仁、糖化麥芽糖漿，或其他含有活性酵素成分的用量。
- 使用沉降係數較高的麵粉，沉降係數高代表澱粉酶活性較低。
- 如果情況允許，提高鹽的添加量，鹽可以降低酵素活性。
- 如果情況允許，提高烤溫，加快烘焙程序，如此一來可以縮短麵團處於酵素活性旺盛的溫度中的時間。
- 如果發酵時間長，請提供利於乳酸菌成長、發酵的環境，快速降低酸鹼值，抑制酵母生長（澱粉酶在酸鹼值低的環境較不具活性），比方說可以冷藏麵團，以低溫延遲發酵。

假如麵包體積不膨鬆、外皮色淺、組織乾燥、老化快速，那就可以採取與上述相反的作法，嘗試提高澱粉酶活性。

時間發酵而崩塌。這一類麵團很容易就會過度攪拌，因此必須要小心揉捏。由於歐式麵包專用粉可以揉製出柔軟、延展性強的麵團，所以也很適合用來製作麵餅，例如墨西哥薄餅和皮塔餅。

歐式麵包專用粉的灰分含量通常較其他粉心粉稍高。高灰分含量的意思是，整粒小麥仁有較多部分用於製作麵粉，因此麵粉含有較多的礦物質、聚戊醣與活性酵素，這會使麵粉呈現一種淺灰的色澤，不過一般認為可以促進酵母發酵、增進風味。歐式麵包專用粉通常不含漂白或熟成劑，比起其他麵粉更可能是有機的產品。

特高筋麵粉

特高筋麵粉由硬質小麥碾磨而成，以硬紅春麥為大宗。特高筋麵粉的蛋白質含量本來就較高（常見蛋白質含量為13.5%至14.5%），通常還會添加溴酸鉀或溴酸鹽替代物進一步提高筋性。由於特高筋麵粉的蛋白質含量高，且研磨過程中產生大量破損澱粉顆粒，因此要形成麵團需要較多水分，且需要額外攪拌才能充分形成麵筋，不過另一方面，比起一般高筋麵粉也比較不易過度攪拌。和高筋麵粉一樣，特高筋麵粉可能經過漂白或含有額外添加的麥芽粉。特高筋麵粉幾乎只用於酵母類烘焙製品，特別是需要高彈力與堅固結構的麵包。特高筋麵粉適合用於製作貝果、哈斯麵包、薄脆餅皮的披薩與硬小麵包。

別把特高筋麵粉和小麥蛋白粉搞混了，後者外觀就和麵粉一樣，不過一般是當做麵粉添加劑來使用。和小麥蛋白粉一樣，特高筋麵粉也要注意不要過量使用，否則會使得麵包口感過韌。

中低筋麵粉

中低筋麵粉由軟質小麥碾磨而成，一般是使用軟紅冬麥，不過有時也會使用軟白麥。不論使用哪一種小麥，其蛋白質含量較低，通常在7%至9.5%之間，軟質小麥也易於碾磨成細小的粉粒。中低筋麵粉通常不會經過漂白，但市面上也找得到漂白過的中低筋麵粉。由於這類麵粉的蛋白質、抓水的聚戊醣及破損澱粉顆粒含量都較低，所以吸水力較差。以中低筋麵粉製成的麵糊及麵團相對柔軟，剛入爐烘焙時流動性較高，因此比起彈力較高的麵粉，中低筋麵粉製作的餅乾麵團攤得更平，蛋糕也能膨脹得更高。

用中低筋麵粉製作麵包會怎樣？

假如以中低筋麵粉製作麵包，成品的外形和口感都會和用高筋麵粉製作有所差異。首先麵團會較軟，雖然攪拌所需的水分較少，但麵團容易斷裂及過度攪拌。

烘焙完成後，麵包的體積較小，外皮不容易上色，內部組織顏色較白，組織中的氣孔會比較大且不規則。成品風味也會不一樣，而如果放置數天也會更快老化。這些差異多半是中低筋麵粉的蛋白質含量及品質較低所造成的。

低筋麵粉

低筋麵粉由軟質小麥碾磨而成，一般是使用軟紅冬麥。低筋麵粉屬於特級或一級粉心粉，也就是從胚乳的最中心磨製而成。由於軟質小麥容易研磨，因此低筋麵粉顆粒較小，顏色較白、色澤較亮，蛋白質含量較低（約6%至8%），澱粉含量較其他麵粉稍高。低筋麵粉通常經過氯和過氧化苯甲醯漂白，因此顏色純白，風味明顯改變。低筋麵粉有時也稱做氯化麵粉或高糖用麵粉。

之前提過，氯這種熟成劑會弱化麵筋，並提高澱粉顆粒吸水（與油）的膨脹率。以低筋麵粉而非中低筋麵粉製作的餅乾麵團較為乾硬，由於缺乏可自由流動的液體，烘焙時麵團不易攤平。比起中低筋麵粉，以低筋麵粉製作的餅乾比較能維持形狀，不過上色程度低，口感類似蛋糕（圖5.6）。

氯對於低筋麵粉的特性有極為重要的影響，氯化處理對於低筋麵粉性質的影響，和低蛋白質含量及細小顆粒等特性相比，絕對是有過之而無不及。

研究人員正研發氯化處理的替代措施，因為歐盟已禁止這道程序。幾個具有應用潛力的替代措施包括使用熱氣乾燥法、添加酵素或三仙膠等添加物。

圖5.6　使用不同麵粉製作餅乾麵團，成品的高度與延展性也不同。左圖：以中低筋麵粉製作的餅乾；右圖：以低筋麵粉製作的相同餅乾。

一定要用低筋麵粉做蛋糕嗎？

很多蛋糕用中低筋或高筋麵粉做也會成功，不過輕盈、甜、濕潤、柔軟的高糖蛋糕一定要用低筋麵粉。高糖蛋糕的配方中，液體和糖相對於麵粉的比例很高，如果不用低筋麵粉，這類蛋糕無法膨脹，或是烘烤時會膨脹，出爐冷卻就開始塌陷。以下是背後原因：

之前提過，氯能修飾麵粉中的澱粉，使澱粉顆粒容易膨脹，即便加入大量水和糖，麵糊還是能保持濃稠的質地。在攪拌與烘焙過程中，濃稠的麵糊可以抓住細小的氣泡，而低筋麵粉比高筋或中低筋麵粉更能製作濃稠的麵糊。由於低筋麵糊能在烘焙過程中較長時間支撐膨脹氣體，因此蛋糕麵糊能膨脹得更高，成品質地也更輕盈、體積膨鬆、組織細緻柔軟。

並非所有專業的烘焙坊都備有中筋麵粉的庫存，如果配方要求使用中筋麵粉但手邊沒有這項材料，可以用什麼代替？中筋麵粉的標準替代材料一般是混合高筋與低筋麵粉，比例約六比四或五比五。許多製品都適用這樣的比例，包括許多餅乾配方。不過高筋與低筋麵粉的混合不一定是替代中筋麵粉的最佳材料。

以酵母發酵的製品來說，應選擇高筋麵粉。高筋麵粉需要額外添加水分才能成團，且需較長的攪拌時間才會形成麵筋。不過這種麵團比使用中筋麵粉容易操作，製品體積更膨鬆、組織更細緻。

若要製作質地細緻的高糖蛋糕，那就該以低筋麵粉取代中筋麵粉。多數其他類型的蛋糕，例如薑味蛋糕和紅蘿蔔蛋糕，以及派皮與使用泡打粉的餅乾，則使用高筋麵粉或中低筋麵粉。

中筋麵粉

專業的糕點師傅通常不會使用中筋麵粉，不過有一種標示為H&R的麵粉是專門銷售給餐飲業，H&R意指飯店與餐廳。中筋麵粉的蛋白質含量通常介於9.5%至11.5%之間，依品牌而有不同。

雖然中筋麵粉通常混合硬質與軟質小麥，但這也並非通例，有些品牌，如亞瑟王麵粉就是完全以硬質小麥製成，白百合等其他品牌則完全以軟質小麥製成。中筋麵粉分為漂白（漂白劑為過氧化苯甲醯或氯）及未漂白兩種，通常會添加維生素和礦物質，也可能含有額外添加的大麥麥芽粉。

其他小麥麵粉

全麥麵粉

全麥麵粉在北美又稱做graham flour（葛漢麵粉）或entire wheat flour，在英國等其他國家也稱做wholemeal flour。全麥麵粉屬於全穀粒產品，因為其中含有小麥仁的所有部位（麩皮、胚芽、胚乳），而且比例等同小麥仁原粒中三種部位的比例。全麥麵粉灰分含量高（超過1.5%），代表其中含有礦物質豐富的麩皮。麩皮以及胚芽都含有豐富的可溶與不可溶膳食纖維（胚芽的膳食纖維含量較低），主要是來自聚戊醣膠，這是全麥麵粉的吸水性比白麵粉更好的主要原因。全麥麵粉的保存期限比白麵粉短，因為麩皮和胚芽中的油脂含量高，這種油脂容易氧化、走味（加拿大部分全麥麵粉會移除大部分含油的胚芽與部分麩皮，以避免麵粉產生油耗味，雖然仍可稱為全麥麵粉，但不可宣稱是全穀粒產品）。

全麥麵粉的顆粒大小不一，有些粗糙，有些細緻。不論是石磨麵粉或傳統以輥式輾粉機

什麼是石磨麵粉？

先人以石頭撞擊、敲打全穀粒，製作出最初的石磨麵粉。數百年來，這道程序演變為使用石磨。石磨包含兩個可旋轉的圓形花崗岩磨石，摩擦或輾壓夾在其中的穀粒。研磨過程還可以結合過篩，分離白麵粉與麩皮顆粒。十九世紀晚期輥磨機造成磨粉業革命之前，美國有超過兩萬兩千座石磨坊，多半以風力或水輪帶動。

今日的石磨多半用來研磨全穀粒麵粉及粗粉，很少用來磨製白麵粉。雖然每家研磨廠可以針對石磨進行個別調整，不過石磨麵粉一般具有以下特色：胚芽油平均散布於麵粉之中，麩皮顆粒比輥磨機研磨的麵粉還小。麩皮顆粒小，其中的蛋白質等營養素比較容易完整消化，因此石磨麵粉廠商有時會宣傳自家產品容易消化、營養價值較高。

古早的石磨研磨速度緩慢，將穀粒壓碎成麵粉的過程中產生較少熱能，這能預防麵粉中活性酵素遭到破壞，也能減緩油脂氧化。不過石磨麵粉中的活性酵素有優點也有缺點。雖然石磨溫度低，比較不會氧化小麥胚芽油，但酵素會起同樣的作用。這大概也是石磨麵粉保存期限較短的原因，而且風味也比輥磨機麵粉還要強烈。

輥磨機是當今研磨麵粉的主要機械。十六世紀歐洲就已經發明類似機械，不過一直要到十九世紀後半才開始在北美普及。輥磨機包含一系列成對的鐵製輥子，有些輥子上有溝槽，有些平滑，這些輥子會向內旋轉。由於輥子的轉速不同，夾在中間的穀粒會被輾壓、切開，把麩皮壓扁成片狀，將胚乳切碎，這和石磨中的摩擦或輾壓方式不同。

輥磨機磨製的全麥麵粉通常須依照小麥仁原粒中胚乳、麩皮、胚芽的比例重新混合三種部位。胚乳通常研磨得很細，不過保留麩皮的大顆粒，以利麵筋形成，減少麩皮顆粒的干擾。由於胚芽在磨製過程中沒有磨入麵粉中，因此其珍貴的油質仍保存於胚芽之中。據說這能減緩麵粉中油脂的氧化，輥磨過程中產生的高溫也有可能破壞脂酶，有助於預防麵粉走味，延長保存期限。

研磨的麵粉，都有粗細之分。由於粗麵粉顆粒吸水較慢，沒辦法快速形成麵筋，不過另一方面，全麥麵粉中的麩皮顆粒越細，麵包麵團就越容易發酵不足或過發。因此比起以粗粒麩皮製作的麵包，細粒麩皮的成品體積較小。

一般常誤以為graham flour是顆粒較粗的全麥麵粉。席維斯特‧葛漢牧師在一八二九年發明同名脆餅時，他用的的確是粗粒全麥麵粉，不過今日的美國和加拿大法規並沒有以顆粒大小來區分graham flour與一般全麥麵粉，

基本上這兩個名稱可以互相替換使用。

全麥麵粉通常以硬紅麥研磨而成，但也有以軟紅麥研製而成的全麥中低筋麵粉。不論是哪一種小麥，同種小麥研磨出來的全麥麵粉蛋白質含量都比白麵粉高。但雖然蛋白質含量較高（11%至14%，甚至超過），比起蛋白質含量相等或較低的白麵粉，全麥麵粉形成麵筋的能力較差。這種情況有多種原因：

● 全麥麵粉中尖銳的麩皮顆粒會刺破麵筋結構，阻礙麵筋形成。

- 麩皮的聚戊醣膠含量高，這種成分也會干擾麵筋的形成。
- 全麥麵粉的蛋白質主要來自麩皮和胚芽，而這類蛋白質不會形成麵筋。
- 小麥胚芽含有一種蛋白質片段（麩胱甘肽），會干擾麵筋形成。

因此以全麥麵粉和白麵粉製作酵母發酵麵團與烘焙品，成品會不一樣。確切來說，比起高筋麵粉，全麥麵粉製作的麵團不柔韌、沒有彈性，因此較無法保留麵團中的氣泡。所以比起白麵包，百分之百的全麥麵包質地通常較為密實、顆粒粗大。

比起白麵粉，以百分之百全麥麵粉製成的烘焙品顏色較深，風味較強烈。為了滿足還不習慣全麥麵包強烈風味的消費者，麵包師有時會混合全麥麵粉與高筋或特高筋麵粉，全麥麵粉約占其中四分之一至二分之一。消費者逐漸了解到全穀粒烘焙品的健康效益後，很可能就會逐漸喜歡上百分之百全麥麵包的堅果香氣與密實質地。

白麥全麥麵粉　　白麥全麥麵粉是由軟質或硬質白麥磨製而成，這是北美較晚近開始種植的兩種麥種。農場提高白麥的種植量是為了滿足亞洲市場。比起紅麥，白麥麵粉更適合用來製作麵食。雖然比起紅麥，白麥比較不耐寒，不過由於北美人口有意提升全穀粒的攝取量，因此帶動當地白麥的種植。白麥全麥麵粉顏色淺（淺金色，不是白色），比紅麥全麥麵粉口味稍甜而溫和。喜歡麵包與糕點氣味清淡、溫和的消費者更能接受這種麵粉。

杜蘭小麥粉

杜蘭小麥粉由杜蘭小麥的胚乳研磨而成。杜蘭小麥和一般小麥不一樣，後者用於製作白麵粉和全麥麵粉；杜蘭小麥的麥仁非常硬（比所謂的硬質小麥還硬），而且蛋白質含量很高（12%至15%）。由於麥仁堅硬，杜蘭小麥很難研磨成麵粉，而若研磨成麵粉，其受損澱粉顆粒含量很高。

杜蘭小麥粉含有大量黃色類胡蘿蔔素，賦予義大利麵食令人喜愛的金黃色澤。除了製作義大利麵以外，杜蘭小麥粉也能製作義大利特產粗粒小麥麵包。

由於只取胚乳研磨，杜蘭小麥粉並不是全穀粒產品，不過市面上也有杜蘭全麥粉。杜蘭全麥粉和杜蘭粗粒全麥粉都含有麩皮、胚芽和胚乳，因此屬於全穀粒產品，用於製作全麥義大利麵食。

什麼是粗粒小麥粉？

市面上常見的杜蘭小麥製品有兩類，杜蘭小麥粉是細粉，杜蘭粗粒小麥粉的顆粒較粗，也常直接簡稱為粗粒小麥粉。杜蘭粗粒小麥粉的顆粒約等於粗穀粉顆粒大小。不過現今提到「粗粒小麥粉」，有時指的其實就是杜蘭小麥粉。

麵粉的功能

提供結構

麵粉是負責固化並組織烘焙品結構的兩大材料之一（另外一項是蛋）。結構能支撐製品的體積，隨著氣體擴張、膨脹而改變形狀，防止製品在烘烤或冷卻過程中塌陷。除此之外，麵粉也是卡士達醬和部分派餡的結構來源，比較白話的說法就是讓醬料變濃稠。

麵粉組織結構的能力主要來自麵筋與澱粉，麵筋來自麵粉中的兩種蛋白質——麥穀蛋白和穀膠蛋白，麵粉與水混合後，麵筋會逐漸成形。麵筋的獨特結構對於酵母發酵的麵團尤其重要，第7章將有進一步的討論。

聚戊醣膠的重要性雖然比不上麵筋和澱粉，但也能組成結構。這種膠質似乎能自行形成結構，或是與麵筋相互作用。第6章將詳細說明聚戊醣對於裸麥麵團的結構別具重要性。

對某種烘焙品來說，哪一種結構來源（麵筋、澱粉或膠質）最為重要，則視使用的麵粉種類與配方而定。比方說，低筋麵粉或非小麥麵粉幾乎不會形成麵筋，因此澱粉（有時還包括膠質）就成為主要的結構來源。另一方面，水分含量低的製品，例如派皮和脆餅，麵筋是其唯一結構來源，因為在水量不足的情況下澱粉無法糊化。

即便是使用含有麵筋的麵粉，這也不一定是唯一（或最重要的）結構來源。以酵母發酵的烘焙品來說，麵筋和澱粉都是這類製品的重要結構來源，在未烘烤的麵團中，麵筋最為重要，但在烘烤過程中，澱粉的重要性更高。

吸收液體

麵粉等能吸收液體的材料也稱做乾燥劑，澱粉、蛋白質、膠質是麵粉中吸收水分與油脂的三大主要原料，能將材料結合在一起。你是否注意到，能形成烘焙品結構的成分也正好是乾燥劑。

製作麵包時，麵粉的吸水量是影響品質的重要因素。吸水量意指麵粉形成麵包麵團時所吸收的水量。

製作麵包時，吸水量越高越好，因為充足的水分能延緩老化。麵粉吸水量越高，製作麵包所需的粉量就越少，假如考量到成本，這也是很重要的一點。

多數高筋麵粉的吸水量介於50%至65%之間，也就是每1磅（450克）麵粉能吸收超過0.5磅（225克）的水。雖然影響麵粉吸水量的因素眾多，不過一般來說，吸水量多的麵粉蛋白質含量也高。

提供風味

小麥麵粉的風味相對溫和，帶有淡淡的堅果香，廣受喜愛。

不過每一種麵粉的風味還是有細微的差異，例如二等麵粉由於蛋白質與灰分含量較高，風味會比中低筋麵粉等軟質粉心粉強烈；低筋麵粉由於經過氯化處理，因此風味有所不同；全麥麵粉的氣味最為強烈，因為其中含有胚芽與麩皮。

為什麼麵粉的吸水量有所差異？

　　據估計，麵包麵團中將近半數的水分由澱粉吸收，1/3由蛋白質吸收，1/4由白麵粉中的少量膠質吸收。澱粉吸收麵團中的大部分水分，因為澱粉的含量最高。不過如果要預測哪一種小麥麵粉能吸收最多水分，其蛋白質含量是最準確的指標。蛋白質（包括能形成麵筋的蛋白質）能吸收自身重量一倍至兩倍的水分，而未破損的澱粉顆粒只能吸收自身重量約1/4至1/2的水分。也就是說，蛋白質含量只要少量增加，麵團吸水量就會顯著提升，因此特高筋麵粉的吸水量比高筋麵粉多，高筋麵粉的吸水量又比中低筋麵粉多。

　　除了蛋白質可以吸收較多水分外，特高筋麵粉是由硬質小麥研磨而成，因此含有更多聚戊醣與破損澱粉顆粒。比起完整的澱粉顆粒，破損者吸收的水量是前者的三至四倍。

　　只要麵粉沒有經過氯化漂白，就可以準確依據蛋白質含量預測吸水量。之前提過，氯會改變澱粉顆粒，使其吸收的水量大幅提升，不須熱能也能膨脹。這是氯化低筋麵粉能吸收大量水分的主因，另一個原因是，低筋麵粉的顆粒較細，而細小顆粒能更快吸收水分。

提供顏色

　　麵粉的顏色差異有許多原因。比方說，一般全麥麵粉因為含有麩皮，因此帶有堅果的褐色色澤；而白麥全麥麵粉呈現淡金色，因為其麩皮層的顏色較淺。杜蘭小麥粉呈淡黃色，因為這種小麥富含類胡蘿蔔素；而未經漂白的白麵粉為乳白色，因為其中的類胡蘿蔔素含量相對低。低筋麵粉為亮白色，因為漂白的程序會氧化類胡蘿蔔素。這樣的顏色差異也會影響烘焙品。

　　麵粉中含有蛋白質、澱粉與少量糖，因此可以進行梅納褐變反應（糖與蛋白質的分解），這是麵包外皮呈現深色的原因。一般來說，比起蛋白質含量低的麵粉，高蛋白質者的梅納褐變反應更為劇烈，因此以高筋麵粉取代中低筋麵粉製作派皮時，外皮顏色會較深。

添加營養價值

　　基本上，所有麵粉和穀物產品都能提供複合式碳水化合物（澱粉）、維生素、礦物質與蛋白質。不過小麥中的蛋白質離胺酸含量很低，這是一種重要的胺基酸，因此小麥蛋白質的養分不如蛋或牛奶完整，為了保持健康，最好補充其他蛋白質來源。

　　白麵粉的纖維量很低，不過全麥麵粉和白麥全麥麵粉（都是全穀粒產品）能提供豐富的膳食纖維，主要是來自麩皮中的聚戊醣。較不為人知但一樣重要的是，麵粉中還有許多其他有益健康的物質，多數集中於麩皮與胚芽之中。雖然我們可能還未發現或者去一一研究這些物質，但重點在於，全穀粒食物有助預防各式各樣疾病，包括冠狀動脈心臟病、癌症和糖尿病。

麵粉的儲藏

所有麵粉的保存時間都有限，白麵粉也是一樣。事實上，研磨廠建議麵粉不要放置超過六個月，尤其全穀粒麵粉更不可超過這個期限。放置過久主要的變化是，麵粉接觸到空氣後，其中油脂會開始氧化，導致出現不新鮮的紙板怪味。雖然全麥麵粉、小麥胚芽和麩皮的油脂含量高，所以最容易氧化，不過即便是白麵粉中少量的油（約1%）最後還是會導致氣味改變。為了避免這個問題，管理庫存時請遵守先進先出的原則（first in, first out，簡稱FIFO，也就是先使用較早進貨的麵粉），而且不要把新舊麵粉混在一起。

麵粉應加蓋儲藏於涼爽乾燥的地方，高溫潮溼的夏天要特別注意。這能預防麵粉吸收濕氣與周遭氣味，也能避免吸引昆蟲與齧齒類動物。全穀粒麵粉比白麵粉更營養，因此也更容易遭昆蟲與齧齒類動物侵擾。小麥胚芽和全麥

實用祕訣

如果你在麵粉箱或烘焙坊中看到蟲網，就代表生了粉蟎。粉蟎幼蟲倚賴麵粉和穀粒維生，出現蟲網代表剛有幼蟲孵化。由於全穀粒較為營養，因此通常是第一個生蟲的地方。請立刻丟棄生蟲的麵粉，以免幼蟲長成會飛的成蟲，使蟲害問題擴大。如果問題沒有解決，請聯絡專業的蟲害防治業者。

為了預防未來出現這類問題，如果打翻食物請立即清掃乾淨，確保平常不會觸及或清掃的地方也確實清潔，有必要的話請拆開貨架，落實先進先出的原則，並特別注意全穀粒產品。

麵粉如果不會在幾個月內使用完畢，最好冷藏保存。

複習問題

1 為什麼烘焙坊普遍使用小麥麵粉？為什麼不用其他穀粒製成的麵粉？

2 請說出小麥仁的三個主要部位。哪個（些）部位研磨成白麵粉？哪個（些）部位研磨成全麥麵粉？

3 小麥麵粉有什麼別名？

4 下列哪些不一定是全穀粒產品：九種穀物麵包、石磨麵粉、有機麵粉、葛漢麵粉？

5 膳食纖維有哪兩大類型？個別的主要健康效益是什麼？

6 白麵粉中天然含有什麼成分？也就是說，小麥胚乳的組成成分為何？

7 白麵粉（小麥胚乳）中的哪一項成分比其他成分的總合還多？

8 灰分包含什麼成分？如何測量麵粉中的灰分量？

9 小麥仁的三個主要部位中，哪一部位的灰分含量最高？

10 由硬質和軟質小麥研磨而成的麵粉有哪些主要差異？

11 麵粉和粗粉的主要差別為何？

12 麵粉中會添加哪些營養素？將小麥仁研磨成白麵粉時會流失什麼營養素，而且是營養添加物無法彌補的？

13 「生麵粉」是什麼意思？

14 天然熟成的程序會為麵粉帶來哪兩大變化？

15 天然熟成麵粉有什麼缺點？

16 請舉例說明強化麵筋的熟成劑有什麼優點？

17 硬質小麥麵粉的標準熟成劑是什麼？（這也是用來評斷其他熟成劑的標準）

18 研究顯示哪一項熟成劑為致癌物質？

19 請舉出一種溴酸鹽替代品。這和溴酸鉀的作用方式有何不同？

20　溴酸鉀和溴酸鹽較常用於高筋麵粉還是低筋麵粉？為什麼？

21　請舉出麵粉最常見的漂白劑。

22　請說出氯對麵粉的三種影響，其中哪一項最為重要？

23　氯較常用於高筋麵粉還是低筋麵粉？為什麼？

24　為什麼有些麵粉會添加少量澱粉酶或大麥麥芽粉？

25　粉心粉或「專利粉」是什麼意思？

26　二等麵粉和統粉有什麼差異？二等麵粉的主要用途是什麼？

27　一般來說，特高筋麵粉的蛋白質含量比高筋麵粉高多少？特高筋麵粉常添加什麼添
　　加物，以進一步提高其形成麵筋的能力與吸水性？

28　歐式麵包專用粉和一般高筋麵粉有何不同？這些差異對麵包成品的品質有什麼影
　　響？

29　一般低筋麵粉的蛋白質含量比一般中低筋麵粉低多少？低筋麵粉和中低筋麵粉還有
　　什麼差異可以解釋兩者的不同特性？

30　禁止氯化麵粉的國家對於蛋糕專用麵粉（低筋麵粉）替代的加工方式？

31　以下何者為全穀粒產品：碎麥仁、全麥麵粉、小麥粒、小麥麵粉、杜蘭小麥粉、杜
　　蘭粗粒小麥粉、白麥全麥麵粉、二等麵粉？

32　一般全麥麵粉與白麥全麥麵粉的顏色、風味與膳食纖維含量有何差異？

33　為什麼全麥麵粉的保存期限比白麵粉短？

34　下列麵粉哪些通常研磨自硬質小麥，哪些又是由軟質小麥製成：特高筋麵粉、高筋
　　麵粉、歐式麵包專用粉、中低筋麵粉、低筋麵粉、中筋麵粉？

35　何者的類胡蘿蔔素含量較高：高筋麵粉或杜蘭小麥粉？類胡蘿蔔素的含量對麵粉外
　　觀有何影響？

36　麵粉的其中一個功能是提供麵包結構或負責固化，麵粉與水混合後，其中的麥穀蛋
　　白和穀膠蛋白會逐漸形成什麼？麵粉中還有什麼物質可以提供結構？

37 麵粉的其中一個功能是擔任乾燥劑，小麥麵粉中的哪三項成分可以吸收水分充當乾燥劑？

38 麵粉的「吸水量」是什麼意思？一般可以根據哪一項指標預測哪一種小麥麵粉能吸收更多水分？

39 你平常使用一般高筋麵粉，要更換為特高筋麵粉時，應該增加或減少水量才能充分形成麵筋？請說明你的答案。

40 為什麼高筋麵粉比中低筋麵粉吸收更多水分？

41 為什麼低筋麵粉比中低筋麵粉吸收更多水分？

42 為什麼麵粉的保存期限有限？為什麼一般建議麵粉不要放置超過六個月？

43 全麥麵粉還是白麵粉中比較容易出現蟲網？為什麼會出現蟲網？該怎麼處理？

問題討論

1 假設兩份小麥麵粉樣本的蛋白質含量一樣，不過兩者形成的麵筋量有差，請舉出三個理由解釋可能原因。假設配方及麵團的準備方式都一樣，麵筋量的差異是來自麵粉本身及其加工處理方式。請務必說明理由。

2 假設全麥麵粉和白麵粉的蛋白質含量相等，請舉出三個理由解釋為什麼全麥麵團形成的麵筋比白麵團少。請務必說明理由。

3 為什麼高筋麵粉受損、破裂的澱粉顆粒通常比中低筋麵粉更多？破損澱粉顆粒的多寡對麵粉的吸水量及澱粉酶活動有何影響？為什麼製作麵包偏好破損澱粉顆粒多的麵粉？

4 為什麼比起低筋麵粉，中低筋麵粉吸收的水量較少？為什麼製作薄脆的餅乾偏好中低筋麵粉？

5 經溴酸鉀或抗壞血酸加工過的麵粉和天然熟成麵粉有何相似性？又有何差異？

6 氯化處理的麵粉和天然熟成麵粉有何相似性？又有何差異？

7 要怎麼判斷製作麵包的麵團澱粉酶活性不足？請舉出四種有利下次提高澱粉酶活性的作法。

8 你手邊有兩種高筋麵粉，一種由硬質春麥研磨而成，添加抗壞血酸和大麥麥芽粉；另一種由硬質冬麥製成，未經漂白，同樣添加大麥麥芽粉。首先，請問哪一種麵粉適合用來製作歐式麵包？第二，哪一種麵粉較適合製作甜酵母麵團，例如布里歐許？哪一種麵粉較適合製作法國長棍麵包？請說明你的答案。

9 以氯化低筋麵粉及中低筋麵粉製作高糖蛋糕會有何差異？請從外觀、口味、質地與蛋糕高度方面加以說明。

習作與實驗

❶ 習作：小麥麵粉的感官特性

請根據本書內容填寫第136頁結果表格的前兩欄，接著在「說明」欄填上每一種麵粉的品牌名稱，進一步說明這款麵粉和同一類別的其他麵粉有何區別（例如石磨、經溴化處理、添加營養素等）。請從包裝判斷麵粉是否經過漂白。接著，請準備新鮮的麵粉樣本，評估每一種小麥麵粉或小麥製品的外觀、顆粒大小、容易結塊的程度。評估顆粒大小時，請以指尖搓揉少量麵粉，以自己的話描述麵粉觸感的粗細。評估是否容易結塊時，請抓一把麵粉，用力握住（圖5.7），如果能聚合成一體，就代表容易結塊；如果無法完全維持形狀，請進一步記錄是稍微或完全無法結塊。利用這個機會學習透過感官特性判斷麵粉種類。利用結果表格的最後一欄記錄任何其他心得與觀察，比方說成分標示。表格最後留下三列空白，可用於評估其他種類的小麥麵粉。

請利用表格資訊及本書內容回答下列問題。請圈選**粗體字**的選項或填空。

1 與軟質小麥麵粉相比，硬質小麥麵粉的蛋白質含量**較高／較低**。蛋白質含量最高的麵粉是**特高筋／高筋／杜蘭小麥粉**。

2 以掌心捏握時，比起硬質小麥麵粉，軟質小麥麵粉比較**容易／難以**結塊，因為其顆粒**較粗／較細**，以指尖搓揉時觸感**細滑／有顆粒感**。這是因為軟質小麥的蛋白質含量**較高／較低**，因此比較**容易／難以**研磨成細粒。

3 你選用的高筋麵粉**經過漂白／未經漂白**。你選用的高筋麵粉比起中低筋麵粉，顏色偏向**乳黃**

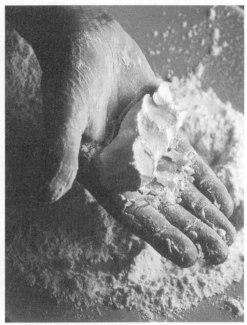

圖5.7　（左）捏握時，高筋麵粉不易結塊；（右）中低筋麵粉會結塊

／**純白**。有些高筋麵粉經過漂白，有些未經漂白，後者的顏色比中低筋麵粉更偏向乳黃色，因為硬質小麥的**麩皮／類胡蘿蔔素**含量較高。不過如果高筋麵粉經過漂白，和中低筋麵粉相比，顏色很可能會比較偏向**乳黃／純白**，因為中低筋麵粉通常不會經過漂白。

4　因為高筋麵粉的顏色可能偏向乳黃或純白，所以要分辨高筋麵粉和中低筋麵粉時，最好的方法是：_____

_____

_____

5　分辨低筋麵粉與中低筋麵粉最快、最容易的方法是

_____

_____

_____

6　全麥麵粉**有／沒有**添加營養素，因為

_____

_____

_____

結果表　小麥麵粉

麵粉種類／ 麵粉成分	小麥仁硬度	常見 蛋白質比率	說明	是否 經過漂白	外觀	顆粒大小	結塊	備註
高筋								
中低筋								
低筋（氯化）								
特高筋								
全麥								
全麥中低筋								
白麥全麥								
杜蘭小麥粉								
杜蘭粗粒小麥粉								

7　白麥全麥麵粉**有／沒有**經過漂白。其顏色比較接近

_____

_____

_____

8　杜蘭粗粒小麥粉和杜蘭小麥粉的主要差異在於，前者的顆粒比後者**細／粗**。杜蘭小麥難以研磨，因為杜蘭小麥仁比其他麥種**硬／軟**。

9.　杜蘭小麥仁的類胡蘿蔔素含量比其他麥種**高／低**，所以杜蘭粗粒小麥粉和杜蘭小麥粉擁有討喜的黃色色澤。杜蘭粗粒小麥粉和杜蘭小麥粉能製作的特產包括

_____

_____

_____

❷ 習作：小麥麵粉的乾燥劑角色

根據以下指示，以習作一列出的各種麵粉製作麵團並加以評估其吸水性。在每一種麵粉中加入等量的水，用麵團的質地來判斷該種麵粉的吸水量，評估這種麵粉是不是優秀的乾燥劑。

1　在攪拌缸中倒入500克的麵粉與250克的室溫水。

2　使用麵團鉤低速攪拌60秒。

3　停下機器刮缸，慢慢加入另外50克的水，低速攪拌60秒。

4　切換成中速，攪拌5分鐘。若有需要，攪拌時可用烘焙紙或乾毛巾蓋住攪拌缸，以免麵粉飛散。

5　將麵團整形成圓球。將所有麵團並排放置於烘焙紙上，方便進行比較。標示每一個麵團的麵粉種類。靜置至少15分鐘。

6　比較麵團的結實度、黏手程度與形狀。注意有些麵團比較能維持圓形，且觸感結實、乾燥；有些麵團會坍塌、變扁，觸感柔軟或黏手。在習作一結果表的最後一欄記錄你的觀察。

7　根據麵團的形狀與觸感，為其吸水量大致排序。

根據你對麵團的評估回答下列問題。請圈選**粗體字**的選項或填空：

1　比較中低筋麵粉和高筋麵粉，前者的麵團比後者**柔軟／結實**，比較**能／不能**維持圓形。這代表中低筋麵粉的吸水能力比高筋麵粉**佳／差**。兩者的差異**小／中等／大**。中低筋麵粉具有上

述特質是因為該種麵粉由**硬質／軟質**小麥研磨而成，因此吸水蛋白質、聚戊醣膠和破損澱粉顆粒的含量比高筋麵粉**低／高**。

2　比較低筋麵粉和中低筋麵粉，前者的麵團比後者**柔軟／結實**，比較**能／不能**維持圓形。這代表低筋麵粉的吸水能力比中低筋麵粉**佳／差**。兩者的差異**小／中等／大**。低筋麵粉具有上述特質，主要是因為該種麵粉經過　　　　　　　　處理，這是一種漂白熟成劑，會氧化麵粉中的澱粉顆粒，使其比中低筋麵粉中的完整澱粉顆粒**更容易／不容易**膨脹。

3　比較特高筋麵粉和高筋麵粉，前者的麵團比後者**柔軟／結實**，比較**能／不能**維持圓形。這代表特高筋麵粉的吸水能力比高筋麵粉**佳／差**。兩者的差異**小／中等／大**。特高筋麵粉具有上述特質，主要是因為該種麵粉由硬質**冬麥／春麥**研磨而成，因此吸水蛋白質、聚戊醣膠和破損澱粉顆粒的含量比高筋麵粉**高／低**。

4　比較全麥麵粉和高筋麵粉，前者的麵團比後者**柔軟／結實**，比較**能／不能**維持圓形。這代表全麥麵粉的吸水能力比高筋麵粉**佳／差**。兩者的差異**小／中等／大**。全麥麵粉具有上述特質，主要是因為該種麵粉含有小麥仁的所有三種部位，不像高筋麵粉只取其中的**麩皮／胚芽／胚乳**。麩皮中水溶性**澱粉／聚戊醣**的含量特別高，可以吸收自身重量十倍的水量。

5　你是否注意到麵團之間有無其他差異？

_____

_____

_____

❸ 實驗：以不同小麥麵粉製作無油糖酵母小圓麵包

　　要認識某種材料（例如麵粉）的其中一種方法，就是用不同類型的同種材料來實際製作產品，例如酵母麵包。由於製作小圓麵包的無油糖麵團除了麵粉和水以外，其他成分不多，所以很適合用來認識麵粉特性，雖然平時我們不太會用某幾種麵粉來製作酵母麵包。

目標

　　示範不同類型的麵粉對於下列項目有何影響

● 麵包高度

- 麵包外皮脆硬與否，以及上色程度
- 組織的顏色與結構
- 麵包的整體風味與質地
- 麵包的整體滿意度

製作成品

以下列材料製成無油糖酵母小圓麵包
- 高筋麵粉（對照組）
- 特高筋麵粉
- 中低筋麵粉
- 低筋麵粉
- 全麥麵粉
- 其他麵粉，可自行選擇其他材料（中筋麵粉、歐式麵包專用粉、白麥全麥麵粉等）

材料與設備

- 發酵箱
- 秤
- 篩網
- 烘焙紙
- 5夸脫（約5公升）鋼盆攪拌機
- 麵團鉤攪拌器
- 刮板
- 無油糖麵團（請見配方），每種麵粉需製作至少12個小圓麵包
- 瑪芬模（直徑2.5／3.5吋或65／90公釐）
- 烤模噴油或烤盤油
- 烤箱溫度計
- 鋸齒刀
- 尺

配方

無油糖麵團

分量：12個小圓麵包

材料	磅	盎司	克	烘焙百分比
麵粉	1	2	500	100
鹽		0.25	8	1.5
速發酵母		0.25	8	1.5
水（85℉／30℃）		10	280	56
合計	1	12.5	796	159

製作方法

1　烤箱預熱至425℉（220℃）。

2　發酵箱設定至85℉（30℃），相對溼度85%。

3　另外量出5盎司（140克）水（85℉／30℃）備用（用於步驟7調整麵團質地）。

4　充分混合麵粉與鹽，過篩至烘焙紙上，重複三次。注意：如果部分顆粒無法通過篩網（例如全麥麵粉中的麩皮顆粒），請倒回麵粉中攪拌均勻。

5　在攪拌缸中倒入麵粉、鹽、酵母與水。

6　以攪拌槳低速混合1分鐘。停下機器刮缸。

7　若有需要，加入步驟3額外準備的水，調整麵團質地。在結果表一中記錄每一種麵團額外添加的水量。

8　使用麵團鉤中速攪拌5分鐘或至成團。

9　從攪拌缸中取出麵團，以保鮮膜輕輕蓋住，標示麵粉種類。

步驟

1　根據上述配方表準備無油糖麵團（也可使用其他基本無油糖麵包麵團配方）。每一種麵粉各須準備一批麵團。

2　將麵團置於發酵箱中進行第一次發酵，直到體積變為原來的兩倍大，時間約45分鐘。

3　壓平麵團，使其中的二氧化碳分散成小氣囊。

4　將麵團分割為每個2盎司（60克）的小麵團，整形成圓形。

5　在瑪芬模噴上少許油脂，或抹上一層烤盤油。

6 將小圓麵團放進已上油的瑪芬模中，標示麵粉種類。每種麵粉也可以留下一個麵團不要入爐烘烤，稍後用於評估其特性。

7 將小圓麵團置於發酵箱中約15分鐘，直到對照組體積變為原來的兩倍大，觸感輕盈，充滿空氣。

8 將烤箱溫度計放置於烤箱中央，記錄烤箱初溫。初溫：＿＿＿＿＿＿＿＿。

9 烤箱預熱完成後，將瑪芬模放進烤箱中，根據配方設定烘烤時間。

10 烘烤至對照組（高筋麵粉）充分烤熟。烘烤同樣時間後，即便部分麵包顏色較淡或未充分膨脹，仍將所有小圓麵包移出烤箱。不過如有需要，可依據烤箱差異調整烘焙時間。將時間記錄於結果表一。

11 記錄烤箱終溫，終溫：＿＿＿＿＿＿＿＿。

12 將移出熱烤模，冷卻至室溫。

結果

1 待小圓麵包完全冷卻後，根據以下指示評估麵包高度：

   ● 每批麵包取三個切半，注意不要擠壓麵包。

   ● 拿尺貼著麵包的切面測量高度。以1/16吋（1公釐）為單位，將這三個麵包的高度記錄於結果表一。

   ● 計算麵包平均高度，加總高度總合再除以三。將平均高度記錄於結果表一。

2 根據本章內容，將每一種麵粉的平均蛋白質含量填入結果表一。

3 若有留下未烘烤的麵團，請評估其彈性與延展性，也就是麵團是否容易延展或斷裂，以及按壓麵團時回彈的程度，將評估結果記錄於結果表一的備註欄位。

結果表一　以不同的小麥麵粉製作酵母小圓麵包

麵粉種類	額外添加的水量（盎司或克）	烘焙時間（分鐘）	三個小圓麵包的個別高度	平均高度	平均蛋白質含量	備註
高筋（對照組）						
特高筋						
中低筋						
低筋						
全麥						

4　待製品完全冷卻後，評估其感官特性，並將評估結果記錄於結果表二中。請記得每一種製品都要與對照組做比較，評估以下項目：

- 外皮顏色，由淺至深給1到5分。
- 外皮質地（厚／薄、軟／硬、濕／乾、脆硬／濕軟等）
- 麵包內裡（氣孔小／大、氣孔整齊／不規則、有／無巨大孔洞等等）
- 麵包質地（韌／軟、濕／乾、有彈性、易碎、口感堅韌、黏牙等等）
- 風味（發酵味、麵粉味、鹹、酸、苦等等）
- 整體滿意與否，從高度不滿意到高度滿意，由1至5給分。
- 如有需要可加上備註。

結果表二　不同小麥麵粉製作的酵母小圓麵包之感官特性

麵粉種類	外皮顏色與質地	麵包內裡與質地	風味	整體滿意度	備註
高筋（對照組）					
特高筋					
中低筋					
低筋					
全麥					

誤差原因

請列出任何可能使你難以做出適當實驗結論的因素，特別是關於調整麵團添加水量、判斷合適的攪拌時間或與烤箱相關的問題。

_____

_____

_____

請列出下次可以採取哪些不同的作法，以縮小或去除誤差。

_____

_____

_____

結論

請圈選**粗體字**的選項或填空。

1 和高筋麵粉相比，以中低筋麵粉製作的小圓麵包高度比較**矮／高／一樣**。這大概是因為中低筋麵粉由**軟質／硬質**小麥研磨而成，因此麵筋比高筋麵粉**多／少／一樣**，高筋麵粉是由**軟質／硬質**小麥研磨而成。高度的差異**小／中等／大**。

2 和高筋麵粉相比，以低筋麵粉製作的小圓麵包顏色比較**淺／深／一樣**。部分原因是比起高筋麵粉，低筋麵粉的蛋白質含量較**多／少／一樣**，因此小圓麵包的梅納褐變反應比較**旺盛／衰落／一樣**。顏色的差異**小／中等／大**。

3 和高筋麵粉相比，以特高筋麵粉製作的小圓麵包質地比較**堅韌／柔軟／一樣**。這種情況的可能原因是：

_____

_____

_____

4　比較以全麥麵粉和高筋麵粉製作的小圓麵包，在外觀、風味與質地方面有何主要差異？請說明造成這些差異的原因。

5　請說明北美所販售的全麥麵包為什麼通常會混合全麥麵粉與硬質小麥麵粉。

6　你對哪些小圓麵包整體感到滿意，為什麼？

7　根據這次實驗的結果，哪些麵粉不適合用於製作酵母麵包？請說明你的答案。

8　請依照麵包高度，為材料麵粉由高至低排序，請解釋造成麵包高度差異的原因。

9　請依照麵包的軟硬度，為材料麵粉由硬至軟排序，請解釋造成麵包軟硬度差異的原因。

❹ 實驗：以不同麵粉製作壓模餅乾

餅乾有很多種，每一種都會依據使用的麵粉種類不同，而有不同的成果。這項實驗使用的配方類似於研磨廠和製粉商用來評估軟質小麥麵粉品質的配方。高品質軟質小麥麵粉的蛋白質、破損澱粉顆粒和膠質含量應該很低，假如這三種乾燥劑的含量低，餅乾麵團遇熱時就會攤平，延展成較大塊的餅乾。

目標

示範不同類型的麵粉對於下列項目有何影響

- 餅乾麵團的質地與操作容易度
- 餅乾的高度與面積
- 餅乾外觀
- 餅乾的風味與質地
- 餅乾的整體滿意度

製作成品

以下列材料製成的含糖壓模餅乾

- 中低筋麵粉（對照組）
- 高筋麵粉
- 低筋麵粉
- 白麥全麥麵粉（軟質）
- 其他麵粉，可自行選擇其他材料（中筋麵粉、全麥中低筋麵粉、高筋麵粉60%加低筋麵粉40%等）

材料與設備

- 秤
- 篩網
- 烘焙紙
- 5夸脫（約5公升）鋼盆攪拌機
- 槳狀攪拌器
- 刮板

- 壓模甜餅乾麵團（請見配方），每種麵粉需製作至少十二塊餅乾
- 矽膠墊或烘焙紙
- 砧板，不小於矽膠墊面積
- 厚度刻度條，用於將麵團擀成約1/4吋厚（7公釐）
- 16號（2液量盎司／60毫升）冰淇淋勺或同等容量量匙
- 桿麵棍
- 圓形麵團切割器（直徑2.5吋／65公釐或類似尺寸）
- 整盤或半盤烤盤
- 烤箱溫度計
- 鋸齒刀
- 尺

配方

壓模餅乾麵團

分量：12片餅乾

材料	磅	盎司	公克	烘焙百分比
麵粉	1	8	700	100
鹽		0.25	7	1
小蘇打		0.25	7	1
通用酥油		7	200	29
白砂糖		14	400	58
全脂牛奶		5	150	21
合計	3	2.5	1,464	210

製作方法

1 將烤箱預熱至400℉（200℃）。

2 所有材料回復至室溫（材料溫度會影響成品一致性）。

3 麵粉、鹽、小蘇打粉過篩至烘焙紙上，重複三次，混合均勻。注意：如果部分顆粒無法通過篩網（例如白麥全麥麵粉中的麩皮顆粒），請倒回麵粉中攪拌均勻。

4 在攪拌缸中混合酥油與糖，以攪拌槳低速攪拌1分鐘。必要時停下機器刮缸。

5 以中速攪拌油糖混合物1分鐘至打發。停下機器刮缸。

6　維持低速，緩緩加入一半牛奶，共攪拌1分鐘。停下機器刮缸。

7　加入麵粉，低速攪拌1分鐘。停下機器刮缸。

8　加入剩下的牛奶，再低速攪拌1分鐘。

注意：麵粉的含水量與吸水量不同，如果麵團無法成團，擀平時太容易碎裂散開，請視情況需要添加少量水分，並記錄於結果表一的備註欄位中。

步驟

1　根據上述配方表準備餅乾麵團（也可使用其他基本壓模甜餅乾配方）。每一種麵粉皆須準備一批麵團。

2　在砧板上鋪上矽膠墊，在矽膠墊兩側放上厚度刻度條。

3　以16號冰淇淋勺或同等容量量匙挖出餅乾麵團，置於矽膠墊上。

4　輕輕以掌心壓平麵團。

5　將桿麵棍往前、往後各擀一次，利用厚度刻度輔助，將麵團擀平成約1/4吋厚（7公釐）。

6　以圓形麵團切割器切出餅乾麵團，將多餘的麵團移出矽膠墊。

7　連同餅乾麵團將矽膠墊放上烤盤。

8　將烤箱溫度計放置於烤箱中央，記錄烤箱初溫。初溫：＿＿＿＿＿＿＿＿。

9　烤箱預熱完成後，放進烤盤，烘烤10至12鐘（或根據你所使用的其他配方）。

10　烘烤至對照組（中低筋麵粉）呈現淡褐色。烘烤同樣時間後，即便部分餅乾顏色較淡或未充分攤平，仍將所有餅乾移出烤箱。不過如有需要，可依據烤箱差異調整烘焙時間。

11　將時間記錄於結果表二。

12　記錄烤箱終溫，終溫：＿＿＿＿＿＿＿＿。

13　將餅乾移出熱烤盤，冷卻至室溫。

結果

1　評估每種麵團的質地，並將結果記錄於結果表一中。根據擀平麵團所需花費的力氣來評估麵團的軟硬度。

2　評估麵團是否容易操作，並將結果記錄於結果表一中。評估時，請考量下列項目：

● 麵團成團的能力（麵團內聚力）

● 麵團黏手的程度（麵團黏附力）

結果表一　壓模甜餅乾麵團的質地與操作容易度

麵粉種類	麵團質地（軟／硬）	操作容易度	備註
中低筋（對照組）			
高筋			
低筋			
白麥全麥中低筋			

3　待餅乾完全冷卻後，根據以下指示評估餅乾擴散程度（寬度或直徑）：

- 每批餅乾取三個切半，注意不要擠壓餅乾。
- 以1/16吋（1公釐）為單位，測量餅乾的寬度，將結果記錄於結果表二。
- 計算餅乾平均寬度，加總寬度總合再除以三，將結果記錄於結果表二。

4　根據以下指示，測量餅乾高度：

- 拿尺貼著餅乾中心的切面測量高度。以1/16吋（1公釐）為單位，將這三塊餅乾的高度記錄於結果表二。
- 計算餅乾平均高度，加總高度總合再除以三，將結果記錄於結果表二。

結果表二　壓模甜餅乾的面積與高度

麵粉種類	烘焙時間（分鐘）	三塊餅乾個別的寬度（擴散）	平均寬度（擴散）	三塊餅乾個別的高度	平均高度	備註
中低筋（對照組）						
高筋						
低筋						
白麥全麥中低筋						

5 待製品完全冷卻後，評估其感官特性，並將評估結果記錄於結果表三中。請記得每一種製品都要與對照組做比較。注意：評估內部組織時，請將餅乾折成兩半，不要用刀切，以免刀刃壓迫到餅乾。評估以下項目：

- 表面顏色與外觀（平滑或有皺痕等）
- 餅乾內裡（小而一致的氣孔或巨大孔洞等等）
- 質地（軟／硬、濕／乾、酥脆、堅韌、黏牙、口感似蛋糕等等）
- 風味（甜、鹹、麵粉味、脂肪／酥油味等等）
- 整體滿意度
- 如有需要可加上備註

結果表三　壓模甜餅乾之感官特性

麵粉種類	表面顏色與外觀	餅乾內裡與質地	風味	整體滿意度	備註
中低筋（對照組）					
高筋					
低筋					
白麥全麥中低筋					

誤差原因

請列出任何可能使你難以做出適當實驗結論的因素，特別是混合麵團時添加水量的差異與擀開麵團時力道大小的差別，以及與烤箱相關的問題。

_____

_____

_____

請列出下次可以採取哪些不同作法，以縮小或去除誤差。

_____

_____

_____

結論

請圈選**粗體字**的選項或填空。

1 以**高筋／低筋／中低筋**麵粉製成的餅乾最乾（額外添加水分之前），原因可能是

_____。麵團乾溼程度的差異**小／中等／大**。

2 以**高筋／低筋／中低筋**麵粉製成的餅乾顏色最淺。維持淺色的部分原因是這種麵粉經過漂白，另一個原因是其蛋白質含量**最高／最低**。顏色的差異**小／中等／大**。

3 以**高筋／低筋／中低筋**麵粉製成的餅乾口感最像蛋糕。這些餅乾擁有類似蛋糕的口感是因為，這種麵粉經過氯化，因此澱粉顆粒能形成獨具特色的柔軟結構，也更**容易／不容易**吸收水分。

4 以**高筋／低筋／中低筋**麵粉製成的餅乾顏色攤得最平，大概是因為這種麵粉具有三種麵粉中**最佳／最差**的吸水能力。

5 以**高筋／低筋／中低筋**麵粉製成的餅乾膨脹得最高。比起其他餅乾，膨脹最高的餅乾面積較**大／較小**。原因可能是：

_____

_____

_____

6 比較以白麥全麥中低筋麵粉和一般中低筋麵粉（對照組）製作的餅乾，在外觀、風味與質地方面有何主要差異？請說明造成這些差異的原因。

_____

_____

_____

7 請依照餅乾的軟硬度，為材料麵粉由硬至軟排序。

_____

_____

_____

8 哪些餅乾的軟硬度差異，可以單純以麵粉蛋白質百分比來解釋？

_____

_____

_____

9 如果軟硬度差異不能以麵粉蛋白質百分比來解釋，那會是什麼原因？

_____

_____

_____

10 你對哪些餅乾整體感到滿意，哪些不滿意？請說明你的答案。

_____

_____

_____

11 你認為特定麵粉用做特定用途時，成品會比較令人滿意嗎？比方說，有裝飾的薑餅人餅乾適
   合使用哪種麵粉，傳統奶油酥餅又適合什麼麵粉？

_____

_____

_____

12 根據這次實驗的結果，你認為製作餅乾或麵包（包括小圓麵包）時，麵粉種類對哪一項製品
   的影響較大？請說明你的答案。

_____

_____

_____

6

各類穀物
與麵粉

❶ 辨別烘焙業者常用的各類穀物與麵粉。

❷ 說明各類常見穀物與麵粉的組成、特性和用途。

導論

小麥是唯一一種含有大量蛋白能形成麵筋的常見穀物，這個特性使其成為北美和世界上許多地區最普遍使用於烘焙食品的穀物。不過，其他穀物和麵粉也都可以用在烘焙上，而且每一種都有其獨特的風味與顏色，這也造就了它們的價值，其中有許多種還對健康有益。如果烘焙坊只用普通小麥製作產品，就會錯失為顧客提供多樣化穀物的機會了。

很多種麵粉都含有與小麥相同分量或甚至更多的蛋白質。然而，這些麵粉中的蛋白質不會形成麵筋（除了小麥屬穀物能在一定程度上形成，裸麥也有可能會形成），所以除了營養品質，蛋白質含量無法做為整體性質的實用指標。圖6.1比較了各種麵粉（包括全麥麵粉）中的蛋白質含量。就像小麥一樣，大多數穀物的離胺酸（一種必需氨基酸）含量都偏低。

本章將會討論可以用在烘焙上的各類麵

圖6.2　由左至右分別為：莧菜籽、斯佩耳特小麥、藜麥。

粉。這些麵粉分為三大類：禾穀類、替代性小麥穀類和非禾穀類籽粒與其粉製品。裸麥和玉米這類被植物學家歸類為禾穀類的穀物，是農用草本植物的可食用種子，禾穀類的澱粉含量很高。圖6.2中展示了看起來很像普通小麥仁的斯佩耳特小麥，以及兩種常用於雜糧麵包的非禾穀類籽粒：莧菜籽和藜麥。

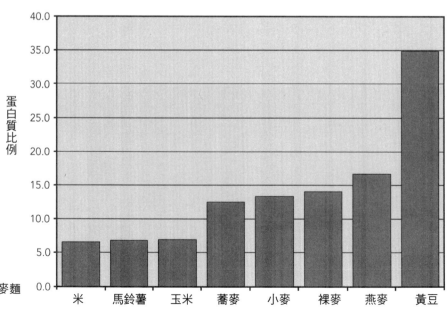

圖6.1　各類全穀物粉與全麥麵粉相比的蛋白質含量比

禾穀類穀物

裸麥（黑麥）

黑麥草可以忍受貧瘠的土壤與寒冷的氣候（如俄羅斯、東歐和斯堪地那維亞半島的氣候），而這種地方難以耕種小麥。正因如此，儘管裸麥（黑麥）僅占世界穀物產量的1%，裸麥麵包在這些地區的消費量很高倒也不是什麼稀奇事。

用裸麥粉製成的麵包往往口感緻密有嚼勁且味道濃郁。儘管裸麥的蛋白質含量與小麥一樣高，但裸麥粉形成麵筋的能力即便在適切的條件下也有一定的極限。雖然含有足夠的穀膠蛋白，但裸麥粉的麥穀蛋白含量卻很低，而麥穀蛋白正是構成麵筋的骨架。此外，裸麥粉含有很高比例的聚戊醣膠（8%以上），而哪怕任何一點麵筋的形成都會受到聚戊醣膠的干擾。不過，在裸麥麵團中，聚戊醣本身確實也形成了另一種黏結結構。

由於聚戊醣膠的高含量，裸麥粉吸收的水量會明顯較小麥麵粉多。由於諸如此類的原因，以裸麥粉製成的生麵團會有膠性與黏性。而且它們很容易攪拌過度，發酵耐受性也不好，這表示它們在發酵、醒麵與烘烤的早期階段都無法順利保留氣體。

為什麼裸麥麵包常常是酸麵團？

如果去看歐洲傳統的裸麥麵包配方，猜它是個酸麵團通常十拿九穩。酸麵團麵包一般都會加入一點上一批烘焙品留下的「老麵」。老麵含有活性酵母與細菌，在發酵過程中會產生酸性物質，這當然就使得酸麵團具有一種獨特的酸味。不過除此之外，酸還有更多作用。它們會將麵團的pH值（酸鹼值）降低到聚戊醣能夠吸收更多水分使麵團膨脹硬化的程度，堅固一點的麵團更能在發酵、醒麵和烘烤過程中留住氣體。由於裸麥麵團原先留住氣體的能力很低，這也就成為一個重要的益處了。

pH值較低也會弱化澱粉酶的活性。裸麥粉的澱粉酶通常活性很高，遠高於小麥麵粉。如果就這樣讓澱粉酶活躍地將澱粉分解為糖，麵團就會變稀，烘烤出來的麵包則會顏色變黑，口感變得緻密且濕軟。

低pH值會弱化澱粉酶的活性，但又會加強另一種酵素的活性，即分解植酸酯的植酸酶。植酸酯因為纏繞礦物質使其無法被攝取而惡名昭彰，但在植酸酶的作用下，礦物質得以釋出，使麵包更有營養。這對由中裸麥、黑裸麥與全穀裸麥製成的裸麥麵包來說特別重要，因為這些裸麥麵包都富含被植酸酯纏住的礦物質。

除了上述的益處，酸的存在與低pH值也都有益於阻礙黴菌在酸麵團中生長。若非如此，裸麥麵包會很容易發霉，因為它通常有很高的水分含量。總之，增加的酸性通常能讓裸麥酸麵包的保存期限比小麥麵包更長。

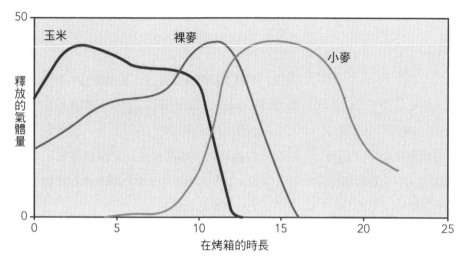

圖6.3　在烘烤過程中，裸麥麵團的氣體逸散得比小麥麵團快，而全穀玉米粉麵團逸散得又比它們更快。氣體逸散得越快，就越無法讓麵包膨脹。

如圖6.3所示，裸麥麵團在烘烤之前就釋出了大部分氣體，比小麥麵團多得多，澱粉要在這之後才有機會糊化與凝固。這樣的結果就是膨發程度較低，也就會形成較小的體積與緻密的內裡組織。

北美的裸麥麵包配方通常會含硬質麵粉（二等麵粉、特高筋麵粉或高筋麵粉）來提供麵包所需的麵筋以及平衡風味。標準的商業裸麥麵包配方通常會以四分之一到二分之一份的裸麥粉混一份小麥麵粉。藏茴香種子是一種原生地區與黑麥草大多重疊的古老香料，也是裸麥麵包配方中常會添加的原料。

裸麥粉的油脂含量並沒有明顯高於小麥麵粉。然而，由於多元不飽和脂肪酸含量較高的緣故，裸麥油會比較容易氧化，進而產生腐臭味。為確保每次都能用到新鮮的裸麥粉，請不要一次買超過三個月的所需分量。

和小麥麵粉一樣，裸麥也有一整套商業量產的製品可供烘焙師購買。屬於裸麥粉心粉的淺色裸麥或白裸麥是裸麥胚乳的核心，有些會經過漂白。它是北美味道最溫和也最常見的裸麥粉，用於製作裸麥麵包或裸麥酸麵包。與小麥胚乳不同，裸麥胚乳的膳食纖維含量很高，特別是聚戊醣膠中含有的可溶性膳食纖維。

中裸麥是由完整胚乳製成的統粉，黑裸麥則是在製造淺色裸麥時剩下的二等麵粉（圖6.4）。在淺色裸麥粉、中裸麥粉與黑裸麥粉中，黑裸麥具有最深的顏色與最強烈的風味，以此製成的麵包也最小。全穀裸麥粉，也稱做粗磨裸麥粉，則是由整個裸麥仁磨製而成。就

圖6.4　由左至右：粗磨裸麥粉由整顆裸麥仁碾製；黑裸麥由胚乳外層碾製；中裸麥由整個胚乳碾製；淺色裸麥由胚乳核心碾製。

像全麥麵粉，全穀裸麥粉也包含了麩皮、胚芽和胚乳。粗磨裸麥粉有時是以粗磨成粉的方式製成，有時候則是用切片的方式。

玉米

玉米，或稱玉蜀黍，通常會以粗磨的粗粒玉米粉形式出售，但也可以以更粗粒的碎玉米或更細緻的穀粉形式販售。顆粒的大小會影響烘焙食品的品質。舉例來說，以質地粗糙的玉米粗粉做出來的麵包口感會略帶砂質，也會比用細玉米粉製成的玉米麵包更結實與易碎。

玉米含有大量的蛋白質，但這些蛋白質都無法形成麵筋（不過，玉米蛋白有時候會被稱為玉米麵筋，這會有點讓人混淆）。因此，通常會在含粗粒玉米粉的烘焙食品中添加小麥麵粉。小麥麵粉可以為產品加強結構，也有保留氣體的能力，而粗粒玉米粉則為其增添誘人的脆度、風味與顏色。

玉米產物通常為白色或黃色，但也買得到藍色的玉米產品。由於黃色的粗粒玉米粉含有大量的類胡蘿蔔素，所以能使玉米麵包和玉米瑪芬等烘焙食品呈現誘人的金黃色。類胡蘿蔔素是很有營養價值的植物營養素，即具有促進健康或預防疾病特性的植物性食物。類胡蘿蔔素也可以做為抗氧化劑，破壞人體產生的有害化合物。

現今買賣的大多數玉米產品都不是整粒加工的。也就是說，它們是由玉米胚乳碾製而成，這是因為玉米的胚芽很大、含油量很高（30%至35%），而且酸敗得很快。由胚乳碾製的粗粒玉米粉有時會被形容為去胚芽。去胚芽的粗粒玉米粉另外添加了維生素與礦物質以代替那些在研磨過程中流失的營養素。它的風味比全穀粗粒玉米粉更溫和，但能保存的時間明顯地比較長。

用於製作墨西哥玉米薄餅的墨西哥傳統玉米粉被稱做墨西哥玉米粉。墨西哥玉米粉是將乾玉米浸泡在石灰水或其他鹼性溶液中所製成的。這個作法可以軟化穀粒，使其更容易磨成粉，也能去除麩皮層，改變玉米的特性與風味，使顏色變黃，以及大幅增加其營養價值。事實上，如果像某些文化那樣將未經處理的玉米做為主食，就會缺乏蛋白質或菸鹼酸（導致糙皮病）。

燕麥

烘焙食品中會用到的燕麥製品包括燕麥片和快煮燕麥片，鋼切燕麥也可以用於其中。燕麥最常用在餅乾、奶酥酥粒、瑪芬與麵包。它的蛋白質含量比大多數穀物都稍微高一點，但這些蛋白質不會形成麵筋。

包括燕麥粉和燕麥片在內的燕麥製品屬於全穀類，因為是由去殼穀粒的整顆燕麥仁製成的。去殼穀粒是指任何去除掉不可食用外殼的禾穀仁。普通燕麥片，也稱做大燕麥片或傳統燕麥片，是將全穀類蒸熟後放入滾筒之間壓平製成。蒸煮可以使燕麥更容易壓平，還會使燕麥強大的脂酶失去活性，而導致燕麥中的油氧化並產生異味。快煮燕麥片（即食燕麥片）的作法則是在蒸和壓製之前將每塊去殼穀粒切成薄片，因為水穿透薄片的速度比較快，所以即食燕麥片（圖6.5）需要的烹煮時間比較少。

鋼切燕麥或愛爾蘭燕麥不是被壓扁而是被切成小塊，比燕麥片更耐嚼，通常也具有更強

什麼是石灰水（lime water）？

用於生產墨西哥玉米粉的石灰水與柑橘類水果萊姆無關，而是氫氧化鈣（一種中等強度的鹼）在水中的稀釋溶液。儘管它與石灰石（一種建築工地常用的岩石）不盡相同，但兩者有相關性。氫氧化鈣除了用於製作墨西哥玉米粉，對糖類加工也很重要，因為可以在甜菜汁或甘蔗汁中固定住雜質。

燕麥有什麼益處？

如果你曾經做過一份穀物麥片當早餐，那麼你可能已經體驗過燕麥的膠性與黏性了。它的膠性來自於β-葡聚醣，這是一種燕麥中的膠狀物，可以在人體內以膳食纖維作用。儘管所有全穀類穀物（包括全麥）都含有膳食纖維，但燕麥中特有的可溶性膳食纖維含量卻高於大多數穀物。燕麥製品中的可溶性纖維已被證實可以降低膽固醇，從而降低罹患冠心病的風險。事實上，由燕麥片、燕麥麩和燕麥粉製成的食品含有足夠的可溶性纖維與低脂肪含量，因此在美國可以合法宣稱其本身能夠降低罹患心臟病的風險。燕麥之外唯一具有高含量β-葡聚醣的常見穀物是大麥，烘焙食品中如果內含大量大麥的β-葡聚醣的話，也可以標榜具有降低心臟病發生的作用。

烈的風味，因為大多不經蒸煮。這種強烈的風味來自於具有活性的脂酶分解油的作用。由於其形狀粗厚且未經蒸煮，煮熟鋼切燕麥需要比煮燕麥片花更長的時間。

普通燕麥片與即食燕麥片通常在烘焙配方中都能互相替代使用。普通燕麥片因為尺寸較大而具有較粗糙、耐嚼的質地。如果配方裡指定使用即食燕麥片，那麼用普通燕麥片製作同一份餅乾可能會使餅乾鋪展得太開，所以可能要加少量小麥麵粉來吸收那些導致餅乾鋪展得太開的游離液體。

米

米有許多不同的品種，每種都有不同的質地。如果要用米製作米布丁或米派，請先確定

圖6.5　以不同切法加工的燕麥片對水有不同的吸收力。左上角依順時針方向分別為：傳統、快煮和鋼切燕麥。

想做出來的質地，然後再依照需求選擇米製品。舉例來說，長粒白米可以完好地保持形狀，工廠預煮過的白米更是如此；中粒白米和短粒白米都會煮成糊狀而黏稠的質地；全穀米因麩皮層的顏色而得名，稱做糙米（brown rice），煮熟的糙米會比白米更耐嚼。

以稻粒的胚乳碾製而成的米穀粉可以在一些專賣店買到。它並非單一標準化生產的製品，大部分的時候，你不會知道它是以哪種米碾製而成。它是一種無麩質（麵筋）的低蛋白穀粉，也是無麩質烘焙食品的常見原料。中粒和短粒米製成的穀粉最適合用來做無麩質的麵包與蛋糕，長粒米製成的穀粉則最好加進厚酥餅或其他任何質地乾燥而呈沙質的烘焙食品裡。米穀粉也會用來製作某些中東與亞洲的蛋糕和餅乾。

珍珠粟

珍珠粟（學名：*Pennisetum glaucum*）是世界上成千上萬的小米品種中最常見的一種。這些細小的禾穀類在數千年前原生於非洲，但在引入印度後也開始在印度廣泛種植。

就算是在乾熱的氣候條件與貧瘠的土壤上，小米還是會生長，這使得它在那些幾乎不會生長其他作物的國家中成為重要的主食。如果沒有先在水中煮熟，小米在烘焙食品中就會保持酥脆的質地。珍珠粟在研磨後必須馬上使用，不然就得冷藏保存以免其中的油產生異味。它不含麩質，所以珍珠粟粉必須與麵粉相互混合才能使烘焙食品膨發。在印度，珍珠粟粉被用來製作麵餅（即印度煎餅）。此外，珍珠粟的穀粒爆起來像是爆米花。

苔麩

苔麩（也稱衣索比亞畫眉草）在衣索比亞已經種了數千年，到現在還是那裡種植的禾穀類中最為盛產的一種，苔麩仁可能是所有穀物中最小的一種。傳統上會將之磨成粉，經過發酵後做成一種有點酸、輕軟多孔的煎餅，稱為「因傑拉」。

那些負擔得起的衣索比亞人每天都會以因傑拉與其他各種烘焙產品吃下苔麩。隨著衣索比亞餐廳越來越在歐洲和北美流行，苔麩的耕作與使用也隨之擴展到這些地區。

替代性小麥穀類

有幾種穀類其實是普通小麥（學名：*Triticum aestivum*）的遠祖或近親。這些穀類確實都各自為一種小麥品種，而且也都含有麩質（麵筋）。

儘管很多人都誤以為患有乳糜瀉或小麥過敏的人（請參閱第18章）可以接受這些穀物，但實際上未必如此。事實上，由以下任何穀物製成的食品在美國販售時必須標示含有過敏原小麥。不過，人們對麩質與過敏原的敏感性確實各有不同，有些不能食用普通小麥的

人，對這些穀物的其中之一或多種穀物其實還是可以容許的。

斯佩耳特小麥

斯佩耳特小麥（學名：*Triticum spelta*）被視做是現代小麥的祖先。斯佩耳特小麥已經在美國種植了很多年（大部分都種在俄亥俄州），來做為動物飼料，但現在也有少量種來提供給特殊食品和健康食品業者。歐洲看來也對斯佩耳特小麥重燃興趣，德國與周邊地區種了大量的斯佩耳特小麥，在當地稱做丁克爾。

斯佩耳特小麥就像小麥可以磨製成全麥麵粉或白麵粉。斯佩耳特小麥的蛋白質會形成麵筋，但較薄弱且容易彈性疲乏，所以斯佩耳特小麥製作的麵包麵團要在短時間內攪拌完畢，以免麵筋彈性疲乏，減弱其保留膨發氣體的能力。斯佩耳特小麥的吸水力比小麥低，因此在製作麵糊和麵團時需要的水更少。相對於硬質小麥，它更適合代替軟質小麥。

卡姆小麥

卡姆小麥（學名：*Triticum turgidum*）被認為是現代杜蘭小麥的遠祖親緣種。大約在五十年前，卡姆小麥的種子才首次從埃及被帶到美國。它的種子從遠祖開始就未經改變繁殖至今（即未與其他小麥品種雜交過），卡姆在古埃及語中是小麥的意思，現在也做為一個經過有機穀類種植認證的標章名稱。這種穀物在蒙大拿州大平原和加拿大的沙士卡其灣省與亞伯達省的乾燥地區都長得很好。

卡姆小麥仁是普通小麥仁的二至三倍大，蛋白質含量則與杜蘭小麥一樣高。如同斯佩耳特小麥，卡姆小麥做為健康和特殊食品已經成功地推廣給消費者。全麥卡姆小麥的味道比普通小麥更甜、更溫和，這可能是因為它的大尺寸意味著同樣的胚乳量對應到的麩皮相對較少。卡姆小麥製品在歐洲特別受歡迎。由於它會形成堅韌的麵筋（這點和杜蘭小麥很像），所以最常用於全麥通心粉、麵包、熱麥片粥、布格麥食和古斯米等食物。

黑小麥

黑小麥是由植物育種家培育出的品種，將小麥（拉丁文為triticum）的穀類特性與裸麥（拉丁文為secale）的堅韌特性相結合。黑小麥（triticale）的名字就是以兩種穀物的拉丁文名結合而成。由於它的營養品質比小麥更好，因此在一九六〇和七〇年代，人們對於黑小麥能夠養活印度、巴基斯坦和墨西哥等國家不斷增長的人口寄予厚望。時至今日，黑小麥在北美和世界上許多地方主要做為動物飼料。它也會在製作墨西哥薄餅、蘇打餅和餅乾時被用來代替軟質小麥，在墨西哥尤其如此。

一粒小麥和二粒小麥

現今所耕種的一粒小麥（學名：*Triticum monococcum*）和二粒小麥（學名：*Triticum dicoccum*），其祖先原生於底格里斯河和幼發拉底河構成的肥沃月灣，即現在的伊拉克。一粒小麥約在一萬年前開始被種植，公認為是人類最早種植的小麥類穀物，在此之前人類則會去採集野生的一粒小麥。

二粒小麥與斯佩耳特小麥有些相似之處，但比後者原始許多，年代早了幾千年，斯佩耳特小麥常常被誤認為是二粒小麥。在數千年前，人們開始改用杜蘭小麥，二粒小麥從此在人類社會中失寵。

就像一粒小麥和斯佩耳特小麥，二粒小麥也不是免脫殼的品種，這表示穀仁無法輕易脫去外殼。穀類的外殼可以做為牲畜的飼料，但無法做為人類的食物。不過，在工業化前的時代使收成這些穀物成為難事的條件，如今已經成了優勢。緊密貼合的外殼可保護穀仁不受昆蟲和真菌侵害，這使得有機種植這些穀物相對來說比較容易。

在做成麵包和酒之前，最原始的文明是將一粒小麥和二粒小麥煮成粥來食用。相對於麥穀蛋白，一粒小麥含有的穀膠蛋白比例很高，這會導致做出來的麵團又軟又黏，特別不適合做麵包。另一方面，二粒小麥就能做出讓人滿意的麵團，不過麵包質地卻偏厚重，二粒小麥很可能是埃及人初期開始做麵包時使用的小麥。時至今日，二粒小麥主要種植在義大利的托斯卡納地區，在那裡也被稱做法羅小麥。

非禾穀類籽粒與相關粉製品

我們通常會將以下的種子、豆類和塊莖磨成粉，並將這些粉製品用於烘焙食品。因此，它們也包含在本章中。此處提到的每一種都不含麩質，因此患有乳糜瀉的人全都可以食用（關於麩質不耐症，請參閱第18章）。

儘管不被植物學家歸類為禾穀類（不屬於禾本科），但莧菜、蕎麥和藜麥的成分與用途類似禾穀類的穀粒。這三種穀粒有時會被稱為準穀物。當整顆磨製時，它們會被分類到全穀類製品，但亞麻籽、黃豆和馬鈴薯就不會被這麼分類了。

莧菜

莧菜是一種古老的籽實，過去曾在南美洲和中美洲被阿茲提克人和馬雅人做為主食。外觀為一種綠色的藥草，種子小，呈淺褐色。雖然沒有藜麥那麼風行，但人類也開始對莧菜重燃興趣。莧菜就像藜麥一樣，離胺酸含量高，可以用來做雜糧麵包，而莧菜種子也可以像爆米花那樣用高溫爆開。

蕎麥

雖然有這樣的名字，但蕎麥根本不是一種麥。蕎麥仁和禾穀仁有很多相似之處。它們都可以磨成全穀粉或磨得粗粒一點製成粗磨穀粉，也都可以將胚乳分離出來並磨成顏色更淺、口感更溫和的穀粉。蕎麥也同樣會以整粒或去殼的形式出售，在東歐和俄羅斯部分地區可以吃到烤去殼蕎麥，這種料理叫做卡莎。

由於蕎麥粉具有風味濃郁而獨特、顏色較深和無麩質的性質，因此通常會與麵粉搭配使用，通常將四分之一至二分之一份的蕎麥粉配

　　亞麻籽中含有大量木聚糖，這是一種稱為植物雌激素的重要化合物，事實上，亞麻籽含的木聚糖比其他任何木聚糖的植物來源都還要多。植物雌激素是一種可能對身體有益的抗氧化劑，雖然相關研究還在進行，但木聚糖在預防特定疾病（如乳腺癌）上有不錯的前景。

　　亞麻籽的含油量超過40%，已經接近花生和開心果了。不過，與這兩者不同的是，在亞麻籽含有的油中，α-亞麻酸（ALA）含量特別高，這是一種人體必需的Omega-3脂肪酸。正如亞麻籽含有比其他任何植物來源更多的木聚糖，它也含有更多的ALA。ALA和其他Omega-3脂肪酸對人體十分重要，因為它們有降低罹患冠心病風險的可能性。

　　亞麻籽可以用攪拌機或食品加工機磨成粉。沒有被磨過的亞麻籽可在其堅硬外層的保護下保存一年以上，可是一旦磨了就得馬上用掉或冷藏。亞麻籽中含有ALA，這是一種高度多元不飽和的脂肪酸，這表示它會氧化得很快。氧化的ALA有強烈異味，會讓人想到油漆或松節油的味道。這實在也不是什麼怪事，因為亞麻籽有個工業上的名稱叫linseed，而熟亞麻籽油就是油性塗料的主成分之一。

上一份麵粉。蕎麥的蛋白質含量並沒有比小麥高，但其中所含的蛋白質比小麥具有更好的營養平衡。俄羅斯薄餅（布利尼）傳統上由蕎麥製成，除此之外，法國北部布列塔尼的可麗餅和日本的蕎麥麵也是。

亞麻籽

　　亞麻籽是一種小而油的種子，顏色通常為深褐色。加拿大是世界上最大的亞麻籽生產國，主要出口到美國、歐洲、日本和韓國。

　　亞麻籽像芝麻一樣呈橢圓形，但是它們非常堅硬，要磨成細粉才能加以使用。未經研磨的亞麻籽可以不被消化地通過人體，如果亞麻籽不被消化，那就無法提供任何營養上的益處了。然而，正是因為其營養價值，亞麻籽的使用量才會在短短幾年內大幅增加。

　　亞麻籽粉如果少量（不到麵粉重量百分比的10%）加入麵糊與麵團，幾乎不會改變製品的風味。通常來說，因為亞麻籽中的含油量較高，所以可以減少一點加入混合物的脂肪。它含有一種特殊的植物膠稱做黏漿，而且含量很高，所以將其加進水裡時，液體會變得粘稠、膠狀。而這種黏漿是可溶性膳食纖維很好的來源。由於黏漿具有的吸水力，當亞麻籽粉加進麵糊和麵團中時，通常需要增加其中的水量。

馬鈴薯

　　馬鈴薯是一種塊莖而非穀物，但可以將它煮熟、乾燥處理、切片或磨粉。馬鈴薯製品因為含有澱粉，而在酵母麵團和其他烘焙食品中受到重視。在馬鈴薯片、煮熟的馬鈴薯，或是煮過馬鈴薯的水中，澱粉都已經糊化了。糊化的馬鈴薯澱粉很容易被澱粉酶分解成糖和其他產物。這能增加麵團的吸水率，也能讓麵團發

酵得更好。加入了馬鈴薯製品的麵包與其他烘焙食品，會呈現柔軟而濕潤的質地，也能使產品免於走味。

藜麥

藜麥具有許多與禾穀類相同的特性，也是古印加帝國的主食，在南美洲安地斯山脈的高海拔處，至今還是種得最好的作物。不過藜麥是一種種子，而非穀物。藜麥種子和芝麻種子一樣小，富含較健康的不飽和脂肪酸。不像小麥和大多數的穀物，藜麥的離胺酸含量很高，這是一種必需胺基酸。用來做雜糧麵包的話，藜麥就能補足原本缺乏的氨基酸。

由於含有大量不飽和脂肪酸，藜麥種子氧化得很快，種子磨碎後尤其如此。如果需要保存一段時間的話，最好將藜麥種子冷藏。

黃豆

黃豆是豆類而非穀物。它的成分和特性不同於小麥或其他穀物。與小麥相比，乾燥黃豆的蛋白質含量很高（約35%），脂肪含量也高（約20%），而澱粉含量則低很多（15%至20%）。烘焙用的黃豆粉通常會經過脫脂，也就是會去除一部分或全部的脂肪，然後再分成熟黃豆粉和生黃豆粉兩種。

生黃豆粉含有活性很強的酵素，在酵母麵包中可以起到作用，這個酵素能氧化類胡蘿蔔素，叫做脂氧合酶。在它的作用下，麵粉可以不經化學漂白劑就變白，這是將生黃豆粉加入

麵包麵團中的主因。加入時只需一點點（麵粉重量的0.5%）即可，超過這個量對麵包的風味和質地反而會有不良影響。澱粉酶是另一種生黃豆粉含有的活性酵素，試著回想一下我們前面所說的，澱粉酶會將澱粉分解為糖，從而促進發酵、改善外皮的顏色、讓麵包更軟，也能延緩變質走味。

生黃豆粉中含有的其他酵素是多種蛋白酶，會作用於蛋白質，讓麵團混合得更好，也能促進麵筋成型。藉由以上種種作用，生黃豆粉算是一種漂白劑與熟化劑（請參見第5章的「麵粉與麵團的添加物和處理方式」）。

當黃豆粉經過烘焙，功能就完全不同了。熟黃豆粉不再包含活性酵素，烤焙後也具有更誘人的風味，因此跟具有活性酵素的黃豆粉相比，可以加入更多的量。

黃豆粉不含形成麵筋的蛋白質，但它可以提供優質的營養素。大豆蛋白中的必需氨基酸離胺酸含量很高，因此可以加進麵包中來增進其蛋白質品質。大豆蛋白也已經被證實能降低患心臟病的風險。在美國每份含有一定量（6.25克）大豆蛋白而且脂肪、飽和脂肪、膽固醇和鹽含量低的食品，都可以合法宣稱該產品能降低患心臟病的風險。

像亞麻籽一樣，黃豆也含有植物雌激素做為抗氧化劑。亞麻籽中的植物雌激素稱為木聚糖，而黃豆中的植物雌激素則是異黃酮，異黃酮跟木聚糖一樣被公認可以降低某些癌症的風險。黃豆粉在烘焙食品中還有其他用途，能增加麵團吸水率，也能減少甜甜圈吸收的脂肪，有時也可以做為牛奶和雞蛋的替代品。

複習問題

1 請在小麥以外舉出四種可以磨成細粉或粗粉的禾穀類。

2 請問裸麥粉中除了澱粉之外,還有哪些成分會在麵團成形時吸收大量水分?

3 請問裸麥粉中的哪種成分可以代替麵筋做為黏結結構的主要來源,並具有在醒麵和烘烤過程中留存氣體的能力?

4 請問裸麥麵包麵團的稠度、避免攪拌過度的能力,以及避免過度發酵的能力與小麥麵團相比起來如何?

5 請問哪種裸麥粉以裸麥胚乳的核心製成,是屬於粉心粉?

6 為什麼白裸麥粉的保存期限比小麥麵粉還要短?

7 請問在製作裸麥麵包時使用酸麵團有什麼好處?

8 請問以下哪些是全穀類食品:去胚芽的粗粒玉米粉、快煮燕麥片、粗磨裸麥粉、卡莎、白裸麥粉、米穀粉?

9 請問墨西哥玉米粉是什麼,是如何製成的?

10 請問快煮燕麥片與普通燕麥片的加工方式有何不同?這個差別會如何影響它們在烘焙食品中的運用?

11 請問斯佩耳特小麥是什麼?有什麼用途?

12 請問卡姆小麥是什麼?有什麼用途?

13 請問植物育種家將哪兩種穀類雜交培育出黑小麥?

14 為什麼斯佩耳特小麥、二粒小麥和一粒小麥比其他穀物更容易以有機方式種植?

15 請問哪些穀類含有大量可溶性膳食纖維?

16 請問什麼是ALA?好處為何?可以從哪種種子中得到?

17 什麼是植物雌激素?請說出在亞麻籽中與在黃豆中分別發現的植物雌激素。

18 為什麼在使用亞麻籽之前要磨成粉？磨粉最好的作法是？

19 請問在酵母麵包中添加生黃豆粉的主因是什麼？

20 請問在烘烤食品中添加熟黃豆粉的主因是什麼？

21 請問馬鈴薯粉或馬鈴薯會對烘焙食品的品質造成什麼影響？為什麼會產生這樣的影響？

問題討論

1 請問用裸麥粉製成的麵包，與用麵粉製成的麵包有何不同？請就風味、緊密度和質地闡述你的看法。

2 請問哪些穀類與小麥（小麥屬）有關，以及為什麼這件事對於患有乳糜瀉或小麥過敏的人來說很重要？

3 一般來說，麵粉中的蛋白質含量與營養品質與其他穀粉相比起來有什麼異同？

習作與實驗

❶ 習作：不同的穀物

請參考本書，填寫下頁結果表的第一列。接著請對每種細粉或粗粉的新鮮樣品進行評估，包含其外觀（顏色）、氣味與顆粒大小。評估顆粒大小時，請用兩根手指摩擦薄薄一層細粉或粗粉，衡量它們觸覺上的細膩程度，藉著這個機會學習如何只憑粉製品的感官特性來分辨不同的粉製品。如果需要加上其他意見或觀察，請寫在結果表的最後一欄。如果想評估其他粗粉與細粉的話，請寫在結果表最下方的兩行空白中。

結果表　各種細粉與粗粉

粉製品的種類／組成	是否包含能形成麵筋的蛋白質？	外觀	氣味	顆粒大小	備註
白裸麥粉					
全穀裸麥粉（粗磨裸麥粉）					
玉米粉					
玉米粗粉					
燕麥片（傳統）					
燕麥片（快煮）					
米穀粉					
蕎麥粉					
黃豆粉					
藜麥粉					
斯佩耳特小麥粉					

❷ 實驗：以不同穀粉加入無油糖酵母小圓麵包

許多本實驗中使用的穀粉都不含麩質（麵筋），因此會在麵團中加入高筋麵粉做為原料之一。不然本實驗就會與第5章中的實驗相同了。

目標

演示穀粉種類如何影響

● 麵包高度

- 麵包外皮脆硬與否，以及上色程度
- 組織的顏色與結構
- 麵包的整體風味
- 麵包的整體質地
- 麵包的整體滿意度

製作成品

以下列材料製成無油糖酵母小圓麵包

- 高筋麵粉100%（對照組）
- 白裸麥40%與高筋麵粉60%
- 玉米粉40%與高筋麵粉60%
- 燕麥粉40%與高筋麵粉60%
- 可以嘗試其他配方（斯佩耳特小麥粉100%、白裸麥粉100%、粗磨裸麥粉40%、粗粒玉米粉、燕麥片、蕎麥或黃豆等等）

材料與設備

- 發酵箱
- 秤
- 篩網
- 烘焙紙
- 5夸脫（約5公升）鋼盆攪拌機
- 槳狀攪拌器
- 刮板
- 麵團鉤攪拌器
- 保鮮膜
- 無油糖麵團（請見配方），每種麵粉需製作至少12個小圓麵包
- 瑪芬模（直徑2.5／3.5吋或65／90公釐）
- 烤模噴油或烤盤油
- 烤箱溫度計
- 鋸齒刀
- 尺

配方

無油糖麵團

分量：12個小圓麵包

材料	磅	盎司	克	烘焙百分比
高筋麵粉		11	300	60
各種穀粉（包括對照組另外40%高筋麵粉）		7	200	40
鹽		0.25	8	1.5
酵母（速發酵母）		0.25	8	1.5
水（85℉／30℃）		10	280	56
合計	1	12.5	796	159

製作方法

1　烤箱預熱至425℉（220℃）。

2　發酵箱設定至85℉（30℃），相對溼度85%。

3　另外量出5盎司（140克）水（85℉／30℃）備用（用於步驟7調整麵團質地）。

4　充分混合麵粉與鹽，過篩至烘焙紙上，重複三次。注意：如果部分顆粒無法通過篩網（例如全麥麵粉中的麩皮顆粒），請倒回麵粉中攪拌均勻。

5　在攪拌缸中倒入麵粉、鹽、酵母與水。

6　以攪拌槳低速混合1分鐘。停下機器刮缸。

7　若有需要，加入步驟3額外準備的水，調整麵團質地。在結果表一中記錄每一種麵團額外添加的水量。

8　使用麵團鉤中速攪拌5分鐘或至成團。

9　從攪拌缸中取出麵團，以保鮮膜輕輕蓋住，標示麵粉種類。

步驟

1 根據上述配方表準備無油糖麵團，每一種穀粉各須準備一批麵團。

2 將麵團置於發酵箱中進行第一次發酵，直到體積變為原來的兩倍大，時間約45分鐘。

3 壓平麵團，使其中的二氧化碳分散成小氣囊。

4 將麵團分割為每個2盎司（60克）的小麵團，整形成圓形。

5 在瑪芬模噴上少許油脂，或抹上一層烤盤油。

6 將小圓麵團放進已上油的瑪芬模中，標示麵粉種類。每種麵粉也可以留下一個麵團不要入爐烘烤，稍後用於評估其特性。

7 將小圓麵團置於發酵箱中約15分鐘，直到對照組體積變為原來的兩倍大，觸感輕盈充滿空氣。

8 將烤箱溫度計放置於烤箱中央，記錄烤箱初溫。初溫：＿＿＿＿＿＿＿。

9 烤箱預熱完成後，將瑪芬模放進烤箱中，根據配方設定烘烤時間。

10 烘烤至對照組（高筋麵粉）充分烤熟。烘烤同樣時間後，即便部分麵包顏色較淡或未充分膨脹，仍將所有小圓麵包移出烤箱。不過如有需要，可依據烤箱差異調整烘焙時間。將時間記錄於結果表一。

11 記錄烤箱終溫，終溫：＿＿＿＿＿。

12 將麵包移出熱烤模，冷卻至室溫。

結果

1 待小圓麵包完全冷卻後，根據以下指示評估麵包高度：

- 每批麵包取三個切半，注意不要擠壓麵包。

- 拿尺貼著麵包的切面測量高度。以1/16吋（1公釐）為單位，將這三個麵包的高度記錄於結果表一。

- 計算麵包平均高度，加總高度總合再除以三。將平均高度記錄於結果表一。

2 若有留下未烘烤的麵團，請評估其彈性與延展性，也就是麵團是否容易延展或斷裂，以及按壓麵團時回彈的程度，將評估結果記錄於結果表一的備註欄位。

結果表一　以各種穀粉製作酵母小圓麵包

麵粉種類	額外添加的水量（盎司或克）	烘焙時間（分鐘）	三個小圓麵包的個別高度	平均高度	備註
高筋麵粉100%（對照組）					
白裸麥40%與高筋麵粉60%					
玉米粉40%與高筋麵粉60%					
燕麥粉40%與高筋麵粉60%					

3　待製品完全冷卻後，評估其感官特性，並將評估結果記錄於結果表二中。請記得每一種製品都要與對照組做比較，評估以下項目：

- 外皮顏色，由淺至深給1到5分。
- 外皮質地（厚／薄、軟／硬、濕／乾、脆硬／濕軟等）
- 麵包內裡（氣孔小／大、氣孔整齊／不規則、有／無巨大孔洞等等）
- 麵包質地（韌／軟、濕／乾、有彈性、易碎、口感堅韌、黏牙等等）
- 風味（發酵味、麵粉味、鹹、酸、苦等等）
- 整體滿意與否，從高度不滿意到高度滿意，由1至5給分。
- 如有需要可加上備註。

結果表二　以各種穀粉製作的酵母小圓麵包之感官特性

穀粉種類	外皮顏色與質地	麵包內裡與質地	風味	整體滿意度	備註
高筋麵粉100%（對照組）					
白裸麥40%與高筋麵粉60%					
玉米粉40%與高筋麵粉60%					
燕麥粉40%與高筋麵粉60%					

誤差原因

請列出任何可能使你難以做出適當實驗結論的因素，特別是關於調整麵團添加水量、判斷合適的攪拌時間或與烤箱相關的問題。

_____

_____

_____

請列出下次可以採取哪些不同的作法，以縮小或去除誤差。

_____

_____

_____

結論

請圈選**粗體字**的選項或填空。

1　用白裸麥製成的小圓麵包比完全用高筋麵粉製成的小圓麵包需要**更多／更少／相同分量**的水才能形成合用的麵團。這是因為裸麥粉比高筋麵粉含有更多**聚戊醣／β-葡聚醣／黏漿**。兩者吸水率的差別**很小／中等／很大**。

2 用白裸麥粉製成的小圓麵包比完全用高筋麵粉製成的小圓麵包還要**矮／高／高度相同**。這是因為白裸麥粉比高筋麵粉含有**更多／更少／相同含量**的麵筋，而且具有比高筋麵粉**更低／更高／相同**的發酵耐受性。兩者的高度差**很小／中等／很大**。

3 用白裸麥粉製成的小圓麵包和完全用高筋麵粉製成的小圓麵包之間的質地差異**很小／中等／很大**。質地差異如下：

_____

_____

_____

4 請比較以玉米粉製成的小圓麵包與完全用高筋麵粉製成的小圓麵包。兩者在外觀、風味與質地上的主要差異為何？

_____

_____

你會如何解釋這些差異？

_____

_____

_____

5 請比較以燕麥粉製成的小圓麵包與完全用高筋麵粉製成的小圓麵包。兩者在外觀、風味與質地上的主要差異為何？

_____

_____

你會如何解釋這些差異？

_____

_____

_____

6 整體而言，你認為哪幾個小圓麵包可接受，為什麼？

_____

_____

_____

7　根據實驗的結果，請問哪些穀粉不能用於酵母發酵的製品？請對你的答案加以解釋。

_____

_____

_____

8　請根據小圓麵包的高度排列所使用的穀粉，從製成最矮小圓麵包的穀粉排到最高的。你會如何解釋這些小圓麵包的高度差？

_____

_____

_____

9　根據小圓麵包的韌性排列它們使用的穀粉，從最有韌性的小圓麵包使用的穀粉排到最軟的小圓麵包所使用的穀粉。你會如何解釋這些小圓麵包的韌性差別？

_____

_____

_____

10　根據實驗的結果，你認為哪種穀粉可以在不減損品質的前提下占整體用量的40%？

_____

_____

_____

11　根據實驗的結果，你認為成品要讓人接受的話，哪些穀粉的用量應該低於40%？

_____

_____

_____

12　請解釋為什麼在美國銷售的多元穀類麵包（製作原料為裸麥、燕麥、玉米的麵包）配方中通常都會包含硬質小麥麵粉。

_____

_____

_____

7

麵筋

本章目標

1 分析麵筋由麵粉加水從形成到擴展的過程。

2 解釋麵筋對各式烘焙食品的重要性。

3 詳細列舉提高或降低麵筋的方法。

4 釐清麵筋擴展和鬆弛的差異。

導論

撐起麵包糕點內部結構的主要原料有三種：蛋白質、澱粉，以及本章要談的麵筋。雖然這三種原料都很重要，但是由水加麵粉攪拌後產生的麵筋，恐怕是最複雜、最難以控制的一個。事實上，即便配方看起來改動的地方很小，或者攪拌的方式只是有那麼一點點不同，都會對麵筋的形成產生很大的影響。特別是麵包和其他酵母麵團，靠的就是生麵團裡的麵筋撐起組織。

比起其他烘焙食品，由酵母發酵的麵團食品更依靠麵筋撐起結構。因此我們要知道什麼狀況該提高或降低筋度，以及如何操作等等就相當重要。本章將針對麵筋進行詳細的討論，告訴你麵筋是什麼、如何形成，以及最重要的：怎麼去控制它。

最近無麵筋（市售標榜無麩質）的烘焙食品也被大力提倡，我們會在第18章談到更詳細的相關內容。

麵筋的形成和擴展

麵粉本身沒有麵筋，但麵粉含有兩種蛋白質（麥穀蛋白和穀膠蛋白），這兩種蛋白質遇水交互作用之後才會產生麵筋。除了水之外，麵筋還需要攪拌揉和之後才能形成具有韌性、不間斷的網狀結構。

麵筋是一種動態系統，會隨著處理過程而變化。但大致來說，麵筋是因攪拌而產生韌性和彈性，其中麥穀蛋白提供麵筋的韌性，而穀膠蛋白則決定了麵筋的伸展或延展的程度。麵筋的彈性也是由麥穀蛋白提供，彈性就是麵團被拉伸或擠壓時能不能恢復原狀的能力。

雖然肉眼無法看見麥穀蛋白和穀膠蛋白，但麵筋的改變卻直接反映在烘焙坊販售的產品上。這兩種蛋白質充分攪拌後形成的麵筋，讓麵糊和麵團變得光滑、有韌性、表面乾爽，以及較少的顆粒感。充分發酵的麵團表面乾爽滑順，而處於捲起階段的麵團，則看起來像是粗糙不平的團塊（圖7.1）。

麵包師通常會用薄膜測試檢查麵團的擴展程度：首先，先從麵團上撥下一小塊大約1吋直徑的小麵團，在兩手手心搓圓，然後慢慢拉開小麵團，盡量往不同方向拉伸，看看能不能

圖7.1 麵筋充分與水作用後，會產生結構牢固、凝聚性好的網狀結構，最後產生外觀光滑、乾爽、粗粒感較少的麵團。左邊：攪拌均勻的麵團。右邊：攪拌不均勻的麵團。

　　雖然麵筋無法用肉眼觀察，但科學家已經在設法分析它的實際結構。麥穀蛋白中最大的分子亞基，彼此相連形成鏈狀，穀膠蛋白附著其中，隔開麥穀蛋白亞基鏈結，讓分子之間變得鬆散。麥穀蛋白亞基建構了麵筋中網狀結構的骨幹，再加上穀膠蛋白附著融合的作用，形成更大的黏聚，最後形成麵筋。麵筋的結構複雜，至今也無人能知曉全貌，但一般認為麵筋當中的麥穀蛋白鏈形成的環狀結構，讓麵筋兼具伸展性和彈性。進一步說，點綴盤繞在麥穀蛋白鏈上的穀膠蛋白群，是讓麵筋具備伸展性的原因。

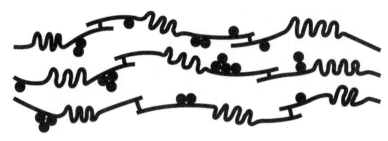

● 穀膠蛋白

〰 麥穀蛋白質亞基

　　麵筋初步形成後的下一步，就是麵筋分子鬆散地和澱粉顆粒、脂肪、糖和膠質交互作用，產生凝聚現象，分子再互相纏結，形成更大的網狀結構。看起來，麵筋就是由部分連結性較強的分子，和眾多連結性較弱的分子組合起來的產物，所以分子鏈能夠輕易的斷裂又重新連結。我們在攪拌麵團的時候，麵筋中有許多連結性較弱的分子鏈會斷裂，斷裂的分子鏈只會在醒麵和烘焙初期的作業階段裡，在麵團中擴張的氣泡表面重新連結。麵筋同時具備了強與弱、斷裂又重新連結的分子特性，締造了它獨一無二的特性。

拉出一片如紙的薄膜。通常擴展完全的麵團能夠拉出一片均勻光滑且不會破裂的薄膜（圖7.2）。

　　麵筋會隨著麵團在基本發酵和最後發酵的過程中不斷改變，當麵團的彈性和延展性達到平衡，麵團也就熟成了。熟成的麵團易於處理和整形，烘烤時也會產生很好的膨脹效果。

　　在烘烤時，麵糊和麵團內大部分的水分要不被蒸發，要不就被糊化的澱粉顆粒所吸收。麵筋在高溫烘烤下失去水分，就會形成堅實而不過硬的組織，食品的形狀也就固定住了。雖然這並不是麵筋才有的特性（蛋白質加熱後也

能形成堅實的結構），但這就是麵筋的特點之一。

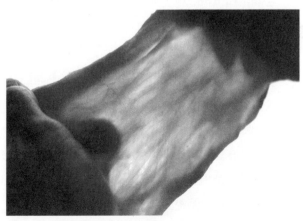

圖7.2　攪拌至最佳狀態的麵團在「薄膜測試」中，可以拉出完整的薄膜。

麵筋的組成和結構反映了本身的特質，科學家將這個特質稱為黏彈性。黏彈性是指一種物質能夠伸展並容易變形的能力，就像黏稠的液體，在拉伸的過程中不會斷裂，同時還能具備彈性，也就是在變形過程中能恢復成原來的形狀，如同彈力繩或橡皮筋。具有黏彈性的食品，大都是部分液體、部分固體，只有少數的食品能夠像熟成麵筋一樣，同時具備這兩種性質。雖然不是完全辦不到，這也是為什麼製作麵包時很難不使用麵粉為原料，看看下面的例子就知道了。

玉米糖漿沒有黏彈性，是因為完全缺乏如同橡膠般的彈性，也就是彈力。換句話說，玉米糖漿在流動的時候，不能恢復成原本的形狀，因為它不夠固態，無法捕捉並留住膨脹的空氣。

酥油也沒有黏彈性，因為它的伸展性不如液體那樣。雖然酥油質地柔軟可塑性高，也可以保持原本固態的形狀，但也是因為伸展性不夠，無法保留膨脹的空氣。

花生糖也沒有黏彈性，因為它太硬而且質地粗糙。雖然它可以固定好自己的形狀，卻不容易伸展和變形。即使空氣在花生糖中可以膨脹，花生糖本身也不會因此膨脹，反而會因為空氣擠壓的關係，承受不了壓力而斷裂破碎。

判斷麵筋的必要條件

有這麼一種說法：做麵包的麵筋是越高越好，而做糕點的麵筋是越低越好。但這種說法太籠統，因為不同的麵包糕點所需要的麵筋也不盡相同（圖7.3），即使麵包需要的筋度高，但也可能會失手讓其過高，讓麵包又硬又老、膨脹不夠、體積無法伸展，理當脆硬的外皮卻變得既軟且薄。

同樣的，麵包的筋度會過高，糕點的筋度也可能過低。過低的麵筋會讓派皮碎裂、蛋糕塌陷、比司吉崩解。

在烘焙坊的產品中，酵母麵團發酵的烘焙食品還是相當依靠麵筋。麵筋對麵包來說相當重要，麵包師提到麵粉的品質時，說的其實是麵粉所產生的麵筋質量。

由優質麵粉做的麵包不管是在發酵過程還是爐內膨脹期間，都很容易擴展，並且較能保留產生的氣體。爐烤麵包的體積通常比較大，

圖7.3 不同的酵母麵包要求的麵筋也不同，圖中上方為歐式麵包，外觀較扁平，大孔洞的紋理，脆硬外皮，需要的筋度較少，下方的三明治吐司麵包則需要更多筋度。

麵團吹泡

　　穀物學家、麵粉研磨者和麵包師會用幾種方式檢驗麵粉品質，其中一種方法在法國特別普遍，那就是利用一種叫做「蕭邦吹泡儀」的儀器進行測試。將麵粉加水和鹽揉成麵團，然後放入儀器中，讓儀器對著麵團內部吹泡泡。這個過程就是在模仿麵團發酵時，酵母產生的氣體撐起麵團組織的狀態，和一般吹泡泡糖不一樣。

　　吹泡測試當中有三個數值特別常用，第一個是測試麵團抵抗拉伸的強度，稱做抗拉強度或韌性，以字母P表示。這個數值是用來檢驗麵團泡泡達到膨脹時所需的最大壓力。就像需要用力才能將泡泡糖吹出泡泡，代表這個泡泡的韌性高。通常韌性高的麵包比較厚實，原料的麵粉也大多是含有高單位的麵筋，例如高筋麵粉。含有高單位麵筋的麵粉會吸收大量的水，所以高筋麵團在發酵時的伸展性並不好。

　　第二個數值以字母L表示，是指麵團的延展性，主要是測驗麵團泡泡到破裂之前可以撐到什麼程度。再以泡泡糖為例，將泡泡糖吹出泡泡，直到泡泡脹破前都還有很高的L值。對於麵粉來說，L值越高，麵團發酵時氣體膨脹的高度也越高。

　　通常P和L的比值會寫作P/L，表示麵筋狀態的綜合指數。會發現吹泡儀檢驗麵團的原理，和麵包師用手拉出麵團薄膜的「薄膜測試」其實很類似。

　　第三個數值以字母W表示，是指讓麵團泡泡膨脹的總能量，也就是這個麵團在發酵和烘焙的過程中，麵團可以固定住形狀的程度。在歐洲，麵粉都常以W值標示，W值很低的麵粉不適合用於做麵包，像低筋麵粉的W值就很低。而W值很高的麵粉，就很適合製作長時間發酵的麵團或高油糖麵團。而W值偏中間的麵粉則適合用於短時間發酵的麵團。

組織也會比較細緻，這是因為孔壁斷裂的情形較少。

　　像三明治麵包這種常見的酵母麵團，體積大、組織細緻，還添加了糖和油脂，需要的筋度就比較高。而傳統的水煮貝果，講究的是耐嚼的質地，需要的筋度也更高了。

　　哈斯麵包是一種直接把麵團放在烤盤或烘焙石板進爐烘烤的麵包，也只有在需要烤出更大的體積和更細緻的組織時才去提高筋度。哈斯麵包若是沒有足夠的筋度（不放進模具）支撐自己的形狀，很容易會因為本身的重量而變得扁平。

　　然而，有的麵包就是要扁扁平平的才好，像是義大利拖鞋麵包（Ciabatta），Ciabatta的義大利文正是「拖鞋」的意思，拖鞋麵包的生麵團柔軟濕潤，放在烤盤上的形狀就像平底拖鞋，在烘烤時則會攤平，形成扁平的麵包。拖鞋麵包也因為筋度低，麵包紋理粗大且外皮脆硬，低筋麵團在氣體膨脹的時候容易斷筋，因此能在烤好的麵包中留下比較大的空氣孔洞，成為這種麵包的特色之一。

　　糕點對筋度的要求比麵包少，這話講起來簡單，但糕點的原料複雜，混合了各種增韌劑、嫩化劑、增濕劑和乾燥劑。難就難在這

裡，因為比較起來，各式糕點所需要的麵筋其實大不相同。

　　簡單來說，如果食品中有其他重要的結構充填劑，例如蛋和其他澱粉，那麵筋只要維持底限就可以了。像是酥油蛋糕，就是靠糊化澱粉的柔軟結構撐起蛋糕組織；海綿蛋糕也是含蛋量很高的蛋糕組織，這兩種蛋糕要求的麵粉筋度就非常低。

平衡麥穀蛋白和穀膠蛋白

　　酵母麵團若是擴展良好、熟成順利的話，麥穀蛋白和穀膠蛋白在烤好的麵包中也會達到絕妙的平衡。如果麵筋裡的麥穀蛋白比穀膠蛋白多了太多，這個麵團就會很硬。也就是說，麵團太過結實、太有韌性，反而不容易延展（圖7.4），造成麵團膨脹效果不佳，烤出來的麵包體積變小，組織太過緊實。除此之外，太結實的麵團也很難整形，因為麵團很容易回彈成原來的形狀。像是披薩餅皮的麵團若是太韌太硬，在整形和烘烤時，餅皮就很容易回縮。

　　相反的，如果麥穀蛋白比穀膠蛋白少了許多，麵團就會變得鬆垮。鬆垮的麵團雖然非常柔軟，很好整形，但回彈力差，難以固定形狀（圖7.5）。這種麵團膨脹效果極佳，卻無法在長時間的發酵過程中有效留住酵母產生的氣體，也就是發酵耐受度差。用非常鬆垮稀軟的麵團烤出來的麵包體積小、組織內的氣室較大，像是薄脆披薩餅皮、墨西哥薄餅，還有一些歐式麵包如義大利拖鞋麵包，就是用這種鬆垮的麵團烤的。

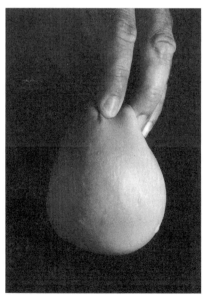
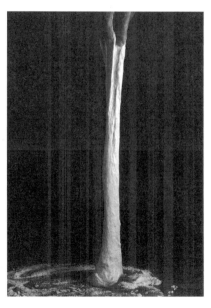

圖7.4　左圖表示麥穀蛋白多於穀膠蛋白，麵團變得硬實，雖然能固定形狀，卻很難延展。

圖7.5　右圖表示麥穀蛋白少於穀膠蛋白，麵團變得柔軟、極具延展性，但很難固定形狀。

控制麵筋的擴展

在製作麵包的時候，主要有三種方法可以控制麵筋的擴展：第一種是攪拌，有時候也稱為機械擴展；第二種是化學擴展，就是添加維生素C或其他熟成劑增加筋度；第三種就是靠基本發酵和最後發酵達成擴展。光是從這三種方法，就能知道麵筋形成的過程相當複雜，我們對這部分的了解也最少。就像麵團的發酵過程，麵團在擴展的過程之中，也會產生許多化學或物理變化。雖然以上三種方式的作用原理不同，但目的都是要撮合麥穀蛋白亞基形成彼此相連的鏈狀聚合體，完成麵筋擴展。

以上三種是達成麵筋擴展的主要方式，但也有其他的控制方法。如果想要增加筋度讓麵團更耐嚼、彈性更好，或是相反的要降低筋度，讓麵團變得更柔軟、延展性高，以下就列舉了一些常見的原料或操作方式，都能調整筋度。有許多原料已經在第5章和第6章中談過了，這次也包括其中，讓各位在廚房實地操作時，更加清楚易懂。

- 麵粉種類
- 水量
- 水的軟硬度
- 水的酸鹼值
- 攪拌和搓揉
- 麵糊和麵團的溫度
- 發酵
- 熟成劑和麵團調整劑
- 還原劑
- 酵素
- 嫩化劑和軟化劑

- 鹽
- 其他結構充填劑
- 牛奶
- 纖維質、麩皮、水果果肉、香料或其他

以上提到的麵團調整劑和加熱牛奶僅適用在酵母麵團上，其他的則可以運用在各種烘焙食品上。大部分材料對於非常依靠麵筋、以及一些不依靠蛋和其他澱粉撐起組織的烘焙食品來說，也會有很好的效果。

除了酵母麵團，派皮也是仰賴麵筋才能形成組織的烘焙食品。所以，筋度太高或太低，都會讓派皮的品質發生明顯的改變，而上述列舉的原料中，也有不少會影響派皮的品質。

另外，液態高甘油酥油蛋糕（指與麵粉對比，糖和液體比例很高的蛋糕）和其他低筋麵粉製作的糕點，一開始的筋度就非常低，上述原料中的油脂、糖、水的酸鹼值等也會強烈影響其他結構充填劑如蛋和澱粉，這些都會大大影響酥油蛋糕的架構。

麵粉種類

控制麵筋擴展的其中一個方法，就是慎選麵粉的種類。比方說，穀物的種類就非常重要，因為小麥麵粉是最普遍的穀物粉，又能產生質量均佳的麵筋；裸麥的蛋白質含量和小麥差不多，但是別忘了，裸麥蛋白質能形成的麵筋很少。不管是哪一種裸麥產生的麵筋品質都不太好，所以在北美除了少數特定的歐式裸麥麵包，大部分還是會添加一般麵粉。其他的穀

高優質麵粉總是最好的嗎？

麵粉品質的高低應取決於用途，然而按照一般經驗，形成麵筋的蛋白質含量高、灰分低、破損澱粉顆粒含量大的麵粉，通常就被認為是「高優質」的麵粉。這種麵粉（吹泡儀的P值和W值相對較高）很適合烘焙一般的麵包，因為這種麵粉形成的麵筋即使經過搓揉、發酵和烘烤等程序，依然能好好保留組織內的氣體。但是，這不表示所謂的「高優質」麵粉就適合全部的烘焙食品，甚至是某些種類的麵包。糕點師為了維持餅乾和蛋糕的品質，對於麵粉的要求就很不一樣。通常用於製作糕點的高優質麵粉，筋度都很低（吹泡儀的P值和W值相對較低），顆粒細小，聚戊醣和其他膠質相對較少，破損澱粉顆粒含量也很低。

就算是麵包師也不會一味追求最高筋度的麵粉。為了製作出柔軟膨鬆的麵包，歐式麵包的麵包師大多會使用比傳統的高筋、特高筋麵粉筋度更低的麵粉。優質的歐式麵包高筋麵粉通常會形成柔軟、延展性佳的麵團（吹泡儀P值和W值為中間值）。

不過，高優質麵粉的營養成分並不會比較高，即使是加入營養素的強化麵粉也是。因為那些都是白麵粉，白麵粉已經去除了麩皮了和胚芽，不是良好的膳食纖維來源。換句話說，白麵粉中的基本氨基酸，也就是離胺酸的含量很低，所以營養價值並不完全。相反的，全麥麵粉裡的胚芽，其中的蛋白質營養成分就很高，不過，胚芽裡的蛋白質不能形成麵筋。

粉像是玉米粉、蕎麥粉和大豆粉都不能形成麵筋，由這些穀物粉製作的烘焙食品，缺乏保留空氣和形成結構的成分，如果不添加適當的麵粉，就會變得太硬太實。

不同種類的麵粉，麵筋的含量和質量也不一樣，我們在第5章已經談過了目前產自世界各地、將近上千種的小麥品種，而這些小麥大致上還是分成兩類：軟麥和硬麥。軟麥的蛋白質含量較低，而且蛋白質品質也較差（以麵筋的角度來看），也就是說軟麥的麥穀蛋白比穀膠蛋白來得少，而麥穀蛋白亞基分子也比較小，所以軟麥麵粉形成的麵筋脆弱，也容易斷筋。

硬麥的蛋白質含量高，麥穀蛋白的比例也比穀膠蛋白多，而且麥穀蛋白亞基分子也比較大。硬度高的麵粉所形成的筋度也高，麵團緊實而且有彈性。麵筋的蛋白質品質取決於小麥品質，而小麥的品質則是取決於環境因素，像是氣候、土壤品質，還有施肥的種類。

全麥麵粉的蛋白質含量和白麵粉一樣高，甚至更高一些。然而，這不表示全麥麵粉就能形成更多的麵筋。回想一下前幾章討論過的，雖然麩皮和胚芽會影響麵筋的擴展，但這兩者所含的蛋白質卻不能形成麵筋。麥穀蛋白和穀膠蛋白只存在於胚乳，並不存在於麩皮和胚芽之中。

水量

回顧一下前面的內容，麵筋並不存在於麵粉當中，而是麵粉中的麥穀蛋白和穀膠蛋白分子，遇到水後產生交互作用，形成網狀結構後

你曾經想過雜糧鄉村麵包內那些不規則大孔洞是怎麼形成的嗎？那是由於麵團筋度較差，容易斷筋造成的。歐式麵包的麵包師會使用幾種方法達到這個效果：第一，使用蛋白質含量較低的麵粉。第二，添加更多的水。一般低（無）油糖麵包生麵團的含水量，約為50%到60%，但他們有時會添加更多的水，讓水量超過70%（烘焙百分比）。這種麵團富含水分，相當濕軟，幾乎是介於蛋糕麵糊和麵團之間。雖然不好操作，但極為濕潤的麵團卻能烤出優質的歐式麵包。不僅是多餘的水分可以增加粗獷的孔洞，也因為較長的烘烤時間能烘乾麵包水分，烤出更加薄脆的外皮。

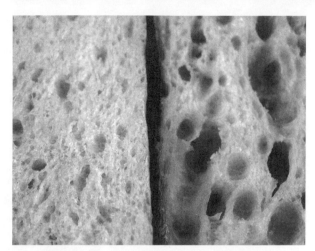

圖中左邊的法國長棍麵包是由一般的無油糖麵團烤製，右邊的則是用充分濕潤的無油糖麵團烤製的。

產生的，而且分子體積會漲到原本的兩倍大。

水合作用對麵筋形成是必要的，調整水量也是控制麵筋擴展的一個方法。比如說，派皮和比司吉麵團的水分含量很低，也就是水合作用會不足，因為水合作用不足，派皮和比司吉麵團的麵筋形成不完全，食品本身仍然保持柔軟的質地。

如果在水合作用不完全的麵筋中再加少量的水，麵筋雖然能再次擴展，但麵團也會變得更韌。這種狀況卻不常發生在蛋糕糊上，因為蛋糕糊含有大量的水。既然麵筋的含水量已經飽和，加入更多的水，筋度也不會再提高了。相反的，麵糊加太多水，反而會稀釋蛋白質，降低筋度。

水本身有時也會做為一種原料，不過，大部分的水還是做為配料和其他液體混合，像是加在牛奶、蛋和液態油當中。而液態油不含任何水分，不會對麵筋形成產生任何作用。事實上，液態油會做為嫩化劑影響麵筋的形成。

水的硬度

水的硬度是由水中的礦物質，如鈣離子和鎂離子的含量來測定的。硬水的礦物質含量高，而軟水的礦物質含量就低。如果你看過儲水設備裡附著了一層礦物質沉澱形成的白色水垢，你就知道這裡面的水是硬水了。

因為礦物質會讓麵筋的韌性更高，所以用硬水和麵的酵母麵團會變得又硬又韌，太過厚實。即使組織內氣體膨脹，麵團也不太會伸展，即便伸展了也很快彈回原狀；如果是用軟水和麵，麵團反而會變得稀軟黏手。所以和麵用的水，最理想的就是軟硬適中的水。

如果水質太硬或太軟，還是有辦法補救。

為什麼有的水是硬水，有的是軟水？

　　硬水是因為地下水在汲取的時候接觸了土壤，連帶將土壤中的礦物質帶入水中。地下水經過土壤的空隙，由水井汲取而來，因此水質比地面水，也就是湖泊和水庫的水還來得硬。由於各地區的土壤組成不盡相同，水質的硬度自然也有所差異。比方佛羅里達州的部分區域、德州、還有西南區域的州水質偏硬，而新英格蘭州和東南區域的州水質偏軟。

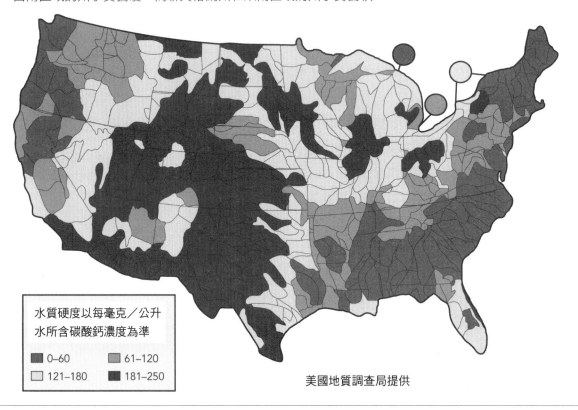

水質硬度以每毫克／公升
水所含碳酸鈣濃度為準

■ 0–60　　　■ 61–120
□ 121–180　■ 181–250

美國地質調查局提供

　　第一種就是使用麵團調整劑，有的是針對軟水，也有的是針對硬水。通常針對軟水使用的麵團調整劑含有鈣鹽類，像硫酸鈣是用來增加水中的礦物質含量。而針對硬水使用的麵團調整劑則含有酸類，主要是預防水中的礦物質和麵筋產生交互作用。

　　不過，用來改善水質太硬或太軟的辦法中，還是以調整其他原料和改變作業程序是最好的辦法。比方說，如果用硬水攪拌的麵團會硬得像橡皮筋，那只要在攪拌的時候多加點水，稀釋筋度和軟化麵團就可以了，或是改用筋度較低的麵粉當原料、減少攪拌的次數等等都可以改善硬水的狀況。除此之外，硬水也可以透過淨水系統軟化水質，硬水軟化就是去除硬水中的鈣離子和鎂離子等礦物質，不但可以預防麵筋受到礦物質的影響，也能減少儲水設備內水垢的堆積。不過要注意的是，硬水透過淨水器軟化過，可能含有高量的鈉離子，高血壓患者要特別留意。

水的酸鹼值

就像由水中礦物質含量來測定水的軟硬值，水的酸鹼值（pH值）也是由水的酸性和鹼性來評定。pH值量表（圖7.6）刻度從0到14，pH7表示水為中性，也就是既非酸性也非鹼性。如果水呈酸性，酸鹼值就會低於7；如果水呈鹼性，酸鹼值就會大於7。大部分的水源很少會呈中性，尤其像是北美一帶，包含加拿大和美國東岸（大西洋沿岸），受到酸雨侵蝕，水源的酸鹼值都很低。

不過，反而是弱酸性的水才能幫助麵筋達到最好的擴展效果，也就是pH值約5至6的水。也就是說在水中加入酸性物質，讓pH降到5以下；或是添加鹼性物質，讓pH升到6以

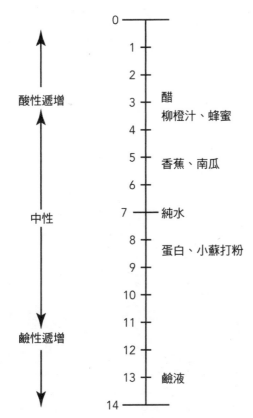

上，都會改變麵筋的筋度。水的酸鹼值其實很好調整，麵包師和糕點師也常常調整水的酸鹼性，例如塔塔粉、水果和果汁、發酵乳製品和醋等，都常用來調高酸性，像在製作水果餡卷的麵團時，加入醋或其他酸類就能分解麵筋，降低筋度，麵團就會更好延展拉伸，不至於斷筋。而烘焙用小蘇打粉則常用於提高鹼性，比如餅乾麵團中加入少量烘焙用小蘇打粉，就能形成多孔洞的組織，讓餅乾更有空氣感，內裡更軟嫩。

酸鹼值也常常在看不見的地方改變，像是酵母麵團經過長時間的發酵就是一例。當條件適合酵母菌活化，酵母麵團就會開始發酵，這時麵團的酸性就會提升，酸鹼值就會降低。只是麵團本身的酸鹼值發生改變，就能讓麵團變得更柔軟、延展性更好。

雖然水的硬度和酸鹼值是兩種不同的概念，但也會互相影響。比方說，水中的礦物質如碳酸鈣的含量增加，水的硬度和酸鹼值也會跟著提高。而有些酸類不但會降低水的酸鹼值，同時也會軟化水質。好好記住水的硬度和酸鹼值的概念各為何，你才會豁然開朗。

攪拌和搓揉

除了水分，麵筋也需要機器攪拌或手工搓揉才能擴展。攪拌可以讓麵筋擴展分成幾個階段：首先，攪拌時，麵粉分子的表面每一面都能接觸到水，加速麵筋的含水量（吸水量）。這個階段會持續到麵粉分子受到磨損，不再保持球狀為止。再來，攪拌動作也能使空氣中的氧氣融入麵團，造成氧化，加強麵團筋度。最後，攪拌過的麵粉顆粒均勻分布，形成麵筋強

圖7.6 常見食物pH值刻度表，從中性到酸性，以0到14表示。

餅乾麵團要夠輕薄，才能在烤盤上均勻擴散，而且在烘烤時還能變得更薄、攤得更平。在特定溫度的加熱下，餅乾麵團中的麵筋和蛋的蛋白質反而會讓麵團變厚，不再擴散。

不管你要烤的是哪一種餅乾，餅乾麵團能夠擴散一點還是比較好。有幾種方法可以幫助餅乾麵團擴散，其中一個是添加微量的烘焙小蘇打粉，每10磅（4.5公斤）的餅乾麵團，只需要0.25到0.5盎司（5至15克）的小蘇打粉。小蘇打粉可以增加麵團的酸鹼值，而且當溫度達到麵筋和蛋的蛋白質發生作用時，能夠幫助麵團膨脹。烘烤時間越久，小蘇打粉麵團排出的水分越多，形狀更扁，孔洞增加，攤得更薄，形成疏鬆的組織。由於組織內的孔洞變多，餅乾也更加鬆脆。

添加小蘇打粉時要仔細斟酌，如果小蘇打粉加得太多，會增強褐變反應，還會讓餅乾吃起來有明顯的化學鹼味，也會讓含蛋的烘焙食品透出灰綠色。

如果你是住在高海拔地區，烤餅乾時請省略小蘇打粉這一步驟。因為高海拔地區的低氣壓已經可以幫助餅乾麵團擴散。

韌的連續網狀結構。

但是，攪拌過度會讓麵筋過度擴展。除了**酵母麵團**，攪拌過度的**麵團**就會因為筋度太高而變得硬邦邦。不同的烘焙食品對於過度攪拌的容忍度也不同，像是比司吉麵團，搓揉時控制一下力道，產生些許麵筋就可以了。若搓揉的力道太輕，麵團完全沒有起筋的話，比司吉在烘烤時就會因為組織支撐力不足而塌陷。但搓揉時也不能太用力，麵團雖然能固定住形狀，但筋度太高會讓麵團變得又硬又韌。因此，適當的攪拌和搓揉力道，才能讓比司吉質地既柔軟，又能支撐本身的形狀（圖7.7）。

蛋糕麵糊就很難發生因為過度攪拌而筋度太高的情形，以液態高甘油酥油蛋糕為例，攪拌麵糊只要幾分鐘就好，因為這種蛋糕的原料就是低筋麵粉，加上大量的水和其他軟化劑，從一開始就已經大幅降低任何會讓麵糊起筋的機會。即使如此，攪拌蛋糕糊時，還是不宜超過建議的時間，因為蛋糕麵糊仍需要混入適當的空氣，才能順利發酵膨脹。

攪拌酵母麵團是為了要讓麥穀蛋白分子更加分散，才能為麵筋締結出韌性十足的連續網狀結構，並牢牢抓住組織內的氣體。攪拌不夠的麵團會變得黏手、不夠光滑，而且在烘焙後膨脹體積不夠，組織顆粒粗糙。

圖7.7　比司吉麵團若是過度攪拌或搓揉，雖然不會攤平或塌陷，也能膨脹到最大，但質地就會變得又硬又韌。從左到右，依序表示用不同力道搓揉比司吉麵團的結果：完全不搓揉、輕輕搓揉、用力搓揉。

為什麼過度攪拌的瑪芬會出現孔道？

回顧一下我們在第3章談過的，在有些高糖蛋糕的組織中會形成孔道的原因。但在傳統的瑪芬麵糊中，軟化的油脂和糖的比例都比一般蛋糕糊要低，所以瑪芬組織內會出現孔道的原因和一般蛋糕截然不同。

為了不讓組織太硬，傳統的瑪芬麵糊只要攪拌到麵粉呈潮濕狀態就可以了，哪怕只是多攪拌一下都會讓瑪芬變硬，並且伴隨著坑坑疤疤的孔道。造成這個缺陷的原因，是由於麵糊過度攪拌導致筋度太高，烘烤時氣體很難從組織中蒸散，氣體為了能竄出去，就在組織內鑿出孔道，形成了氣體的散逸路線。

想要預防瑪芬出現這類孔道，當然就是不要過度攪拌。另一個預防方式則是改用低筋麵粉製作，並且在配方中加入嫩化劑，讓麵糊很難達到過度攪拌的程度。現在大部分的瑪芬麵糊都是由低筋麵粉調配，而且軟化作用的油脂和糖的比例也很高。雖然這種方法可以解決瑪芬內孔道的缺陷，但現在的瑪芬更像是鬆軟的杯子蛋糕，和以前那種粗獷厚實的瑪芬已經是不一樣的東西了。

實用祕訣

麵筋在攪拌時會形成麵筋束，而且只會朝著攪拌的方向排列，因此在攪拌麵團時，要從各個角度攪拌。使用攪拌機攪拌比較沒有這個問題，因為麵團在攪拌機中受到攪拌鉤四面八方的推擠搓揉。但如果是手工搓揉麵團，記得每搓揉一回，就要把麵團方向轉向九十度再繼續搓揉。同樣的，製作千層麵團折疊的時候每一層都要轉向，然後再繼續折疊下一層。不然的話，麵筋束只會朝向一個方向，在整形並烘烤之前，鬆弛程度會明顯不夠，而且麵團還會往麵筋束排列的單一方向收縮。

如果麵團攪拌時間太長或是太過用力，達到某個臨界點的時候，就會發生攪拌過度的狀況。當麵團攪拌超過某個臨界點，就會斷筋（圖7.8），這有時候會稱為「攪拌過度階段」，也就是酵母麵團被攪打得太久太用力了。攪拌過度的麵團會變得稀軟沾黏，在拉扯的時候會斷成一束一束，也無法留住水分和氣體。這種麵團烤出來的麵包不但體積小，而且組織粗糙。而那些容易受過度攪拌影響的麵團，其實從攪拌初期就沒有形成強韌的麵筋。

我們現在知道攪拌出適用的酵母麵團是門藝術也是科學，因為有很多因素會影響麵團對攪拌的各種需求。首先，麵粉不同，攪拌的時間也不同。比起低筋麵粉，一般高筋麵粉中的麥穀蛋白就能承受——甚至是要求——更長時間的攪拌，而麥穀蛋白含量較少的裸麥麵粉，就很容易攪拌過度。其次，配方不同，攪拌的

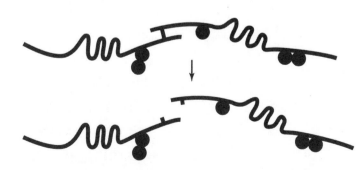

圖7.8 過度攪拌會破壞麵筋結構

省時麵團就是酵母麵團不需要經過基本發酵的過程，取而代之的是，省時麵團只要在分割前放在一旁靜置10到15分鐘就好。比起有的需要一個小時，有的甚至要好幾個小時才能完成基本發酵的麵包，省時麵包可以省下這些時間。不過，省時麵團為什麼可以跳過基本發酵這麼重要的步驟呢？

攪拌、發酵，還有使用麵團熟成劑如維生素C等等，都可以讓麵筋擴展並熟成。不管是用機械方式，讓攪拌機以超高速攪打麵團，或是用化學的方式，使用熟成劑和麵團調整劑，都可以縮短麵團發酵所需的時間，讓麵團確實熟成。

由於超高速攪拌機是特殊設備，麵包師若是想縮短或省略基本發酵的步驟，化學熟成劑和麵團調整劑比較容易取得。儘管省時麵團跳過基本發酵的步驟，但還是會經歷最後發酵的階段，並不會犧牲掉讓組織內部膨鬆的二氧化碳。

總之，麵包師想要使用省時麵團的話，還是要先考慮一下優缺點。毫無疑問，省時麵團可以節省備料的時間，而時間就是金錢。雖然多加了點化學成分，卻也因麵團吸收的大量水分而抵消。然而，麵包的美味來自基本發酵，如果省略這個步驟，就會降低麵包微妙的風味，而這個風味就是麵包師的驕傲。

需求也不同。像是軟化作用的糖和油脂含量很高的重成分酵母麵團，就需要更多的攪拌次數才能擴展麵筋，但是也不能過度攪拌，而且攪拌機的設計和攪打速度也需要留意。最後，基本發酵時間會比較長的麵團，攪拌的時間也不用太長，因為發酵過程就會幫助麵筋擴展。如何拿捏攪拌麵團所需的時間次數和力道，需要長期的訓練和實際操作，持續累積經驗而來。

麵糊和麵團的溫度

麵糊和麵團的溫度也會影響麵筋的擴漲，溫度越高，麵粉分子吸水速度越快，越能加速麵筋蛋白氧化的速度。吸水和氧化速度越快，就代表麵筋形成和麵團熟成的速度也越快。雖

然麵筋形成越快，不代表麵筋擴展的也越多，但是假設麵團攪拌的時間很短，兩者有可能會同時發生。

確切來說，麵包師幾乎很少會為了控制麵筋擴展而刻意調整麵團的溫度，而是為了別的原因，才會去調整麵團本身的溫度。比如說，酵母麵團的溫度對酵母發酵很重要。雖然每種配方都不盡相同，但一般來說，麵團最理想的發酵溫度大約介在70°F到80°F（21°C至27°C）之間。如果麵團的溫度太高，發酵會太過劇烈，烘烤出來的成品也會走味。

像是派皮麵團就會用冷水和麵，防止固態脂肪在攪拌時融化。雖然固態脂肪的軟化作用不大，但派皮麵團層層疊疊的酥脆口感卻是來自於此。

熟成劑和麵團改良劑

回顧一下前面的內容，熟成劑通常是加在麵粉當中，藉以改良烘焙食品的品質。熟成劑會對麵筋造成片面或是全面性的影響，而有的熟成劑像是氯氣可以減弱麵筋的筋度（別忘了氯氣也能漂白麵粉中的類胡蘿蔔素，並改變麵粉澱粉顆粒，增加膨脹效果），而有的像是維生素C和溴酸鉀，則是會加強筋度。

麵團調整劑可以增加筋度，利用化學作用擴展麵筋。麵團在某些極端的狀況下，像麵團在商業攪拌設備的高速攪拌時，調整劑就很重要。回顧一下第5章的內容談到，麵團調整劑是由多種原料混合製成的，其中最主要的原料就是加強筋度的熟成劑，其他的副原料還有乳化劑、鹽和酸性物質。這些副原料也能幫助加強筋度，而酸性物質也能幫忙調整水的硬度和酸鹼值。各類烘焙食品所需的改良劑分量不盡相同，但大部分只需麵粉總重量的0.2%至0.5%左右。

基本發酵和最後發酵

麵團裡的酵母在發酵的過程中，會把糖轉化為二氧化碳和酒精。這通常會發生在發酵的兩個階段中：基本發酵和最後發酵，這兩個階段可能會需要好幾個小時。在基本發酵和最後發酵的過程中，麵團會產生許多變化，關於這部分的詳細內容，我們會在第11章中談到。總之，我們現在只要知道發酵時主要會產生這三種變化：一、發酵時會產生氣體膨脹；二、形成風味；三、麵筋擴展、筋度加強。

發酵時會造成氣體膨脹，有一部分的氣體會去推擠麵筋加強筋度。同時，原本因攪拌而斷裂的麵筋分子鏈會在膨脹的氣泡周圍重新連結，讓麵包的體積變大，顆粒變得細緻。

不只是過度攪拌會造成斷筋，讓麵團失去彈性，過度的基本發酵和最後發酵也會。過度發酵的麵團就和過度攪拌的麵團一樣，稀軟、黏手，而且失去保留氣體的能力。

有時候麵團的澱粉酶和蛋白酶活化作用太過，澱粉和麵筋的結構遭到損壞，麵團就會變得稀軟。此外，麩胱甘肽和其他還原劑也會對麵筋造成同樣的作用，關於還原劑和蛋白酶如何軟化麵筋，我們會在下兩段的內容中討論。

還原劑

還原劑的作用和促成筋度的熟成劑完全相反，形成麵筋的蛋白質受到熟成劑如維生素C的氧化作用，會形成更多的分子鏈，讓麵筋的結構更為強韌。而還原劑則是反轉（還原）了形成麵筋的蛋白質，減少分子鏈數量，並降低分子鏈之間的連結能力。大型的烘焙食品廠商最常用的還原劑是半胱胺酸，這是一種自然的胺基酸，也是麵團調整劑中最常見的成分。有時大型的商用攪拌設備在攪打大量麵團時，會加入半胱胺酸和其他還原劑，減少麵團攪拌設備因摩擦生熱提升的溫度。熟成劑如溴酸鉀，在麵團的最後發酵和烘烤階段時，會幫忙重建麵筋結構，但還原劑反而會讓麵團稀軟鬆垮，抵銷了熟成劑的作用。

有一種還原劑就是麩胱甘肽，大概是最少被刻意使用的還原劑。麩胱甘肽是從牛奶和許多種類的乳製品中被發現的，在乾燥酵母和其他含有死酵母的酵母產品也可見到蹤跡，也存

在於小麥胚芽之中。麩胱甘肽也會在基本發酵中慢慢開始活化。

如果活性乾酵母的使用分量沒有拿捏好，也就是水或是麵團溫度太低，死酵母中的麩胱甘肽就會大量洩出，降低麵筋的筋度。因為這個理由，專業麵包師很少使用活性乾酵母，更偏好壓縮酵母或速效酵母，因為這兩種酵母中的死酵母細胞較少。

有意思的是，市面上還有一種標榜不發酵的酵母，刻意添加了大量的麩胺甘肽。有時候這種酵母會用來製作披薩或墨西哥薄餅，這樣的話麵團的延展性就會變得更好，烘烤時也不會收縮。

全麥麵粉中也可以找到麩胺甘肽的蹤跡，特別是在胚芽之中。全麥麵粉筋度比白麵粉的還低，其中一個原因就是胚芽中所含的麩胱甘肽。市面上可以購買生胚芽或是熟胚芽，但是熟胚芽的活性麩胱甘肽含量就沒有生胚芽裡的高，因為麩胱甘肽遇熱之後就不具活化性了。

酶的活性

之前談過澱粉酶是一種酶（亦稱酵素），可以破壞澱粉顆粒。蛋白酶也是類似的東西，能夠分解麵粉中的蛋白質，當然也包括麵筋。當麵筋被蛋白酶破壞後，結構變得更為破碎，麵團筋度更差，讓麵團更為鬆軟、延展性更高。就像還原劑一樣，蛋白酶有時也會被加入食品工業大量生產的麵團中，加速完成麵團的攪拌工作，麵團也更容易延展整形。

麵粉中也含有少量的天然蛋白酶，即使是白麵粉也有。但在一般的情況下，麵粉的天然蛋白酶不具有活性。即使如此，歐式麵包師還

表7.1　烘焙麵包時蛋白酶活性的來源

麥芽粉，包括大麥麥芽粉（乾燥發芽）
發芽的去麩小麥粒
浸泡液
全麥麵粉
裸麥麵粉
自解法麵團
液態魯邦種（酸種麵團）
波蘭冰種和其他預發酵麵種

是有辦法促使麵粉的天然蛋白酶活性化，不論那是刻意為之或是無心插柳的結果。表7.1整理一些在烘焙麵包時蛋白酶活性的來源。

發芽小麥麵粉和發芽穀物，除了澱粉酶和其他酶類，也含有蛋白酶。裸麥麵粉本身的活性蛋白酶含量比小麥麵粉的含量多，而在小麥麵粉中，全麥麵粉的蛋白酶含量又比白麵粉的多，這是因為全麥麵粉中含有豐富蛋白酶的糊粉層。糊粉層是包住胚乳的一層外層，介於胚乳和麩皮的中間，酶類活性很高。因為次級麵粉也含有糊粉層，所以次級麵粉中的蛋白酶含量比粉心粉還要多。

自解法麵團就是酵母麵團一開始拌合時，先用慢速攪拌一下之後靜置，靜置完成後再做處理的麵團。而在靜置的時間裡，麵團內也會有部分蛋白酶產生活性，在這段期間還不能加鹽，因為鹽會降低酶的活性。

蛋白酶在酸麵團中也會產生活性化，而酸麵團顧名思義，就是指酸性高、低酸鹼值的麵團，蛋白酶在低酸鹼值的環境中特別活躍。除此之外，某些菌種（乳酸菌）在酸麵團中更為旺盛，並且提高蛋白酶的活性。

自解法適用於酵母麵團，流程就是麵粉加水，用慢速攪拌成團後，先靜置一旁約15到30分鐘。在靜置的期間中，麵粉中的蛋白質和澱粉可以盡量吸水，並發展麵筋。靜置後再攪拌一下麵團，讓麵筋得到充分的擴展就完成了。

這時麵團中的酶，特別是蛋白酶會在自解法產生活性化，改善麵團的延展（伸展）性，而澱粉酶也會產生活性化，這也是麵包師會採用自解法的原因。

自解法不但可以縮短整體的攪拌時間，還能降低麵團暴露於空氣中的氧化現象。雖然有的麵團需要一定程度的氧化，但有些麵包師認為氧化過度的麵團會流失風味，麵包顏色會過度漂白。自解法適用於法國長棍麵包或是類似的無油糖麵包，特別是那些不使用液態預發酵麵種的麵包。

蛋白酶在預發酵麵種中也會特別活躍，特別是波蘭冰種。波蘭冰種是一種用等比分量的麵粉和水培育的酵種，所以水分含量多。波蘭冰種需要數個小時的發酵時間，也不含鹽，因此酶類的活性特別高。

活性蛋白酶雖然會降低筋度，但也能讓麵團的延展性更好。所以用波蘭冰種發酵或用自解法處理的麵團，都會有很好的延展性，而且容易烤出體積膨大、充滿粗大氣孔的麵包組織。蛋白酶磨損蛋白質的時候會釋放胺基酸，這些胺基酸對麵包很有價值，不但能夠增加麵包的風味，同時也讓麵包產生更多的梅納褐變反應。

但是，若沒有好好控制蛋白酶的活性化，當蛋白酶削弱筋度到一個極限之後，麵團就很容易斷筋，發酵耐受度也會變得很低。在這個時候，麵團中的氣體就洩出，烤出來的麵包體積變小，而且麵團在最後發酵和烘烤時容易塌陷。

酶類在中等溫度會提高活性化，如果這時水分多、鹽分少，酶的活性化程度會更好。有的酶類，像是小麥蛋白酶，在低酸鹼值的環境下會更活躍。又如澱粉酶，則是在酸鹼值接近中性的環境活性比較好。所以，時間、溫度、麵團水分、鹽分多寡，還有酸鹼值等，都是麵包師控制活性蛋白酶和其他酶類的要素，把握這些方法，他們就能掌控麵包的風味、質地和色澤。

嫩化劑和軟化劑

嫩化劑如脂肪、油和某些乳化劑，作用在於覆蓋麵筋束（或是其他結構充填劑）。被覆蓋的麵筋會降低筋度，原理是麵筋裡的蛋白質被油脂覆蓋時，就不能吸水獲得充足的水分。麥穀蛋白和穀膠蛋白若是缺乏充足的水分，就不能彼此連結形成大型的麵筋網狀結構，而形成的麵筋束就會比較短，烘焙食品就會相當柔軟。酥油（shortening）之所以用來代表脂肪，就是源自脂肪能夠「縮短」（shorten）麵筋束的特性。

除了油脂，另一個對烘焙食品來說也很重要的嫩化劑就是糖。糖的嫩化原理就是讓水分和麵筋蛋白產生交互作用，使麵筋蛋白不再吸

過度攪拌會讓派皮麵團的外殼更鬆軟嗎？

　　製作派皮麵團的第一個步驟就是切下油脂放進乾粉料裡。要製作千層酥皮的派皮，油脂塊就要保持相當的大小，大概像胡桃一樣大。如果油脂塊跟麵粉攪拌直到跟粗粒玉米粉一樣大小的時候，麵團會起筋嗎？

　　在回答這個問題之前，先回想一下兩樣東西：水和攪拌，麵筋需要這兩個要素才能形成。在上面的例子中，麵團已經不含水了，再怎麼攪拌都不會起筋，也沒有變硬的機會。相反的，過度攪拌混了油脂的麵粉，反而會讓脂肪覆蓋麵粉分子而作用更完全，麵團的吸水性變得更差，更不會起筋，而且麵團還會更加柔軟。事實上，將油脂混入麵粉是一種軟化的方式，可以讓派皮麵團更加鬆軟酥脆。除非麵粉先加水攪拌之後再放油脂，派皮麵團才會起筋，變得有韌性。

鹽會漂白麵粉嗎？

　　不含鹽的麵包看起來不夠顯白，乍聽之下好像鹽能漂白麵粉，作用就像氯氣和過氧化苯甲醯一樣。然而真相不是如此。鹽的功能是幫助麵團緊實，在麵團受到氣體膨脹的壓力時候避免斷筋，烘烤出來的內裡組織甚至是麵包屑都會很細緻。麵包會顯得較白，是因為光線在細緻的內裡組織中，折射現象更平均，讓麵包更為透亮，看起來比較白，即使這塊麵包的類胡蘿蔔素含量跟組織粗糙、不顯白的麵包一樣。

水，但還能繼續與水作用。

　　高油糖麵團如法式布莉歐的油脂和糖的含量就很高，若是用筋度太低的麵粉製作這種高油高糖的麵團，在最後發酵或是烘焙作業初期階段就會塌陷，或是烤出來的體積太小，這就是為什麼有的高油糖麵團配方反而要使用高筋麵粉的原因。

　　發酵時產生的氣體也能軟化麵筋束，讓烘焙食品質地更為鬆軟。麵團在烘烤時，發酵的氣體會在麵團內膨脹，伸展麵筋，麵筋束會變細，細胞壁變得更薄，麵團更容易塌陷。所以，發酵時產生的氣體要適當控制，才能夠讓烘烤出來的食品既柔軟，還能固定形狀不至於塌陷。

鹽

　　含鹽麵包的鹽量，大約只占麵粉總重量的1.5%到2%。對於烘焙食品來說，鹽可以調整風味，烤色更為金黃並且緩和發酵程度和酶的活性化。對於含有裸麥粉的麵團來說，鹽更為重要，因為裸麥粉的活性酶含量大，發酵程度也越高。鹽也能強化麵筋，改善麵筋形成網狀的結構，讓麵團不會太黏。也就是說，當麵筋在拉伸的時候，鹽可以防止過度斷筋，讓麵團易於操作，烘烤出理想體積的麵包，內裡組織也比較細緻。

　　由於鹽強化麵筋的效果顯著，有時候麵包師在攪拌高筋度麵團時，會晚一點再放鹽。因

為在攪拌初期少了鹽的情況下，少了阻力與摩擦生熱，麵團可以加速成形與冷卻。一旦放了鹽，麵團會較緊實，雖然延展也會較困難，可是一旦進一步延展也較不容易斷筋。

其他結構充填劑

其他種類的澱粉如玉米、米、馬鈴薯澱粉，有時候會特別取代蛋糕、餅乾和其他糕點中的麵粉。例如多層夾心海綿蛋糕就會用玉米澱粉取代一半的麵粉，讓蛋糕更為鬆軟。這種作法很適合含水量低的烘焙食品，因為水分少，澱粉的糊化反應就會下降。糊化澱粉能夠幫助烘焙食品形成組織，而非糊化的澱粉則會形成惰性的填充分子，卡在麵筋當中，阻礙麵筋的網狀結構發展。以現在的低筋麵粉來說，除非特殊需求，否則已不需要用其他來澱粉取代了。

雖然蛋黃中含有脂肪，但雞蛋還是被視為結構充填劑的一種，因為凝固的蛋黃能幫助

烘焙食品建構更多的組織。麵團在攪拌和發酵的時候，蛋的蛋白質會妨礙麵筋擴展，最後烘烤出來的麵包會比不加蛋的麵團還要硬。此時讓麵包變老的因素是凝固的蛋，並不是麵筋。

牛奶

牛奶其實就是一種水分來源，主要是由85%到89%的水構成的，烘焙食品在任何時候加了牛奶，就等於是把形成麵筋必要的水也加進去了。

液態的牛奶也含有穀胱甘肽，是一種麵團還原劑，能夠軟化麵團，對於酵母發酵的烘焙食品來說很重要，它在發酵時產生的效果最明顯。如果穀胱甘肽在第一時間沒有減弱，麵包麵團就會稀軟，爐內膨脹的效果會減弱。結果就是麵包體積變小，組織質地粗糙。

加熱可以改變或是損耗穀胱甘肽，北美地區市售牛奶普遍使用的巴斯德氏殺菌法，但熱度不足以損耗穀胱甘肽，這就是為什麼麵包師要先加熱牛奶後才拌入酵母麵團中：先把牛奶倒進淺鍋中，開火加熱到接近沸騰（180℉／82℃），熄火放涼。

所以，並非所有奶粉中的穀胱甘肽都經高溫處理而變弱。只有標示「高溫處理」的奶粉，才是真正經過相當高的溫度加熱處理。奶粉先經過190℉（88℃）的高溫加熱長達30分鐘後，才會乾燥後製成「高溫處理」的奶粉。「高溫處理」的奶粉常被用於酵母麵團中，也適用於其他的烘焙食品。

> **實用祕訣**
>
> 高油糖麵團就是這些原料：糖、油脂和蛋，這些原料都會影響麵筋的形成。若不提前做好準備，這種高油糖麵團在最後發酵階段及烘烤時容易塌陷。要讓高油糖麵團形成足夠支撐而不會塌陷的麵筋，方法就是在拌合糖油蛋之前，讓麵團產生強而有力的麵筋。例如，在製作布莉歐時，攪拌工作到了最後一刻才加入全部或些許的蛋，這樣就能讓麵團產生充分的麵筋。

纖維、麩皮、穀物顆粒、水果果肉、香料等

任何在物理上能妨礙麵筋形成的顆粒，都會降低麵筋擴展的程度，比方說，研磨的小麥顆粒、麩皮碎片或是亞麻籽等。

只要這些顆粒混入麵團當中一起攪拌，就會在麵筋組織上造成裂痕，縮小並且減弱麵筋。令人意外的是，香料的顆粒同樣也會干擾麵筋形成。

麵團的鬆弛

不管是靜置麵團還是鬆弛麵團，講的都是將麵團放在一旁等待一些時間。例如，麵包麵團在整形前會先放在一旁靜置，而千層麵團類的可頌、丹麥麵包還有酥皮點心等，都會在每次折疊之間放進冰箱靜置一會。靜置對麵團來說很重要，靜置過後的麵團韌性變低，延展性變高，可以讓麵團易於整形、捲製和折疊到最好的形狀。

而麵包、可頌和丹麥麵包麵團更需要靜置，因為這些麵團形成的麵筋很紮實，韌度高而且彈性大。韌度高彈性大的麵團，則吹泡儀P/L值也比較高，和P/L值低的稀軟麵團相比，需要的靜置時間也更久。

彈性，也就是麵團回縮或反彈的現象，可能會在捲製和整形麵團時造成困擾。麵團被拉扯的幅度越大，受力越多，承受的壓力也越大。讓拉扯過的麵團靜置，可以幫助麵筋束有機會重新調整長度和形狀，麵團在烘烤前就不會再回縮反彈。

麵包麵團的鬆弛時間要長達45分鐘甚至是更久，依麵團狀況而定。較為稀軟的麵團，像是糕點麵團需要的鬆弛時間就比較短。只要麵團經過鬆弛，就比較容易整形，而且在烘烤前也比較不會縮水。

不過，不要把鬆弛和基本發酵、最後發酵給搞混了。酵母在基本發酵和最後發酵的階段中，會在麵團產生二氧化碳，緩緩伸展麵筋束，能幫助麵筋形成和麵團熟成。而麵團在鬆弛的時候，麵筋束未必會伸展，而是重新調整長度或形狀。

鬆弛也有利於攪拌過的派皮麵團，因為鬆弛過的麵團讓捲製和整形的操作更方便。有些糕點師在烘烤前，還會讓已經完成捲製和整形的派皮麵團再鬆弛一會，這樣的話派皮麵團就不會在烘烤前回縮。而千層麵團類的酥皮麵團則是經常被放在低溫環境下鬆弛，低溫可保持固體脂肪的形狀，讓酥皮麵團更加酥脆。

在製作成點心之前，先讓派皮麵團鬆弛好幾個小時還有第三個理由。回顧一下之前提到的，派皮麵團的水分非常少，能形成的麵筋也很少。如果麵團和水沒有攪拌均勻，麵團就會結塊成爛爛濕濕的麵疙瘩。

另一方面，如果求好心切想要充分拌勻麵粉和水，攪拌太久反而讓麵筋過度擴展。若是能讓麵團鬆弛幾個小時，就能讓水分自行均勻滲透到整個麵團中，這對派皮麵團來說相當重

更多關於麵團鬆弛

為什麼攪拌過的麵團需要鬆弛呢？我們來從麵筋的分子來剖析，就能幫助我們解釋原因。回顧一下本章剛開始的內容中，麵筋分子是三維鏈結形成的網狀結構，同時混合了連結性強的分子鏈和連結性弱的分子鏈。麵團受到捲製和整形時，連結性較弱的分子鏈就會斷裂，造成分子之間的滑動，當麵團停止捲製和整形，就會形成新的連結性弱的分子鏈，並且重塑自己的形狀。

當麵團被快速拉扯，它延展的幅度不會像被緩慢拉扯時那麼大。反而是，當麵團抵抗拉扯的力量時，就容易分離造成斷裂。如果麵團是被緩慢拉扯，它就有時間小幅度地往拉扯的方向去做調整。麵團裡的麵筋束就像一碗麵條，快速拉扯就會斷掉，如果是慢慢的、平均施力拉扯麵條，那麼麵條就會慢慢地延展而不會斷裂。

要，因為派皮麵團幾乎不太靠攪拌成形，而且含水量又低。

另外，某些含有較大粒子的穀物，例如杜蘭小麥的麵團，鬆弛動作也是必要的。

簡而言之，麵團鬆弛最主要的作用就是讓麵筋有時間可以自行調整新的長度和形狀，有助於麵團捲製和整形的操作，在烘烤時減少回縮的機會。有些麵團在鬆弛的時候，會讓麵筋及澱粉顆粒有時間充分吸收水分。

最後，千層麵團要放在冰箱裡鬆弛，這樣的話，麵團裡的固態脂肪凍得越硬，烤出來層層酥脆的效果也越好。

複習問題

1　麥穀蛋白和穀膠蛋白，哪一種蛋白質提供麵筋的骨幹，並且給予筋度和韌性？

2　在製作麵包的時候，哪三種方法可以擴展麵筋？

3　延展性和彈性有什麼不同？麥穀蛋白和穀膠蛋白，哪一個蛋白質是負責哪一樣性質呢？

4　什麼是發酵耐受度？發酵耐受度會如何影響麵包的體積和內部組織？

5　用於製作貝果的高筋麵粉有什麼特點？那用於製作餅乾的呢？

6　在派皮麵團中再加少量的水，會增加麵筋擴展還是降低麵筋擴展？請說明你的答案。

7　如果在含水量超級豐富的麵包麵團中再加入少量的水，會增加麵筋擴展還是減少？請說明你的答案。

8　你能夠描述水的硬度和水的酸鹼值（pH）嗎？這兩個性質會如何影響麵筋擴展？

9　如果在餅乾麵團中添加少量的小蘇打粉，會讓餅乾麵團擴散得更遠還是不會？為什麼小蘇打粉可以產生這個效果？

10　請說明攪拌如何促進麵筋擴展？

11　如果美式比司吉的麵團攪拌不足，會對成品的品質產生什麼樣的影響？如果是攪拌過度又有什麼影響？

12　什麼是酵母麵團的「攪拌過度階段」？

13　請問下列哪個更容易過度攪拌：裸麥混合高筋麵粉的麵團，或只含高筋麵粉的麵團？用普通高筋麵粉製成的麵團，或低蛋白質歐式麵包專用粉製成的麵團？

14　是什麼原因讓瑪芬內部產生孔道？為何高糖高油脂的配方能夠減少這種氣孔的產生？

15　發酵時間較長的麵團反而比發酵時間短的麵團，需要更短的攪拌時間，請問原因？

16 麵團溫度會如何影響麵筋擴展？派皮麵團的溫度會對麵團造成什麼樣的影響？麵包麵團又會如何？

17 麵團發酵的時候，會產生哪三種變化？何者會受到超高速攪拌或化學麵團熟成劑的催化？

18 什麼是「省時麵團」？省時麵團的最大好處是什麼？最大壞處又是什麼？

19 什麼是還原劑？使用還原劑有什麼好處？

20 什麼是榖胱甘肽？從什麼地方可以發現它？

21 蛋白酶是什麼？會對麵筋造成什麼樣的影響？

22 請問下列描述中，哪一邊的蛋白酶活性較多：裸麥粉或小麥粉；白麵粉或全麥麵粉；含水量高的液態預發酵麵種或含水量低的固態預發酵麵種；含鹽的預發酵麵種或無鹽的預發酵麵種？

23 為什麼高油糖麵團要用高筋麵粉製作？

24 為什麼油脂和麵粉攪拌均勻（加水之前）的派皮麵團比起麵團裡有大塊疙瘩的油脂，烤出來的質地更為柔軟？

25 鹽對酵母麵團裡的麵筋會產生什麼影響？

26 為什麼加了鹽的麵包內裡組織看起來比沒加鹽的還要顯白？

27 為什麼酵母麵團加進牛奶時，牛奶要先加熱（接近至沸騰）？你覺得使用前不需要加熱牛奶的原因是什麼？

28 什麼是「高溫處理」的奶粉？用途是什麼？

29 你正在整形披薩麵團，但是在你放上配料準備送爐烘烤前，披薩麵團回縮了，你要如何補救？

30 請問麵筋擴展和麵筋鬆弛的不同之處在哪？

31 在使用派皮麵團之前，要先把麵團放在低溫環境下鬆弛好幾個小時甚至過夜，三個主要原因是什麼？

問題討論

1 液態高甘油酥油蛋糕是用低筋麵粉製作，而配方中油和糖的分量是怎麼對蛋糕的柔軟度造成很大的效果？

2 請說明麵包麵團的麵筋未必要擴展到最大的原因。

3 請說明糕點麵團的麵筋擴展未必要壓縮到最少的原因。

4 選擇製作麵包用的麵粉，必須比選擇製作瑪芬用的麵粉時還要小心，為什麼這點很重要？

5 你準備要製作可頌或千層酥皮這類的千層麵團，現在有兩種麵粉可以選擇：吹泡儀P/L值高的麵粉，或是P/L值低的麵粉。請問你該選擇哪一種麵粉？請解釋原因。

6 有位麵包師從紐約（水質為高度軟水）搬到德州（水質為高度硬水），他想做出和在紐約時一樣質地的貝果，請問該怎麼改變麵粉的種類、水量和攪拌程度？

7 請說明為何液態高甘油酥油蛋糕要用低筋麵粉、大量的水和嫩化劑來消除麵筋過度擴展的問題。

8 法式布莉歐可以膨鬆得很漂亮，但唯一的問題是，很可能會在烘烤的初期階段就塌陷，要事先做好哪些準備才能避免這個問題？你可以從這幾個方面著手：攪拌、發酵、預先處理牛奶等等。提醒：布莉歐是一種高油糖麵團，原料通常包括蛋、奶油、糖，還有液態牛奶（以及高筋麵粉、酵母和鹽）。

習作與實驗

❶ 習作：提高麵糊和麵團的麵筋擴展

你知道有哪些方法，可以提高麵糊和麵團的擴展呢？請寫在下面空白處。這個練習的目的是讓你將焦點放在麵筋的結構上，而非一般食品的結構。請忽略其他可能會造成食品改變的因素，並全神貫注在任何你覺得有助於實際操作的部分。在描述時，請在每段開頭表明你會採取的動作，例如：添加、提高、降低、改動、刪除、包含、採用。雖然不是每一種麵團都會操作到全部

的動作，但至少會操作到一種動作。 下列的第一項和第二項是範例，請照著範例依序寫出你的
方法，看看能不能至少寫出10種方法。

1　使用高筋麵粉取代低筋麵粉。

2　提高低水分麵團的水量。

3　_____
　　_____
　　_____

4　_____
　　_____
　　_____

5　_____
　　_____
　　_____

6　_____
　　_____
　　_____

7　_____
　　_____
　　_____

8　_____
　　_____
　　_____

9　_____
　　_____
　　_____

10 _____

_____

_____

11 _____

_____

_____

12 _____

_____

_____

13 _____

_____

_____

14 _____

_____

_____

15 _____

_____

_____

❷ 習作：麵包原料的功用

　　準備紙筆，請把你在超市買來的麵包外包裝上列出的成分名稱抄寫在紙上，麵包品牌不拘。請註明各成分的原料為何（麵粉、多穀物、甜味劑、動物或植物性油脂、乳化劑、熟成劑等等），接著請簡述這些原料對於麵包的功用為何。除了本章內容，你可以翻閱整本書做為參考。至於麵粉，也請註明是漂白或非漂白麵粉。如果廠商使用的是漂白麵粉，請寫下你覺得廠商可能會使用哪種麵粉漂白劑。同樣的，如果廠商使用的是營養添加麵粉，也請描述廠商為何要添加營養素，他們會添加哪種維他命和礦物質來強化麵粉。最後，請附上麵包外包裝的成分標籤。

❸ 實驗：不同麵粉中的麵筋含量和品質

目標

透過下述實際操作增加對於不同麵粉中麵筋含量差異的認知

- 手工搓揉麵團
- 分離出各個麵粉麵團中的麵筋
- 測量各個麵粉麵團中的麵筋球尺寸
- 評估各個麵筋球的品質

製作成品

麵筋球由以下材料製成

- 小麥蛋白粉
- 特高筋麵粉
- 高筋麵粉
- 中低筋麵粉
- 低筋麵粉
- 全麥麵粉
- 白裸麥麵粉
- 玉米粉
- 其他麵粉，可自行選擇其他材料（中筋麵粉、歐式麵包專用粉、白麥全麥麵粉、全麥中低筋麵粉、杜蘭小麥麵粉等）

材料與設備

- 秤
- 不鏽鋼盆數個，每一個不鏽鋼盆的容量至少要4夸脫（4公升），一個盆裝一份麵筋球。
- 篩網或濾器數個，各裝一份麵筋球。

步驟

1. 分別稱出8盎司（250克）的麵粉，每一份麵粉加入4盎司（125克）的水，另外再分別準備8盎司（250克）的乾麵粉備用（用於灑在桌面上）。

2　如果有需要，請在麵粉中添加額外的水，直到可以開始搓揉為止，不用刻意紀錄額外添加的水量。

3　分別搓揉每個麵團，大約搓揉5到7分鐘，或是直到麵筋完全形成。請使用備用麵粉避免麵團沾黏，除非有必要，否則請勿在麵團中添加多餘的麵粉。如果你需要添加更多的麵粉，請確實用秤稱量，並且詳細記錄於結果表一（原先的8盎司／250克再加上額外添加的麵粉重量）。

4　將麵團放進裝滿冷水的大盆裡，讓麵筋球浸泡在冷水中20分鐘。

5　將手浸在水中搓揉跟撥開每個麵團（圖7.9），直到水變得混濁為止（水變混濁就代表麵團中的澱粉、麩皮顆粒，還有膠質已經跑進水中）。有的麵團形成的麵筋很少，甚至沒有麵筋聚合的現象（如裸麥粉、低筋麵粉、玉米粉），這種麵團完全浸在水中時很容易破碎，所以只需把麵團在水中涮過，去除澱粉就可以了。

圖7.9　圖上方為經由搓揉、撕開產生的麵筋球。圖下方從左至右分別為高筋麵粉麵筋球、中低筋麵粉麵筋球、低筋麵粉的麵筋球。

6　將麵團溶解後殘留的麵筋捏成球狀，或是等待麵筋顆粒完全沉澱到盆底後，過濾掉混濁的水，再換上乾淨的水。如果浸泡在水中的是低筋麵粉，過濾水的時候請使用網眼更為細密的細篩網，避免麵筋流失。也可以用篩網或濾器保留全麥麵粉剩餘的麩皮顆粒，把麩皮顆粒和全麥麵筋放在一起陳列。

7 持續上述的動作，直到從麵筋球中擠出來的水變得清澈為止。大部分的麵團需要持續搓揉撥開至少20分鐘或以上，如果是低筋麵團，需要的時間會更久。

8 待盆裡的水都完全清澈，撈出麵筋球，盡量把麵筋球裡多餘的水分擠乾。因為裸麥粉和玉米粉不會形成麵筋球，請把洗過的裸麥麵團和玉米粉麵團留一些起來，要特別標示清楚這些是部分水洗過的麵團而不是麵筋球。

9 把麵筋球拍乾。

10 請查閱本書中所記載的各麵粉的蛋白質平均占比，並記錄在結果表一中。

11 在測量前，先讓麵筋球至少鬆弛15分鐘，這可以幫助麵筋的網狀結構從水洗過程中復原。

結果

1 測量每個麵筋球的重量，把結果記錄在結果表一中。如果還有其他穀粉做的麵筋球，請記錄在表格最下方的空白列。不用稱量部分水洗的的裸麥和玉米麵團，這兩種麵團都不含麵筋，裸麥粉和玉米粉都不能形成麵筋。

2 請使用下列算式，計算各麵粉中所含的麵筋比例，並把結果記錄在結果表一中。

$$麵粉中的麵筋占比 = \frac{100 \times 麵筋球重量}{3 \times 麵粉重量}$$

這個算式是假設麵筋可以吸收自己兩倍的水量，也就是每盎司（30克）的麵筋球中，含有三分之一盎司（10克）的麵筋。這個算式也是假設麵筋球中只含麵筋，事實上，麵筋球中也混雜了一點脂質、灰分、澱粉和膠質。

當麵粉重量為8盎司，算式可以簡化為：4.2×麵筋球重量；如果麵粉重量是250克，算式可以簡化為：0.13×麵筋球重量。

結果表一　麵粉中的麵筋占比

麵粉種類	麵粉重量（盎司或克）	麵筋球重量（盎司或克）	麵粉中麵筋的實際占比（根據說明2的算式）	麵粉中的蛋白質平均占比（根據本書的參考資料）	備註
小麥蛋白粉					
特高筋麵粉					
高筋麵粉					
中低筋麵粉					
低筋麵粉					
全麥麵粉					
玉米粉					

3　分別評估鬆弛過的麵筋球中的麵筋品質，並把結果記錄在結果表二中。評估鬆弛的麵筋球的方法：用手輕輕拉扯麵筋球，就像麵團薄膜測試那樣，盡量把麵筋球拉出一張薄膜。每拉扯一次就轉向，盡量讓麵筋球往不同方向拉扯。接著，輕輕用指尖在拉扯過的薄膜上戳一下，測試麵筋球承受斷裂的耐力。測試麵筋球的時候，記得要和高筋麵粉的麵筋球做比較，請參考下列的原則，分析麵筋的筋度和聚合力。

● 筋度（韌性）：麵筋越難拉伸，筋度就越強。如果拉伸麵筋球會斷裂，而且聚合力不足，導致麵筋球無法拉伸，請記錄為「無法拉伸」。

● 聚合力（抵抗斷裂的能力）：麵筋球能夠拉出薄膜，而且用手指戳下去的時候，薄膜不會斷裂的抵抗力越好，就表示麵筋的聚合力越好。

● 如果可以的話，順便測試一下麵筋球的延展性（麵團可以拉伸的幅度），以及彈性／回彈性（麵筋球被擠壓或拉伸時，能夠回復形狀的能力），並把結果記錄在表格中的「備註」一欄。

4　別忘了要分析洗過的裸麥麵團和玉米麵團，雖然這兩個麵團都不是麵筋球，但還是有值得記錄的特性。為兩種麵團進行筋度（韌性）和聚合力的分析：它們受到擠壓的時候還能保持原

狀嗎？能不能拉伸？並且針對它們的黏稠度，記錄在備註欄當中。比方說，洗過的麵團摸起來是濕黏軟滑的，或像是潮濕的沙子般粗糙，或者這是不是用低筋麵粉做的麵筋球等等。

結果表二　不同麵粉的麵筋品質

麵粉種類	筋度和聚合力	備註
小麥蛋白粉		
特高筋麵粉		
中低筋麵粉		
低筋麵粉		
全麥麵粉		
白裸麥麵粉		
玉米粉		

誤差原因

請列出任何可能使你難以做出適當實驗結論的因素，具體來說像是：麵團有充分搓揉嗎？麵筋球有用水好好洗過，而且從麵筋球擠出來的水是否都是清澈的？麵筋在水洗過程中有流失嗎？麩皮有完全從全麥麵粉麵團裡脫離嗎？

_____

_____

_____

請列出下次可以採取哪些不同的作法，以縮小或去除誤差。

_____

_____

_____

結論

請圈選**粗體字**的選項或填空。

1 中低筋麵粉做的麵筋球比高筋麵粉做出來的要**小／大**，這是因為中低筋麵粉是由**軟質／硬質**小麥研磨，蛋白質含量比高筋麵粉要**低／高**，所以這兩者的麵筋球尺寸差異**小／中等／大**。

2 拉扯中低筋麵粉的麵筋球時，會比拉扯高筋麵粉的麵筋球更加**容易／比較不容易／兩者都一樣**。這是因為中低筋麵粉比高筋麵粉形成的麵筋**比較強／都一樣／比較弱**，所以這兩者的麵筋球尺寸差異**小／中等／大**。

3 低筋麵粉做的麵筋球比中低筋麵粉做的要**大／小**。其中一個原因，是因為低筋麵粉的蛋白質含量比中低筋麵粉的要**高／低**。另一個原因則是低筋麵粉經過**溴酸鉀／過氧化苯／氯氣**的處理，這是一種會**削減／加強**筋度的漂白劑，所以這兩者的麵筋球尺寸差異**小／中等／大**。

4 拉扯低筋麵粉的麵筋球時，麵筋球會**斷裂／保持不變**。最主要的原因是由於其中添加了**溴酸鉀／過氧化苯／氯氣**漂白劑。

5 全麥麵粉的麵筋球會比高筋麵粉的要**大／小**，而全麥麵筋球的筋度，也**比較強／比較弱／差不多**，最主要的原因是：＿＿＿＿＿＿＿＿＿＿＿＿＿＿＿＿＿＿＿＿。

6 用＿＿＿＿＿＿＿麵粉洗出來的麵筋球尺寸最大，這種麵粉洗出來的麵筋球最大是因為＿＿＿＿＿＿＿＿＿＿＿＿＿＿＿＿＿＿＿＿＿＿＿＿＿＿＿＿＿＿＿＿＿＿＿。

7 裸麥粉和玉米粉都不能形成麵筋，但**裸麥粉／玉米粉**的麵團還是有些韌性和聚合力，因此麵團多少還能結塊。而麵團還能結塊的原因，是因為粉類中的水溶性聚戍醣**膠質／澱粉**含量高，這也讓麵團摸起來濕濕黏黏的。

8 請試著說明為什麼在一般情況下，全麥麵包會比白麵包來得扎實？

＿＿＿＿＿＿＿＿＿＿＿＿＿＿＿＿＿＿＿＿＿＿＿＿＿＿＿＿＿＿＿＿＿＿＿＿＿

＿＿＿＿＿＿＿＿＿＿＿＿＿＿＿＿＿＿＿＿＿＿＿＿＿＿＿＿＿＿＿＿＿＿＿＿＿

＿＿＿＿＿＿＿＿＿＿＿＿＿＿＿＿＿＿＿＿＿＿＿＿＿＿＿＿＿＿＿＿＿＿＿＿＿

9　請試著說明為什麼在一般情況下，裸麥麵包會比白麵包來得扎實？

_____

_____

_____

10　請問何種麵粉的蛋白質平均占比，和實驗結果的麵筋實際占比相符合？

_____

_____

_____

11　一般來說，麵筋球的大小是隨著麵粉的蛋白質含量多寡而改變，請說明原理。

_____

_____

_____

12　關於麵筋實際占比和本書中列出的平均蛋白質占比不相符的麵粉，你能說明一下原因嗎？

_____

_____

_____

13　根據各種麵粉形成的麵筋球狀況，這對你在預估麵粉是否適用於麵包製作有幫助嗎？

_____

_____

_____

8

糖
和其他
甜味劑

本章目標

1 介紹糖的基本化學性質。

2 說明各種甜味劑的製造與成分。

3 為常見的甜味劑分類並說明其特質及用途。

4 條列甜味劑的功能,並以組成成分的角度來解釋這些功能。

5 說明儲藏與處理甜味劑的建議方法。

導論

砂糖是烘焙坊中最常見的甜味劑，但麵包師及糕點師也會使用其他眾多不同的甜味劑。優秀的烘焙師清楚了解各種甜味劑的優缺點，知道什麼時候可以彼此替換及替換的方法，讓麵包糕點呈現最佳狀態。認識甜味劑的第一項挑戰就是釐清術語。

甜味劑

甜味劑可以分為兩大類：乾糖和糖漿，第三個類別是特殊甜味劑，包含無法完全歸類為前兩個類別的甜味劑。特殊甜味劑雖然較少使用而且價格通常較高，不過擁有一般甜味劑無法達到的功能。在討論甜味劑的各個類別之前，先說明幾個一般要點有助於之後的理解。

一般來說，糖指的就是蔗糖，這是烘焙坊中最常見的糖類。其他糖類包括果糖、葡萄糖、麥芽糖和乳糖。雖說它們任何一種都能以乾燥白色結晶的形式購得，但是除了蔗糖以外，另外四種較常以糖漿的形式販售。

所有糖類都屬於單一碳水化合物，其碳、氫、氧原子以特定的形式排列成分子。糖還可以進一步分類為單醣和雙醣。單醣含有單一糖分子，因此稱做單醣。葡萄糖和果糖是兩種常見的單醣，不過也還有其他單醣。許多成熟的水果中都天然含有這兩種單醣，也是某些糖漿的重要成分。

單醣葡萄糖的分子骨架結構呈六邊形，果糖呈五邊形（圖8.1），不過要記得，這樣的骨架圖形忽視了糖分子真正的複雜性，比方說，這種圖形沒有顯示出組成分子結構的碳、氫、氧原子。

葡萄糖　　　　　　　　　果糖

圖8.1　單醣葡萄糖和果糖的常見骨架結構圖

圖8.2則呈現出組成葡萄糖和果糖分子的原子。如果你仔細算其中碳、氫、氧原子的數量就會發現，葡萄糖和果糖的分子式都一樣（$C_6H_{12}O_6$）。不過因為原子排列的方式不同，葡萄糖和果糖屬於不同分子，性質也有差異。本章會討論到這些糖類的部分特性差異。

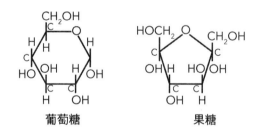

葡萄糖　　　　　　　　　果糖

圖8.2　單醣葡萄糖和果糖的細節骨架結構圖

雙醣包含兩個鍵連在一起的糖分子（圖8.3），麥芽糖就是一種雙醣，由兩個葡萄糖分子組合而成。葡萄糖玉米糖漿和麥芽糖漿中常含有麥芽糖。乳糖也是一種雙醣，只存在於乳製品中。蔗糖是烘焙坊中最常見的糖類，蔗

什麼是葡萄糖？

葡萄糖是自然界含量最豐富的糖類，也有各種不同別稱。比方說，葡萄糖以乾燥糖晶的形式包裝時通常稱為右旋糖，加工食品常添加右旋糖，像是蛋糕預拌粉、巧克力碎片、香腸、熱狗等。右旋糖具有糖的多種特性，但甜度較低。商業上，結晶狀右旋糖的原料是玉米，因此有時也稱為玉米糖。

幾乎所有成熟水果都含有葡萄糖，尤其葡萄中的葡萄糖是釀酒發酵的關鍵成分，因此釀酒師會直接稱葡萄糖為grape sugar。

葡萄糖在血液中稱為血糖，因為血液中的糖分就是以葡萄糖的形式存在。糖尿病患者的血糖偏高，必須透過飲食或藥物控制血糖。

葡萄糖也是葡萄糖漿的簡稱，美國也常稱為玉米糖漿（因為原料通常是玉米澱粉），為避免誤會，本文以葡萄糖玉米糖漿稱之。雖然葡萄糖玉米糖漿擁有一定含量的單醣葡萄糖，但通常也有大量其他成分，因此這樣的名稱可能引發誤會。不過過去葡萄糖玉米糖漿的製造的確是為了其中的葡萄糖，所以雖然可能引起誤會，但這樣的取名其實合乎邏輯。許多其他糖漿產品也含有單醣葡萄糖，例如蜂蜜、糖蜜、轉化糖漿、麥芽糖漿。

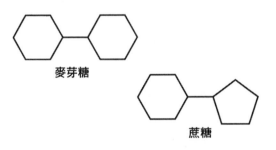

圖8.3　雙醣麥芽糖和蔗糖的常見骨架結構圖

糖也是雙醣，由一個葡萄糖與一個果糖分子組合而成。

除了單醣和雙醣，碳水化合物的另外兩種主要類型為寡醣和多醣。寡醣由少數糖分子組成，數量通常在三至十之間，彼此鍵結形成鏈形。製糖業有時會稱寡糖為高醣類或糊精，烘焙坊所用的許多糖漿中都含有這種成分。圖8.4呈現兩種高醣類的骨架結構。

多醣是巨大的碳水化合物分子，由多個糖分子組成，數量動輒上千。本章將討論的兩種多醣為澱粉和菊糖（inulin），菊糖的英文和胰島素（insulin）很像，但請不要搞混，後者是體內控制血糖的荷爾蒙。組成澱粉的糖分子主要是葡萄糖，而菊糖主要是由果糖組成。

糖晶是由排列高度整齊的糖分子聚合在一

圖8.4　高醣類的骨架結構

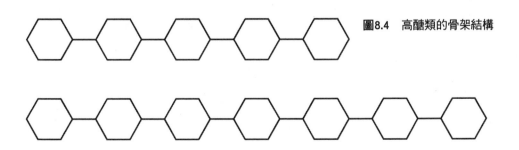

　　熬煮類糖品的種類繁多，製作方式都是先將糖溶於水中，再煮至濃縮。經熬煮的結晶狀糖品包括冰糖、楓糖糖果、翻糖、乳脂軟糖、胡桃軟糖、果仁糖。非結晶狀熬煮類糖品包括塑糖、硬糖（例如棒棒糖）、焦糖果仁脆片、果仁脆糖。以下也歸類為非結晶糖：

● 太妃軟糖等拉糖

● 棉花糖（cotton candy）等糖絲

● 吹糖

● 太妃硬糖和軟質焦糖牛奶糖

● 棉花糖（marshmallow）、牛軋糖、蛋白軟糖等包裹空氣的糖果

● 果醬、果凍和水果軟糖

　　製作硬糖有許多困難之處，其中最大的挑戰就是判斷蒸發的水量，此時就需要準確的溫度計或折射計。而第二個挑戰是控制結晶的程度，因此你會需要可靠的配方以及熟練製糖師的豐富經驗與專業知識。請利用本章所提供的實用建議，學習在煮製硬糖或糖水溶液的過程中控制糖的結晶程度。

起，之所以會結晶，是因為同樣類型的糖分子會彼此吸引。

　　有時我們希望出現結晶，比方說製作冰糖的時候。但製作堅果脆糖、焦糖或拉糖的時候，我們不希望出現糖晶。如果要製作滑順的翻糖和糖霜，糖的結晶顆粒越小越好，才能達到最佳的外觀和口感。

　　多數糖晶成分單純。也就是說，以蔗糖糖晶為例，即便是由包含其他糖分的糖漿煮製而成，結成糖晶後，其成分就完全是蔗糖。不過其他混合物會阻礙糖晶的形成，阻擋同類的糖分子聚集在一起。

　　由於成分純粹，因此糖晶呈現天然的白色，不需要經過化學漂白。如果糖晶呈現其他顏色，例如半精製的糖或黑糖，那是因為糖晶之中含有其他「雜質」。

糖的吸濕性

　　所有糖類都具吸濕性，只是程度不一，也就是說，糖會吸附水分。由於糖具有高度吸水性，所以會吸收其他分子中的水分，包括蛋白質、澱粉和膠質。

　　當麵糊和麵團中加入糖，糖會開始吸收水分，因此麵糊會變稀、麵團會變軟，其中的蛋白質、澱粉、膠質中的水分變少。

　　水分和糖結合在一起，形成麵糊或麵團中的稀薄糖漿。圖8.5顯示這個現象，由澱粉和水製成的粉末雖然看似乾燥，但加入乾糖後會變為液體。

　　果糖是一種具有高吸濕性的糖，會吸收空氣中的濕氣。如果希望讓柔軟、濕潤的餅乾保持這種狀態，或讓糖霜保持濕潤、滑順、光

亮，那糖的吸濕性就是一項優點，此時具有吸濕性的糖稱為保濕劑。

不過有時糖的吸濕性也會變成缺點，例如會使撒在甜甜圈上的糖粉變得潮濕，餅乾、蛋糕、瑪芬表面變得黏糊，糖絲和拉糖則變黏、崩塌。

圖8.5　糖會吸收澱粉顆粒中的水分。左下：乾燥的澱粉中含有等重的水分；右下：同樣重量的砂糖；上：混合砂糖與水澱粉，混合物變成液體。

乾燥糖晶

楓樹樹汁、棕櫚樹樹汁、棗、成熟香蕉等眾多成熟水果中都含有天然蔗糖。蔗糖的商業化製造方式是從甘蔗及糖用甜菜中萃取並純化蔗糖。乾燥糖晶有多種樣貌，主要差異在於顆粒大小，有些還包含其他成分，例如玉米澱粉或糖蜜。多數有一種以上的名稱，名稱有時指涉的是結晶的顆粒大小（特砂、細砂），有時是說明用途（裝飾糖粒〔sanding sugar〕）或使用對象（甜點師傅用糖粉、烘焙師專用糖）*。以下顆粒由大到小排列：

粗粒砂糖＞一般砂糖＞細砂＞6X糖粉＞10X糖粉＞翻糖糖粉

傳統上以微米做為糖粒大小的單位。微米也稱微公尺，也就是百萬分之一公尺，不到0.00004吋，換句話說，微米是很小的單位。舌頭不容易感覺到小於45微米的顆粒，顆粒大小逐漸接近45微米時，會開始有砂粒的口感。圖8.6以圖表呈現數種糖晶顆粒大小的一般範圍，單位為微米。

*裝飾糖粒是sanding sugar。裝飾糖粉是confectioners' sugar，直譯為甜點師傅用糖粉。烘焙師專用糖 baker's special sugar，顆粒比糖粉粗，但比一般砂糖細。

圖8.6　不同糖品的顆粒大小

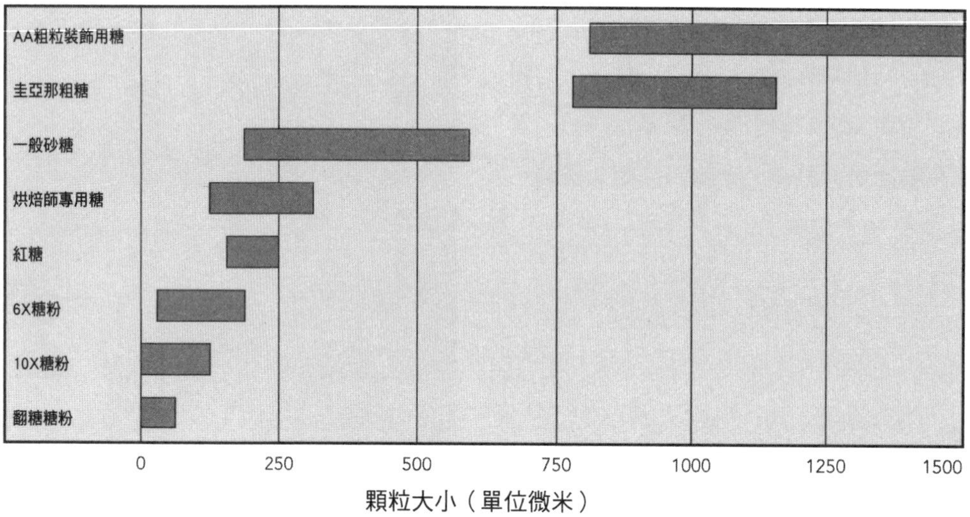

顆粒大小（單位微米）

糖的簡史

　　甘蔗是一種高而像蘆葦的植物，早在八千年前的南太平洋已開始有人培育。後來往西移進印度，接著是中國及波斯（現在的伊朗），這些國家在兩、三千年前就開始以甘蔗煉糖，成品可能是糖漿或糖粒。

　　歐洲相對晚近才開始使用甘蔗，歐洲人原本較常使用取用較方便的蜂蜜與成熟水果等甜味劑。十一、十二世紀十字軍東征時甘蔗才進入歐洲，當時歐洲的甘蔗極為珍貴，主要用於醫療用途。

　　甘蔗是一種熱帶作物，因此歐洲大部分地區不易種植，長年以來糖的供給都受阿拉伯商人掌控。不過在西班牙與葡萄牙將甘蔗種植引入非洲與美洲後，糖很快就能供應歐洲各地的需求。雖然糖仍然屬於奢侈品，不過至十七世紀時，糖已開始用於製作甜品，或加於咖啡、茶、熱巧克力中。隨著需求增加，歐洲人從非洲運送奴隸至美洲栽種甘蔗田，不過一直要到十九世紀，煉糖的技術才有所改善，糖價開始下降，中產階級才得以普遍使用糖。

　　以甜菜製糖是較晚近的發展，十八世紀由一位普魯士（今德國）商人首先商業化。十九世紀初期，拿破崙戰爭使法國必須自行生產這項珍貴原料，因此法國人開始採用煉糖技術並加以改進。歐洲及美洲的廢奴運動進一步帶動甜菜的栽種，因為甜菜可以種植在溫帶氣候區，而且不需密集勞力。多年來，人類培育蔗糖含量高的甜菜品種，現今的甜菜約含有17%的蔗糖，約是十八世紀甜菜的兩倍以上，也比甘蔗的蔗糖含量稍高。甜菜仍是現今歐洲主要的製糖原料。

雖然糖種類眾多，但彼此並沒有優劣之分，就和麵粉、脂肪等烘焙材料一樣，彼此的差異代表各自有適用之處。

一般砂糖

一般砂糖也稱為特砂。加拿大的砂糖主要是以甘蔗煉製，歐洲主要以甜菜提煉，美國則是甘蔗和甜菜各占一半。

不論是以甘蔗或甜菜製成，一般砂糖中純蔗糖的含量通常大於99.9%，也就是說，兩種原料製成的砂糖都經過高度精製，純度很高，北美兩種原料製成的砂糖可互相替換使用。不過即便是微量雜質也會導致製作糖果時產生令人頭疼的結晶或褐變，此時通常需要加入少量塔塔粉。塔塔粉等酸性物質可以透過降低酸鹼值來預防結晶與褐變。

現今的趨勢傾向使用精製程度沒那麼高的糖品，這類糖品最適切的名稱應該是乾燥蔗糖漿，其他眾多別稱包括非精煉糖、甘蔗汁煮糖或天然甘蔗汁結晶。這類砂糖只經過一道（而非三道）洗糖與離心分蜜程序，也未經過濾及脫色的程序。這種糖有時也稱為第一次結晶糖，其中含有少量淺色的精製糖漿（一般少於2%）。顏色呈淡金或金黃色，風味溫和，比較接近一般砂糖而不是黑糖。作用於烘焙品的方式和一般砂糖一樣，只不過可能會使淺色製品增添淡淡的乳白色。

這類半精製糖常包裝為砂糖的替代品，用於天然食品業。半精製糖也和一般砂糖一樣，分成眾多顆粒大小。有機蔗糖（以有機種植的甘蔗提煉而成的糖）通常是半精製糖，常用於純素產品，因為美國農業部認證的有機產品不允許使用骨炭（一種蔗糖精製過程中常使用的動物產品）。

請依照自己的需求來選擇合適的甜味劑，並請盡量知悉相關資訊，不要以為這種糖（包括有機糖）能增進健康或獨具營養價值，而且這種糖類的價格多半是一般砂糖的兩到三倍。

粗粒砂糖

粗粒砂糖的結晶顆粒比一般砂糖大，適合用來當做瑪芬等烘焙品上的裝飾（圖8.7）。由於顆粒較大，因此溶解較慢，也能反射出漂亮的光線。裝飾糖粒就是一種粗粒結晶狀砂糖，另有一種裝飾糖粒叫做珍珠糖。為了增加光澤，粗粒砂糖有時會裹上一層可食用的棕櫚蠟，是取自巴西棕櫚樹的天然硬質蠟。上過蠟的光亮粗粒砂糖用做裝飾特別美觀，蠟層還能防止糖粒吸收濕氣或溶解於麵糊或麵團中。

圖8.7　裝飾用糖。左：珍珠糖；右：AA粗粒裝飾用糖

粗白糖通常最適合用於製作純白翻糖、甜品及澄清糖漿，因為在所有砂糖中，粗白糖所含雜質最少，也因此價格比一般砂糖高得多。如果要形成大粒、閃爍的結晶，糖的純度必須相當高，通常須超過99.98%。用於純白甜品的一類粗粒糖稱為AA粗粒裝飾用糖，不過不要與裝飾用糖粉搞混，前者是高純度、大顆粒的淨透糖粒，後者是顆粒非常細小的糖粉。

糖的加工過程

　　白糖的製造涉及兩大基本步驟，通常在不同的地點進行：一是由甘蔗或甜菜中榨取粗糖，二是從尚無法食用並包裹糖蜜的粗糖，提煉出純白糖以及精製程度較低的二砂、黑糖。甘蔗和甜菜製糖的細部過程稍有差異，不過以這兩種原料製糖都不會改變蔗糖的化學性質，在這一連串程序中（過濾、結晶、洗糖、分蜜），只是物理上將蔗糖與甘蔗、甜菜中的天然雜質分離出來。以下是壓榨甘蔗、提煉蔗糖的大致過程。

　　壓榨甘蔗的第一步是將新鮮採收下來的甘蔗送入壓榨機，萃取出其中的蔗汁。接著在渾濁的蔗汁中加入石灰（鹼性的氫氧化鈣）和二氧化碳，用以吸附雜質。之後雜質（甘蔗田碎石、纖維、蠟、脂質等）會沉澱到底部，過濾之後得到澄清的蔗汁。接著進行濃縮步驟，蔗汁中水分蒸發，形成濃稠呈金黃色的糖漿。接著過濾糖漿，並在真空罐中緩緩加熱進行濃縮，隨著水分蒸發，糖漿達到飽和狀態，開始析出糖的結晶。接著利用離心力（類似沙拉脫水器高速旋轉），分離結晶混合物中的結晶體與深色濃稠的糖漿（糖蜜）。結晶體經過洗滌，再次送回離心機。經過上述程序得到的淺棕色粗糖可以再進一步精製為純白糖。

　　同時，從甘蔗糖漿中離心分離出來的糖蜜會送回再次進行加熱與離心分蜜程序，直到無法再析出蔗糖結晶。每經過一次萃取，糖蜜中的糖量下降，而顏色、風味逐漸變得濃烈，灰分含量上升，經過最終萃取的糖蜜已分離不出蔗糖。所謂第一、二、三次萃取的蔗糖糖蜜有時會混合販售做為食品加工用途，最終萃取的糖蜜則無法再行利用，其顏色太深、味道太強烈，不適合人類食用。

　　北美業界認為從糖蜜中分離出的粗糖不夠純淨、無法食用，因此需送往精煉，同樣經過一系列洗糖、離心分蜜、澄清、過濾的程序。糖漿也會經過脫色，也就是進行離子交換或碳過濾，就像以濾水器濾水一樣。脫色能去除糖漿中所有金黃色的物質。部分蔗糖製造廠仍使用牛隻的骨炭來進行脫色（甜菜不需此程序），因此嚴格的素食者無法食用這類蔗糖。

　　最後，經過最後一次結晶得到純糖，接著送往乾燥、以篩網過濾、包裝、販售。剩餘的糖漿一般稱為糖蜜，製糖業則稱為精製糖漿（refiners' syrup），以區別製糖壓榨蔗汁程序後得到的糖蜜糖漿。

糖粉

美國一般稱糖粉為裝飾用糖粉,加拿大稱之為粉糖。糖粉是將蔗糖結晶磨成細粉,也分有各種不同的粉粒大小。粉粒的細度通常以X之前的數字來表示,數字越大就代表粉粒越細。6X和10X是兩種常見的糖粉,其中10X適合製作滑順、未經烹煮的糖霜和甜品,因為假如使用顆粒稍粗的糖,就會有砂粒的口感;而6X適合撒在甜點上當做裝飾,因為其顆粒稍粗,比較不容易結塊或液化。

糖粉中通常含有3%的玉米澱粉,這項成分可以吸收濕氣、防止結塊,也能使蛋白霜及打發鮮奶油較為堅固、穩定,不過用於某些用途時,可能會使製品出現生澱粉味。

翻糖和糖霜用糖粉

翻糖和糖霜用糖粉的粉粒極細,粉粒比其他糖都還要小(小於45微米)。這種糖粉可快速製作出滑順的翻糖、糖霜或果仁糖糖心,不須經過烹煮。這種糖粉有時候也會經過加工(聚集)成特殊的多孔顆粒,以便快速溶解,即便不添加玉米澱粉也不易結塊。因此部分翻糖和糖霜用糖粉不會有裝飾用糖粉獨有的生澱粉味。

此外,部分翻糖和糖霜用糖粉含有3%至10%的轉化糖,這能提升光澤,防止製品乾燥。部分翻糖專用糖粉含有麥芽糊精,能降低黏膩感,提升包覆甜甜圈等烘焙品的能力。翻糖用糖粉品牌包括Easy Fond和Drifond。

什麼是珍珠糖?

珍珠糖是不透明的白色圓形糖粒,不容易溶解。珍珠糖的用法和粗粒糖晶相似,可用來裝飾烘焙甜品,提供甜脆的口感,不過外觀不同於晶透的粗粒糖晶。珍珠糖有時也稱為裝飾糖粒、不溶糖粒。

名稱的意義

以下各種糖的顆粒大小都類似細砂糖,不過觀察其名稱也很有意思,因為名稱會透露這種糖的性質與用途。雖然顆粒大小稍有差異,不過實用上,這些糖可以相互替換。

- 水果糖:撒在新鮮水果上能快速溶解(不同天然存在於水果中的果糖)。
- 烘焙專用糖:用於製作質地細緻的蛋糕,也能使餅乾攤得更平,也適合撒在甜甜圈上。
- 調酒糖:能快速溶解於冷飲中。
- 糖罐砂糖:名稱來自英國家庭用來盛裝砂糖的小容器。

細砂糖

細砂糖的晶粒大小介於糖粉和一般砂糖之間。細砂糖溶解於液體中的速度比一般砂糖快,也能讓麵糊與打發油脂包裹更小的氣泡,也適合撒於烘焙品表面。

雖然有些烘焙坊並不會備有細砂糖庫存,但使用細砂糖能讓某些蛋糕的組織更為細緻、均一,避免蛋白霜表面凝結水珠,並讓餅乾攤得更平。

一般(綿)紅糖

紅糖一般指的是加入少量(通常低於10%)糖蜜或精製糖漿的砂糖。因為部分甚至全部的糖蜜都附著於微小糖晶的表面,因此紅糖質地綿軟、黏膩、容易結塊。根據加入糖蜜的顏色與風味不同,紅糖也分成淺色(接近黃色或金黃色)與深色兩大類。有時(並非全部)深色紅糖會加入焦糖色素使其顏色更加深沉。以北美來說,深淺色紅糖所添加的糖蜜含量差異極小。

紅糖的商業製程有兩種。第一種是混合半精製糖與糖蜜或精製糖漿並煮沸,讓糖與糖蜜糖漿等「雜質」重新結晶。另一種方式是混合蔗糖糖蜜與白砂糖,以糖蜜包裹糖晶。兩種方式都很常見,第一種通常用於以甘蔗製成的紅糖;第二種的砂糖原料則一定是甜菜。

使用紅糖主要是為了其顏色與獨特的糖蜜風味,紅糖中的少量糖蜜對於烘焙品的濕潤度與營養價值幾乎沒有影響。製作餅乾、蛋糕、甜品與麵包時,可用等重紅糖取代一般砂糖。紅糖質地綿軟,水分含量較高(3%至4%),因此比一般砂糖容易結塊,必須儲藏於密封容器中。

如果手邊沒有紅糖,配方中每10磅(或10公斤)紅糖可用1磅(或1公斤)糖蜜加9磅(或9公斤)砂糖取代。成品的顏色、風味與整體品質會受添加糖蜜的顏色、風味、品質影響。

特殊紅糖

除了一般紅糖外,還有數種特殊紅糖可供烘焙師傅選用,多數都是在過去二十年內研發出來並引進市場。由於這些產品的製程依不同製造商而有所不同,因此這些產品名都只是泛稱。所有紅糖都含有糖蜜中的少量維生素與礦物質,不過都不能當成補給營養的主要來源。

黑糖是其中顏色最深、風味最濃厚的一種,擁有獨特的果香味,令人想起焦糖和葡萄

圖8.8　紅糖。由最上方順時針依序為:一般淺色紅糖、深色黑糖、圭亞那粗糖、Sucanat糖。

乾。黑糖質地綿軟、濕潤,細粉狀的糖晶外包裹糖蜜。

黑糖有時也稱為巴貝多糖,據說黑糖最初就是於十八世紀在這個加勒比海的小島上製造出來。當時的製造方式是濾出未精製粗糖晶中多餘的糖蜜,然後再將糖送往英國進一步精製。黑糖英文名稱中muscovado這個字來自西班牙文,意指未精製,這個名稱過去指的是所有未精製的含蜜紅/黑糖(請見下方「各種含蜜糖:世界各地的傳統糖品」)。

今日黑糖的製造方式大多是煮沸糖蜜(通常是第三次萃取的深色濃烈糖蜜),再加入糖種進行結晶。一般淺色及深色蔗糖紅糖的製作方式也類似(但甜菜紅糖不同)。濃稠糖漿冷卻時須持續攪拌,以免硬化成固態的糖塊。

可以把黑糖想成是一般深色綿紅糖中風味最濃郁的一種,糖蜜含量也最高。其濃烈風味及深沉的顏色尤其適合製作薑餅、水果蛋糕及濃郁的巧克力烘焙品。另外也有淺色的黑糖,糖蜜含量較少,因此顏色及風味都較淡。

Sucanat呈乾燥顆粒狀,是一種有機栽種、未精製紅糖的註冊商品名(取自SUgar

各種含蜜糖:世界各地的傳統糖品

世界上某些地方仍維持數千年前的製糖手法,在開放式的大鍋中煮沸甘蔗汁,直到水分蒸發,得到未精製的紅糖。這些未精製的粗糖也稱為含蜜糖,因為這種糖在製程的任何階段都沒有進行離心程序移除其中的糖蜜。

未精製糖保留糖蜜豐富而質樸的風味,事實上就等於結晶糖蜜或純蔗糖,因為製程中沒有移除任何成分。不過因為各地製糖手法不同,這些糖品也都獨具特色。多數顏色深淺有所差異,依據煮沸方式與使用的澄清劑與添加物,從金黃色到深棕色都有。這些糖品多半是當地生產、就地銷售,不過隨著消費者對於各地獨特風味的糖品越來越有興趣,經由特產經銷商販售的糖量也逐漸提升。

石蜜產於印度村莊,當地稱之為gur,是一種常見的未精製糖。石蜜的製作方式是煮沸甘蔗汁,同時不斷攪拌,直到水分蒸發,得到濃稠的結晶糖漿。再將高溫且質地濃稠的混合物倒入圓柱形的模具中,使之形成塊狀,冷卻硬化。有時會從硬化的圓柱體石蜜削下糖屑進行販售,這種形式的石蜜在印度語中稱為shakkar,就是「糖」的意思。如果以水洗糖、離心分蜜、製成顆粒,得到的半精製產品則稱為khandsari。印度所消費的糖約有三分之一至二分之一都屬於石蜜、shakkar或khandsari。東南亞也都有類似石蜜的糖品。

其他未精製糖的例子包括帕內拉糖,產地為哥倫比亞,以長方體或圓餅狀販售至南美洲各處。另外還有巴西的rapadura、墨西哥圓錐狀的piloncillo、菲律賓的piloncillo。

日本一種精製的傳統糖品稱為和三盆糖。和三盆糖由特殊品種的甘蔗製成,製程包括多次混合糖晶與水,手工搓揉混合物,再以石磨輾磨,除去其中的糖蜜糖漿。完成之後得到細緻、象牙白色的糖粉。據說和三盆糖擁有細緻的風味,是傳統日式甜品的重要原料。

CAne NATural）。製作方式是將甘蔗汁濃縮成濃稠的金褐色糖漿（糖蜜），然後緩緩攪拌至冷卻、乾燥，形成乾燥、多孔狀的顆粒而非結晶，由於Sucanat中沒有添加或移除任何物質，因此一般稱為純蔗糖。烘焙時，Sucanat可用於取代淺色或深色紅糖，不過其多孔顆粒不易溶解，因此有時會有不同的效果。

Turbinado糖的味道和顏色都類似淺色紅糖，不過質地是乾燥的顆粒狀，不如一般紅糖綿軟濕潤。Turbinado糖有時也稱做粗糖、洗製粗糖或未精製糖，不過這些名稱可能引起誤會，比較精確的描述會是部分精製或半精製糖。製造Turbinado糖的第一道程序是蒸洗粗糖，再透過洗糖與離心分蜜移除表層的糖蜜，然後進行結晶、乾燥。這些精製的步驟將粗糖

製為可食用的淺金色紅糖，一般含有2%的糖蜜。取名「Turbinado」是因為精製過程使用離心機，離心機就是一種渦輪機（turbine），除了傳統含蜜糖外，所有糖品的製程都會使用到。夏威夷的Sugar In The Raw和佛羅里達的Florida Crystals是Turbinado紅糖的兩大品牌。

圭亞那粗糖也是一種Turbinado糖，屬於淺色紅糖，結晶顆粒大，呈金黃色。英國普遍用做咖啡甜味劑或撒在麥片上。由於晶粒大、口感甜脆、外觀晶瑩，因此也常當做裝飾糖粒，撒在瑪芬等烘焙品上。圭亞那粗糖得名自南美洲國家圭亞那，是第一處量產這種糖的地方。今日的圭亞那粗糖和黑糖大部分產自非洲東邊的模里西斯島，出口至歐洲和北美。

糖漿

糖漿是一或多種糖類溶解於水中的混合物，通常還含有少量其他成分，包括酸性物質、著色劑、調味劑和增稠劑。雖然其他成分的含量很少，不過重要性極高，因為每種糖漿的特色就是來自於此。

多數糖漿約含有20%的水分，不過也有例外。例如轉化糖漿的水分含量通常介於23%至29%之間，楓糖糖漿約33%，糖水的水分則占了50%。

一般來說，糖漿越濃稠，水分含量就越少。不過糖漿之所以濃稠，有時是因為糖以外還含有其他高醣類。高醣類體積越大，流動就越緩慢、越容易碰撞或糾結，形成濃稠的質

地。葡萄糖玉米糖漿和蜂蜜、糖蜜等濃稠糖漿中都含有高醣類。

糖漿有時可以互相替換使用，不過在某一項功能上，由於組成成分的關係，通常會有某種糖漿的表現特別突出。比方說，多數糖漿用於烘焙品中有增加甜味、濕潤度與增色的效果，不過富含果糖的糖漿（例如轉化糖漿、高果糖玉米糖漿、龍舌蘭糖漿和蜂蜜）在這方面的表現更好。以下段落將介紹糖漿的成分與功能，請注意這些糖漿還有哪些相似點。表8.1統整並比較各種糖漿與甜味劑的組成成分，不過由於品牌與甜味劑來源不同，實際數值可能稍有落差。

表8.1 常見甜味劑的組成成分（單位：%）

甜味劑	總固形物	蔗糖	果糖	葡萄糖	麥芽糖	高醣類
淺色紅糖	96	95	2	3	0	0
深色紅糖	96	95	2	3	0	0
楓糖漿	67	90	5	5	0	0
特級糖蜜	80	54	23	23	0	0
半轉化糖漿	77	50	25	25	0	0
HFCS-42（見第228頁）	77	0	42	50	2	6
全轉化糖漿	77	6	47	47	0	0
蜂蜜	83	2	47	38	8	5
龍舌蘭糖漿	71	0	80	14	0	6
低轉化葡萄糖漿	80	0	0	7	45	48
高轉化葡萄糖漿	82	0	0	37	32	31
麥芽糖漿	78	0	0	3	77	20

糖水

最單純的糖漿叫做糖水。烘焙師傅製作糖水最常見的方式就是加熱等重的砂糖和水，也可以使用其他比例，不過糖水中糖和水的比例不應超過二比一，否則糖很容易結晶。糖水還常加入少量檸檬汁或切片檸檬，檸檬中的酸性物質能預防糖水顏色變深或結晶，特別是糖水中糖的比例較高的時候，檸檬酸也能預防使食物變質的微生物孳生。

糖水的用途很廣，比方說可以用來濕潤蛋糕層、刷在新鮮水果上、稀釋翻糖、燉煮水果、製作水果冰沙。

此外，糖水是唯一一種烘焙師可自行調製的糖漿，轉化糖漿、糖蜜、葡萄糖玉米糖漿、楓糖漿、蜂蜜、麥芽糖漿等所有其他糖漿都是直接購買。

轉化糖漿

有時烘焙師傅以「轉化糖漿」來稱呼所有液體糖漿，包括葡萄糖玉米糖漿、楓糖漿、蜂蜜、糖蜜等。不過這個名稱其實有具體的定義，指的是果糖與葡萄糖含量大致相等的糖漿類型。

雖然在烘焙坊中，轉化糖漿的使用頻率不比葡萄糖玉米糖漿高，不過我們仍應認識其成分與特性。藉由認識轉化糖漿，我們可以進一步了解各種糖類與其功能。

轉化糖漿（圖8.11）的製造過程通常會在糖漿（蔗糖）中加入酸性物質，接著加熱、過濾、精製、濃縮。之前提過，蔗糖是一種雙醣，由果糖和葡萄糖組成，高溫與酸性物質的作用會打破（水解）兩個單醣之間的鍵結，釋放出兩個單醣分子，這個過程稱為「轉化」，

什麼是布里糖度？什麼是波美度？

說明一種糖漿時，我們有時會提到其固形物含量，比方說，一般的葡萄糖玉米糖漿含有80%的固形物與20%的水分，我們就可以說這種糖漿的布里糖度是80。布里糖度得名自發明這種度量方式的德國科學家阿道夫‧布里，用於測量糖漿或其他產品（例如果汁）中可溶性固形物（主要是糖）的百分比。

就像溫度可用華氏或攝氏來表示，糖漿中的固形物含量也有兩種表示方式：布里糖度或波美度。波美度得名自發明這種度量方式的法國科學家安托萬‧波美，多數糕點師傅都很熟悉這個度量方式。布里糖度和波美度都可以用比重計測量，這種比重計有時也稱為糖度計，顧名思義，就是用來測量糖分多寡的儀器。比重計測量比重，和密度有關。布里糖度或波美度讀數高的糖漿比重高、密度大，比起讀數低的糖漿含有較多可溶性固形物、較少水分。

一般葡萄糖玉米糖漿的布里糖度為80，波美度約43；一般糖水（用於果汁冰沙）的布里糖度稍高於50，波美度28；而多數果汁冰砂的布里糖度為27，波美度15。布里糖度與波美度可透過公式或轉換表進行換算，以糕點師傅常用糖漿的糖度範圍來說，下列公式可用於換算兩種度量數值：

波美度＝0.55×布里糖度

布里糖度＝波美度÷0.55

糕點師過去常使用比重計（圖8.9）與波美度，不過許多人現已改用布里糖度，並且使用不同的器材測量布里糖度，也就是折射計（圖8.10）。折射計的價格高於比重計，不過使用較方便、簡單，所需的測量樣本也小得多。

圖8.9　以比重計測量糖漿中的糖分濃度（布里糖度）。

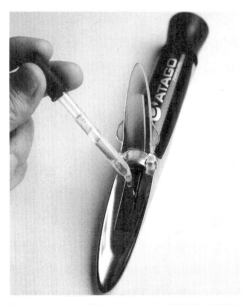

圖8.10　在反射計中滴入一滴待測液體測量其糖分濃度（布里糖度）。

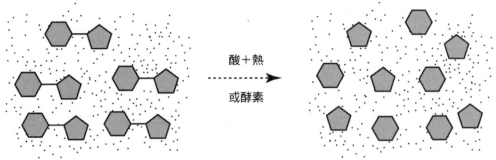

圖8.11　蔗糖轉化為轉化糖漿的過程

水中的蔗糖　　　　　　　　　水中的葡萄糖與果糖

成品就是轉化糖漿：溶解於水中的等量果糖與葡萄糖，以及殘留下來的少量酸性物質。酸性物質能抑制使食物變質的微生物孳生，包括酵母和黴菌。

烘焙坊常用的轉化糖漿分為兩大類，第一類是全轉化糖漿，其中剩餘的蔗糖含量很少；第二類是半轉化糖漿，其中只有一半的蔗糖轉化為葡萄糖和果糖。兩種糖漿的糖分固形物有高有低，介於71%至77%之間（對應水分含量為29%至23%）。

轉化糖漿有時候也稱為轉化糖。轉化糖漿一般是清澈、淺色的液體，也有較濃稠不透明的乳狀質地，有微小的糖晶漂浮在其中。烘焙師傅可選擇不同品牌的轉化糖漿，包括Nulomoline、Trimoline、FreshVert。

轉化糖漿的價格比蔗糖稍高一些，不過和所有糖漿一樣，使用比較麻煩，保存期限也較短。也就是說，除非轉化糖漿等糖漿有一般糖無法取代的特性，否則一般會優先使用糖。

轉化糖漿具有幾項特性，使之成為烘焙坊中不可或缺的原料。其一就是讓烘焙品更長時間保持濕潤、柔軟；第二是使糖霜、翻糖或甜品滑順有光澤，避免乾裂；第三是避免冷凍甜點中出現冰晶，保持質地柔軟。柔軟的冷凍甜點比較容易挖取、切片，從冷凍庫取出後可直接享用。

轉化糖漿甜度比糖高，褐變也快得多。用於製作烘焙品時，烤溫應調降約25℉（15℃），以免顏色過深。即便使用較低烤溫，轉化糖漿所取代的糖量也不應超過總糖量的25%，過多轉化糖漿會使烘焙品顏色過深，且口感密實、黏牙、過甜。製作白蛋糕時，轉化糖漿的用量更應謹慎，以便保持成品白皙。視情況需要，可加入少量塔塔粉，以降低酸鹼值，減緩褐變速度。

由於吸濕性佳，轉化糖漿吸附水分的效果比糖更好，因此也可以減少有利微生物孳生的水分。也就是說，轉化糖漿能降低水活性。比方說，如果將部分糖取代為轉化糖漿，巧克力糖的糖心不僅可以保持柔軟、滑順，也較不容易變質。

雖然烘焙坊中的麵包師和糕點師不會大量製作轉化糖漿，不過製作熬煮類糖品的過程中也會產出少量轉化糖漿。比方說，在煮滾的糖中加入酸性物質（例如塔塔粉或酒石酸）時，部分糖就轉化成果糖和葡萄糖。加熱時間越久，加入的酸性物質越多，就有越多糖轉化成果糖和葡萄糖，這和直接加入轉化糖漿具有相同效果，都可以防止糖結晶。由於糖的轉化會阻礙大顆粒糖晶的形成，因此添加酸性物質能

使冷卻後的甜品更滑順、有光澤，較不易碎裂或乾掉。

如果直接在熬煮類糖品中加入酸性物質，糕點師傅很難控制糖轉化的量，尤其烹煮時間與酸性物質的添加量必須謹慎調控。如果轉化糖量過多，甜品可能過於黏稠而無法凝固；但如果轉化糖量太少，甜品可能會結晶，或是太硬、太乾。

之前提過，糖水有時會加入少量檸檬汁，依據添加量與糖水的加熱時間，轉化為果糖和葡萄糖的蔗糖量也不同。糖漿開始冷卻時，轉化仍持續進行，只不過速度較慢。同樣的，糖混合物有助於預防濃縮糖漿結晶。

糖蜜

糖蜜是甘蔗濃縮液。使用糖蜜主要是為了增添顏色與風味，不過其中少量的轉化糖漿也能為烘焙品增加濕潤度與柔軟度，效果和半轉化糖漿相仿。雖然一般不會把甜味劑當做養分來源，不過糖蜜擁有多種重要礦物質、部分B群維生素及有益健康的多酚化合物，含量高於其他甜味劑。

糖蜜分有許多等級供麵包師和糕點師選擇。最高等級的糖蜜最甜、顏色最淡、風味最溫和，比起低等級者價格也較高，不過不一定適合用做烘焙。特級進口糖蜜的溫和甜味很容易被烘焙品中其他香料或全穀物的氣味蓋過，因此顏色較深的低等級糖蜜較為適合。加拿大為糖蜜設有強制性標準，美國只有自願性分級。所有等級的糖蜜都可能含有硫化物（二氧化硫或亞硫酸鹽），不過特級糖蜜不含硫化物的機率較高。

多種因素可能影響糖蜜的分級。一般認為直接在開放式鍋爐中煮沸、濃縮，且未移除糖晶的糖蜜屬於高級或特級糖蜜。品質最好的特級糖蜜進口自加勒比海周邊國家，Home Maid是一個進口特級糖蜜的牌子。

較低等級的糖蜜是提煉蔗糖的副產品，通常會混合第一、二、三次萃取的糖蜜。由於其中糖分被移除且經過較多加工程序，因此與特級糖蜜相比，低等級糖蜜的顏色較深、甜度較低、苦味及酸味更明顯，不過營養素含量也比較高。在加拿大，餐用和烹調用糖蜜是兩種較低等級的糖蜜，不過如果希望成品有豐富、純厚的風味及深沉的色澤，那較低等級的烹調用糖蜜會是絕佳的選擇。

在美國，廢糖蜜通常指的是最終萃取的糖

什麼是金黃糖漿？

金黃糖漿也稱為淺色糖蜜，受英國消費者廣泛使用。金黃糖漿是一種蔗糖漿，呈金黃色，帶有淡淡的焦糖香。金黃糖漿是一種精製糖漿（也就是蔗糖精製過程中產生的副產品），也可以直接透過煮沸、濃縮蔗汁製成。

金黃糖漿含有少量轉化糖漿，所以其實也是半轉化糖漿，沒有經過徹底過濾或精製。事實上，北美製造商所採購的稻草色半轉化糖漿其實就是金黃糖漿。金黃糖漿可用於烹調或烘焙，也能直接淋在鬆餅、冰淇淋上。

櫻桃糖心巧克力的祕密

櫻桃糖心巧克力的中心是糖漬櫻桃，包裹一層液體糖心，最外層是巧克力（圖8.12）。要怎麼用巧克力包裹會流動的液體糖心呢？

祕訣是轉化酶。在固體翻糖中加入少量轉化酶酵素，翻糖中的糖分開始緩慢轉化（水解）成葡萄糖和果糖。在此過程中，糖晶逐漸溶解，翻糖開始液化。由於這個過程費時數天甚至數週，因此製作時，糖漬櫻桃外層的翻糖仍然是固體，可淋上或沾取巧克力。等到翻糖液化時，外層巧克力早已凝固，形成具有保護功能的外殼。

圖8.12 櫻桃糖心巧克力的翻糖糖心在轉化酶酵素的作用下緩慢液化。

實用祕訣

製作熬煮類糖品或糖水溶液時，假如改變製作量，那麼酸性物質的添加量也應有所調整。比方說，假如增加糖量，那麼糖抵達終溫的時間就會拉長。加熱時間拉長，水解為葡萄糖及果糖的糖量就會增加，代表煮製成品會更為柔軟，更容易變色，也更容易吸收濕氣而變得黏稠。為了彌補這一點，如果煮製量增加，那酸性物質的添加量就應減少，或是在製程較晚的階段再加入。同樣的，假如煮製量減少，加熱時間會縮短，因此需要更多酸性物質，才會得到一樣多的轉化糖量。如果沒有調整酸性物質的添加量，轉化糖量會較少，成品會過於堅硬、更容易產生結晶。

蜜，味道極苦、不甜，無法食用。不過在加拿大，**廢糖蜜**是烹調用糖蜜的別名。

甜菜加工所製成的糖蜜不屬於食品級產品，而是當做動物飼料，也會用於製作烘焙酵母或用於其他發酵過程。

葡萄糖玉米糖漿

葡萄糖漿簡稱葡萄糖，是澱粉水解（分解）所產生的透明糖漿。北美製作葡萄糖漿最常見的澱粉種類就是玉米澱粉，遠超過其他種類的澱粉，不過馬鈴薯、小麥、米飯等也能製作。美國以玉米澱粉製成的葡萄糖漿也常稱為玉米糖漿，不過本書會以「葡萄糖玉米糖漿」通稱任一種澱粉製成的糖漿。要記得從玉米之

為什麼轉化糖漿擁有獨特的特性？

乍看之下，讀者可能以為轉化糖漿的特性來自其中的水分，畢竟轉化糖漿的主要功能就是保持烘焙品與甜品柔軟濕潤，不過即便調整配方，增加水量，或是與其他大部分糖漿相比，轉化糖漿保濕等方面的表現還是比較優秀。

事實上，是轉化糖漿中的單醣（果糖和葡萄糖）賦予它不同於蔗糖的特性。雖然蔗糖也是由果糖和葡萄糖組成，不過蔗糖中的果糖與葡萄糖鍵連在一起，形成雙醣，但全轉化糖漿中果糖與葡萄糖是分開的。

之前提過，果糖的吸濕性特別好，也就是保濕效果比大部分糖類還好（包括蔗糖）。之前也提過，糖混合物的結晶速度比純糖慢。於是在糖霜、翻糖、甜品中加入少量轉化糖漿，混合一種以上糖類，可以防止結晶，使成品更加柔軟、滑順、有光澤。此外，果糖和葡萄糖等單醣體積較小，更能降低水的冰點，並能降低水活性。果糖和葡萄糖反應活性也較高，比蔗糖更容易水解或褐變。

外的澱粉製作而成的糖漿（例如馬鈴薯澱粉）應該稱為葡萄糖漿（或是馬鈴薯糖漿），而不是玉米糖漿。

澱粉是一種碳水化合物，由上百甚至上千個葡萄糖分子聚合而成。製作葡萄糖玉米糖漿的方式是混合澱粉、水與酸性物質，再添加酵素並加熱（圖8.13），將龐大的澱粉分子水解為較小的單位。接著透過一系列過濾及精製程序，移除顏色與雜味。糖漿精製程度越高，風味越純淨、外觀越透明，顏色也不容易隨時間變深。

廠商會調控酸性物質及酵素的用量、加熱時間及精製程序，製作各種適用於不同用途的葡萄糖玉米糖漿。

不論程序如何，所有葡萄糖玉米糖漿都含有糖分（主要是葡萄糖和麥芽糖），作用是增甜、褐變、保濕、使製品柔軟。其他成分包括分子體積較大的高醣類。高醣類沒有糖的特

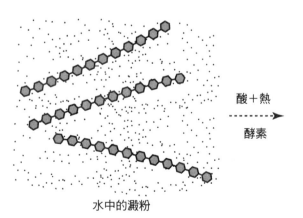 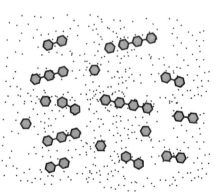

水中的澱粉　　　　　　　　　　　　　水中的葡萄糖、麥芽糖與高醣類

酸＋熱
酵素

圖8.13 澱粉水解為葡萄糖玉米糖漿的過程

treacle是什麼？

treacle和molasses中文都叫糖蜜，其實指的是一樣的深色蔗糖漿，只不過在英國販售時叫做treacle，換句話説，treacle就是食品級糖蜜，也就是精製糖漿。糖蜜（molasses）的顏色及風味都有濃淡的差別，treacle也是一樣。黑色treacle等於低等級可食用烹調用糖蜜，顏色深、口味苦澀。中褐色treacle是由黑色treacle加工精製或是混合較高等級的精製糖漿而成。

葡萄糖玉米糖漿的歷史

葡萄糖玉米糖漿的歷史和歐洲政治史緊密相關。十九世紀初期，歐洲拿破崙戰爭正炙，英國對法國採取封鎖策略，阻擋法國進口貨品（包括食物）。拿破崙為了餵飽軍隊與人民，提供現金獎勵，鼓勵國內開發新的食物製造與保存方法。

其中一項獎金是要鼓勵以國內原生植物製糖。一開始，法國人嘗試混合馬鈴薯澱粉與酸性物質，藉此製造澱粉糖。不過成品的甜度不如蔗糖，因此封鎖解除後，法國人也不再以馬鈴薯製糖。十九世紀中期，美國也開始嘗試以馬鈴薯製糖，不久後開始以玉米澱粉取代馬鈴薯澱粉，做為新的澱粉糖原料，玉米糖漿產業於焉誕生。今日美國人每年所消耗的甜味劑約有一半以上來自玉米。

性，也就是沒有增甜、褐變、保濕或使製品柔軟的功能。不過由於分子較大，高醣類有為製品增稠、增加體積及可塑性的效果。大體積的高醣類也能干擾分子移動，使糖較不容易結晶，水分子也比較不會形成冰晶。

葡萄糖玉米糖漿常見的分類依據是澱粉轉化成糖的多寡。高轉化糖漿的水解程度高，糖分含量也高（高醣類含量較低）；低轉化糖漿的水解程度低，因此糖分含量較低（高醣類含量較高）；中轉化糖漿則介於上述兩者之間。不同的葡萄糖玉米糖漿還有其他差別，不過對麵包師及糕點師來說，轉化程度是其中很重要的區別。表8.1 比較高低轉化葡萄糖玉米糖漿與其他常見甜味劑的成分。

麵包師和糕點師有多種葡萄糖玉米糖漿可供選擇，多數烘焙坊最多備有兩到三種。一般的葡萄糖玉米糖漿（中轉化糖漿，DE值42）就適用於各種用途。一般葡萄糖玉米糖漿中的糖分可使烘焙品柔軟並賦予甜味（但不如蔗糖），也有保濕和褐變的效果（不如轉化糖漿）。一般葡萄糖玉米糖漿絕對不會是烘焙品中唯一的甜味劑，有時會和砂糖一同使用；製作胡桃派內餡時則和紅糖或糖蜜一同使用。Karo牌淺色玉米糖漿最接近一般葡萄糖玉米糖漿，但是增加了果糖、鹽、香草以增添甜味與風味。

低轉化葡萄糖玉米糖漿（DE值20至37）適合製作糖果與甜品。低轉化葡萄糖玉米糖漿非常濃稠，甜度低，不太會褐變或結晶。適合用來製作純白、滑順而有光澤的糖霜、甜品與

DE代表葡萄糖當量（dextrose equivalent），用來表示葡萄糖玉米糖漿中澱粉轉化為糖分的多寡。純玉米澱粉的DE是零，而純右旋糖的DE是100。低轉化糖漿的DE介於20至37之間，中轉化糖漿介於38至58之間，高轉化糖漿介於58至37之間，而超高轉化糖漿的DE大於73。DE值小於20的糖漿不算是葡萄糖玉米糖漿，而是麥芽糊精。

翻糖；也能提升拉糖與糖絲的可塑性與強韌度、增加果醬等醬料的濃稠度、防止冷凍甜點出現冰晶。Glucose Crystal就是以小麥澱粉製作的低轉化葡萄糖漿品牌，進口自法國，高度精製，外觀顏色晶透，價格很高。

深色的玉米糖漿就是一般的淺色葡萄糖玉米糖漿添加糖蜜或精製糖漿、焦糖色素與調味料。Karo牌深色玉米糖漿就是一種深色的葡萄糖玉米糖漿，其中也含有鹽和抗菌劑。深色葡萄糖玉米糖漿可以當做糖蜜的便宜替代品，添加於烘焙品及甜品中，雖然其口味比多數糖蜜糖漿溫和得多。

高果糖玉米糖漿　高果糖玉米糖漿（high fructose corn syrup，簡稱為HFCS）是比較新式的玉米糖漿，加拿大稱之為葡萄糖－果糖（glucose-fructose），歐盟稱之為isoglucose。這項產品於一九七〇至一九八〇年代開始在全美普及，由於糖價高漲，再加上糖漿的品質進步，使之成為碳酸飲料與多種食品的標準甜味劑。

「葡萄糖－果糖」的名稱其實相當貼切，因為最常見的一種高果糖玉米糖漿（HFCS-42）的果糖與葡萄糖含量大致相等（見前面表8.1），其成分及特性與全轉化糖漿相當相似。雖然麵包師和糕點師通常不會使用高果糖玉米糖漿，不過這其實是轉化糖漿的高品質低價替代品。

米糖漿　就像玉米糖漿是由玉米澱粉製成，米糖漿就是以米澱粉製成的葡萄糖漿。雖然米糖漿也能進一步精製，與其他葡萄糖漿相互替換使用，可是製造商通常沒有生產精製米糖漿，事實上，北美最常見的米糖漿是糙米糖漿，精製程序較少，可以標榜為一種健康食品甜味劑。糙米糖漿顏色呈褐色，擁有獨特的風味，通常是經認證的有機產品。由於糙米糖漿精緻程度比較低，其中含有稻米的某些維生素與礦物質。

和其他葡萄糖玉米糖漿一樣，米糖漿含有葡萄糖、麥芽糖和高醣類。某製造商的糙米糖漿含有3%葡萄糖、45%麥芽糖與50%的「可溶性複合式碳水化合物」（高醣類），從定義上看，這種米糖漿屬低轉化葡萄糖漿。

蜂蜜

蜂蜜是由蜜蜂採集花蜜製成，可能是最早出現的一種甜味劑。遠古的洞穴壁畫描繪新石器時代的人類從蜂巢中採集野生蜂蜜。十八世紀糖開始普及以前的數千年，蜂蜜一直是歐洲的主要甜味劑。

製作滑順的乳脂軟糖

　　完美的乳脂軟糖應該質地滑順，和翻糖等結晶狀或「顆粒」甜品一樣，乳脂軟糖薄薄一層糖漿中含有許多微小的結晶體，結晶體提供體積，而糖漿提供滑順的口感及光澤。如果形成的結晶太少，軟糖會過於軟黏，如果結晶太多太大，軟糖則會有砂粒的口感。

　　要製作滑順的乳脂軟糖有幾個訣竅，其一是善用溫度計，準確判斷軟糖煮製到最佳狀態的時機（238℉至240℉，或114℃至116℃）。另一個訣竅是妥善運用關鍵材料，許多乳脂軟糖配方中的關鍵材料就是塔塔粉。塔塔粉是一種酸性物質，加熱與酸性物質共同作用，能將部分蔗糖分解為轉化糖（包含等量的果糖與葡萄糖）。果糖與葡萄糖屬於抗晶劑，或稱干擾劑，可以干擾大粒蔗糖結晶的形成，製作出更滑順、有光澤的軟糖。

　　以酸性物質轉化糖分的缺點在於，糕點師傅很難控制轉化的過程。假如轉化程度太低，軟糖會失去光澤、變硬、口感粗糙，但若轉化程度太高，結晶不足又無法凝固。不過只要加入定量的轉化糖漿，就可以免去這個猜測、試誤的過程，加入葡萄糖玉米糖漿的效果更好。

　　低轉化葡萄糖玉米糖漿（糖分含量低而高醣類含量高）最適合用做乳脂軟糖等甜品的抗晶劑。其中的高醣類能使糖液變濃稠，大幅減緩結晶。圖8.14比較有無添加抗晶劑時，翻糖等顆粒甜品中的結晶體積。

　　低轉化葡萄糖玉米糖漿中會褐變的糖分含量很低，因此尤其適合製作翻糖等顏色白皙的甜品。不過要避免添加太多葡萄糖玉米糖漿，特別是低轉化糖漿，因為過量的葡萄糖玉米糖漿會過度妨礙結晶，使軟糖口感變韌。

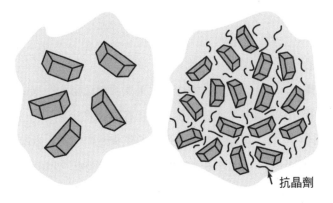

抗晶劑

圖8.14　葡萄糖玉米糖漿等抗晶劑會干擾糖的結晶，因此翻糖等甜品中的結晶體積會受這些添加物的影響。左：微觀發現沒有添加物的翻糖結晶顆粒較粗；右：添加抗晶劑後，翻糖中的結晶顆粒較小。

　　現今蜂蜜是一種相對高價的食材，使用蜂蜜主要是為了其獨特的風味。從蜂窩取出蜂蜜後，再從蠟質蜂巢中分離蜂蜜，加熱溶解結晶並破壞會導致蜂蜜變質的酵母，過濾並移除雜質。蜂蜜主要以液體糖漿的形式販售，不過也有奶油蜂蜜的產品，這種濃縮蜂蜜中含有微小結晶。

　　蜂蜜有時被稱做天然轉化糖漿，因為蜜蜂體內的酵素能將花蜜中的蔗糖轉化成果糖和葡萄糖。和轉化糖漿一樣，蜂蜜甜度高、容易褐

2004年流傳一則直白了當的假說：高果糖玉米糖漿可能是美國肥胖率上升的罪魁禍首。這則假說的論點是，身體代謝高果糖玉米糖漿中的果糖，和代謝其他糖分（例如葡萄糖）的方式不同。從那時起，陸續有其他研究與假說浮出，質疑高果糖玉米糖漿可能也會導致其他健康問題，包括糖尿病與心血管疾病。添加高果糖玉米糖漿的碳酸飲料樣本中發現的活性雙羰基也是關注的焦點所在。因此許多消費者開始避開含有高果糖玉米糖漿的食品與飲料，並認為糖分（蔗糖）是較為自然、安全、健康的甜味劑。

事實上，北美常用的高果糖玉米糖漿中所含的果糖與葡萄糖量大致相等，人體代謝這些物質的方式也和代謝其他常見甜味劑（例如蜂蜜和轉化糖漿）相似。同樣的，活性雙羰基是我們所攝取的各種食物中常見的物質，因為其實這就是梅納褐變反應的產物。因此可想而知，烤吐司和烘焙咖啡中的活性雙羰基含量要比碳酸飲料高得多。不幸的是，這起爭議使大眾的注意力偏離美國肥胖等健康問題的真正兇手，例如不顧熱量來源好壞，過度攝取熱量。

以蜂蜜代替砂糖

美國國家蜂蜜委員會提供以下以蜂蜜替代砂糖的比例。這樣的比例考慮到蜂蜜中的水量及甜度：1磅蜂蜜可取代1磅砂糖，再減少配方中2.5至3盎司水量（或其他液體量）。或以500克蜂蜜取代500克砂糖，再減少配方中80到95克水量（或其他液體量）。

變，能使烘焙品與糖霜保持濕潤、柔軟。

所有糖漿都屬於弱酸性，而蜂蜜是其中最酸的一種，pH值只有3.5，儘管如此，蜂蜜嘗起來並沒有酸味，部分原因是其中的酸性物質味道很溫和。

蜂蜜會以花蜜來源命名。全世界最常見的蜂蜜是甜苜蓿蜜，不過其他種類的蜂蜜也很受歡迎，比方說橙花蜜和山茱萸蜜。另外也有許多昂貴的特殊蜂蜜，不過這些蜂蜜比較接近調味劑，不常用於一般烘焙。苜蓿蜜和烘焙專用蜂蜜都適合用做烘焙。烘焙專用蜜是混合多種蜂蜜製成，價格相對便宜，顏色比單純的苜蓿蜜更深、風味更強烈。

楓糖漿

楓糖漿的製作方式是煮沸糖楓樹的樹汁，蒸發其中水分，樹汁在初春開始流出。

楓糖的生產地遍及美國東北與加拿大東南部，全世界80%的楓糖漿都來自於此。楓糖漿和石蜜等未精製含蜜糖一樣，是在開放式的大鍋中烹煮，通常使用柴火。由於樹汁中的糖分含量只有2%至3%，因此製造1加侖（4公升）的楓糖漿約需40加侖樹汁（151公升），所以楓糖漿是價格極高的甜味劑。楓糖漿因其獨特、甜膩的香氣廣受喜愛，這種香氣來自高溫烹煮樹汁時產生的梅納反應。

楓糖風味的鬆餅糖漿和真正的楓糖漿不一樣。鬆餅糖漿由便宜的葡萄糖玉米糖漿製成，再加入焦糖色素與楓糖調味料。

雖然風味也很重要，不過楓糖漿分級的依據主要是顏色。通常淺色的糖漿是在初春生產，深色楓糖漿的生產季節則比較晚。深色的楓糖漿風味較強烈，等級較低，價格也比較便宜。美國A級中琥珀色楓糖漿是屬於通用型的楓糖漿，加拿大的同等級產品則稱為加拿大一號淺色。

美國A級淺琥珀色或加拿大一號特淺楓糖漿是顏色更淺、風味更細緻的楓糖漿，適合用於製作糖果及甜品；而美國A級深琥珀色（U.S. Grade A Dark Amber）及美國B級則適合用於烘焙，加拿大的同等級產品分別為加拿大一號中色及加拿大二號琥珀色。

楓糖漿中的糖分固形物幾乎完全是蔗糖，只有少量（通常少於10%）是轉化糖。由於轉化糖含量低，楓糖漿無法為烘焙品增添濕潤感與柔軟度，效果不如糖和水，使用楓糖漿主要是為了其風味。

麥芽糖漿或麥芽精

製造麥芽糖漿的第一步是讓穀粒發芽（孵麥芽），然後以水萃取其中糖分，最後將混合物熬煮濃縮成糖漿。

孵麥芽的步驟會啟動穀粒中諸多生物程序，包括將大塊的澱粉分子分解為糖。麥芽糖漿和麥芽粉一樣，原料可以是任何一種穀物，不過大麥和小麥是最常見的兩種。

麥芽糖漿也叫做麥芽精，擁有獨特的風味與色澤，和糖蜜有些許相似。不過麥芽糖漿中的麥芽糖含量很高，這點和糖蜜不一樣。麥芽糖和其中的微量蛋白質及灰分能促進酵母發酵，這是製作麵包、貝果、餅乾、脆餅時常添加麥芽糖漿的原因之一。燙貝果所用的滾水也常加入麥芽糖漿，能增添貝果的光澤。

麥芽糖漿分為糖化與非糖化兩大類，糖化麥芽糖漿含有少量酵素，主要是孵麥芽過程中產生的澱粉酶；非糖化麥芽糖漿經過加熱，其中的活性酵素遭到破壞，不過仍保留所有麥芽糖漿都具有的獨特風味與麥芽糖成分。

麥芽糖如何促進發酵？

在發酵過程中，酵母分解糖，產生二氧化碳氣體。如果在基本發酵及最後發酵過程中都能產生充足的二氧化碳，那麼麵包就能順利膨脹，因此最好要能在整個發酵過程持續提供糖分。

蔗糖、果糖、葡萄糖都會在基本發酵的初期階段快速被酵母分解，供做發酵養分。乳糖一般無法發酵，而麥芽糖的發酵過程緩慢，如果在酵母發酵的配方中加入麥芽糖，至後發階段都還能提供酵母養分，確保這個重要階段能產生充足的氣體，因此就能製作出充分膨脹的麵包。除了麥芽糖漿外，好的麥芽糖來源還包括大麥麥芽粉與特定種類的葡萄糖玉米糖漿。

特殊甜味劑

龍舌蘭糖漿

龍舌蘭是一種栽種於墨西哥的多肉植物，龍舌蘭糖漿就是以其樹汁製成。龍舌蘭糖漿的製作方式是加熱龍舌蘭心，擠壓出樹汁。樹汁中含有菊糖這種多醣和少量的葡萄糖及果糖。高溫及（或）酵素會將菊糖水解（分解）成果糖，過程類似製作葡萄糖玉米糖漿時，澱粉被水解為葡萄糖。酵素也能將龍舌蘭樹汁中的葡萄糖轉化為果糖，好比高果糖玉米糖漿是由葡萄糖玉米糖漿製成。之後樹汁經過澄清、過濾、濃縮的程序，加工方式類似葡萄糖及轉化糖漿。

龍舌蘭糖漿也叫做龍舌蘭蜜，市面上有多種品牌。有些加工程度低，因此色澤深、風味濃，精製程度較高者則顏色較淡。有些是以有機栽種的龍舌蘭製成，標榜為「裸食」，表示製造過程中加熱不超過120℉（50℃），裸食能保留容易被高溫破壞的營養素與天然酵素活性。

和高果糖玉米糖漿一樣，龍舌蘭糖漿的果糖含量有高有低。這種差異可能來自樹汁的加工方式或龍舌蘭中菊糖（菊糖含有果糖）的天然含量。舉例來說，只有藍色龍舌蘭釀成的酒才能稱做Tequila，這個品種的龍舌蘭菊糖含量很高。

各牌龍舌蘭糖漿的高醣類含量都很低，因此糖漿質地稀薄，方便傾倒，易於使用。龍舌蘭糖漿的成分包括50%至90%的果糖及含量不等的單醣葡萄糖。龍舌蘭糖漿的果糖越多、葡萄糖越低，就越不容易結晶，口味也更甜。據說龍舌蘭糖漿（尤其是果糖含量高者）有降低血糖反應的功效（詳見第18章）。

右旋糖

右旋糖是單醣葡萄糖的別稱，以乾糖的形式販售時通常會稱為右旋糖，有糖晶或糖粉兩種類型。右旋糖的甜度比蔗糖低，如果想要利用糖的特性但不希望增加甜度，就很適合使用右旋糖。比方說，右旋糖可以提供巧克力產品的體積，卻不會使之過甜。右旋糖也能延長甜品的保存期限，因為其降低水活性並抑制微生物生長的效果比蔗糖更好。

甜甜圈用糖粉

甜甜圈用糖粉，也稱做粉糖，外觀類似裝飾用糖粉，只不過是以右旋糖製成。右旋糖即便磨成細粉也不容易溶解，因此比起裝飾用糖粉，甜甜圈用糖粉接觸到高溫與溼氣時較不容易溶化。除了撒在甜甜圈上或沾裹甜甜圈，也可以用來裝飾裝盤甜點。

實用祕訣

購買甜甜圈用糖粉時，只購買三個月內可使用完畢的量，並封蓋保存，放置於乾燥涼爽處。使用之前請先試試味道，如果發現有不新鮮的紙板味或其他怪味，請丟棄不要使用。

不過右旋糖的風味有些許不同，尚未溶化時更為明顯。右旋糖的甜度比蔗糖低，在口中融化時會有涼爽的感覺。除了右旋糖外，甜甜圈用糖粉可能包含其他成分，例如香草或肉桂調味料及植物油。植物油有助糖粉沾附於甜甜圈及烘焙品上，不過會改變口感，熟成、氧化之後還會走味。由於含有油脂，甜甜圈用糖粉是所有乾糖中保存期限最短的一種。

乾葡萄糖漿

乾葡萄糖漿也叫做玉米糖漿固形物或葡萄糖固形物，也就是將葡萄糖玉米糖漿中的大部分水分移除，只剩下7%以下。葡萄糖玉米糖漿有許多種類，乾葡萄糖漿也是。如果希望有葡萄糖玉米糖漿的功能，但不希望額外添加水分，就是使用乾葡萄糖漿的時機。比方說添加於冰淇淋等冷凍甜點中，可增加膨鬆的口感。

現成翻糖

市售現成翻糖有軟質霜狀或硬質糖皮兩種（Massa Ticino是瑞士的翻糖品牌）。雖然也可以從零開始自製，不過很花時間，也需要技巧。霜狀翻糖經過加熱、稀釋後，可淋在甜甜圈、小蛋糕等烘焙品上，也可以當做果仁糖糖

實用祕訣

加熱現成翻糖時，務必使用雙層鍋，加熱同時不斷攪拌。這樣能使翻糖逐漸軟化而不會超過臨界溫度（98℉至100℉／37℃至38℃），如此才能維持翻糖的質地與光澤。

心及未經烹煮的糖霜。翻糖糖皮則主要用於製作結婚蛋糕。

如果要使用現成霜狀翻糖製作糖霜，請緩慢加熱至98℉至100℉（37℃至38℃），使用之前請加入糖水、殺菌蛋白、利口酒或其他液體稀釋。為了保持柔軟滑順的質地與漂亮的光澤，不要將翻糖加熱超過建議溫度，否則其中細小的糖晶會融化，冷卻後會重新組合成顆粒更大的粗粒糖晶。

異麥芽酮糖醇

異麥芽酮糖醇是一種較晚近才出現的甜味劑，透過化學修飾蔗糖製成，自然界中並沒有這種物質。美國於一九九〇年起核准使用這種添加物。市售異麥芽酮糖醇為白色糖粉或糖珠狀，雖然價格不低，不過比起蔗糖具有某些優點，適合製作糖絲、塑糖、拉糖等糖飾。異麥芽酮糖醇不容易褐變、不吸濕、不易結晶或結塊，因此糖品能保持相對乾燥、潔白。事實上，除非室內相對濕度接近85%，否則異麥芽酮糖醇幾乎不會吸收濕氣。不過異麥芽酮糖醇不易溶解，所以沒有蔗糖溶於口中的口感。除了用於製作糖飾，異麥芽酮糖醇可當做低熱量與「無糖」硬糖或甜品的增積劑。

異麥芽酮糖醇的甜度約為蔗糖的一半，雖然具有甜味，而且是以糖製成，但從化學上來看，異麥芽酮糖醇不屬於糖類，而是歸類為多元醇，做為糖的替代品。

果糖

果糖有時稱為左旋糖或直接稱為水果糖。

為什麼右旋糖能帶來涼爽的口感？

右旋糖結晶之間的鍵結較強，因此需要相對較多熱量才會溶化，入口之後，打破右旋糖結晶鍵結、進而溶化所需的能量來自口中的溫度。消耗這些熱能之後，口中的溫度暫時下降，製造出涼爽的感覺。

什麼是多元醇？

多元醇也稱為糖醇，但這種物質並不是糖，也不是酒精（醇類的一種）。和糖一樣，多元醇也是碳水化合物，糖有許多種類，多元醇也是。市售多元醇有乾燥結晶或液體糖漿的型態。山梨糖醇、甘油、麥芽糖醇、赤藻糖醇、木糖醇都屬於多元醇。

一般來說，多元醇可提供甜味與體積，也具有糖的多種特性，但不會褐變，熱量比糖低，不容易導致蛀牙。單純以多元醇做為甜味劑的產品可以標示為「無糖」。由於多元醇不易被身體吸收，因此糖尿病患及低熱量飲食者可攝取添加多元醇的食品。不過多數多元醇具有助瀉的效果，如果大量攝取可能導致腹瀉。在所有多元醇中，赤藻糖醇的助瀉效果最輕微。

麥芽糖醇的味道及功能最接近糖，製作甜品或烘焙品時可用一比一的比例取代糖。山梨糖醇和甘油都具有吸濕性，糕點師已使用多年，可使甜品保持柔軟、濕潤。木糖醇和右旋糖一樣，結晶狀的木糖醇能提供涼爽的口感，最常見的用途是添加於無糖口香糖中。

部分多元醇（例如異麥芽酮糖醇）並不存在於自然界中，但有些是天然物質，比方說，根據加州梅乾協會，梅乾中含有約15%的山梨糖醇，由於含有山梨糖醇以及含量更高的葡萄糖及果糖，添加梅乾的烘焙品及梅乾本身都能保持柔軟、濕潤。

蜂蜜、糖蜜、轉化糖漿及高果糖糖漿等多種糖漿都含有果糖，不過也有乾燥白色結晶型態的果糖可供購買。結晶狀果糖價格高，不過具有純淨、獨特的甜味，與水果風味相得益彰，最常用於製作水果基底的甜點、冰沙及甜品。商業上，果糖是由高果糖玉米糖漿製成，甜度比糖還高，所以一般來說用量比蔗糖少。

高甜度甜味劑

高甜度甜味劑有時也稱為低熱量、無營養或人工甜味劑，甜度一般是糖的兩百倍以上。這類甜味劑添加於烘焙品中只有一種功能：增加甜味。高甜度甜味劑多半不適合當做糕點與麵包製品中唯一的甜味劑，因為烘焙品還需要糖的其他功能。

美國最常見的四種高甜度甜味劑分別是糖精（Sweet 'N Low品牌甜味劑的主要成分）、阿斯巴甜（常見品牌NutraSweet、Equal）、醋磺內酯鉀（常以品牌名代稱，例如Sunett、Sweet One），以及蔗糖素（常見品牌Splenda）。二〇〇二年美國核准第五種甜

如何判斷新出現的食材是否安全？

不論是天然或合成，沒有一種食物完全安全。即便是純水，過量攝取也具有毒性。因此問題不在於某種新食材是否安全，關鍵是一般攝取量下的安全性。

用來進行安全性評估的研究包括動物研究、人類流行病學研究、分析經消化分解的食品，有時還有人類自願者的行為研究。部分研究是由聯邦政府資助，也有部分是由預計製造該食材的製造商出資進行，雖然這不一定代表研究有偏差，不過的確可能讓人質疑其公正性。

動物研究通常透過餵食實驗大鼠等動物極高劑量的添加食品，用以研究癌症發生率。癌症研究之所以使用高劑量，是因為這類研究所使用的實驗動物數量相對較少（通常不超過幾百隻）。由於使用的是高劑量，而且大鼠的新陳代謝儘管和人類相似，但不完全相同，因此解讀研究結果必須謹慎。

流行病學研究檢視人口與患病率，並分析兩者之間有無關聯。舉例來說，有研究曾比較膀胱癌患者與健康民眾之間的糖精攝取量有無差異（大鼠實驗顯示糖精導致膀胱癌），而人類流行病學研究顯示兩者之間並無關聯。

血液及尿液可用來分析其中是否存有高甜度甜味劑及其代謝物（也就是經過消化分解之後的物質）。身體完全無法代謝蔗糖素，而阿斯巴甜可以分解為天冬胺酸、苯丙胺酸、甲醇。雖然我們日常食用的許多常見食品中都存在這三種物質，假設攝取量「正常」，也都安全無虞，不過部分科學家認為阿斯巴甜被分解的速度快得多，因此可能不安全。針對阿斯巴甜也進行過人類自願研究。研究中，自願者攝取大量阿斯巴甜，部分研究甚至長達二十四週，之後分析自願者的血液樣本，或評估其神經與行為狀況。雖然研究人員的結論指出阿斯巴甜是安全的食品，不過也有人質疑這些研究可能為期過短，或是試驗設計並不充足。

味劑——紐甜的使用，不過尚未普及。

美國最近核准的一種甜味劑是天然甜味劑，名稱是萊鮑迪甙A（Rebaudioside A，簡稱rebiana或Reb-A）。萊鮑迪甙A是一種高度精製的白色粉末，由甜菊葉萃取而出，這種甜香草野生生長於南美與中美洲。巴拉圭與巴西人數百年來以甜菊葉賦予飲料甜味。萊鮑迪甙A並不是人工合成製造，是第一種全天然的高甜度甜味劑，市售品牌包括PureVia和Truvia。萊鮑迪甙A可用於烘焙，不過和其他高甜度甜味劑一樣，散發甜味的速度較慢，而且會殘留餘味。除了增甜外，也不具有糖的其他功能（PureVia和Truvia都添加赤藻糖醇這種增積劑，能提供糖的部分功能）。替換時，每磅糖可以6.5盎司Truvia取代（每100克糖以40克Truvia取代）。

在眾多高甜度甜味劑中，Splenda可能是最適合烘焙相關應用的一種。不像阿斯巴甜，蔗糖素經烤箱加熱後不會喪失甜味，安全性也較少受到消費者及消費者保護協會質疑。

Splenda除了含有蔗糖素，也會添加麥芽糊精做為增積劑。烘焙時，可以用等量的

Splenda蔗糖素及麥芽糊精混合物取代蔗糖（等量，而非等重）。開始嘗試時，可以等量Splenda取代糖，不過成品的外觀、口味與質地會與使用蔗糖有所差異，不過透過調整Splenda與其他材料的用量，通常可以做出合格（但不完全一樣）的產品。

甜味劑的功能

甜味劑和其他重要烘焙材料一樣具有多種功能，部分功能和其吸濕性有關，也就是吸收並保留水分的能力。

主要功能

增甜　所有糖和糖漿都能增添甜味，只不過程度不一。一般來說，果糖甜度高於蔗糖，蔗糖又高於其他常見糖類。以下只是糖與糖漿甜度的大略排序（影響相對甜度的因素還包括濃度、酸鹼值等），顯示以某種甜味劑取代另一種對製品甜度有何影響。圖8.15以圖表顯示各種甜味劑的甜度。

糖：果糖＞蔗糖＞葡萄糖＞麥芽糖＞乳糖

糖漿：苜蓿蜜＞轉化糖漿＞中轉化葡萄糖玉米糖漿

軟化　糖溶解之後會阻礙麵筋形成、蛋白質凝結與澱粉糊化，換句話說，糖可以延遲結構的形成，藉此軟化結構。糖的軟化效果與其吸濕性有關，由於麵筋、蛋和澱粉形成結構都需要水，而糖的吸水性會搶走形成結構所需的水

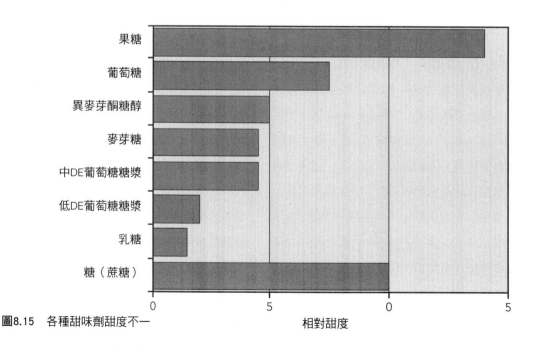

圖8.15　各種甜味劑甜度不一

相對甜度

量，糖可能也會和結構來源本身交互影響。不論如何，糖會提高蛋白質及澱粉開始凝結、糊化的溫度，因此延遲結構的形成。

添加的糖量越多，延遲效果就越明顯，烘焙品也會更柔軟。不過如果加入過多糖分，形成的結構過少，則製品無法膨脹，或者膨脹放涼之後又會塌陷。圖8.16顯示過多糖分會使蛋糕膨脹超過紙模，但因中央缺乏結構而塌陷。也請注意糖分過少的蛋糕會過早形成結構，此時蒸氣受熱還未能擴張，因此成品結構密實，表面突起、破裂，可能是因為蒸氣突破蛋糕外皮所導致。

雖然多數柔軟的產品同時也質地濕潤，但有些不是如此，以奶油酥餅來說，其質地雖柔軟，不過乾燥酥鬆。奶油酥餅的柔軟特性也是糖所造成的。

保持濕潤、延長保存期限　糖的吸濕性能提高剛出爐製品的柔軟度與濕潤度，也能避免烘焙品變乾、老化，延長保存期限。

一般來說，果糖是常見糖類中吸濕性最好

圖8.16　糖量會影響磅蛋糕的體積、形狀與顏色。左至右：少糖、正常糖量、多糖。

的糖，因此保濕性與延長保存期限的效果最好。**轉化糖漿、蜂蜜、高果糖玉米糖漿與龍舌蘭糖漿**等含有大量果糖的糖漿，比起其他糖漿與砂糖更能增添濕潤度，製品存放數天後更能看出明顯差異。

提供褐色色澤與焦糖或烘烤香氣　雖然紅糖、糖蜜、麥芽糖、蜂蜜等部分甜味劑原本就呈褐色，不過其他多數甜味劑是透過焦糖化與梅納褐變反應來提供褐色色澤與令人喜愛的焦糖化及烘焙香氣。

由於焦糖化和梅納褐變反應的結果相似，很多人都忽視兩者之間的區別。嚴格來說，焦糖化是糖高溫受熱所經歷的過程；梅納褐變反應也是高溫加熱所導致的現象，不過參與反應的除了糖，還有蛋白質。如果製品含有蛋白質，褐變反應會更快，反應起始溫度更低，麵粉、蛋和乳製品之中的蛋白質都會參與梅納褐變反應。只需少量蛋白質就能大幅加快反應，而製品含有越多蛋白質，褐變反應就越劇烈。因此以高筋麵粉製作的烘焙品褐變速度比中低筋或低筋麵粉快。

製品接觸到更多熱能，褐變也越劇烈。以烘焙品來說，這代表烤溫越高，外皮的褐變就越明顯。不過矛盾的是，對熬煮類糖品來說，高溫卻會降低褐變的程度。之所以會如此，是因為要等到適當水量蒸發之後，熬煮類糖品才會煮製完成。如果溫度低，蒸發一定水量所需時間較長，糖品接觸到的總熱能較多，因此許多熬煮類糖品的配方會要求大火煮至沸騰，以便降低糖吸收的熱能與褐變程度。

如果時間夠久，室溫下也會發生梅納褐變反應。比方說，蔗糖一定要加熱到320℉至

340℉（160℃至170℃）才會開始焦糖化，不過奶粉於室溫儲藏一年左右會開始出現梅納褐變反應並走味。表8.2 比較焦糖化與梅納褐變的過程。

焦糖化與梅納褐變的另一個差異在於兩者產生的味道不同。焦糖化的味道大概就是煮糖的味道，而梅納褐變的味道則比較多樣，比方說烘可可、烘咖啡、烘烤堅果、太妃硬糖、楓糖漿、糖蜜（楓樹樹汁和甘蔗中有少量可參與梅納褐變反應的蛋白質）都屬於梅納反應產生

的味道。烘焙品外皮的味道與顏色也是來自梅納褐變反應。

我們一般都喜愛梅納褐變反應的效果，不過梅納反應也可能使儲藏食品變為褐色或產生不新鮮的味道，這就是我們不樂見的梅納反應。舉例來說，我們不希望儲藏於室溫的奶粉變色，白巧克力放置超過一年也會開始變色。奶粉和白巧克力中都含有乳製成分，其中的乳蛋白質和乳糖易受梅納褐變反應影響，乳糖的褐變速度相對較快。

表8.2　焦糖化與梅納褐變的比較

褐變反應	反應分子	反應溫度	例子
焦糖化	糖（及特定碳水化合物）	很高	焦糖或煮糖
梅納褐變	糖（及特定碳水化合物）與蛋白質	較低；室溫也可能發生	烘可可、咖啡、堅果；烘焙品的外皮；儲藏時變色的白巧克力

糖焦糖化的顏色和香氣是從何而來？

加熱糖時，會發生一系列複雜的化學反應，將糖分解成更小的分子。這些小分子容易蒸發，啟動我們的味覺，提供焦糖的美好香氣。持續加熱後，這些小分子會相互反應，組成較大的分子，叫做聚合物。大聚合物不會蒸發，不過會吸收光線，使糖變為褐色。再持續加熱會形成具有苦味的聚合物，因此煮糖務必避免煮過頭。糖與蛋白質共同參與的梅納褐變反應也是相似過程。

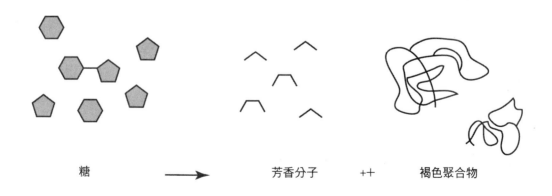

糖　　　　　→　　　　　芳香分子　　++　　　褐色聚合物

單醣的褐變速度也比多數雙醣快，焦糖化和梅納褐變反應都比較劇烈，也因此含有單糖果糖和葡萄糖的轉化糖漿褐變速度快過砂糖。事實上，蔗糖要發生褐變，得先分解為葡萄糖和果糖，然後才能參與焦糖化及梅納褐變反應，完整的蔗糖不會褐變。用於製作拉糖、塑糖、糖絲的多元醇——異麥芽酮糖醇——幾乎完全不會褐變。各種甜味劑褐變的速率由快至慢大致如下：

果糖＞葡萄糖＞乳糖＞麥芽糖＞蔗糖＞異麥芽酮糖醇

糖如果含有特定礦物質，例如銅和鐵質，褐變速度會加快，而且只需要微量礦物質（單位為百萬分之一），褐變程度就會顯著增加。部分水源、未精製糖漿（麥芽、糖蜜、楓糖、蜂蜜、米糖）、鹽中都含有礦物質。

實用祕訣

如果希望糖飾盡量白皙，請運用一切防止褐變的技巧。首先，選用雜質相對較少的糖，例如AA粗粒裝飾用糖；使用純水，有必要的話，請用蒸餾水，其酸鹼值為中性且不含礦物質；如果配方要求葡萄糖玉米糖漿，請使用低轉化糖漿，其中會褐變的糖量很低；選擇顏色晶透的高度精製糖漿，這類糖漿經過一系列過濾與脫色程序，移除多數雜質；以大火加熱，快速蒸發水分，以免糖分吸收過多熱能；在加熱的最後階段或糖離開火源後，加入少量酸性物質，例如酒石酸；或使用異麥芽酮糖醇取代糖。

實用祕訣

如果餅乾或其他烘焙品顏色太白，而你不想提高烤溫或延長烘烤時間，那可以考慮以下作法。使用蛋白質含量較高的麵粉，加入少量小蘇打粉或奶粉，或將配方中部分糖以轉化糖漿替代。小蘇打粉的使用量很少，每2磅麵粉大約只需四分之一盎司（每公斤麵粉使用8公克）的小蘇打粉即可。

酸性和鹼性物質會影響酸鹼值，進而影響褐變反應。烘焙品中常加入少量小蘇打粉以提高酸鹼值，促進褐變；另一方面，酸性的酪乳（白脫牛奶）及塔塔粉可降低酸鹼值，減緩褐化反應。水中通常含有礦物質及酸鹼物質，也可能影響褐化程度，製作甜品時尤其明顯。

協助膨脹 糖晶形狀不規則，因此空氣可存在於糖晶之間，但糖漿中幾乎沒有空氣，只要在麵糊及麵團中添加乾糖，同時也加入了空氣，而空氣正是烘焙品的三種主要膨脹氣體之一。將油脂和糖一起打發也可以添加空氣。只有乾糖能在打發的油脂或麵糊、麵團中加入空氣，降低其密度、促進膨脹，糖漿沒有這項功能。

翻糖與糖製甜品的體積與結構來源 糖晶可為翻糖、甜品等製品提供體積與結構。這是什麼意思呢？由於翻糖90%以上的成分是結晶糖，因此假如沒有這些固體糖晶，翻糖就只會是液體糖漿。

雖然一般來說，糖並不是烘焙品的結構來源（之前提過，糖量越多，烘焙品質地越柔軟），不過在翻糖等含有糖晶的製品中，糖的

固體結晶的確能提供結構，決定製品的體積與形狀。從這方面來看，固體糖晶確實能提供某種結構。

穩定打發蛋白　適量的糖能穩定打發蛋白，也就是說，加糖的打發蛋白（蛋白霜）比較不容易塌陷或凝結水珠。糖也有助於穩定乳沫類蛋糕中的打發全蛋及打發蛋黃，例如傑諾瓦士蛋糕和戚風蛋糕。第10章將進一步探討糖穩定打發蛋白的功能。

提供酵母發酵的養分　除了乳糖之外，其他常見糖類都能藉由酵母發酵。在酵母發酵的過程中，糖可以提供麵團膨脹所需的二氧化碳氣體。蔗糖、果糖和葡萄糖的發酵速度較快，麥芽糖較慢。

其他功能

增添風味　當然，所有甜味劑都能提供甜味，不過部分甜味劑還具有其他獨特的風味，例如紅糖、蜂蜜、楓糖漿、麥芽糖漿、米糖漿、深色龍舌蘭糖漿、糖蜜與深色葡萄糖玉米糖漿。其他甜味劑的味道則比較溫和，主要功能是提供甜味，這類甜味劑包括砂糖、糖粉、淺色葡萄糖玉米糖漿及轉化糖漿。

降低冷凍甜點的冷凍感與硬度　糖藉由抓住水分並干擾冰晶的形成，有降低冷凍甜點冰點的效果。提高糖分含量能讓冷凍甜點口感較柔軟、不會過冰。單醣（果糖和葡萄糖）降低冰點的效果比雙醣好。

低轉化葡萄糖玉米糖漿（DE值低）等濃稠的糖漿也對防止冰晶形成很有效，不過作用方式和單醣不同。低轉化葡萄糖玉米糖漿中大體積的高醣類能阻礙水分子自由移動，因此水分無法形成大塊、尖銳的冰晶，藉此干擾冰晶的形成。

實用祕訣

製作冰淇淋時，添加少量（不超過5%）低轉化葡萄糖玉米糖漿能讓冰淇淋更柔軟滑順，也能在冷凍庫存放更久而不會結凍。不過糖漿添加量不要超過5%，以免冰淇淋口感過硬、變得有嚼勁。

提供膨脹的酸性來源　多數糖漿包含部分酸性物質，但乾糖沒有。糖漿中的酸性物質接觸到

薑餅的膨脹

許多傳統薑餅配方不會使用泡打粉當做化學膨鬆劑，而是倚賴糖蜜（酸性）與小蘇打粉（鹼性）發生酸鹼中和反應，進而製造二氧化碳。由於這個反應在室溫下就會啟動，因此有些配方也會加入少量泡打粉，以便在最需要膨發的烘烤過程中也能產生二氧化碳。

烘焙品中的小蘇打粉時,可以產生膨脹所需的二氧化碳。舉例來說,蜂蜜的酸鹼值一般介在3.5至4.5之間,酸度其實不低。美國國家蜂蜜委員會建議每杯蜂蜜(約12盎司或340克)添加二分之一小匙(1.2毫升)小蘇打粉中和其酸性,這個作法所產生的二氧化碳大約等於添加1小匙(5毫升)泡打粉。

防止微生物孳生 少量使用時,糖是微生物的養分來源,因此會促進微生物生長,不過大量添加時卻有反效果。糖能降低水活性,防止微生物孳生,發揮防腐劑的作用,因此高油糖麵團的基本發酵與最後發酵比零油糖麵團慢,而以高甜度甜味劑製作的無糖蛋糕短短數天就會發霉。果醬、果凍、甜煉乳、糖漬水果、眾多糖果及甜品中含有大量糖分,使微生物不容易孳生。

增添糖霜的光澤 糖漿能包覆糖晶的鋸齒狀不規則表面,形成滑順、鏡面般的表層,因此特別能為糖霜及眾多甜品增添光澤。

有助部分烘焙品形成硬脆的外皮 通常烘焙品會在冷卻過程中形成令人喜愛的酥脆外皮。烘烤時,水分蒸發,外皮變得酥脆,而製品開始冷卻時,糖會重新結晶,也有助脆皮的形成,這點在糖量高而水分少的餅乾、布朗尼蛋糕及磅蛋糕配方中尤其明顯。

果糖、山梨糖醇、轉化糖漿、糖蜜與蜂蜜等等吸濕性佳的甜味劑能防止水分散失,並且干擾糖形成結晶,因此有助製作出柔軟、濕潤的烘焙品。

有些餅乾麵團烘烤時會出現令人食慾大開

的裂痕(圖8.17),這是因為餅乾表面在本體膨脹、攤平之前變乾,使糖重新形成結晶。糖量高的餅乾最容易出現裂痕,加入粗粒砂糖也有助形成裂痕。吸濕性好的甜味劑會減少裂痕,因為水分不容易散失,糖也不容易重新形成結晶。

圖8.17 烘烤過程中,重新結晶的糖會在餅乾表面形成裂痕。

使餅乾攤得更平 糖溶解之後會使餅乾往外擴展。糖溶解時會吸收蛋白質及澱粉中的水分,有點類似把餅乾麵團變成糖漿,同時糖也會延緩蛋白質凝結與澱粉糊化,因此餅乾麵團經烤箱加熱會在烤盤上攤平,直到蛋白質凝結,使結構固定。

> **實用祕訣**
>
> 如果原本柔軟而濕潤的餅乾在幾天之內變乾、變硬或變脆,請將少量的糖(不超過糖量的10%至25%)換成轉化糖漿、山梨糖醇或果糖。這類甜味劑能有效防止糖形成結晶,避免餅乾質地改變,而且不會額外添加其他味道。

餅乾麵團中的糖量越多，就會攤得越平。顆粒越細的糖溶解速度越快，因此也能提高餅乾攤平的程度。

此外，只有溶解後的糖才能夠使餅乾變軟、變平，糖粉因為含有玉米澱粉，因此雖然顆粒細，但是反而會防止餅乾向外擴展。

為身體提供能量　糖和大部分碳水化合物一樣能為身體提供能量，換句話說，糖能提供熱量。由於多數甜味劑成分單純，幾乎完全由碳水化合物組成，因此除了熱量之外，少有其他營養素。糖蜜是例外之一，雖然多數營養素含量很低，但糖蜜可以提供豐富的鈣、鉀、鐵。

儲藏與處理

所有甜味劑都應該加蓋儲藏，以免沾染其他味道。加蓋也能防止乾糖吸收或喪失水分，這對糖粉和紅糖來說尤其重要，因為這兩種糖類如果吸收或喪失水分時會結塊。如果糖粉結塊，使用前請先用篩網過篩；如果紅糖結塊，過篩之前請用烤箱或微波爐緩緩加熱。

乾糖只要妥善加蓋保存，都沒有使用期限的問題，但甜甜圈用糖粉除外，因為這種糖含有油脂，可能氧化。某些糖漿（例如轉化糖漿和部分葡萄糖玉米糖漿）存放過久顏色會變深，尤其是儲藏環境溫度高的時候。如果淺色糖漿顏色變深，不必丟棄，還是可以用於深色的製品，例如布朗尼蛋糕或全麥麵包。

水分含量高的糖漿（例如楓糖漿和糖水）必須冷藏保存，防止酵母或黴菌孳生。但其他糖漿最好不要冷藏，冷藏會使葡萄糖含量高的糖漿結晶，例如蜂蜜、轉化糖漿、高果糖玉米糖漿。如果糖漿結晶了，請攪拌均勻，使結晶平均分布於糖漿中。雖然一般來說不必加熱溶解結晶，但這也是一種方法。加熱時不要讓溫度上升太快，處理易受高溫破壞的糖漿時更應謹慎，舉例來說，蜂蜜加熱超過160℉（70℃）可能減損其風味。

耐滲壓酵母（也就是能在高糖環境生長的酵母）可能在糖蜜、蜂蜜或葡萄糖玉米糖漿中發酵，發生這種情況時，糖漿中會出現二氧化碳形成的小氣泡，另外可能散發酵母味，有時候糖漿表面也會發霉。為確保安全，糖漿出現這類情況時請丟棄，不要使用。採購糖漿時，不要購買超過六個月至一年內能用完的量。

以糖漿取代糖

之前提過，糖漿中含有水及一種以上糖類。多數糖漿約含有80%的糖及20%的水分，也就是說，1磅（或1公斤）糖漿通常含有0.8磅（0.8公斤）糖及0.2磅（0.2公斤）水。由於以等量糖漿取代砂糖會減少製品中20%的糖固形物含量，因此替換時最好能計算並調整糖漿及液體量。砂糖及多種糖漿（糖與水比例為八比二者）的替換準則如下。注意：下列計算並未考量甜度或甜味劑其他特性的差異。之前提過，根據美國國家蜂蜜委員會，蜂蜜可直接取代等重砂糖，再減少配方中的水量。

- 以糖漿取代砂糖：糖的重量除以0.8即為糖漿的使用量，而糖和糖漿之間的差值就是應減少的水或液體量。比方說，可用20盎司糖漿取代1磅（16盎司）糖，然後再減去4盎司液體；或以625克糖漿取代500克糖，再減去125克液體。

- 以砂糖取代糖漿：糖漿重量乘以0.8即為砂糖的使用量，而糖和糖漿之間的差值就是應增加的水或液體量。舉例來說，可用12.8盎司砂糖取代1磅（16盎司）糖漿，然後再增加3.2盎司液體；或以400克砂糖取代500克糖漿，再增加100克液體。

實用祕訣

烘焙坊經常高溫潮濕，空氣中可能漂浮酵母及黴菌孢子，為了避免酵母與黴菌降落在糖漿中，未使用時，請隨時加蓋。取用容器中的糖漿時，也請使用乾淨的用具。這些簡單的預防措施能避免酵母及黴菌沾染食材，此外，還能防止水滴混入糖漿中，水滴可能製造出高溼的微環境，促進微生物繁衍生長。

複習問題

1 請畫出兩種單醣及兩種雙醣的骨架結構並分別標示。何者是一般砂糖的骨架結構？

2 單醣葡萄糖有什麼別名？

3 請說明糖晶。

4 何者結晶速度比較快？含有一種糖分子的糖漿，還是含有兩種以上糖分子的糖漿？請說明你的答案。

5 糖具有吸濕性是什麼意思？常見糖類中，哪一種吸濕性最好？

6 請舉例說明什麼時候適合使用具有高吸濕性的甜味劑，什麼時候又不希望甜味劑的吸濕性太高？

7 特砂、粗粒砂糖、細砂的主要差別為何？各自又有什麼別名？

8 乾燥蔗糖漿和一般砂糖的顏色、風味及結晶顆粒大小有什麼差異？

9 粗粒砂糖價格比一般砂糖高，有時甚至是一般砂糖價格的三倍，使用粗粒砂糖有什麼好處？

10 糖粉有什麼別名？為什麼糖粉的風味和甜度可能和一般砂糖不一樣？

11 6X和10X糖粉的主要差別為何？各自適用於什麼用途？

12 糖晶顆粒大小要在幾微米以下嘗起來才會順口、不會有砂粒感？哪一種乾糖的顆粒多半小於這個尺寸？

13 使用紅糖製作烘焙品的主要原因為何？

14 一般淺色及深色紅糖中含有多少糖蜜？

15 一般淺色及深色紅糖的主要差別為何？也就是說，深色紅糖為什麼顏色較深？

16 紅糖中的粗粒砂糖叫做什麼名稱？

17 請舉出一種未精製含蜜糖。請說明含蜜糖的製造方式。

18 以下糖類何者屬於精製糖、未精製糖及半精製糖？甘蔗汁煮糖、一般淺色蔗糖紅糖、深色甜菜紅糖、圭亞那粗糖、Sucanat糖、石蜜。

19 「糖漿」的定義是什麼？

20 為什麼水分含量一樣的兩種糖漿，濃稠度可能差別很大？

21 全轉化及半轉化糖漿的組成成分為何？

22 請畫出轉化糖漿的商業製程。

23 製作烘焙品時，轉化糖漿比起蔗糖具有哪些優點？製作糖霜、甜品及翻糖時又有什麼優點？

24 特級糖蜜有什麼特徵？為什麼特級糖蜜不一定適用於烘焙？

25 請畫出葡萄糖玉米糖漿的商業製程。

26 高轉化及低轉化葡萄糖玉米糖漿的成分有何差異？

27 葡萄糖玉米糖漿的「DE值」是什麼意思？

28 高轉化葡萄糖玉米糖漿有哪些特性，在哪些方面表現很好？低轉化葡萄糖玉米糖漿又有哪些特性？

29 在成分方面，哪一種玉米糖漿與轉化糖漿最相似？

30 甜甜圈用糖粉是以哪一種糖製成？為什麼比糖粉適合裝飾甜甜圈及裝盤甜點？

31 DE值同為42的葡萄糖玉米糖漿與乾葡萄糖漿有什麼差異？

32 什麼是異麥芽酮糖醇？為什麼有時候會用來取代糖？

33 哪一種多元醇的口感及其他特性與砂糖最相似？在熱量方面，這種多元醇（以及其他多元醇）與糖有什麼差別？

34 結晶狀果糖最常見的用途是什麼？

35 除了蔗糖素外，Splenda還含有什麼成分？這種成分有什麼功能？

36 哪一種高甜度的甜味劑為天然物質？

37 甜味劑有哪八大功能？高甜度甜味劑通常只能提供以上哪一項功能？

38 為什麼砂糖可以促進膨發而糖漿不可以？

39 牛奶中哪兩種成分可以參與梅納褐變反應？

40 白巧克力顏色變深、出現怪味的可能原因為何？

41 應如何使用並儲藏蜂蜜？

問題討論

1 請依照糖蜜含量，由高至低為以下糖類排序：圭亞那粗糖、一般砂糖、甘蔗汁煮糖、一般深色紅糖、黑糖。

2 如果加入太多轉化糖漿，白蛋糕成品會有什麼變化？回答這個問題時，請假設你已考量到糖漿含有水分並據此調整配方水量。

3 你製作了糖與水二比一的糖水，冷藏數天後，糖水因為糖結晶而變得渾濁，糖水中加入什麼成分可以防止糖結晶？

4 你想要製作柔軟、濕潤的餅乾，配方中應使用哪一種糖漿：一般葡萄糖玉米糖漿還是轉化糖漿？為什麼？

5 以下糖漿何者屬於半轉化糖漿、全轉化糖漿，或根本不屬於轉化糖漿？特級糖蜜、蜂蜜、金黃糖漿、低DE葡萄糖玉米糖漿、高DE葡萄糖玉米糖漿、高果糖玉米糖漿、楓糖漿。

6 你想要以葡萄糖玉米糖漿替換配方中的8磅（或8公斤）蔗糖，應加入多少葡萄糖玉米糖漿，而水量又該如何調整才能使甜味劑與水分含量等同原配方？說明你的計算過程。

7 你想要以楓糖漿替換配方中的8磅（或8公斤）蔗糖，楓糖中的糖分固形物是67%（而非80%），請問配方該如何調整？

習作與實驗

❶ 習作：降低烘焙品與甜品的褐變程度

　　利用以下空白處，列出你所知所有能降低烘焙品與甜品褐變程度的措施。本習題的重點在於降低褐變程度，不要考慮可能使製品在其他方面品質變差的方法。措施要明確而實際可行。想想看吩咐助手時，你會如何下指令，以下列動作做為開頭：加入、增加、降低、改變、省略、添加、使用。雖然並非所有措施都能應用於所有種類的製品，但至少要能應用於一項產品。第一點是範例，已經替你完成了，請依照以下格式至少想出五項措施。

1　製作蛋液時，以水取代其中牛奶；或直接省略蛋液。

2 _____

3 _____

4 _____

5 _____

6 _____

7 _____

_____

_____

8 _____

_____

_____

9 _____

_____

_____

10 _____

_____

_____

❷ 習作：糖的濃度對水的沸點有何影響

純水在海拔高度的沸點是212℉（100℃）。糖（或任何其他物質）溶解在水中時，沸點會提高，這是因為糖分子會占據空間，包括靠近鍋子頂端的空間，阻擋鍋中水分子飄散進入空中的途徑。隨著糖的濃度提高（糖漿中的水蒸發後，糖的濃度就提高了），沸點也會提高。

製作熬煮類糖品，煮沸糖漿時，水分蒸發，但糖還留在鍋中。在此過程中，糖的濃度上升，因此水分變得不容易蒸發，沸點提高，所以需要使用溫度計來判斷糖品（以及果醬、果凍）煮沸的時間是否足夠，使成品可以順利凝固。溫度計也可以用來判斷糖是否達到合適的濃度。

指示：將右表中數據標示在下圖中，並連接各點，畫出曲線圖，圖表將顯示糖漿中糖量與糖漿沸點的關係，接著回答下列問題。

糖濃度（%）	沸點（℉）
0	212
20	212.5
40	214
50	215
60	217
70	221
80	229
85	236
90	247
95	265
98	280

糖的濃度與沸點之間的關係

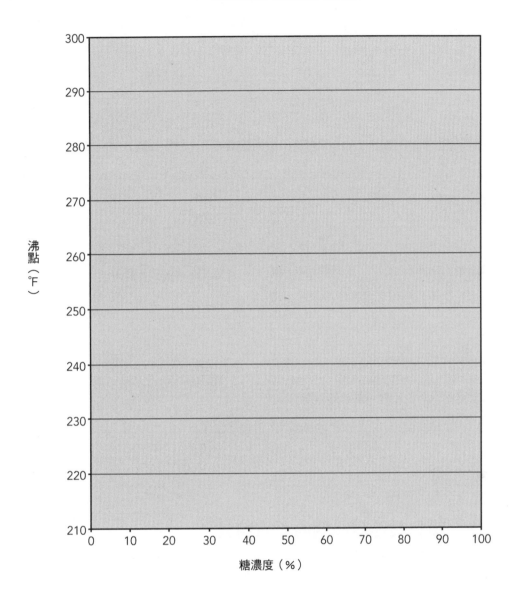

糖濃度（%）

沸點（℉）

1　糖漿濃度由40%上升至50%，以及由80%上升至90%時，沸點變化有何差異？濃度同樣上升10%，什麼時候的沸點變化較大？

_____

_____

_____

2 糖的濃度低的時候（例如濃度50%的糖水），使用溫度計能否輕易準確判斷糖的濃度？請說明你的理由。

_____

_____

_____

3 某種糖漿含有65%的糖分（約是果醬與果凍的糖濃度），請根據圖表估計其沸點。

_____

_____

_____

4 某種糖漿的沸點為240℉（約是翻糖的沸點），請根據圖表估計其濃度。

_____

_____

_____

5 為什麼你的估計值和翻糖的實際濃度有差？

_____

_____

_____

❸ 習作：糖和其他甜味劑的感官特性

請使用結果表格，先在「說明」欄填上每一種甜味劑的品牌名稱，並進一步說明這款甜味劑和同一類別的其他甜味劑有何區別（例如砂糖原料有甘蔗或甜菜的區別，顆粒大小為細砂或特砂）。接著比較並描述甜味劑的外觀與風味（除了甜味以外，也考慮酸味、苦味、澀味與香氣）。利用這個機會學習單靠感官特性分辨甜味劑種類。利用表格的最後一欄記錄任何其他心得與觀察，比方說成分標示或乾糖在口中溶化的速度。

請利用結果表格中的資訊及本章內容回答下列問題。請圈選**粗體字**的選項或填空。

1 粗粒砂糖在口中溶化的速度比一般砂糖**快／慢**，主要是因為其結晶顆粒比一般砂糖**大／小**。

2　粗粒砂糖中可能加入什麼成分以增添光澤，並使糖晶烘焙時不易溶解？_____

　你的粗粒砂糖有添加這項成分嗎？_____

3　糖粉與甜甜圈用糖粉的感官特性主要差異是_____

　_____

　_____

結果表　糖與其他甜味劑

甜味劑種類	說明	外觀	甜度／風味	備註
一般砂糖				
乾燥蔗糖漿				
粗粒砂糖				
糖粉				
甜甜圈用糖粉				
結晶狀果糖				
異麥芽酮糖醇				
Splenda				
轉化糖漿				
中DE葡萄糖糖漿				
低DE葡萄糖糖漿				
淺色紅糖				
深色紅糖				
糖蜜				
深色玉米糖漿				
蜂蜜				

4 果糖在口中溶化的速度比砂糖**快／慢**，主要是因為其吸濕性**好／不太好**。果糖也比砂糖**更甜／不甜**。

5 異麥芽酮糖醇在口中溶化的速度比砂糖**快／慢**，主要是因為其吸濕性**好／不太好**。異麥芽酮糖醇也比砂糖**更甜／不甜**。

6 Splenda比一般砂糖**更甜／不甜／甜度差不多**，Splenda和糖的其他差異包括 _____

   _____

   _____

7 請說明轉化糖漿的風味

   _____

   _____

   _____

8 低DE葡萄糖糖漿是以**玉米／小麥／其他澱粉**製成，中DE葡萄糖糖漿是以**玉米／小麥／其他澱粉**製成。

9 **低／中**DE的葡萄糖糖漿比較甜，因為其中的糖量比較**低／高**；因為其中高醣類含量比較**少／多**，所以也比較**濃稠／稀薄**。

10 低DE葡萄糖糖漿比中DE葡萄糖糖漿**清澈／渾濁／差不多**，這代表低DE葡萄糖糖漿的精製程度比中DE葡萄糖糖漿**高／低／差不多**，顏色變深與褐變速度也會比較**快／慢／差不多**，所以比較**適合／不適合／差不多**製作白色的糖品與糖飾。

   _____

   _____

   _____

11 深色紅糖的風味比淺色紅糖**強烈／清淡／差不多**，請說明差異的原因。

   _____

   _____

   _____

12 請說明糖蜜的風味

_____

_____

_____

13 請說明深色玉米糖漿與糖蜜的風味差別

_____

_____

_____

14 一般來說，蜂蜜的酸鹼值比其他糖漿**低／高**，顯示其中含有酸性物質。蜂蜜的風味**特別酸／不會特別酸**。請說明原因。

_____

_____

_____

❹ 實驗：糖量對磅蛋糕品質的影響

目標

示範糖量對於下列項目有何影響

- 磅蛋糕的體積與形狀
- 磅蛋糕外皮的褐變程度
- 磅蛋糕的風味與質地
- 磅蛋糕的整體滿意度

製作成品

以下列材料製成的磅蛋糕

- 正常糖量（對照組）
- 無糖
- 一半糖量
- 1.5倍糖量
- 兩倍糖量
- 可自行選擇其他糖量（例如四分之三、一又四分之一糖量等）

材料與設備

- 秤
- 篩網
- 烘焙紙
- 5夸脫（約5公升）鋼盆攪拌機
- 槳狀攪拌器
- 刮板
- 打蛋器
- 磅蛋糕麵糊（請見配方），每種糖量需製作至少24個磅蛋糕
- 瑪芬模（直徑2.5／3.5吋或65／90公釐）
- 紙模、烤模噴油或烤盤油
- 16號（2液量盎司／60毫升）冰淇淋勺或同等容量量匙
- 半盤烤盤（可省略）
- 烤箱溫度計
- 竹籤（測試用）
- 鋸齒刀
- 尺

配方

高糖磅蛋糕

分量：24個正常糖量對照組，其他糖量的成品分量會有差異

材料	磅	盎司	克	烘焙百分比
低筋麵粉		12	350	100
奶粉		1.4	40	11
鹽		0.2	7	2
泡打粉		0.4	10	3
一般砂糖		14	400	115
塑性高甘油酥油		8	230	66
水		6	175	50
全蛋		8	230	66
合計	3	2	1,442	413

製作方法（以正常糖量對照組為例）

1 烤箱預熱至375℉（190℃）。

2 所有材料回復至室溫（材料溫度會影響成品一致性）。

3 麵粉、奶粉、鹽、泡打粉過篩至烘焙紙上，重複三次，混合均勻。

4 將過篩乾料與砂糖置於碗中，加入酥油與一半水量（3盎司或87克）。

5 以攪拌槳低速攪拌30秒，停下機器刮缸與攪拌槳。

6 繼續低速攪拌4分鐘，每分鐘停下機器刮缸與攪拌槳，攪拌完成後麵糊應呈滑順狀。

7 以打蛋器輕輕攪拌剩餘水量（3盎司或88克）與蛋。

8 將一半蛋與水混合物倒入麵糊中，低速攪拌4分鐘，停下機器刮缸。

9 加入剩餘的蛋與水混合物，低速攪拌5分鐘。

10 刮缸，麵糊靜置備用。

製作方法（其他糖量的磅蛋糕）

請依照對照組（正常糖量）的準備步驟，但步驟4時替換成以下糖量：

1 無糖蛋糕，請完全省略糖。

2 半糖蛋糕，糖量7盎司（200克）。

3 1.5倍糖量蛋糕，糖量1磅5盎司（600克）。

4 兩倍糖量蛋糕，糖量1磅12盎司（800克）。

步驟

1 根據上述高糖蛋糕配方表準備蛋糕麵糊（也可使用其他基本高糖磅蛋糕配方）。為每一種糖量準備一批麵糊。

2 在瑪芬模中放上紙模、噴上少許油脂，或抹上一層烤盤油。標示蛋糕麵糊中的甜味劑含量。

3 以16號冰淇淋勺或同等容量量匙挖出蛋糕麵糊，放入瑪芬模中。

4 可再將瑪芬模放上半盤烤盤。

5 將烤箱溫度計放置於烤箱中央，記錄烤箱初溫。初溫：＿＿＿＿＿＿＿。

6 烤箱預熱完成後，放進裝有蛋糕麵糊的瑪芬模，烘烤32至35分鐘（或根據你所使用的其他配方）。

7 烘烤至對照組稍稍脫離瑪芬模側邊，輕輕按壓蛋糕頂部中央時會回彈，將竹籤插入蛋糕中心再抽出沒有沾黏的現象。對照組應有輕微褐變。烘烤同樣時間後，即便部分蛋糕顏色較淡或未充分膨脹，仍將所有蛋糕移出烤箱。不過如有需要，可依據烤箱差異調整烘焙時間。

8 將烘烤時間記錄於結果表一。

9 記錄烤箱終溫，終溫：＿＿＿＿＿＿＿。

10 將蛋糕移出熱烤盤，冷卻至室溫。

結果

1 完全冷卻後，根據以下指示，測量每批蛋糕的平均重量：

- 每批取三個蛋糕，測量個別重量，將結果記錄於結果表一。
- 計算蛋糕平均重量，加總重量總合再除以三，將結果記錄於結果表一。

2 根據以下指示，測量平均高度：

- 每批取三個蛋糕切半，注意不要擠壓蛋糕。
- 拿尺貼著蛋糕中心的切面測量高度，以1/16吋（1公釐）為單位，將結果記錄於結果表一。
- 計算蛋糕平均高度，加總高度總合再除以三。將結果記錄於結果表一。

3 評估蛋糕形狀（均勻圓頂、尖頂、中央凹陷等），在結果表一中畫出形狀或以文字描述。

結果表一　不同糖量高糖磅蛋糕的體積與形狀

糖量	烘烤時間（分鐘）	三個蛋糕個別重量	平均重量	三個蛋糕個別高度	平均高度	蛋糕形狀	備註
正常（對照組）							
無糖							
半糖							
1.5倍糖							
兩倍糖							

4 待製品完全冷卻後，評估其感官特性，並將評估結果記錄於結果表二中。如果條件允許，評估之前請讓蛋糕熟成一天以上，以便突顯差異。請記得每一種製品都要與對照組做比較，評估以下項目：

- 外皮顏色，由淺至深給1至5分
- 蛋糕內裡（氣孔小／大、氣孔整齊／不規則、有／無巨大孔洞等等，也請評估顏色）
- 甜度，由不甜至非常甜給1至5分
- 風味（蛋味、麵粉味、鹹味等）

- 蛋糕質地（韌／軟、濕／乾、黏牙、有彈性、易碎等等）
- 整體滿意與否，從高度不滿意到高度滿意，由1至5給分
- 如有需要可加上備註

結果表二　不同糖量高糖磅蛋糕之感官特性

糖量	外皮顏色	蛋糕外觀	甜度	風味	蛋糕質地	整體滿意度	備註
正常（對照組）							
無糖							
半糖							
1.5倍糖							
兩倍糖							

誤差原因

　　請列出任何可能使你難以做出適當實驗結論的因素，特別是攪拌與處理麵糊時所碰到的問題，以及與烤箱相關的問題。

_____

_____

_____

　　請列出下次可以採取哪些不同的作法，以縮小或去除誤差。

_____

_____

_____

結論

請圈選**粗體字**的選項或填空。

1　隨著磅蛋糕糖量增加，甜度也**增加／降低／保持不變**，這是因為糖是磅蛋糕中主要的甜味來源。

2 隨著磅蛋糕糖量增加，蛋糕顏色也**變淺／變深／保持不變**，這是因為糖量越多，糖與蛋白質所發生的＿＿＿＿反應就越劇烈。比較對照組（一倍糖量）與無糖磅蛋糕就會發現這個現象，對照組的顏色比較**淺／深**。

3 隨著磅蛋糕糖量增加，濕潤度也**增加／降低／保持不變**，這是因為糖具有＿＿＿＿＿＿，所以糖會吸附水分，形成蛋糕中的糖漿。糖吸附水分後，會防止麵粉中的＿＿＿＿＿糊化，妨礙這種成分的乾燥劑效果。所有磅蛋糕中口感最乾的是**無糖／一倍糖量／1.5倍糖量／兩倍糖量**的蛋糕。

4 隨著磅蛋糕糖量增加，蛋糕口感變得**較硬／較軟／不變**，部分原因是糖會**加快／延緩**＿＿＿＿＿凝結與＿＿＿＿＿＿糊化，妨礙結構形成。

5 糖量由無糖增加到正常糖量時，麵糊的密度以及個別蛋糕的重量**提升／降低／保持不變**，原因可能是＿＿＿

6 糖量由正常增加到兩倍糖量時，蛋糕的高度**提升／降低／保持不變**，原因可能是＿＿＿

7 糖量由無糖增加到正常糖量時，蛋糕的風味（除了甜味提高外）有以下變化：＿＿＿

8 你是否注意到不同糖量的蛋糕或麵糊之間有無其他差異？＿＿＿

❺ 實驗：甜味劑種類對磅蛋糕品質的影響

目標

示範甜味劑種類對於下列項目有何影響

- 磅蛋糕的體積與形狀
- 磅蛋糕外皮的褐變程度
- 磅蛋糕的風味
- 磅蛋糕的質地
- 磅蛋糕的整體滿意度

製作成品

以下列材料製成的磅蛋糕

- 一般砂糖（對照組）
- 深色（或淺色）紅糖
- 蜂蜜（配方需依蜂蜜所含水分另外調整）
- 轉化糖漿（配方需依糖漿所含水分另外調整）
- Splenda（以同體積Splenda取代砂糖，配方需調整）
- 可自行選擇其他甜味劑（例如半糖／半蜂蜜、葡萄糖玉米糖漿、麥芽糖漿、糖蜜、麥芽糖醇、龍舌蘭糖漿等）

材料與設備

- 秤
- 篩網
- 烘焙紙
- 5夸脫（約5公升）鋼盆攪拌機
- 槳狀攪拌器
- 刮板
- 打蛋器
- 磅蛋糕麵糊（請見前一項實驗的配方），每種甜味劑需製作至少24個磅蛋糕
- 瑪芬模（直徑2.5／3.5吋或65／90公釐）
- 紙模、烤模噴油或烤盤油
- 16號（2液量盎司／60毫升）冰淇淋勺或同等容量量匙

- 半盤烤盤（可省略）
- 烤箱溫度計
- 竹籤（測試用）
- 鋸齒刀
- 尺

步驟

1 根據前一項實驗的高糖蛋糕配方表準備蛋糕麵糊（也可使用其他基本高糖磅蛋糕配方）。為每一種甜味劑準備一批麵糊。

2 在瑪芬模中放上紙模、噴上少許油脂，或抹上一層烤盤油。標示蛋糕麵糊中的甜味劑種類。

3 以16號冰淇淋勺或同等容量量匙挖出蛋糕麵糊，放入瑪芬模中。

4 可再將瑪芬模放上半盤烤盤。

5 將烤箱溫度計放置於烤箱中央，記錄烤箱初溫。初溫：＿＿＿＿＿＿＿＿。

6 烤箱預熱完成後，放進裝有蛋糕麵糊的瑪芬模，烘烤32至35鐘（或根據你所使用的其他配方）。

7 烘烤至對照組（一般砂糖）稍稍脫離瑪芬模側邊，輕輕按壓蛋糕頂部中央時會回彈，將竹籤插入蛋糕中心再抽出沒有沾黏的現象。對照組應有輕微褐變。烘烤同樣時間後，即便部分蛋糕顏色較淡、較深或未充分膨脹，仍將所有蛋糕移出烤箱。不過如有需要，可依據烤箱差異調整烘焙時間。

8 將時間記錄於後頁的結果表一。

9 記錄烤箱終溫，終溫：＿＿＿＿＿＿＿＿。

10 將蛋糕移出熱烤盤，冷卻至室溫。

製作方法（其他甜味劑的磅蛋糕）

　　請依照對照組（一般砂糖，請見前面）的準備步驟，不過使用其他甜味劑時做以下調整：

1 以紅糖製作蛋糕時，於步驟4以紅糖替換砂糖。

2 以蜂蜜（布里糖度80）製作蛋糕時，量出17.5盎司（500克）蜂蜜，於步驟4時加入乾料與酥油中，省略此步驟的糖與水分，步驟7的水量減少至2.5盎司（75克）。

3 以轉化糖漿（布里糖度75）製作蛋糕時，量出18.7盎司（533克）轉化糖漿，於步驟4時加入乾料與酥油中，省略此步驟的糖與水分，步驟7的水量減少至3.3盎司（42克）。

4 以Splenda製作蛋糕時，量出1.75盎司（50克）Splenda，於步驟4時加入乾料、酥油與水中，省略此步驟的糖。

結果

1 完全冷卻後，根據以下指示測量每批蛋糕的平均重量：

- 每批取三個蛋糕，測量個別重量，將結果記錄於結果表一。
- 計算蛋糕平均重量，加總重量總合再除以三，將結果記錄於結果表一。

2 根據以下指示，測量平均高度：

- 每批取三個蛋糕切半，注意不要擠壓蛋糕。
- 拿尺貼著蛋糕中心的切面測量高度，以1/16吋（1公釐）為單位，將高度記錄於結果表一。
- 計算蛋糕平均高度，加總高度總合再除以三，將結果記錄於結果表一。
- 評估蛋糕形狀（均勻圓頂、尖頂、中央凹陷等），在結果表一中畫出形狀或以文字描述。

結果表一　不同甜味劑高糖磅蛋糕的體積與形狀

甜味劑種類	烘焙時間	三個蛋糕個別重量	平均重量	三個蛋糕個別高度	平均高度	蛋糕形狀	備註
砂糖（對照組）							
紅糖							
蜂蜜							
轉化糖漿							
Splenda							

3 待製品完全冷卻後，評估其感官特性，並將評估結果記錄於結果表二中。如果條件允許，評估之前請讓蛋糕熟成一天以上，以便突顯差異。請記得每一種產品都要與對照組做比較，評估以下項目：

- 外皮顏色，由淺至深給1至5分
- 蛋糕內裡（氣孔小／大、氣孔整齊／不規則、有／無巨大孔洞等等），也請評估顏色
- 甜度，由不甜至非常甜給1至5分
- 風味（蛋味、麵粉味、鹹味、糖蜜味、焦糖味等）
- 蛋糕質地（韌／軟、濕／乾、黏牙、有彈性、易碎等等）

- 整體滿意與否，從高度不滿意到高度滿意，由1至5給分
- 如有需要可加上備註

結果表二　不同甜味劑高糖磅蛋糕之感官特性

甜味劑種類	外皮顏色與質地	蛋糕內裡與質地	甜度	整體風味	整體滿意度	備註
砂糖（對照組）						
紅糖						
蜂蜜						
轉化糖漿						
Splenda						

誤差原因

　　請列出任何可能使你難以做出適當實驗結論的因素，特別是攪拌與處理麵糊時所碰到的問題，以及與烤箱相關的問題。

_____

_____

_____

　　請列出下次可以採取哪些不同的作法，以縮小或去除誤差。

_____

_____

_____

結論

　　請圈選**粗體字**的選項或填空。

1　整體來說，比起以砂糖製作的磅蛋糕，以蜂蜜或轉化糖漿製作者重量**更重／更輕／一樣重**。
　　可能原因是糖漿對打發過程**有／沒有幫助**，**有助／無助**於麵糊及麵團混入空氣。

2 整體來說，比起以砂糖製作的磅蛋糕，以蜂蜜或轉化糖漿製作者膨脹程度**較高／較低／沒有差別**。可能原因是，比起以砂糖製作，以糖漿製作的麵糊混入**較多／較少／一樣多**空氣。

3 整體來說，比起以砂糖製作的磅蛋糕，以蜂蜜或轉化糖漿製作者褐變程度**更高／更低／一樣**。可能原因是蜂蜜和轉化糖漿都含有大量單醣的＿＿＿＿＿＿和＿＿＿＿＿，這兩種甜味劑的褐變反應比蔗糖**旺盛／緩和／一樣**。

4 以轉化糖漿製作磅蛋糕時，配方應做以下調整：＿＿＿＿＿＿＿＿＿＿＿＿＿

＿＿＿＿＿＿＿＿＿＿＿＿＿＿＿＿＿＿＿＿＿＿＿＿＿＿＿＿＿＿＿＿＿

＿＿＿＿＿＿＿＿＿＿＿＿＿＿＿＿＿＿＿＿＿＿＿＿＿＿＿＿＿＿＿＿＿

5 也就是說，以轉化糖漿或砂糖製作蛋糕，兩種磅蛋糕在濕潤度與柔軟度方面的差異和轉化糖漿中的水分**有關／無關**。

6 以蜂蜜或轉化糖漿製作蛋糕，兩種磅蛋糕的差異主要在於**顏色與風味／濕潤度與柔軟度／高度與蛋糕內裡**。這代表製作烘焙品時，蜂蜜**可以／不可以**順利取代轉化糖漿，而不需額外調整（除了稍微調整水量差異）。

7 以紅糖或一般砂糖製作蛋糕，兩種磅蛋糕的差異主要在於**顏色與風味／濕潤度與柔軟度／高度與蛋糕內裡**。這代表製作烘焙品時，紅糖**可以／不可以**取代一般砂糖，而不需額外調整。

8 比起以砂糖製作的磅蛋糕，以Splenda製作者**較甜／較不甜／一樣甜**。如果要再做一次，單考慮甜度，你會**增加／減少／不改變**配方中Splenda的用量。

9 比起以砂糖製作的磅蛋糕，以Splenda製作者比較**濕潤／較不濕潤／濕潤度一樣**；比較**柔軟／較不柔軟／柔軟度一樣**，孔洞及膨脹程度**較高／較低／一樣**。這代表製作烘焙品時，Splenda**可以／不可以**順利取代一般砂糖，而不需額外調整。

10 請瀏覽Splenda製造商網站www.splendafoodservice.com，閱讀使用Splenda烹飪或烘焙的訣竅。哪些建議可能可以改善以Splenda製作磅蛋糕的品質？請說明你的答案。

＿＿＿＿＿＿＿＿＿＿＿＿＿＿＿＿＿＿＿＿＿＿＿＿＿＿＿＿＿＿＿＿＿

＿＿＿＿＿＿＿＿＿＿＿＿＿＿＿＿＿＿＿＿＿＿＿＿＿＿＿＿＿＿＿＿＿

11 請從以上測試中選出一種沒有「完美」製作出蛋糕的甜味劑（除了Splenda以外），如果可以調整配方或準備步驟，你會做何改變以提高製品的滿意度？

_____

_____

_____

12 你是否注意到不同磅蛋糕或麵糊之間有無其他差異？

_____

_____

_____

9

脂肪、油 與 乳化劑

本章目標

❶ 介紹脂肪、油與乳化劑的基礎術語與化學作用。

❷ 說明脂肪與油提煉加工的過程。

❸ 將脂肪、油與乳化劑分門別類,並詳述其結構、特徵與應用。

❹ 列出脂肪、油與乳化劑的功能,並說明這些功能與其結構的關聯。

❺ 說明脂肪、油與乳化劑的最佳保存及調理方式。

導論

高品質的烘培食品需在增韌劑與嫩化劑、增濕劑與乾燥劑之間取得平衡。好的配方通常都已經列出合適比例的材料，但多了解對這個平衡影響最大的食材還是有點用處的。

脂肪、油與乳化劑是不可或缺的增濕劑和嫩化劑。不過，針對健康飲食的建議包含減少對特定脂類（飽和脂肪與反式脂肪）的攝取。當人人把這些建議放在心上，也就會從健康與控制飲食的角度去在意脂肪。

既然大部分烘焙食品無法不用脂肪製成，如何妥善運用脂肪並了解消費者的擔憂，對烘焙師來說就很重要了。

脂肪、油與乳化劑的化學原理

脂質廣義上來說可以定義為不溶於水的物質。脂肪、油、乳化劑與精油（如薄荷油與柑橘油）都被分類為脂質。精油將在第17章進一步討論。更精確來說，脂肪是在室溫下呈固態的脂質。脂肪這個詞也常用於指涉任何脂質，不論是脂肪、油還是乳化劑。例如，在食品標籤上列出的脂肪含量，包括食品中使用的固態脂肪、液態油以及乳化劑（圖9.1）。

油是在室溫下呈液態的脂類，通常來自植物，例如黃豆、棉籽、芥花和玉米。熱帶油類如椰子油、棕櫚油以及棕櫚仁油在室溫下（70℉／21℃）維持固態，但會在溫熱的環境下快速融化。

乳化劑像脂肪與油一樣可以是液態或固態。市面上有許多不同的乳化劑，但它們全都有項共同點：分子的其中一端會被水吸引、溶於其中，而另一端則被油脂吸引並溶於其中。藉由分別溶解在油與水中，乳化劑將兩者結合在一起成為乳化液，這項結合油水的特性是乳化劑在烘焙中最重要的功能之一。

從化學上來說，油脂 —— 不包括乳化劑 —— 都是三酸甘油酯。三酸甘油酯

營養標示		
一份為1湯匙（14克）		
每包裝含64份		
每份營養值		
熱量 120大卡	來自脂肪的熱量120大卡	
	占每日攝取量百分比*	
總脂肪 14公克		22%
飽和脂肪 1公克		5%
反式脂肪 0公克		
膽固醇 0毫克		0%
鈉 0毫克		0%
總碳水化合物 0克		0%
膳食纖維 0克		0%
糖 0克		
蛋白質 0克		
維生素A 0%	・ 維生素C 0%	
鈣 0%	・ 鐵 0%	

*每日攝取量的百分比是以2,000大卡的飲食做為基準飲食。您的每日攝取量可能會更高或更低，具體取決於您的熱量需求：

		卡路里 2,000	2,500
總脂肪	少於	65克	80克
飽和脂肪	少於	20克	25克
膽固醇	少於	300毫克	300毫克
鈉	少於	2,400毫克	2,400毫克
總碳水化合物		300克	375克
膳食纖維		25克	30克

每克含卡路里：
脂肪9・碳水化合物4・蛋白質4

圖9.1 純芥花油的營養標示使用脂肪一詞描述產品中所含脂類總量，其中包括固態脂肪、液態油與乳化劑。

（triglyceride）由三個（tri-）脂肪酸分子與三碳的甘油（glycerine）分子結合所構成。圖9.2是一個簡化後的油脂分子與它的三個脂肪酸。脂肪酸由四至二十二個碳原子組成的碳鏈構成，對脂肪與油脂的構造相當重要，所以跟脂肪酸相關的化學原理值得我們多學一些。當你閱讀以下的段落時，請注意這些經常被消費者使用的詞彙（飽和、單元不飽和、多元不飽和、反式脂肪、Omega-3）是如何與脂肪酸的化學結構息息相關。

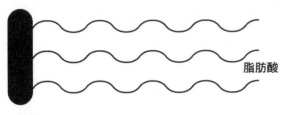

圖9.2　三酸甘油酯

脂肪酸可短可長，也有飽和或不飽和之別。圖9.3展示了飽和與不飽和脂肪酸的一些細節。飽和脂肪酸的碳原子會與氫原子充分結合，意即它們無法與更多氫原子結合，且所有碳原子之間都以單鍵連接。不飽和脂肪酸則有兩個或兩個以上的碳原子未與氫原子充分結合，這些未能與氫原子充分結合的碳原子之間

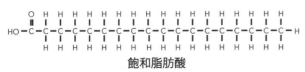

圖9.3　不飽和脂肪酸與飽和脂肪酸

會形成雙鍵。圖9.3中的不飽和脂肪酸被稱為單元不飽和脂肪酸，因為其碳原子之間只有單個雙鍵（儘管在圖9.3的單元不飽和脂肪酸中存在第二個雙鍵，但它存在於碳氧之間，而非兩個碳原子之間）。不飽和脂肪酸若非單元不飽和，則為多元不飽和（在碳原子間有多於一個雙鍵）。請注意分子在雙鍵處的折疊。脂肪酸會在每個碳與碳之間的雙鍵處產生彎曲，因此多元不飽和脂肪酸可能非常捲曲（圖9.4）。

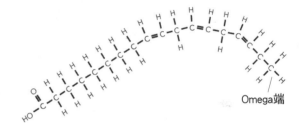

圖9.4　多元不飽和脂肪酸。這是一個Omega-3脂肪酸，其最後一個雙鍵從碳鏈的Omega端接上了三個碳。

那些組成食物油脂的三酸甘油酯稱為混三酸甘油酯，因為它們是由或長或短、或直或曲的不同脂肪酸混合而成（圖9.5）。所有常見的食物脂肪中的混合脂肪酸成分都已經過分析。圖9.6展示了不同食物油脂中的脂肪酸組成。請留意這些油脂在飽和、單元不飽和與多元不飽和脂肪酸的混合比例差異。

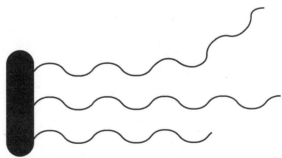

圖9.5　混三酸甘油酯，有著長、短、直、曲的脂肪酸。

Omega-3的重要性

  Omega-3脂肪酸是多元不飽和脂肪酸，其脂肪酸鏈上的最後一個雙鍵位於從最末端（Omega端）的碳原子開始數的第三個碳上。末端的碳原子之所以被稱為Omega碳，則是因為Omega是希臘文中最後一個字母（ω）。圖9.4中的多元不飽和脂肪酸就是一個Omega-3脂肪酸。

  Omega-6脂肪酸的最後一個雙鍵則位於從碳鏈末端往回數的第六個碳上。從健康層面來看，一份餐點中Omega-6脂肪酸含量不超過Omega-3脂肪酸的兩倍（約二比一）是理想的比例。然而西式餐點的比例卻達到約十五比一，含有太多Omega-6，太少Omega-3。一份相對Omega-3而言含有極高比例Omega-6的餐點，一般認為會導致心血管疾病、癌症與某些特定的發炎症狀，如關節炎。大部分的油，如玉米油、花生油、紅花籽油與棉籽油有含有極高比例的Omega-6。世界上最廣泛使用的油：大豆油，則有相對合理的比例，大約是七比一，而芥花油則具健康的二比一。相對其他食物來說，含有較高含量Omega-3的食物則包括鮭魚、亞麻籽與核桃。

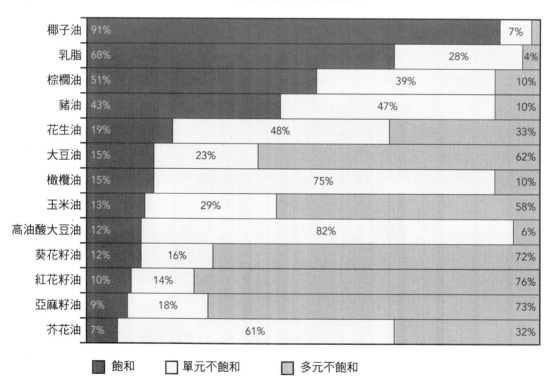

油脂的脂肪酸剖析圖表

油脂	飽和	單元不飽和	多元不飽和
椰子油	91%		7%
乳脂	68%	28%	4%
棕櫚油	51%	39%	10%
豬油	43%	47%	10%
花生油	19%	48%	33%
大豆油	15%	23%	62%
橄欖油	15%	75%	10%
玉米油	13%	29%	58%
高油酸大豆油	12%	82%	6%
葵花籽油	12%	16%	72%
紅花籽油	10%	14%	76%
亞麻籽油	9%	18%	73%
芥花油	7%	61%	32%

■ 飽和　□ 單元不飽和　▨ 多元不飽和

圖9.6　不同油脂的脂肪酸含量

為何脂肪不像冰塊那樣融化

　　固態脂肪含有許多細小的脂肪結晶，而脂肪結晶由排列整齊的脂肪分子——相連所構成。如果固態脂肪要融化，這些鍵結必須先斷開，就像水分子間的鍵結必須裂解才能使冰塊融化成水。

　　不同於由完全相同的水分子所構成的蒸餾水，脂肪是多種脂肪酸混合而成的。完全相同的水分子會在相同溫度（32℉／0℃）融化，然而各種不同的脂肪酸會在各自的特定溫度融化。

　　當脂肪軟化時就是部分脂肪結晶已經融化，而其他的還沒。舉例來說，奶油在80℉（27℃）左右開始明顯地融化，因為這個溫度下大部分短鏈脂肪酸周圍的鍵結都已經斷開了。而一直要到94℉（34℃）左右，奶油中的長鏈脂肪酸才會斷開，使奶油完全液化。這時其中就沒有任何可見的固態脂肪結晶了，液體看起來會呈現完全的澄澈，達成此條件的溫度被定義為「終融點」。在此溫度下，基本上所有脂肪結晶都已經融化成液體。儘管如此，脂肪在整個過程中還是會持續融化。

　　像是奶油這類在人類體溫下會快速且徹底融化的脂肪，通常擁有令人愉悅的口感。那些融化得比較慢或不完全的脂肪，如通用酥油，通常口感就比較不討喜，如同嚼蠟。

　　通常狀況下，飽和脂肪酸含量越高，脂肪就越會呈現凝固的狀態。這也是動物油脂、熱帶油類與可可脂（都含有大量飽和脂肪酸）在室溫下呈現固態的原因。

　　大部分植物油則在室溫下呈液態，因為它們含有較少的飽和脂肪酸。北美飲食指南中建議飽和脂肪酸的攝取量應有所節制，因為這類脂肪酸已被證實會提高血液中的膽固醇含量，也會增加冠心病風險。

　　反式脂肪酸是雙鍵兩側的氫原子朝著反方向的不飽和脂肪酸（圖9.7），而大多數自然產生的不飽和脂肪酸——即「順式」脂肪酸——雙鍵兩側的氫原子會朝同一方向。這個在結構上看似微小的差異對於健康影響甚大，本章稍後也會討論這方面的影響。

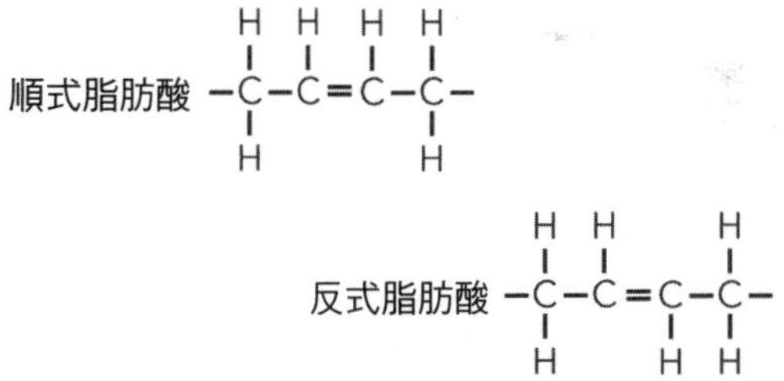

圖9.7　自然產生的順式脂肪酸與反式脂肪酸的細觀

所有固態脂肪都有一定含量的固態脂肪結晶。就像所有結晶，脂肪結晶分子是高度有序、一個接一個鍵結而成的。飽和脂肪酸更容易形成固態脂肪結晶，因為它們是直鏈分子（參考圖9.3），直鏈分子更容易排列整齊，進而牢固地連結堆疊成結晶。不飽和脂肪酸是彎曲的，這使它更難排列與結合。所以不飽和脂肪酸與飽和脂肪酸相反，它們排列鬆散，儘管容易糾纏成團但無法緊連成固態晶體，至少在室溫下是如此。脂肪酸越不飽和，分子就越彎曲，也就更難結晶成固態脂肪。

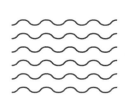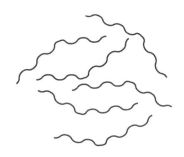

左：飽和脂肪酸容易排列成固體晶體
右：不飽和脂肪酸則不容易

脂肪與油的製程

多數烘焙業所使用的油脂都已經過高度精煉，即它們由將近百分之百的三酸甘油酯構成，幾乎不含雜質。事實上，奶油是唯一一種烘焙坊常用的未精煉脂肪。

在提煉後，油脂會被進一步加工以強化其功能性，如分餾、氫化、曝氣等。這一節將會討論一些將植物油原油轉化為人工精製脂肪的製程。

萃取與提煉

油主要是用溶劑從黃豆與其他油籽、堅果與水果中萃取而出。己烷是個好選擇，因為它的使用效率很高，而且己烷還能在將油萃取出來後從萃取液中分離，重複使用，這是因為己烷具高度揮發性，藉由加熱油液就能夠輕易地將其分離。

「原」油被萃取後，主要會經由兩道工序提煉。第一道提煉工序是脫膠，作法是在油中混入水後，透過離心法（旋轉）將自然出現的乳化劑（大多是卵磷脂）物理性去除。乳化劑會與水一同被甩出，而卵磷脂可以純化後另外販售。事實上，具有高含量乳化劑的大豆油在商業上就是卵磷脂的一大供給源。

在脫膠後，原油會進行鹼精製的步驟，這個步驟會將強鹼（鹼液）加入油中。強鹼會使化合物（皂）以及游離脂肪酸（即未結合成三酸甘油酯的脂肪酸）在油液中形成，也會使蛋白質與其他雜質從溶液中析出，如此一來這些雜質就能輕易被離心法分離。

在提煉後，油藉由通過膨土等過濾性媒材進行脫色，膨土會吸附大部分的著色劑。純化

在溶劑萃取成為從油籽或其他來源取出油的標準流程之前，油都是以機械壓榨萃取。通常會使用一種稱為榨油機的機器，以高壓擠出種子、堅果或水果中的油。油會透過多孔濾網流出，將渣滓留在濾網後。如果堅果或種子相當堅硬，榨取時就需要很高的壓力，油溫將因此提高，這種熱度可能會破壞脆弱的風味與養分。不過，如果含油原料像橄欖一樣柔軟，萃取時按壓力道輕，油溫就不會升高，精緻的風味與養分也將被保存下來。以這種輕壓方式出產的油在市面上通常稱為「冷榨油」。由於製油過程並不如溶劑萃取來得有效率，機榨油會比一般的油更昂貴。

原油的最後一個步驟是除臭，透過蒸氣與高溫將微量的氣味分子去除。

到了這個階段，油液已經相對無色無味，也被視為已提煉（refined）、脫色（bleached）、除臭（deodorized）（簡稱RBD），可以直接上架販售，或是以其他方式進一步處理。

氫化

去看一看那些烘焙坊使用的油品上面的成分標示，你會注意到其中有一些經過氫化作用，包含多種通用酥油、高甘油酥油、人造奶油、豬油，甚至是液態油。

氫化作用透過加入氫氣將不飽和脂肪酸變為飽和脂肪酸（圖9.8）。在高溫高壓時將油脂暴露於氫氣中並加入鎳金屬等催化劑，油脂就會被氫化。催化劑會加速化學反應，而不會

在反應中被消耗掉，做為催化劑的鎳將在氫化脂肪包裝販售前去除。

油脂在氫化後變得更飽和，也因此更加固態。完全氫化的脂肪對調理來說太硬了，難以使用，因此脂肪通常只做部分氫化。部分氫化會使一些脂肪酸維持不飽和狀態，這樣脂肪就能柔軟而具有可塑性。為了達到理想的稠度，製造商會透過調整製程來控制所需的氫化程度（圖9.9）。

要注意的是，氫化作用與在脂肪中打入氣體並不相同。氫化作用是一種強行讓氫原子結

圖9.9　製造商透過控制氫化製程來達到所需的稠度。順時針開始，從上而下分別為：部分氫化液態酥油、部分氫化塑性酥油，以及完全氫化酥油。

不飽和的液態油　　　　　　　　飽和的固態脂肪

圖9.8　液態油轉變為固態脂肪的氫化過程

塑性脂肪可以食用嗎？

塑性脂肪並非由塑膠製成。準確來說，這是指具有可塑性稠度的食用脂肪，意思是它們是柔軟可塑的固體，像培樂多黏土那樣。塑性脂肪一部分為液態，一部分則為固態，換句話說，它們由固態脂肪結晶網和困於其中的液態油構成。在室溫下（70℉／21℃）可塑的脂肪包括通用酥油、豬油與奶油。在室溫下不可塑的脂肪包括呈液態的植物油，以及呈堅硬固態的可可脂。

可塑性與溫度有關。奶油在室溫下可塑，但在冷凍庫裡堅硬如石，在炎熱的烘焙坊則會完全融化。通用酥油在冷藏時可塑，在烘焙坊的溫暖環境中也是如此，這是通用酥油的一大優點：在廣泛的溫度範圍內維持其柔軟、易加工的可塑性。

為何氫化？

氫化油脂有兩大主因：一是如先前提過的，為了使其更固態。固態脂肪在許多時候都相當理想，舉例來說，它能使糕點體積適切、呈現層狀結構，或者減少甜甜圈與餅乾中的油膩感。

第二個氫化油脂的原因是為了增加抗氧化酸敗的穩定性。氧化酸敗是指脂肪酸被分解成小分子而走味。雙鍵是脂肪酸中最脆弱的鍵結，因此脂肪酸中含有越多雙鍵（即脂肪酸越不飽和），就會越快分解而發生氧化酸敗反應。這代表單元不飽和脂肪酸氧化得比飽和脂肪酸更快，而多元不飽和脂肪酸氧化得比其他脂肪酸都快。事實上，高度不飽和脂肪的氧化速率可以比高度飽和脂肪快上百倍。

氫化反應將不飽和脂肪酸轉為飽和脂肪酸、將高活性的多元不飽和脂肪酸轉為不飽和度較低的脂肪酸，以減少氧化酸敗。即便只有少部分進行氫化也能延遲酸敗。這就是為什麼有些維持液態的植物油看似沒經過氫化，其實卻已經經過此製程。

特別是常見的大豆油，它是高度多元不飽和脂肪酸（參見圖9.6）。藉由將多元不飽和脂肪酸氫化，大豆油氧化產生令人厭惡的豆腥、魚腥或油漆味的程度會大幅減少。在現代，由於大豆油會用在酥油、人造奶油與植物油中，大豆油成了烘焙業中最普遍使用的植物性油脂。事實上，黃豆是美國第二大農作物，僅次於玉米。圖9.10為豆莢內的成熟黃豆，標準的成熟乾燥黃豆中含有約20%的油，其中有超過一半是多元不飽和的。

圖9.10　豆莢中的成熟大豆

那些不含反式脂肪的酥油與油脂是如何加工而成

　　氫化是減少油裡多元不飽和脂肪酸數量而使其更加穩定的傳統方法。不過，還有其他方法能達成相同的效果，卻不會讓油中出現反式脂肪。舉例來說，黃豆和其他油籽可以透過特殊育種或基因改造來使其自然降低多元不飽和脂肪酸的含量。因為它們長出來的多元不飽和脂肪酸含量較低，所以從這些油籽提煉的油就比較不易氧化與酸敗。這些較穩定的油稱做低次亞麻酸油或高油酸油，以和普通的油做出區別。低次亞麻酸油的 α-亞麻酸（ALA）含量很低，這是一種很容易酸敗的Omega-3多元不飽和脂肪酸（參見圖9.4）。高油酸油的所有多元不飽和脂肪酸（不只是ALA）含量都很低，而油酸（單元不飽和脂肪酸）的含量則偏高。高油酸油有時會被稱做「Omega-9油」，因為油酸被分類在Omega-9脂肪酸。圖9.6裡包含了高油酸大豆油的脂肪酸剖析表。可以注意到，和一般的大豆油比起來，容易起反應的多元不飽和脂肪酸含量低了許多。

　　比起取代部分氫化的塑性脂肪，用不含反式脂肪的食用油來取代一般的食用油相對而言就容易許多。許多不含反式脂肪的酥油和人造奶油，都是由棕櫚油或其他本來就飽和的脂肪製成。棕櫚油雖然本就飽和也因此有點呈固態，但它卻不具有最適合塑形的稠度。為了在提高其可塑性的同時不增加反式脂肪含量，製造商可以在下述的兩種作法中擇一執行。第一，他們可以將棕櫚油與完全氫化的固體脂肪混合。與部分氫化不同，完全氫化並不會產生反式脂肪，因此可以將完全氫化的脂肪與棕櫚油以任意分量混合來達到所需的可塑稠度，過程中不會產生反式脂肪。相同的技術可以在任何油品上使用。比如說，芥花油可以與完全氫化的脂肪混合，製成芥花酥油。

　　要製造不含反式脂肪的塑性酥油還有另一種方法，就是透過交酯化作用。交酯化作用是使用一種酵素（脂肪酶）或其他方式重新排列或改變三酸甘油酯上脂肪酸的順序，從而使脂肪的凝固與融化方式有所改變。這種方式做出的脂肪性質會優於其他不含反式脂肪的酥油，通常也會含有較少飽和脂肪。交酯化也會用於改善豬油的可塑性。因為這些脂肪的結構已經在過程中改變了，所以它們有時會被稱做結構脂肪。

合以改變脂肪酸分子的化學製程。在固態脂肪中打入氣體則是曝氣，比如打發脂肪。然而，要充分曝氣就得使脂肪維持一種柔軟、可塑的稠度，而氫化製程即是一種能將液態油做成柔軟、具可塑性的脂肪以便曝氣的方式。

　　不幸的是，氫化作用有個缺點，即過程中產生的飽和脂肪酸。一般認為，一份含大量飽和脂肪的餐點會提高血液中的膽固醇量與冠心病的風險。除此之外，另一個更嚴重的缺點是

部分氫化的過程中經常產生反式脂肪酸。

　　儘管在奶油中也有自然出現的少量反式脂肪酸（有時稱做反式脂肪），西式飲食中極大多數的反式脂肪還是源自油脂的部分氫化（而非完全氫化）。自二〇〇六年一月起，法律要求食品生產商在食品標籤上公開產品中反式脂肪的含量。許多地方政府禁止餐廳和烘焙坊使用反式脂肪，比如紐約市自二〇〇八年開始就禁止所有餐飲業者（包含烘焙坊）使用反式脂

肪，而加州則從二〇一一年開始禁止全州的烘焙坊使用反式脂肪。

部分氫化生成的反式脂肪酸會被關注是因為它們會增加血液中的壞膽固醇（LDL），同時還會減少好膽固醇（HDL）。因為這些作用，一般認為反式脂肪甚至比自然形成的飽和脂肪酸更容易增加罹患冠心病的風險，而且反式脂肪也與促使損害血管壁的作用有關。

人們會出於這一層憂慮而知道要減少攝取脂肪，尤其是減少攝取飽和脂肪與反式脂肪。然而，就算顧客會擔心這件事，麵包師和糕點師也沒有辦法完全以不飽和脂肪代替所有的飽和脂肪。

不過，了解到烘焙食品和油炸食品已成為我們飲食中飽和脂肪和反式脂肪的兩個主要來源還是很重要，同樣重要的還有去了解到可以藉著適當選擇脂肪來改善烘焙食品的健康程度，而且在這之中可行的選擇還不少。這些可行的選擇將會在下一節和第18章中延伸討論。

不含反式脂肪的酥油與油

不含反式脂肪的新型植物油脂已經被開發出來了，其穩定性與功能都接近一般的油脂。儘管它們是出於健康原因而誕生，但許多不含反式脂肪的酥油和人造奶油還是有高含量的飽和脂肪（某些飽和脂肪含量高達50%），因此它們仍然不是最健康的脂肪。由於不含反式脂肪，它們的功能也會與一般部分氫化的脂肪有所不同。

舉例來說，不含反式脂肪的酥油往往對溫度變化更敏感，這表示它們能夠塑性加工的溫度範圍不會像一般的酥油那麼寬。這意味著它們打發起來會不太一樣，而且也更容易在儲存期間軟化與融化，也表示派皮的層狀結構可能會少一點，因為不含反式脂肪的酥油更容易軟化與滲入麵團，並且以它們製成的糖霜可能比較不容易擠開，或是拿來裝飾的時候也會較難作業。

許多不含反式脂肪（而且飽和脂肪含量也很低）的酥油會更容易氧化，因此就算這些脂肪含有抗氧化劑，它們的酸敗速度也會比一般情況還要快。不含反式脂肪的酥油必須小心地存放，以免失去其柔軟度、滑順的稠度與新鮮的風味。

塑性脂肪的冷卻與曝氣

當油被部分氫化或是以其他方式加工成軟狀固體後，下一步就是在冷卻的同時曝氣，直到變得滑順呈鮮奶油狀。將其冷卻與曝氣的設備有點像是商用冰淇淋機，在這個機器中，脂肪會在一個冷卻的圓柱形滾筒內不斷攪動。

脂肪會根據其來源、加工方式與冷卻方式凝固成幾種不同的晶體結構。三種主要的晶體結構分別稱為 α、β'和 β。這三種結構都有

> **實用祕訣**
>
> 如果你在打發不含反式脂肪的酥油時發現不好打發的話，可以試試看將酥油儲存在其他地方，以調節其溫度。這是因為這類酥油中有很多種其可塑性加工的溫度範圍比傳統（部分氫化）的酥油窄，所以就算是微小的溫度差，也會使酥油變得過硬或過軟。

棕櫚仁油和棕櫚油是兩種不同的熱帶油類，它們有個共同點：都來自同一種植物，即油棕櫚（學名：*Elaeis guineensis*）。棕櫚仁油以油棕櫚果實內的種子（核仁）製成，而棕櫚油則是以果仁周遭的亮橙色含油果肉（中果皮）製成。棕櫚仁油和棕櫚油不能互相代替使用，因為它們的特性並不相同。雖然兩者都是飽和脂肪酸，但棕櫚油更適合當做塑性酥油來用，而棕櫚仁油則更像椰子油，飽和度更高，融化速度也更快，而且常在糖果表層裝飾中做為可可脂的替代品使用（請參閱第15章），或是餅乾中的夾餡。

其特有的功能，本章將會對此進行討論，不過通用酥油通常會凝固成微小的 β' 晶體，而這種針狀晶體細小的程度（大約1微米）會讓人覺得酥油滑順呈鮮奶油狀。

酥油的製造商在曝氣時會以氮氣取代空氣。因為空氣中含有氧氣，會導致脂肪氧化酸敗。而空氣本身就有接近80%的氮氣，所以在食品中加入氮氣也安全無虞。

脂肪與油

油與脂肪的價格、風味、稠度、含脂量、含氣量、含水量和熔點都不一樣。其中有些還會含添加劑，如乳化劑、抗氧化劑、鹽、色素、調味料、抗菌劑、乳固形物等等（表9.1），這些差別都會影響到這些油脂分別在烘焙坊中起到什麼功能。

奶油

奶油是以高脂鮮奶油製成。雖然在冷卻的鮮奶油中會有一些脂肪以液態微滴的形式存在，但其中有大量的脂肪都是由細小的固體脂肪晶體組成，這些晶體微小到將鮮奶油含在口中時彷彿完全呈液態。從牛奶製成奶油後剩下的液體也就是酪乳，從中分離出的固態脂肪晶體和液態微滴，是奶油製程的一部分。

奶油的風味和稠度會因品牌而異，部分原因是母牛的飲食差異。此外，短鏈脂肪酸含量高的鮮奶油通常會具有比長鏈脂肪酸含量高的鮮奶油更強烈的風味，也會製成更軟的奶油。奶油風味和稠度的其他差異則與奶油的加工方式有關。巴斯德殺菌法的鮮奶油製成的奶油，相較於超高溫殺菌法的鮮奶油製成的奶油，會具有較多堅果風味與焦香。奶油的冷卻、攪動與洗出方式、拌入的空氣量，以及其中的脂肪含量都會影響其稠度。

就像其他脂肪，奶油會影響烘焙食品許多重要的特性，比如濕度、柔軟度、層狀結構和體積大小。但這無法解釋奶油為何在高品質的烘焙坊中被廣泛使用，因為奶油在這些功能中都不算特別突出，奶油的兩個主要優點反而是其風味和口感。在這兩個屬性中，沒有任何脂

表9.1 油與脂肪中常用的添加劑

添加劑	說明	在油脂中的中的常見功用
胭脂樹紅	從胭脂樹灌木的種子中提取的天然染劑	為奶油增色
β 胡蘿蔔素	維生素A的其中一種形式	為人造奶油增色
丁基羥基甲氧苯（BHA）	合成抗氧化劑	減弱氧化酸敗作用
二丁基羥基甲苯（BHT）	合成抗氧化劑	減弱氧化酸敗作用
檸檬酸	有機酸，在柑橘類水果中含量特別高	減弱氧化酸敗作用，尤其會應用於豬油和其他含有少量鐵質或其他具破壞性礦物質的脂肪
氫化棉籽油	以棉花種子製成	添加到塑性酥油，以促使其正確地形成 β'晶體結構，以便打發
聚二甲矽烷	聚矽氧衍生物	添加到油炸用脂肪中以減少起泡，並延緩脂肪暴露在高溫時的降解作用
乳酸酯化之單甘油酯	乳化劑	添加到液態高甘油酥油中，促使其正確形成 α 晶體，以便曝氣
卵磷脂	乳化劑	添加到人造奶油中，以減少以煎鍋煸炒時噴濺，或是加入脫膜油噴霧中，可以避免烘焙食品沾黏
單甘油酯與雙甘油酯，如甘油單硬脂酸酯	乳化劑	添加到高甘油酥油中以增加曝氣度、濕度和柔軟度，特別會用來使烘烤食品防腐
聚甘油酯（PGE）	乳化劑	抑制脂肪結晶，以免沙拉油混濁
聚山梨醇酯60	乳化劑	添加到高甘油酥油中幫助其打發，並使蛋糕麵糊與糖霜更穩定
山梨酸鉀	山梨酸的鉀鹽，一種天然有機酸	添加到人造奶油中防止微生物生長
五倍子酸丙酯	合成抗氧化劑	減弱氧化酸敗作用
丙二醇單酯（簡稱PGME），如單硬脂酸丙二酯（簡稱PGMS）	乳化劑	添加到液態高甘油酥油中。這種 α-乳化劑對於在蛋糕麵糊中通氣十分好用；也能有效使脂肪保持平均分布，使麵糊濕潤柔軟
鹽	氯化鈉	奶油與人造奶油中的調味劑與防腐劑
苯甲酸鈉	苯甲酸的鈉鹽，一種天然有機酸	添加到人造奶油中防止微生物生長
硬脂酸	天然飽和脂肪酸	添加到液態高甘油酥油中。在蛋糕麵糊的通氣過程中做為輔助乳化劑，使脂肪保持平均分布，從而讓麵糊濕潤柔軟
第三丁氫醌（TBHQ）	合成抗氧化劑	減弱氧化酸敗作用
生育酚	維生素E和相關分子的混合物，是一種抗氧化劑	減弱氧化酸敗作用
維生素A棕櫚酸酯		添加到人造奶油中做為一種維生素
維生素D		添加到人造奶油中做為一種維生素

　　過去有段時間，會將鮮奶油倒進木製乳酪攪製器中攪打，如今奶油已經進入量產，甚至可以進行更大規模的持續性商業營運。無論採用哪種製程，製造奶油的第一步都是對奶油低溫殺菌，然後將其冷卻至60°F（16°C）。如果想用發酵鮮奶油製成奶油，就要在其中添加培養種菌。如此一來，細菌可以將乳糖轉為乳酸，使奶油熟成並產生風味。接下來，使奶油在精密控制的條件下熟成，促使其正確形成晶體結構。這個熟成步驟就像是製造巧克力時的調溫步驟，將會在第15章中進一步討論。這個步驟對於使奶油形成正確稠度非常重要，根據個人喜好，可以在劇烈攪動或攪打鮮奶油之前加入少量天然的黃色胭脂樹紅色素。

　　攪動的過程中，當空氣被拌入且小滴脂肪（微滴）開始聚在氣泡周圍時，首先會生成發泡奶油。持續的劇烈攪動會使其形成一個由聚集的液態微滴延展出的立體網狀結構，而這個結構會被微小的固體脂肪晶體硬化與強化。攪動到最後，一塊塊奶油顆粒會開始成型，而大量的液態酪乳則會在發泡奶油塌陷的同時從中滲出。在攪動的步驟結束後，可以視需求用鹽醃製奶油塊，然後透過後續加工或捏揉使其成形並去除多餘的水分。由於捏揉也會使奶油軟化，因此這項工序有時也會被稱做加工軟化。最後剩下來的就是奶油了，它是一種固體脂肪晶體與液態乳脂結合的滑順乳化液，其中也遍布著留存在內的細小水滴、氣泡和乳固形物。

肪可以與奶油媲美。人造奶油可能會有天然奶油的風味，而且終融點更低，但它的風味與質地還是沒有勝過奶油。

　　奶油也有很多缺點，比如價格昂貴，奶油的價格可能比人造奶油高好幾倍，其價格會隨著季節和供應量而波動。從健康的角度來看，奶油也不是理想的脂肪，它在一般烘焙坊使用的脂肪中含有最多的飽和脂肪，含量甚至比豬油還高，而且也含有膽固醇。

　　奶油同時還是最難處理的脂肪之一，因為它能塑性加工的溫度範圍很窄。如果在剛拿出冰箱時就使用的話會太硬，但手的體溫或烘焙坊暖烘烘的熱度又會讓它迅速融化。事實上，奶油最好打發的溫度一般落在65°F到70°F（18°C到21°C）這麼窄的溫度範圍內。它的低熔點也意味著烤箱溫度一定要設定精確且奶油必須好好地冷卻過，才能使酥皮和其他多層次的烘焙食品達到最佳的層狀結構與大小。

　　奶油比其他脂肪更快變質，尤其是不加鹽的奶油會壞得更快。如果短期儲存卻不冷藏，或是長期儲存時不冷凍，就很容易受到細菌性腐敗的影響，會有酸乳或腐爛的味道。

奶油的分類　　奶油可以依照其製造時所用的鮮奶油類型來分類。奶油可以因此分成兩種，發酵奶油（cultured butter）與甜性奶油（sweet cream butter）。發酵奶油由酪乳油製成，其中的細菌會將乳糖轉化為乳酸。發酵奶油也稱為熟成奶油，具有與酸乳油相似的獨特酸味。它極少（如果真的有的話）經過加鹽醃製。甜性奶油的味道比發酵奶油的味道更溫和。之所以稱為「甜性」，是因為製作的原料鮮奶油沒有

缺乏製冷技術如何為我們帶來多樣風格的奶油

攪動奶油以去除酪乳來製作奶油這個動作，本身是一種食品保存的形式，因為酪乳會使細菌更容易生長。不過奶油仍會含有一點酪乳，而酪乳富含營養素，因此奶油還是會變質。在製冷技術出現前的時代裡，這是個大問題。

在鹽易於取得的地區，會將鹽加進奶油中做為防腐劑。鹽是一種非常有效的抗菌劑，含鹽奶油即便含有大量酪乳也不會變質。

在鹽分不易取得的國家，就需要其他手段來加以保存。如果將牛奶靜置來讓鮮奶油逐漸浮上表面，那這份牛奶和鮮奶油在對鮮奶油進行攪動之前就會變酸了。在酸乳油（即熟成鮮奶油）中的「好」菌會使不良的腐化細菌生長速度變慢。由於這個作法在防止細菌生長的方面不像鹽那麼有效，因此在生產發酵奶油的過程中通常會將大量白脫牛奶去除。這就可以解釋為什麼有些歐洲產的奶油乳脂含量較高。

有些國家，尤其是印度，會熬煮鮮奶油來滅菌與去除水分。當乳蛋白和牛奶中的糖（乳糖）受熱時，最終製成的液態乳脂稱為印度酥油，因為梅納反應，會具有獨特的堅果風味。由於印度酥油基本上不含水分，因此保存時間可以比奶油更長。

時至今日，製冷技術比以往更容易取得，但許多人還是喜歡那些以自己文化的傳統作法製成的奶油。在北美地區賣出的奶油中，有95%以上是含鹽甜性奶油。

變酸，而不是因為其中含甜味劑。

雖然這兩種都可以在全世界買到，但還是有地區偏好的差異。甜性奶油對整個北美與英國來說都是傳統食品。而在部分歐洲國家，尤其是法國、德國與瑞士，發酵奶油才是傳統。在北美生產銷售的歐式奶油可能是發酵奶油，也可能是添加了發酵鮮奶油風味的甜性奶油。普拉公司（Plugrá）的奶油就是個歐式奶油的例子，它細微的氣味來自於額外添加的發酵鮮奶油風味。

奶油的組成　在美國和加拿大的奶油中，乳脂的含量至少要有80%，略低於大多數歐洲國家所要求的82%。比如那些歐洲產的奶油，通常最少都會含有82%的乳脂。儘管歐洲容許的最低含量是82%，但歐洲產的奶油中乳脂含量高達86%以上的情況也不少見。

> **實用祕訣**
>
> 高脂奶油在製作可頌麵包和酥皮麵團這類多層烘焙食品的麵團時很有用處，高脂奶油可以在更寬的溫度範圍內保持堅實但可加工的稠度。比起一般的奶油，它融進麵團中或從麵團裡滲出的可能性較小，因此可以使麵團膨脹得更順利，產生更多層狀結構。
>
> 如果在準備多層烘焙食品的麵團時沒有高脂奶油可用，可以將麵粉加到奶油裡，使其更堅實到與麵團的稠度相當的程度，或者也可以使用裹入用人造奶油或酥皮人造奶油。

含有較高比例乳脂的奶油通常會有更滑順、更像鮮奶油的口感。由於水分含量也比較低，高脂奶油的稠度通常會比較高，而融化速度也更慢。乳脂主要由三酸甘油酯和少量的天然乳化劑組成。乳化劑約占乳脂的2%至3%，其中包括單甘油酯、雙甘油酯和卵磷脂。乳脂內也包含了膽固醇和維生素A（一種脂溶性維生素）。

奶油中其餘20%的成分中包含了水（通常占16%至18%）、乳固形物，以及鹽（如果有添加的話）。乳固形物由蛋白質、乳糖和礦物質組成，當中的蛋白質和乳糖在烘焙食品中會參與梅納褐變反應。水分與奶油中的少量空氣則有助於烘焙食品膨發。

美國和加拿大容許在奶油當中添加某些特定成分。比如說，天然奶油香料和天然色素胭脂樹紅就可以添加在奶油裡。鹽也可以做為調味添加，如果是發酵奶油的話則可以添加細菌種菌。

麵包師和糕點師通常會在烘焙坊中使用無鹽奶油，這當然有充分的理由。首先，奶油中添加的鹽量可能無法估量，因為不同品牌之間會有所不同。第二個理由是奶油中的含鹽量對於某些成品（如裝飾蛋糕的蛋白奶油霜）來說可能太高了。

最後一點，無鹽奶油比含鹽奶油更容易發現異味。雖然北美地區的奶油在一開始分裝時不會有異味，但如果儲存不當還是可能會散發異臭。如果在烘焙坊中使用含鹽奶油，就得相應地調整配方（可以假設奶油中添加的鹽量約為2%至2.5%）。

有時也會將無鹽奶油稱為甜奶油（sweet butter）。但最好不要使用這個術語，因為它很容易被誤認為甜性奶油，而這是指由甜鮮奶油製成的奶油。甜性奶油可能含鹽，也可能不含鹽。

實用祕訣

奶油中的蛋白質和乳糖可能會刻意經過褐變以製成焦化奶油或榛果奶油（beurre noisette），noisette是法文「榛子」的意思，而焦化奶油就具有誘人的堅果風味和濃厚的榛果色。若要使奶油褐變，就把它放在煎鍋裡煮到水分蒸發且呈金黃色。此時從熱源移開，從固體中濾出澄清的液態榛果奶油。然後將固體部分倒掉。

如果加熱奶油到水分蒸發後在乳固形物褐變前將其脫脂、過濾，則稱做無水奶油。無水奶油是餐廳廚房生產線中的大宗食材。由於其中已經去除乳固形物，所以在高溫下煸炒食品時，無水奶油不太會起煙或燒焦。

豬油

用豬脂肪製成的豬油是肉品業的副產品，曾經是北美、英國、西班牙和其他國家都常拿來烹飪和烘焙的食材。

最高等級的豬油稱為板油，取用環繞豬隻腎臟和腹部的脂肪。其他等級的豬油包括來自背部的硬脂肪、肌肉組織周圍的軟脂肪，以及取自胃腸周圍的腹脂。由於豬油是豬肉製品，因此豬油並非猶太潔食（koshe，猶太飲食法允許的食品）或哈拉認證（halal，伊斯蘭教飲食法允許的食品）。

在美國，奶油分為三種等級：AA、A和B。美制AA級和A級是最常出現的品質等級，但也買得到一些美制B級的奶油。奶油的分級是由美國農業部（USDA）施行的自願分級系統。

奶油的風味公認為是它最重要的屬性，而美國對口味溫和奶油的偏好在USDA的評級系統中也有所體現。在這三個等級中，USDA的AA級奶油由最新鮮的鮮奶油所製成，有溫和的奶油風味，而且在風味上的瑕疵最少；USDA的A級奶油有稍微濃一點的淡酸味，但風味還算是討人喜歡；B級奶油的風味就比較像是發酵奶油，這種味道只有一些人會喜歡。

在奶油評級中較次要的部分與奶油的黏稠度和色澤有關。美制AA級奶油必須有光滑、鮮奶油般的稠度以及均勻的顏色。乳牛的飲食和擠奶的季節對於奶油稠度的影響都很大，不過製造商也能去控制影響奶油稠度的其他因素。這些因素包括奶油中脂肪與乳固形物的百分比、奶油的加熱和冷卻，以及攪拌與加工方式。

加拿大的奶油分級只有一級，即加拿大一級（Canada 1）。加拿大一級奶油不論是風味溫和或帶有酸味都可以，這取決於它是由未發酵的鮮奶油還是發酵鮮奶油製成。加拿大一級奶油的其他特徵則與USDA的AA級或A級相似。

豬油獨特的晶體結構使其在使糕點和派皮形成層狀結構的效果非凡，也因其溫和的肉味而受讚譽，這是部分傳統民族糕點的特色。除了這些用途，豬油在北美已經被酥油取代，不過最近人們又開始對於在糕點中使用豬油有點興趣了。

現今，豬油比較像是通用酥油，經過高度精煉、脫色和除臭，具有溫和的風味、雪白的顏色和較佳的均勻性。它含百分之百的脂肪，並且通常會添加少量的抗氧化劑來保護其免於酸敗。

為了提升其包覆空氣的能力，豬油通常會經過氫化處理或者是以其他方式加工過，使其油膩感與顆粒狀質感減低，並改善它的打發難易度。雖然這能讓豬油做出質地細緻的蛋糕，卻是以糕點和派皮失去了豐富的層狀結構做為代價。

人造奶油

人造奶油就是仿製奶油。儘管多年來人造奶油的品質進步幅度已經很大了，但它依然不是真品，也沒有奶油那麼高級的風味和口感。但人造奶油還是有幾個優勢勝過奶油，這或許可以解釋為什麼自一九五〇年代後期開始，北美的人造奶油銷量就超過奶油至今。

人造奶油的優點之一是價格比較低，另一個優點是不含膽固醇，軟質人造奶油的飽和脂肪含量比奶油低，不過它們可能含有反式脂肪。有些人造奶油有第三個優點，就是它們的味道更濃郁。雖然這聽起來像是與前文相互矛盾了，因為奶油就是因其風味而備受推崇，不過人造奶油的風味就算沒有那麼精緻，也可以比奶油更強烈而濃厚。最後一點，人造奶油是人工精緻脂肪，就像酥油一樣可以在其中加上

豬油有什麼獨到之處？

豬油會自然固化成大的β晶體，這使其具有半透明的外觀和粗糙粒狀的質地。與通用酥油中較小的β'晶體不同，大的β晶體留住氣體的能力並不好，因此未經化學修飾的豬油也難以打發，不適合製作質地細緻的蛋糕。相反的，豬油的大β晶體對於在多層製品中分離一層層麵團來說就十分理想了，換句話說，大的β晶體使未修飾的豬油特別適合用來製作層狀派皮和其他糕點。

實用祕訣

理論上，人造奶油或奶油與人造奶油的混合物都可以在幾乎所有製品中代替奶油使用，但最好還是在口感或奶油風味特別重要的製品中使用奶油。比如說，雖然人造奶油或人造奶油與奶油的混合物用在巧克力布朗尼蛋糕做出的成品可以接受，但如果奶油的風味和入口即化的口感在製品中做為首要特質，好比厚酥餅和鮮奶油，那麼最好的原料還是只有奶油。

如果使用含鹽人造奶油代替無鹽奶油，別忘了調整鹽的配方。可以假設含鹽人造奶油裡含有約2.5%至3%的鹽。

油的卡路里數也相同。雖然確實存在低脂和脫脂的「人造奶油」（被當做抹醬），但這些產品在烘烤時通常效果不佳，低脂和脫脂的抹醬中含有大量水分，依賴植物膠和澱粉來維持與奶油相似的稠度。

不含色素和調味劑的人造奶油會呈白色而索然無味，像是酥油。這就是人造奶油會含有天然或人工色素（通常是β胡蘿蔔素）和奶油調味劑的原因。人造奶油和奶油一樣都可以買到含鹽或無鹽的產品。

除了鹽，人造奶油中還可以任選其他幾種成分添加，包括乳固形物、卵磷脂和抗菌劑。當人造奶油含有鹽和抗菌劑且不含乳固形物時，就像酥油一樣不用冷藏了。

功能，因此它們在某些應用中會比較易於使用，也能發揮更多功能。

人造奶油的組成　大部分被局部氫化的人造奶油都是由大豆油製成，但是它們其實可以用任何植物油或動物脂肪製成。比如說，不含反式脂肪的人造奶油通常由天然飽和的棕櫚油製成。真正的人造奶油成分與奶油相似，也就是說它至少含有80%的脂肪和約16%的水，兩者內含的空氣量也很相近。這表示人造奶油與奶

人造奶油的分類　人造奶油是人工設計出的脂肪，這表示製造商可以將它們混合或氫化成任何硬度和可塑性。其中一種將人造奶油分類的方法是依照硬度和終融點。以下列出四種類型的人造奶油，以其終融點的近似值排序。分成這四類其實有點武斷了，一家公司的烘焙用人造奶油可能是另一家的裹入用人造奶油。儘管如此，將大量產品分門別類還是幫得上忙，可以做為一個易取得產品的入門引言與概觀。

餐用人造奶油主要的設計目的為易於在麵

有時候，消費者的食譜上需要的是oleo（有油液之意，但現在多指人造奶油）， oleo只是人造奶油的別稱。有位法國化學家在1860年代發明了人造奶油，當時以牛脂肪製成，就將其完整命名為油液人造奶油（oleomargarine）。牛脂肪主要由油酸和兩種飽和酸（棕櫚酸和硬脂酸）組成，在1800年代被稱為珠光子酸。美國食品暨藥物管理局（FDA）在1951年將油液人造奶油（oleomargarine）這個正式名稱簡化為人造奶油（margarine），但有些人，大多是那些有1951年以前記憶的人，還是將人造奶油稱為「oleo」。

包上抹開，並在人體體溫下完全融化（標準融點：85℉至95℉／32℃至38℃）。這就是我們平常所說的人造奶油，在超市裡擺在奶油旁邊按磅出售。與奶油不同，人造奶油軟到從冰箱取出就可以直接使用。在所有人造奶油中，餐用人造奶油用在糖霜時有最好的口感，只要確保是使用無鹽人造奶油製作，但在環境暖熱的時候，這些糖霜就維持不住了。它可以在稍微打發後用於餅乾和蛋糕，不過它並非人造奶油中最勝任這個製品的種類。餐用人造奶油在嘴裡完全融化時不會有奶油的那種口感，反而可能在舌頭上留下一層油滑或油膩的浮油。

烘焙用人造奶油（標準融點：95℉至110℉／35℃至41℃），也被稱做通用人造奶油或蛋糕用人造奶油，可以想成是一種較軟且具有奶油風味與色澤的通用酥油。因為烘焙用人造奶油稍微打發的結果很理想，所以它是人造奶油中製作餅乾、蛋糕以及耐高溫糖霜的首選。烘焙用人造奶油的口感範圍很廣，從稍微油膩到堅實都有，有時還會有嚼勁。

裹入用人造奶油有比烘焙用人造奶油更高的終融點（通常為105℉至115℉／41℃至46℃）和更密實的濃稠度。裹入用人造奶油用於製作丹麥麵包，在千層酥和可頌麵包中能使其形成大量的層狀結構與膨鬆體積，但口感會有點蠟質。

酥皮人造奶油具有極高的終融點（通常為115℉至135℉／47℃至57℃）和密實而帶蠟質的稠度。儘管酥皮人造奶油質地堅實，但它還是具有可塑性，因此很容易將其與酥皮麵團均勻捲起與折疊。酥皮人造奶油對於以輕薄片狀分層、看起來十分完美的糕點來說效果很好，不過這些糕點往往容易具有不太討喜的蠟質口感。

口感這個性質十分複雜，而且與脂肪整體上的熔融行為有關，而不只跟終融點有關。圖9.11以圖表方式比較了奶油和人造奶油的熔融行為。注意兩者都會被人體體溫加熱到完全融化，但是奶油的曲線斜度比人造奶油大得多，也就是說，奶油融化得比較快，這是奶油的口感比人造奶油更令人愉悅的原因之一。

圖9.12比較了三種人造奶油的熔融行為。注意，從室溫（70℉／21℃）到體溫以上（100℉／38℃），在整個溫度範圍內，酥皮人造奶油中含有的固態脂肪含量都最高。酥皮人造奶油在體溫下仍保持高比例的固態脂肪晶體（超過20%），這就能解釋其耐嚼的蠟質口感了。

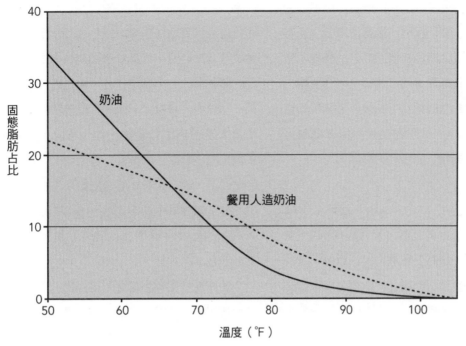

圖9.11 奶油和餐用人造奶油的融化曲線

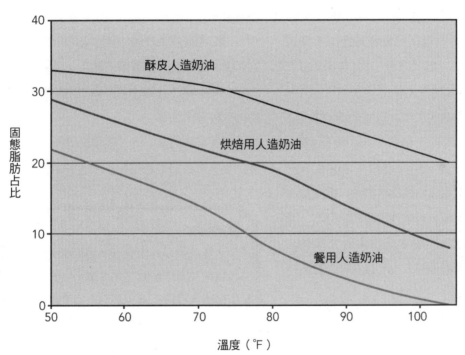

圖9.12 酥皮、烘焙用與餐用人造奶油的融化曲線

酥油

　　酥油和人造奶油之間的主要區別在於酥油含有百分之百的脂肪，不含水。大多數酥油也是呈白色而無味，但有些酥油會帶有β胡蘿蔔素或另一種黃色色素。酥油的稠度範圍可以從乳霜狀液體到固體薄片。

　　酥油最初是做為豬油的替代品而開發製成。就像人造奶油，酥油也是人工設計出的脂肪，因此有許多種類可供麵包師和糕點師使

用。烘焙業者主要使用的三種酥油類型為通用酥油、塑性高甘油酥油和液態高甘油酥油。除此之外還有其他酥油可用，包括專門為油炸、為製作最軟質輕盈的糖霜、為製作最酥狀的糕點，或為了製作組織內裡柔軟而保存期限長（延遲老化）的麵包而設計的酥油。

酥油的分類　通用（All-purpose，簡稱AP）酥油不含額外添加的乳化劑，含有約10%的空氣被脂肪所包覆，這點對膨發來說很重要，它被設計為用於需要稍微打發（如餅乾）或直接揉進麵粉（如派皮麵團和比司吉）的製品。藉由氫化、混合或其他工序，通用酥油被製成可塑的脂肪，而且能在很寬的溫度範圍內使用，因此比奶油或鮮奶油等脂肪更容易加工。其終融點因品牌而異，但通常會在110℉至120℉（43℃至50℃）之間。

　　儘管通用酥油在室溫下看起來是固體，但它含有大量的液態油。事實上，通用酥油中含有的液態油可高達80%。剩餘約20%是由微小的固態脂肪結晶組成的蜂窩狀網路，這些蜂窩狀網絡使通用酥油具有軟性固體的黏彈度。通用酥油中的固體脂肪結晶是微小的β'晶體，不僅留住油的能力很好，也可以在稍作打發時留住最多的空氣。

　　就像人造奶油，最常用於製造通用酥油的脂肪是大豆油和棕櫚油。大豆油與其他易於形成大而粗糙β結晶的脂肪，必須與少量會形成微小β'結晶的另一種脂肪混合，以創造適當的脂肪結晶。較會形成這種理想β'結晶的脂肪有棕櫚油和氫化棉籽油。

　　如果讓通用酥油和別種塑性酥油融化再重新凝固，看起來就會有所不同。凝固的酥油並非呈白色、質地滑順如奶霜，而是呈半透明、變硬還有點砂質，因為液體油有時會聚積在硬化的脂肪形成的袋狀結構裡。這是性質改變的第一個線索。事實上，原先形成蜂窩狀網絡的小β'結晶沒有進行重組。而是形成了更大也更穩定的β結晶。該酥油打發的效果再也不會那麼好了，因為只有小的脂肪結晶才能穩定打發的酥油與麵糊中的小氣泡。不過，融化再重新凝結的酥油可以用在以融化脂肪製成的瑪芬，或是拿來油炸。

　　油炸類糕點如甜甜圈和貝涅餅，用酥油油炸會比用油來炸更不油膩。不過通用酥油含飽和脂肪，因此用它來油炸的話在營養方面有點不利之處。許多通用酥油都含有少量的消泡劑，以免脂肪在油炸鍋中過度起泡，也能防止它們裂解得太快。消泡劑的其中一個例子是聚二甲矽烷，這是一種加到許多油炸煸炒用油脂中的聚矽氧添加劑。

　　塑性高甘油酥油的外觀和感覺像是通用酥油，但其中添加了乳化劑，添加其中最常見的

實用祕訣

　　為避免油炸用的脂肪裂解得太快，請調低其溫度並在不用時蓋好，這樣可以在最大程度上減少暴露在有害的熱度和紫外線（UV）下的損害。另外，也要經常過濾油脂以去除其中的食物殘渣。由於新鮮油脂缺乏「油炸食品」的味道，因此要避免用新油脂完全取代用過的油脂，而是根據需要，撈走炸鍋頂層的舊油脂再加入新鮮油脂補充。然而，當油脂確實變得太黑或太濃稠時，還是得用新鮮油脂換掉，否則你的食物就會走味、負擔太重且油膩。

乳化劑是單酸與二酸甘油酯。高甘油酥油有時也稱為乳化酥油或蛋糕糖霜酥油，最適合用於製作蛋糕、糖霜和填餡，或是其他相對來說含液體或氣體量較高的製品。也會用於麵包和其他烘焙食品，其中的乳化劑可以軟化組織內裡，也有助於延緩老化。乳化酥油絕對不能用於油炸，因為乳化劑會分解並在高溫下冒煙。雖然可以在派皮麵團中用塑性高甘油酥油，但這樣做也沒有什麼特別的優點。派皮麵團中幾乎沒有液體或空氣，也不太會老化，因此不需要乳化劑。事實上，乳化劑有助於將脂肪拌入麵粉裡，所以很難用乳化酥油製成層狀派皮。

高甘油酥油中的乳化劑可以做出具有更輕盈膨鬆質地的普通糖霜，使其可以容納更多液體成分而不會塌（雞蛋在較濃郁的鮮奶油中也有相同的功能）。這些相同的乳化劑有助於讓脂肪和氣泡更均勻地分布在麵糊裡。也就是說，用高甘油酥油製成的蛋糕和其他烘焙食品，通常會比用奶油或通用酥油製成的蛋糕和烘焙食品更輕盈、更軟質、組織更細緻，也老化得更慢。

就像塑性高甘油酥油，液態高甘油酥油也加了乳化劑。不過，液態高甘油酥油中的大量乳化劑在攪打麵糊時的作用是能非常有效地將空氣包覆住，留在麵糊裡，而不是留在打發的酥油裡。液態高甘油酥油的固體含量遠低於塑性高甘油酥油，因此其飽和脂肪含量較低。雖然它是液體，也可以傾倒出來，但它確實還是含有少量但重要的固體脂肪結晶，使得它在室溫下呈不透明的乳霜狀。

液態高甘油酥油主要用於液態酥油蛋糕中，是目前為止，它能比其他油脂製成體積最大、水分最多、組織最軟，保存期限也最長的

蛋糕。液態高甘油酥油在增濕和嫩化兩方面的效果都很好，因此製造商通常會建議將塑性酥油換成液態酥油時，要將酥油的用量減少約20%。

液態高甘油酥油在將空氣拌入蛋糕糊的方面成效很好，使製品變得更輕盈而軟質，且它還有個降低成本的作用。它改變了這個國家製作蛋糕的方式：液態酥油蛋糕麵糊並非以糖油拌合法打發酥油做為製作蛋糕的第一步，而是以簡單的一段式攪拌法進行混合。

以酥油和奶油相互替代 回想一下，酥油和豬油都是百分之百的脂肪，而奶油和人造奶油的脂肪則只含有80%左右。在許多配方中，一種脂肪可以直接代替另一種脂肪使用，分量為一比一，用80%的脂肪製成的產品質地會略有不同（通常會稍微少一點濕度和柔軟度），而且它們也會有該脂肪特有的風味。雖然通常來說塑性脂肪可以相互替代使用，但如果是油，就只該在為它們發想用途的配方中運用。

以酥油和奶油當例子，一比一替代會使製品中的脂肪量減少約20%，所以有時會需要在進行這些轉換時，對脂肪和液體的量進行換算與調整。在奶油（或人造奶油）和酥油（或豬油）之間換算的入門指導如下：

- 以奶油代替酥油：將酥油的重量除以0.80就能確定使用的奶油分量。減少液體（牛奶或水）的添加量以減少代換前後的差異。舉例來說，1磅（16盎司）的酥油就要換成20盎司的奶油，然後將液體量減少4盎司。如果是500克酥油，就換成625克奶油，並將液體量減少125克。
- 以酥油代替奶油：將奶油的重量乘以0.80

「高比例」（高甘油）是什麼意思？

寶鹼公司在1930年代首次將乳化劑加進酥油裡。用這些新款酥油製成的蛋糕由於乳化劑的緣故而變得更濕潤、更軟質、組織更細緻，保存期限也更長了。

用乳化酥油製成的麵糊也有較高的水粉比，這是因為乳化劑能有效地將油與水混在一起。由於麵糊能容納更多水，因此也容納了更多糖溶在水裡。水和糖的比例偏高表示乳化酥油增添水分、柔軟度和保存期限的能力都遠遠超出了乳化劑本身。這也意味著製作蛋糕的成本降低了，因為水和糖都是便宜的原料。這也難怪蛋糕裡水糖比例較高的重要性體現在酥油自身的名稱上了。

就能確定使用的酥油分量。增加液體的添加量以減少代換前後的差異。舉例來說，1磅的奶油就要換成12.75盎司的酥油，然後將增加3.25盎司的液體量。如果是500克奶油，就換成400克酥油，並將液體量增加100克。

油

雖然做為液體，但油並不含水。它含百分之百的脂肪，富含不易固化的單元不飽和與多元不飽和脂肪酸。烘焙坊使用的油有時也稱為植物油，因為它從植物性來源（如大豆或棉籽）中提煉出來。如果植物油適合用於沙拉醬（也就是冷藏時不會混濁或固化），有時就會被標為「沙拉油」。全世界最常見的植物油是大豆油，但也能買到其他植物油，包括玉米、芥花、葵花和花生。儘管這些油的味道與顏色略有不同，但還是能在烘烤中互換使用。

油是唯一不會使烘焙食品膨發的常見脂質。與塑性脂肪不同，油裡不含留在其中的空氣或水。它與液態高甘油酥油也不一樣，油不含能使麵糊留住大量空氣的乳化劑。事實上，油還會破壞麵糊的曝氣過程，尤其是當裡面含

消泡劑時更是如此，為油炸而設計製作的油通常都含消泡劑。

油會在速發麵包、瑪芬和戚風蛋糕中使用，但戚風蛋糕會形成一種特別濕潤而稠密的粗糙內裡。油有時也用於派皮，尤其是在為多汁的派製作底殼時。油做的底殼不會分層，儘管它們不會分層，但以油製成的底殼在攪拌時吸收的水分不多，因此它們烤過後會變得軟質。一旦經過烘烤，就不會再吸收濕而多汁的內餡了。它們不會像酥狀的底殼那樣浸濕或硬化，粉質的派皮也不會像酥狀派皮那樣碎裂，因此可以切得更乾淨俐落。

橄欖油　橄欖油是烘焙坊使用的所有油裡最貴的一種。它可以像其他油一樣經過萃取精製，使其具有溫和的風味和淺淡的顏色，但萃取精製後就會失去討喜的金綠色澤和果香。精製過的橄欖油在美國有時也會被標為「淡」（Light）橄欖油。淡橄欖油只具有很淡的色澤與風味。不過，不論精製與否，橄欖油所含的脂肪量（百分之百）和卡路里量與所有油都相同。由於橄欖油中理想的單元不飽和脂肪酸含量很高，因此通常會被認定為健康飲食的首選脂肪。

冷藏沙拉油時，即使完全冷卻，它還是會保持透明與液態。對橄欖油進行同樣的處理卻會變得渾濁，隨著部分脂肪酸的結晶而硬化。那是因為沙拉油已經冬化過了，而大多數橄欖油都沒有。冬化是一種在低溫下儲存油以使較高熔點的三酸甘油酯結晶的過程。在冷藏後過濾這些油，以物理方式移除這些固態脂肪結晶，剩下的就是沙拉油了，它由三酸甘油酯組成，能在低溫下保持液態。

橄欖油最常出售的形式為未精製或初榨。大多數國家在界定橄欖油產品時都遵循國際橄欖理事會（IOOC）所訂定的等級。初榨橄欖油無需加熱就能從壓碎的橄欖中榨取與分離，而且不以任何方式改變天然生成的油。雖然初榨橄欖油通常被稱為冷榨橄欖油，但現在橄欖油以壓榨取得的狀況已經沒有過去普遍了，有許多其實是以離心或旋轉的方式將油分離出來。

初榨橄欖油的品質由其風味品質和油中含有的游離脂肪酸含量來界定。游離脂肪酸是那些不在三酸甘油酯分子中的脂肪酸。游離脂肪酸的含量能顯示出處理和加工橄欖時的細心程度。特級初榨橄欖油是品質最高的初榨橄欖油，有細膩的果香和最低的游離脂肪酸含量。

在特級初榨橄欖油的範疇中，還有各種各樣的特色風味與價格。然而不論是哪一種特級初榨橄欖油，暴露於高溫時都會變得苦澀，也會失去其細膩美好的風味。最好在最不會暴露於高溫的場所使用特級初榨橄欖油，對於涉及高溫的應用，比較便宜的初榨橄欖油或精煉橄欖油可能比較合適。橄欖油最常用於開胃的麵餅、佛卡夏、披薩和酵母發酵麵團，但它也會出現在地中海地區的特色甜點中。

乳化劑

前幾章有提到乳化劑，表9.1中也按名稱表列出了許多乳化劑，顯示出乳化劑在烘焙食品中能提供的功能十分廣泛。乳化劑在烘焙過程中相當重要，因此值得我們多研究一點。

不論是哪種乳化劑，都是藉由與其他成分相互作用來達成其功能。比如說，乳化劑與油脂相互作用，就有助於將它們更均勻地分散在麵糊和麵團裡。將脂肪更均勻地分配，表示能做出更軟質、質地也更好的烘焙食品。乳化劑還可以將打發時拌進酥油或攪打時拌進液態麵糊的氣泡穩定在其中，並在烘烤時使氣泡均勻分散在整個麵糊裡（圖9.13）。

乳化劑能夠穩定油滴與氣泡，因為其分子有一部分親水，另一端則疏水。親水端能溶於製成這份麵糊與麵團的水、牛奶與蛋，疏水這

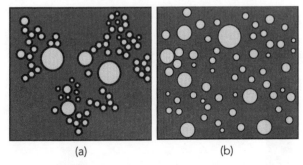

(a)　　　　　　　　(b)

圖9.13　乳化劑有助於分散麵糊中的空氣。（a）無添加乳化劑的奶油，（b）添加了乳化劑的奶油

部分則受油滴與氣泡吸引。這就是為什麼乳化劑會分布在油滴與氣泡周圍，保持油滴與氣泡的完整性並促使它們在麵糊與麵團裡擴散。藉由包圍各個油滴，乳化劑也將油隔離開來，避免它干擾蛋糕麵糊的曝氣過程。圖9.14示意了乳化劑分子調整自己的方向，使分子親水的一端溶於液態的麵糊，而另一端親脂的尾部則溶於油滴或進入氣泡。由於乳化劑通常位於液體或氣泡表面，有時也稱為界面活性劑。

乳化劑與蛋白質產生反應，改善其強度與韌性，以免在延展時斷裂。麵糊中越強韌、越有彈性的蛋白質將空氣留在其中的能力越驚人，這表示能做出質地更好的烘焙食品。乳化劑與澱粉分子產生反應，使其免於回凝或互相鍵結，而這正是變質老化的主因，此作用也能使成品轉化為質地更好的烘焙產品。

乳化劑可以另行購買後與油脂一起加入麵糊和麵團，然而麵包師和糕點師並不常這麼做。相對的，烘焙坊主要的乳化劑來源包括：

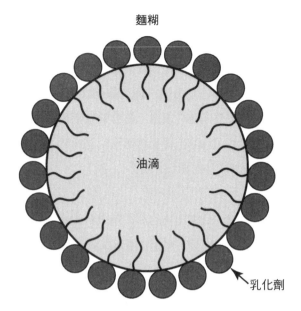

圖9.14　乳化劑將自己圍繞在油滴和氣泡外圍，使得分子中的親水端能夠融在液狀麵糊裡，而親油的尾端則在油滴或氣泡中。

● 用於酵母發酵麵團的麵團調整劑。

● 高甘油酥油。

● 奶類製品與蛋黃自然含有複雜的乳化劑混合物，在這之中以卵磷脂最廣為人知。

乳化劑是什麼樣子？

儘管有些乳化劑有相當複雜的分子結構，但加入高甘油酥油的乳化劑單酸與二酸甘油酯具有相對簡單的結構。單酸與二酸甘油酯（mono- and diglycerides）是由單甘油酯分子（monoglyceride）與雙甘油酯分子（diglyceride）組成的混合物。mono表示一，di表示二。不像三酸甘油酯（脂肪和油）具有三個脂肪酸，單甘油酯只有一個連結至甘油的脂肪酸（FA），雙甘油酯則有兩個。分子的脂肪酸為親脂性，意即它受脂肪、油和空氣吸引，而分子的其他部分則受水吸引（親水性）。

單甘油酯　　　　　　　雙甘油酯　　　　　　　三酸甘油酯

脂肪、油與乳化劑的功能

主要功能

提供柔軟度 脂肪、油與乳化劑藉由包裹結構充填劑——麵筋蛋白、卵蛋白與澱粉顆粒，避免其產生水合物並形成結構。柔軟度與堅韌度相反，柔軟的食品易於斷裂、咀嚼、擠壓或捏碎，因為它缺乏堅固的構造。

柔軟度通常被認為是種好的特性，畢竟柔軟的烘焙品好咬得令人愉悅。儘管如此，嫩化劑還是得與結構充填劑（增韌劑）取得平衡。柔軟度過高就非我們所樂見了，因為太軟質的製品容易塌陷、裂開，或是過度粉質、易碎。

柔軟度的別稱是脆性（shortness）。藉由干擾大而延展的麵筋網成形，脂質確實使麵筋束縮短（shorten）了。這反映在含脂量高、尤其是含水量也低的烘焙食品所具有的較高脆性（脆而粉質）質地。以厚酥餅為例，因為它含脂量高且含水量少，所以具有這種特性必備的典型酥脆質地。脂肪藉著縮短麵筋束來嫩化的能力重要到通用酥油（all-purpose shortening）當初被發明時，因為能有效縮短麵筋束而被稱為shortening（字面直譯為縮短劑）。儘管通用酥油因為其提高脆性的能力而得名，但所有脂肪、油與乳化劑都能提供這個功用，不過也並非所有脂質都可以提供相同程度的脆性（柔軟度）。

以同等重量而言，奶油與人造奶油只含80％的脂肪（此外則含有水分），嫩化的效果跟酥油和豬油比起來較不顯著，後者含有百分之百的脂肪。如果食譜對於脂肪之間的轉換使用沒有做出相應的調整，那效果就會如前所述。油脂越軟或流動性越大，就越容易混入麵糊與麵團中包裹麵粉顆粒與卵蛋白。換句話說，若其他要素保持相同，那麼脂肪越柔軟或流動性越大，其軟化效果就越好。這就解釋了為何油製派皮更軟性、酥脆而粉質。也在某種程度上解釋了為何以拌攪方式軟化的塑性脂肪比不曾拌攪的更有嫩化效果。最後，這也解釋了為何巧克力中高度飽和、非常堅硬的可可脂在嫩化烘焙食品方面效果不彰。

以製作派皮麵團和其他幾種產品時為例，加水前混入麵粉的脂肪越多，柔軟度也會隨之增加。脂肪混勻得越充分，脂肪塊越小，也越能將形成結構的麵粉顆粒包裹起來，這就是為何法式派皮（pâte brisée）質地粉脆的原因。法國的大廚藉由一種稱為銑削（fraisage）的過程來達到這種質地，在這個過程中會以掌心混揉脂肪和麵粉直到徹底混合。

就像那些高甘油酥油裡添加的乳化劑，乳化劑在增添柔軟度方面極度有效。它以至少兩種方式達到這個效果，首先，乳化劑有助於油脂在整個烘焙食品中分散，油脂因此能更徹底地覆蓋結構充填劑。再來，乳化劑本身在包覆

> **實用祕訣**
>
> 要製作柔軟而類似蛋糕的瑪芬來說，要用塑性脂肪並打發至輕盈。對於硬實、緻密而潮濕的瑪芬，則以液態油或融化脂肪輕拌入乾原料（瑪芬拌合法，見表3.1）。

結構充填劑上就極為有效了。事實上，加乳化劑時就可以減少一些烘焙食品中添加的油脂量。如果查看一下低脂烘焙食品的標籤，你會看到它們大多含有大量乳化劑，比如單酸或二酸甘油酯。

最後，脂肪越能促進膨發，嫩化效果就更好，因為膨發過程會延展拉薄細胞壁，使它們強度減弱。這就是為什麼不膨發的油在軟化派皮時效果顯著，做出來的蛋糕和瑪芬卻質地堅韌，因為它們內裡都很緻密。

綜上所述，脆化或嫩化的能力取決於以下要素：

- 分量比例：脂肪、油和乳化劑越多，嫩化效果越好。
- 柔軟度與流動性：脂肪越軟、具越多流動性，嫩化效果越好。
- 尺寸：脂肪顆粒的尺寸越小（經過更多揉和過程），或者奶油在麵糊或麵團越分散，嫩化效果越好。
- 乳化劑如單酸或二酸甘油酯的存在。
- 脂肪、油與乳化劑對膨發的影響。

在糕點中形成層狀結構　層狀結構指的是糕點形成薄而平坦且通常很脆的分層。層狀結構需要扁平的固態脂肪塊將麵團分開。層狀糕點包括那些將脂肪與麵團反覆翻捲、折疊（層壓）的糕點，如酥皮、可頌麵包和丹麥麵包的麵團，也包括那些脂肪塊被切塊加入麵團的糕點，如派皮麵團（圖9.15）或千層酥。無論脂肪是與麵團層層相疊或是保持塊狀，脂肪越晚在烤箱內融化，層狀結構與膨發就越顯著。

以派皮和千層酥的麵團來說，為了保持層次分明，油脂需保持一大塊。如果在溫熱的烘

圖9.15　由片狀固態脂肪製作的糕點呈層狀（上半部），而以油製作的糕點則是呈粉質狀（下半部）。

焙環境中使用奶油，就要確保奶油已經稍微冷卻但仍可塑，如此一來它才不會融化在麵團裡。盡可能使用手指而非攪拌機將油脂揉入麵團，因為攪拌機容易將脂肪與麵粉過度拌合。確保加入的水是冷的，才不會使脂肪融化，另外在進行翻捲之前也要事先冷卻麵團。注意層狀結構與柔軟度之間可能無法兩全，後者在脂肪充分混入麵團時才會有最大值。

綜上所述，脂肪使層狀結構形成的能力與以下因素相關：

- 固態程度：大致上來說，油脂越凝固、融點越高，層狀結構越明顯
- 切塊大小：油脂塊越大，層狀結構越明顯

有助於膨發　正如雞蛋，脂肪也能促進將氣泡裹入烘焙食品，從而有助於膨發與進一步嫩化。脂肪本身並非膨鬆劑，空氣、蒸氣和二氧

化碳才是，但脂肪在膨發過程中也扮演了重要角色。脂肪協助膨發的四種主要方式在本章的其他部分討論過，但還是在此做扼要的概括。

上面才剛討論過發生在層狀糕點的膨發，當固態脂肪層在融化過程中製造出空隙，這些空隙會因蒸氣壓力而膨脹。此外，所有塑性脂肪都包含一些被裹住的空氣，空氣以極小的氣泡分布在整塊脂肪中，有些脂肪（奶油和人造奶油）裡也包含水滴，空氣泡與水滴都有助於烘焙品的膨發，而這就是第二個脂肪協助膨發的方式。

額外的氣泡在打發時會被裹入塑性脂肪，這些氣泡被微小的固態脂肪結晶圍住保護，使得氣泡保持完整。當邊緣尖銳的糖結晶在打發時加入脂肪，可以促進打發的過程。糖必須是結晶狀，液態糖漿和邊緣圓潤的糖粉都不利於增加氣泡。以糖油拌合法製作的餅乾和蛋糕有賴塑性脂肪以形成足夠的體積和細緻的組織，即使加了泡打粉後也是如此。

第四種脂肪促使膨發的方式與某些乳化劑抓取與留住大量空氣的能力有關。有些乳化劑會在打發過程中作用，與塑性脂肪一同將氣泡留住，確保氣泡小而完整，均勻擴散在脂肪裡，接著在麵糊或麵團中散布。其他乳化劑則

實用祕訣

　　打發製作餅乾用的奶油或酥油時，要確保不要過度攪拌。如果要製作能夠維持形狀的厚實餅乾，就以低速拌勻脂肪與糖至順滑的糊狀。要製作輕薄、軟性而酥脆且延展扁平的餅乾，就將脂肪與糖以中速拌合直到呈膨鬆狀。

在液態系統運作，比如液態酥油蛋糕麵糊。這些乳化劑有部分的功能透過包裹、鎖住油滴來作用，如此一來，蛋中的蛋白質會比較容易打發，液態高甘油酥油蛋糕藉由這個過程膨發出其輕盈膨鬆的質地。

綜上所述，脂肪在烘焙食品中有助於膨發的四個主要方面如下：

● 藉由融化製造空隙和空間，使這些空隙能讓蒸氣擴張，以及使層狀糕點膨發。

● 藉著留在塑性脂肪中的空氣和水，將其包覆在麵糊、麵團之中。

● 透過打發塑性脂肪，將額外空氣包裹進去。

● 藉由高甘油酥油中的乳化劑的協助。

提供濕度　濕度是一種所有液體原料都具有的特徵，因為濕度就是指某物呈液態的觸感，濕氣（水分）和液態油都能提供濕度。注意濕度與水分之間的差別，液態油提供濕度而非水分，含水的奶油提供的濕度通常會少於油。

濕度與柔軟度不同，但兩者可能相關。通常任何潮濕的東西都比較軟質。儘管如此，有嚼勁的食物卻是濕潤而不軟嫩；脆而易碎的餅乾，則是軟嫩而不濕潤。

並非所有油脂都對濕度有顯著影響，舉例來說，只有在人體溫度下呈液態的油是如此。乳化劑也能增添濕度。有趣的是，在烘焙食品中，通常油脂提供的濕度比水提供的來得多，這或許是因為大部分烘焙食品中的水分不是被逼出，就是與蛋白質和澱粉牢牢鍵結。綜上所述，脂肪加濕的能力與以下因素有關：

● 流動程度。在人的體溫下流動性越大的脂肪越能加濕。

酥皮的膨脹

酥皮由多層完整而分離的麵團與同樣完整而分離的多層塑性脂肪間隔構成。當放進烤箱加熱，脂肪層就融化了。隨著溫度升高，麵團中的水分蒸發，蒸氣接著擴散到脂肪融化留下的空隙中。融化的油脂使蒸氣免於溢散，至少一開始是如此，而麵團層就被蒸氣氣壓撐開。最後，一層層麵團結構凝固了，做出來的成果就是層狀的酥皮。

注意，膨發只在麵團層與層的空隙裡發生，麵團本身相對來說保持未膨發的狀態。不過，膨發程度與層狀結構在所有麵團層相接的地方都會減弱，這可能會在油脂在麵團中的分布不均勻時、麵團撕裂時、用鈍的工具切割時或軟化時意外發生。

為了使脂肪在麵團裡更容易均勻地被擀開，得確保脂肪具有可塑性又好加工，以及與麵團的硬度相符。如果使用奶油的話，稍微冷凍後，在擀開前與少許麵粉混合會有所幫助。為了避免麵團撕裂，要用相對來說筋度較高的麵粉來做，但要確保在折疊的過程之間讓麵團鬆弛（醒麵）。

有時會刻意將麵團戳洞以免過度膨發。有時也會在酥皮麵團的邊緣按壓以免層與層之間完全剝落。圖9.16展示了一張中心呈層狀但沿邊緣壓密的酥皮。

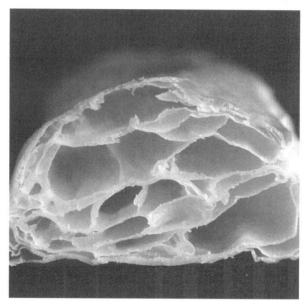

圖9.16　當酥皮麵團水氣蒸發為蒸氣，並在麵團層與層間的空隙擴張，酥皮隨之拱高，而這些層狀結構沿著壓密的酥皮邊緣被抑制了。

● 如單酸或二酸甘油酯等乳化劑的存在。

避免老化　脂質會干擾糊化澱粉的回凝，尤其是加在高甘油酥油中的單酸或二酸甘油酯這種乳化劑。脂質避免澱粉回凝的方式之一是首先從根本上避免澱粉顆粒糊化。脂質也能直接與澱粉分子鍵結，如此一來澱粉分子就不能互相鍵結了。

澱粉回凝是烘焙食品老化的主因，而脂質能使其避免乾硬、易碎的質地與老化帶來的風味流失。

增添風味　使用奶油的主因之一就是為了它無可取代的風味。其他也能增添獨特風味的脂肪包括豬油、橄欖油和人造奶油。雖然人造奶油的風味不如奶油，但在特定狀況下也能做為可接受的替代品。

即便是中性脂肪也能增添風味，因為所有

如何使千層酥狀派皮更軟嫩

　　完美的派皮既軟嫩又呈片狀，柔軟得能輕易咬下，同時也具有層狀結構，使得分層的麵團清晰可見。要製作既軟嫩又呈片狀的派皮，脂肪需保持塊狀以形成層狀結構，同時用其他方式去達到柔軟度。舉例來說，要達到最大的柔軟度，就得確保麵粉的蛋白質含量低，並將撒在工作檯上的麵粉維持在最低限度，必要的時候增加配方裡的脂肪含量，並確保只添加最少量的水。在加水後不要過度揉和麵團，如果有必要，就將麵團冷卻數小時或過夜，以確保水分被動地被吸入麵團裡。

脂肪都會帶來它特有的濃郁香氣。此外，以油炸食品而言，理想的油炸香氣就是來自於油脂暴露在高溫後的裂解。

附加功能

增添色澤　有些脂肪，尤其是奶油與人造奶油，為烘焙品添上了一種獨特的金黃色澤。包括乳固形物的脂肪（奶油與特定人造奶油）在烘焙品表面經過梅納褐變反應後會進一步上色。所有脂肪都會加速烘焙食品的加熱，這樣一來也褐變得更快了，這點拿低脂烘焙食品跟一般的烘焙食品比較時尤其明顯，低脂烘焙品通常無可避免地在顏色上較為淺色、偏白。

使烘焙品形成細緻的組織　塑性脂肪與乳化劑能使組織較細緻、較不粗糙。這有幾種可能的原因，其中包括塑性脂肪與乳化劑有助於讓麵糊和麵團包裹許多微小的氣泡。

為醬料、卡士達醬、甜品與冰品增添滑順感　大多數醬料、甜品和冰品是牛奶或其他液體中含有液態脂肪的乳化液。舉例來說，香草卡士達醬、甘納許與冰淇淋都是乳化液。這些極小的液態脂肪如同非常小的球體一般滑過舌面，從而帶來一種濃厚、乳霜般的質地。

傳導熱量　油脂將熱量從烤箱、烤盤或油炸鍋直接傳導至食物。油脂在蒸發或裂解之前可以被加熱到比水更高的溫度，即350°F（177°C），相較於水的212°F（100°C），這種高溫將會使油炸物形成棕色乾脆的外殼，這也常在烘焙時見到。

提供糖霜和內餡原料的構成物質　固態脂肪結晶為糖霜、內餡和某些製品提供了構成物質。要了解這代表什麼，就必須想到糖霜包含30%到50%的固態脂肪。少了這些固態脂肪，糖霜就會成為鬆散的糖晶，或是溶解、漂浮在蛋白或其他液體中的糖晶。

　　雖然脂肪在烘焙食品中不被當做結構充填劑（要記得，脂肪越多，烘焙品就越軟性），在糖霜和其他含有固態脂肪的製品中，固態脂肪結晶確實提供了構成物質，而這些物質決定了這些製品的體積與形狀。從這個角度來說，固態脂肪確實形成了一種結構。

提升甜品的滑順口感　油、脂肪與乳化劑會干

攪糖的結晶過程，從而為甜品提供滑順口感。

調和與掩蓋風味　如果將脂肪從烘焙食品中移除，那其中的風味就會彼此互斥，烘焙食品嘗起來也會不那麼豐富，而索然無味。由於許多風味溶於脂肪中，所以脂肪可能會影響味覺。

做為脫模劑　脂質無論是潤滑烤盤或是加入配方，都有助於烘焙食品輕易從烤盤中取出。乳化劑中的卵磷脂對此效果也極為顯著，它也是烤盤脫模噴霧中的主要原料。毫不意外的，低脂烘焙品較容易黏在烤盤或紙襯上，因此製作這些製品，使用烤盤脫模噴霧就很重要了。

增進麵團的柔軟度與延展性　脂質藉著包裹分子來「潤滑」它們，粒子因此在彼此之間能更容易滑動。尤其是脂質潤滑麵筋束使其柔軟而具彈性，伸展時較不易斷裂。這在攪拌麵團時相當有效。由於脂質減少了摩擦，攪拌麵團時就比較不會產生太多熱能。這樣能容許更大的膨脹體積，所以對酵母發酵也有助益。有特定幾種乳化劑專門用於這類的作用，包括乳酸硬脂酸鈉和DATEM（單及雙脂肪酸甘油二乙醯

酒石酸酯）。你會常常看到這幾種乳化劑在麵團調整劑中出現，用於酵母麵團。

　　水與其他增濕劑都能對麵團提供一定程度的潤滑與軟化。水與脂質有時會被稱做可塑劑，因為它們將麵團變得更柔軟好處理，也就是更有可塑性。如果加入麵糊或麵團的脂質增加，水或其他增濕劑的分量通常就得減少，以維持麵糊或麵團適當的黏稠度。同理，當脂質分量減少時，其他的增濕劑就要相對增加。

稀釋融解的巧克力與調溫巧克力　油、脂肪與乳化劑，尤其是卵磷脂，會裹住並潤滑融化巧克力與調溫巧克力中的固態粒子，使得粒子之間的滑動更輕易。這能稀釋抹醬的黏稠性，使其能做為糕點和甜品中薄而平坦的一層。糕點師通常會基於可可脂討人喜歡的口感而選用它來稀釋調溫巧克力。也可以用融化的奶油和別種油脂，但冷卻後巧克力就無法像之前那麼硬，也比較無法啪地折斷。

促進餅乾麵團延展　油、脂肪與乳化劑會包裹與潤滑餅乾麵團中的固態粒子，減少攪拌的時間，也讓麵團變稀，這使得餅乾在烘烤時更能延展開來。通常油脂越多會越延展，油脂越接近液態，也同樣越能延展。

實用祕訣

　　在製作派皮麵團時，要根據油脂的添加方式調整水量。舉例來說，當脂肪與麵粉攪拌到形成玉米粉大小的小顆粒時，麵粉粒子就已經被油脂完善地潤滑過了。與脂肪維持大塊狀相比，要做柔軟、易操作的麵團需要加入的水比較少，這就是質地粉脆的法式派皮配方中的水量少於千層酥狀派皮配方的原因。

實用祕訣

　　要避免餅乾在烘焙過程中過度延展、攤平，就要確保麵團有經過充分冷卻，而且烤盤在烘焙前是涼的。在餅乾麵團中含有奶油時，這點就更加重要了，因為奶油很容易融化。

儲藏與處理

脂肪有兩項特性必須在儲存過程中被保護：風味與質地（可塑性）。油脂的走味主要出於三個因素：氧化酸敗，通常會在暴露於高溫、強光、空氣或金屬催化時發生；細菌性腐敗，通常只會發生在奶油和人造奶油這類包含乳固形物的油脂；以及吸收烘焙環境的氣味。

脂肪酸越不飽和，其氧化產生老化酸敗氣味的速度就越快。預期多元不飽和脂肪酸相對含量較高的油脂（如亞麻籽油），會氧化得比含有較多單元不飽和脂肪酸的油脂（如橄欖油）快上好幾倍。同理，預期塑性最強的脂肪，通常不飽和脂肪酸含量低，它的氧化速度最慢。儘管如此，由於現今的油籽經過配種，也會經過一些影響其穩定性的處理過程，因此無法對此一概而論。舉例來說，就不能說所有大豆油都極度容易氧化（儘管在幾年前確實如此）。不過，無論是脂肪還是油都應該妥善保存，使氧化酸敗達到最小限度。這表示當不使用時要蓋起來，儲存在陰涼處。

油脂有時含有抗氧化劑以減緩氧化酸敗。抗氧化劑的例子包括BHA、BHT、TBHQ和維生素E（生育酚）。加入抗菌劑可減緩微生物導致的酸敗，諸如苯甲酸鈉、山梨酸鉀、鹽或乳酸益菌（在製成奶油前先將鮮奶油發酵）。

為了避免風味與質地的改變，脂肪或油要緊密地蓋住。這麼做可以避免接觸水分、空氣、光線或強烈的氣味。脂肪和油儲藏在乾燥陰涼處即可，但奶油必須存放在40℉（4℃）以下。不要將脂肪暴露在強光下，也不要讓塑性脂肪融化。融化會改變脂肪的結晶結構，改變它們的質地，以及打發的難易程度，也會減少脂肪中含有的氣體，減弱其有助於膨發的能力。和其他食材一樣，它們也要遵循先進先出的原則來輪替庫存。

實用祕訣

有一種預測油脂會氧化多快的方式是參考其脂肪酸成分。具體來說，多元不飽和脂肪酸含量越高，油脂氧化與走味的速度就越快。你可以在圖9.6找到大部分油脂的資訊。

複習問題

1   什麼是三酸甘油酯？什麼是脂肪酸？

2   飽和脂肪酸和不飽和脂肪酸的化學結構有什麼差別？哪個更可能增加冠心病風險？
    哪個在液態油中的含量高？

3   哪些油在室溫下為固體？是什麼使它們在大多數油都是液體時，它們在室溫下卻呈
    固態？

4   以下哪些油脂因天然富含飽和脂肪酸所以呈固態，又是哪些必須氫化或以其他方式
    處理才能使其成為固體：奶油、大豆人造奶油、棕櫚酥油、豬油？

5   請從不飽和脂肪酸開始畫出氫化過程，並提出兩個脂肪和油氫化的原因。

6   為什麼液態油的氧化速度會比固態脂肪快？

7   為什麼植物油或沙拉油會被部分氫化？

8   你如何定義塑性脂肪？以下哪種脂肪在室溫下（70℉／21℃）具有可塑性：植物
    油、液態高甘油酥油、通用酥油、奶油、豬油、可可脂？

9   氫化如何影響脂肪對健康的有益程度？

10 在我們的食品供給中，通常會在哪裡發現反式脂肪酸？為什麼反式脂肪是不理想的
    脂肪酸？

11 什麼是「低次亞麻酸植物油」？什麼又是「高油酸油」？這兩種油主要的優點為
    何？

12 請列舉三種酥油和人造奶油的製造商生產零反式脂肪塑性酥油的可行方法。

13 為什麼以棕櫚油為原料的酥油與部分氫化的大豆酥油打發起來不盡相同？你可以採
    取什麼措施來使其能夠適當打發？

14 以下哪種油脂被視為含有100%的脂肪：植物油、液態高甘油酥油、通用酥油、奶
    油、人造奶油、塑性高甘油酥油、豬油？而哪些又只含大約80%的脂肪？哪些含有
    空氣？哪些含有水？

15 在烘焙食品中使用奶油的兩個主要優點為何？意即奶油與其他脂肪相比有什麼優勢？又有哪四個缺點？

16 歐洲產的奶油與北美的奶油在乳脂含量上有何不同？

17 根據製造奶油時使用的鮮奶油類型將奶油分成兩大類。在北美最常見的是哪一類？在歐洲比較常見的又是哪一類？

18 豬油不是猶太潔食也非哈拉認證，這句話是什麼意思？

19 未經修飾的豬油質地粗糙有顆粒感，這種質地的優點為何？

20 人造奶油跟奶油相比有哪些優勢？

21 請列出四個人造奶油的主要類型。它們在哪些方面不盡相同？每一類的主要用途為何，為什麼？

22 人造奶油在什麼狀況下不需冷藏？

23 終融點與奶油相同的人造奶油具有和奶油一樣討喜的口感嗎？為什麼，或者為什麼不？

24 人造奶油和酥油之間的主要差異為何？

25 高甘油酥油中含有什麼成分是通用酥油中沒有的？

26 在下列各種用途中，通用酥油和塑性高甘油酥油分別是哪些製品的首選：輕盈膨鬆的糖霜、派皮麵團、泡打粉做的比司吉、餅乾、質地細緻輕盈的蛋糕。

27 塑性高甘油酥油和液態高甘油酥油有什麼差別？

28 傳統上哪種烘焙食品是以液態油製成？

29 為什麼內餡多汁的派的底殼，有時會用油代替酥油或奶油來製作？

30 為什麼用油製成的瑪芬比用通用酥油製成的瑪芬更扎實？

31 單酸與二酸甘油脂是什麼，可以從哪裡找到？

32 為什麼烘焙食品的柔軟度過高是不理想的狀況？

33 乳化劑主要以哪兩種方式提升烘焙食品的柔軟度？

34 為什麼油做的派皮比酥油做的派皮更軟嫩但較無層次？為什麼油做的蛋糕比酥油做的蛋糕更不軟嫩？

35 濕度和柔軟度之間有什麼不同？

36 為什麼低脂烘焙食品烤起來會比一般的烘焙食品顏色更淡？

37 什麼是氧化酸敗？若要延緩酸敗，應該如何儲存油脂？

38 抗氧化劑在油脂中能預防什麼事？請列舉兩種抗氧化劑。

問題討論

1 請列出地方禁止餐廳和烘焙坊使用反式脂肪的利弊。

2 除了更加軟質，用液態高甘油酥油製成的蛋糕與用其他脂肪（如通用酥油）製成的蛋糕還有什麼差別？

3 請敘述三個奶油做出的蛋糕可能比高甘油酥油做出的蛋糕柔軟度更低的原因。在回答這個問題時，假設兩個蛋糕在脂肪種類之外的配方都相同。

4 你會以什麼依據分辨出以下營養標示是出自人造奶油而非酥油？大豆油、完全氫化的大豆油、水、鹽、大豆卵磷脂、單酸與二酸甘油脂、苯甲酸鈉、天然香料、β 胡蘿蔔素、維生素A棕櫚酸酯。你覺得上述的脂肪含有反式脂肪嗎？為什麼，或為什麼不？

5 請解釋脂肪如何參與以下各種產品的膨發：酥皮、塑性高甘油酥油製成的蛋糕、液態高甘油酥油製成的蛋糕。

6 當你有兩種葵花籽油，而它們的脂肪酸組成差異頗大。其中一種含有69%的多元不飽和脂肪酸，另一種則只含9%。哪一種會氧化、走味得比較快，為什麼？

7 比司吉配方中需要7磅8盎司的酥油，但你想用奶油取代。配方中還包含了12磅（6.0公斤）的水。請寫上你在決定用多少奶油取代酥油來讓脂肪量保持不變時的計算過程。另外也請說明添加的水量會如何變化。

習作與實驗

❶ 習作：如何增加派皮的層狀結構

回想一下之前的內容，層狀結構的形成是由於麵團與少量脂肪相疊，而脂肪在烤箱中融化，因此留下因加溫而膨脹的空隙。想像你有個配方，照做出來的糕點卻沒有理想的層狀結構，請解釋為什麼以下列出的每個改動都有助於層狀結構形成。第一項已經為你完成了。

1　增加脂肪含量。
原因：脂肪越多，麵團層與層之間能形成的層數就越多。

2　改用溶點更高的脂肪。
原因：＿＿＿＿＿＿＿＿＿＿＿＿＿＿＿＿＿＿＿＿＿＿＿＿＿＿＿＿＿＿＿
＿＿＿＿＿＿＿＿＿＿＿＿＿＿＿＿＿＿＿＿＿＿＿＿＿＿＿＿＿＿＿＿＿＿＿
＿＿＿＿＿＿＿＿＿＿＿＿＿＿＿＿＿＿＿＿＿＿＿＿＿＿＿＿＿＿＿＿＿＿＿

3　使用前先將脂肪冷藏，並在揉和與塑形前先將麵團冷卻。
原因：＿＿＿＿＿＿＿＿＿＿＿＿＿＿＿＿＿＿＿＿＿＿＿＿＿＿＿＿＿＿＿
＿＿＿＿＿＿＿＿＿＿＿＿＿＿＿＿＿＿＿＿＿＿＿＿＿＿＿＿＿＿＿＿＿＿＿
＿＿＿＿＿＿＿＿＿＿＿＿＿＿＿＿＿＿＿＿＿＿＿＿＿＿＿＿＿＿＿＿＿＿＿

4　盡量減少將脂肪揉進乾麵粉裡的程度。
原因：＿＿＿＿＿＿＿＿＿＿＿＿＿＿＿＿＿＿＿＿＿＿＿＿＿＿＿＿＿＿＿
＿＿＿＿＿＿＿＿＿＿＿＿＿＿＿＿＿＿＿＿＿＿＿＿＿＿＿＿＿＿＿＿＿＿＿
＿＿＿＿＿＿＿＿＿＿＿＿＿＿＿＿＿＿＿＿＿＿＿＿＿＿＿＿＿＿＿＿＿＿＿

5　提高烤箱溫度。
原因：＿＿＿＿＿＿＿＿＿＿＿＿＿＿＿＿＿＿＿＿＿＿＿＿＿＿＿＿＿＿＿
＿＿＿＿＿＿＿＿＿＿＿＿＿＿＿＿＿＿＿＿＿＿＿＿＿＿＿＿＿＿＿＿＿＿＿
＿＿＿＿＿＿＿＿＿＿＿＿＿＿＿＿＿＿＿＿＿＿＿＿＿＿＿＿＿＿＿＿＿＿＿

6   換成含水的脂肪。

原因：_____

_____

_____

❷ 習作：如何減少派皮的柔軟度

　　回想一下，糕點中的柔軟度主要是藉著將強韌麵筋結構的形成過程最小化來達成。試著想像這個情境，你有個製作糕點的配方，做出來的成品太軟嫩了，也就是說它太容易崩解了。請解釋為什麼以下列出的每個改動都能減少柔軟度。第一項已經為你完成了。

1   減少脂肪量或增加麵粉量。
原因：脂肪對麵粉中麵筋含量的占比越小，能形成的麵筋結構就越多。

2   改用熔點更高的脂肪。
原因：_____

_____

_____

3   使用前先將脂肪冷藏，並在揉和與整形前先將麵團冷卻。
原因：_____

_____

_____

4   盡量減少將脂肪揉進乾麵粉裡的程度。
原因：_____

_____

_____

5   增加水量。
原因：_____

_____

_____

6 增加揉麵團的量。

原因：＿＿＿＿＿＿＿＿＿＿＿＿＿＿＿＿＿＿＿＿＿＿＿＿＿＿＿＿＿＿＿＿

＿＿＿＿＿＿＿＿＿＿＿＿＿＿＿＿＿＿＿＿＿＿＿＿＿＿＿＿＿＿＿＿＿＿＿＿＿

7 改用更高筋的麵粉，比如說將部分或全部的中低筋麵粉改成高筋麵粉。

原因：＿＿＿＿＿＿＿＿＿＿＿＿＿＿＿＿＿＿＿＿＿＿＿＿＿＿＿＿＿＿＿＿

＿＿＿＿＿＿＿＿＿＿＿＿＿＿＿＿＿＿＿＿＿＿＿＿＿＿＿＿＿＿＿＿＿＿＿＿＿

❸ 習作：不同油脂的感官特徵

在本習作的結果表中，查詢本書並填入每種油脂的脂肪百分比。接下來，照著油脂的包裝，記錄各個品牌的名稱並列出各個油脂的成分。最後，將新鮮的樣品置於室溫下，評估各種油脂的外觀（顏色、清澈度）、稠度與香味，單純以感官特徵辨認不同的油脂。有兩行留白，可以視意願用於評估其他油脂。

結果表　不同的油脂

油脂種類	脂肪百分比	品牌名稱	成分	外觀	稠度	香氣
通用酥油						
塑性高甘油酥油						
液態高甘油酥油						
植物油						
甜性奶油，以未發酵鮮奶油製成						
發酵奶油，以發酵鮮奶油製成（歐洲產或歐風奶油）						
人造奶油，一般烘焙用						
人造奶油，裹入用或酥皮用						
豬油						
烤盤油						

請利用結果表格中的資訊及書中內容回答下列問題。請圈選**粗體字**的選項或填空。

1　通常在塑性高甘油酥油中添加的乳化劑實際上是一種乳化劑混合物，稱為單酸與＿＿＿＿＿。
　此習作中評估的塑性高甘油酥油中**有／沒有**這種乳化劑混合物。如果有其他油脂包含該乳化劑混合物的話，是哪些：

　　＿＿

　　＿＿

　　＿＿

2　液態高甘油酥油比塑性高甘油酥油固態程度**更高／更低**，因為它的飽和脂肪含量**較多／較少**。雖然它在室溫下是可以傾倒出來的流體，但它還是含有少量固態脂肪結晶，使其具有乳狀而**不透明／稀而澄清**的外觀。

3　請列出液態高甘油酥油的成分，然後簡要地列出每種成分的功能。可以參考表9.1做為輔助。

　　＿＿

　　＿＿

　　＿＿

4　有一種消泡劑通常會添加到為油炸和其他高溫應用而設計的油脂中，它稱為＿＿＿＿＿＿＿。
　如果有任何含有該消泡劑的油脂，包括以下的：

　　＿＿

　　＿＿

　　＿＿

5　你想製作不含防腐劑（防腐劑包括BHA、BHT、TBHQ、生育酚、山梨酸鉀和苯甲酸鈉）的烘焙食品。含防腐劑的油脂因此不能在這個無防腐劑的烘焙食品中使用，這些油脂如下：

　　＿＿

　　＿＿

　　＿＿

6　甜性奶油和普通人造奶油在外觀、風味和口感上的主要差異如下：

_____

_____

_____

整體而言，這些方面的差異**很小／中等／很大**。

7　裹入用（或酥皮用）人造奶油和一般人造奶油的主要差異在於**顏色／風味／味覺**，對此最準確的說法如下：

_____

_____

_____

這方面的差異**很小／中等／很大**，而且此差異**有／沒有**反映在兩種人造奶油標籤上的成分列表上。

8　豬油有時會氫化處理以_____。這次評估的豬油**有／未**氫化。豬油與通用酥油在外觀、質地和風味上有以下差異：

_____

_____

_____

整體而言，這些方面的差異**很小／中等／很大**。

❹ 實驗：脂肪類型如何影響液態酥油型海綿蛋糕的產量和整體品質

液態高甘油酥油可以一段式混合法製成輕盈有充氣感的海綿蛋糕。雖然通常不建議將專門針對某一種脂肪設計的製備方式套用在另一種差異很大的脂肪上，但在本實驗中我們會這麼做。如此一來，你就會體驗到稠度、脂肪含量和乳化劑添加與否等差異，如何影響烘焙食品中各種脂肪的功能了。

目標

演示脂肪種類如何影響
● 蛋糕麵糊的輕盈程度和體積

- 蛋糕的濕度、柔軟度、組織結構和輕盈程度
- 蛋糕的整體風味
- 蛋糕的整體滿意度

製作成品

液態酥油型海綿蛋糕製作時加入的脂肪分別為

- 液態高甘油酥油（對照組）
- 塑性高甘油酥油
- 通用酥油
- 植物油（不含聚二甲矽烷或其他消泡劑）
- 無鹽奶油（融化）
- 可自行選擇其他油（橄欖油、人造奶油、酥皮酥油、含聚二甲矽烷的通用植物油、液態高甘油酥油完整分量的一半或四分之三、奶油和液態高甘油酥油的混合物等）

材料與設備

- 秤
- 篩網
- 5夸脫（約5公升）鋼盆攪拌機
- 鋼絲攪拌配件
- 刮板
- 瑪芬模（直徑2.5／3.5吋或65／90公釐），每個變因準備兩個
- 紙模、烤盤油
- 蛋糕麵糊（請參見配方），分量足以為各變因製作24個以上的蛋糕
- 16號（2液量盎司／60毫升）冰淇淋勺或同等容量量匙
- 半盤烤盤（非必要）
- 烤箱溫度計
- 竹籤（測試用）
- 透明的1杯量（250毫升）量杯，每個變因準備一個（非必要）
- 刮刀（非必要）
- 鋸齒刀
- 尺

配方

用液態酥油製成的海綿蛋糕

分量：對照組30個以上，其他變因則隨其他脂肪的類型而異

原料	磅	盎司	公克	烘焙百分比
低筋麵粉		10	300	100
泡打粉		0.8	24	8
鹽（1茶匙／5毫升）		0.2	6	2
糖（一般砂糖）		13.3	400	133
油脂		6	180	60
牛奶		5.3	160	53
全蛋		15	450	150
合計	3	2.6	1,520	506

製作方法

1 烤箱預熱至350℉（220℃）。

2 使所有原料溫度都趨於室溫（除了融化的奶油，使用前要稍微冷卻），以達最好的曝氣效果。

3 將乾原料過篩三次。

4 將牛奶、雞蛋、油脂放入攪拌缸，倒進篩過的乾原料。

5 在攪拌機上裝上攪拌球，以低速攪拌30秒，停下機器刮缸與攪拌球。

6 以高速攪打3分鐘，然後停下來刮一刮。

7 以中速攪打2分鐘，別攪打過度了。

8 立刻使用此麵糊。

步驟

1 在瑪芬模中放上紙模、噴上少許油脂，或抹上一層烤盤油，以及在各個烤模上標出該蛋糕使用的脂肪類型。

2 以上述的海綿蛋糕配方，或任何為液態高甘油酥油設計的海綿蛋糕配方，準備蛋糕麵糊，為每個變因各準備一批麵糊。

3 使用16號勺（或任何能將杯子填滿1/2到3/4的勺子）將麵糊舀入準備好的瑪芬模中，並將多

餘的麵糊留下。

4　視情況將瑪芬模放在半盤烤盤上。

5　將烤箱溫度計放置於烤箱中央，記錄烤箱初溫。初溫：＿＿＿＿＿＿＿。

6　烤箱正確預熱後，將裝滿蛋糕麵糊的瑪芬模放入烤箱，並將計時器設定為27至30分鐘。

7　烘烤蛋糕直到對照組（以液態高甘油酥油製成）呈淺褐色、輕按中心頂部時會回彈，將竹籤插入蛋糕中心再抽出沒有沾黏的現象，即可取出。就算其中有些蛋糕顏色太淺或太深、無法膨脹得那麼高，所有蛋糕還是要在經過相同時長時從烤箱取出。不過如有必要，可以針對烤箱差異調整烘烤時間，並在結果表一的「備註」中記錄烘烤時間。

8　記錄烤箱終溫，終溫：＿＿＿＿＿＿＿。

9　將蛋糕移出熱烤盤，冷卻至室溫。

結果

1　如果有意願的話，可以測量麵糊的密度（每單位體積的重量），以評估每個變因中摻入空氣的相對量。以下為量測密度方法：

- 將麵糊小心地倒入重量已歸零的量杯中（8液量盎司或250毫升）。
- 以肉眼檢查量杯確認其中沒有大的氣泡空隙。
- 用刮刀整平量杯的頂部。
- 稱量每個量杯中的麵糊重量，並將結果記錄在結果表一的「備註」中。

2　以16號勺計數剩餘的麵糊能舀出幾勺（將這些麵糊倒掉或拿去烤），並在結果表一中記錄每批能做出的蛋糕的總數。

3　審視麵糊。若麵糊呈凝結狀、分離狀或表面冒出氣泡，請在結果表一的「備註」中註明。

4　在蛋糕完全冷卻後，請按下述方式評估每批蛋糕的平均重量：

- 每個變因選三個典型的蛋糕測量重量，並在結果表一中記錄每個蛋糕的結果。
- 藉著將重量相加再除以3，算出蛋糕的平均重量。在結果表一中記錄結果。

5　請按下述內容評估平均高度：

- 每批取三個蛋糕切半，注意不要擠壓蛋糕。
- 拿尺貼著蛋糕中心的切面測量高度，以1/16吋（1公釐）為單位，將高度記錄於結果表一。

- 將高度相加後除以3以計算蛋糕的平均高度，並將結果記錄在結果表一。

6　在結果表一的「蛋糕形狀」欄中註明蛋糕的頂部是否圓整均勻，或中心是否呈尖峰狀、平坦或凹陷。也要記錄蛋糕整體是否傾斜，即其中一側高於另一側的狀況。

結果表一　由不同油脂製成的蛋糕所具有的大小、形狀與數量

油脂種類	一批的蛋糕數	三個蛋糕個別重量	平均重量	三個蛋糕個別高度	平均高度	蛋糕形狀	備住
液態高甘油酥油（對照組）							
塑性高甘油酥油							
通用酥油							
植物油							
奶油（融化）							

7　對完全冷卻的蛋糕在感官上的特性進行評估，並在結果表二中記錄評估結果。請確保將每種變因與對照組交替進行比較，並參考下列因素進行評估：
- 外皮外觀（淺色／深色、光滑的／氣泡逸出形成的斑點等）
- 蛋糕內裡（氣孔小／大、氣孔整齊／不規則、有／無巨大孔洞等等，也請評估顏色）
- 蛋糕質地（韌／軟、濕／乾、海棉狀、易碎等等）
- 整體風味（奶油味、雞蛋味、甜味、鹹味、麵粉味等）
- 整體滿意度，從接受度極低到接受度極高，分為1到5級
- 如有需要可加上備註

結果表二　由不同油脂製成的海綿蛋糕所具有的感官特性

油脂種類	外皮外觀	蛋糕內裡與質地	整體風味	整體滿意度	備註
液態高甘油酥油（對照組）					
塑性高甘油酥油					
通用酥油					
植物油					
奶油（融化）					

誤差原因

請列出任何可能使你難以做出適當實驗結論的因素，尤其要去考量原料和麵糊溫度的任何差異、麵糊的攪拌與處理方式、將麵糊等量分配到瑪芬模遇到的困難，以及關於烤箱的任何問題。

_____

_____

_____

請列出下次可以採取哪些不同的作法，以縮小或去除誤差。

_____

_____

結論

請圈選**粗體字**的選項或填空。

1 以下脂肪中，**液態高甘油酥油／融化的奶油／油**製成的蛋糕數（麵糊量）最多。這主要是因為該脂肪包含了大量的**消泡劑／乳化劑／抗氧化劑**，對於在麵糊裡摻進空氣非常有效。

2 以下脂肪中，**液態高甘油酥油／塑性高甘油酥油／油**製成的蛋糕數（麵糊量）最少。其中有部分原因是該脂肪不含乳化劑，但也**包含／不包含**膨發氣體，如空氣或水。

3 重量最輕的蛋糕**是／不是**由做出最多蛋糕的脂肪製成，而重量最重的蛋糕則**是／不是**由做出最少蛋糕的脂肪製成。請解釋這些結果。

_____

_____

_____

4 以通用酥油製成的蛋糕**就像／不如**用塑性高甘油酥油製成的蛋糕柔軟。這是因為**通用／塑性高甘油酥油**裡含有有助於嫩化與混入空氣的乳化劑。

5 通常，較輕盈膨鬆的蛋糕會比較厚重緊密的蛋糕**更韌／更軟**。部分原因是較輕的蛋糕具有**較厚／較薄**的孔壁，使其**較易／較難**咬穿。

6 儘管油是一種**液體／固體**脂肪，在使烘焙食品嫩化方面常常非常有效，但在使這種蛋糕嫩化的能力卻沒有其他脂肪那麼有效。這可能是因為與其他脂肪相比，油裡的含氣量和膨發能力**更多／更少**，導致形成的孔壁**更薄／更厚**，也就比較**容易／難**被咬穿。

7 在此蛋糕配方中使用奶油而非另一種脂肪的主因，是使**柔軟度／濕度／風味／膨發**最大程度地增加。

8 整體來說，用融化奶油製成的蛋糕是**能／無法**接受的。與塑性高甘油酥油製成的蛋糕相比，塑性高甘油酥油製成的蛋糕在外觀、質地與風味上具有以下差異：

_____

_____

_____

整體而言，這些方面的差異**很小／中等／很大**。

9 整體來說，用塑性高甘油酥油製成的蛋糕是**能／無法**接受的。與液態高甘油酥油製成的蛋糕相比，塑性高甘油酥油製成的蛋糕在外觀、質地與風味上具有以下差異：

_____

_____

_____

整體而言，這些方面的差異**很小／中等／很大**。

10 整體來說，用通用酥油製成的蛋糕是**能／無法**接受的。與液態高甘油酥油製成的蛋糕相比，通用酥油製成的蛋糕在外觀、質地與風味上具有以下差異：

_____

_____

_____

整體而言，這些方面的差異**很小／中等／很大**。

11 整體來說，用油製成的蛋糕是**能／無法**接受的。與液態高甘油酥油製成的蛋糕相比，油製成的蛋糕在外觀、質地與風味上具有以下差異：

_____

_____

_____

整體而言，這些方面的差異**很小／中等／很大**。

12 有沒有麵糊呈現不穩定的徵象？麵糊不穩定的跡象包括看起來凝結、油水分離，或是氣泡從表面逸出。

_____

_____

_____

你會如何解釋這些結果？

_____

_____

_____

13 我對麵糊差異、烤焙蛋糕或實驗本身的其他意見：

_____

_____

_____

❺ 實驗：脂肪的類型如何影響簡易醣霜的整體品質

目標

演示脂肪種類如何影響

● 糖霜的輕盈程度

● 糖霜的外觀、風味和口感

● 抹開糖霜的容易度

● 糖霜用於各個用途的整體接受度

製作成品

以下列油脂製作簡易糖霜

● 無鹽奶油，原料為未發酵鮮奶油（對照組）

● 發酵奶油，原料為發酵鮮奶油、高脂（歐洲產或歐式奶油）

● 通用塑性酥油

● 塑性高甘油酥油

● 無鹽人造奶油

● 一半奶油，一半塑性高甘油酥油

● 可自行選擇其他油脂（含鹽奶油、含鹽人造奶油、糖霜酥油、四分之三奶油／四分之一酥油、四分之一奶油／四分之三酥油等等）

材料與設備

● 秤

● 5夸脫（約5公升）鋼盆攪拌機

● 槳狀攪拌器

● 攪拌球

● 刮板

● 簡易糖霜（請參見配方），分量要足以將每種變因都做出約1磅（500克）以上

● 透明的1杯分量（250毫升）量杯，每個變因準備一個

● 刮刀

● 供糖霜塗抹用的蛋糕、杯子蛋糕

● 抹刀

配方

簡易糖霜

分量：約兩杯（0.5公升）

材料	磅	盎司	克	烘焙百分比
脂肪		6	180	60
糖粉		10	300	100
蛋白（經低溫殺菌）		2	60	20
合計	1	2	540	180

製作方法

1 讓所有原料溫度都趨於室溫（原料的溫度對於結果的一致性非常重要）。

2 如果使用兩種油脂，請先用攪拌槳將較硬的油脂進行低速攪拌使其軟化。

3 用低速打發脂肪3分鐘或到滑順輕盈即可。

4 加入糖粉後以低速攪拌1分鐘，停下機器刮缸。

5 換上攪拌球，以高速攪打6分鐘。每隔2分鐘都停下刮缸和攪拌球。

6 加入蛋白後再以高速攪打5分鐘，直到質地滑順輕盈。

7 蓋上蓋子，標示使用油脂，放置在室溫中直到準備好進行評估。

步驟

1 以上述的簡易糖霜配方或任何簡單的鮮奶油糖霜配方來製備糖霜。為每個變因都各準備一批糖霜。

2 確保糖霜都擺在室溫下。

3 測量糖霜的密度（每單位體積的重量），以評估每個變因中摻入空氣的相對量。以下是量測密度的方法：

● 將每份打發的糖霜小心地倒入重量已歸零的量杯（8液量盎司／250毫升）中。

● 以肉眼檢查量杯確認其中沒有大的氣泡空隙。

● 用刮刀整平量杯的頂部。

● 稱量每個量杯中的糖霜重量，並將結果記錄在結果表一中。

4 藉由密度量測來計算比重。比重又稱做相對密度，是產品相對於水的密度的量度。與密度不同，比重並不取決於用於測量的容器大小。計算比重時，將每個糖霜的密度（每單位體積的

重量）除以同體積水的重量。比重是個無單位的值。

結果

1   評估糖霜在蛋糕上的塗抹程度。為此要將糖霜塗抹在冷卻的杯子蛋糕、蛋糕或塑膠、紙盤的背面。對柔軟度、滑順程度和塗抹糖霜的整體容易程度進行評分，並在結果表中記錄評估結果。

2   評估糖霜的感官特徵後將評估結果記錄在結果表上。請確保將每種變因與對照組交替進行比較，並參考下列因素進行評估：
   ● 外觀（滑順度與顏色）
   ● 口感（稀／濃、油膩／蠟質等）
   ● 風味（奶油味、雞蛋味、甜度、鹹度等）
   ● 如有需要可加上備註

結果表 對於不同類型脂肪製成的糖霜所具有的輕盈程度（密度）、抹開難易度和感官特性進行評估

脂肪種類	密度（重量／體積）	比重	抹開難易度	外觀	口感	風味	備註
無鹽奶油，原料為未發酵鮮奶油（對照組）							
發酵奶油，歐洲產							
通用塑性酥油							
塑性高甘油酥油							
無鹽人造奶油							
一半奶油，一半塑性高甘油酥油							

誤差原因

請列出任何可能使你難以做出適當實驗結論的因素，尤其要去考量到脂肪溫度的差異、糖霜的攪拌法，或是在量測密度時有無大氣泡在裡面。

_____

_____

_____

請列出下次可以採取哪些不同的作法，以縮小或去除誤差。

_____

_____

_____

結論

請圈選**粗體字**的選項或填空。

1　由歐洲產（或歐式）發酵奶油製成的糖霜與由未發酵奶油製成的糖霜差異如下：

_____

_____

這種差異**很小／中等／很大**。

2　糖霜的比重越低，就會**越輕／越重**，因為有**更多／更少**的空氣被打入其中。**奶油／通用酥油／高甘油酥油／人造奶油**能被攪打成最輕盈、比重也最低的糖霜。這可能是因為它含有 _____ 等有助於把氣體拌入的乳化劑。

3　**通用酥油／高甘油酥油**能將糖霜做出較濃稠的口感。該差異主要由於**比重／熔點**的差異，使它嘗起來口感比較**討喜／不討喜**。

4 由無鹽人造奶油製成的糖霜融化速度比未發酵奶油製成的更**快／慢**。這帶來了更**討喜／不討喜**的口感。這兩種糖霜之間的其他差異如下：

_____

_____

_____

這種差異**很小／中等／很大**。

5 請總結塑性高甘油酥油製成的糖霜和奶油（對照組）製成的糖霜在外表、風味和口感上的主要區別。

_____

_____

_____

這種差異**很小／中等／很大**。

6 實驗中那些能用在白色婚禮蛋糕、能為人所接受的糖霜是由_____製成，因為_____

_____

7 實驗中那些能被當做蛋白奶油霜的糖霜是由_____製成，因為_____

8 在炎熱的夏季可做為奶油風味的糖霜使用的，可能是由_____製成，因為_____

9 整體而言你比較喜歡哪種糖霜，為什麼？

_____

_____

_____

10

蛋與蛋製品

本章目標

❶ 介紹蛋的構造。

❷ 解釋各種雞蛋和蛋類製品的特點和用途。

❸ 列舉雞蛋和蛋類製品的性質以及相關功用。

❹ 說明卡士達醬中蛋的凝固過程，以及影響凝固的成因。

❺ 詳解打發蛋白的步驟，以及影響發泡的成因。

❻ 介紹雞蛋及蛋類製品的最佳保存與處理方式。

導論

因為雞蛋的用途廣泛，幾乎大部分的烘焙食品都會用到它。換句話說，在北美地區，雞蛋的生產供銷已經蛻變為大型的經濟產業，如今美國大部分的市售雞蛋由蛋商供貨，而這些蛋商擁有七萬五千隻以上的蛋雞，有的蛋商甚至擁有高達五百萬以上的蛋雞。

一隻蛋雞平均一年的產量約為二百五十到三百顆蛋，比起五十年前的平均還要多了兩倍以上。雞蛋的生產量倍增，也反應了飼育、營養、照顧，以及生產管理等層面的進步。也因為如此，市場上的蛋價才能歷年都維持著穩定的價格。

雞蛋的構造

雞蛋主要包含六個部位，分別是薄蛋白（外蛋白）、厚蛋白（中蛋白）、蛋黃、蛋殼、氣室還有繫帶（圖10.1）。雞蛋可食用的部分，有三分之二是蛋白，三分一是蛋黃。大體來說，雞蛋呈現濕潤的狀態，包含了少量但重要的蛋白質、脂肪和乳化成分（圖10.2）。

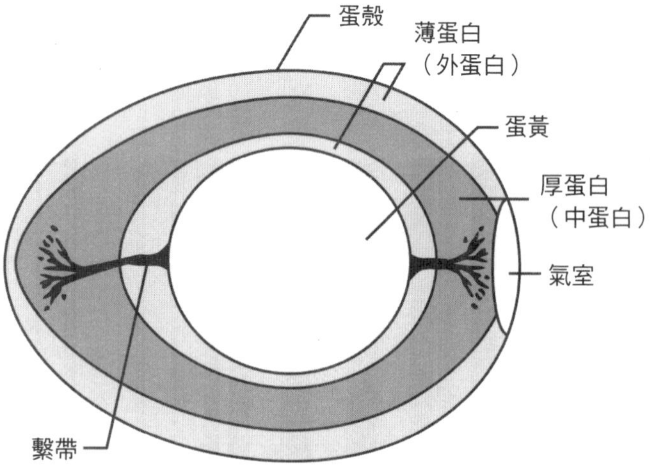

蛋白

蛋白，也叫蛋清，除了少量的礦物質灰分和葡萄糖，蛋白主要由蛋白質和水分組成。蛋白中含有六種以上的蛋白質，這些蛋白質群組是蛋白發揮作用的因子。而蛋白最主要的作用，就是建構組織和打發充氣。

雖然這些特別的蛋白質群組對蛋白的功能很重要，但這些蛋白質只占了蛋白的10%，其

圖10.1 蛋的各個部位

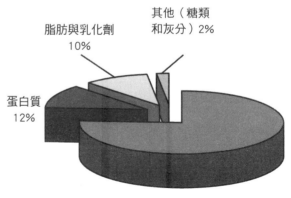

圖10.2 蛋的構造

餘將近90%都是水，所以蛋白的成分幾乎都是水分（表10.1）。

和蛋黃相比，蛋白的味道很淡，也沒什麼顏色。不過，蛋放得久，在烹飪時蛋白就會產生一種硫化物的味道。尤其蛋的酸鹼值越高，味道越明顯，遇熱時就會飄出這種味道。

蛋白有分薄蛋白和厚蛋白，其中厚蛋白會隨著蛋的新鮮度降低而逐漸變薄。厚蛋白變薄時，蛋白發泡性和支撐性都會變弱。

表10.1　全蛋、蛋白和蛋黃的結構

成分	全蛋	蛋白	蛋黃
水分	76%	88%	50%
蛋白質	12%	10%	17%
脂類和乳化劑	10%	0%	30%
其他（糖類和灰質）	2%	2%	3%

蛋黃

蛋黃是呈現半液態、半固態的狀態。蛋黃中的固態部分包含了蛋白質、脂肪和乳化劑（表10.1），再加上微量的礦物質灰分和橘黃色類胡蘿蔔素。蛋黃中的蛋白質和蛋白中的不一樣，但是在建構烘焙食品的組織上都一樣重要。蛋黃的大部分蛋白質是脂蛋白，是一種和脂類——脂肪和乳化劑——結合的複合蛋白質。也因為含有脂蛋白和乳化成分，蛋黃才能做為相當優異的乳化劑。

蛋黃的液態蛋白質中，懸浮著微小顆粒型態的脂蛋白和乳化的脂肪球。也就是說，蛋黃不僅能安定乳化成分，同時也在乳化自己。

隨著雞蛋的新鮮度流失，蛋黃會漸漸從蛋白吸收水分。如果把雞蛋打在平整的桌面觀察，會發現蛋黃變得又薄又扁。蛋黃周圍有一層保護作用的薄膜，雞蛋的新鮮度下降，薄膜的保護作用也會跟著變弱，加速細菌入侵營養豐富的蛋黃。如果雞蛋沒有妥善保存在低溫的環境，細菌入侵的速度會更快。

卵磷脂是最著名的乳化劑，而且蛋黃中的卵磷脂含量高達10%。如同蛋黃中的其他脂類，卵磷脂也跟蛋白質結合成脂蛋白。可以進行乳化作用的脂蛋白在食物中有著各式各樣的用途，但最顯著的就是結合水和油。靠著兩兩相依，乳化劑和乳化作用的脂蛋白能將複雜的原料拌合在一起，例如蛋糕糊。圖10.3就說明了即使只有少量的卵磷脂，也能產生乳化作用結合油與水。要產生乳化作用，先將卵磷脂倒進手持攪拌機中，再倒進油脂，最後緩緩倒入水開始攪拌。光線在飽含油脂的微小脂肪球、還有被鎖進水分的空氣當中四處彈射，才會讓乳化過的液體看起來像鮮奶油。

蛋黃的顏色主要是取決於蛋雞的飼料，餵

圖10.3　蛋黃中的卵磷脂可做為結合水與油的乳化劑。圖左：產生乳化作用的油、水和卵磷脂；圖右：只有油和水。

蛋白質是什麼？

蛋白質是由許多胺基酸連結形成的長條鏈狀大分子，單一蛋白質大多包含了上千個單位的胺基酸。由於自然界中的胺基酸就有二十多種，每一種胺基酸的組成都很獨特，也因此蛋白質的組成相當複雜。只要蛋白質分子中胺基酸數量和排列方式有所不同，就會形成不同種類的蛋白質。

按照蛋白質的外觀，大致可以分成兩類：纖維狀蛋白質和球狀蛋白質。纖維狀蛋白質呈現粗糙的直條狀，具有優秀的增厚和建構組織作用。對烘焙食品來說，最重要的纖維狀蛋白質就是形成麵筋骨幹的麥穀蛋白，而蛋白中的纖維狀蛋白質就是卵黏蛋白。

然而大部分的蛋白質是被歸類在球狀蛋白質。球狀蛋白質，至少是以它的基本型態來說是螺旋形的。球狀蛋白質遇到熱、酸和鹽都會改變形狀，隨著形狀改變，蛋白質的功能也會產生變異。蛋白酶就是一種球狀蛋白質，也是雞蛋中最主要的蛋白質。

卵黏蛋白──一種蛋白裡的蛋白質

蛋白中包含了六種不同的蛋白質，這些蛋白質的大小、形狀和作用都不盡相同。比方說，蛋白中分子最大的蛋白質是卵黏蛋白，卵黏蛋白的分子大，又是纖維狀蛋白質，所以能負責增厚蛋白的黏稠度。卵黏蛋白同時存在於薄蛋白和厚蛋白之中，不意外的，厚蛋白中的卵黏蛋白比薄蛋白多了四倍。若蛋不新鮮，卵黏蛋白就會分解，讓蛋白變稀。卵黏蛋白黏稠的質地，有助於打發蛋白霜，並且幫助蛋白泡沫更有支撐性。不過雞蛋被加熱時，卵黏蛋白的凝固作用就沒那麼強了。

雖然卵黏蛋白是大分子，卻無法以肉眼觀察。不過，你可以把蛋白打進近乎黑色的深色杯子裡，再加上兩到三倍的水，開始攪拌，直到蛋白溶解。然後將杯子放到一旁靜置個幾分鐘。沒多久，就可以看到杯子中有細細的白色纖維被溶出來，而那些細細的白色纖維基本上就卵黏蛋白的聚合物了。

食蛋雞的飼料中所含的類胡蘿蔔素越多，蛋黃的顏色就越深。苜蓿和黃玉米的類胡蘿蔔素含量都很高，能形成顏色較深的蛋黃，小麥、燕麥和白玉米形成的蛋黃顏色比較淺。如果蛋雞是用天然的飼料餵養，但類胡蘿蔔素含量很少，不妨在飼料中添加富含類胡蘿蔔素的金盞花，給蛋黃做為天然的增色劑。

蛋雞的飼料種類也會影響蛋黃的風味，這也解釋了為何不同蛋商的雞蛋吃起來的味道會不太一樣。舉例來說，有時候有機雞蛋的味道吃起來和一般的雞蛋不一樣，這未必是有機飼養的關係，更多是由於飼養者餵食蛋雞的飼料。因此不論蛋雞飼料是不是有機，飼料的味道會確實過渡到雞蛋。

蛋雞的飼料中，有時也會添加Omega-3脂肪酸，讓雞蛋充滿更多這種有益健康的油脂。同樣的，含有Omega-3脂肪酸的雞蛋味道也和一般雞蛋不一樣。

卵磷脂並不是單一物質，而是廣泛存在於自然界中的諸多具有乳化作用脂質的複雜混合物。除了蛋黃，像乳製品、早餐穀物片、大豆還有花生，都含有卵磷脂。卵磷脂也會以深黑色液態油的型態販售，有時候也會被製成粉狀或顆粒裝的商品。

卵磷脂中具有乳化作用的脂質被歸類為磷脂，磷脂類似三酸甘油脂，就像脂肪和油一樣。回顧一下第9章的內容，三酸甘油脂包含了三種附著在甘油上的脂肪酸，而磷脂則包括了兩種。取代三酸甘油脂第三種脂肪酸的是，磷脂包含一種所謂的磷酸基群。食物中的脂肪酸是附著在脂肪和油分上（脂質），而磷酸基群則是附著在水分上。而這種同時能吸附脂質和水的能力，就能讓像是卵磷脂這類的磷脂，做為乳化劑來使用。

蛋殼

蛋殼占了整顆雞蛋重量的11%，雖然蛋殼是雞蛋最堅硬的保護層，但其實充滿細小的毛孔。也就是說，外面的味道會滲進蛋殼，而雞蛋裡的水分和氣體（主要是二氧化碳）則會往外散失。

蛋商通常會用清潔劑清洗雞蛋並進行消毒，一方面清潔蛋殼表面的髒污，一方面降低沙門氏桿菌的含量。以前為了防止水分從雞蛋散失，會在蛋殼上塗一層薄薄的礦物油。到了現在，由於雞蛋從農場運送到市場的過程很迅速，加上運送沿途都有冷藏設備，雞蛋流失水分不再是問題，因此已經很少有蛋商會在雞蛋外殼上塗礦物油。

蛋殼的顏色有褐色也有白色，主要是看蛋雞的品種。白色羽毛和白色耳垂的蛋雞下的蛋都是白色的，紅色羽毛和紅色耳垂的蛋雞下的蛋就是褐色的。

大部分蛋商（將近95%）生產的蛋都是白色的，而在新英格蘭部分區域的蛋雞品種則會下褐色的蛋。總而言之，蛋殼的顏色和雞蛋本身的風味、營養成分和功用等等，其實都沒有太大的關係。

氣室

雞蛋有兩層保護作用的薄膜，介於蛋殼和蛋白之間。當雞蛋一被產下，就會在位於鈍端的薄膜之間形成氣室，蛋變得不新鮮的話，水分會散失並縮水，氣室的體積就會增大，這就是為什麼把兩顆新鮮度不一樣的蛋泡浸水中，不新鮮的蛋會浮上來，而新鮮的蛋卻往下沉。

繫帶

繫帶是一條連結在蛋黃上的白色紐帶，可以把蛋黃固定在蛋的中央。只要蛋開始不新鮮了，繫帶就崩解。繫帶是蛋白的延伸物，成分和卵黏蛋白很類似，都是具有增厚蛋白作用的纖維狀蛋白質。

繫帶是可以食用的，但在製作某些食品的時候，例如卡士達醬時，有些糕點師還是會以篩網把繫帶過濾掉。

自1990年代開始，美國每年的有機蛋品市場需求量平均增加了15%。為了因應龐大的有機農產品的市場需求，美國在2002年設立了國家有機農產品認證制度，統一管理流通於美國市場上的有機農產品。有機農必須經過認證，才能在自家的產品上打上「有機」的標章。

有機農作物是以新型態的替代能源和加強自然環境保育的方式，耕種出來的。產下有機蛋的家禽，則是以不含抗生素及生長激素的飼料餵養，蛋雞的飼料也必須是有機的。生產有機飼料的過程中，不能使用農藥、合成肥料、食品輻照和基因改造工程等。在農產品被貼上有機的標章之前，政府認證的檢查員會去農場檢驗農產品的生長狀態，確認農作者都有遵守美國農業局（USDA）的有機農產品生產標準。不過，有機蛋品本身的食用安全性和營養成分未必就和一般蛋品不同。

市售帶殼蛋的分級

市面上可供購買的帶殼蛋，就是沒有剝殼的生雞蛋，可以成打或以紙盤購買。一份紙蛋盤可以裝滿二又二分之一打也就是三十顆雞蛋，一箱蛋通常包含十二份紙蛋盤，也就是總共三百六十顆蛋。

帶殼蛋通常也稱為新鮮雞蛋，其實這個稱呼不甚精確，有點誤導，因為有些蛋可能已經放了好幾週、甚至好幾個月了，未必就是真正「新鮮」。帶殼蛋通常以級別（品質）和尺寸做為分級標準，美國農業部（USDA）和加拿大農業及農業食品局（AAFC）都有設立蛋品的分級認證制度，為市售蛋品進行分級並給予認證標章。

在加拿大蛋品分級制度是強制要求，但在美國卻沒有強制，而是自行決定是否要加入。不過，在美國有30%的市售蛋品都有加入USDA的分級認證。

級別

美國農業局認可的雞蛋級別有AA、A和B三種，加拿大則是A和B兩種。不過，雞蛋的級別（品質）並不反映食用安全和營養價值，即使是B級蛋，只要好好保存，食用安全和營養價值其實和較高級別的蛋相差不遠。

一般來說，被美國農業局認證過的蛋都是在產下的一天至一週內，就會開始進行洗選、包裝和分級的流程，但是以現行法規來說，分級的工作可以長達30天。雞蛋的外包裝上必須標明包裝和分級的日期，保存期限也常被一併標示。

包裝日必須以太陽曆（或稱儒略曆）標示，例如001表示1月1號，365則表示12月31日。雞蛋的出貨日則規定不能超過包裝日和分級日的45天，也就是說，理論上美國農業局

認證過的蛋從一產下到實際販售，可能就超過兩個月的時間，雖然大部分的蛋只需要幾天的工作流程就能包裝好出貨了。美國有些州的地方政府則會負責檢驗和認證那些沒有加入美國農業局認證制度的盤商。

在一九九八年之前，過期的雞蛋大多會被退回盤商那邊，重新洗選、包裝和分級，以求延長農產品的使用期效。但是基於食品安全理由，如今美國已經不允許這種作法。

烘焙坊最常購買的是AA級和A級的雞蛋，美國農業局認證的AA和A級蛋的差別在於蛋白的堅挺程度和氣室的大小。只有蛋白最堅挺、氣室最小的雞蛋才能被評為AA級。堅挺的蛋白和蛋黃，在烹調煎蛋和水煮蛋的時候特別重要，因為蛋才能保持最好的形狀（圖10.4）。不過這點在烘焙麵包糕點上沒有那麼重要。

蛋殼有斑點、氣室較大、蛋白稀薄、蛋白中有血斑，或是蛋黃扁平擴散等，雞蛋只要有上述其中一個的瑕疵，就會被評為B級蛋。大部分的烘焙食品還是可以使用B級蛋製作，但是B級蛋的蛋白因為稀稀水水的，打發的效果可能會不如預期。

不過，品質的級別不能忠實反應蛋的新鮮度，品質也是會隨著時間的流逝逐漸下降。包裝完整的雞蛋，即使受到妥善的冷藏保存，AA級的蛋約莫一週就會下降為A級，再過五週，就會從A級下降到B級，此時雞蛋內的蛋白會變稀，氣室也跟著增大。不管怎麼說，只要妥善冷藏雞蛋，還是能大大延長蛋的營養價

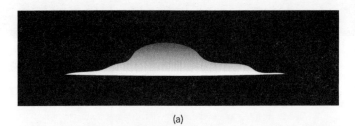

(a)

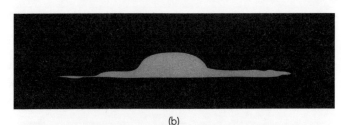

(b)

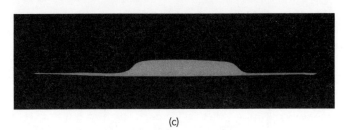

(c)

圖10.4　蛋的級別：（a）AA級、（b）A級（c）B級

值和食用安全的時間。

尺寸

尺寸和品質的級別判定不太一樣，在北美地區，是以一打雞蛋的平均重量為標準，將雞蛋分為六種尺寸。也就是說，這些雞蛋並不是一顆一顆單獨稱量來分大小的。烘焙坊常使用的雞蛋尺寸為大、特大和巨大三種，另外三種尺寸則是中、小和略小。尺寸的標準是一打蛋的平均重量，所以每顆蛋單獨的重量都會略有差異。

如何檢驗蛋的品質？

對光檢查是檢驗蛋的品質的主要方式。拿著雞蛋對著光源觀察，透過光，你可以看到蛋殼內蛋的構造、氣室大小、蛋白的厚度和清澈度，還有蛋黃有沒有固定在中央、有無血斑、胚胎的形成等等。

實用祕訣

若配方要求一些蛋做為原料，我們可以試想配方要求的是大號的蛋。而雞蛋中可以食用的部分大約為1.75盎司（50克）。回顧一下，雞蛋中有三分之二（1.2盎司或33克）是蛋白，三分之一（0.55盎司或17克）是蛋黃。

為了和配方保持一致，我們要稱量蛋的重量，而不是計算蛋的數量。要計算所需的雞蛋重量，請參考下列的算式：

所有全蛋的總重量＝雞蛋數量×1.75盎司（50克）

所有蛋白總重量＝蛋白數量×1.2盎司（33克）

所有蛋黃總重量＝蛋黃數量×0.55盎司（17克）

舉例：配方需要三顆大號的蛋，最好的稱量方式就是3×1.75盎司（3×50克），或是5.25盎司（150克）

蛋製品

蛋類製品是將蛋去殼之後，製成各種型態的產品，像是蛋白、蛋黃，還有冷藏、冷凍，甚至是乾燥的全蛋。液態和固態的蛋類製品可以追溯到一八〇〇年左右，但是品質低劣。不過到了現在，美國有三分之一的生雞蛋是用來製作蛋類製品。

由於製作技術與時俱進，在大部分的烘焙作業中，冷凍和冷藏的液態蛋製品都已經可以取代一般的帶殼蛋，雖然冷凍液態蛋的黏稠度會隨著保存時間改變，卻不會影響蛋本身的性質。而乾燥的蛋類製品在其他的用途上也頗有成效，但是和液態蛋製品相比，乾燥蛋在烘焙業裡的普及度就沒那麼高了。

蛋製品的優點

在烘焙業裡，蛋製品正取代帶殼雞蛋，這其中有幾個原因，最主要的原因是食用安全。根據現行法規，蛋製品必須要經過巴斯德氏殺菌法，確保產品本身不帶任何沙門氏桿菌。也就是說，在製作一些不經烹調的含蛋生食，例如蛋白奶油霜和雪酪，使用蛋製品做為原料就

根據美國雞蛋協會近年來拜科技突發猛進的結果，帶動機械的改良，一台現代化的自動打蛋器每小時可以打十六萬兩千顆蛋（每秒平均四十五顆蛋）。

很安全，因為在美國蛋製品的生產製造過程必須接受美國農業局的查驗。

除了食用安全，使用蛋製品還有其他優點（表10.2）。不過，成本通常不會是考量點，因為蛋製品普遍來說成本反而比較高。但是蛋製品可以節省時間，如果人力成本比較昂貴的話，長期來看，使用蛋製品還是可以降低成本。

表10.2　蛋製品的主要優點

安全性。根據現行法規，所有的蛋製品都必須經過巴斯德氏殺菌法。
節省打蛋和分蛋的時間，無形中降低人力成本。
節省儲藏的空間。
不會因蛋殼破裂造成損失。
只要蛋製品保持乾燥或冷凍，就能延長保存的期限。
不會因為分蛋造成蛋白或蛋黃的浪費
維持穩定的品質

蛋製品的種類

冷凍蛋白　冷凍蛋白通常會添加入關華豆膠，讓蛋白變得更濃厚，並且保護蛋白不會因為冷凍的結晶化而產生劣化。同時，關華豆膠也能增加冷凍蛋白的黏稠度，改善發泡能力。其他能幫助發泡的起泡劑，像是檸檬酸三乙酯有時也會加進冷凍蛋白中，讓解凍的蛋白比一般蛋白的打發速度還要更快，發泡的泡沫更加立體。

冷凍蛋白經常用於需要大量蛋白的食品中，像是蛋白霜和天使蛋糕。不過在某些狀況下，用冷凍蛋白打發出來的泡沫，無法像一般蛋白泡沫那樣有支撐性，這對瑞士蛋白霜來說會是個問題，因為瑞士蛋白霜在打發之前，要先把蛋白和糖一起隔水加熱，要解決這個問題，可以將新鮮蛋白或乾燥蛋白和冷凍蛋白混合在一起，就能改善打發的效果。

就像所有的蛋類製品，冷凍蛋白也需要經過巴斯德氏殺菌法。所以在一些生食的食品中，冷凍蛋白比一般蛋白更受青睞。事實上，有些地方法規規定，生蛋不能使用在生食或不經烹調的食品中。

冷凍蛋白解凍時，厚蛋白和薄蛋白可能會分離，使用前別忘了要搖晃或攪拌均勻。

冷凍加糖蛋黃　加糖的冷凍蛋黃通常含有10%的糖或玉米糖漿，而用來製作無甜味食品（美乃滋、荷蘭蛋奶醬或凱薩沙拉醬）的冷凍蛋黃則是放鹽不放糖。不管是糖還是鹽，都能降低冰點，防止過冷造成的結晶，也避免蛋黃中的蛋白質產生不可逆的膠質，形成橡膠狀團塊。即使如此，解凍的冷凍蛋黃還是比沒冷凍過的蛋黃還要濃稠。不過，這並不會對蛋黃的功用產生負面影響，反而有助於蛋黃形成更穩定的乳狀。

一般來說，冷凍加糖蛋黃的用途就是取代

雞蛋如何加熱殺菌？

在食物的處理過程中，巴斯德氏殺菌法（巴氏殺菌／加熱殺菌）是一種消滅如沙門氏桿菌等病原體微生物的消毒方式。最常見的巴氏殺菌法，就是將食物加熱到特定的時間。溫度越高，確保食品達到安全所需的時間就越短。對於大部分的食品來說，加熱溫度高所用時間短較好，這樣較能減少食品品質的損失。但是對於蛋來說，卻不能加熱到如此高溫，否則蛋會凝固。業界常使用在液態蛋類製品的加熱殺菌方式，就是將蛋以140℉（60℃）加熱3.5分鐘。當然還有其他的殺菌方式，比方乾燥蛋類製品就是將蛋以130℉（54℃）持續加熱七天以上。在多數情況下，巴氏殺菌並不會影響蛋原本的性質。

什麼情況會導致蛋變成灰綠色？

你可能有點印象，吃水煮蛋的時候發現蛋黃周圍是灰綠色的，或是自助餐的蒸氣保溫盤上的炒蛋放太久，顏色也是看起來灰灰的。雖然這對人體無害，但是變了顏色的蛋讓人提不起食慾。蛋會變色是因為加熱過頭導致化學變化，尤其是不新鮮的蛋更明顯。

雞蛋蛋白質中的硫化物含量很高，從新鮮的蛋上看不到也聞不到硫化物，但是蛋遇熱之後就會釋放一些硫化物。當蛋白中的硫化物碰到蛋黃中的鐵質，就會形成硫化鐵，這就是造成蛋黃周圍一圈灰綠色的原因。

當蛋被加熱太久，或是煮蛋用的水，鐵質含量很高，更容易形成硫化鐵。此外，硫化鐵也好發於酸鹼值高的環境，蛋越不新鮮，酸鹼值也越高。所以不意外的，不新鮮的蛋比新鮮的蛋更容易變色。

這正好可以解釋為何加了過量小蘇打粉的烘焙食品會透出淡淡的綠色，因為小蘇打粉會提高酸鹼值，而高酸鹼值的狀態下就會讓蛋中的硫化鐵現形。

一般蛋黃。如果是要製作像是香草卡士達醬這種含有大量蛋黃的食品，就要調整原有配方中糖和一般蛋黃的比例。以調整糖分來說，原配方中以1.1磅（約1磅又1.5盎司）的冷凍加糖蛋黃取代每1磅的一般蛋黃；原配方中每1磅的糖分量則減少0.1磅（約1.5盎司）。以公制單位來計算，則是原配方中以1.1公斤的加糖蛋黃取代每1公斤的蛋黃，每1公斤的糖則要減少0.1公斤（100克）。

冷藏液態蛋黃 不像冷凍蛋黃，冷藏液態蛋黃不含降低冰點、預防蛋黃產生凝膠的添加物。過度的凝膠作用會降低蛋黃在充氣、乳化和黏結其他成分的作用，所以最好不要把冷藏液態蛋黃拿去冷凍。

如果液態蛋黃是要用來製作比司吉、海綿蛋糕、法式蛋白奶油霜或炸彈麵糊等非常依靠打發蛋黃才能膨脹的食品，對於存放方式就要特別注意。

冷凍全蛋　冷凍全蛋完全保存了蛋白、蛋黃和原本的蛋白質。全蛋在冷凍的時候會變硬，但硬化的程度並不高，通常也會添加少量的檸檬酸，用來防止全蛋過度加熱變成灰綠色的。如果冷凍全蛋中不含檸檬酸，你可以自行添加少量的檸檬汁。檸檬汁也含有檸檬酸，或是添加含有乳酸的酸奶油，也有預防的效果。只需要添加少量的檸檬酸和乳酸，就能降低全蛋的酸鹼值，防止變色。

液態全蛋替代品　液態全蛋的替代品，像是Egg Beaters廠牌的蛋類製品，都是用蛋白製作出來的。這些製品超過99%都是以蛋白為主，製作出無油無膽固醇的替代品，因此全蛋替代品很適合那些想要在飲食中減少脂肪和膽固醇的人。

全蛋替代品通常會添加β-類胡蘿蔔素做為黃色色素，有時候也會添加奶粉、維他命礦物質、膠質、鹽和調味料。在使用全蛋替代品之前，請務必閱讀成分表，因為有些全蛋替代品會內含洋蔥、大蒜或是其他不適合做甜點的調味料。

如果是要做低脂甜點，與其使用全蛋替代品，還不如考慮一般的蛋白。事實上，蛋白也能發揮很好的作用，價格實惠，而且風味更好。如果有需要，還可以摻一點橘黃色的食用色素，讓麵糊或麵團呈現全蛋的顏色。

乾燥蛋製品　經過巴斯德氏殺菌法的乾燥全蛋、蛋黃還有蛋白，也常被烘焙坊拿來使用。經過脫水，乾燥蛋製品本身只剩下不到5%的水分，在加濕還原之前，也很易於保存在涼爽的環境。由於脫水，乾燥蛋品的顏色和味道都

會改變，因此在某些用途的效益不大。乾燥蛋黃有時會和糖一起脫水，因為糖可以保護脂蛋白喪失乳化的能力。

雖然烘焙坊不常使用，但乾燥的蛋類製品卻很適合用來製作瑪芬、麵包、餅乾和一些蛋糕。使用時，請遵照廠商的說明步驟還原乾燥蛋品，或是將粉狀的蛋品過篩，和其他乾料混合，再加上稱量好的水和液體。

由於對熱的反應度不同，乾燥蛋白的處理過程和全蛋、蛋黃不太一樣。首先，液態蛋白要經過酶的作用，藉以去除蛋白本身含有的少量葡萄糖。如果葡萄糖沒有去除掉，蛋白無論是在乾燥、儲存和烘焙的時候，很容易會因為梅納褐變反應讓乾燥蛋白的顏色變深。下一步，脫水之後，乾燥蛋白以130℉（54℃），繼續乾燥一週到十天。除了透過加熱殺菌，另一個作用就是加強蛋白本身的膠質韌性和發泡能力。

糕點師在製作蛋白霜時，有時會把乾燥蛋白加進液態蛋白中，藉以增加蛋白霜的體積，以及改善支撐性。由於乾燥蛋白不含葡萄糖，有時乾燥蛋白也會用來做成蛋白霜餅乾，降低梅納褐變反應。最後一點，製作皇家糖霜時，乾燥蛋白也常常用來取代液態蛋白，製作出這種不經加熱烹調，乾燥之後表面會硬脆光滑的蛋白糖霜。

顧名思義，蛋白霜粉的用途就是用來製作蛋白霜、皇家糖霜和其他需要用到打發蛋白的產品。蛋白霜粉的主原料是巴氏殺菌處理的乾燥蛋白，除此之外，一般還會添加糖、安定劑（澱粉或膠質）、抗結塊劑（二氧化矽）、發泡劑（塔塔粉、月桂基硫酸鈉），還有調味料等等。

雞蛋的功能

雞蛋在烘焙食品中產生許多複雜的功能，有些功能還是疊加的。比方說，雞蛋能黏合不同的原料，因為雞蛋本身既能發揮乳化作用，又能幫助烘焙食品建構組織。

主要功能

建構組織　蛋白和蛋黃中凝固的蛋白質，是烘焙食品相當重要的結構充填劑。蛋和麵粉的地位一樣，有時候甚至比麵粉更重要，事實就是做蛋糕不放蛋，烤出來的蛋糕就會塌陷。另外在速發麵包、餅乾、瑪芬和某些酵母麵包當中，雞蛋也幫助這些食品建構組織。

凝固的雞蛋蛋白質也能在英式蛋奶醬、奶油派還有卡士達醬當中，產生增稠和凝膠（另一種型態的組織體）作用。關於這點，我們會在後面有詳細的說明。

因為雞蛋可以幫忙建構組織，所以也被視為增韌劑。在烘焙食品的原料當中，雞蛋恐怕是最普遍同時也包含大量韌化（蛋白質）和嫩化（脂肪及乳化成分）作用的原料，嫩化作用的要素都濃縮在蛋黃上面。

由於雞蛋裡具有嫩化作用的脂肪和乳化成

分都在蛋黃裡，若是和同樣重量的蛋白相比，蛋黃能夠提供的韌化（建構）作用並不大，因為其複合脂蛋白凝固的速度，不像蛋白的蛋白質那麼快，只能建構出體積小、質地軟的組織。雞蛋的建構組織能力，排名是這樣：

蛋白＞全蛋＞蛋黃

提醒一下，雖然蛋黃具有嫩化作用，但卻被歸類為增韌劑或結構充填劑。蛋黃不是嫩化劑，圖10.5就說明只用蛋黃做的蛋糕和完全無蛋的蛋糕差別在哪。從這裡我們就知道，無蛋的蛋糕體會塌陷萎縮，而只用蛋黃烤出來的蛋糕，就和用了全蛋的一樣，都能維持固定的形狀。無蛋蛋糕中的配方中，用了水、油，還有奶粉取代了蛋。

充氣　雞蛋之所以獨特，是因為它們有很好的充氣作用，支撐泡沫組織的效果也比較好。泡沫組織中含有細小的氣泡，也就是說，泡沫就是由液體或固體的層膜包覆著氣體所形成的，由於這點，雞蛋也能幫助食品膨脹。真正讓烘焙食品膨脹的其實是氣體，雞蛋在食品中形成

傳統的瑪芬和速發麵包非常依賴雞蛋撐起本身扎實鬆碎的組織，通常是用低筋麵粉或低筋混高筋麵粉製作。如果抽掉瑪芬麵糊中原本的雞蛋，用牛奶或水替代，瑪芬就會變得更為柔軟，體積也比較小，但是麵粉中的麵筋和澱粉還是能預防瑪芬塌陷。沒有蛋的瑪芬會失去豐富的口感，顏色比較淺，味道也比較平淡。事實上，比起一般的瑪芬，無蛋瑪芬的味道吃起來更像是又甜又軟的比司吉。

了包覆空氣的泡沫組織，讓兩者合而為一。有的烘焙食品非常依靠雞蛋形成的泡沫而膨脹，像是海綿蛋糕、傑諾瓦士蛋糕、戚風蛋糕，還有天使蛋糕。

雞蛋的發泡性也反應了它們能被打發起泡的程度。蛋白有著相當好的發泡能力，經過攪打，可以膨脹到原本體積的八倍之多。

圖10.5　後方：只用蛋黃做的蛋糕，能夠維持明顯的形狀。前方：無蛋的蛋糕體塌陷、萎縮，而且形成的體積太小。

不過，蛋白打發到這麼高的程度時，蛋白質的細胞壁層膜已經被過度延展，在烘烤的時候，蛋白質層膜會再度被拉伸，食品很有可能會斷裂或塌陷。然而還是有幾種方法可以用來預防全蛋和蛋白過度打發的狀況，如此一來，就不用擔心食品在烘烤時會塌陷。關於這些過度打發的預防方式，我們會在後面的內容中詳細說明。

全蛋和蛋黃也能發泡成形，但效果不像蛋白那麼好。不過全蛋打發也很重要，比方說傑諾瓦士蛋糕就需要打發全蛋。而蛋黃則能幫助許多種類的海綿蛋糕製造輕盈的質地。各部分雞蛋的發泡成形能力排行如下：

蛋白＞全蛋＞蛋黃

關於蛋白形成的泡沫組織，我們會在本章後面談到蛋白霜時，會有更詳細的介紹。

乳化作用　蛋黃的乳化效果非常好，能夠透過乳化作用好好抓牢油和水，不讓兩者分離。蛋黃中包含的脂蛋白和卵磷脂等乳化成分，讓蛋黃產生優異的乳化效果，如果沒有這個作用，雞蛋就不能在麵糊和麵團中發揮黏結原料的功效了。

如果蛋黃有嫩化作用，為什麼不能稱為嫩化劑？

有時候蛋黃會被歸類成嫩化劑。一般來說，蛋黃對比全蛋時，蛋黃就會被視做嫩化劑了。事實上，若以相同分量的蛋黃和全蛋製作烘焙食品，全蛋黃的烘焙品會更為鬆軟。然而不能因為這樣就把蛋黃歸為嫩化劑，它還是增韌劑，只是和全蛋比起來，蛋黃建構的組織比較柔軟。

我們可以從另外一個方向來看，如果在麵糊或麵團中加入更多像是糖和油脂的嫩化劑，烘焙食品就會變得更加柔嫩。如果是加入更多的蛋黃，烘焙食品反而會變得更韌，只是比同分量的全蛋做出來的稍軟一點。我們可以假想成韌化和嫩化作用在蛋黃中產生拉鋸戰，通常都是韌化作用獲勝。

如果蛋糕中的全蛋都換成蛋黃，會變成什麼樣子？

如果把液態酥油蛋糕中的全蛋都換成蛋黃，蛋糕本身的味道會變得更豐厚，顏色比較黃，顆粒較粗也較乾鬆。

當烘焙食品質地又軟又乾，在切開和咀嚼的時候就會掉出碎屑。而純蛋黃蛋糕之所乾乾鬆鬆的，是因為蛋黃降低了蛋糕本身的潤滑度，讓蛋糕變得更乾。蛋黃中的脂質含量比蛋白還要高，但也讓蛋糕變得更軟。

另外，蛋黃中建構組織用的蛋白質含量也很高，所以加了蛋黃的蛋糕很少會塌陷。不過，有些配方會直接用蛋黃取代全蛋，做出來的蛋糕反而更紮實有韌性。會發生這種情況，是由於蛋糕中的水分有限，烘烤時產生的蒸氣不足，而蒸氣是讓蛋糕體膨鬆的關鍵。

蛋做為乳化劑和安定劑，也常添加於打發過的奶油和酥油中，幫助拌合其他原料。不過，將蛋加入打發的奶油和酥油時還是要特別注意，如果太早把蛋加進去，或是蛋還很冰涼，乳化作用就會被破壞。

雖然趕緊再加入麵粉和其他原料似乎還能彌補一下乳化效果，但是乳化不佳的麵糊在烘烤時，體積不會膨脹到理想的大小，顆粒也會變得粗糙。

創造風味 雞蛋豐厚的風味大多來自蛋黃，其中原因是蛋黃是脂肪最濃縮的部位。

提供色澤 蛋黃中的橘黃類胡蘿蔔素為各種烘焙食品、奶油霜和醬汁提供飽和的黃色色澤。在以前，雞蛋蛋黃的顏色每一季都會改變，但現代蛋農會在飼料中添加色素改善劑如金盞花，維持蛋黃的顏色。

> **實用祕訣**
> 製作卡士達醬和英式蛋奶醬時，千萬不要使用鋁製的攪拌盆、打蛋器，或是平底淺鍋。請改用不鏽鋼材質的工具和器皿，因為蛋碰到鋁會變色，更糟的是還會讓蛋糊全部變成暗灰色。

生蛋白可以加在雪酪裡面嗎？

雪酪是一種滑順綿細，不含任何奶蛋製品的冷凍冰沙甜品。細緻的雪酪質地柔滑，不含大顆的結冰晶體。任何一台功能良好的冰淇淋機都能做出好的雪酪，而在雪酪中加入生蛋白也是為了讓雪酪在保存時，還維持滑順的質地，蛋白也會影響雪酪的品質。是否需要蛋白讓雪酪產生變化，則是看每個人的需求喜好。

舉例來說，蛋白雪酪比一般雪酪口感會更為清爽輕盈。這是因為原料在冰淇淋機攪拌時，蛋白因為充氣作用充滿空氣，空氣跟著其他原料一起拌合並冷凍。也由於充滿空氣的關係，比起一般雪酪，蛋白雪酪的顏色更淺，味道也比較淡些。

如果你決定要在雪酪中加入蛋白，要確認蛋白是不是已經經過巴氏殺菌。如果你沒辦法為蛋白進行巴氏殺菌，最好不要直接將蛋白加入雪酪中。

而雞蛋中的蛋白質（以及微量的葡萄糖），也會因梅納反應產生焦褐色。

增加營養價值 蛋黃和蛋白中的蛋白質都具有高度的營養價值，還能提供維他命和礦物質。而蛋黃中的橘黃類胡蘿蔔素，就像其他食物中的胡蘿蔔素一樣，都是對健康很有益處的抗氧化劑。尤其是蛋類的類胡蘿蔔素（特別是稱為葉黃素的那一種），被視為能降低黃斑部病變發作的風險。黃斑部病變是一種眼部病變，為五十五歲以上的人視力衰退的主要原因。

透過餵養和飼料管理，現今的蛋雞產下的雞蛋中，脂肪和膽固醇的含量都比較少了，但蛋黃還是豐富的脂肪來源。而脂肪仍被視為許多慢性病的罪魁禍首，和食物中的膽固醇一樣，都被認為是增加血液中高膽固醇（高血脂）和冠狀動脈疾病的成因。雖然近年來的健康飲食指南已經放寬了對於雞蛋的攝取量，但專家還是建議應該要酌量攝取才是。

附加功效

防止質變 雞蛋中的脂肪、乳化成分還有蛋白質都能防止澱粉的回凝作用，而這是烘焙食品中最常發生質變的原因。

增加烘焙食品表面的光澤感 雞蛋的蛋白質乾燥了之後，會在麵團表面形成一層亮面的褐色薄膜。用來塗刷食品表面的蛋汁通常會再加點水稀釋，如果希望色澤更加明顯，可以用牛奶來稀釋。整顆蛋都可以拿來增加光澤，但是蛋黃呈現的外觀效果最好。

在稀釋的蛋汁中再加點鹽，可以讓蛋汁變得更稀。鹽稀釋蛋汁的過程雖然需要幾個小時，但會更容易塗刷蛋汁。蛋汁會被鹽稀釋，是因為蛋的蛋白質被鹽中和，蛋白質分子不會再互相吸引，保水性更佳，甚至溶於水中。化學家將這種鹽能融解水中的蛋白質現象，稱之為鹽溶現象。

提供可食用黏膠　雞蛋可以幫助烘焙食品的原料如堅果、果仁、香料，還有砂糖顆粒黏結起來，也能夠讓麵糊沾附在油炸食品的表面做成麵衣。

提升糖霜、甜點，還有冷凍點心滑順感　雞蛋中的脂肪、乳化成分還有蛋白質能夠預防糖和冰結晶，提升糖霜、甜點還有冷凍點心的滑順質地，像是法式冰淇淋都會加入蛋黃提升柔滑綿密的質感。

增添水分　一顆全蛋中有75%是水分的液態成分，因此在麵糊或麵團中加了多少顆蛋，也等於是加了多少份增濕劑。請記得，烘焙作業要在乾濕兩方中取得平衡，如果要增加配方中雞蛋的分量，其他的液體原料如牛奶或水就必須減少。不要把「增加水分」和「增加濕度」搞混了，水分增加不見得會提升濕度，因為雞蛋也含有建構組織的蛋白質，是讓烘焙食品口感有韌性又乾鬆的原因。

增加生麵團的柔軟度　麵筋本身的蛋白質會互相連結，但是雞蛋裡的脂肪、乳化成分和蛋裡的蛋白質則會干涉麵筋蛋白質的連結作用，妨礙生麵團的麵筋形成。不過，當生麵團經過烘烤，雞蛋還是能幫忙麵團建構組織。

為什麼多加了蛋的布朗尼吃起來會有如蛋糕般口感？

有些人喜歡布朗尼質地濃厚有如乳脂軟糖的口感，也有人愛好質地輕盈、膨鬆如蛋糕般的布朗尼。每個人都有自己偏好的布朗尼配方，而每個配方中各原料的比例可能截然不同，不管是巧克力、糖、脂肪或其他嫩化劑，還是麵粉、蛋、其他結構充填劑等等。而且每個配方裡，各個原料的準備方式也有差別。

不過，有時候不同的布朗尼配方差別只在蛋的分量而已。蛋有充氣和建構組織的功能，而蛋糕口感的布朗尼雖然質地輕盈，卻比乳脂軟糖口感的布朗尼更能支撐本身的蛋糕體，且能保持輕盈的質地，關鍵就是蛋裡的水分發揮了充氣的作用。布朗尼在烘烤時，蛋裡的水分受熱形成蒸氣，蒸氣就是絕佳的膨脹氣體，可讓烘焙食品吃起來口感輕盈。此外，水分也能幫助澱粉完全糊化，糊化澱粉奠基了布朗尼有如蛋糕般質地的組織。

關於凝固作用：基礎蛋奶卡士達醬

基礎蛋奶卡士達醬是由蛋、牛奶或鮮奶油、糖和調味料製成的。雞蛋遇熱會凝固的關係，卡士達醬加熱時會變得濃稠，或是呈現凝膠狀，以蛋奶卡士達醬為基底的甜點有法式焦糖布丁、烤布蕾，還有英式蛋奶醬（一種香草口味的卡士達醬）。除了以上，還有許多甜點也會以蛋奶卡士達醬為原料，像是南瓜派的餡料、奶油派的甜餡、麵包布丁、米布丁、西點奶油餡、法式鹹派，甚至是起司蛋糕都能用蛋奶卡士達醬做變化。

理想的卡士達醬完成品，應該會呈現濕潤柔軟的凝膠，或是柔滑細膩的醬汁。如果卡士達醬加熱時間過長，溫度變高，蛋凝固的現象越明顯，醬汁的質地會變得更加黏稠。

解析蛋的凝固過程

蛋遇熱時，蛋白和蛋黃中的蛋白質就會開始改變性質或展開。展開的蛋白質會透過液體移動並和另一個蛋白質鍵結（凝聚），蛋白質凝固有時也會稱為蛋白質凝聚。蛋白質凝聚適當的話，就能形成韌性高卻又富有彈性的網狀組織，並且牢牢抓住水分和其他液體（圖10.6）。

雞蛋被加熱越久，其中的蛋白質凝聚也越多，形成的網狀結構就會更為堅韌，最後蛋白質過度凝聚，就會收縮並擠出水分，像是把海綿擰出水的感覺。過度凝聚有時也會稱為凝乳現象，結果就是液體滲出或是脫水收縮。在蛋白質擠出來的水分中，能看到一些載浮載沉的膠狀硬塊，就是這些顆粒或粒子。

水分被過度凝聚的蛋白質擠出來之後，要不是會揮發，要不就是被其他原料吸收。蛋糕和烘焙食品中也會發生這種現象，雞蛋的蛋白質發生過度凝聚，擠出水分，其他原料的糊化澱粉就會去吸收這些水分，然而，蛋白質的網狀組織還是會收縮，蛋糕體塌陷，質地變得乾硬有如橡膠。

所以，最好是能把蛋白質凝固的速度減緩下來。這不但可以降低蛋白質過度凝聚的現象，又能維持卡士達醬或其他烘焙食品的品質，特別是那些強調質地柔軟又滑嫩的食品。

雖然熱是蛋白質凝固最常見的要素，但其他像是酸、鹽、冷凍、打發和乾燥，也能促使蛋白質產生凝固的現象。

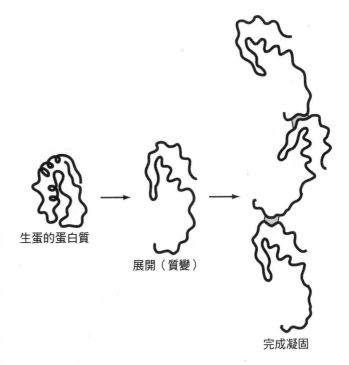

生蛋的蛋白質

展開（質變）

完成凝固

圖10.6　蛋的凝固過程

糖如何「煮熟」蛋黃？

如果把糖加進蛋黃裡卻不攪拌，蛋黃就會凝結，就像「煮熟」的那樣。糖具有吸濕性，能吸收蛋黃裡的水分（別忘了蛋黃約有50%的水分），並且讓蛋黃乾燥。蛋的水分被吸收後，蛋黃中的蛋白質就會聚集，而且迅速產生蛋白質凝聚的現象，如同被加熱一般。

為了要避免這個現象，糖加進蛋黃時一定要攪拌混合兩者，如此一來，蛋黃雖然會變的濃稠，卻沒辦法變成固態形狀。

把蛋加進熱原料的安全作法：調溫

調溫，是烘焙師處理原料的一種手法，就是把兩種不同溫度的原料，小心仔細地混合在一起。調溫的目的就是避免原料之間過大的溫差，造成原料的損害。

要把蛋和熱的原料混合時一定要調溫。如果直接把蛋倒進熱牛奶的話，牛奶的熱度就會立刻把蛋煮熟，留下凝固的顆粒。為了避免這種情況，要先把少量的熱牛奶慢慢加進蛋液中，之後再倒進大量的熱牛奶裡。先用少量熱牛奶稀釋蛋液，就不會讓蛋液的溫度一下子升得太快。之後再將稀釋的蛋液倒進其他的熱牛奶裡，蛋液就不會因為過熱而受到破壞。

有的配方會註明，在蛋液進行調溫倒進熱牛奶之前，就要先把糖加好。把室溫的糖和其他原料預先加進蛋液裡，也是一種保護蛋液遇熱凝固的方法。

影響蛋凝固的成因

這邊有幾種方法可以減緩蛋凝固的速度，並且降低蛋白質過度凝聚的現象。當蛋的凝固速度下降，凝固點的溫度就會上升。下面會詳細討論各種會影響蛋凝固的成因、開始會產生凝固作用的溫度，以及過度凝固的風險。以下提及的溫度皆是以大概值估算。

蛋的占比 一顆沒有經過稀釋的全蛋，在160°F（70℃）就會凝固。而以牛奶、水或其他原料稀釋的蛋，需要更高的溫度才會凝固。比方說，以大部分香草卡士達醬的配方來說，蛋要在180°F至185°F（82℃至85℃）時才會凝固。所以雞蛋和牛奶、糖和奶油混合之後，雞蛋中的蛋白質就很難互相碰撞並且產生鍵結，這反而會降低蛋白質過度凝聚的現象。當蛋白質最終還是鍵結，產生凝聚現象，此時已鎖住更多的水分，讓食品產生更加柔軟細嫩的質地。

烹調速率 蛋不會瞬間凝固，而是需要時間，如果烹調的速率越高，蛋凝固所需的時間就越少。然而，如果蛋太快凝固，雞蛋中的蛋白質就不能好好展開，產生增稠或膠化的作用。比方說，加熱香草卡士達醬的溫度太高，不只會讓卡士達醬產生凝乳的顆粒、醬汁會燒焦，更不會產生適當的濃稠度。想要卡士達醬保持最

香濃的狀態，又不至於燒焦結塊，就要用小火慢煮，並持續攪拌。

使用的部位　蛋黃的凝固溫度（150℉至160℉／65℃至70℃）比蛋白的凝固溫度（140℉至150℉／60℃至65℃）高，這讓它們很少會因為過度凝聚而產生凝乳現象。別忘了，蛋黃的蛋白質是複合了脂肪和乳化成分的脂蛋白，而脂肪和乳化成分會讓蛋白質不易產生凝聚作用。全蛋、蛋白和蛋黃的凝固和嫩化程度，由高到低的排列如下：

蛋白＞全蛋＞蛋黃

糖　在卡士達醬和其他烘焙食品當中，除了稀釋蛋白質分子，糖也能減緩蛋的凝固速度。那是因為糖可以預防蛋白質展開，如果蛋白質展開緩慢，凝固的速度也會變低，除非提高加熱的溫度，也就是說糖可以預防凝乳現象。這也解釋了法式鹹派以不含糖的蛋奶卡士達為基底，但卻比一般的蛋奶卡士達醬更容易產生凝乳現象：也就是蛋白質脫水，產生膠狀的懸浮顆粒。

　　不意外的，在烘焙食品中，糖會被視為嫩化劑，因為能減緩凝固作用，也就是雞蛋建構組織的作用（糖也能緩和麵筋和澱粉結構的形成）。如果原料中糖放得夠多，凝固作用就會完全停止，即使延長烘烤的時間，烘焙食品還是會半生不熟。

脂質　脂質（脂肪、油，還有乳化成分）和糖一樣，都會干涉雞蛋蛋白質的凝固作用，糖是卡士達醬的嫩化劑，而卡士達醬也能讓烘焙食品的質地更加軟嫩。脂類會直接干涉蛋白質，藉此減緩蛋白質的凝固速度，也會妨礙麵筋中的蛋白質分子，軟化麵筋。

　　事實上，不管是鮮奶油還是蛋黃，脂質含量較高的卡士達醬，質地是相當柔軟滑嫩的。因為鮮奶油和蛋黃可以讓醬汁變得更膨鬆，而這種柔滑細膩的質地在其他不含脂質的醬汁中很少見。其中最具代表性的甜點，就是作工完美的烤布蕾。烤布蕾的基底是用高脂鮮奶油再加上蛋黃做成的卡士達醬，表面還有一層烤得薄脆的焦糖層。

酸性物質　酸性物質會加速凝固的速度，卻會降低凝固點的溫度。酸的來源包括檸檬汁、其他種類的果汁、葡萄乾或其他果乾，以及發酵乳品。製作卡士達醬的相關食品時，如果要加入酸類材料，一定要注意烘焙的時間。

澱粉　藉由直接干涉凝固的過程，澱粉會提高

雞蛋凝固點的溫度和減緩凝固的速度。要了解澱粉如何辦到這兩點，只要比較一般卡士達醬和香草卡士達醬的製作方式就知道了。一般卡士達醬基本上就是加了玉米粉或麵粉做的卡士達醬，必須要加熱至沸點時，再持續加熱兩分鐘或更久。香草卡士達醬則不能加熱到兩分鐘這麼久，況且，卡士達醬的溫度到達185°F（85°C）時，就會產生凝乳現象。一般卡士達醬的加熱時間比較久，還不會產生凝乳現象，原因就在於配方中澱粉的比例較多，這兩種卡士達醬的差別就在這裡。

其他成因　鹽加在硬水或乳製品原料當中，或者只是再多加一點點一般食鹽（氯化鈉），都會加速並強化蛋的蛋白質凝聚。乳製品的蛋白質也會和蛋的蛋白質交互作用，產生凝膠狀態。我們可以想像一下雞蛋卡士達醬中的牛奶全部換成水，醬料會變得非常軟，幾乎無法成形。雖然用硬水加鹽取代牛奶可以保持膠狀的醬料，但就失去香濃的牛奶風味。

　　蛋白酶分解雞蛋蛋白質的作用，就跟分解麵筋蛋白質非常類似。沒加熱過的鳳梨中含有活性蛋白酶（一般所說的酵素），如果直接把新鮮鳳梨放在布丁餡裡烘烤，布丁餡會無法成形。所以，要先把鳳梨加熱處理，抑制鳳梨中的活性蛋白酶，再加進布丁餡中，醬料中的雞蛋蛋白質就能保持完整，並且凝聚。

　　加熱雞蛋時的持續攪拌動作，也會影響凝固的程度。比方說，把布丁餡和放在爐子上一邊加熱一邊攪拌的香草卡士達醬比較看看。香草卡士達醬主要是以蛋黃和高脂鮮奶油為主體，而布丁餡是以全蛋和全脂牛奶為主。單就原料來看，可以想像香草卡士達醬的質地會比布丁餡更軟嫩，但是這兩者最大的差別還是在於製作的程序。香草卡士達醬是在淺鍋中一邊加熱蛋黃一邊攪拌，而布丁餡並非如此。持續的攪拌動作能防止蛋白質過度凝聚形成固狀，因此卡士達醬才能保持濃稠的狀態，卻不會因為膠狀化變成固體（況且，如果不攪拌的話，卡士達醬還會從鍋子底部開始燒焦）。

蛋白中最主要的蛋白質稱為卵白蛋白，雖然家禽專家還不清楚卵白蛋白真正的功能是什麼（也許只是單純做為雛雞胚胎成長的養分來源），但是專家們卻很確定卵白蛋白在烹調和烘焙時的用途。就如同其他的蛋白質，卵白蛋白的分子結構決定了它們的作用。

卵白蛋白的結構，在常態時會交疊盤結成球狀，這是由於卵白蛋白含有大量的疏水性胺基酸。簡單來說，疏水性胺基酸就是一種厭水的胺基酸。因為蛋白中含有大量的水分（幾乎是90%），於是卵白蛋白捲曲成球狀，和疏水性胺基酸一起藏在蛋白質分子內。

卵白蛋白遇熱時，分子就會展開（改變性質），將之前隱藏的疏水性胺基酸暴露出來。這時，疏水性胺基酸就會互相吸引，這個吸引的作用會將展開的卵白蛋白分子群聚在一起，所以疏水性胺基酸還是遠離水分。

疏水性胺基酸討厭水，卻喜歡脂肪和油。所以，這就是為什麼脂肪和油會和卵白蛋白交互作用，為蛋白質分子「鍍膜」，並妨礙蛋白質分子的凝聚現象。

關於充氣作用：蛋白霜

蛋白霜是蛋白加糖打發做成的，慕斯、舒芙蕾、天使蛋糕、海綿蛋糕還有糖霜，都是由蛋白霜提供輕盈膨鬆的質感。蛋白霜也能用低溫烘烤成各種甜點，像是馬卡龍、蛋糕夾心，還有蛋白霜塔。

蛋白獨特的地方在於包含了多種蛋白質，若是沒有這種特質，蛋白霜就不能打發起泡。蛋白中包含的蛋白質分別是：卵白蛋白、伴白蛋白、球蛋白、卵黏蛋白，還有溶菌酶，這幾種蛋白質相互作用，讓蛋白在打發和烘焙的過程中，擁有最大的發泡性和支撐性。

詳解蛋白發泡到定形的過程

打發蛋白的時候，有兩個現象也會同步發生。空氣被拌入液體產生氣泡，會讓部分的蛋白質變性並展開，展開的蛋白質會快速通過液體，到達氣泡的表面（圖10.7）。在此同時，

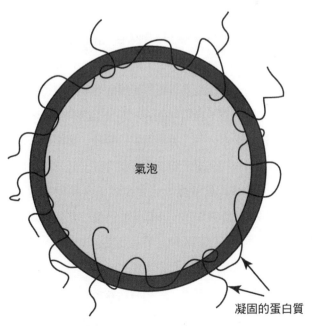

氣泡

凝固的蛋白質

圖10.7　蛋白起泡的過程

如何分類蛋白霜？最有用的方法就是按照糖和蛋白的比例。按照這種方法，可以把蛋白霜分成兩大類：硬蛋白霜和軟蛋白霜。硬蛋白霜的糖和蛋白比例為二比一，也就是兩份糖，一份蛋白。舉例來說， 2.4盎司（66克）的糖，配上1.2盎司（33克）的蛋白。而軟蛋白霜的糖和蛋白比例則是一比一，也就是兩者的重量相同。

比起軟蛋白霜，硬蛋白霜較為紮實，質地偏硬，但是支撐性更好，容易用擠花袋擠出，通常會拿來用做歐式夾層蛋糕的夾心、蛋白霜塔或是餅乾。而軟蛋白霜通常用做檸檬蛋白霜派上的抹醬，製造膨鬆的口感，而且甜點一旦完成就要盡快食用。

總而言之，由於硬蛋白霜的支撐性較好，更常被烘焙坊使用。

鄰近的蛋白質會在氣泡周圍開始靠攏或是凝聚，連成綿密的網狀結構，這個結構形成蛋白質層膜。氣泡被這些綿密有彈性的層膜包圍，就不容易消泡，即使層膜的細胞壁變得越來越薄，還是能讓更多的氣泡被拌入。

注意到了嗎，不管是打發蛋白，還是加熱蛋白，蛋白質都會展開、凝聚，然後形成特定的結構，雖然兩者並非完全相同，但作用卻很類似。

影響蛋白霜支撐性的因素

支撐性是蛋白霜很重要的要素，支撐性好的蛋白霜不但質地細密，而且柔韌有彈性，不論是攪拌、擠花還有烘焙的時候，都能維持形狀。一般來說，想要提高支撐性，通常都會降低體積和鬆軟度。而平衡烘焙食品相對的特點，就是糕點師一直以來的目標。在蛋白霜的例子中，糕點師的目標就是要在支撐性、體積和鬆軟度之間，取得平衡。

以下列舉了一些關於影響蛋白霜支撐性的與因素。

糖 糖通常會加強蛋白霜的支撐性，而且效果很好。雖然糖也會拖延蛋白霜打發的時間，並稍微降低膨鬆的程度。一般的蛋白霜是用室溫的蛋白加細砂糖打發，在打發蛋白時，細砂糖慢慢分次加入，並且分量控制得宜，糖就能發揮很好的支撐作用。

因為將糖慢慢加入，可以讓糖的結晶體有充分的時間去溶解，也不會拖垮泡沫組織。說的更詳細點，如果糖加得太快，蛋白質分子無法順利展開，蛋白霜就會變得太軟，甚至更糟的是，整盆蛋白都無法打發起泡。

而糖能慢慢展開並凝聚蛋白質分子， 還能防止蛋白霜過度打發，為蛋白霜提供了很好的支撐能力。

除此之外，當糖溶解於蛋白霜的液態層膜中，就會在層膜周圍形成一層黏稠的糖漿，減緩離水的現象，保護蛋白霜的氣泡不至於崩解，加強蛋白霜的支撐性。也由於氣泡周圍鍍了一層糖漿，就會讓蛋白霜的表面呈現光滑如絲緞般的色澤。

脂質 脂質（脂肪、油，還有乳化劑）會妨礙

充氣作用，根據脂質的種類和分量，會降低甚至是完全抑制蛋白產生充氣的作用。其中，蛋黃中的脂質，特別是卵磷脂，在抑制充氣上比酥油和植物油更為明顯，即使只有一點點蛋黃滴落在蛋白上，整盆蛋白就無法打發跟起泡。

　　脂質之所以能抑制充氣作用，是因為脂質會包覆蛋白質，阻止蛋白質展開和凝聚。除此之外，脂質還會和蛋白質在泡沫組織的氣泡表面上搶位置，而且脂質本身又不像蛋白質，可以形成緊密的網狀結構，當脂質包覆的氣泡快速膨脹時，結果一定是崩潰瓦解。

酸性物質　酸性物質能降低蛋白霜的酸鹼值，讓蛋白霜的支撐性更好。塔塔粉是最常用來打發蛋白的酸性物質，而檸檬汁和醋也同樣有用。不過，盡量避免加入過多的酸，以免讓蛋白霜產生不好的酸味。

　　在打發蛋白時，酸類材料要早一點加。雖然蛋白會需要比較久的時間才能打發，但會讓蛋白質形成彈性更好的結構，增加支撐性，能夠抵抗被過度打發、攪拌、擠壓和烘烤的動作，而且蛋白霜的色澤會更加潔白。

蛋白的溫度　剛從冰箱拿出來的蛋，其實不能打發的很好，以法式蛋白霜來說，約在70℉（21℃）室溫的雞蛋是最適合打發的溫度。

　　除了一般的蛋白霜，烘焙坊還會製作瑞士及義式蛋白霜。這三種蛋白霜，只要選擇糖和蛋白的比例是一比一或二比一，就可以做成軟蛋白霜或硬蛋白霜。瑞士蛋白霜是將糖加上蛋白，隔水加熱之後再開始打發。這個作法可以溶解糖的結晶體，而且較高的溫度（110℉至120℉，或攝氏40℃至50℃）確實能對蛋白質的展開產生效果。瑞士蛋白霜是烘焙坊最常使用的蛋白霜種類，只要製作流程正確無誤，它比一般的蛋白霜還要堅挺。

　　因為冷凍蛋白已經過高溫加熱的殺菌處理，如果要用冷凍蛋白製作瑞士蛋白霜的話，操作上要更加留心。在加熱糖和蛋白的時候，一旦糖完全溶解就要馬上熄火。

　　義式蛋白霜基本上就是「煮」的蛋白霜，首先把糖加熱到248℉到250℉（120℃至121℃）煮成糖漿，接著慢慢加進打發的蛋白中。打發的蛋白質遇到熱糖漿會凝固，所以義

式蛋白霜是三種蛋白霜最堅挺的一種。不管如
何，義式蛋白霜的膨鬆度最低，組織最緊密，
口感上也比較硬一些。

蛋白的厚度　　放得較久、較稀薄的蛋白，反而
比新鮮稠厚的蛋白更容易打發出膨鬆的蛋白
霜。不過，當蛋白霜成形之後，稀薄蛋白霜的
支撐性比較差，這是因為稀薄蛋白中的液態層
膜，比較容易從氣泡中分離出水分。如果食品
需求偏重膨鬆度而非支撐性的話，選擇放得久
的蛋比較好。

　　然而，大部分從一般管道購買的雞蛋其實
都放了一陣子了，有的甚至放了好幾週。所
以，如果想要追求蛋白霜更好的支撐性，黃金
原則就是使用新鮮的雞蛋製作蛋白霜，放得較
久的蛋還是拿來做一般的烘焙食品就好。

打發的時間　　不管是打發不足，或是過度打發
的蛋白，支撐性都會很差。如果蛋白打發不
足，蛋白質無法充分凝聚形成強韌的層膜，會
分離出水分，形成白色的膠狀顆粒。

　　另一方面，如果蛋白打發的太快或太久，

蛋白質變性凝聚的程度擴大，包圍在每個氣泡
外層的蛋白質保護層膜就會過度延展而變硬，
蛋白霜最後就會垮掉，蛋白質凝聚成硬性的團
塊並且出水。換句話說，過度打發的蛋白霜會
發生凝乳作用，就和蛋白質過度加熱的凝乳作
用很像。過度打發的蛋白霜應該要丟棄，不要
使用。

其他原因　　其他還會影響蛋白霜支撐性的原
因，包括銅質攪拌盆、鹽和打蛋器的種類。在
銅質攪拌盆中打發蛋白，效果就和加了塔塔粉
一樣，也就是改善了蛋白質的網狀結構，讓結
構更有彈性，支撐力足以抵抗過度打發、攪
拌、擠壓和烘焙的過程。打蛋器在攪打的過程
中，每次敲擊到銅質盆面時會釋放微量的銅分
子，而混入了銅分子的蛋白霜，會散發淡淡的
金黃色。

　　鹽則會降低蛋白霜的支撐性，所以最好是
等到蛋白霜都定形了再加鹽。另外，比起細鋼
絲的打蛋器，長鋼絲或粗鋼絲打出來的氣泡比
較大，但穩定性不太高。如果是為了要打發蛋
白霜，最好是選擇細鋼絲的球型攪拌器。

儲藏與處理

即使雞蛋乾淨、完整而且毫無破損，美國食品暨藥物管理局（FDA）還是把帶殼雞蛋分類為有潛在危險的食物類別中。被還原液化的乾燥蛋品，還有已經解凍的冷凍蛋品，也有潛在的危險性。

在使用任何蛋品的時候，請遵照下列原則，以確保各種蛋製品在微生物學上的食用性安全。

接收和保管雞蛋和蛋製品

● 檢查雞蛋在運送過程中的保存溫度是否適當。檢查的方式是把一兩顆蛋打進小杯子裡，馬上用精確的溫度計測量雞蛋的溫度。根據現行法規，雞蛋一鋪貨時，溫度應該低於45℉（7℃）。

● 一拿到上架的雞蛋時，馬上檢查雞蛋的新鮮度，像是雞蛋外殼潔淨，蛋黃和蛋白的濃稠度，有沒有異味等。

● 準備要運送雞蛋和蛋製品時，就要馬上冷藏或冷凍。乾燥蛋製品可放置涼爽乾燥的室溫環境，帶殼雞蛋請以原本包裝的容器保存。冷藏溫度在38℉至40℉（3℃至4℃），濕度介於75%到80%之間，是保持帶殼雞蛋品質最好的環境。總之，一定要確保帶殼雞蛋、乾燥蛋品還原液，以及解凍冷凍蛋品，都要在45℉（7℃）的環境下保存。

● 未開封的冷藏液態蛋製品在40℉（4℃）以下的環境，可以保存至十二週。請在蛋品的包裝盒外標示開封的日期，追蹤使用期限，也請別忘了「庫存輪替」的原則：第一個放保存的，就要第一個先使用。

● 冷凍液態蛋製品一經開封解凍，就和其他食品一樣，都要冷藏。不要重新冷凍已經解凍卻沒有使用的食品，因為冷凍食品反覆的解凍再冷凍，會破壞食品的品質，冷凍的蛋製品也一樣。

守則

● 雞蛋的蛋殼有裂痕，即使裂痕很小，或是產生明顯異味時，請馬上丟棄。

● 使用前不需要清洗雞蛋，雞蛋在包裝時已經經過清洗和消毒。

● 雞蛋一旦離開蛋殼就很容易滋生細菌，因此在準備階段時，請不要過早將大量的蛋打在一起。

● 不要用已經裝有其他原料或雞蛋的攪拌盆打蛋。先把雞蛋打在其他小杯子或小碗中，留意是否摻雜碎蛋殼，然後再加入攪拌盆中和其他原料混合。

● 打蛋時請勿讓蛋殼摻雜在蛋液之中。雖然雞蛋在處理廠時已經過消毒，但蛋殼還是有可能會沾附髒污或微生物。小提醒：不小心滴落在蛋白的蛋黃不要使用破掉的蛋殼移除，而是用金屬湯匙移開。

● 不要將冷凍蛋製品直接放置室溫解凍，請參考下一節內容中提供的冷凍蛋品解凍原則。

　　沙門氏桿菌是一種會造成食源性感染的細菌，造成的疾病為沙門氏菌感染症。美國每年平均約有十一萬八千起沙門氏菌感染症的病例，主要原因為食用了含有沙門氏桿菌的雞蛋。破裂或是髒污的蛋殼是雞蛋受到沙門氏桿菌感染的致命成因，即使是乾淨完整的雞蛋也有可能會受到感染。沙門氏桿菌病的症狀包括上吐下瀉，高燒還有劇烈腹痛。輕微的症狀者會持續兩到三天，重症者可能持續多天而且致命，尤其是年幼的小孩、老人，還有免疫系統不佳的族群。

　　沙門氏桿菌無法從動物來源的生食中完全去除，所以在處理食物的過程中要特別注意。雞蛋和乳製品是烘焙坊最常見的食材，也是沙門氏桿菌的可能來源，在處理上要更加小心。沙門氏桿菌在40℉（4℃）以下會停止活動，而且在160℉（71℃）就能被消滅，因此確實加熱，並且妥善冷藏雞蛋和其他含蛋食品，就是確保食品安全最完善的方法。

- 為了避免交叉感染，只要接觸過生蛋的器皿工具、**餐具**和流理檯檯面，都要確實消毒。生蛋處理完畢後，在接觸其他食物之前，請確實將手洗乾淨。

- 煮食帶殼生雞蛋要以140℉（60℃）至少加熱3.5分鐘。

- 如果要製作的含蛋食品無法以140℉（60℃）至少加熱3.5分鐘，請改用經過巴氏殺菌的蛋製品取代生雞蛋。

- 如果是經過加熱處理的含蛋食品，例如香草卡士達**醬**，必須要以冰涼的溫度以供食用，請使用冰水以隔水降溫的方式快速降溫，並且將溫度控制在40℉（4℃）或以下，降低細菌滋生的危險溫層，並在一天之內食用完畢。

如何融解冷凍蛋製品

　　一般來說，有兩種方法可以正確地融解冷凍蛋製品：第一是將冷凍蛋製品放在冰箱冷藏中慢慢解凍，這種方法最安全正確，但是需要有事前的準備。

　　第二種方法則是將未拆封的蛋製品放在流動的冷水下面解凍，注意不要用流動的熱水，否則會煮熟蛋製品，失去原本的功能。也不要將蛋製品直接放在室溫的環境解凍，因為冷凍蛋製品從外層開始，直到內層完全解凍所花費的時間，會將蛋製品長久暴露於危險的溫度範圍中。

如何使用乾燥蛋製品

　　乾燥蛋製品的使用方式有兩種：第一種比較簡單，就是將乾燥蛋製品和其他的乾料混合，但是要注意使用的水量，可能會比原本的配方要多。

　　第二種方法則是在使用前，將乾燥蛋製品用冷水還原。整個還原過程需要一些時間，因為乾燥蛋還原後要定形，在使用前要先冷藏。乾燥蛋需要時間充分吸收水分才能夠還原，原則上乾燥蛋黃需要一個小時，而蛋白需要三個小時。

蛋白的鹼度

蛋白是少數含有天然鹼的食物，新鮮雞蛋的pH值接近8。蛋放得越久，pH值就會攀升到9或10，此時雞蛋中的二氧化碳就會從蛋殼往外揮發。雞蛋天生所含的鹼可以幫助抑制細菌滋生，但沙門氏桿菌不會因此被消滅，因此蛋白還是要經過煮熟或巴氏殺菌之後，才能食用。

溶菌酶——蛋白的蛋白質

保護雞蛋不受細菌侵犯的第一道防線就是蛋殼，而第二道防線就是蛋白本身。蛋白有幾種自衛的武器，其中最有效的就是溶菌酶。溶菌酶名副其實能夠溶解或分解某些細菌的細胞壁，像是沙門氏桿菌，溶菌酶破壞細菌的細胞壁後，細菌也會被摧毀。溶菌酶不只存在於蛋白，人體分泌的眼淚和唾液中也有溶菌酶。不過，根據美國農業局的評估，平均一顆蛋所含的沙門氏桿菌數量就高達兩萬，溶菌酶還是很難完全殺死在蛋白中滋生的沙門氏桿菌和其他細菌。

複習問題

1 雞蛋中可食用的部分（占比）中，蛋白占了多少？蛋黃又占了多少？

2 一份紙蛋盤通常會裝幾打的蛋？

3 比較蛋白和蛋黃各別所含有的水分、脂質（脂肪和乳化成分），以及蛋白質種類，有何不同？

4 蛋白的別名是什麼？

5 請舉出一個蛋黃的乳化劑成分。

6 是什麼東西讓蛋黃看起來是黃色的？為什麼在整個產季中，每家蛋農生產的蛋，蛋黃顏色看起來都不一樣？

7 全蛋中的哪個成分（脂肪、乳化劑、蛋白質、水分、礦物質等等）能夠幫助建構食品組織，或是提供支撐性？而這幾種成分又是位於全蛋的哪個部位（蛋白、蛋黃或全部）？

8 請說明即使蛋黃被視為嫩化劑，為何蛋黃仍可建構食品的組織？

9 為什麼美國食品暨藥物管理局和美國雞蛋協會將市售的雞蛋稱為「有殼雞蛋」，而不是「新鮮雞蛋」呢？

10 請說明什麼是「蛋製品」，使用蛋製品比一般帶殼雞蛋更有好處的地方有哪些？

11 製作不能加熱處理的蛋白奶油霜和雪酪時，為什麼應該要用蛋製品取代一般的帶殼雞蛋？

12 為什麼檸檬酸常被加入巴氏殺菌的冷凍全蛋中？

13 為什麼關華豆膠常被加入巴氏殺菌的冷凍蛋白中？

14 為什麼糖常被加入巴氏殺菌的冷凍蛋黃中？

15 請依照下列功能，從高到低為蛋白、蛋黃和全蛋排名：建構組織和韌性、膨發作用、上色、增添風味，以及乳化作用。

16 為什麼在蛋糕糊中再加入額外的蛋白（蛋白本身90%是水分），烤出來的蛋糕反而比一般的蛋糕還要乾？

17 糖和脂肪如何影響蛋的凝固？換句話說，如果蛋過度加熱產生凝乳脫水的現象並且變硬時，糖和脂肪是會加速並提高這種現象產生的機會，還是會減少並降低呢？

18 下列哪一種可以做出最好的布丁餡：用烤箱加溫，溫度稍微高了一點，或是一樣用烤箱加溫，但溫度稍微低了一點？請解釋理由。

19 脂肪（例如鮮奶油和蛋黃）除了能讓卡士達醬柔軟滑順之外，還能為醬料帶來什麼樣的質地？

20 為了提高蛋白霜的支撐性，你改變了攪打的方式，這對新鮮的蛋白霜來說，是否會改變本身的膨鬆程度？換句話說，當你提高了蛋白霜的支撐性，那膨鬆度受到的影響是會變大、變小或是不變？

21 硬蛋白霜和軟蛋白霜不同的地方在哪？什麼情況下會用其中一個取代另一個？

22 請簡述一般蛋白霜、瑞士蛋白霜，還有義式蛋白霜的製作方式。其中哪一種蛋白霜的支撐性最好？而哪一種的支撐性最弱？

23 隨著新鮮度的流失，蛋白（和蛋黃）的厚度會改變嗎？這對它們打發起泡的能力有什麼影響？

24 糖如何影響打發蛋白霜的支撐性？在打發蛋白時，如果糖加得太快或太慢時，會發生什麼狀況？

25 脂肪和蛋黃是如何影響蛋白霜的定形能力？

26 酸性物質會如何影響打發蛋白的支撐性？

27 打發蛋白霜的時候，哪一種酸劑經常被加進蛋白霜中？

28 請舉出六種使用雞蛋和蛋類製品的安全原則，並請解釋為什麼這些原則重要。

問題討論

1 這份配方需要35顆蛋，請問你需要稱出的全蛋總重量有多少？

2 這份配方需要10顆蛋黃，請問你需要稱出的蛋黃總重量有多少？

3 這份配方需要6顆蛋白，請問你需要稱出的蛋白總重量有多少？

4 為什麼含蛋的泡打粉比司吉會在表面透出一層綠灰色？請問要如何預防這種情形？

5 請簡略畫出雞蛋遇熱產生凝固的過程。在你的簡圖中，也請描述雞蛋過熱時會發生的現象，並以文字解釋每一個過程中發生了什麼事，並且清楚標註在簡圖上。

6 你想要用熱牛奶為室溫雞蛋調溫，請說明你的操作流程，以及這麼做可以預防雞蛋凝固的原因。

7 你手上有多出來的蛋黃，並且打算用這些蛋黃取代全蛋來做蛋糕。你想用1磅（1公斤）的蛋黃，取代配方中每1磅（1公斤）的全蛋。那麼，用蛋黃做出來的蛋糕，和全蛋做出來的蛋糕，有什麼地方會不一樣呢？

8 請說明雞蛋打發起泡，形成霜狀泡沫組織的過程。

9 請列出購得雞蛋和蛋類製品後，該如何整理保存的步驟，並解釋這些步驟的重要性。

習作與實驗

❶ 習作：蛋製品及蛋替代品的感官特質

　　請將觀察結果記錄在結果表中，並請在表格中列出每一項蛋製品及蛋替代品的品牌名稱，詳述不同品牌同類商品之間的差異。觀察每項產品是否有經過巴式殺菌，並列出產品的成分。再來，將新鮮的樣品放置到室溫溫度後，觀察外觀（顏色、清澈度和黏稠度）以及味道，並同時比較蛋類製品和雞蛋替代品的感官特質。如要需要補充說明，請填寫在表格的空白欄位中。

結果表　蛋製品及替代品

蛋類製品	簡述	巴氏殺菌 （是／否）	成分列表	外觀	氣味
冷凍全蛋					
冷凍蛋白					
乾燥蛋白					
冷凍蛋黃					
冷藏蛋黃					
液態全蛋替代品 （例如Egg Beaters品牌）					
粉狀蛋替代品					

請利用結果表格中的資訊及本書內容回答下列問題。請圈選**粗體字**的選項或填空。

1　在所有產品中，沒有標示巴氏殺菌蛋製品／蛋替代品的是＿＿＿＿＿＿。這款產品沒有巴氏殺菌的原因是＿＿＿＿＿＿＿＿＿＿＿＿＿＿＿＿＿＿＿＿＿＿＿＿＿＿＿＿＿＿＿

＿＿＿

＿＿＿

2　冷凍全蛋製品有時會添加＿＿＿＿＿＿，防止蛋製品在加熱時變色。表中被觀察的冷凍全蛋**有／沒有**添加這個成分。

3　冷凍蛋白裡有時會添加＿＿＿＿＿＿，那是一種天然的植物性膠質，可以增加蛋白厚度，防止蛋白組織受到冷凍的結晶化破壞。表中被觀察的冷凍蛋白**有／沒有**添加這種植物膠。

4　冷凍蛋白中有時會添加＿＿＿＿＿＿做為發泡劑幫助打發，表中被觀察的冷凍蛋白**有／沒有**添加這種發泡劑。

5　冷凍蛋黃有時會添加＿＿＿＿＿＿或是＿＿＿＿＿＿，防止蛋白質變性凝聚成黏稠的膠狀物質。表格中被觀察的冷凍蛋黃中，就有添加以下成分防止凝膠化：

6　可以讓全蛋替代品呈現一般蛋黃般橘黃色的成分是：

7　由於全蛋替代品經常用來烹調炒蛋或是歐姆蛋包，因此大多會添加調味料。而表格中被觀察的全蛋替代品就含有以下這些調味料：

8　你想要自家的烘焙食品不含防腐劑（像是苯鉀酸鈉、山梨酸鉀、丙酸鈣），而不含以上防腐劑的蛋製品或是替代品，可以讓你安心使用的產品有：

9　全蛋替代品中可幫助建構烘焙食品組織的成分是：

10　粉狀蛋替代品中，能幫助烘焙食品建構組織的主要成分有：

11　你有位客人對蛋類過敏，當你為這位客人製作蛋糕，可以使用**全蛋替代品／粉狀蛋替代品**。

❷ 習作：如何降低卡士達醬的脫水及凝乳現象

　　試想一下，你這份卡士達醬的配方，看起來好像會在製作過程中產生脫水和凝乳現象，你現在有機會改動配方，或是提前預作準備。你列出了下列可能會降低卡士達醬產生脫水及凝乳現象的方法，因為這些方法原本就能降低雞蛋凝固的機率。不過，有的方法並不是每次都管用，而有的方法則是比其他的更有用。即便如此，下列的方法都值得一試。列出方法後，請說明理由。第一種方法已經寫好，提供你做為參考。

1　使用比較低的加熱溫度。
原因：降低溫度是減緩蛋白質凝固最直接的方式，所以在加熱卡士達醬時，溫度不要太高，就能避免蛋白質凝固太快。雞蛋慢慢加熱時，能讓蛋白質適當展開並凝結，不會分離出水分，凝結成塊。

2　用鮮奶油取代牛奶。
原因：＿＿＿＿＿＿＿＿＿＿＿＿＿＿＿＿＿＿＿＿＿＿＿＿＿＿＿＿＿
＿＿＿＿＿＿＿＿＿＿＿＿＿＿＿＿＿＿＿＿＿＿＿＿＿＿＿＿＿＿＿＿
＿＿＿＿＿＿＿＿＿＿＿＿＿＿＿＿＿＿＿＿＿＿＿＿＿＿＿＿＿＿＿＿

3　增加糖的分量
原因：＿＿＿＿＿＿＿＿＿＿＿＿＿＿＿＿＿＿＿＿＿＿＿＿＿＿＿＿＿
＿＿＿＿＿＿＿＿＿＿＿＿＿＿＿＿＿＿＿＿＿＿＿＿＿＿＿＿＿＿＿＿
＿＿＿＿＿＿＿＿＿＿＿＿＿＿＿＿＿＿＿＿＿＿＿＿＿＿＿＿＿＿＿＿

4　加熱卡士達醬時，將卡士達醬隔著容器放在熱水上，隔水加熱。
原因：＿＿＿＿＿＿＿＿＿＿＿＿＿＿＿＿＿＿＿＿＿＿＿＿＿＿＿＿＿
＿＿＿＿＿＿＿＿＿＿＿＿＿＿＿＿＿＿＿＿＿＿＿＿＿＿＿＿＿＿＿＿
＿＿＿＿＿＿＿＿＿＿＿＿＿＿＿＿＿＿＿＿＿＿＿＿＿＿＿＿＿＿＿＿

5　減少蛋的使用量
原因：＿＿＿＿＿＿＿＿＿＿＿＿＿＿＿＿＿＿＿＿＿＿＿＿＿＿＿＿＿
＿＿＿＿＿＿＿＿＿＿＿＿＿＿＿＿＿＿＿＿＿＿＿＿＿＿＿＿＿＿＿＿
＿＿＿＿＿＿＿＿＿＿＿＿＿＿＿＿＿＿＿＿＿＿＿＿＿＿＿＿＿＿＿＿

❸ 實驗：不同的蛋和液體對布丁餡整體品質的影響

目標

示範不同的蛋和液體對下列項目有何影響

- 布丁餡的支撐性
- 布丁餡的外觀、風味還有口感
- 布丁餡的整體滿意度

製作成品

以下列材料製成的布丁餡

- 全蛋／全脂牛奶（對照組）
- 蛋白／全脂牛奶
- 蛋黃／全脂牛奶
- 全蛋／鮮奶油
- 全蛋／豆奶
- 全蛋／水
- 可自行選擇其他材料（例如液態全蛋替代品／牛奶、全蛋／低脂牛奶、全蛋／全脂牛奶加新鮮鳳梨汁、經過巴氏殺菌的冷凍全蛋／全蛋等等）

材料與設備

- 秤
- 不鏽鋼淺鍋
- 不鏽鋼盆
- 打蛋器
- 布丁餡蛋糊（請見配方），能製作出每種各8杯以上的分量。
- 盛裝布丁餡的瓷杯（6液量盎司／180毫升），或是相同容量的耐高溫容器。
- 8號（4液量盎司／ 120毫升）冰淇淋勺或同等容量量匙
- 烤箱溫度計
- 飯店供餐盤，隔水加熱用
- 電子速讀溫度計（非必要）

布丁餡蛋糊

分量：每份1/2杯，共8杯

材料	磅	盎司	克	烘焙百分比
全脂牛奶	1		450	100
全蛋		7.2	200	45
一般細砂糖		4	112	25
香草精		0.3	8	2
合計	1	11.5	770	172

製作方法

1 烤箱預熱至325度℉（160℃）。

2 將牛奶倒進不鏽鋼淺鍋加熱至冒泡，熄火。

3 將蛋打進攪拌盆中，加上糖和香草精一起攪拌。

4 慢慢將熱牛奶倒進蛋糊中混合。

步驟

1 在盛裝布丁餡用的杯子上標示使用的蛋及液體的種類，或是註明烤箱正在烤的布丁餡用的原料。

2 依照上述配方，或是任一種布丁餡配方準備布丁餡蛋糊，每種原料各準備一批（可烤出8杯布丁餡）。

3 以8號冰淇淋勺挖一匙布丁餡蛋糊裝進瓷杯（或是用其他湯匙挖取能填滿四分之三杯的布丁餡蛋糊）。

4 將烤箱溫度計放置於烤箱中央，記錄烤箱初溫。初溫：＿＿＿＿＿＿＿。

5 當烤箱預熱完成，把裝有布丁餡蛋糊的瓷杯放在空的飯店供餐盤中，一起放入烤箱，並在盤子中注入0.5吋（約1.25公分）的熱水，並且設定計時器約30至40分鐘（根據熱水溫度，請適時調整烘烤時間）。

6 烘烤至對照組的布丁餡（以全蛋和全脂牛奶為原料）變得比較凝固但彈嫩的狀態，而所有的布丁餡蛋糊烘烤了差不多一樣的時間後，就從烤箱中拿出來，即使有些布丁餡蛋糊沒有完全凝固也沒關係。各家烤箱溫度略有不同，請適時調整烘烤的時間。

7 將烘烤時間記錄於結果表。

8　記錄烤箱終溫，終溫：＿＿＿＿＿＿＿。

9　如果可以，請測量布丁餡（中心）的溫度，並把結果記錄在結果表的備註欄。為了測出有效的數據，請在布丁餡出爐之後馬上測量溫度。

10　將布丁餡移出熱水寬盤，冷卻至室溫。

結果

待製品完全冷卻後，評估其感官特性，並將評估結果記錄於結果表中。在分析的時候，每一種製品都要和對照組做比較，並以下列方向進行觀察：

- 外觀（顏色、透明度、堅挺程度等等）
- 質地和口感（堅挺程度、柔軟度、滑順度、脆度等等）
- 風味（甜味、雞蛋風味、濃郁風味）
- 整體滿意與否，從高度不滿意到高度滿意，由1至5給分
- 如有需要可加上備註

結果表　不同蛋類型與液體製作的布丁餡之感官特性

蛋的類型	液體	烘焙時間（分鐘）	外觀	質地和口感	風味	整體滿意度	備註
全蛋	全脂牛奶						
蛋白	全脂牛奶						
蛋黃	全脂牛奶						
全蛋	鮮奶油						
全蛋	豆奶						
全蛋	水						

誤差原因

請列出任何可能使你難以做出適當實驗結論的因素，具體來說，像是牛奶加熱的溫度高低和時間長短、分裝在瓷杯的布丁餡蛋糕分量有沒有一致 、用來隔水加熱用的熱水高度是否適當、熱水有沒有濺到布丁餡蛋糕、布丁餡出爐後的溫度（如果有量的話），以及與烤箱相關的問題。

請列出下次可以採取哪些不同的作法，以縮小或去除誤差。

_____

_____

_____

結論

請圈選**粗體字**的選項或填空。

1 所有的布丁餡當中，黃色最明顯的是用**全蛋／蛋白／蛋黃**做的。這是因為布丁餡中的_____ _____含量最多，而這也是蛋黃的色素來源。這三種原料的布丁餡在外觀上還有其他的差別，像是：

_____

_____

_____

2 布丁餡的組織成形之後支撐性較強。請問下列何者是結構充填劑，並且提供支撐性的原料？**全蛋／蛋白／蛋黃**。

3 蛋與乳製品中的蛋白質和鈣鹽的交互作用是用做**軟化劑／硬化劑**。這也是為什麼用牛奶做的布丁餡會比水做的布丁餡還要**軟／硬**。

4 豆奶中的蛋白質和鈣鹽與雞蛋蛋白質的交互作用程度，會比全脂牛奶中的蛋白質和鈣鹽要來得**低／高／一樣**。這就是為什麼用豆奶做的布丁餡，會比用全脂牛奶加全蛋做的還要**軟／硬／一樣**。

5 在所有的布丁餡當中，口感最滑順、乳脂最濃郁的那一份是全蛋加上**全脂牛奶／高脂鮮奶油／豆奶／水**做成的。可能的原因是原料中提供嫩化作用的_____含量比較**高／一般／低**。

6 在所有布丁餡當中，有最濃郁風味的那一份是用**全蛋／蛋白／蛋黃**做的，而這三種樣品的口味還有其他的差異，例如：

_____

_____

_____

7 在實驗中，我還發現了每份布丁餡還有其他的差異，補充如下：

_____

_____

_____

❹ 實驗：不同的蛋類型對瑪芬整體品質的影響

目標

示範用不同的蛋類型對於下列項目有何影響

● 外表顏色

● 內部組織的顏色和結構

● 濕潤度、柔軟度和膨鬆度

● 瑪芬的整體風味

● 瑪芬的整體滿意度

製作成品

以下列材料製成的瑪芬

● 全蛋（對照組）

● 無蛋（以額外75%的水、10%的油，以及15%的奶粉取代蛋）

● 蛋白

● 蛋黃

● 液態全蛋替代品（例如Egg Beaters牌的產品）

● 可自行選擇其他材料（例如一半的蛋黃兌一半的水配出等同全蛋配方裡水的總量、乾燥蛋品還原液、巴氏殺菌的冷凍全蛋等）

材料與設備

- 秤
- 篩網
- 不鏽鋼盆
- 打蛋器
- 瑪芬麵糊（請見配方），每一種樣品能製作出至少24個分量。
- 瑪芬模（直徑2.5／3.5吋，或65／90公釐）
- 紙模或烤模噴油
- 16號（2液量盎司／60毫升）冰淇淋勺或同等容量量匙
- 半盤烤盤（可省略）
- 烤箱溫度計
- 竹籤（測試用）
- 鋸齒刀
- 尺

配方

基本瑪芬麵糊

分量：可做出24份瑪芬（會有多餘的麵糊）

材料	磅	盎司	克	烘焙百分比
中低筋麵粉	1	4	570	100
細砂糖		8	225	40
鹽（1茶匙／5毫升）		0.2	6	1
泡打粉		1.2	35	6
奶油		7	200	35
全蛋		6	170	30
牛奶	1		455	80
合計	3	10.4	1,661	292

製作方法

1 烤箱預熱至400℉（200℃）。

2 將乾料過篩倒入攪拌盆中。

3 融化奶油，並稍稍冷卻後再使用。

4 稍微打散雞蛋，加入牛奶和融化奶油混合均勻。

5 將液體倒入乾料混合，直到麵粉吸收水分即可，麵糊會看起來有些顆粒感。

製作方法（無蛋瑪芬）

除了以下更動，其他請按照上述對照組全蛋瑪芬的製作方法：

1 在乾粉料中加入1盎司（28克）過篩的奶粉。

2 在液體原料中加入0.5盎司（14克）的植物油和4.5盎司（128克）的水。

步驟

1 請參考以上的配方表，或是任一基本瑪芬配方，調配出瑪芬麵糊，為每一種變動各準備一批麵糊。

2 在瑪芬模中放上紙模、噴上少許油脂。

3 在瑪芬模上標註麵糊使用的蛋品種類，或是註明烤箱正要烘烤的瑪芬種類。

4 使用16號冰淇淋勺（或是其他能填滿二分之一杯容量的湯匙）分裝麵糊到瑪芬模中，如果可以，將瑪芬模放在半盤烤盤上。

5 將烤箱溫度計放置於烤箱中央，記錄烤箱初溫。初溫：＿＿＿＿＿＿＿。

6 烤箱預熱完成後，將瑪芬模送進烤箱烘烤，烘烤時間設定為20至22分鐘。

7 烘烤至對照組（全蛋配方）瑪芬最頂端中央的部分稍微按壓就會回彈，並且插入竹籤再拿起來沒有沾黏就完成了，烤好的對照組瑪芬應該是淺褐色。每一種瑪芬經過相同的烘烤時間後就可以移出烤箱，即使有的瑪芬沒有上色或膨脹不佳也沒關係。各家烤箱溫度設定略有不同，請適時調整烘烤的時間。

8 將烘烤時間記錄在結果表一。

9 記錄烤箱終溫，終溫：＿＿＿＿＿＿＿。

10 將瑪芬脫模移出熱烤盤，冷卻至室溫。

結果

1 完全冷卻後，根據以下指示測量瑪芬的高度：

● 每一批各拿三個瑪芬對切，小心不要擠壓到瑪芬的蛋糕體。

- 將量尺放在瑪芬的垂直切面上，對準中心測量，以1/16吋（1公釐）為單位，將每一個瑪芬高度記錄在結果表一。
- 計算每一批瑪芬的平均高度。將三個瑪芬的高度相加總合再除以三，將結果記錄於結果表一。

2　分析每個瑪芬的形狀（瑪芬的頂端呈圓弧狀或山峰狀、中心有無塌陷等等），並將分析結果記錄在結果表一。

結果表一　各類型蛋品瑪芬的尺寸及形狀

蛋品種類	烘焙時間（以分鐘計算）	三個瑪芬的個別高度	瑪芬的平均高度	瑪芬的形狀	備註
全蛋（對照組）					
無蛋（以水、油和奶粉取代）					
蛋白					
蛋黃					
液態全蛋替代品					

3　待所有的瑪芬冷卻之後，分析每個瑪芬的感官特性，並將分析結果記錄在結果表二中。別忘了在分析每個瑪芬時都要和對照組做比較，評估以下項目：

外皮顏色由淺到深，最淺為1，最深為5，進行評分。

- 外皮顏色，由極淺至極深給1至5分
- 內裡外觀（氣孔小／大、氣孔整齊／不規則、有無孔道等等），也請評估顏色
- 內裡質地（韌／軟、濕／乾、黏牙、有彈性、易碎等等）
- 整體風味（雞蛋香味、麵粉香味、鹹或甜）。
- 整體滿意與否，從高度不滿意到高度滿意，由1至5給分
- 如有需要可加上備註

結果表二　各種蛋原料瑪芬的感官特性

蛋的類型	外皮顏色	內裡外觀與質地	整體風味	整體滿意度	備註
全蛋（對照組）					
無蛋 （以水、油和奶粉取代）					
蛋白					
蛋黃					
液態全蛋替代品					

誤差原因

　　請列出任何可能讓實驗難以做出正確結論的誤差原因，具體來說，像是麵糊的調配過程中有無疏漏，分裝在瑪芬模的麵糊分量有沒有相同，或是烤箱本身的狀況等等。

_____

_____

_____

　　請列出下次可以採取哪些不同的作法，以縮小或去除誤差。

_____

_____

_____

結論

　　請圈選**粗體字**的選項或填空。

1　所有瑪芬當中，顏色最淺的是**無蛋／全蛋／蛋白**製作的，可能是蛋白質含量**最低／最高**，這是讓瑪芬顏色因為**焦糖化／梅納反應作用**變色的關鍵。淺色的瑪芬和其他的相比，顏色差異**很小／相等／很大**。

2 所有的瑪芬當中，最柔軟的是用**無蛋／全蛋／蛋白**製作的，可能是因為蛋白質含量最**低／高**，雞蛋的蛋白質通常被視為組織的**充填劑／嫩化劑**。最軟的瑪芬和其他的相比，柔軟度差異**很小／相等／很大**。

3 所有瑪芬當中，口感最濕潤、甚至黏牙的瑪芬，是**無蛋／全蛋／蛋白**製作的。雖然雞蛋大部分的成分是水，但也被視為乾燥劑，那是因為**雞蛋的蛋白質／糖／油**會吸收水分。換句話說，多水分的原料**一定／未必**會讓食品產生濕潤性。

4 無蛋配方的瑪芬能夠不塌陷，是因為配方中含有其他結構充填劑，就是麵粉中的麵筋和_____
_____。

5 蛋黃配方的瑪芬和無蛋瑪芬**一樣／不一樣**鬆軟，也就是蛋黃瑪芬比無蛋瑪芬**有／沒有**更多的結構，換句話說，蛋黃可被視為**結構充填劑／嫩化劑**。

6 蛋黃配方的瑪芬的整體品質是**可／不可**接受的。蛋黃瑪芬和全蛋瑪芬相比，在外觀、質地和風味上的差別還有這些：

_____
_____
_____

整體而言，這些差異其實**很小／差不多／很大**。

7 蛋白配方的瑪芬的整體品質是**可／不可**接受的。蛋白瑪芬和全蛋瑪芬相比，在外觀、質地和風味上的差別還有這些：

_____
_____
_____

整體而言，這些差異其實**很小／差不多／很大**。

8 以我的意見來說，嘗起來最好的瑪芬是_____，原因是_____
_____
_____

9 在實驗中，我還發現每份瑪芬之間還有其他差異，補充如下：

❺ 實驗：不同原料和製作方式對蛋白霜品質和支撐性的影響

目標

示範用不同原料和製作方式對下列項目有何影響

- 完全打發蛋白霜所需要的時間
- 蛋白霜的體積
- 蛋白霜的支撐性
- 蛋白霜的外觀、風味和口感
- 蛋白霜的整體滿意度

製作成品

以下列材料製成的蛋白霜

- 一般軟蛋白霜（對照組，以一份糖比一份蛋白製作）
- 一般硬蛋白霜（以兩份糖比一份蛋白製作）
- 添加塔塔粉
- 無糖
- 在一開始一次加入所有的糖
- 瑞士蛋白霜製作方式
- 義式蛋白霜製作方式
- 用其他材料或方式（例如少量蛋黃或使用酥油、巴氏殺菌的冷凍蛋白、乾燥蛋白、蛋白沒有加溫就先打發、以高速打發、打發不全、打發中途加鹽等等）

材料與設備

- 秤
- 5夸脫（約5公升）鋼盆攪拌機
- 篩網（非必要）
- 鋼絲攪拌球

- 計時器或碼錶
- 隔水加熱用的鍋盆
- 電子速讀溫度計
- 不鏽鋼淺鍋
- 煮糖用溫度計
- 蛋白霜（請見配方），每種樣品可製作16盎司（450克）或更多的蛋白霜。
- 湯匙
- 透明量杯（16液量盎司／500毫升或等量的杯子，一個杯子裝一種蛋白霜）
- 刮刀
- 擠花袋和圓形擠花嘴（非必要）
- 烘焙紙（非必要）

配方

一般軟蛋白霜

材料	磅	盎司	克	烘焙百分比
蛋白		8	225	100
細砂糖		8	225	100
合計	1		450	200

製作方法（對照組的一般軟蛋白霜）

1 蛋白回溫至室溫。

2 過篩砂糖，剔除結塊的糖。

3 用鋼絲攪拌球以中速打發蛋白。

4 打到蛋白開始起泡時，先加一點糖，繼續打發蛋白，之後將砂糖分次加入，繼續打發至蛋白呈峰狀。

製作方法（一般硬蛋白霜）

請按照上述對照組一般軟蛋白霜的製作方法打發蛋白霜，但請將糖的分量增加兩倍。

製作方法（無糖蛋白霜）

請按照上述對照組一般軟蛋白霜的製作方法打發蛋白霜，但請不要放糖。

製作方法（添加塔塔粉的蛋白霜）

請按照上述對照組一般軟蛋白霜的製作方法打發蛋白霜，但請在步驟3，蛋白開始打發起泡時，加入1/4茶匙（1.25 毫升）的塔塔粉。

製作方法（瑞士蛋白霜）

1 將熱水（不要放在爐火上煮沸）倒入加熱用的鍋盆，蛋白和糖放在另外的攪拌盆中，以隔水加熱的方式混合蛋白和糖。

2 攪打蛋白和糖，直到溫度達到115℉（45℃）為止。

製作方法（義式蛋白霜）

1 先將糖加入1.5盎司（45克）的水中，攪拌至融化。

2 開始煮糖水，煮的時候不用攪拌，加熱到糖水達245℉（118℃）為止。

3 煮糖水的同時，以中速打發蛋白。

4 在打發蛋白的過程中，沿著攪拌盆邊，緩慢倒入熱糖水。

5 繼續打發蛋白，直到蛋白霜冷卻為止。

步驟

1 請參考上述配方或是任何基本蛋白霜的配方，製作實驗用的蛋白霜，每一種蛋白霜各做一份。

2 請將蛋白霜打發至還不是很硬挺的尖峰狀所需要的時間，記錄在結果表一中。

注意：未經加熱的生蛋白可能含有少量的沙門氏桿菌，依然會有感染的危險。因此不建議食用未經巴氏殺菌的蛋白。在本次實驗中，請以嗅覺分析蛋白霜的風味，可省略蛋白霜的甜味分析，用手指或湯匙碰觸蛋白霜分析質地，不需要實際入口品嘗蛋白霜的口感。或者，全程使用經過巴氏殺菌的蛋白製作蛋白霜。

結果

1 請參考下列指示分析蛋白霜的密度：

● 用湯匙小心挖取蛋白霜，放進透明的量杯中。

● 仔細觀察量杯中的蛋白霜，確認蛋白霜之間沒有空隙。

● 用刮刀刮平杯口，讓蛋白霜與杯口對齊。

● 稱量每一杯蛋白霜的重量，並將結果記錄在結果表一中。

● 如果可以，請將蛋白霜的密度換算為精確比重：蛋白霜的密度（每份體積的重量）除以

同體積的水重量。

2　請參考下列指示，分析蛋白霜的支撐性：

- 將裝在透明量杯中的蛋白霜，置於室溫，或是比室溫稍暖的地方約30分鐘。若狀況允許，放置時間可超過30分鐘。或是將蛋白霜填入擠花袋中，使用圓形擠花嘴擠出蛋白霜，觀察蛋白霜可以支撐多久。
- 分析蛋白霜的消泡狀況，觀察量杯或烘焙紙上蛋白霜體積有無縮小、外觀改變、底部積水的情形，並將觀察結果記錄在結果表一中。

結果表一　各種蛋白霜的打發時間、體積和支撐性的觀察及分析

製作方式	成峰狀所需要的時間（分鐘）	蛋白霜密度	蛋白霜精準比重（可選擇是否填寫）	蛋白霜支撐性	備註
一般軟蛋白霜（對照組）					
一般硬蛋白霜					
添加塔塔粉的一般軟蛋白霜					
無糖蛋白霜					
一開始一次加入所有的糖					
瑞士蛋白霜					
義式蛋白霜					

3　分析新鮮蛋白霜的感官特性，並將結果記錄在下列表格當中。別忘了，在進行各種蛋白霜的分析時，同時要和對照組做比較。請參考下述項目進行分析：

- 外觀（氣泡大小、光澤、白皙度）
- 風味（甜味、酸味、新鮮的雞蛋風味、沒有味道）
- 口感（密度和質地、柔軟／堅挺）
- 用在檸檬奶油派上的整體滿意度
- 如有需要可加上備註

結果表二　各種蛋白霜的感官特性

製作方式	外觀	風味	口感	整體滿意度	總評
一般軟蛋白霜（對照組）					
一般硬蛋白霜					
添加塔塔粉的一般軟蛋白霜					
無糖蛋白霜					
一開始一次加入所有的糖					
瑞士蛋白霜					
義式蛋白霜					

誤差原因

　　請列出任何可能使你難以做出適當實驗結論的因素，舉例來說，像是在打發蛋白時砂糖加入的時機，以及蛋白霜是否確實完全打發等等。

_____

_____

_____

　　請列出下次可以採取哪些不同的作法，以縮小或去除誤差。

_____

_____

_____

結論

請圈選**粗體字**的選項或填空。

1　隨著砂糖的分量增加，蛋白霜的密度也隨之**增加／減少／維持一樣**。同樣的狀況，砂糖的分量若是增加，蛋白霜的堅挺度會**增加／減少／維持一樣**。另外，砂糖會對蛋白霜在外觀、風味，還有口感上造成的影響，還有這些：

2　隨著砂糖的分量增加，在蛋白霜完全失去支撐性之前，支撐的時間比較**長／短**。支撐性差的蛋白霜會有這些特徵：

3　蛋白霜當中，最快打發起泡的是**無糖蛋白霜／兩倍糖加蛋白的硬蛋白霜**。這是因為砂糖會**減緩／加速**蛋白質展開，這是蛋白能不能打發成功最重要的第一步。

4　在蛋白霜中添加塔塔粉的主要原因，是為了**增加風味／加強支撐性／提高膨鬆度**。而另一種常取代塔塔粉，加入蛋白霜的**酸類／鹼類**還有：

5　塔塔粉會讓蛋白霜嘗起來帶**酸味／鹹味**，對風味的影響其實**很小／沒有差別／很大**。而塔塔粉對蛋白霜在感官特質上造成的影響，還包括了：

6　打發蛋白霜時，一次加入所有的糖，和分次加入糖（對照組）的好處和壞處分別是：

7   瑞士蛋白霜、義式蛋白霜和一般蛋白霜（對照組）在支撐性、外觀、風味和口感上最大的差別在於：

_____

_____

_____

8   在這次實驗中，我還發現了蛋白霜彼此間的其他差異，補充如下：

_____

_____

_____

9   請試著判斷下列食品最適合用哪一種蛋白霜來製作，並請說明你的理由。

a   天使蛋糕

_____

_____

_____

b   檸檬奶油派，須立即食用

_____

_____

_____

c   檸檬奶油派，可於3天後食用

_____

_____

_____

d   滑順濃郁、質地濃厚的蛋白奶油霜

_____

_____

_____

e 輕盈膨鬆的蛋白奶油霜

_____

_____

_____

f 用擠花袋擠出成形的蛋白霜餅乾

_____

_____

_____

膨鬆劑

本章目標

1 檢視膨脹的過程。

2 列出烘焙品中三種主要的膨脹氣體並加以說明。

3 討論不同種類的酵母。

4 討論化學膨鬆劑。

5 列出膨鬆劑的功能並加以說明。

導論

膨脹氣體雖然重要，但在烘焙過程中經常只是扮演「幕後」角色。比方說，空氣是烘焙食品中的三大膨脹氣體之一，不過配方表不會出現空氣。另一個主要膨脹氣體——蒸氣，則是透過蛋、牛奶、蘋果糊等含水的材料間接加入配方之中。二氧化碳的來源是泡打粉，各種泡打粉外觀相似，而且只會少量添加，看似沒有什麼值得了解的，不過其實各種泡打粉之間的差異很有意思，也很重要，但經常被忽視。酵母是二氧化碳的另一個來源，同樣的，不同酵母之間也有重大差異。本章就是要討論這些差異之處，也會探討烘焙食品的三大膨脹氣體：空氣、蒸氣與二氧化碳，並說明各別氣體對膨脹的影響。

膨脹的過程

膨鬆劑（或膨脹劑）能使烘焙食品膨脹，增加體積，使製品輕盈膨鬆。比起未膨脹的製品，順利膨脹者有較多孔洞、較柔軟且容易消化。

烘焙食品要順利膨脹，須滿足四個條件：

1 生麵糊或麵團中要有充足的氣孔。
2 經烤箱加熱時，麵糊或麵團中必須形成氣體，進而擴張，撐大氣孔。
3 孔壁必須保有彈性，能夠隨著氣體膨脹擴展。
4 孔壁必須乾燥、固定，決定烘焙食品的最終體積與形狀。

我們可能以為膨脹是送入烤箱中才開始出現，但其實在攪拌缸中打發、攪打、攪拌麵糊和麵團時，空氣就已經混入其中。

詳細說明膨脹過程的細節之前，我們要先知道，物質有三種型態：固體、液體、氣體。溫度改變時，物質的物理型態可能改變。比方說，當溫度升高時，固體的冰塊會融解成液體的水，而液體的水又會蒸發成氣體的蒸氣。高溫會導致這些變化，在此過程中，物體中分子的移動速度加快，彼此距離拉大，這就是膨脹的基本原因。

氣體受熱膨脹時，會將濕潤、有彈性的氣孔壁往外推，拉伸氣孔。只要孔壁不破裂，體積就會持續擴張。最後，孔壁形成半固定的結構，無法再擴張。氣孔中開始累積壓力，直到孔壁破裂。此時膨脹停止，氣體開始自烘焙食品中蒸發散失。將烘焙食品移出烤箱後，剩餘的氣體蒸發或是收縮回到原來的體積。擁有強韌結構與多孔組織的製品可以維持形狀。但若結構濕軟、尚未定形，隨著氣體蒸發或收縮，製品就會萎縮或塌陷，像是舒芙蕾或烘烤不足的蛋糕。

時機是關鍵。若要膨脹到最大體積，氣體必須在烘焙食品結構保有彈性、尚未破裂的時候膨脹。以酵母發酵的烘焙食品來說，基本發

酵、最後發酵及烘烤初期就是結構保有彈性、尚未破裂的階段。以裸麥或其他麵粉製成的麵包麵團筋度不足，無法順利膨脹，因為假如沒有筋性，麵團就無法拉伸成有彈性的薄膜，因此無法包裹氣體，相反地，發酵產生的氣體不久就會散失，離開麵團。

膨脹氣體

第3章提過，烘焙食品中的三大膨脹氣體是蒸氣、空氣與二氧化碳。

其實，在某種程度上，所有液體與氣體受熱都會膨脹，只是蒸氣、空氣與二氧化碳是烘焙食品中最常見且供應充足的氣體。在某些烘焙食品中也占有重要地位的其他液體及氣體，包括乙醇與氨。

我們常根據膨脹氣體進入烘焙食品的方式來為膨鬆劑進行分類。根據這個分類標準，膨脹劑可分為物理、生物及化學三種。物理（機械）膨脹劑包括蒸氣與空氣；酵母是一種生物膨鬆劑，會製造二氧化碳等氣體；泡打粉也會製造二氧化碳，是多種化學膨脹劑之一。本章之後將陸續說明這幾種膨脹劑。

實用祕訣

假如烘焙食品體積扁塌，可能是因為沒有適當掌握膨脹與結構形成的時機，請確認下列事項並做出必要調整。

- 麵糊或麵團溫度是否有偏差？溫度會影響膨脹，也會影響麵糊及麵團的濃稠度，進而影響麵糊及麵團包裹膨脹氣體的能力。舉例來說，假如蛋糕麵糊溫度過高，膨脹會太早開始，使蛋糕組織粗糙、體積扁塌、容易碎裂。而溫度過低的蛋糕麵糊會太晚開始膨脹，使蛋糕頂部突起、破裂，體積扁塌，質地粗糙、密實。

- 烤箱是否正常運作？烤溫是否正確設定？舉例來說，烤溫過低會延緩氣體的形成與擴張，這對倚賴蒸氣膨脹的烘焙食品影響尤其明顯，包括泡芙、千層糕點及部分海綿蛋糕。另一方面，假如烤溫設定過高，烘焙食品的外皮會在膨脹氣體擴張之前定形、硬化。

- 製品配方是否正確，材料是否準確測量？大量油、糖會延緩蛋白質凝結與澱粉糊化，導致氣體在結構固定之前就散失。

- 使用的是快速反應或慢速反應的泡打粉？之後會說明，不同泡打粉釋放二氧化碳的速率也有差異，慢速反應的泡打粉會在烘烤階段後期才開始釋放氣體。

- 麵糊是否放置過久才入爐烘烤？如果放置過久，麵糊中的小氣泡會逐漸與大氣泡結合，而大氣泡會浮到麵糊或麵團表面，因此容易散失，麵糊稀薄的時候特別容易出現這種狀況。

最早的麵包並沒有膨脹作用，比較類似墨西哥薄餅，製作方式是將堅果、穀粒或種子磨粉、浸濕並烘烤。古埃及人可能是最早讓麵包膨脹的民族。西元前兩千三百年，古埃及人利用含有空氣中野生酵母的麵包糊來軟化麵團。

之後數百年，酵母是唯一一種添加至烘焙食品中的膨鬆劑，化學膨鬆劑要到十八世紀才出現。第一種普及的化學膨鬆劑是草木灰，這是一種原始型態的碳酸鉀，屬於鹼性物質。草木灰來自木頭的灰燼。接著是小蘇打，也就是碳酸氫鈉，與酸乳或發酵乳製品共同使用。

將近一百年之後，市面上才開始出現塔塔粉，是釀酒過程中產生的酸性副產品。第一種商用泡打粉中就含有塔塔粉，其他材料包括小蘇打與玉米澱粉。第一種泡打粉產於舊金山，鄰近加州的釀酒區。

十九、二十世紀不斷改良泡打粉，更新、更多樣的酸性物質取代了塔塔粉。今日市面上有數種泡打粉，本章後續將一一探討。

化學膨鬆劑取得這些進展的同時，酵母也獲得改良。十九世紀首次純化出烘焙用酵母，開始販售，烘焙師傅不再任憑野生酵種的風味與產氣特性等不確定因素擺布。1940年代研發出活性乾酵母，在這之前酵母的發展並沒有太多變化。雖然比起新鮮酵母，活性乾酵母不易腐壞，膨脹效果卻不如新鮮酵母，少有專業烘焙師傅使用這項產品。1970年代才研發出速發酵母，兼具乾酵母的便利性與新鮮酵母的效果。

蒸氣

蒸氣（水蒸氣）就是氣態的水。水、牛奶、蛋、糖漿等任何包含水分的材料受熱就會產生蒸氣。由於水變為蒸氣是一種物理變化，因此蒸氣屬於物理膨脹劑。蒸氣是非常有效的膨鬆劑，體積比水大了一千六百倍以上，試想這種體積大幅增加所帶來的威力。

所有烘焙食品都含有水分或其他液體，因此烘焙食品的膨脹多少都來自蒸氣。事實上，有許多烘焙食品倚賴蒸氣進行膨脹，數量之多可能超乎你原本的認知。比方說，對海綿蛋糕來說，蒸氣和空氣一樣重要，這是因為海綿蛋糕麵糊含有大量的蛋，其中擁有豐富水分。不

過，蒸氣要能成為有效的膨鬆劑，烤箱溫度必須夠高，讓水能快速蒸發，變為水蒸氣。

某些烘焙食品，例如脆薄空心鬆餅和泡芙，幾乎完全靠蒸氣來膨脹。這些蒸氣助脹的烘焙食品不僅含有大量液體，烘烤溫度也很高，才能發揮蒸氣的膨脹效果。

在烘烤的過程當中，蒸氣還有其他用途。比方說，在烘烤麵包的初期階段，烘焙師傅會在烤箱中注入蒸氣，這能防止麵包太早形成硬化的外皮，以利麵包盡量膨脹，不受硬皮的阻礙。由於額外添加的蒸氣有助於澱粉充分糊化，因此能形成酥脆有光澤的外皮。添加蒸氣會延遲外皮硬化，因此外皮會比沒有添加蒸氣時更薄。

空氣

我們很容易明白空氣在天使蛋糕及海綿蛋糕中所扮演的重要角色，畢竟這兩種蛋糕都以打發蛋白製成，藉此在麵糊中加入空氣、增添體積。

我們比較難理解的是空氣對餅乾、比司吉等烘焙食品有何影響，因為這些麵糊及麵團攪拌後的體積並沒有明顯變化。

不過如果沒有空氣，烘焙食品就不會膨脹。在討論空氣對膨脹的影響之前，我們須先了解空氣進入麵糊及麵團的方式。和蒸氣一樣，空氣也是一種物理膨脹劑，也就是說，空氣是透過物理的方式進入麵糊及麵團，比方說打發、攪打、過篩、切拌、揉捏，甚至是攪拌。事實上，攪拌材料的過程中幾乎必然會混入空氣。

這些物理過程同時也能將大氣泡分解成小氣泡，形成更細緻、均一的組織。比方說，基本發酵後的麵包麵團必須進行排氣，使大氣泡分散成平均的小氣泡。

空氣在膨脹過程中扮演的重要角色 和水一樣，所有烘焙食品中都含有空氣。和水不一樣的是，空氣原本就是氣體。第3章提到，空氣由多種氣體組成，其中大部分是氮氣。雖然空氣受熱也會稍微膨脹，不過由於原本就是氣體，所以膨脹幅度遠不如水。空氣在膨脹過程中扮演的角色比較不明顯，不過重要性不比蒸氣低，原因如下。

空氣以小氣泡或者是氣孔的形式進入到麵糊以及麵團中，透過攪拌，平均分布於其中。可以把生麵糊及麵團中的氣孔想成育種孔穴，

在烘烤過程中，蒸氣與二氧化碳會跑進孔穴中，使之擴張。

不論烘焙時有多少水分形成水蒸氣或產生多少二氧化碳，烘烤過程中氣孔的數量不會再增加。蒸氣及二氧化碳只是填滿並擴大麵糊及麵團中原本就存在的氣孔。如果沒有這些氣孔，氣體就沒有存在的空間，只能向外飄散；沒有這些氣孔，就不會發生膨脹。

我們必須了解：烘烤過程中可能會產生蒸氣與其他膨脹氣體，但不會形成新的氣孔。膨脹純粹來自氣孔體積變大。

這能解釋空氣對於烘焙的重要性，麵糊及麵團中氣孔的數量決定了烘焙品的組織結構。圖11.1呈現攪拌程度、孔穴數量、烘焙食品最終質地與體積之間的關係。

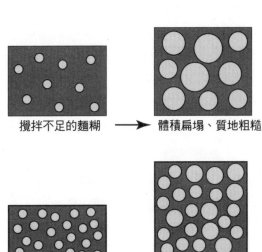

攪拌不足的麵糊 ⟶ 體積扁塌、質地粗糙

適當攪拌的麵糊 ⟶ 體積膨鬆、質地細緻

過度攪拌的麵糊 ⟶ 體積扁塌、質地密實

圖11.1 攪拌對於烘焙品體積與組織結構的影響

泡芙麵糊倚賴蒸氣膨脹，烘烤後形成空心的餅殼，可以填裝卡士達醬、打發鮮奶油或鹹食餡料。雖然泡芙麵糊經過爐面烹煮，相當濃稠，但其中含有來自蛋與水或牛奶的大量液體。入爐後以高溫（425℉，相當於220℃）烘烤，使液體在烘烤的頭十分鐘開始快速蒸散。泡芙麵糊中的大量蛋液以及糊化澱粉顆粒擁有強大的膨脹能力。

之前提過，生蛋蛋白質形狀扭曲糾結。隨著蒸氣膨脹，蛋的蛋白質舒張、拉伸，麵糊開始膨起。蒸氣持續擴張，向拉伸的蛋白質施加壓力。最後，大部分蛋白質結構因承受不住壓力而斷裂，形成泡芙中標誌性的空洞。不過泡芙的外殼因高溫而乾燥，能抵抗壓力，不致破裂。外殼中糊化的澱粉及凝結的蛋白質會硬化、固定，決定泡芙最終的體積與形狀。

泡芙必須充分烘烤，如果側邊稍微留有水分就會變軟。將泡芙移出烤箱後，蒸氣重新凝結成水，占據的空間縮小，導致仍然潮濕的泡芙體積縮小，當這發生時，會使泡芙萎縮、塌陷。

為避免這種情況，不能單靠顏色來判斷泡芙是否烘烤完成，應從烤箱中取出一個測試品，切開檢查是否已經完全乾燥。假如已烤乾、不會塌陷，就能將剩餘泡芙移出烤箱。

實用祕訣

製作烘焙食品時，仔細遵從指示和準確稱量材料一樣重要。請確認了解攪拌、打發、揉捏、切拌、過篩材料的手法，不同的攪拌方式注入空氣的程度不一，進而影響膨脹幅度。如果攪拌的手法不正確，就無法妥善為麵糊及麵團注入空氣，進而影響組織外觀及體積。

如果蛋糕麵糊攪拌不足，攪打所形成的氣孔太少，那麼成品的組織可能相當粗糙、體積扁塌。由於攪拌過程中形成的氣孔為數不多，而烘烤過程中受熱擴張的氣體只能夠進入這些氣孔中，撐大這些氣孔，氣孔數量越少，氣孔體積就越大，大氣孔形成粗糙的質地。

同樣的，過度攪拌的麵糊及麵團中含有過多孔穴。孔壁過度拉伸、變薄變弱。烘焙時，薄弱的孔壁會進一步拉伸、破裂，導致烘焙食品的體積同樣扁塌。

二氧化碳

在三種主要膨脹氣體中，只有二氧化碳不一定存在於所有麵糊及麵團中（雖然空氣中含有二氧化碳，但含量很低）。二氧化碳有兩種來源：酵母發酵（生物膨脹劑），以及化學膨鬆劑（小蘇打與泡打粉）等。

二氧化碳剛開始產生時會溶解於麵糊及麵團中的液體，和溶解於碳酸飲料中的情況類似。直到二氧化碳量充足，或是經烤箱加熱，二氧化碳才會移進氣泡中，使之擴張。

之後的段落將討論二氧化碳的兩種來源：酵母發酵與化學膨鬆劑。

酵母發酵

二氧化碳的生物（有機）產生方式主要是透過酵母發酵。特定情況中會發生細菌發酵（例如酸種），不過酵母能產生膨脹所需的氣體，而細菌所製造的主要是酸性物質等氣味分子。

酵母細胞是非常微小的單細胞微生物，一磅的壓縮新鮮酵母中約含有十五兆酵母細胞。發酵就是酵母細胞分解糖、產生能量的過程。酵母利用產生出的能量生存、成長、繁殖。圖11.2 顯示酵母細胞出芽繁殖的過程，芽體會逐漸成長，最終脫離母體。圖中也能看出酵母細胞之前出芽所留下的痕跡。雖然酵母麵包已有千年的歷史，但一直到十九世紀中期路易‧巴斯德才證明發酵需要活酵母。

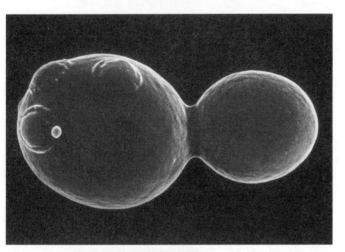

圖11.2　出芽的酵母細胞

我們可以把酵母想成為微小的酵素機器，一步步將糖分解為更小、更單純的分子。不過酵母缺乏澱粉酶，無法將澱粉分解為糖，那也是為什麼澱粉酶是製作麵包的重要添加物，尤其是零油糖麵團，因為其成分多半只有麵粉、水、鹽及酵母。我們常透過在零油糖麵團中添加麥芽粉（乾麥芽）來補充澱粉酶。

糖分解為二氧化碳涉及許多步驟，人類了解這一點以前，以為是一種稱做釀酶的酵素使糖分解成二氧化碳。我們現在知道，糖分解的過程非常繁複，包含醣解的十個步驟，而每一個步驟都由不同的酵素操控。不過我們有時仍用「釀酶」這個詞來指稱酵母中分解糖的多種酵素。糖分解的整體過程可以簡化成下列方程式：

$$糖 \xrightarrow{\text{酵母}} 二氧化碳 + 乙醇 + 能量 + 氣味分子$$

如果詢問烘焙師，他們會說發酵最重要的最終產品是二氧化碳，不過發酵所產生的乙醇其實和二氧化碳一樣多。乙醇會在烘烤初期蒸發成為氣體，這能大幅提升爐內膨脹的幅度，也就是在烘烤的頭幾分鐘麵包快速膨脹的階段。因此乙醇也是酵母發酵烘焙食品中的重要膨脹氣體。

除了二氧化碳和乙醇，發酵過程中也會產生少量氣味分子，包括多種酸性物質。這些分子常被忽略，因為種類太多，而且每一種都只有極少量，不過剛出爐酵母麵包的獨特風味就是來自這些分子。長時間的緩慢發酵最能培養出令人喜愛的氣味分子。

酵母消耗糖的同時，也會利用胺基酸中的氮來成長、繁殖。胺基酸是蛋白質的組成分子，不過蛋白質要先被蛋白酶分解，酵母才能利用其中的胺基酸。蛋白質分解成胺基酸後，就會在基本發酵與最後發酵過程中轉化成氣味分子，為發酵成功的麵包增添有深度的風味。

麵包的風味來自三大來源：一、材料本身的風味，尤其是麵粉和酵母；二、烘烤過程中梅納褐變反應所產生的味道；三、酵母發酵所產生的氣味。烘焙師可以操控這三種因素。

歐式麵包的烘焙師尤其致力於管控酵母發酵的過程，藉此提升麵包風味。舉例來說，麵包師常以預發酵麵種為麵包增添風味，尤其是發酵時間較短的麵包。不論是液體麵糊（波蘭冰種）或堅硬的麵團（中種），預發酵麵種的成分包含麵包配方中的部分麵粉及水分。預發酵麵種能發酵數小時甚至過夜，醞釀出獨特但不會過於強烈的風味。

烘焙師常使用的另一種方法是在新麵團中加入製作前一批麵包所使用的麵團，這種「老麵」的風味通常比波蘭冰種或中種更強烈、酸味較為明顯，因為老麵已經歷過完整的發酵過程。

貝果等部分酵母麵團通常會冷藏隔夜，延緩發酵，最長可冷藏十八小時。延緩發酵的方式是將分割好的麵團冷藏於35℉至42℉（2℃至5℃），在此溫度中，麵粉及酵母中的乳酸菌仍保持活躍，但酵母活性大幅降低。乳酸菌發酵時會產生不同於酵母發酵的風味。

如果想要更強烈的風味，烘焙師也可以運用野生酵母與細菌的活動來製作天然酵種，後面將進一步說明天然酵種。

影響酵母發酵的因素

數個重要因素會影響酵母的發酵速率。時間緊迫時會需要快速發酵，而緩慢發酵能培養風味、讓麵團熟成。麵包師通常會調整以下一或數個因素，控制發酵速率。

- 麵團溫度。酵母在32℉至34℉（0℃至1℃）進入休眠狀態，50℉（10℃）開始變得活躍，麵團超過這個溫度時，酵母發酵的速率也會提升。至約120℉（50℃）時，酵母細胞開始死亡，減緩發酵。基本上至140℉（60℃），大部分酵母細胞皆已死亡，發酵停止（上述溫度只是估計值，實際溫度受麵團配方及使用酵母種類影響）。一般最適合發酵的溫度是78℉至82℉之間（25℃至28℃）。溫度較低時（60℉／15℃或以下），有利細菌（而非酵母）發酵。由於細菌發酵時會產生更多酸性物質，冷藏延緩發酵的麵團會發展出強烈酸味。溫度高於最適溫度時（85℉至100℉／30℃至38℃），麵包麵團會快速澎起，但風味通常較不具深度。

- 鹽的用量。鹽會延緩（抑制）酵母及細菌發酵，高濃度的鹽會減緩發酵速率。酵母麵團中，鹽的一般用量介於1.8%至2.2%（烘焙百分比）之間，不過預發酵麵種中鹽量的調整空間較大，混合至主麵團時再調整回來即可。預發酵麵種中含有酵母及配方中的部分其他材料，會在製作主麵團之前開始發酵。如需快速發酵，預發酵麵種的含鹽量可以很低，或根本不加鹽；若發酵時間長，鹽量就會較高。由於鹽特別有利於抑制細菌發酵，因此高濃度的鹽尤其具有限制酸性成分生長的功能。

- 糖的用量。酵母發酵時通常會消耗麵團中3%至5%（烘焙百分比）的糖。也就是說，最多5%的範圍內，糖量越多，酵母發酵越旺盛。不過高濃度的糖（尤其是超過10%）反而會延緩發酵。因此製作高油糖麵團（糖量通常在20%以上）時，常會使用中種或其他預發酵麵種。由於中種不會添加太多糖，因此酵母可以順利發酵，不受抑制。

- 糖的種類。蔗糖、葡萄糖、果糖都能快速發酵，麥芽糖發酵較慢，乳糖完全無法發酵。製作零油糖酵母麵團（包括含少量糖的麵團），時常需混合發酵速率快及慢的糖，才能在最後發酵時持續產氣。

- 麵團酸鹼值。最適合酵母發酵的pH值為酸性的4到6之間，超過或低於這個範圍，酵母發酵速率都會變慢。酵母發酵過程中也會產生酸性物質，將酸鹼值降至這個理想範圍。

- 抗菌劑的有無。部分抗菌劑會減緩或阻止酵母發酵。舉例來說，商業麵團中會加入丙酸鈣，防止麵包孳生黴菌，這種成分的用量必須謹慎，以免抑制酵母發酵。

- 香料的有無。多數香料（包括肉桂）的抗菌效果很好，也會減緩酵母發酵。製作肉桂麵包時，與其直接在麵團中混入肉桂，最好是在麵團上灑上肉桂與糖，再將麵團捲起、入爐烘烤。

- 水中的氯含量。氯是一種抗菌劑，水中高濃度的氯會抑制酵母發酵。不過多數水源不會有高濃度的氯，因此這一點通常不會造成問題。不過如果氯含量很高，可以用碳質濾水器去除水中的氯。也可以將水放置於室溫中，靜置隔夜，使氯蒸發。

- 酵母養分的添加。氯化銨或磷酸銨等銨鹽是氮的來源，能提供酵母生長所需的能量。同樣的，碳酸鈣及磷酸鈣等鈣鹽能提供酵母發酵的鈣質養分。許多麵團改良劑中都會添加銨鹽及鈣鹽。

- 酵母的用量。多數情況下，酵母越多，發酵速率就越快。不過，過量酵母會產生令人不悅的酵母氣味，也會將麵團中的糖消耗殆盡（尤其是零油糖麵團），無法撐到最後發酵與爐內膨脹的階段。因此發酵時間長的話，酵母用量最好略減。酵母的適當起使用量是2%以下（烘焙百分比），不過也有些麵包配方會用到6%的酵母。

- 酵母種類。部分酵母產品含有發酵速率高的酵母，適合用於快速直接麵團，即發酵母就屬於這個類別，下段將進一步說明。不過如果發酵時間長，就不適合使用發酵速率高的酵母，否則至最後發酵時酵母活性可能不足。

有些酵母能在高油糖麵團中蓬勃生長，這類酵母有時稱做耐滲透壓酵母，兩個常見品牌包括SAF金燕（SAF Gold Label）與滿點即發酵母（Fermipan Brown）。之所以稱做「耐滲透壓」，是因為糖會與水結合，提高麵團中的滲透壓，而耐滲透壓酵母能在這種環境中存活、蓬勃生長。

雖然一般酵母（非耐滲透壓）也可以用於高油糖麵團，不過這類酵母會需要一個小時以上的時間才能適應高糖環境。在適應之前，一般酵母無法製造二氧化碳或乙醇。即便適應之後，一般酵母的用量必須是零油糖麵團的兩至三倍，才能達到一樣的排氣量。

乳酸菌會在酸種中蓬勃生長，生長的同時會製造酸性物質，主要是乳酸和醋酸（醋中的酸性物質）。這些酸性物質不僅是酸種獨特風味的來源，也能限制不耐酸性微生物的生長，而這些微生物可能有害。酸性物質會降低酸鹼值，弱化麵筋，使麵團更柔軟、有延展性。

乳酸菌會釋放出蛋白酶酵素，這能將麵筋蛋白質分解為個別的胺基酸，進一步軟化麵團。胺基酸之後又會轉化成別的酸性物質及氣味分子，更容易參與梅納褐變反應。入爐烘烤時，梅納反應能為麵團帶來褐色色澤並增添風味。烘烤完成的麵包同樣保有酸性物質（與其他分子）的抗菌效果，因此酸種製成的麵包比起其他烘焙食品更不容易發霉。

酵母的種類與來源

傳統以天然發酵的酸種來製作麵包，法文稱做levain。酵種的製作方式是混合麵粉與水，存在於麵粉及空氣中的野生酵母與乳酸菌能使混合物發酵。有時我們也會在麵粉與水的混合物中加入裸麥粉、洋蔥、馬鈴薯或其他微生物的養分來源。

經過一週左右的餵養，酵種就可以使用了。取出部分酵種即成預發酵麵種，可以用來使麵包膨脹。由於不同微生物與處理酵種的不同手法都會影響風味，酸種麵包的味道不盡相同。舊金山酸種麵包具有明顯的酸味，而法式酸種（法文：pain au levain）的風味通常較為溫和。

酵種不需要每天重新製作，只要取出少量酵種，加入新的麵粉和水，保存下來，留待隔天製作新一批麵包時使用。或如之前提過的，前一批麵包剩餘的生麵團（所謂的「老麵」，法文為pâte fermentée）可加入下一批麵包的中種之中。事實上，有些烘焙坊多年來使用原初酵種製作麵包，並引以為豪。

較為穩定的酵母來自純種酵母的培養。市面上所有用於麵包烘焙的酵母都包含麵包酵母，也就是酵母菌，但麵包酵母也有許多不同種類與型態。多數種類經過揀選，能夠快速發酵，因此培養出的純種酵母發酵速率通常比酸種快。其中選來製作即發酵母的酵母菌種發酵速度最快。

今日烘焙師常用的三種主要酵母型態為壓縮酵母、活性乾酵母與即發酵母。閱讀以下段落時，要注意個別酵母在特定的溫度範圍內效果最好，如果想要達到最佳成果，就應在合適的溫度內使用。

壓縮酵母　新鮮的壓縮酵母呈濕潤的餅狀、塊狀或碎屑狀，其中三成為酵母，剩餘為水分。壓縮酵母有多種顏色，大多數呈現淺灰褐色，容易碎裂，具有宜人的酵母香氣。壓縮酵母最常見的使用方式是先將酵母溶解於兩倍重量的溫水（100°F／38°C）中，雖然也可直接將壓縮酵母揉入麵團，但我不建議使用這個方法，因為此法可能導致酵母在麵團中分布不均。

活性乾酵母　活性乾酵母呈乾燥顆粒狀，以真空罐或真空包裝的形式販售。由於使用上比新

鮮酵母相對來說更加方便，許多年來，活性乾酵母廣受消費者歡迎。使用方式是將酵母溶解於酵母重量四倍的微熱水（105℉至115℉／41℃至46℃）中，用量約為新鮮壓縮酵母的一半。

活性乾酵母經過噴霧乾燥器處理，其中水分含量不到一成。由於噴霧乾燥器是一種粗糙的處理方式，因此酵母顆粒外皆包裹一層死亡的酵母細胞。

事實上，每磅活性乾酵母中約有四分之一磅為死亡的酵母。由於死亡及受損酵母會釋放麩胱甘肽，這是一種還原劑，會減損麵團中的麵筋品質，因此專業烘焙師不喜歡使用活性乾酵母。

以活性乾酵母發酵的麵團經常扁塌、黏手，麵包質地密實，如果溶解於涼水中更容易如此，因為涼水容易釋放出死亡酵母細胞中的麩胱甘肽。不過活性乾酵母使麵團扁塌的特性用於製作披薩或墨西哥薄餅時會變為一項優點，因為這兩種製品需要易於延展的麵團。

即發酵母 一九七〇年代培育出即發酵母。稱為即發是因為這種酵母可以直接加入麵團中，不須先與水混合。即發酵母的顆粒呈桿狀，多孔特性使其能輕易溶於麵團當中。

和活性乾酵母一樣，即發酵母也是以乾燥真空包的形式販售。不過比起活性乾酵母，即發酵母乾燥的過程（流體化床）溫和得多，因此雖然也會產生死亡及受損的酵母，但數量不如活性乾酵母多。

此外，市面上部分即發酵母的品牌（例如SAF紅燕）含有抗壞血酸，這是一種強化麵筋的熟成劑，因此能夠彌補死亡酵母細胞弱化麵筋的效果。

比起壓縮酵母或活性乾酵母，即發乾酵母的活性更高，因此麵團容易過度發酵，所以即發酵母通常用於發酵時間較短的麵團，例如傳統或快速直接麵團。即發酵母的用量約為配方中新鮮壓縮酵母的四分之一到一半，使用即發酵母時，麵團初溫請保持於70℉至95℉（21℃至35℃）之間。

化學膨脹劑

化學膨脹劑遇水或遇熱時會產生氣體，這就是化學產氣的機制。在討論化學膨脹劑之前，我們應該要首先說明的是「放置耐受度」的定義。

放置耐受度指的是麵糊及麵團烘烤之前能放置多久而不致使膨脹氣體大幅散失。放置耐受度是商業烘焙坊的重要考量因素，因為烘焙坊中的麵糊和麵團數量龐大，有時需要在工作檯上放置一段時間才入爐烘烤，但仍須長期產出品質一致的產品。放置耐受度會受麵糊或麵團的濃稠度影響，一般來說，比起稀薄的麵糊，濃稠者能放置較久。麵糊及麵團所使用的膨脹劑也會影響放置耐受度。

最常見的化學膨脹劑是小蘇打加上一或多種酸性物質。酸性物質可以另外添加，或以泡打粉的形式一同加入麵糊與麵團中。阿摩尼亞粉也是一種化學膨脹劑，歐洲較常使用，北美較不普遍。

小蘇打＋酸

小蘇打是碳酸氫鈉的別名。和阿摩尼亞粉一樣，小蘇打遇水或遇熱會分解，產生氣體。不過小蘇打本身並非實用的膨鬆劑，因為用量必須很高才能產生使麵糊和麵團膨脹所需要的二氧化碳，而大量小蘇打會使製品呈現黃色或綠色，且碳酸氫鈉的殘留物也帶有強烈的化學鹹味。

如要使用小蘇打使麵糊或麵團膨脹，須與一或多種酸性物質合併使用。混合水分時，酸性物質能與小蘇打發生反應，使小蘇打更快分解為二氧化碳及水。

添加酸性物質後，製造膨脹所需二氧化碳的小蘇打使用量較低，所以比較不會有變色或化學怪味的問題。

任何酸性物質都能與小蘇打合併使用。表11.1列出常見的烘焙用酸性材料，各種酸性物質作用稍有不同，也會產生不同的鹽類殘留物，不過一般反應式可表示如下：

$$小蘇打＋酸 \xrightarrow{\text{水分}} 二氧化碳＋水＋鹽類殘留物$$

假如烘焙食品中加入了過多小蘇打，未發生反應的小蘇打以及鹽類殘留物，都會使得製品走味。

使用表11.1的材料做為烘焙品中的酸性物質有幾項缺點，其一是這些產品的含酸量不一，比方說，酪乳、酸奶油和優格熟成後，酸度會提高。另一項缺點是，這些材料通常會立即與小蘇打產生反應，在稀薄的麵糊中反應更快，降低麵糊的放置耐受度，因此攪拌完成後必須立即入爐烘烤。

表11.1　烘焙常用的酸性材料

酪乳
優格
酸奶油
水果與果汁
醋
大部分糖漿，包括糖蜜與蜂蜜
紅糖
無糖巧克力與天然可可

泡打粉

泡打粉種類不少，所有泡打粉都含有小蘇打、一或多種酸性物質（以酸式鹽的形式添加）、澱粉或其他填料。一旦泡打粉溶於水中，酸式鹽會釋放出酸性物質。舉例來說，塔塔粉（又稱為酒石酸氫鉀）就是一種酸式鹽。塔塔粉溶解於麵糊或麵團中時會釋放出酒石酸，進而與小蘇打發生反應，製造膨脹所需的二氧化碳。酸式鹽常簡稱為酸性物質。

所有泡打粉最少能產生的二氧化碳量都一樣，也就是泡打粉重量的12%。也就是說，只要還保持新鮮，多數泡打粉都能相互替換使用。不過雖然可以替換，但不代表各種泡打粉完全一樣。為泡打粉分類有助後續說明各種泡打粉及彼此間的差異。

過去可將泡打粉分為單一或雙重反應兩種，不過這種分類已經過時，因為現今市面上所有泡打粉都屬於雙重反應。現在實用的分類依據包括泡打粉的反應速率，以及所含酸性物質的種類。後續將說明這兩種類別之間的關係。

阿摩尼亞粉是碳酸氫銨的別稱，有膨脹的效果。碳酸氫銨與水混合遇熱會快速分解為氨氣、二氧化碳及水，這三種物質都是烘焙食品膨脹的來源。

許多歐洲包裝餅乾及脆餅都是以阿摩尼亞粉做為膨脹劑，事實上，阿摩尼亞粉最適合用來製作小餅乾、小脆餅及泡芙麵糊，適當用於這類製品時，阿摩尼亞粉不會留下化學殘留物。不過使用阿摩尼亞粉時要小心，這種物質帶有刺鼻的氨味，注意不要吸入粉末。

阿摩尼亞粉的部分特性使其適合用於小型的乾燥烘焙食品，不適合添加於大型的濕潤製品中。阿摩尼亞粉的特性如下：

- 遇熱及水會快速反應
- 提高餅乾的一致性與擴展性
- 提高褐化程度
- 產生酥脆、多孔的組織
- 若烘焙食品仍含有水分，會出現一股氨味

和小蘇打及部分泡打粉不一樣，阿摩尼亞粉在室溫中不太會起反應，因此添加阿摩尼亞粉的麵糊及麵團放置耐受度很高。不過加熱後（104℉／38℃）阿摩尼亞粉會快速分解，所以算是反應相對快速的膨脹劑。

阿摩尼亞粉只能用於體積小且水分含量少（水分含量低於3%）的製品，以利氨氣完全揮發，否則烘焙食品會有氨氣的異味。也就是說，阿摩尼亞粉絕對不能用來製作瑪芬、比司吉、蛋糕或柔軟、濕潤的餅乾。

麵團反應速率 所有泡打粉所釋放的二氧化碳量大致相同，基本上都屬於雙重反應泡打粉，也就是室溫下釋放部分氣體，加熱後釋放另一部分。各種泡打粉的不同之處在於，室溫下會釋放多少二氧化碳，而加熱後又會釋放多少，以及整個過程的反應速率。換言之，泡打粉的差異就在於麵團反應速率（DRR）。

烘焙師常以快速反應或慢速反應來區分泡打粉，快速反應泡打粉的DRR較快，會在攪拌的頭幾分鐘釋放多數二氧化碳，入爐後產氣量較少。

舉例來說，常見的快速反應泡打粉會在攪拌時釋放二氧化碳總量的六至七成，另外三至四成則在烘烤過程中釋放。於攪拌過程中釋放大量二氧化碳能在麵糊及麵團中注入氣孔，使組織更加細緻。這些膨脹氣體也能讓密實的麵團變得較輕盈，更容易塑形、操作。

慢速反應的泡打粉在攪拌過程中釋放較少量二氧化碳，多數於烤箱中釋出。舉例來說，最常見的慢速反應泡打粉會在攪拌時釋放二氧化碳總量的三至四成，另外六至七成則在烘烤過程中釋放。

由於高糖蛋糕在烘烤階段較後期才開始凝固，比多數烘焙品還晚，因此這一點尤其重

單一反應或雙重反應是什麼意思？

　　單一反應的泡打粉含有一種酸性物質，會快速溶解於室溫水中，不需額外加熱。一旦泡打粉溶解，就可以與小蘇打產生反應，釋放二氧化碳氣體。

　　單一反應的泡打粉反應速率太快，放置耐受度很差，不過使麵糊及麵團輕盈、膨鬆的能力很好。雙重反應的泡打粉含有兩種（以上）的酸性物質，其中一種會在室溫下與小蘇打發生反應，而另一種則需加熱才會溶解、作用。部分雙重反應的泡打粉也只有一種酸性物質，不過經過特殊處理，使部分酸性物質能在室溫下溶解，其餘則須加熱才會溶解並產生反應。

　　現在市面上已經沒有單一反應的泡打粉，因為這種產品釋放二氧化碳的速度太快，麵糊的放置耐受度太差。由於酵母也是在烘焙之前產生氣體，而單一反應的泡打粉快速釋放二氧化碳的特性和酵母相仿，因此在十九世紀剛研發出來的時候廣受喜愛。不過化學膨脹的烘焙食品和酵母麵包相當不一樣，麵糊沒有足夠的麵筋，無法在烘焙之前保留氣體。化學膨脹的烘焙食品產生氣體的時機必須配合蛋白質的凝結與澱粉的糊化，也就是烘焙食品組織開始成形的時候。

如何測量麵團反應速率？

　　麵團反應速率（dough rate of reaction，簡稱DRR）測量泡打粉混入麵團中，在烘烤之前所釋放的二氧化碳量。測試DRR時，一般會將比司吉麵團放置於密封的攪拌盆中，連接測量儀器，量測加入水之後，在特定溫度下，攪拌一定時間後泡打粉所釋放的氣體量。測量DRR（二氧化碳的釋放比率）的條件通常是80℉（27℃），攪拌2至3分鐘之後，以及放置在工作檯的第8或第16分鐘。圖11.3呈現兩種不同泡打粉的麵團反應速率。請注意，快速反應的泡打粉會在很短的時間內釋放出70%的二氧化碳，而慢速反應的泡打粉須經加熱才會釋放大部分二氧化碳。

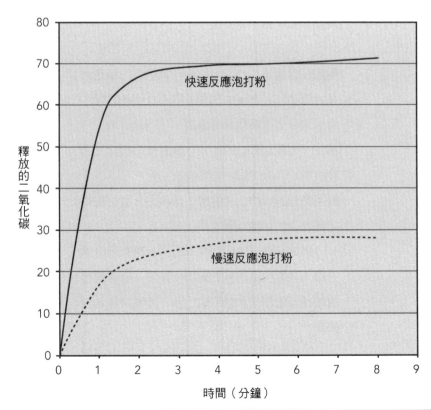

圖11.3　使用兩種不同酸性物質的泡打粉的麵團反應速率

表11.2　泡打粉中常見酸式鹽的比較

酸式鹽	主要特質
塔塔粉	快速反應：在攪拌初期釋放70%以上的二氧化碳，一般用途下這種速率太快；味道純淨，不會殘留餘味；快速反應能降低酸鹼值，比其他泡打粉使製品組織更白皙；價格高。
磷酸二氫鈣（也稱為酸式磷酸鈣，簡稱MCP）	快速反應：在攪拌階段釋放近60%的二氧化碳；通常經過塗層處理，降低溶解與反應速率；味道相對純淨；常與SAS或SAPP混合，是家用與營業用泡打粉中相當常見的酸式鹽。
硫酸鋁鈉（簡稱SAS，或稱明礬）	慢速反應：受熱才會釋放酸性物質，但是會在烘焙初期全數釋放，此時溫度不超過120°F（50°C）；單獨使用有苦澀餘味；與快速反應的MCP混合是最常見的家用泡打粉。
磷酸鋁鈉（簡稱SALP）	慢速反應：受熱才會釋放酸性物質；味道溫和；與經過塗層處理的MCP混合使用，是添加於比司吉預拌粉、玉米瑪芬預拌粉、自發麵粉、蛋糕預拌粉中最常見的泡打粉。
酸性焦磷酸鈉（簡稱SAPP）	有許多種類，皆屬於慢速反應，放置16分鐘內只會釋放出25%至45%的二氧化碳；多數具有強烈的化學餘味；與快速反應的MCP混合使用，是最常見的營業用泡打粉。

要。使用慢速反應的泡打粉製作高糖蛋糕，多數二氧化碳釋放時，孔壁正好開始乾燥、固定，可使體積盡量膨大。

酸性物質種類　泡打粉中酸性物質的列表就像化學元素表一樣：MCP、SAS、SAPP、SALP，這還只是略舉一二。這裡的重點並不在於記誦這些名稱或特性，而是要知道，酸性物質之間存在差異。表11.2 比較泡打粉中五種主要酸性物質的特性，請注意酸性物質在反應速率、味道及價格方面的差別。

　　專業烘焙坊所使用的泡打粉須能快速釋放部分二氧化碳，以便在攪拌過程中使麵糊及麵團變得膨鬆，不過多數二氧化碳還是在烘烤中後段才開始釋出，提高放置耐受度與製品膨脹率。SAPP與MCP的混合物最適合當做營業用泡打粉的原料，不過也可能包含SAS和MCP。Eagle牌雙重反應泡打粉含有SAPP與MCP；Clabber Girl牌含有SAS與MCP。

化學膨脹劑的功能

　　阿摩尼亞粉、小蘇打、泡打粉等化學膨脹劑可為烘焙食品提供以下功能。

膨脹　於烘焙食品中添加化學膨脹劑的主要原因就是使製品膨脹。化學膨脹劑的膨脹原理是，膨脹劑在分解過程中釋放氣體，而氣體在烘烤過程中膨脹。

　　一些烘焙食品像是泡打粉比司吉、速發麵包、瑪芬與部分蛋糕倚重化學膨脹劑使體積膨脹。不過泡打粉在其他製品中只扮演輔助角色，比方說液態酥油蛋糕的膨脹主要來自蒸氣與空氣，而非額外添加的泡打粉。

　　由於多數化學膨脹劑在攪拌過程中就開始發生反應，因此也能使麵糊及麵團變得膨鬆，較容易攪拌與塑形。

軟化　所有膨鬆劑的原理都一樣，隨著氣體產

為什麼蛋糕甜甜圈所用的泡打粉不同於一般蛋糕？

蛋糕甜甜圈和蛋糕都較適合使用慢速反應的泡打粉，也就是在加熱之後釋放較多二氧化碳的泡打粉。不過比起蛋糕，蛋糕甜甜圈需要泡打粉更快釋放出二氧化碳，因為甜甜圈會在數分鐘內油炸完成，如果二氧化碳太慢產生，在甜甜圈膨脹之前外皮就已經成形。而後開始膨脹時，氣體擴張使甜甜圈的表皮破裂，或產生孔洞。一旦發生這種情況，甜甜圈的裂痕及孔洞會吸收油脂，使製品變得濕軟而油膩。

如要使蛋糕體積膨鬆而對稱，二氧化碳的形成必須配合蛋白質凝結與澱粉糊化的時機。蛋糕，尤其是液態酥油蛋糕，含有大量油脂與糖，會延緩蛋白質凝結與澱粉糊化。假如產生二氧化碳的時機要配合上述過程，泡打粉要盡可能較慢才開始反應。

由於多數營業用泡打粉是為蛋糕而非甜甜圈所研發，因此麵包師及糕點師在油炸甜甜圈時通常會使用預拌粉。甜甜圈預拌粉中已含有適當種類與含量的泡打粉等材料，能做出品質優良的甜甜圈。

為什麼泡打粉中要添加玉米澱粉？

在泡打粉中添加玉米澱粉有兩大功能，首先，玉米澱粉能吸收濕氣，以免小蘇打與酸性物質在包裝內產生反應。不過還是謹慎為上，即便加了玉米澱粉，每次使用完畢都須確實封緊，過期就丟棄。

玉米澱粉也有統一泡打粉品質的效果，使不同品牌的等量泡打粉具有一樣的膨脹能力。

生、膨脹，烘焙品的氣孔壁開始拉伸、變薄，使烘焙品變得柔軟、化口性佳，因此膨鬆劑也是軟化劑。

調整酸鹼值　如果不添加泡打粉、小蘇打或其他化學膨脹劑，許多麵糊及麵團屬於中性。塔塔粉（酸性物質）會降低酸鹼值，而阿摩尼亞粉和小蘇打（皆為鹼性）會提高酸鹼值，快速反應的泡打粉會快速釋放出酸性的二氧化碳，降低麵糊及麵團的酸鹼值，而慢速反應的泡打粉則無此效果，甚至會提高酸鹼值。

酸鹼值的變化會影響烘焙食品許多面向，包括顏色、風味、組織質地、麵筋強度等。舉例來說：

- 在巧克力布朗尼或薑餅中添加少量小蘇打能產生更深黑的色澤。較高的酸鹼值也能緩和薑餅及巧克力的味道，使風味變得柔順、溫和（除非添加過多，過量小蘇打會使烘焙品出現強烈的化學味）。

- 餅乾中的少量小蘇打或阿摩尼亞粉可提高酸鹼值，弱化麵筋，使餅乾攤得更平，變得較軟，且組織孔隙較為粗大，能更快烤乾、烤脆。小蘇打提高酸鹼值也能加快褐變的速率。

- 泡打粉比司吉中的少量塔塔粉能降低酸鹼值、弱化麵筋，使成品更為柔軟。不同於

小蘇打粉的是，塔塔粉降低酸鹼值還能使成品組織更為白皙，孔洞細緻而密實。

提供細緻的質地 之前提過打發、攪打、過篩、切拌、揉捏和攪拌是在麵糊及麵團中增加小氣泡的物理方式。在攪拌過程釋放二氧化碳的化學膨脹劑能增加氣孔的體積，並透過持續攪拌增加生麵糊及麵團中的氣孔數量。氣孔是影響烘焙品組織質地的重要因素，生麵糊及麵團中的氣孔越多，成品的組織就越細緻。

增添風味 少量泡打粉與小蘇打粉具有獨特的酸鹹味，能為泡打粉比司吉、司康與愛爾蘭蘇打麵包等部分烘焙食品帶來獨特的風味。

儲藏與處理

酵母

　　壓縮酵母以塑膠袋密實包裝，儲藏於冰箱中可保存兩週以上，冷凍可保存二至四個月。如果壓縮酵母有大面積顏色變深，或是變黏、產生怪味，請不要使用，這可能代表酵母已受細菌汙染。

　　活性乾酵母水分含量低，且以真空包裝，室溫下可保存十八至二十四個月，活性不會減損太多。

　　開封之後仍然可以在室溫中保存數月，冷凍或冷藏還可以保存更久，不過使用之前須先回復至室溫。

　　和活性乾酵母一樣，即發酵母的水分含量也很低，並且以真空包裝。如果未開封則可以於室溫中儲藏長達兩年，且活性不會有太多減損。開封之後，冷藏可保存數個月，也可以冷凍保存。

化學膨鬆劑

　　所有化學膨鬆劑皆須以密封容器保存於室溫中，即便如此，泡打粉的保存期限也只有半年至一年。如果沒有密封保存，泡打粉可能吸收濕氣，導致結塊、喪失活性，保存期限會大幅縮短。化學膨脹劑也可能吸收異味。

　　如果以潮濕的餐具取用小蘇打粉及泡打粉，可能使其結塊。雖然小蘇打吸收濕氣不會喪失活性，但結塊可能使麵糊及麵團中出現「熱點」，導致蛋糕表面局部顏色較深。如果出現結塊，請用細孔篩網過篩小蘇打粉，分解結塊，或是丟棄不用。

複習問題

1　列出烘焙品順利膨脹的四個條件。

2　列出烘焙品中三種主要膨脹氣體。

3　舉出一種能產生二氧化碳的生物膨鬆劑。

4　舉出一種能產生二氧化碳的化學膨鬆劑。

5　蒸氣從何而來？為什麼蒸氣屬於物理膨鬆劑？

6　列出三種能產生蒸氣、使烘焙品膨脹的材料。

7　舉出一種主要靠蒸氣膨脹的烘焙品。

8　列出三種空氣在麵糊及麵團中添加氣孔的物理方式。

9　三種主要膨脹氣體中，哪一種經烤箱加熱後膨脹幅度最大？

10　烤箱開始加熱後，烘焙食品膨脹的原因是什麼：出現新氣孔或原本存在的氣孔體積擴張？

11　為什麼要避免麵糊攪拌不足？為什麼不應過度攪拌？

12　在發酵過程中，酵母和細菌何者主要負責製造膨脹所需的二氧化碳，何者負責產生造就風味的酸性物質？

13　澱粉和糖，何者是酵母的養分來源，何者必須先被酵素分解才能利用？

14　酵母發酵的主要最終產品有哪些？

15　如何製作酸種，酸種的用途是什麼？

16　請列出影響酵母發酵速率的因素並加以說明。

17　列出三種市售烘焙酵母的主要型態，並各舉出一項優點及一項缺點。

18　三種烘焙酵母主要型態最適合使用的溫度範圍分別為何？

19　「放置耐受度」是什麼意思？

20 阿摩尼亞粉的主要特色為何？

21 下列何者較適合以阿摩尼亞粉做為膨脹劑：乾脆或濕軟的餅乾？請說明你的答案。

22 小蘇打粉有什麼別名（請列出兩個）？

23 添加小蘇打粉做為膨脹劑時，為什麼通常還會加入酸性物質？

24 除了酸性物質外，小蘇打粉還需要什麼才能產生二氧化碳？

25 列出幾種能與小蘇打產生反應，釋放二氧化碳氣體的常見酸性材料。

26 小蘇打粉和泡打粉的主要差別為何？

27 「酸式鹽」是什麼意思？請舉出一種酸式鹽。

28 泡打粉分類的方式有哪兩種？

29 哪一種泡打粉須受熱才會釋放出所有二氧化碳：單一還是雙重反應泡打粉？

30 「麵團反應速率」（DRR）是什麼意思？

31 哪一種泡打粉的放置耐受度較高：快速還是慢速反應泡打粉？

32 快速反應的泡打粉有哪兩項優點？慢速反應的泡打粉有什麼主要優點？

33 假如在麵糊或麵團中加入雙倍的泡打粉，體積也會變成兩倍嗎？請說明你的理由。

34 除了膨脹以外，化學膨鬆劑還有哪些功能？

問題討論

1 你時間不多，但為什麼不能縮短攪拌時間，並以提高膨鬆劑用量來彌補？

2 請說明酵母發酵的過程。也要提到各種起始原料與最終產品，並解釋各項最終產品對於烘焙師傅及酵母本身有何重要性。

3 如果在二氧化碳大量產生之前，烘焙食品的蛋白質已經凝結、澱粉已經糊化，會發生什麼情況？請說明原因。

4 傳統薑餅配方使用小蘇打，並以糖蜜做為主要甜味劑，你認為薑餅麵糊的放置耐受度高嗎？為什麼有些薑餅的配方會包含泡打粉以及小蘇打粉？

5 為什麼蛋糕甜甜圈所使用的泡打粉須比一般蛋糕泡打粉的反應更為快速？

6 假如少量泡打粉對產品有益，那泡打粉量越多越好嗎？請說明是或不是的原因。

7 為什麼部分泡芙麵糊的配方會添加少量阿摩尼亞粉，而不是使用泡打粉？

8 為什麼巧克力義大利餅乾的配方會包含泡打粉以及小蘇打粉？

習作與實驗

❶ 習作：化學膨鬆劑的感官特性

請準備酒石酸類泡打粉，利用以下配方完成結果表。在表格第二欄記錄各項化學膨鬆劑的品牌名稱及包裝標示中的額外資訊（放置耐受度、快速反應、雙重反應等）。第三欄請抄下包裝上的成分列表。請準備新鮮的樣本來觀察外觀並測試味道，因為所有產品都是白色粉末，因此請務必試嘗味道並記錄下來，利用這個機會學習單靠感官特性判斷化學膨鬆劑種類。利用結果表的最後一欄記錄任何其他心得與觀察。可利用結果表格最後的兩列空白評估其他種類的膨鬆劑。

配方

酒石酸類泡打粉

材料	盎司	克
小蘇打	1	30
塔塔粉	2.3	70
玉米澱粉	0.5	15
合計	3.8	115

製作方法

將材料混合過篩至烘焙紙上，重複三次。

結果表　化學膨鬆劑之比較

化學膨鬆劑	品牌或說明	成分	外觀	味道	備註
塔塔粉					
小蘇打					
SAPP類型泡打粉					
SAS類型泡打粉					
酒石酸類泡打粉					

請利用以上表格的資訊及本書內容回答下列問題。請圈選**粗體字**的選項或填空。

1　塔塔粉的主要味道是**甜／鹹／酸／苦**，這是因為塔塔粉的原料是＿＿＿＿鉀鹽，塔塔粉溶解於麵糊及麵團中時就會釋放出來。

2　小蘇打的味道是＿＿＿

3　泡打粉溶解於口中時，舌頭會有微微刺痛的感覺，這是因為泡打粉產生＿＿＿＿＿＿＿＿＿＿，這也是烘焙食品的三種主要膨脹氣體之一。

4　不同泡打粉的味道**很相似／很不一樣**，這是因為＿＿＿

❷ 實驗：膨鬆劑種類與用量對泡打粉比司吉整體品質的影響

目標

示範膨鬆劑種類與用量對於下列項目有何影響

● 泡打粉比司吉外皮的褐變程度

- 內裡的顏色與結構
- 柔軟度與高度
- 整體風味
- 整體滿意度

製作成品

以下列材料製成的泡打粉比司吉

- 正常用量的營業用SAPP泡打粉（對照組）
- 無泡打粉
- 兩倍用量SAPP泡打粉
- 正常用量的酒石酸類泡打粉（請用習作一的配方）
- 以小蘇打粉取代泡打粉
- 可自行選擇其他比例或種類（例如一半用量的泡打粉、SAS泡打粉等等）

材料與設備

- 秤
- 篩網
- 烘焙紙
- 5夸脫（約5公升）鋼盆攪拌機
- 槳狀攪拌器
- 刮板
- 半盤烤盤
- 比司吉麵團（請見配方），每種泡打粉需製作至少6個比司吉
- 桿麵棍
- 厚度刻度
- 麵團切割器（直徑2.5吋或65公釐）
- 烤箱溫度計
- 鋸齒刀
- 尺

配方

泡打粉比司吉

分量：6塊比司吉

材料	磅	盎司	克	烘焙百分比
中低筋麵粉	1		500	100
鹽		0.3	10	2
一般砂糖		1	30	6
泡打粉		1	25	6
通用酥油		6	190	38
牛奶		9.5	300	60
合計	2	1.8	1055	212

製作方法

1 烤箱預熱至425℉（220℃）。

2 留約0.5盎司（15克）麵粉用於鋪灑工作檯面。

3 將剩餘乾料過篩至烘焙紙上，重複三次，混合均勻。

4 將乾料置於攪拌缸中，同時加入酥油，以槳狀攪拌器低速攪拌1分鐘，停下機器刮缸。

5 加入牛奶，以低速攪拌20秒，此時麵團剛成團，還有一些乾料未混合均勻。

6 將麵團移至撒上些許麵粉的檯面（使用步驟2留下備用的麵粉），輕輕摺疊六次，每摺疊一次就將麵團旋轉九十度。

步驟

1 烤盤鋪上烘焙紙，標示膨鬆劑的種類與用量。

2 根據上述配方表準備比司吉麵團（也可使用其他基本泡打粉比司吉麵團配方）。為每一種泡打粉準備一批麵團。

3 利用厚度刻度輔助，將麵團擀平成約1/2吋厚（12.5公釐）。

4 麵團切割器沾少許麵粉，直直切出麵團，不要有旋轉的動作，也不要將剩餘的麵團重新桿開。

5 半盤烤盤上放置6個麵團，麵團之間間隔均等。

6 將烤箱溫度計放置於烤箱中央，記錄烤箱初溫。初溫：＿＿＿＿＿＿＿。

7　烤箱預熱完成後，放進烤盤，烘烤20至22分鐘。

8　烘烤至對照組（正常用量SAPP泡打粉）呈現淡褐色。烘烤同樣時間後將所有比司吉移出烤箱。不過如有需要，可依據烤箱差異調整烘焙時間。

9　將時間記錄於結果表一。

10　記錄烤箱終溫，終溫：_____。

11　將比司吉移出熱烤盤，冷卻至室溫。

結果

1　待比司吉完全冷卻後，根據以下指示評估比司吉高度：

● 每批取三個比司吉切半，注意不要擠壓比司吉。

● 拿尺貼著比司吉中心的切面測量高度。以1/16吋（1公釐）為單位，將這三塊比司吉的高度記錄於結果表一。

● 計算比司吉平均高度，加總高度總合再除以三。將結果記錄於結果表一。

2　在結果表一的比司吉形狀欄位記錄是否保持形狀或塌陷，也記錄比司吉是否傾斜，一邊高一邊低。

結果表一　以各種化學膨鬆劑與不同用量製作比司吉的高度與形狀

膨鬆劑的種類與用量	烘烤時間（分鐘）	三塊比司吉的個別高度	平均高度	比司吉形狀	備註
營業用SAPP泡打粉（對照組）					
無泡打粉					
兩倍用量SAPP泡打粉					
酒石酸類泡打粉					
以小蘇打粉取代泡打粉					

3　待製品完全冷卻後，評估其感官特性，並將評估結果記錄於結果表二中。請記得每一種製品都要與對照組做比較，評估以下項目：

● 外皮顏色，由淺至深給1到5分

- 內裡外觀（多層次、密實、輕盈等）
- 內裡質地（韌／軟、濕／乾、黏牙、有層次等）
- 整體風味（甜、鹹、金屬味／化學味、酸等）
- 整體滿意與否，從高度不滿意到高度滿意，由1至5給分
- 如有需要可加上備註

結果表格二　以各種化學膨鬆劑與不同用量製作比司吉的感官特性

膨脹劑的種類與用量	外皮顏色	內裡外觀與質地	整體風味	整體滿意度	備註
營業用SAPP泡打粉（對照組）					
無泡打粉					
兩倍用量SAPP泡打粉					
酒石酸類泡打粉					
以小蘇打粉取代泡打粉					

誤差原因

請列出任何可能使你難以做出適當實驗結論的因素，特別是攪拌、推揉與擀開麵團時的差異，以及與烤箱相關的問題。

_____

_____

_____

請列出下次可以採取哪些不同的作法，以縮小或去除誤差。

_____

_____

_____

結論

請圈選**粗體字**的選項或填空。

1　泡打粉用量由零增加到正常用量時，比司吉的高度**提升／降低／保持不變**，這代表泡打粉**是／不是**比司吉膨脹與否的重要因素。

_____

_____

_____

2　泡打粉用量由零增加到正常用量時，風味有以下變化：

_____

_____

_____

3　泡打粉用量由零增加到正常用量時，外皮的顏色**變淺／變深**，外皮顏色的差別**小／中等／大**。麵團的酸鹼值上升時，褐變程度**提高／降低**，因此添加泡打粉的麵團酸鹼值可能**較高／較低**。

4　泡打粉用量由正常增加到兩倍時，高度**變為兩倍／沒有變為兩倍**，其一原因是，烘焙品中的三大膨脹氣體量**全都變為兩倍／沒有全都變為兩倍**，另一個原因是：

_____

_____

_____

5　最不柔軟的比司吉是以**零／正常／兩倍**用量的泡打粉製成，柔軟度的差異**小／中等／大**。造成柔軟度差別的原因是：

_____

_____

_____

6　以酒石酸類泡打粉與一般營業用泡打粉製成的比司吉差異**小／中等／大**。兩者主要的差異是：

_____

_____

_____

你比較喜歡哪一種，為什麼？ _____

_____

7　以小蘇打製成的比司吉顏色**較淺／較深**，這是因為小蘇打是**酸性／鹼性**物質，會**提高／降低**酸鹼值，這會**加速／減緩**褐化反應。

8　比起沒有添加泡打粉或小蘇打粉的比司吉，以小蘇打粉製作的比司吉高度比較**高／矮／一樣**。這代表小蘇打粉本身**會／不會**使比司吉膨脹。小蘇打粉不能當做化學膨鬆劑的原因是：

_____

_____

_____

9　風味類似椒鹽蝴蝶餅的比司吉**沒有添加泡打粉／添加泡打粉／添加小蘇打粉**。傳統上，椒鹽蝴蝶餅在烘烤前會以鹼性溶液燙過，這種風味來自於酸鹼值**低／高**時發生的褐化反應。

_____

_____

_____

10　要如何分辨是否誤將小蘇打粉當做泡打粉？

_____

_____

_____

11　要如何避免誤將小蘇打粉當做泡打粉，或是誤將泡打粉當做小蘇打粉？

_____

_____

_____

12　各製品之間還有哪些其他明顯差異：

_____

_____

_____

12

增稠劑
與
膠凝劑

本章目標

1 闡明烘焙坊使用的各類增稠劑與膠凝劑,並分別詳述其特性與用途。

2 詳述澱粉糊化的過程與其影響因素。

3 詳述增稠劑與膠凝劑的用途。

4 提供選擇增稠劑或膠凝劑的指引。

導論

讓食物變稠最簡單的方法是添加一種本身就已稠化或膠化的原料。高脂鮮奶油、酸奶油、多種乳酪、果醬和果凍、果泥、濃糖漿、優格和酪乳（白脫牛奶），都是烘焙業很有用的增稠劑。當然，這些原料的作用不只是增稠，它們能增加風味、改變外形，也能增進成品的營養價值。

其他還有一些專門為了（或大部分是為了）增稠和凝膠化而添加的成分。這些所謂的增稠劑和膠凝劑（明膠、植物膠和澱粉）會被添加進餡料、表面塗料、調味醬料與鮮奶油中。藉由吸收或結合大量的水而起到它們的作用。然而，烘焙坊最常用的一種增稠劑與膠凝劑並不常被當做是增稠劑或膠凝劑，因為它在許多製品中都起到了各式各樣的作用，這種常見的增稠劑和膠凝劑就是雞蛋，雞蛋已經在第10章中獨立討論過了。

除了添加其他原料之外，還有其他方法能讓食品稠化與膠化。比如說，乳化液或泡沫的形成也能將半成品稠化，有時候還有助於膠化。這就是為何以牛奶中乳脂小滴形成的乳化液——高脂鮮奶油——比牛奶濃稠的原因。高脂鮮奶油在攪打時會起泡沫，然後在此過程中進一步變稠。鮮奶油越是攪打，形成的泡沫就越多，也就變得更黏稠，以上所有過程都無需使用增稠劑。

增稠與膠凝的過程

明膠、植物膠和澱粉等增稠劑與膠凝劑有個共通點：都由非常大的分子組成。其中有一些如澱粉和植物膠是多醣，其他如明膠則是蛋白質。

多醣（Polysaccharide）是非常大的分子，由許多（poly）糖類分子（saccharide）相連而成。通常一個多醣分子中會有數千個醣分子相互連接。多醣中的糖分子有時候全都相同，但通常由兩種以上不同的糖相互混合而成。多醣之間的區別在於它們以哪種糖、多少糖類連接構成，以及它們之間連接的方式。回想一下第8章的內容，澱粉分子由葡萄糖組成，菊糖則主要由果糖組成。除了醣的種類不同，澱粉與菊糖中的糖類數量也不同。澱粉含有數千單位的糖，做為增稠劑與膠凝劑，比最多含六十個糖單位的菊糖有效得多，不過兩者都被歸類為多醣。

蛋白質是由許多氨基酸相連而成的巨大分子。通常一個蛋白質分子裡會有數千個氨基酸相連，蛋白質就由二十幾種常見氨基酸組成，蛋白質之間的區別在於分子中的氨基酸數量與排列方式。

稠化發生在製品中的水分與其他分子、顆粒繞圈移動的速度減緩的時候。舉例來說，當大分子如某些多醣和蛋白質，互相碰撞並鬆散地糾纏在一起時，就會發生這種情況。當水被

膨脹的澱粉顆粒吸收與固定，或是（泡沫中的）氣泡、（乳化液中的）脂肪滴減緩水的流動時，也會發生稠化。

膠化發生在製品中的水和其他分子完全無法移動的時候，例如，當大分子如某些多醣和蛋白質，互相結合或緊密糾纏，形成一個能固定住水與其他分子的大型網狀物或網狀結構時，膠化就發生了。儘管運動起來像是固體，但凝膠主要還是液體。實際上，某些膠凝劑（如洋菜）有效到就算水占了整個製品的99%以上，也能形成凝膠。有些增稠劑與膠凝劑可以兩者皆是。也就是說，少量使用時會稠化，用得更多就會形成凝膠，圖12.1呈現了大分子鬆散纏結而稠化，以及更緊密糾纏而膠凝的狀況。既能稠化也能膠化的增稠劑與膠凝劑包括明膠、玉米澱粉和果膠，其他的原料都只能稠化，無論用多少都無法膠凝，只會變得更濃、更黏稠，只能稠化的原料包括瓜爾膠、阿拉伯膠與糯玉米澱粉。

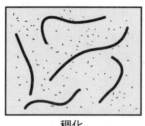 

稠化　　　　　　　　膠化

圖12.1　果膠和部分多醣會在較低濃度時稠化，在較高濃度時則會膠化。

明膠

明膠（常見音譯為吉利丁）無論形式為粉末還是片狀，都是烘焙坊的主流原料。經過正確製備後，會形成水晶般透明且彈性十足的迷人凝膠。最好的一點是，明膠在食用時可以快速俐落地融化。

明膠有許多用途，是巴伐利亞奶油、水果慕斯和冷舒芙蕾的必備原料，也是發泡奶油和多種蛋糕夾心的良好安定劑，還能讓棉花糖和軟糖形成特有的質地。當明膠混合物冷卻而稠化時，可以像攪打蛋清一樣攪打它。

明膠是一種動物蛋白。食品級明膠大多是從豬皮中萃取而出，不過也有少數的來源是牛骨和牛皮。有種特殊的明膠是從魚身上萃取，這類魚明膠被稱做魚膠。明膠在所有蔬菜類原料中皆未發現。

明膠如何製造

食品級明膠有時也被稱做A型明膠（A指其經過酸〔acid〕處理）。製作A型明膠時，會將切碎的乾淨豬皮浸泡在冷卻的酸中長達數小時或數天。這個步驟會破壞豬皮的結締組織，將堅韌的繩狀蛋白纖維（一般稱做膠原蛋白）轉化成一縷縷較小而不可見的明膠絲，這些明膠冷卻後就會稠化或膠凝。接著用熱水溶解明膠，就能從豬皮中將其萃取出來了。同樣的過程最多會重複六次，每次萃取的溫度都會逐漸升高。在最後一次萃取時水會達到沸點，將最後一部分可用的明膠分離出來。

第一次萃取的明膠品質最好，能形成最好的凝膠，有最剔透、最淡的色澤和最溫和的風

明膠簡史

早期為明膠而寫的食譜中首先講解了燉煮小牛蹄的方式。雖然早在十八世紀中期英國就已經核發製造明膠的專利，但直到十九世紀初期才買得到純化的明膠。在整個十九世紀，明膠都是以碎片或片狀的型式出售。

在這之後粉狀明膠才問世，在十九世紀後期因應家庭主婦的需求而在美國出現。諾克斯‧吉利丁將明膠片乾燥至脆化，再磨碎成可以輕易用量匙測量的顆粒，以回應這些家庭主婦的需求。顆粒狀明膠還具有比碎片狀明膠溶解更快的優點。粉狀明膠產業由此而生，幾年後，吉露（Jell-O）明膠就誕生了。

味，固化速度也拔得頭籌。在第一次之後萃取的明膠效果較弱，形成的凝膠顏色較深，也會略帶肉味。每次萃取都會將明膠溶液過濾純化、濃縮、製成片狀或「麵條」、風乾，以及研磨成粗粒或細粉。在這之後，製造商會將不同批萃取中的磨粉明膠加以混合，好讓每批生產出來的明膠能標準化。磨粉明膠可以以這個形式出售或做成片狀明膠。要製成明膠片，會將磨粉明膠重新溶解、再次加熱，然後鑄模、冷卻並乾燥成凝膠薄片。

明膠由其形成的凝膠強度來分級，這種分級標準又稱做布倫分數（Bloom rating）。在布倫分數中分布較高的明膠能夠形成堅固的凝膠。因為布倫分數與明膠的品質有關，所以布倫分數較高的明膠也會具有較淺的顏色與純淨的風味，比布倫分數較低的明膠凝固得更快，產生的凝膠也更俐落、更不沾黏。

大多數食品級明膠的布倫分數約為50至300。出售給糕點師的明膠很少會標示其布倫分數，但製造商還是可以提供這些資訊。多數北美的烘焙坊使用的粉狀或粒狀明膠等級都落在230布倫左右。

片狀明膠通常會以貴金屬的名稱來劃分。

與白金級的片狀明膠最接近的是大多數250布倫的粉狀明膠。表12.1對照了不同等級的片狀明膠近似的布倫分數與重量。要注意的是，片狀明膠的重量會隨著布倫分數的降低而增加。這使得改用不同品質的明膠變得容易許多，不用去稱量它的重量，只要數片數就行了。如果配方上寫需要十片明膠，那麼不論使用的明膠布倫分數多高，都是用十張明膠。實際添加量已經從每片明膠本身的重量調整改變過了。

北美和歐盟的量產明膠都遵循嚴格的品質管制規範。在一九八〇年代後期狂牛症在英國的牛群散播後，這些規範也被重新審視與更新。狂牛症（牛海綿狀腦病變，簡稱BSE）是一種感染牛腦與脊髓的疾病，至今還沒在明膠製品中發現過此疾病，但還是採取了預防措

表12.1　片狀明膠的不同等級

明膠	近似的布倫分數	每片平均重量
白金	250	0.06盎司（1.7克）
金	200	0.07盎司（2.0克）
銀	160	0.09盎司（2.5克）
銅	140	0.12盎司（3.3克）

施，確保所有量產明膠所使用的原料都來自被許可食用的健康動物。

如何運用明膠

　　布倫分數除了指明膠的凝膠強度，bloom這個術語還有另一個含義——使明膠水合，也就是將其加入低溫液體中使其膨脹的作法。當明膠先行水合，以後使用就比較不會結塊。

　　要使粉狀明膠脹發，需要將這些顆粒加至其重量五倍或十倍的低溫液體中。片狀明膠則通常加進大量的冷水後取出再輕輕擠壓。只要液體是冷的，幾乎任何液體都能用來使明膠脹發。不過某些果汁如鳳梨、奇異果和木瓜，在使用前必須先加熱再冷卻。熱會使這些水果中的蛋白酶失去活性，而蛋白酶會將明膠和其他大型蛋白質分解成短鏈的型式，阻礙它們膠凝。檸檬汁等很酸的液體可能會稍微減弱明膠的作用，但明膠只要不在酸中加熱就不會液化。如果明膠會與很酸的原料一起使用，那可能需要的明膠量會稍微多一點。

　　明膠顆粒和片狀明膠通常需要5到10分鐘來進行適當的水合。明膠脹發後會被放在平底鍋裡緩緩加熱，使其融化，然後再將其加入低溫製備品。

　　如果配方中指定製備高溫液體，就不用將明膠分開加熱融化了。將脹發的明膠直接加到高溫液體中會更快也更容易。不要讓明膠溶液沸騰，在明膠溶解後就要馬上從火上移開。長時間加熱會使明膠受損，降低其布倫分數。

在片狀與粉狀之間轉換

　　片狀明膠和粉狀明膠哪一種比較好？這個問題並沒有唯一的正解。有些麵包師和糕點師偏愛片狀，有些則喜歡粉狀。相對於世界上的

布倫膠強度計與布倫分數

　　布倫分數是一種在十九世紀發明的評等系統。它以一位設計了測量凝膠強度的標準試驗與儀器（布倫膠強度計）的法國化學家命名。膠強度計所測量的是將一個小活塞壓入標準條件下製備的明膠中達特定深度所需要的力。所需的力越大，布倫分數就越高，而該凝膠強度也越大。儘管膠強度計已經被更可靠的儀器取代了，但凝膠強度還是以布倫分數來記錄，布倫分數又稱為「布倫值」或「布倫強度」。

從高溫液體到軟質固體

溶解在高溫液體中的明膠可以想成是快速移動而不可見的明膠線。隨著溶液的冷卻，細小的線開始慢下來，這些線有幾個部分像電話線一樣盤繞起來，這些盤繞的部分會疊在一起。通常每一縷盤起來的部分會纏在另一縷的線圈上，隨著時間流逝，這些纏結的部分會相互堆積，形成接點，困在這個立體網路中的水無法移動，這個時候混合物就會成為軟性固體了。

這些接點非常脆弱，很容易因極小的受熱而斷折。事實上，明膠通常會在低於人體體溫的80°F至90°F（27℃至32℃）左右完全融化成液體，使得它有討喜的口感。不過，實際的融化溫度還是取決於明膠的布倫分數和使用的明膠分量。

明膠網路中的大多數膠凝接點都在冷卻的第一、二個小時內形成，不過此過程會持續進行約十八小時。用明膠製成的慕斯和鮮奶油第二天都會更緊實堅硬，就算它們已經好好蓋住、沒有變乾也會如此。

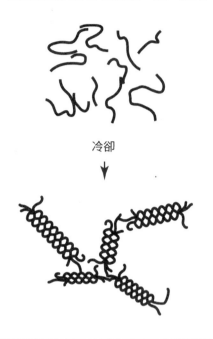

冷卻

其他區域，片狀明膠在歐洲比較受歡迎。

不論偏好哪一種，多才多藝的大廚都會知道片狀和粉狀明膠如何使用，也會知道兩者如何相互替代使用。在討論怎麼相互代替之前，先了解兩種明膠各自的優缺點會受益良多。

片狀明膠不會灑出來，所以用起來比粉狀還要整潔。片狀明膠可以用數的，很多人認為這比稱重還要簡易，至少對於少量製作來說是如此。不過如果是大量製作的話，這就不再是優勢了。對大量的片狀明膠來說，稱重比數數更容易。當將片狀明膠放進水中時必須小心避免它們在過熱的水中溶解而完全消失。

粉狀明膠的生產遍布世界，比片狀明膠大量得多。這麼大量的製造確保了維持其價格低廉的規模經濟。此外，由於粉狀明膠在美國生產，所以也不會增加進口成本而提高售價。

便利性與成本一樣重要，有時候甚至比成本更重要。對不同的人來說，便利性的意義也有所不同，有些人覺得數片狀明膠比稱量粉狀明膠更簡便，另一些人則適用於相反的作法。然而，我們遭遇到的最大不便可能是原料用盡的時候，如果片狀明膠用完了，可能很難在短時間內收到新貨，因為片狀明膠是從歐洲進口的特殊商品，並非所有供應商都有供貨。不過，粉狀明膠可以從大多數供應商取得，在緊要關頭也能在超市買到。

理論上，片狀和粉狀明膠可以互換使用。實際操作時，片狀和粉狀明膠之間的換算取決於它們的布倫分數。對於230布倫的粉狀明膠，在多數狀況下可以換算如下：

17片明膠＝1盎司（28克）粉狀明膠

這未必表示17片明膠的重量是1盎司（30克），不過對白金級片狀明膠來說基本上是如此。這其實表示17片任何等級的片狀明膠大致上與1盎司（30克）的粉狀明膠有相同的膠凝強度。

當從粉狀改用片狀、從片狀改用粉狀，或換另一個品牌的明膠時，最好先做一批試驗品以確認換算結果可行。

另外也要記得，當片狀和粉狀互相轉換時，粉狀明膠在水中約會吸收其本身重量五倍的水。也就是說，1盎司（30克）的粉狀明膠會吸收約5盎司（150克）的液體。雖然在使用粉狀明膠的配方中都會列出要加的水量，但如果配方的說明是將片狀明膠放在大量水裡，就不會寫上這一點。在片狀和粉狀之間轉換時，要考量到水量的差異。

實用祕訣

當將明膠片放在大量的水中脹發時，水的溫度應在室溫（70℉／21℃）左右或以下。別忘了夏季的自來水比冬季更溫暖，在亞利桑那州的土桑又比在安大略省的多倫多更高溫。有些烘焙師會用與粉狀明膠相同的方式使片狀明膠脹發，也就是將其加進五到十倍重的水裡。

植物膠

植物膠是吸收大量水分後會膨脹產生粘液和凝膠的多醣。我們在先前的章節裡已經提過一些植物膠了，因為在穀類裡，尤其是裸麥和燕麥，可以找到聚戊醣和β-葡聚糖膠。雖然有些植物膠有膠粘的觸感，但大多數在正確使用時都不會如此。所有植物膠都來自於植物，也就是說都是從樹木、灌木、種子、海藻或微生物中萃取與純化出來。其中有許多都是自然生成。另外有些如纖維素膠，則是取自天然原料但經過化學改良來增進其性能。

所有植物膠都是可溶性膳食纖維的優良來源。膳食纖維由那些無法被人體消化的多醣組成，因為纖維有一定的健康益處，所以健康方面的專家建議消費者多食用纖維。

果膠

果膠存在於所有水果中，但不同水果的果膠含量各不相同。果膠含量高的水果有蘋果、李子、蔓越莓、覆盆子和柑橘皮。以上這些和其他富含果膠的水果就算不額外添加果膠也能製成果醬和果凍。

果膠有稠化的作用，在酸性環境和大量糖分存在時則會膠化。果膠凝膠呈剔透而非混濁狀，還有誘人的光澤和純淨的風味，這使得果膠成為水果製品的絕佳選擇。果膠通常用於鏡面塗層、亮面塗層、果醬、果凝、內餡和水果糖。一般可以買到乾燥粉狀的形式，這些粉末通常是從柑橘皮或蘋果皮中萃取和純化而成。

洋菜

洋菜（在日本也被稱做寒天）可以從紅藻中的幾個種類（如江蘺屬或石花菜屬）中取得。在亞洲文化圈中使用洋菜已經有數百年歷史了。時至今日，全世界都有採集紅藻的產業，在美國大多以乾燥粉末或條狀的形式出售（圖12.2）。洋菜條需要在水中浸泡並沸騰幾分鐘才能溶解，而洋菜粉卻只要約一分鐘的時間就能溶於熱水了。洋菜條和洋菜粉都會在冷卻時快速膠凝，比明膠快多了。

洋菜是一種多醣，而非像明膠那樣是蛋白質，但有時還是會被稱做「植物明膠」，因為洋菜製成的凝膠與明膠製成的凝膠很像。雖然兩者相似，但洋菜和明膠的凝膠並不相同。一方面來說，形成凝膠所需的洋菜比明膠少得多，而且洋菜凝膠不用冷藏就能保持穩定堅實。這使洋菜可用於使鏡面果膠更穩固，也能用在部分膠凍狀甜食裡。洋菜也是糖霜和內餡在溫暖天候時一種好用的安定劑，如果飲食或宗教規範中涉及產自豬的明膠，它就可以做為替代。不過，由於洋菜不像明膠那麼容易融化，所以口感也不會像明膠一樣討喜，尤其是在使用不當的狀況下。

洋菜無法像明膠那樣攪打，也無法使混入空氣的製品穩定。這表示它無法在某些製品中取代明膠，例如巴伐利亞奶油、水果慕斯和棉花糖。

明膠和洋菜之間的使用換算大多認為是八比一，這意味著洋菜的強度是明膠的八倍。然而，洋菜和明膠都是天然產物。就像所有天然產物一樣，它們的凝膠強度在不同製造商之間也會有所不同。

圖12.2　紅藻（最後方）與兩種從紅藻純化而來的洋菜型式。

雖然這個換算是個很好的起頭，但如果要知道製品裡需要用多少洋菜，唯一的方法就是去評估一整套使用不同分量洋菜準備的製品，然後看看哪一種的效果最好。

鹿角菜膠

鹿角菜膠和洋菜一樣都是從紅藻（鹿角菜屬）中萃取而來。比起洋菜，糕點師大多比較不愛用鹿角菜膠，但它還是被用在許多商業食品中，使其稠化與膠化。它用在奶製品時效果特別好，這就是將其添加進蛋酒、巧克力牛奶、冰淇淋和即溶布丁粉中的原因。鹿角菜膠的另一種形式被稱做愛爾蘭苔。愛爾蘭苔在加

圖12.3　角豆粉是將乾燥、經過烘烤的豆莢磨碎而成，而刺槐豆膠則是從豆子裡提煉出來。順時針開始，從上而下分別為：角豆粉、刺槐豆莢、刺槐豆、刺槐豆膠。

勒比地區被廣泛使用於稠化飲料，也做為催情藥使用。

瓜爾膠和刺槐豆膠

　　瓜爾膠和刺槐豆膠都來自於豆類裡的胚乳，包覆這些豆子的豆莢長得像是四季豆或豌豆莢。瓜爾膠從一種長在印度和巴基斯坦的植物瓜爾（學名：*Cyamopsis tetragonoloba*）長出的豆子中取得。刺槐豆膠（也被稱做角豆膠），取自一種常綠樹木長角豆（學名：*Ceratonia siliqua*）長出的豆子，原生地為地中海。刺槐豆膠取自豆子，而另一種食品原料角豆粉的原料則是包含刺槐豆的豆莢（圖12.3）。製作角豆粉或稱角豆穀粉的方式，為將豆子從豆莢中取出後，烘烤豆莢並磨碎。角豆粉有時會被當做可可粉的替代品使用。

　　將瓜爾膠和刺槐豆膠做為增稠劑使用的產品範疇甚廣，其中包含了奶油起司和酸奶油。它們也常用於冷凍食品，如冰淇淋和經過巴氏殺菌的冷凍蛋白，以防產生冰晶或凍傷。

阿拉伯膠

　　阿拉伯膠是從一種生長在非洲的樹木相思樹，取下滲出液（膠黏的樹汁）後純化、乾燥而成。當樹幹或樹枝在極端氣候條件下受損，或是被故意劃傷時，就能取得這些樹汁。阿拉伯膠穩定乳化液的效果很好，同時也能保持一種討喜而不膠黏的口感。這就是它即便在供應

上很稀少，卻還是繼續用於糖衣、內餡和部分調味品中的原因。

特拉卡甘膠

特拉卡甘膠的製成方法類似阿拉伯膠，不過它來自一種中東生長的灌木黃耆。特拉卡甘膠比阿拉伯膠濃稠得多，可能是糕點師最熟悉的膠糊成分之一，這種膠糊在蛋糕裝飾上用來繪製花朵和其他圖案。

因為主要供應源在世界上屬於政治不穩定地區，所以特拉卡甘膠的價格極為昂貴。正因如此，特拉卡甘膠在多數食品中已被其他植物膠取代。

三仙膠

三仙膠是種很新潮的植物膠，自一九六〇年代才開始被使用。它由某種微生物（十字花科黃單孢菌）進行發酵時產生。三仙膠在稠化的同時卻不會顯得濃稠，因此常用於沙拉調味料，讓其中的成分保持懸浮。

三仙膠通常與澱粉（通常是稻米澱粉）同時使用，在無麩質烘焙食品（包括麵包和蛋糕）中做為麵粉的替代品。三仙膠的用量通常約為2%到3%，有助於使麵糊和麵團留住氣體進行適當的發酵，從而使這些烘焙食品形成讓人能入口的內裡組織。

甲基化纖維素

甲基化纖維素也稱做改良植物膠，是其中一種從纖維素衍生出來的膠質。纖維素構成所有植物的細胞壁，是地球上最充足的多醣。改良植物膠是藉由對木質纖維素或棉纖維素進行化學修飾而製成。由於經過這些化學修飾，它並不屬於天然膠。

但是，改良植物膠具有一種獨特的功能，就是可用於烘焙食品的填餡。大多數凝膠會在烤箱溫度下變稀，並在冷卻時變稠，而改良植物膠卻會在烤箱溫度下凝結，冷卻時則變稀。用改良植物膠製成的內餡可以在烘烤丹麥麵包時保持形狀，不會外滲或流淌出來。糕點師也會用甲基化纖維素來做「熱冰淇淋」，也就是高溫時能維持形狀、冷卻時卻會融化的英式蛋奶醬。

澱粉

澱粉分子就像植物膠一樣是多醣。這表示它們是巨大而複雜的碳水化合物分子，由許多醣類單元彼此結合而成。以澱粉來說，這些醣類單元就是葡萄糖分子。

然而，並非所有澱粉分子都相同。澱粉中的葡萄糖單元能排列成下列兩種方式之一：筆直的長鏈，或有許多分支的短鏈。直鏈的澱粉分子稱做直鏈澱粉，而更大的支鏈澱粉分子則稱為支鏈澱粉（圖12.4）。儘管直鏈澱粉是直鏈，但這個澱粉鏈通常會扭曲成螺旋狀，而支

澱粉的純度接近百分之百，可以粗粒、片狀和珠狀（樹薯粉）的形式出售，但大多還是以細粉形式販售，有時也被稱為穀粉（flour，但與其他字詞組合時常省略「穀」字）。不過這個術語有點誤導性。比如說，純馬鈴薯粉是由整顆馬鈴薯乾燥後磨碎製成。儘管它主要由澱粉組成，還是含有少量的蛋白質、脂肪和維生素，也具有獨特的馬鈴薯風味。不過，細磨馬鈴薯澱粉基本上就全是澱粉了，含有的風味也很淡。為了區分這兩種產品，有時也會將細磨馬鈴薯澱粉更準確地稱做粉狀馬鈴薯澱粉。不過，還是要在術語上小心。北美的「玉米粉」指的是整個磨碎的玉米胚乳，而英國的「精玉米粉」指的則是純玉米澱粉。如果不確定所使用的原料為何，請檢查成分標示或營養標示，以確定產品是否為百分之百澱粉。

鏈澱粉有許多分支，看起來就像個扁平的珊瑚扇。無論是直鏈澱粉、支鏈澱粉或兩者的混合物，澱粉分子在澱粉顆粒內部都呈有序的緊密堆積。

澱粉顆粒是小而砂質的顆粒，存在於穀物顆粒（如小麥和玉米粒）的胚乳中。澱粉顆粒也存在於某些植物的塊莖和根裡，這些植物包括馬鈴薯、樹薯（也稱做木薯）和葛鬱金。澱粉顆粒的大小和形狀因澱粉而異。比如說，馬鈴薯澱粉顆粒相對來說較大且呈橢圓形，而玉米澱粉顆粒則較小也較有棱角。澱粉顆粒也會隨著時間流逝而變大，形成澱粉分子的「輪」，像是樹會隨著成熟而形成年輪一樣。

每種不同的澱粉，包含玉米、馬鈴薯、葛鬱金或樹薯粉，都具獨特性。有些差異與各種澱粉顆粒相異的大小和形狀有關，多數差異是因為每種澱粉裡直鏈澱粉和支鏈澱粉的數量或分子大小而引起的。表12.2彙總了直鏈澱粉含量較高的如玉米澱粉（約占27%）和支鏈澱粉含量較高的如糯玉米澱粉（超過99%）之間的主要差異。可以當做是中間比例直鏈澱粉的根澱粉，具有介於兩者之間的特性。

本節包含四種澱粉的主要類型：穀物澱粉、根澱粉、食用修飾澱粉和即溶澱粉。事實上，所有澱粉都源自於穀物澱粉或根澱粉，即溶澱粉和食用修飾澱粉都是由這兩者所製成。

穀物澱粉

穀物澱粉是從穀物的胚乳中萃取而來。比如說，玉米澱粉就是從玉米粒的胚乳中萃取得

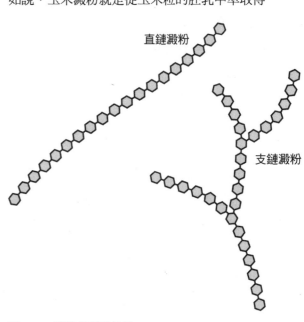

圖12.4　澱粉分子的片段

表12.2　高比例直鏈澱粉和高比例支鏈澱粉的比較

高比例直鏈澱粉	高比例支鏈澱粉
冷卻時會渾濁	相對而言清澈許多
冷卻時形成結實、黏稠的凝膠	能稠化但不會膠化
凝膠會隨著時間逐漸緊密並滲出液體	顯然比較不會隨時間滲出液體
冷凍後不會穩定存在，會越來越緊密並滲出液體	顯然比較不會在解凍時滲出液體
低溫時明顯較高溫時濃稠	基本上不論冷熱濃稠度都相同
較會遮掩味道	較不會遮掩味道

來。其他穀物澱粉還包括稻米澱粉、小麥澱粉和糯玉米澱粉。

玉米澱粉是烘焙坊最常使用的澱粉。在北美地區，玉米澱粉有價格便宜又容易取得的優勢，在烘焙業裡應該是澱粉的首選，除非它因為某種原因而無法滿足你的特殊需求。

糯玉米澱粉是一種玉米澱粉，不過它萃取自一種十分不同的玉米粒，特性與一般的玉米澱粉有所差別。儘管多數穀物澱粉都是高比例直鏈澱粉，但糯玉米澱粉卻是高比例支鏈澱粉（表12.2）。糯玉米澱粉有時稱做蠟質玉米澱粉，會在食用修飾澱粉的小節中做討論，因為它大部分的時候都是以修飾的形式被使用。

根澱粉

根澱粉由各種塊根或塊莖植物中萃取而來。它們在很多方面都與穀物澱粉不同，其中有部分原因是其中直鏈澱粉分子的含量較低，而相對較大的支鏈澱粉含量較高。儘管它們通常比玉米澱粉還貴，但它們不具穀物的氣味、更透明，也能製成比較軟的凝膠。馬鈴薯澱粉、葛粉（葛鬱金，學名：*Maranta*

arundinacea）和樹薯粉都是根澱粉的實例。

樹薯粉從樹薯（也稱做木薯）的根中萃取而出。別將樹薯與一種叫絲蘭的仙人掌混淆了，樹薯是一種用途廣泛的根，在南美州和加勒比海的使用方式就像平常使用馬鈴薯一樣。不算玉米澱粉的話，樹薯粉是北美最廣為使用的澱粉了。

細磨形式的樹薯粉最適合用在比司吉、薄餅和餅乾等烘焙食品。用這種未經修飾的樹薯粉製作醬料、派餡和鮮奶油時，會形成一種不太討喜、長而絲黏的質感（圖12.5）。適合這種類型的製品，最好用在經過特殊加工以減少絲黏的快煮顆粒或珍珠。

製造快煮顆粒和珍珠時，製造廠會先把樹薯粉加濕直到全部都呈濕潤狀態，然後再使其互相黏聚成粒狀，或黏聚成那種被稱做珍珠的球形顆粒。將這些顆粒或珍珠加熱、乾燥處理，使澱粉外層糊化。

與未經處理的樹薯澱粉粉末相比，快煮顆粒和珍珠通常煮出來不會形成牽絲一般的質地。快煮顆粒如Minute brand的樹薯粉，浸泡一下就會迅速溶解，而珍珠粉圓則必須浸泡數小時或泡整個晚上才能使用。珍珠粉圓煮熟後

回想一下之前的章節，一般的小麥麵粉的澱粉含量約為68%到75%。不論何時，只要烘焙坊使用麵粉就會用到小麥澱粉。麵粉中還含有形成麵筋的蛋白質，這些蛋白質與小麥澱粉共同作用使製品稠化與膠化。

除了將其用於麵糊和麵團，有時也會用麵粉代替玉米澱粉來稠化卡士達醬和家常蘋果派，也在製品中添上了自身的微妙風味以及乳白的色澤。

食用修飾澱粉

圖12.5　未經過加濕、加溫處理，或化學修飾的樹薯粉會呈現長而絲黏的質感。左：快煮樹薯顆粒不會產生牽絲一般的質地；右：未經處理的樹薯粉則會產生不那麼討喜的長絲質感。

會變成半透明狀，但它們在整個製品中會繼續保持大小和形狀。樹薯澱粉由東南亞或南美州進口，比玉米澱粉貴一點。

我們可以注意到表12.2中表示高含量直鏈澱粉（如玉米澱粉）在冷卻時會混濁，通常也會較為黏稠且具有穀物風味。就算這些因素並非在所有的狀況之下都是缺點，但在某些狀況中確實就是了。如果如此，根澱粉就是更好的選擇了。

食用修飾澱粉是製造商用一種以上經政府當局許可使用的化學藥品處理過的澱粉。食用修飾澱粉是所謂的設計澱粉，意即它們由製造商為了使其具有某些符合需求的功能而設計出來。舉例來說，澱粉可以修飾來提高它在較高溫、較強酸中的穩定性，因為高溫、強酸會減弱澱粉稠化的能力。也可以修飾成在冷凍時具有更好的穩定性，使澱粉凝膠在冷凍時較不會變得更緊密或是結塊、滲出液體。

除了提高穩定性，也可以為了其他原因修飾澱粉。比如說，可以為了改變質地而修飾澱粉（如樹薯粉），或加快、減慢其糊化的速度。不過，在烘焙坊使用食用修飾澱粉的主因還是為了增加穩定性。

雖然可以對任何澱粉（玉米、馬鈴薯、葛鬱金、木薯或糯玉米）進行修飾，但大部分食用修飾澱粉都由糯玉米澱粉製成。糯玉米澱粉首先具有許多符合理想的特性。舉例而言，與一般的玉米澱粉相比，糯玉米澱粉嘗起來相對來說更清淨純粹。有些食用修飾澱粉（如乙醯化己二酸二澱粉）是熱水糊化型澱粉，因為它們使用時必須像其他普通澱粉一樣烹調。其他的食用修飾澱粉則都是即溶澱粉。

即溶澱粉

即溶澱粉不須加熱就能變稠與膠凝。儘管大部分的即溶澱粉也經過修飾，但它們與修飾澱粉不盡相同。即溶澱粉有時會被稱做預糊化澱粉或冷水膨脹澱粉。為了讓澱粉能速溶，製造商可能會先預煮（預糊化），然後再讓澱粉乾燥，又或者對澱粉進行其他變動，使澱粉顆粒在不加溫的狀況下吸收熱量。雖然即溶澱粉不用加熱就能稠化，不過大部分就算加熱了也不會受損。

由於即溶澱粉不需要加熱就能變稠，因此很適合拿來讓對熱較敏感的產品稠化。好比說，如果用即溶澱粉進行稠化，奇異果的鮮綠色和細緻風味就不會被破壞。

即溶澱粉也能很快就起作用。舉個例子，這使得它很適合在盤飾甜點完成前最後一刻用於醬汁的稠化。不過也別忘了即溶澱粉是特製出來的澱粉，所以價格會比一般的玉米澱粉還

> **實用祕訣**
>
> 將即溶澱粉攪拌入低溫液體時要小心，澱粉會稠化得很快，氣泡就會很容易攪打進去，留存在液體裡面。如有必要，可在攪拌後將混合物稍微加熱，讓氣泡逸散。

> **實用祕訣**
>
> 為防止即溶澱粉在加進液體時結塊，在加入前可以先將其與糖或其他乾原料混合在一起。經驗法則是將四份糖和一份即溶澱粉混合在一起。不過，那些被磨成粗顆粒而不是細粉的即溶澱粉被設計成易於與水混合，因此並非每種即溶澱粉都需要大量的糖。

要高，通常會高兩到三倍。即溶澱粉也未必會有與一般熱水糊化型澱粉相同的質地，而且不能完全代替烘焙業裡使用的玉米澱粉。

Instant Clearjel和Ultrasperse 2000是即溶粉裡兩種常見的的名稱。兩者都是經過修飾和預煮的糯玉米澱粉，這使得它們既能即時使用又能穩定儲存。

澱粉糊化過程

讓我們回顧一下本章前半段的內容，其中提到澱粉分子在澱粉顆粒內部有序的緊密堆積。當澱粉顆粒泡在冷水裡時，顆粒內部的澱粉分子會將水吸引過去，顆粒也會略微膨脹。如果將這些水加熱，澱粉顆粒就會經過一個不可逆的過程，也就是糊化。

糊化的過程破壞了澱粉顆粒的有序性以及

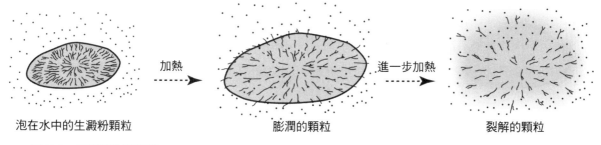

泡在水中的生澱粉顆粒　　　　　　膨潤的顆粒　　　　　　　　裂解的顆粒

加熱　　　　　進一步加熱

圖12.6　澱粉糊化的過程

這些顆粒的膨潤。當大量的水進入顆粒，將澱粉分子分離後個別包圍，並將這些澱粉分子互相推開，破壞就是這麼發生的。如果水或熱不足，那顆粒就不會完全膠凝。大型顆粒通常會先糊化，而小顆粒則需要更長的時間才能充分吸收水分而膨脹。

水則因為被糊化的澱粉分子困住而無法自由移動。同樣的，膨潤的澱粉顆粒也無法自由移動，因為它們會相互推擠。在任何物質都難以移動的狀況下，澱粉混合物就稠化了。這種稠化有時也被稱為「成糊過程」（pasting）的開端。顆粒會隨著持續加熱而膨潤，而澱粉分子（尤其是較小的直鏈澱粉分子）則會從顆粒中濾出，溶入高溫液體。此時，澱粉混合物可說是被適當的煮熟了：大部分的顆粒都完全膨潤了，但只有部分澱粉從顆粒中濾出。這時候就要把它從熱源上移開並冷卻。

如果混合物加熱超過這個程度，也有足夠的水的話，那麼顆粒會繼續溢出裡面的澱粉，變得更小且進一步變形，直到它們最終完全破裂。到了這時候，剩下的就是細小的顆粒碎片和游離的澱粉分子了。混合和攪拌的動作會加速澱粉顆粒的破裂，因為大而膨潤的顆粒很容易破。圖12.6演示了澱粉糊化的過程。

隨著澱粉溶液的冷卻，澱粉分子的移動慢

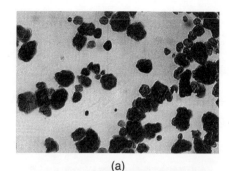

(a)

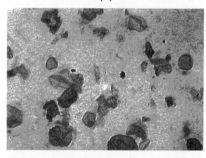

(b)

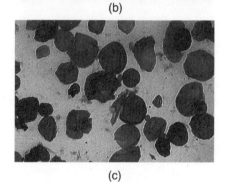

(c)

圖12.7　（a）未煮熟的澱粉顆粒；（b）適當煮熟的澱粉顆粒；（c）煮過頭的澱粉顆粒。

了下來，互相糾纏在一起，將其餘的水分困於其中，也就稠化了。如果纏在一起的直鏈澱粉分子濃度夠高，則溶液在冷卻時就會凝膠化。

注意，適當的稠化與膠化需要正確的加熱量。若是吸收的熱太少，就會使顆粒膨潤得不夠，更不用說釋出澱粉分子了。吸收的熱太多，顆粒就會破。不論是煮得不夠或煮過頭的澱粉混合物，都不太會稠化與膠化。圖12.7比較了經過不同程度的烹煮後，澱粉顆粒在顯微鏡下的外觀。

澱粉糊化不足（未煮熟）也會導致其他問

題。由於生的澱粉顆粒既堅硬又緻密，所以未煮熟的澱粉在嘴裡吃起來就會覺得比較硬。未經過煮熟的澱粉較不透明，通常會有生澱粉的味道。

如果把未煮熟的澱粉混合物放著保存一天以上，那這些混合物會滲出液體，這表示凝膠周圍會形成不討喜的小滴，甚至生成一攤液體。由於未煮熟的澱粉與煮過頭的澱粉具有的特性不同，因此很容易分辨一份太稀的澱粉混合物是未煮熟還是過熟。表12.3總結了未煮熟和煮過頭的澱粉特性。

很多因素都會影響到澱粉的糊化溫度以及完全糊化所需的烹煮量。糊化溫度越高，澱粉糊化的所需時間就越長，澱粉也就越容易煮不熟。同樣的道理，糊化溫度越低，澱粉糊化的所需時間就越短，澱粉也就越容易被煮過頭。在下表中將影響澱粉糊化溫度最重要的幾個因素逐項列出。

- **澱粉類型**。每種澱粉都有達到適當糊化所需的最適加熱量。使用食用修飾澱粉時要參考製造商提供的使用指南，因為有些食用修飾澱粉的糊化溫度比玉米澱粉高，也有一些糊化溫度比較低。根澱粉完全糊化所需的時間隨配方而異，但不論它們所需

的時間如何，都會比完全糊化玉米澱粉所需的時間還短。在大多數的狀況下，未修飾的根澱粉不該煮沸。如果煮得太久，未修飾的根澱粉質感就會變得過度粘稠。如果發生這種情況，就得重做醬汁或內餡，這次要縮短烹煮時間，或是把根澱粉換成修飾澱粉。

- **嫩化劑的量：甜味劑和脂肪**。甜味劑和脂肪會使澱粉顆粒吸收水分膨潤的速度減慢。澱粉顆粒吸水的速度越慢，糊化所需的時間就越長。事實上，如果混合物中含的糖夠多，就能徹底阻止澱粉糊化。這也是糖和脂肪能使烘焙食品嫩化的其中一種方式：它們減少了澱粉糊化形成內部結構的程度。糖也可以增加澱粉稠化混合物的透明度。

- **內含多少酸**。酸能將巨大的澱粉分子水解（分解）成較小的澱粉分子，從而降低其稠化的能力。酸也會破壞澱粉顆粒，使它們糊化得更快、更輕易。事實上，如果其中含有夠多的酸，那麼糊化就會快到澱粉混合物看起來好像根本沒變稠。

表12.3 未煮熟和煮過頭的澱粉溶液

未煮熟	煮過頭
太稀	太稀，可能呈絲黏狀
粗糙	滑順
不透明	極清澈
有生澱粉的味道	沒有生澱粉的味道
較會滲水	較不會滲水

實用祕訣

藉由減少烹煮時間、增加澱粉量，或在澱粉混合物完全糊化和冷卻後再添加酸等方式，可以在一定程度上抵銷酸存在時，澱粉容易煮過頭的傾向。然而，到目前為止處理澱粉與酸最好的解決方案還是改用更耐酸的澱粉。最耐酸的澱粉是食用修飾澱粉，不過根澱粉和某些稻米澱粉的耐受性也比玉米澱粉高。

表12.4　選擇增稠劑和膠凝劑時應該考量的問題

澄清度重要嗎？如果是的話，就用根澱粉或食用修飾澱粉；如果能不要使用澱粉更好。可以用明膠或洋菜、果膠等。
你是不是要使奇異果或草莓這類的熱敏感產品稠化或膠化？如果是的話，請用即溶澱粉或明膠。
清晰而純淨的味道重要嗎？比如用在水果派的內餡或表面塗料？如果是的話，請使用根澱粉。如果用明膠或果膠會更好。
你是不是正在讓含有大量酸性的製品如檸檬或蔓越莓稠化？如果是的話，請使用根澱粉。更好的選擇則是食用修飾澱粉。
你打算把製品拿去冷凍嗎？如果是的話，請使用根澱粉。更好的選擇則是食用修飾澱粉。
需要什麼程度的稠度？舉例來說，相對於結實、濃稠的的凝膠，你會比較喜歡軟質的凝膠嗎？如果是的話就用根澱粉或玉米澱粉，並在冷卻時攪拌混合物。
有價格上的限制嗎？如果有的話，你最好的選擇就是玉米澱粉，不過比起大多數其他增稠劑和膠凝劑，所有的澱粉都算相對便宜了。

選擇澱粉

糕點師能用的澱粉數量和種類乍看似乎讓人眼花撩亂。有很多種天然澱粉，像是玉米澱粉、稻米澱粉、樹薯粉、葛粉和馬鈴薯澱粉，以及修飾澱粉和即溶澱粉。在面臨這麼多的選擇時，系統性地考量你的需求再去考慮可用的選擇會很有幫助。

表12.4問題列表的設計目的就是幫人在選擇澱粉或植物膠時縮小範圍。不過，也要理解玉米澱粉理當做為烘焙坊的首選，因為它是很好用的通用澱粉，且成本低廉又容易獲得。

關於不同澱粉和與植物膠優缺點的進一步細節，請見表12.5。

增稠劑和膠凝劑的功能

主要功能

提供稠化或膠凝的質地　對醬汁、內餡、表面塗料來說，這種成分可以使它們具有稠化或膠凝的質感，而對鮮奶油來說，可以使它形成結構。儘管稠化和膠凝所形成的結構非常柔軟滑順，但是別忘了澱粉也能夠形成烘焙食品的結構。

增加穩定性　增稠劑和膠凝劑有時也被稱做安定劑，意指它們可以阻止食品發生不合意的變化。事實上，增稠劑和膠凝劑通常就是藉著稠化和膠化來使食品穩定。

比如說，明膠主要藉由膠凝來穩定打發的鮮奶油，這可以加固發泡鮮奶油中氣泡周圍那一層，避免這些氣泡破裂。瓜爾膠能穩定冷凍蛋白，也是主要藉由它對蛋白的稠化，這可以

表12.5 澱粉和植物膠性質與用途的比較

澱粉	性質	建議使用對象
玉米澱粉	冷卻後混濁；有好看的光彩 較黏稠，濃度高時就會膠凝 過度的熱、酸、冷凍或攪拌時會導致不穩定 凝膠會隨著時間過去而收緊、滲出水分 會蓋掉許多風味 糊化溫度高	布丁、鮮奶油派
葛粉	中到高度透明度；有明顯光澤 凝膠較軟，有黏性 對於熱、酸、冷凍或攪拌相對穩定 糊化溫度相對較低 風味相對來說較純淨	水果派與醬汁
樹薯粉	中到高度透明度；有明顯光澤 凝膠較軟，有黏性 對於熱、酸、冷凍或攪拌相對穩定 糊化溫度相對較低 風味相對來說較純淨 可以買到珍珠、顆粒、粉末的形式	水果派與醬汁 西米露布丁
糯玉米澱粉	中到高度透明度 會稠化而不會膠凝 對於熱、酸、冷凍或攪拌相對穩定 風味相對來說較純淨	是許多修飾澱粉的基礎原料； 一般來說買不太到未經修飾的 糯玉米澱粉
食用修飾澱粉	對於熱、酸、冷凍或攪拌有高度穩定性 糊化溫度不盡相同 其他特性在不同品牌間各有不同	冷凍食品 用於蒸氣保溫檯 酸性高的製品
即溶澱粉	不須加熱 不同品牌的特性各有不同	最後一刻盤飾甜點 對熱敏感的產品
麵粉	呈混濁狀；略為偏黃 較黏稠 增添風味；掩蓋製品的風味或使其較溫和一點	卡士達醬 家常派品的內餡
明膠	極為透明；有明顯光澤 形成穩固而有彈性的凝膠 在一般的使用量下，會在室溫與口中融化 風味純淨 可以買到片狀或粉狀	明膠甜點 穩定打發的鮮奶油 軟糖（如小熊軟糖）
洋菜	中到高度透明度 形成非常穩固又富有彈性的凝膠 在室溫與口中都很穩定（不會融化） 隨純度使用量會變化 可以買到片狀、條狀和粉狀的形式。	在以下狀況中做為明膠的替代 品： 1. 素食者或有宗教飲食戒律者 2. 與生鳳梨等原料共同使用時
果膠	極為透明；有明顯光澤 能稠化也能膠化 風味純淨 一般來說會需要較高的酸性與糖的濃度	水果果醬、果凍、水果餡 亮面塗層 高品質膠凍狀甜食

防止大而具破壞性的冰晶形成,使蛋白能夠被充分攪打。

使醬汁、內餡和亮面塗層有光澤　許多增稠劑和膠凝劑會形成一層光滑的表層,緊緊貼在原料的表面。這種光滑的表層能以某種方式反射光線,從而能讓許多醬汁、內餡和表面塗料顯得有光澤或光彩。蛋糕上的鏡面塗層就是其中一個這種特點的好例子。鏡面塗層一般由明膠和果膠製成,這兩種膠凝劑不僅能使表面有光澤,而且也有透明感。

其他功能

軟化與嫩化烘焙食品　加入烘焙食品的澱粉會干擾麵筋和雞蛋形成結構。這種狀況特別會發生在沒有夠多的水使澱粉糊化時,如餅乾和派的麵團。澱粉要經過糊化才能形成結構。若是沒有糊化,因為它是由堅硬、砂質的顆粒所組成,而這些顆粒會干擾麵筋或雞蛋形成的蛋白質網狀組織。

吸收水分　回想一下之前的內容,麵粉是一種乾燥劑,因為它含有澱粉、植物膠與蛋白質。事實上,所有種類的澱粉和植物膠都是乾燥劑,因為它們會吸收水分,也常吸收油脂。

尤其是玉米澱粉,它會被添加到乾燥的粉末產品中以吸收水分。這可以防止粉末結塊,讓乾燥的粉末保持自由流動。舉例來說,玉米澱粉會被添加進細粉狀的糖粉裡,也常常會添加進泡打粉。

除了保持泡打粉自由流動,玉米澱粉也能做為增積劑來使泡打粉統一規格,還能防止活性減低。由於玉米澱粉能吸收水分,因而可以防止酸與小蘇打之間發生反應並釋出二氧化碳,而二氧化碳是一種重要的膨發氣體。

儲藏與處理

所有增稠劑和膠凝劑存放時都應該蓋好,以防它們吸收水分。為了確保使用時稠化和膠化的效果最好,以下是遵循的準則。

分離顆粒

在加熱澱粉與許多其他增稠劑、膠凝劑前,請確保乾燥的顆粒好好的互相分離。如果在加熱前沒有將這些顆粒分散,它們可能會結塊,而這會降低它們的稠化能力。如果結塊了就得將其過篩。以下是三種將乾燥顆粒互相分離的主要方法,前兩者在烘焙坊經常使用:

- 將這些顆粒與其他乾原料如砂糖混合。根據經驗法則,一份乾澱粉或明膠、植物膠,加至少四或五份糖。
- 先把顆粒放進冷水製成糊狀或漿狀。這個技巧可與脹發的明膠合併使用,也可以與除了即溶澱粉以外的大部分澱粉一同使用。許多即溶澱粉和瓜爾膠等其他會迅速吸收冷水的原料,直接加進冷水中時都會

澱粉回凝：形成過量結構

　　澱粉回凝是一種在經過烹煮或烘烤後冷卻的製品中會發生的過程，澱粉分子會隨著時間過去而結合得越來越緊密，製品的內部結構也因此增加。這就像是澱粉分子希望能回復成未糊化的澱粉顆粒那樣緊密結合的狀態。當這種情況發生在以澱粉打底的鮮奶油和派餡時，這些製品會收縮、變硬，變得堅韌而像是橡皮一樣。緊密結合的澱粉分子造成的收縮網會把水分擠出去，導致水分滲出，這種狀況也稱為離水現象。也就是這個過程使得高含量直鏈澱粉（如玉米澱粉）不適用於需要冷凍或冷藏（不論時間長短）的鮮奶油和內餡。

　　當澱粉在烘焙食品中回凝時，柔軟的內裡會變得乾燥、硬且易碎，也就是說，澱粉回凝是烘焙食品老化的主要原因。就像鮮奶油和餡料，烘焙食品中的澱粉也會將其中的水擠出來，但這個現象在烘焙食品中並不明顯，因為其他成分會吸收這些水分。

　　把製品蓋住來防止水分流失、將製品存放在室溫下或冷凍庫（而不是回凝速度最快的冷藏室），以及添加能延緩這個過程的成分，都可以讓烘焙食品澱粉回凝（老化）的過程減緩一點。糖、蛋白質、脂肪和乳化劑都可以有效地減緩澱粉回凝。雖然麵包師可能不會直接在其中添加乳化劑，但每次使用高甘油酥油時，有效的抗老化乳化劑也就跟著加進去了。由於糕點裡含有大量以上所說的成分，因此與麵包和小圓麵包相比，它們走味得比較慢。

結塊。這些原料必須先與乾原料或脂肪混合。

● 將這些顆粒與油脂（如奶油或油）混合。大廚在準備油炒麵粉糊時都會這樣做，將麵粉和融化的奶油混合在一起煮熟。

烹飪與冷卻澱粉

　　要確保澱粉烹煮的時間足以讓它煮熟又不會熟過頭。玉米澱粉混合物在沸騰前就開始稠化了，但這時要繼續加熱，以確保所有澱粉顆粒都有充分水合膨潤。關於玉米澱粉有個好用的經驗法則是將其煮沸，然後維持微微沸騰的狀態持續二到三分鐘。這個指南適用於大多數的玉米澱粉混合物，但對根澱粉來說就加熱過頭了，根澱粉不該被煮沸。

　　在烹煮過程中要不斷均勻攪拌澱粉混合物，以防混合物燒焦。烹煮後要馬上冷卻以免煮過頭。如果想煮成奶油一樣滑順的質地，就得在冷卻的同時一邊攪拌；如果想最大程度地稠化與膠化，那麼冷卻的同時就不要攪拌。

實用祕訣

　　除了澱粉，含蛋黃的鮮奶油也是一定得煮熟才行。除了滋生細菌的可能性，蛋黃也還含有澱粉酶，澱粉酶會分解澱粉分子，破壞其稠化和膠化的能力。熱會讓澱粉酶和其他酵素失效，排除這層憂慮。

　　同理，廚師在試吃時一定要注意不能將試吃後的餐具二次浸入澱粉類食品。唾液中的澱粉酶特別強效，可以在幾分鐘內使澱粉打底的製品變稀。

複習問題

1　什麼東西的單位構成了所有多醣？請就澱粉和菊糖具有的單位數量與種類敘述兩者的差異。

2　什麼東西的單位構成了所有蛋白質？哪種常見的增稠劑和膠凝劑是蛋白質？

3　請描述稠化與膠化之間的差別。

4　請列出明膠的三種來源。食品中使用的明膠主要來源有哪些？

5　請描述大部分的食品級明膠如何製造。

6　請描述片狀明膠的生產方式。

7　明膠的「布倫分數」是什麼意思？

8　明膠的布倫分數要如何測量？

9　「明膠脹發」是什麼意思？為什麼要對明膠這麼做？

10　粉狀明膠通常會如何脹發？

11　片狀明膠通常會如何脹發？

12　為什麼新鮮鳳梨汁在加進明膠前，必須先加熱？

13　酸性成分如檸檬汁，是如何影響凝膠的強度？

14　請寫出從以下每種植物製品中萃取的植物膠名稱：海藻、蘋果皮、樹汁、種子的胚乳。

15　哪種植物膠對水果製品的稠化和膠化特別有效？

16　哪一種植物膠有時被當做明膠的替代品使用，有時還會被稱做植物明膠？

17　從穀物的胚乳中會萃取出哪種增稠劑與膠凝劑？

18　請舉出幾種穀物澱粉和根澱粉。

19　哪兩個原因可以解釋澱粉之間為何特性會彼此不同（凝膠強度、透明度、風味、穩

定性等）？

20　請描述典型的穀物澱粉和根澱粉之間主要有哪些特性差異。

21　為什麼不應使用玉米澱粉來稠化要拿去冷凍的卡士達醬？哪種澱粉最適合做為替代品使用？

22　使用食用修飾澱粉的主因為何？

23　使用即溶澱粉的兩個主因為何？

24　要如何使用即溶澱粉來避免它們結塊？

25　請畫出澱粉糊化的過程。請在你畫的圖上做出適當的標示，並確保裡面示意了生顆粒、膨潤顆粒與裂解顆粒之間的主要差異。

26　請描述澱粉顆粒在有水的情況下加熱時會發生什麼事，並解釋在過程中稠化和膠化如何轉變。

27　下列哪一個比較可能需要加熱程度多一點才能糊化：玉米澱粉還是根澱粉？

28　當你把水果醬汁裡的增稠劑從玉米澱粉換成樹薯粉，而醬汁冷卻後變得難以入口，下次你應該採取什麼樣的不同措施來預防這個情況發生？

29　糖會加快還是減緩澱粉糊化的過程？

30　酸會加速還是減緩澱粉糊化的過程？

問題討論

1　五片明膠正確脹發時大概會吸收多少水？請將你的成果呈現出來，並假設每片的重量都是0.1盎司（3克）。

2　當一個配方裡寫需要用五張明膠，但只能取得粉狀明膠（假設粉狀明膠為230布倫）。應該稱量多少粉狀明膠？如果製作的原料中有水，應該做出哪些調整？請呈現出你的成果。

3　當一個配方裡寫需要用五張明膠，但只能取得粉狀明膠。已經做了從片狀到粉狀的

標準換算，但是巴伐利亞奶油做出來卻太硬了。假設配料的稱量過程都正確，那麼是在哪個部分出錯了？

4　為什麼在製作含糖量很高的牛奶糖口味鮮奶油派時，有一半的糖在玉米澱粉、牛奶和雞蛋的混合物經過烹煮後才加入？如果在烹煮混合物前將所有糖都加進牛奶糖口味鮮奶油派中，派的質地、外觀和口感會有什麼樣的變化？

5　有個以澱粉進行稠化的櫻桃派內餡的酸味不足，因此又加了更多的檸檬汁。為什麼最好先把櫻桃派的內餡煮熟並冷卻後再加檸檬汁？而使用對酸更穩定的澱粉，又比在烹煮後添加檸檬汁更好。哪種澱粉在酸穩定性上是首選？

6　你的助手給你看的澱粉打底醬汁太稀了。請解釋你要如何藉由查看和品嘗醬汁來分辨澱粉未煮熟還是煮過頭。

習作與實驗

❶ 習作：烘焙產品裡的增稠劑

在下表的左列中查看常見烘焙產品的配方，並在表格裡打勾，指出頂目裡列出的哪種增稠劑有助於各個產品的稠化與膠化。

糕點產品	蛋（全蛋、蛋白或蛋黃）	明膠	澱粉	果肉／果膠	起司
卡士達醬					
烤布蕾					
香蕉鮮奶油派					
水果派餡					
戚風派					
巴伐利亞奶油					
起司蛋糕					
南瓜派					

❷ 習作：比較不同等級的片狀明膠之間有怎樣的差異

填寫結果表，在其中概述兩個等級的片狀明膠之間有什麼差異。由於片狀明膠會在存放時吸收水分，因此請用新開封的明膠進行這個習作。請遵循以下步驟的指引完成表格：

1　用本書查每種明膠等級的平均布倫分數，並記錄答案在表格中。

2　直接看每種明膠包裝盒上標示的每盒淨重，填進標示為每盒重量那一欄。

3　每個等級都稱量10片片狀明膠的重量（取到小數點後一位），並在結果表第三欄中記錄每一片的重量。

4　以10片的總重量除以10算出每片片狀明膠的平均重量，並在第四欄中記錄每一個算出來的重量。

5　將每一盒的重量除以每片的平均重量來估算每盒的片數。記錄在第五欄。

6　將28.35（每盎司的克數）除以一片的平均重量（以克為單位），以估算每盎司有幾片，然後將結果記錄在第六欄。

7　在「評價」那一欄中記錄片狀明膠的感官特性：觸摸片狀明膠並比較不同等級摸起來的感覺（哪一個感覺更厚、更重）。接下來，如果可以從接下來的實驗中取得溫熱的明膠溶液，就聞一下這個溶液。記錄肉香的濃度，並將其與粉狀明膠溶液的香氣進行比較。

結果表　比較不同品質等級的片狀明膠

明膠等級	平均布倫分數	每盒淨重（克）	十片明膠個別的重量（克，稱量得知）	平均每片重量	估算每盒片數	估算每盎司片數	評價
銀							
銅							

結論

請圈選**粗體字**的選項或填空。

1　每片明膠的重量隨著明膠片的品質（布倫分數）增加而**增加／減少／保持不變**，這使得在**稱重／計數**時更容易互換使用不同等級的片狀明膠。

2　隨著片狀明膠的品質（布倫分數）增加，片狀明膠在感覺上會較厚／較薄。

3　每盒的片數會隨著片狀明膠的品質（布倫分數）增加而增加／減少／保持不變。如果每盒銅級的價格是53美元，每盒銀級的價格是58美元，那麼用哪種會比較省？請呈現你的結果（提示：請計算並比較每一片的成本）。

_____

_____

_____

4　根據你的結論，如果某個配方需要使用30克銅級的片狀明膠，而你以30克銀級片狀明膠做為替代品，那你做出來的成品可能會變得較軟／較硬／大致相同。這是因為：

_____

_____

_____

5　你會怎麼描述不同等級片狀明膠計算出的平均重量，與本書在第400頁給定的數值之間的差異：無差異／差一點點／中等差異／差很多？如果存在差異，你會如何解釋它們？

_____

_____

_____

❸ 實驗：比較穩定打發鮮奶油所使用的明膠分量與品牌

　　本實驗拿穩定過的發泡鮮奶油做為理解不同形式的明膠，以及這些明膠在用途和使用量上有何差異的手段。明膠溶液將使用10片明膠或1盎司（30克）粉狀明膠製備。這是部分糕點師使用的換算標準，你會看到這個換算能否成立。

目標

- 證明過度穩定會對成品的風味、質地口感，以及整體品質產生影響
- 比較由片狀明膠和粉狀明膠做成的穩定發泡鮮奶油
- 比較用不同品質水準的明膠做成的穩定發泡鮮奶油
- 練習將高溫混合物調成低溫

製作成品

以下列材料穩定發泡鮮奶油

- 不添加明膠（對照組）
- 以粉狀明膠製成的明膠溶液取一半分量
- 以粉狀明膠製成的明膠溶液取全部分量
- 以粉狀明膠製成的明膠溶液取一又二分之一分量
- 布倫分數140的銅級片狀明膠取全部分量，以10片換算1盎司（30克）的粉狀明膠
- 布倫分數160的銀級片狀明膠取全部分量，以10片換算1盎司（30克）的粉狀明膠
- 可自行選擇其他材料（其他等級的明膠、不同品牌的粉狀明膠粉、商用安定劑、以洋菜取代明膠〔以8：1的比例換算，或取明膠用量的12%〕）

材料與設備

- 5夸脫（約5公升）鋼盆攪拌機
- 攪拌配件
- 秤
- 不鏽鋼盆
- 穩定過的發泡鮮奶油（見配方），分量足以將每種變因都製作1至2杯（250至500毫升）
- 直徑6吋（15公分）的盤子、小碗，或類似的容器
- 保鮮膜
- 馬錶或正數計時器
- 電子速讀溫度計

配方

穩定過的發泡鮮奶油

材料	磅	盎司	克	烘焙百分比
高脂鮮奶油		8	250	100
香草精(1茶匙／5 毫升)		0.2	5	2
糖（一般砂糖）		1	30	12
明膠溶液		變因	變因	變因
合計		9.45 - 9.95	292.5 - 307.5	114 - 115

製作方法

1   徹底冷卻奶油、攪拌缸和攪拌配件。

2   以下述方式準備明膠溶液：

- 在5盎司（150克）的冰水中加入1盎司（30克）明膠粉或10片明膠（重量會有所不同）。注意：如果需要的話，可以用傳統方式使用片狀明膠，將明膠片加進大量的冰水裡，脹發後輕輕擠壓，但明膠片吸收的水量往往會隨水溫、浸泡時間和擠壓程度而變化。

- 讓它們脹發5到10分鐘。

- 緩緩加熱脹發的明膠直到明膠溶解。保持其暖熱。

3   在鮮奶油裡加入香草和糖。

4   用中等速度攪打鮮奶油直到形成非常柔軟的尖峰。對照組（不添加明膠）直接跳到步驟2。

5   照著下列分量稱取明膠溶液加入溫熱且重量歸零的碗中：

- 對於一半分量的溶液，請稱取0.25盎司（7.5克）使用。

- 對於全部分量的溶液，請稱取0.5盎司（15克）使用。

- 對於一又二分之一分量的溶液，請稱取0.75盎司（22.5克）使用。

6   在溫熱的明膠溶液中加入少量發泡鮮奶油來調溫。

7   快速將調溫過的溶液加到發泡鮮奶油裡，快速攪打但不要攪打過度了。

8   試吃一點點穩定過的發泡鮮奶油以確認它口感滑順，明膠沒有結成顆粒或破壞整體口感。如果發泡鮮奶油不滑順，請倒掉後重新做一份。

步驟

1 用上述配方或任何以明膠穩定發泡鮮奶油的基本配方準備發泡鮮奶油的樣本，並僅將其打到形成很軟的尖峰。為每個變因準備一批發泡鮮奶油。

2 將每批鮮奶油的樣本移到盤子或碗上，一層層光滑均勻地鋪好。蓋上保鮮膜以免變乾。每個樣本都標上添加的明膠的種類、分量，以及存放在冷藏的時間長度。

3 將鮮奶油樣品冷藏，直到所有樣本都冷卻到35℉至40℉（2℃到4℃）。在結果表的備註欄裡記錄每個樣本冷卻的時間長度。注意：明膠會在製備後的18小時內持續變硬，如果可行的話，就讓樣品冷卻整晚再進行評估。

結果

對冷卻後的樣本在感官特性進行評估，並在結果表中記錄評估結果。請確保將每種變因與對照組交替進行比較，並參考下列因素進行評估：

- 外觀
- 味道濃度，從極細微的味道到極強烈的味道，由1至5給分
- 硬度，從非常柔軟到非常堅硬，由1至5給分
- 口感（舌頭上的輕盈／濃稠感、口內披覆感、融化的速度）
- 整體滿意與否，從高度不滿意到高度滿意，由1至5給分
- 如有需要可加上備註

結果表　不同類型與分量的明膠所穩定的發泡鮮奶油所具有的感官特性

明膠類型	明膠分量	外觀	味道濃度	硬度與口感	整體滿意度	備註
無（對照組）	不添加明膠					
粉狀	一半分量					
粉狀	全部分量					
粉狀	一又二分之一分量					
片狀（銅級）	全部分量					
片狀（銀級）	全部分量					

誤差原因

請列出任何可能使你難以做出適當實驗結論的因素，尤其要去考量到鮮奶油攪打的程度、分別冷卻的時間長短、是否都有冷卻到相同溫度，以及使用低溫的發泡鮮奶油來將溫熱的明膠調溫時所遇上的任何難處。

_____

_____

_____

請列出下次可以採取哪些不同的作法，以縮小或去除誤差。

_____

_____

結論

請圈選**粗體字**的選項或填空。

1　當明膠的量從不添加增加到完整分量的一又二分之一倍時，發泡鮮奶油的味道**變濃／變淡／保持不變**。這可能是因為＿＿＿＿＿＿＿＿＿＿＿＿。這方面的差異**很小／中等／很大**。

2　當明膠的量從不添加增加到完整分量的一又二分之一倍時，發泡鮮奶油的硬度**增加／減少／保持不變**。另外，隨著明膠分量的增加，發泡鮮奶油在嘴裡融化的速度**變得更慢／變得更快／幾乎相同**。這方面的差異**很小／中等／很大**。

3　整體而言，能做出最吸引人的風味與口感的明膠分量為**不加明膠／一半分量／完整分量／一又二分之一分量**。然而，具有穩定發泡鮮奶油最好效果（即保持打發和充氣狀態的時間最長）的明膠分量為**不加明膠／一半分量／完整分量／一又二分之一分量**。

4　整體而言，用兩種不同等級（銅和銀）的片狀明膠穩定的鮮奶油**非常相似／有點相似／非常不同**。如果有差異的話，主要差異如下：

_____

_____

_____

5　根據本實驗的結果，在穩定發泡鮮奶油時，銅級和銀級的片狀明膠**可以／不能互相代換**。請對你的答案加以解釋。

_____

_____

_____

6　將銅級的片狀明膠與粉狀明膠進行比較時，用完整分量的銅級片狀明膠製成的發泡鮮奶油質地**軟於／硬於／大致相同**用完整分量的粉狀明膠製成的發泡鮮奶油。這表示本實驗中使用的銅級片狀明膠和粉狀明膠之間的換算（10片明膠等同於1盎司／30克粉狀明膠）大致上**正確／不正確**，因為銅級片狀明膠的布倫分數較這個品牌的粉狀明膠**低／高／相同**。下次對於同樣分量的粉狀明膠，應該用**更少／更多／相同片數**的銅級片狀明膠。

7　我對樣本或本實驗的其他意見：

_____

_____

_____

❹ 實驗：比較以不同澱粉和烹煮時間將果汁內餡稠化的差別

目標

比較以下列變因製成的果汁內餡外觀、風味與質地

- 以不同的澱粉製成
- 以不同的時長烹煮

製作成品

以下列變因製備果汁內餡：

- 不添加澱粉，微微沸騰2分鐘
- 玉米澱粉，微微沸騰2分鐘（對照組）
- 玉米澱粉，未沸騰
- 玉米澱粉，微微沸騰8分鐘
- 粉狀樹薯粉（或葛粉、馬鈴薯澱粉），微微沸騰2分鐘

- 樹薯快煮顆粒，微微沸騰5分鐘
- 即溶澱粉（如National Ultrasperse 2000或Instant Clearjel），未經烹煮
- 食用修飾澱粉（如National Frigex HV、Clearjel或ColFlo 67等熱水糊化型澱粉），微微沸騰2分鐘（或根據製造商的建議時間調整）
- 可自選擇其他種類（25%分量的樹薯快煮顆粒〔1盎司／28克〕、珍珠樹薯粉、稻米澱粉、高筋麵粉）

材料與設備

- 秤
- 不鏽鋼盆
- 攪拌器
- 不鏽鋼長柄鍋
- 耐熱矽膠刮刀
- 塑膠嘗味匙
- 果汁內餡（請見配方），分量要足以將每種變因都製做出約15盎司（450克）以上
- 水浴器
- 電子速讀溫度計
- 直徑6吋（15公分）的盤子、容量1液量盎司（30毫升）的透明杯子，或等量的容器
- 保鮮膜或杯蓋

配方

果汁內餡

分量：每份3/4盎司做24份

材料	盎司	克	烘焙百分比
果汁（白葡萄汁或其他果汁）	14	400	100
澱粉	0.8	22	6
糖（一般砂糖）	1	30	7
合計	15.8	452	113

製作方法

（適用於不添加澱粉的水果內餡、對照組沸騰2分鐘的玉米澱粉、沸騰8分鐘的玉米澱粉、

樹薯粉和食用修飾澱粉）

1　任選一種澄清的果汁，如白葡萄、蘋果或蔓越莓。對於白葡萄或蘋果這樣低酸性的果汁，要在整個實驗過程中使用的所有果汁裡添加一點點酸（每32液量盎司／1公升的果汁加入3至6克檸檬酸或兩顆以上檸檬的果汁）。這能加強烹煮不同時長的成品結果。

2　將澱粉和糖放在盆裡，攪拌混合。不稠化的醬汁則只把糖放進盆裡。

3　在澱粉與糖混合物裡加入5盎司（150克）的果汁，攪拌直至澱粉與糖均勻分布。

4　將剩下的果汁放在長柄鍋裡煮沸。

5　將澱粉、果汁混合物加進沸騰的液體，同時以耐熱矽膠刮刀不斷攪拌。

6　不煮沸的內餡必須馬上從火上移走，接著執行步驟8。

7　對於煮沸的內餡，將混合物煮沸並持續沸騰至指定的時間（2或8分鐘），在此期間不斷攪拌。沸騰8分鐘的內餡有必要的話就加適量的水，以免因水分過度蒸發而燒焦。

8　從熱源移開並稍稍冷卻。

9　使用嘗味匙品嘗一點點稠化過的內餡，確認它們口感滑順，澱粉也沒結塊或結成圓粒（別將未煮熟澱粉的沙質感與澱粉未正確分散導致的結塊或結粒現象混為一談）。如果內餡不滑順，別緊張，就倒掉後再重做一份。用過的嘗味匙一定要徹底洗過才能重複使用，唾液裡含有很強效的澱粉酶，會讓內餡變稀。

製作方法（適用於用快煮樹薯顆粒稠化的水果內餡）

　　在步驟3中將快煮樹薯顆粒和糖加進全部的低溫果汁裡，靜置15分鐘以讓顆粒浸泡。省略步驟4到步驟6後，按上述過程進行步驟7，沸騰5分鐘。快煮樹薯顆粒會呈半透明，但仍會維持完整。

製作方法（適用於用即溶澱粉稠化的水果內餡）

　　在步驟3中將澱粉、糖緩緩撒在全部的低溫果汁裡，同時用攪拌器輕拌（攪拌過度會使空氣包進內餡裡）。省略步驟4到步驟9。

　　如果澱粉開始結塊（這種情況可能在極細的即溶澱粉發生），那得先把澱粉與最多五倍重的糖混合。

步驟

1　在盤子或杯子上標註用來稠化果汁內餡的澱粉類型。

2　以上述配方或任何用由澄清果汁製成的基本果汁內餡配方來製備果汁內餡。每個變因至少準備15盎司（450克）。

3 將高溫內餡移到重量歸零的不鏽鋼盆裡,並在水浴器中冷卻至約120℉(50℃),一邊輕輕攪拌(使用即溶澱粉時請忽略此步驟)。

4 將樣品冷卻至120℉(50℃)後,稱量盆和內餡的重量,加回水以補充所有蒸發掉的水分。對於大部分醬汁來說,這表示要將重量加回到15.8盎司(452克)。不添加澱粉的內餡則要將重量補回15.0盎司(430克)。在結果表的備註欄記錄加回的水量(注意:如果玉米澱粉樣本開始膠凝,就會很難與水混合。這時可以加溫熱的水,或是將內餡稍微重新加熱,也可以兩者都做)。

5 將完成/冷卻的內餡移到標示好的盤子或透明杯子裡,在所有盤子或杯子裡都填到同一個高度。

6 用蓋子或保鮮膜蓋住樣本,然後冷藏到35℉至40℉(2℃到4℃)。

結果

1 品嘗成品前要檢查溫度以確保這些成品都已正確地冷卻到35℉至40℉(2℃到4℃)。請在結果表中記錄成品的溫度。

2 對完全冷卻的水果內餡評估其感官特性,並在結果表中記錄評估結果。請確保將每種內餡與未稠化的內餡(進行風味評估)和對照組(玉米澱粉,沸騰2分鐘)兩者交替進行比較,並參考下列因素進行評估:

- 外觀(有光澤/暗淡、半透明/不透明、濃稠/稀/膠狀、低黏質感/高黏質感等)
- 風味(生澱粉的味道、甜味、酸味、水果味等)
- 口感和質地(滑順/粗糙、濃稠/稀/膠凝、濃郁與否、口內披覆感等)
- 整體滿意與否,從高度不滿意到高度滿意,由1至5給分
- 如有需要可加上備註

結果表　以不同澱粉加熱不同時長進行稠化的水果內餡所具有的感官特性

澱粉種類	冷藏內餡的溫度	外觀	風味	口感／質地	整體滿意度	備註
不添加澱粉，沸騰2分鐘						
玉米澱粉，沸騰2分鐘（對照組）						
玉米澱粉，未沸騰						
玉米澱粉，沸騰8分鐘						
粉狀樹薯澱粉						
快煮樹薯顆粒						
即溶澱粉						
食用修飾澱粉						

誤差原因

　　請列出任何可能使你難以做出適當實驗結論的因素，尤其要注意在控制烹煮速率與總烹煮時長、冷卻樣品時的攪拌程度、將水加回冷卻後的樣本中，以及樣本最終溫度上遇到的任何難處。也要注意樣本杯是否都有填充到相同高度（這點對於評估透明度和硬度來說特別重要）。

_____

_____

　　請列出下次可以採取哪些不同的作法，以縮小或去除誤差。

_____

_____

結論

　　請圈選**粗體字**的選項或填空。

1 大致而言，使用適當烹煮的**玉米澱粉／樹薯粉（或其他根澱粉）**可以製成透明度最好的水果內餡。

---

2 大致而言，使用適當烹煮的**玉米澱粉／樹薯澱粉（或其他根澱粉）**，可以製成凝膠最堅硬或最濃稠的水果內餡。

---

3 風味最純淨的澱粉嘗起來應該最接近**未稠化／未煮熟／煮過頭**的水果內餡。確實具有最真實水果風味的水果內餡是用**玉米澱粉／樹薯澱粉（或其他根澱粉）**稠化。

---

4 與用玉米澱粉適當沸騰2分鐘來稠化的水果內餡相比，未煮熟的水果內餡稠化程度**更高／更低／相同**。與適當烹煮的內餡相比，未煮熟的內餡也**較透明／較不透明／一樣透明**。未煮熟的水果內餡與煮熟的水果內餡之間的其他差異如下：

這方面的差異**很小／中等／很大**。

5 與用玉米澱粉適當沸騰2分鐘來稠化的水果內餡相比，煮過頭的水果內餡稠化程度**更高／更低／相同**。與適當烹煮的內餡相比，煮過頭的內餡也**較透明／較不透明／一樣透明**。煮過頭的水果內餡與煮熟的水果內餡之間的其他差異如下：

這方面的差異**很小／中等／很大**。

6　未修飾的細磨的樹薯澱粉比快煮樹薯顆粒，明顯較**低黏質感／高黏質感（絲黏性）**。用快煮樹薯顆粒製成的水果內餡和用粉狀樹薯澱粉製成的內餡之間的其他差異如下：

_____

_____

_____

這方面的差異**很小／中等／很大**。

7　有個判斷哪些產品總受熱較多的好方法，就是比較各個內餡加回去補足蒸發流失水分的水量。加回最多水量的成品應該是**沸騰2分鐘／沸騰8分鐘／完全未沸騰**的玉米澱粉稠化醬汁。加回的水量差不多的醬汁包括：

_____

_____

_____

根據實際加回去的水量，以下成品暴露於受熱的程度可能超過其應該接受的受熱量：

_____

_____

_____

同理，以下成品暴露於受熱的程度可能少於應該接受的受熱量：

_____

_____

_____

8　本實驗中使用的即溶澱粉稱為＿＿＿＿＿＿＿，感官特性與正確烹煮的玉米澱粉在下列方面有所不同：

_____

_____

_____

9　本實驗中使用的食用修飾澱粉稱為＿＿＿＿＿＿＿，感官特性與正確烹煮的玉米澱粉在下列方面有所不同：

_____

_____

_____

13

牛奶與乳製品

本章目標

❶ 闡明烘焙坊使用的牛奶與乳製品，分別詳述其組成、特性與用途。

❷ 列出牛奶和乳製品的用途，說明這些用途與其組成的關聯。

❸ 說明牛奶與乳製品的最佳保存與調理方式。

導論

在北美銷售的牛奶和乳製品（奶類製品）主要來源為馴化乳牛。它們成分複雜，含有蛋白質、醣類（乳糖）、維生素、礦物質、乳化劑和乳脂等。儘管對許多烘焙食品來說，乳製品並非必要的原料，但確實能發揮一些深具價值的功能，從而成為烘焙業中的重要原料。

美國和加拿大的聯邦政府都對牛奶和乳製品的最低乳脂含量訂定了規範。它們也規範了巴斯德氏殺菌法（巴氏殺菌／低溫殺菌）的處理條件、最大細菌容許量、酸度分級，以及允許加入的添加劑。另外也有部分州、省在疆界內施行更嚴格的規定。下文提到的乳脂要求、巴氏殺菌法時長與溫度皆以美國和加拿大聯邦的規範為準。有關奶油的資訊，請見第9章。

牛奶與乳製品的一般商業加工

巴斯德氏殺菌法

在北美販售的所有乳製品基本上都經過巴斯德氏殺菌法（部分熟成起司除外）。巴氏殺菌是一種對食品整體品質不會產生負面影響而能消滅病原微生物（致病微生物）與減少許多其他微生物數量的加工過程。路易・巴斯德在十九世紀中期發明了此殺菌法。

在商業量產中對牛奶進行低溫殺菌最常見的方式是高溫短時殺菌法（HTST），將牛奶加熱到161℉（72℃）以上的高溫後維持至少15秒。超高溫殺菌法（UHT）則會將產品加熱到更高的溫度，通常為280℉（138℃）持續2秒。由於牛奶的風味對熱非常敏感，UHT牛奶的味道與HTST牛奶會略為不同。UHT牛奶也有更長的保存期限，因為較高的溫度對細菌致命許多，基本上可說是將牛奶中所有細菌都破壞殆盡。然而，如果UHT產品沒有經過特殊包裝防止微生物進入，就得像HTST產品一樣處理，必須一直冷藏。

均質化

如果直接把從乳牛身上取來的新鮮牛奶靜置，最後鮮奶油就會浮到頂層。為了防止這種分離，北美販售的乳製品大多都會經過均質處理。均質化是指一種以高壓迫使牛奶通過金屬板上的小孔，從而將乳脂分成微小液滴的過程（圖13.1）。小滴一形成，乳蛋白和乳化劑就會在每一滴的周圍都形成一層保護膜以防它們重新結合，微小的液滴因此一直維持懸浮，乳脂也就不會分離出來、浮到最上面形成乳油層。也就是說，均質乳製品就是脂肪小滴懸浮在牛奶中的穩定乳化液。

牛奶通常都是在乳製品區的冷藏櫃中買到,也會存放在冰箱裡。那麼,諸如地平線牌(Horizon)或帕瑪拉特牌(Parmalat)這類牛奶,是如何做到裝在鋁箔包裡不經冷藏地出售呢?

可以將牛奶鋁箔包當做現代的牛奶罐頭。這些鋁箔包裡的牛奶經過超高溫殺菌與冷卻後,於無菌條件下進行特殊包裝,使裡面的產品基本上不含細菌。這個過程稱為無菌製程,整個過程不會涉及任何防腐劑或食品輻照處理。咖啡用奶精也是以類似的製程在巴氏殺菌後包裝進一次性塑膠容器裡。

因為該產品基本上不含細菌,也包裝在微生物進不去的容器裡,所以密封鋁箔包裡的牛奶就跟裝在牛奶罐頭一樣安全。不過,無菌密封在鋁箔包或罐頭裡的牛奶一旦被打開就得拿去冷藏了。

分離

用乳脂分離機很容易就能將鮮奶油從牛奶分離出來。分離機是一種轉速極快的離心機,使鮮奶油因為密度較牛奶低而被分離。這比藉著重力使鮮奶油上升快多了。

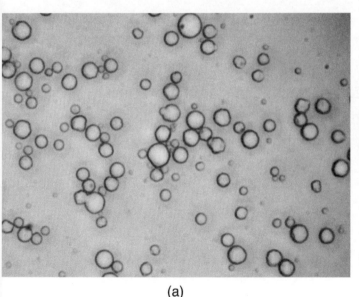

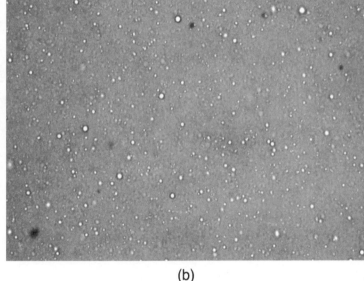

(a)　　　　　　　　　　　　　　　(b)

圖13.1　在全脂牛奶中對乳脂進行均質化的效果。(a)未經均質化者;(b)經過均質化者

牛奶和其他乳化液

油水不會互溶，但還是能讓它們暫時共存，有時甚至能共存很長一段時間。而這就是典型的乳化液，在定義上，乳化液包含兩種液體，且其中一種液體形成小滴，懸浮在第二種液體中。如果這些小滴非常微小，也有被正確的乳化劑維持住，那麼乳化液的狀態就能保存很久。舉例來說，正確製作的美乃滋被視為一種永久性乳化液，因為它被蛋黃裡那些效果極佳的乳化劑（以及乳化蛋白）穩定住了。

乳化液食品有兩種基本的類型：水包油（oil-in-water，O/W）乳化液和油包水（water-in-oil，W/O）乳化液。在水包油乳化液裡，油滴會在水（或牛奶、果汁、雞蛋等）中懸浮，水包油乳化液的實例有牛奶、鮮奶油、美乃滋、甘納許和液態酥油蛋糕麵糊。在油包水乳化液裡，則是水滴在油（或塑性脂肪）中懸浮，油包水乳化液食品很少，最大宗的一種為奶油。

油和水的混合物會變成水包油乳化液還是油包水乳化液取決於幾個因素，包括每種液體的有效量和含有的乳化劑種類。這裡我們要注意到，鮮奶油是水包油乳化液，而奶油則是油包水乳化液。要從鮮奶油製成奶油，就是把乳化液從水包油完全轉變為油包水。這需要許多能量，正因如此，要讓鮮奶油形成奶油就一定得大力攪打。

為什麼牛奶呈白色？

牛奶中的酪蛋白與鈣、磷結合，形成一種稱做微胞的小型球體結構。就像牛奶中細小的脂肪小滴，微胞也是小到看不見、摸不著。即便如此，光還是無法穿過酪蛋白微胞，而會往各個方向反射開來。當光線像這樣散射時，看起來就是白色。牛奶的白大部分都來自於酪蛋白微胞導致的光線散射，不過，還有些光會碰到脂肪小滴而散射，這使得全脂牛奶顯得比脫脂牛奶更白，也更不透明。隨著乳脂含量的增加，當含量跟高脂鮮奶油和部分乳酪的含量一樣多時，這些產品會因為乳脂中的類胡蘿蔔素而呈奶油黃。

牛奶的組成

剛從牛身上擠出的牛奶含有蛋白質、乳糖、維生素、礦物質和乳脂。不過，我們從圖13.2就能明顯看出牛奶主要由水組成。牛奶裡乳脂以外的固體有個相稱的名稱：非脂乳固形物（MSNF），法律上對大多數乳製品都有乳脂和MSNF最低含量的規範。

鮮奶除了淡淡的甜味外，整體風味相對溫和。然而，隨著乳製品中的乳脂含量增加，濃

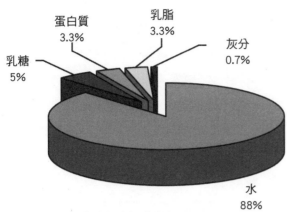

蛋白質
3.3%

乳脂
3.3%

灰分
0.7%

乳糖
5%

水
88%

圖13.2　全脂牛奶的組成成分

厚的風味也會增長，因為大部分乳製品的風味都蘊含在脂肪裡。

乳脂裡也有少量做為乳化劑的卵磷脂以及單酸與二酸甘油脂，還有做為色素的類胡蘿蔔素，類胡蘿蔔素使乳製品呈淡黃色。不過，乳脂裡含量最多的是三酸甘油酯（脂肪分子），尤其是飽和脂肪分子。

儘管牛奶僅含約3.3%的蛋白質，但牛奶中的蛋白質還是非常重要。這些蛋白質可以分為兩大類：酪蛋白和乳清蛋白。酪蛋白容易與酸或酵素凝結；凝成塊狀或優格狀的酪蛋白互相凝集的方式類似凝結的卵蛋白。就像卵蛋白，酪蛋白在凝結時也會稠化與膠化。這是產製起司、優格、酸奶油和其他發酵乳製品的基礎。

製作起司時，會有一種透明的綠色液體從起司凝塊中流出。當凝結的酪蛋白形成起司凝塊時，那種清澈的液體稱做乳清，其中含有乳清蛋白。在加熱牛奶時，乳清蛋白會依附在鍋底和牛奶表面形成一層薄膜。牛奶在加熱時不能放在一邊無人看照，因為乳清薄膜很快就會在鍋底焦掉，毀掉整鍋牛奶的風味和色澤。

乳清蛋白只是乳清中的其中一種營養成分。乳清裡還富含乳糖、鈣鹽和乳黃素。乳清那種淡綠色的色調就來自乳黃素，它是牛奶中的B群維生素之一。

乳糖（lactose）也稱做milk sugar，在牛奶的MSNF中約占50%，甜度大概為蔗糖的五分之一，為牛奶增添了獨特的風味。乳糖是由葡萄糖分子與半乳糖結合組成的雙醣，與大多數醣類的不同之處在於乳糖不會被酵母發酵。

許多人在喝完大量牛奶後會感到腸道不適，之所以會出現這樣的乳糖不耐症，是因為他們體內的乳糖酶數量不足以將乳糖分解為葡萄糖和半乳糖。乳糖不耐症會使腸道不舒服，但並非危及生命的過敏反應。那些會產生乳糖不耐症的人應該避免食用乳製品，或只吃乳糖含量低的乳製品，如發酵乳製品和起司。

實用祕訣

如果在一個會加熱牛奶或鮮奶油的配方裡也需要加糖，那麼在加熱前將部分或全部的糖加進牛奶裡，可以防止乳清蛋白覆上鍋底後黏住。

乳製品

所有乳製品在法律上都依內含乳脂百分比
來劃分。圖13.3將幾種常見乳製品的乳脂含量
做了比較。

液態牛奶

液態牛奶按其脂肪含量分類，而脂肪含
量則由加工處理器進行標準化。牛奶中的脂
肪含量從全脂牛奶的3.25%以上到脫脂牛奶的
基本為零。在美國，牛奶MSNF的最低含量為
8.25%，加拿大則為8%，剩下的都是水。

以最新鮮的乳品風味而言，液態牛奶是首
選。液態（而非乾粉）牛奶最適合用於烘焙卡
士達、鮮奶油派、香草卡士達醬、冷凍甜點和
卡士達奶油。如果在酵母麵團中使用液態牛
奶，要先把它加熱到180℉（82℃）左右。這
樣就能讓干擾麵筋形成的乳清蛋白（即麩胱甘
肽）質變了。

奶粉

乾燥乳固形物（dry milk solids，簡稱

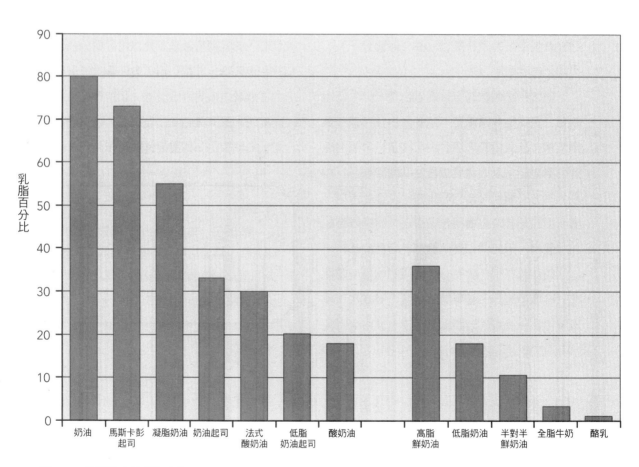

圖13.3　乳製品中的乳脂含量

如何使用乾燥乳固形物

本來需要用液態牛奶的配方很容易就能改用乾燥乳固形物。每磅液態全脂牛奶能代換成2盎司（0.12磅）的DMS和14盎司（0.88磅）的水。如果你用的配方是公制單位，那就是每公升牛奶換成120克DMS和880克水。可以將DMS與乾原料（如麵粉和糖）混合，或是與酥油一起打發。DMS無法輕易與水混合（除非使用即溶DMS），因此最好不要在使用前加水還原。

DMS）是將脫脂或全脂牛奶脫除大部分（只剩下大約3%到5%）的水所製成。大部分DMS以噴霧乾燥法製成，部分蒸發的牛奶會以細霧的形式灑入加熱室，牛奶幾乎是立刻就乾了，以粉末狀落入加熱室的底部。

可以直接買一般的乾燥乳固形物或是買「即溶」的。即溶乾燥乳固形物在儲存期間較不會結塊，更重要的是在加進液體時可以輕易地快速溶解。即溶乾燥乳固形物含有比一般的DMS還要輕而大的顆粒。

與液態牛奶比起來，奶粉在烘焙坊裡占的空間更少，也不用冷藏。如果DMS由全脂牛奶製成，有時候就會被稱為全脂奶粉。由於全脂奶粉含乳脂，因此容易氧化產生腐臭味。如果DMS由脫脂牛奶製成，有時會稱為脫脂奶粉（nonfat dry milk或powdered skim milk，簡稱NDM或NFDM）。脫脂奶粉的保存期限比全脂奶粉更長，在烘焙坊裡也更常見。

DMS並不具有與液態牛奶相同的新鮮乳品風味，因此不應用於卡士達和鮮奶油。相對的，在麵包、蛋糕和餅乾等烘焙食品中就能用DMS了。儘管有很多蛋糕、麵包和瑪芬配方都要求使用液態牛奶，但用乾燥乳固形物做出來的成品還是普遍能被接受，甚至有時還會引人喜愛。

我們可以買到經過不同程度熱處理的

DMS。高溫處理DMS最少會在190℉（88℃）下放置三十分鐘後進行乾燥。如果要用在酵母發酵食品的話，它是最佳選擇，因為乳清蛋白（麩胱甘肽）會減弱麵筋成形，降低麵包品質，而高溫處理能使它們質變。此外，熱處理也會提高乳蛋白的吸水能力。

烘焙坊通常不會使用低溫處理DMS，不過除了酵母麵團之外的所有烘焙食品都能用低溫處理DMS來做。在超市能買到的即溶脫脂奶粉就是一種低溫處理DMS的例子。

低溫處理DMS的味道會比高溫處理DMS更新鮮，但就無法像高溫處理DMS那樣對烘焙食品有額外益處了。不過，要讓冰淇淋混料粉做出的成品更堅實的話，用低溫處理的乾燥乳固形物效果會比較好，在這種食品中經過較少加工的風味比較討喜。

鮮奶油

在北美販售的鮮奶油通常會在UHT（超高溫殺菌法）的條件下經巴氏殺菌處理。以UHT處理鮮奶油的主要優點是能延長保存期限。不過雖然烘焙坊使用的盒裝鮮奶油大多都經過UHT殺菌，但它們並沒有進行無菌包裝，因此還是必需冷藏。

除了巴氏殺菌，鮮奶油通常還會進行均質

什麼是雙倍鮮奶油？

英格蘭以其乳製品（包括鮮奶油）的品質聞名，兩種在英國販售的常見鮮奶油分別是稀鮮奶油和雙倍鮮奶油。稀鮮奶油等同於美國的低脂鮮奶油，而雙倍鮮奶油含有48%的乳脂，比任何一種北美平時販售的鮮奶油都還要濃。來自英國德文夏的德文郡雙倍鮮奶油被許多人認定為英國最好的雙倍鮮奶油。

化處理。均質化會提高攪打難度，但許多高脂鮮奶油和泡沫鮮奶油都會添加乳化劑和穩定用的植物膠，使攪打變得容易一些。在脂肪含量很高（約40%）的情況下，經過均質化的鮮奶油就很好攪打了。

鮮奶油會根據含有的乳脂含量進行分類。乳脂是鮮奶油那種濃郁鮮奶油風味的主要來源。它會形成微小的油滴和固體脂肪顆粒，這些顆粒在鮮奶油均質化後就保持懸浮狀態。就是這些微滴和脂肪顆粒的存在使鮮奶油有濃稠而滑順的稠度。由於鮮奶油的脂肪含量很高，也因而富含溶解在脂肪裡的色素類胡蘿蔔素，因此會呈乳黃色的色調。

在美國，高脂鮮奶油裡會含有36%至40%的乳脂，也通常是烘焙坊裡唯一會存放的鮮奶油。其他的鮮奶油產品有泡沫鮮奶油、低脂鮮

奶油和半對半鮮奶油（half-and-half）。美國的低脂鮮奶油可以由等量的高脂鮮奶油和全脂牛奶混合製成；而如果把等量的低脂鮮奶油和全脂牛奶混合則可以製成半對半鮮奶油。

以國家的角度來說，加拿大有兩種鮮奶油：鮮奶油和泡沫鮮奶油。其他鮮奶油產品的乳脂含量通常由加拿大的省政府進行規範，如各地販售的餐用鮮奶油、半對半鮮奶油、穀物鮮奶油和低脂鮮奶油。表13.1列出了美國與加拿大販售的鮮奶油產品乳脂含量的最低標準。

煉乳與加糖煉乳

煉乳和加糖煉乳都是烘焙坊偶爾使用的特殊原料，通常能以罐裝形式買到，這種罐裝煉乳在打開前可以存放在室溫下，兩者都是藉著除去牛奶中的水分製成。煉乳會被濃縮到其所含的乳脂和IMSNF（非脂乳固形物）為一般液態牛奶的兩倍。加糖煉乳除去的水分更多，而且加了糖。不論是煉乳還是加糖煉乳都能買到低脂和脫脂的版本。

煉乳和加糖煉乳不能互換使用。兩種產品間的主要差別是添加到加糖煉乳裡的糖。由於這些糖的緣故，加糖煉乳變得更濃、更甜，也更稠密，而且顏色和風味都比煉乳更有焦糖感。這顏色和風味都是加熱時發生梅納褐變反

表13.1　在美國與加拿大販售的鮮奶油製品乳脂含量最低標準

品名	美國的最低標準	加拿大的最低標準
高脂鮮奶油	36%	—
泡沫鮮奶油	30%	32%
鮮奶油	—	10%
低脂鮮奶油	18%	—
半對半鮮奶油	10.5%	—

糖如何防止加糖煉乳變質？

加入其中的糖到底是怎麼讓已開罐的罐裝加糖煉乳放置在室溫下而不變質呢？糖畢竟是多數微生物的食物來源不是嗎？

微生物的生存需求不僅僅是食物，舉例來說，它們還需要水分和溫熱的環境，而且大多也需要空氣（氧氣）。就像其他所有生物，水分對微生物來說也極為重要。如果無法攝取水分，微生物就會脫水，細胞會隨之皺縮，功能也會失調。

想想前文中提到了糖具有吸濕性，這就表示它會吸引水並與之結合。當水與糖結合時，微生物就無法利用那些水了。正如水手在海上不能用海水止渴，微生物也無法輕易地以糖漿止渴。它們的細胞會萎縮、失去作用，彷彿環境中根本沒有水似的。高濃度的糖或鹽會降低水活性，同時也會增加滲透壓。當水活性低於某個程度而滲透壓也高於一定程度時，微生物就無法生存了。

這就是加糖煉乳裡所發生的情況。就算它是液體，其中的水活性也很低，因此不容易酸壞。

應的結果。

加糖煉乳中添加的糖意味著它可以開著放在室溫下好幾天而不會變質，但通常並不會這麼做。

煉乳和加糖煉乳的成本都比液態全脂牛奶高，但它們也都有各自的優點。由於占用的空間較小，還能在室溫下永久存放直到打開為止，因此它們更易於儲藏。這在不容易取得製冷設備的熱帶地區就特別重要了。更重要的是，這些產品的低含水量和焦糖風味都能被好好利用。

舉例而言，加糖煉乳通常會用於製作墨西哥布丁，那是一種帶有焦糖牛奶風味的卡士達。傳統的墨西哥布丁是以加糖煮沸進行蒸發後的牛奶所製成，而這在本質上其實就是加糖煉乳。加糖煉乳和煉乳的其他常見用途有南瓜派、乳脂軟糖和焦糖，它們能使這些製品呈乳狀光滑的質地。在某些低脂產品中，煉乳也會拿來替代鮮奶油使用。

發酵乳製品

發酵乳製品藉由添加活菌——通常是乳酸菌——來進行發酵，乳酸菌會將乳糖發酵成乳酸和其他有特殊風味的產物。乳酸會降低發酵乳製品的酸鹼值，也能增添討喜的酸味，還能讓發酵乳製品稠化與膠化，因為酸會使酪蛋白凝結。一般認為乳酸菌是好細菌，因為對乳製品的風味和質地都有正面的作用，而且也有助於阻礙這些食品中的有害腐敗細菌生長。發酵乳製品正是因為這些好細菌才具有比未經發酵的乳製品更長的保存期限。

通常來說，含發酵乳製品的烘焙食品配方裡也會含有小蘇打。當乳製品中的酸與小蘇打反應時，會產生二氧化碳氣體。對部分烘焙食品來說，這可以做為膨脹的重要來源。如果乳製品中的酸多於與小蘇打反應所需要的酸，那麼這些過量的酸就會使混合物的酸鹼值變低，使烘烤後的成品更軟質也更白。

發酵乳製品因其在健康上的益處而有悠久的使用歷史。一般認為，當這些製品裡對人體友善的細菌進入腸道時，可以藉著減弱有害細菌的生長來協助維持腸道健康。當食用這些細菌能有健康上的益處時，這些活菌通常被稱做益生菌。不過，回想一下第3章就能知道，細菌和其他微生物會在烘烤過程中死亡。不論發酵乳製品中的益生菌能提供什麼健康益處，在烘焙過程中都會失效。

發酵酪乳 最早的時候，酪乳（白脫牛奶）是將鮮奶油拌攪製成奶油後殘留的液體。現今的發酵酪乳則是在牛奶中——通常是低脂（含1%乳脂）或脫脂牛奶——添加乳酸菌的方式製成。由於酸對酪蛋白的作用，它會比一般牛奶更濃稠。

儘管發酵酪乳在某些情況下有使烘焙食品變白、嫩化和發酵的作用，但主要還是用於製作比司吉和其他某些烘焙食品，用於增添風味。傳統的愛爾蘭蘇打麵包完全藉由酪乳和小蘇打來進行膨發。發酵酪乳也能買到乾粉狀的形式。

酸乳適合做為發酵酪乳的替代品，它能以在8盎司（225克）的液態牛奶中加入1湯匙（15毫升）醋的方式製得。酸乳沒有發酵酪乳的稠度，酸味也較強烈，但對於使製品嫩化、變白和膨脹的效果來說，確實能提供相同的酸度。這裡要注意的是，酸乳和發酸的牛奶不同，後者是腐壞的牛奶，發酸、腐壞的牛奶有讓人厭惡的味道，絕對不要用於製作烘焙食品。

其他發酵乳製品包括克菲爾發酵乳和乳酸菌發酵乳。這些產品其實與酪乳類似，但是用了不同的細菌進行發酵，因此具有它們獨特的風味。

優格 優格與發酵酪乳相似，是一種藉由將細菌加進液態牛奶並使其發酵產生酸而製成的乳製品，由不同細菌（保加利亞乳酸桿菌和嗜熱性鏈球菌）的混合物所製成。與酪乳相比，它通常具有更濃、更酸的風味，以及更堅實的凝膠狀稠度。優格可以當做酸奶油的低脂替代品使用。

希臘優格是將優格瀝除大量乳清液體而製成。如此做成的優格有時會被稱做「優格起司」，質地類似奶油起司，但有更強烈的酸味。希臘優格在起司蛋糕、糖霜和餡料中可以做為奶油起司的替代品使用。

酸奶油 在美國，酸奶油是由低脂鮮奶油（含18%到20%的乳脂）添加乳酸菌所製成，而加拿大酸奶油中的乳脂含量可能會略低一點（最低至14%）。乳酸會導致酸奶油中的蛋白質凝結成膠稠狀，可以在其中添加植物膠和澱粉來進一步稠化製品。添加的植物膠和澱粉還能防止酸奶油中的乳清液體分離出來。如果乳清真的分離了，請在使用前將其拌進酸奶油裡。

酸奶油可以在起司蛋糕、花式甜麵包和某些糕點麵團中使用。市面上也有低脂和脫脂的酸奶油製品，比普通的酸奶油含更多水分，也具有較淡的風味。低脂酸奶油其實就是發酵的

如何製作希臘優格

可以用任何優格（包括低脂或脫脂優格）來製作希臘優格。不過要避免使用添加澱粉或植物膠的品牌，因為澱粉和植物膠會阻礙乳清順利瀝出。

要瀝除乳清，可以將優格放在幾層粗棉布上，然後將布懸於碗上好接住乳清。保持布包得鬆散的狀態後將其冷藏。整個過程只需要幾個小時，但如果喜歡更乾的乳酪的話，可以持續瀝乾一整天以上。

半對半鮮奶油（最少含10.5%的乳脂），通常足以在烘焙時做為一般酸奶油的替代品。

法式酸奶油　法式酸奶油是一種全法國都在使用的發酵鮮奶油製品。製作法式酸奶油的傳統方法是在室溫下將未經巴氏殺菌的牛奶放在鍋裡，使鮮奶油浮到最上層。約12小時後，將鮮奶油移除。在這段時間裡，未經殺菌的牛奶所含有的天然細菌會使鮮奶油熟成，將其轉變為一種具有溫和酸味且更濃稠的製品。由於法式酸奶油的脂肪含量很高（在法國至少含有30%），因此比酸奶油更滑順、更濃郁，味道也更柔潤。類似的產品在墨西哥則被稱做 crema fresca。

糕點師有時會在高脂鮮奶油中加入少量發酵酪乳或酸奶油，然後將其放在暖熱處8個小時以上再冷藏，以此製作法式酸奶油的替代品。

當鮮奶油隨著乳酸菌的生長而熟成，會逐漸稠化並產生酸味。這種製品類似酸奶油，不過不同之處在於它的乳脂含量更高。

凝脂奶油　凝脂奶油是一種濃稠而易塗抹的乳製品，最低脂肪含量為55%，它還具有一種堅果與煮熟牛奶般的風味。來自英格蘭德文郡的凝脂奶油可說是其中風評最好的，那裡製作凝脂奶油已經有好幾個世紀的歷史。製作德文夏凝脂奶油的傳統方法一開始很像法式酸奶油，熟成的鮮奶油會從放在淺鍋裡的牛奶浮上來。接著將牛奶緩緩加熱至約180℉（82℃），維持約一個小時，直到它開始形成金黃色的外層為止。最後將被加熱的混合物緩緩冷卻，再將厚厚一層奶油狀的凝脂奶油從最上層取走。傳統上會在英格蘭的下午茶時，將凝脂奶油拿來與果醬搭配著抹在司康上享用。

有少量英格蘭西南部乳牛場產出的凝脂奶油還是以傳統作法製成，但現今的凝脂奶油更可能是由新鮮（未經發酵）、已從牛奶分離的鮮奶油烹煮，再緩慢冷卻的方式製成。

起司（乳酪）

起司是以凝結的牛奶酪蛋白（凝乳）在與乳清分離後製成。大多數（但非全部）的起司被歸類在發酵乳製品裡，這表示活菌會產出酸，使起司凝塊成形。

起司中有些未經熟成，也有些經過熟成（陳年）。柔軟、未熟成的起司如奶油起司、訥沙泰勒起司、烘焙起司、瑞可塔和馬斯卡彭起司是烘焙業者最常用的乳酪。熟成起司通常

具有更強烈而獨特的風味，例子包括帕馬森起司、藍紋起司、切達起司和布里起司。

奶油起司、訥沙泰勒起司和烘焙起司　奶油起司、訥沙泰勒起司和烘焙起司三者相似，凝乳都是在牛奶或鮮奶油中加入乳酸菌而形成，而且通常還會添加酵素。瀝乾乳清液體後，凝乳會繼續加工，直到它們有適當的稠度為止。這三種起司都有溫和而略帶酸性的風味，以及柔軟滑順的質地，全都用於糕點內餡和起司蛋糕。通常會添加植物膠來增添乳油感和緊實度，低脂起司尤其如此，通常會在其中添加三仙膠、刺槐豆膠和瓜爾膠的混合物。

　　在這三種起司中，奶油起司的脂肪含量最高，必須包含至少33%的乳脂（在加拿大則為30%），與泡沫鮮奶油相同。訥沙泰勒起司的脂肪含量低於奶油起司（最低含20%），事實上訥沙泰勒起司確實經常被標成「低脂奶油起司」。烘焙起司基本上不含脂肪，有時會被標為「脫脂奶油起司」，烘焙起司比奶油起司便宜，但味道也明顯沒有那麼濃郁。

　　由於奶油起司的低脂和脫脂版本通常含有高比例的植物膠，因此用這些製品可以成功做出低脂起司蛋糕等產品而不犧牲質地。不過，如果沒有進行一點調整，低脂起司蛋糕的味道通常就不會那麼濃郁、飽滿而讓人心滿意足。有許多風味會溶解在脂肪裡，所以脂肪被去除後，風味的釋出就會有所不同，通常會釋出得更快。不過，只要經過一點實驗，還是能創造出風味完整的低脂起司蛋糕，以及其他許多由乳製品製成的甜點。第17章會對改良食品（包括低脂食品）風味的建議加以說明。

瑞可塔起司　瑞可塔起司遍布著些許粒狀，具有溫和的甜乳味。最初是節儉的義大利家庭主婦在製作完起司後殘留的乳清液體裡加入酸，從而製成瑞可塔起司。時至今日，瑞可塔通常會以在全脂牛奶或部分脫脂牛奶中加入酸或細菌與酵素的方式製成。這種軟而濕潤的乳酪可用於製作奶油甜餡煎餅卷、瑞可塔起司蛋糕和其他義大利特色菜。

馬斯卡彭起司　馬斯卡彭起司是一種義大利起司，最廣為人知的是做為提拉米蘇的其中一種原料。馬斯卡彭起司的乳脂含量為70%到75%，幾乎和奶油一樣高了，味道和質地界於奶油起司和奶油之間，又像是非常濃郁的凝脂奶油。馬斯卡彭起司通常是在加熱的高脂鮮奶油裡加入酸來製成。

　　酸和熱的結合會使酪蛋白凝結，形成細膩、滑順的凝乳，而從乳清中緩緩濾出。由於馬斯卡彭起司是一種相對而言容易製作的起司，因此有些糕點專賣店會自己製備。

奶渣　奶渣最初源於德國。這種溫和而未熟成
的軟凝起司在市面上有不同脂肪含量的版本。
奶渣的質地略比瑞可塔滑順一些。如果沒有奶
渣可用，可以將瑞可塔放進食品加工機裡拌攪
來取代；如果要替代高脂奶渣的話，就將瑞可
塔起司和奶油起司混合使用。奶渣會用在德國
起司蛋糕和其他糕點中。

乳清製品　回顧前文，其中有提到乳清液體是
起司產製時的淡綠色副產品，其含有大量蛋白
質（乳清蛋白）和乳糖，還富含許多維生素和
礦物質，如乳黃素、鈣和磷。

　　乳清液體過去曾經被倒掉或被當做動物飼
料使用，如今能被做成許多有價值的製品，其
中一種就是乳清粉，由乳清液體進行巴氏殺菌
與乾燥所製成。乾粉乳清在很多方面都與乾燥
乳固形物（DMS）類似，也能以較低的成本用
於製作烘焙食品。

牛奶與乳製品的功能

　　以下列出的功能主要為對液態牛奶和乾燥
乳固形物（DMS）適用的說法。對於只有一種
乳製品能提供的功能，會加以指明。

主要功能

增添外皮色澤　乳製品中含有蛋白質和乳糖
（一種會快速褐變的醣類），兩者加在一起對
梅納褐變反應來說正是適合的混合物。想想前
文，其中有提到梅納褐變反應即為糖和蛋白質
的分解，而這個反應為烘焙食品上了色，也使
其具有新鮮出爐的風味。

　　如果用牛奶代替水來製作烘焙食品的話，
可能得將烘焙時間調短、將溫度調低一點，以
減少過度褐變的程度。

減緩老化　乳製品中有些成分如蛋白質、乳糖
和乳脂會減緩烘焙食品因內裡組織的澱粉回凝
而產生的老化。這種功效在無油糖酵母麵包中
尤為明顯，這種麵包大多都含有較少糖和脂肪
這類延緩老化的原料。由於乳製品能阻礙老
化，因此可以延長烘焙食品的保存期限。

增加外皮的柔軟度　以牛奶代替水製成的麵包
和奶油泡芙等產品，外皮會較用水製成的外皮
更軟。舉例來說，脆皮的法式長棍麵包由水製
成，而軟皮的三明治麵包或吐司麵包就是用了
牛奶。軟化可能是因為牛奶中的蛋白質和糖會
與水結合，從而減緩水從外皮蒸發的過程。

混合各種風味以及使風味馥郁　牛奶會改變烘

焙食品的風味。比如說,加進蛋糕和麵包的牛奶會將不同風味混合,並減弱鹹味。在製作布丁餡、香草卡士達醬和卡士達醬時,乳製品對於濃郁飽滿的風味至關重要,在含高比例乳脂時尤其如此。

使烘焙食品形成細緻而均勻的內裡組織　有些烘焙食品,尤其是酵母麵包,如果用牛奶或乾燥乳固形物製作的話,會具有更細緻均勻的內裡組織。這可能是因為牛奶中的乳蛋白、乳化劑和鈣鹽相互結合,有助於穩定其中的小氣泡。這些氣泡越小,組織就越細緻。

形成穩定的泡沫　當鮮奶油含有至少28%的乳脂時,就能打成泡沫狀。泡沫鮮奶油和高脂鮮奶油都能攪打出讓人滿意的成品,但是因為高脂鮮奶油含有較高的脂肪含量,所以產生的泡沫會更穩定(但更細密)。

　　除了使用脂肪含量較高的鮮奶油,要讓發泡鮮奶油更穩定,也可以先把鮮奶油冷卻好讓部分乳脂凝固一點、攪打時緩緩加入糖,或是拌入明膠溶液或其他安定劑。有許多品牌的高脂鮮奶油都有添加乳化劑如單酸與二酸甘油酯,使其更好攪打。

　　乳蛋白也能形成穩定的泡沫,舉例來說,卡布奇諾上的泡沫就是包覆空氣的乳蛋白所形成的。乳蛋白含量高的煉乳在冷卻時可以攪打成穩定的泡沫,可以用此做出發泡鮮奶油的替代品。

其他功能

有助於打發酥油　在打發酥油中加入乾燥乳固

形物有助於使空氣摻入,以及使打發後更穩定。這些益處可能是出於奶粉中的乳化劑和蛋白質。

吸收水分　牛奶中的蛋白質具有乾燥劑的作用,它會吸收水分,增加酵母麵團的吸水率。需要在酵母麵團添加的額外水量,大約與添入的DMS重量相同,這表示用牛奶製成的酵母麵團跟用水製成的麵團比起來,需要用到更多液體,這種吸水力使得乳蛋白具有延遲麵包老化的能力。

有助於卵蛋白的凝結　用水代替牛奶製作的卡士達醬無法好好凝固,因為牛奶本身有助於使蛋液凝結。另一方面,牛奶也被證實了可以讓蛋糕的內裡組織變得更堅實,變得更像海綿而有彈性。這麼看來,乳蛋白和鈣鹽都能強化蛋液形成的結構,和硬水中的鈣鹽強化麵筋結構一樣有效。

提供水分　由於液態牛奶約含88%的水分,因此無論在什麼時機用於烘焙食品,都能提供水分來溶解糖和鹽、促進麵筋形成或是使澱粉糊化。即便是高脂鮮奶油也含有超過50%的水。

發泡鮮奶油和打發蛋白都是泡沫，這意味著它們都含有被包覆在液體中的氣泡。兩者加糖後都更穩定，但也都需要攪打更長的時間。而且在過度攪打時都會塌陷成漂在一灘液體上的塊狀物。除了這幾點之外，發泡鮮奶油和打發蛋白就完全不同了。使打發蛋白穩定的是蛋白質，而穩定發泡鮮奶油的則是乳脂。乳脂的實際作用如下。

脂肪小滴又稱脂肪球，懸浮於鮮奶油中，而攪打的動作會破壞小滴外圍的保護膜。未受保護的脂肪球會形成微小的團塊、凝固，然後與微小的脂肪晶體結合與固化。這些乳脂中的微滴和團塊會圍在每個氣泡旁，將它們相互隔開，懸浮在鮮奶油裡。持續攪打會讓更多的脂肪球結塊，從而形成一個延展開來的立體網狀結構，使鮮奶油隨著攪打而變硬。由於使鮮奶油硬化的立體網狀結構由乳脂中的固體晶體組成，因此經過適當降溫的鮮奶油攪打出的成品最好，這點就與蛋白不同了，蛋白反而是在卵蛋白變得溫熱時能攪打出最好的成品。

脂肪團塊在穩定泡沫方面不如卵蛋白有效，因此蛋白的體積能增加到八倍之多，而鮮奶油的體積卻連翻倍都勉強。如果發泡鮮奶油打進的氣體使其體積超過原先的兩倍，脂肪團塊就會形成大粒的奶油，使泡沫塌陷，液態酪乳隨之從中分離。

增添營養價值　牛奶含有高品質的蛋白質、維生素（乳黃素、維生素A和維生素D）和礦物質，尤其是鈣，這也反映出牛奶確實是新生小牛唯一的食物來源。然而，乳製品的飽和脂肪含量很高，像是含乳脂的高脂鮮奶油，這會增加血膽固醇並導致冠心病。

在北美，牛奶是鈣的重要來源，骨骼的生長需要鈣，而且飲食中缺鈣與骨質疏鬆（骨骼結構嚴重缺損）有關。牛奶裡也會添加維生素D，因為維生素D有助於體內對鈣的吸收。

儲藏與處理

液態牛奶和加水還原的奶粉產品容易變質。細菌會在其中繁殖，產生酸與異味，也就使牛奶變酸了。雖然酸壞的牛奶通常對人無害，但味道實在令人作嘔，應該直接倒掉。

除了細菌性腐敗之外，牛奶的味道也很容易受到其他變化的影響，既可能吸收其他氣味，也可能因暴露在過度高溫或光線下而發生化學反應。

全脂牛奶經巴氏殺菌後約有兩週的保存期限，和其他所有乳製品都會標上保存期限或使用日期。這些日期標示僅供參考，實際的保存期限取決於許多因素，主要的因素還是產品儲藏的妥善程度。

在使用乳製品前，請務必先聞過與嘗過，

什麼是光誘發氣味？

太陽或螢光燈射出的紫外線能量很高，會導致食品發生化學變化，其中有些變化會使儲存於透明容器中的牛奶產生異味。這些變化可以在一小時內迅速發生，會大幅降低消費者對該牛奶的接受度，也可能降低牛奶的營養品質。

光誘發的化學變化會涉及乳蛋白中氨基酸的分解，該反應會在維生素核黃素存在時發生，而反應結果會是牛奶在產生異味的同時喪失核黃素。光誘發的異味有時會被描述成羽毛或馬鈴薯燒焦的氣味，可能會在牛奶暴露於明亮日光下的幾分鐘內發生，如果在螢光燈下，則會花上更長的時間。

另一種發生在牛奶的光誘導氣味變化，則是維生素A的分解，這個反應最可能發生在低脂與脫脂牛奶的製品。維生素A分解後會產生一種氧化的異味，有時會被描述為濕紙板味或過期的油品味。再次強調，暴露在陽光下會降低牛奶的營養品質，而這時破壞的就是維生素A。諷刺的是，這種紙板味還比較可能出現在儲存於透明塑膠容器裡的牛奶，而非存放於紙盒裡的牛奶。

並根據你的判斷來確定該原料是否適合拿來使用。也別將高脂鮮奶油形成的一層脂肪誤認為是確定變質的跡象。如果它形成了脂肪層，請在使用前先搖晃容器使其混合。

處理液態牛奶時應遵循以下原則，以免滋生微生物，確保食用方面的安全性以及避免異味產生。

- 到貨時確認溫度，應該要低於45℉（7℃）。如果高於這個溫度，就別收這批牛奶了。
- 牛奶在不用時都要冷藏，理想情況下應該儲存於34℉至38℉（1℃至3℃）。
- 用完立刻關上容器。打開的盒裝牛奶可能會讓飄蕩在空氣裡的微生物落進來，而縮短牛奶的保存期限。
- 保持冰箱清潔。其他食物或環境髒污的氣味都可能會穿過容器而被牛奶吸收，有必要的話就用另一個冰箱存放具有強烈氣味的食物。

- 避免光線直射。液態牛奶很容易受到紫外線的破壞。

雖然發酵乳製品如優格、酪乳、酸奶油等有更長的保存期限，但其中的酸含量會隨著時間持續增加，味道會逐漸變得更強烈、更衝，也更突出。黴菌會在未妥善儲存或存放時間太長的發酵製品上長出來。發酵乳製品只要長了黴菌都該丟掉。

烘焙坊使用的未熟成軟起司很容易腐壞。尤其是那些含有大量水分的起司如瑞可塔，特別容易壞。瑞可塔起司在開封後應該在二到五天內用完。奶油起司、訥沙泰勒和烘焙起司則可以放得稍微久一點。在開封後應將其緊密地裹住或蓋上，以免乾掉，而且應冷藏儲存，不能超過兩週。

脫脂奶粉很好儲存。如果沒有加水還原就無需冷藏，但要蓋好並存放在陰涼乾燥處，以避免奶粉吸收強烈的氣味，以及因濕度變化而

結塊。如果脫脂奶粉吸收了水分而變硬或結塊，請在使用前將其粉碎與過篩。儘管脫脂奶粉的保存期限很長（至少一年，如果正確存放的話可能長達三年），但最後還是會產生異味，顏色變得暗沉而偏褐色；另一方面，全脂奶粉中的乳脂會氧化成腐臭的異味。就算在理想條件下儲存，全脂奶粉的保存期限最多也只有六個月。

罐裝的煉乳與加糖煉乳，如果沒有開封的話即便放幾年也不會變質。然而它們會隨著時間流逝而變得暗沉、產生更濃郁的風味，以及發生稠度變化。煉乳一旦開封就要冷藏，而加糖煉乳最好也是如此。

複習問題

1　為什麼牛奶要經過巴氏殺菌？又為什麼要經過均質化？

2　什麼是UHT牛奶？與普通的巴氏殺菌牛奶有何不同？

3　什麼是MSNF？

4　乳脂是什麼？

5　請列出牛奶裡的兩大類蛋白質。

6　乳清由什麼組成？

7　什麼是DMS？為什麼不建議使用DMS製作卡士達鮮奶油派？

8　低溫處理DMS和高溫處理DMS有何差別？哪一種在烘焙業比較常用？它通常會用在哪些產品中？

9　有一份配方裡面需要用到低脂鮮奶油，但手上能用的只有全脂牛奶和高脂鮮奶油。你該怎麼做？

10　配方裡要求使用煉乳，但手邊能用的只有加糖煉乳。可以用加糖煉乳替代煉乳嗎？為什麼可以？或為什麼不可以？

11　「發酵乳製品」是指什麼？請舉出發酵乳製品的例子。

12　什麼是益生菌？烤箱的熱會如何影響益生菌？

13　發酵乳製品對烘烤食品的膨脹能有什麼樣的助益？

14　發酵乳製品如何讓烘烤食品的內裡組織變白？

15　奶油起司、訥沙泰勒起司和烘焙起司之間有什麼差別？

16　哪幾種乳製品可以成功打成穩定的泡沫？

17　請列出對製作穩定的發泡鮮奶油而言至關重要的四個因素。

18　為什麼在打發脂肪時將DMS與糖同時加入，比在打發後將麵粉與其他乾原料一同添

加更好？

19 牛奶等乳製品如何延長烘焙食品的保存期限？

20 為什麼乾燥乳固形物應存放在陰涼乾燥處？

問題討論

1 有個配方需要32盎司（1公升）的牛奶，但是你想用奶粉替代，那麼應該用多少奶粉和水來取代液態牛奶呢？

2 你想為患有乳糖不耐症的人製作布丁餡甜點。你試著用豆漿代替全脂牛奶，卻發現布丁餡沒有好好凝結。可能是因為什麼原因才導致如此呢？

習作與實驗

① 習作：乳製品的感官特性

在結果表的說明欄中填寫每種乳製品的品牌名稱，包括標籤中該產品的其他描述、以及與其他同類產品做出區隔的資訊（乾燥乳固形物可能為即溶或非即溶、高溫處理或低溫處理，而高脂鮮奶油可能會寫出乳脂百分比，以及是否經過超高溫殺菌法）。接著，記錄每種乳製品的成分表（如果可行的話）。在此之後比較並描述各產品的外觀、稠度與風味。藉這個機會單憑感官特性辨認不同的乳製品。如果需要加上其他意見或觀察，請寫在表格的最後一行。有三列留白了，可以視意願用於評估其他乳製品。

結果表　乳製品

乳製品	說明	成分表	外觀	質地／口感	風味	備註
無脂（脫脂）牛奶						
全脂牛奶						
高脂鮮奶油						
煉乳						
加糖煉乳						
發酵酪乳						
酸奶油						
低脂酸奶油						
乾燥乳固形物（低溫處理，經加水還原）						
乾燥乳固形物（高溫處理，經加水還原）						

請參照上表和本書中的資訊回答以下問題。

1　用一句話描述脫脂牛奶和全脂牛奶在口味與口感上的差異。

_____

_____

_____

2　煉乳有時會在烘焙食品和甜點中當做高脂鮮奶油的低脂替代品。你認為以下哪種製品能做得最成功：卡士達醬、發泡鮮奶油、南瓜派？_____請對你的答案加以解釋。

_____

_____

_____

3　除了更甜之外，加糖煉乳和煉乳的味道還有什麼差別？_____
根據你對兩種製品的評估，如果有個配方需要用到其中一種，你覺得可以用另一種替代嗎？
請對你的答案加以解釋。

_____

_____

_____

4　是什麼使酪乳和酸奶油的味道變酸？_____稠化的主因為何？_____酸奶油有
時會添加澱粉和植物膠，使其進一步稠化，以及避免裡面的成分分離。那麼，你的酸奶油中
添加了哪一種呢（如果有的話）？_____

_____

5　你會如何用一句話描述酸奶油和低脂酸奶油之間的風味和與口感差異？

_____

_____

低脂酸奶油裡加了哪些可能會使其具有乳脂口感的成分？

_____

_____

_____

6　哪種加水還原的DMS（低溫處理或高溫處理）具有與脫脂牛奶最符合的風味和顏色？

_____

_____

_____

7　如果你常在冰淇淋中加低溫處理的DMS以使冰淇淋更結實，你覺得以高溫處理的DMS取代的
話，冰淇淋的品質是否還能接受？請對你的答案加以解釋。

_____

_____

如果你常將高溫處理的DMS添加進蛋糕麵糊，你認為以低溫處理的DMS代替時，成品還能接
受嗎？請對你的答案加以解釋。

❷ 實驗：比較以牛奶和水準備的閃電泡芙外殼品質

泡芙麵團是用於製作奶油泡芙、泡芙和閃電泡芙的麵團名稱。牛奶和水都常常用於其中。雖然兩種液體都能用來製作，但做出來的結果會有所不同。在此實驗中，你要準備用兩種液體做出來的泡芙麵團，比較烘焙出來的閃電泡芙外殼，然後自己評估結果。

目標

示範用於製作泡芙麵團的液體種類對於下列項目有何影響

- 閃電泡芙外殼的酥脆感與梅納褐變反應的程度
- 閃電泡芙外殼的濕度、柔軟度和高度
- 閃電泡芙外殼的整體風味
- 閃電泡芙外殼的整體接受度

製作成品

以下列方式製成閃電泡芙外殼

- 水（對照組）
- 牛奶
- 可自行選擇其他方式（水和牛奶各一半加以混合、豆漿、用奶油取代酥油等等）

材料與設備

- 秤
- 厚底長柄鍋
- 木勺
- 5夸脫（約5公升）鋼盆攪拌機
- 槳狀攪拌器
- 大的圓形花嘴
- 大的擠花袋

- 泡芙麵團（請見配方），足以為每個變因都製作12個以上的閃電泡芙外殼
- 半盤烤盤
- 烘焙紙
- 烤箱溫度計
- 鋸齒刀
- 尺

配方

泡芙麵團

分量：12個閃電泡芙外殼

材料	磅	盎司	克	烘焙百分比
蛋（全蛋）		8	225	181
水		8	225	181
通用酥油		3	85	68
鹽		0.1	3	2.4
高筋麵粉		4.4	125	100
合計	1	7.5	663	532.4

製作方法

1 烤箱預熱至425℉（220℃）。

2 使蛋回復室溫。

3 將水、酥油和鹽放進厚底長柄鍋裡，煮到燒開且酥油完全融化。

4 將鍋子從火上移開，接著立刻加入麵粉，以木勺用力快速攪拌。

5 再次加熱且繼續劇烈攪拌，直到整個麵團形成一個光滑而乾燥的球，且不會黏在木勺或鍋側。切莫煮過頭，否則麵團就無法適當膨脹了。

6 將麵團移到帶有槳狀攪拌器的攪拌盆內，並緩緩加入雞蛋（一次約2盎司／60克），每次添加後都以中速攪打。每次加入新一批的蛋之前都要先將已加入的蛋完全混合。如果需要的話，可以手打方式攪打蛋液。

7 繼續攪拌混合物直到所有蛋液都被吸收進去。用湯匙將麵團抬起時，麵團應該要能維持其形狀，但也要保持光滑、濕潤以及可加工的狀態。

8 將一個圓形花嘴放在擠花袋裡，然後將泡芙麵團填滿袋子。

步驟

1　將烤箱預熱至425℉（220℃）。

2　以上述的配方或任何基礎泡芙麵團配方製備泡芙麵團（用通用酥油代替奶油，以去除從脂肪產生的乳固形物）。為每個變因各準備一份麵團。

3　將烘焙紙鋪上烤盤，標示各盤泡芙麵團使用的液體種類。

4　將麵團擠上鋪好的烤盤，約呈3/4吋（2公分）寬、3吋（8公分）長的條狀，或是任何標準一致的形狀。

5　將烤箱溫度計放置在烤箱中央，記錄烤箱初溫。初溫：＿＿＿＿＿＿＿。

6　烤箱正確預熱後，將裝滿的烤盤放入烤箱。設定計時器為10分鐘或根據配方進行設定。在425℉（220℃）下烘烤10分鐘。

7　將溫度降低至375℉（或190℃），接著在該溫度下繼續烘烤10至15分鐘，或是根據配方進行設定。

8　烘烤到對照組的閃電泡芙呈褐色且碰觸時感到堅實為止。為了確認製品確實完成，請從烤箱中取出一個閃電泡芙，使其冷卻。如果這個閃電泡芙能保持其形狀而不塌陷，就可以從烤箱中取出其他閃電泡芙了。

9　將時間記錄於結果表一。

10　記錄烤箱終溫，終溫：＿＿＿＿＿＿＿。

11　將閃電泡芙移出熱烤盤，冷卻至室溫。

結果

1　當閃電泡芙完全冷卻時，請按下述方式評估其平均高度：

● 每批取三個閃電泡芙外殼切半，注意不要在切的時候擠壓到了。

● 拿尺貼著閃電泡芙中心的切面，測量每個閃電泡芙外殼的高度。以1/16吋（1公釐）為單位，分別記錄三個閃電泡芙外殼的測量結果，並將結果記錄在的結果表一。

● 將閃電泡芙外殼的高度相加再除以三，算出閃電泡芙外殼的平均高度。請將結果記錄在結果表一。

結果表一　不同液體製成的閃電泡芙外殼所需烘烤時間與高度的評估

液體種類	烘烤時間（分鐘）	三個閃電泡芙的個別高度	平均高度	備註
水（對照組）				
牛奶				

2　待製品完全冷卻後，評估其感官特性，並將評估結果記錄於結果表二中。請記得每一種製品都要與對照組做比較，評估以下項目：

- 外殼顏色，由淺至深給1到5分
- 外殼質地（軟／脆、潮濕／乾燥等）
- 內部的樣子（顏色、條狀結構等）
- 內部質地（堅硬／軟爛、潮濕／乾燥等）
- 風味（雞蛋味、麵粉味、鹹味等等）
- 整體滿意與否，從高度不滿意到高度滿意，由1至5給分
- 如有需要可加上備註

結果表二　不同液體製成的閃電泡芙外殼所具有的感官特性

液體種類	外殼顏色與質地	內部的樣子與質地	風味	整體滿意度	備註
水（對照組）					
牛奶					

誤差原因

　　請列出任何可能使你難以做出適當實驗結論的因素，尤其要去考量在攪拌與處理麵團時遇到的任何難題、在鍋中加熱麵團的時長，以及關於烤箱或烘烤時間是否有任何問題。

_____

_____

_____

請列出下次可以採取哪些不同的作法，以縮小或去除誤差。

_____

_____

_____

結論

請圈選**粗體字**的選項或填空。

1　跟水比起來，用牛奶製出的閃電泡芙外殼褐變的程度較偏向**增加／減少**。兩者的顏色差異**很小／中等／很大**。會產生這個差異的原因為

_____

_____

2　當閃電泡芙外殼用牛奶而非水製成時，外殼會變得**更脆／更軟**。兩者的差異**很小／中等／很大**。會產生這個差異的原因為

_____

3　用牛奶製成的閃電泡芙外殼和用水製成的閃電泡芙外殼兩者的風味差異**很小／中等／很大**。風味差異可以描述如下：

_____

_____

_____

4　用牛奶製成的閃電泡芙外殼和用水製成的閃電泡芙外殼的其他差異如下（請考慮烘烤時間、高度、濕潤度等等差異）：

_____

_____

5　在兩種不同的閃電泡芙外殼中，我比較喜歡_____。我偏愛這一種的原因是：

_____

_____

14

堅果與種子

本章目標

1 說明堅果的組成成分，並從這個角度解釋其營養價值。

2 說明影響堅果價格的因素。

3 條列常見的堅果並說明其特質及用途。

4 說明儲藏與處理堅果的建議方法。

導論

有些配方把堅果列為可省略材料，的確，許多配方省略堅果並不會導致成品失敗，不過堅果可讓烘焙品更上一層樓：堅果能提供風味、口感對比與視覺吸引力。幾乎所有堅果都可互相替換使用，配方不需要額外調整。當然味道會改變，因為堅果的風味有明顯差別，不過多數情況下，堅果在烘焙品中扮演的角色大致一樣。栗子是一個例外，栗子和其他堅果的差異比較大，一般來說無法替換成其他堅果。

堅果大多生長在樹上，樹堅果包括杏仁、腰果、榛子、澳洲胡桃（或稱夏威夷果）、松子、胡桃、開心果和核桃。花生是豆科植物，不屬於這個類別，生長於地面下；而芝麻等種子通常長在草本植物上。

堅果、果仁與種子的組成成分

堅果含有豐富的蛋白質、纖維、維生素與礦物質。雖然堅果的脂肪含量高，但多半屬於不飽和脂肪酸（椰子除外），以健康的觀點來看，不飽和脂肪酸是有益的。堅果也含有大量多酚化合物，這種物質也對健康有益。事實上，在一般認為有益健康的傳統地中海飲食中，堅果是很重要的一部分。

各種堅果的組成成分不太一樣，但多數堅果的脂肪或油脂含量都高於其他成分。圖14.1比較各種堅果與奶油的脂肪含量，注意不同堅

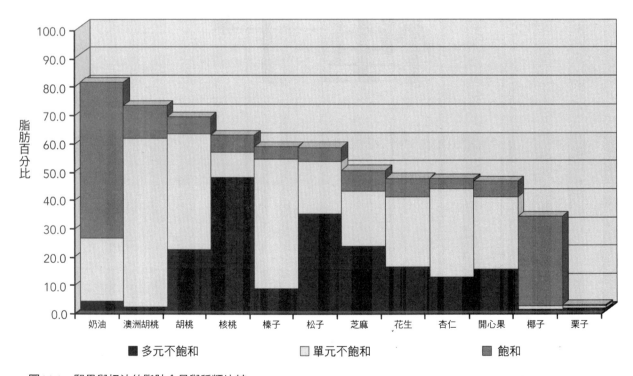

圖14.1　堅果與奶油的脂肪含量與種類比較

植物學家會區分堅果、種子、豆科植物與果仁。在植物學定義中，堅果是乾燥的單核果實，成熟時不會開裂，例如栗子、榛子，有時還包括核桃及胡桃，這些果實在植物學上的定義都屬於堅果，但其他日常指稱的堅果則不屬於此類。杏仁、椰子和澳洲胡桃是果核中的種子，花生是豆科植物的種子，而松子是松毬中的種子。不過多數烘焙坊不會做此區分，本書所指的堅果也包括日常定義的堅果，不過值得一提的是，種子的體積多半比堅果小，而且外層沒有包裹硬殼。種子包括芝麻、罌粟籽、葵花子與南瓜子。

事實上，所有堅果都是（或包含）植物的種子。種子則包含三個主要部位：會發芽成幼苗的胚、提供幼苗充足養分的胚乳，以及保護種子的種皮。種子種植在土中可長成新的植物。

果的脂肪含量差異很大，不過多數都介於50%至65%之間。栗子和椰子的脂肪含量小於這個範圍，而澳洲胡桃中則有75%是油脂，接近奶油的脂肪含量。由於堅果含有豐富油脂，多數堅果最合適的使用方式是少量添加於低脂烘焙品中。

製品若含有堅果，應清楚標示，因為有些人會對堅果產生嚴重的過敏反應。在製品表面裝飾其中所含的堅果既美觀，又能讓消費者一目了然。

成本

堅果是一種昂貴的食材，每磅價格可能上看十幾美元。許多因素會影響堅果的價格，以下說明三大因素。

- 堅果種類：松子與澳洲胡桃等堅果的價格比花生或杏仁高出許多，主要原因是處理程序較複雜。

- 額外工序或工序難易度：舉例來說，核桃很脆弱，不容易從硬殼中完整取出，因此完整核桃的價格比碎塊更高。

- 收穫年分：堅果是天然的農產品，假如胡桃的主要種植地喬治亞州在某一年遭逢大雨，使全部的胡桃收成受損，就會導致堅果價格上揚。

- 包裝：部分堅果（例如核桃）有真空罐的包裝，以避免氧化變質，這種包裝會增加堅果的成本。

- 一次購買量：和其他材料一樣，大量購買可降低單價。

假如成本（或卡路里）是考量重點，可以用創意的方法運用堅果。比方說，不同體積與形狀的堅果能帶來不同的感受。圖14.2顯示杏仁片（左下）的視覺吸引力與烘焙品的覆蓋率都比杏仁條（右下）更好。芝麻（上）的密度比杏仁低，覆蓋率是三者中最高的。

圖14.2　視覺吸引力會隨著堅果與種子的體積、形狀及密度改變。上：芝麻重量輕，而與同樣重量的其他堅果相比，芝麻能覆蓋更大範圍；左下與右下：同樣重量的杏仁片覆蓋面積稍小，杏仁條最小。

什麼是過敏性休克？

過敏性休克是一種嚴重的過敏反應，有時甚至會致命，有些人食用部分蛋白質（如樹堅果、花生及芝麻中的蛋白質）會出現過敏性休克的反應。過敏患者的身體接觸到這些蛋白質時會釋放大量化學物質，導致休克、氣管腫脹，甚至死亡。過敏患者通常只要攝取微量這類食物就會出現過敏性休克反應，預防過敏性休克最好的方法就是避開已知會導致過敏反應的食物。因為過敏性休克患者可能在數分鐘之內死亡，因此過敏患者通常會隨身攜帶藥物（腎上腺素注射器），以免誤食過敏食物。

常見的堅果、果仁與種子

杏仁

杏仁分有苦杏仁和甜杏仁兩種。苦杏仁用於調味，像是杏仁精和杏仁利口酒的原料都可能包括苦杏仁油。

甜杏仁用於烘焙。加州是世界上最大的甜杏仁生產地，而杏仁也是美國最常見的堅果，至少在烘焙坊中是如此。歐洲使用杏仁的歷史悠久，許多配方中都有杏仁的身影，包括蛋白霜、杏仁糖膏、義大利餅乾、馬卡龍和酥皮麵團等。

杏仁氣味溫和，使用前先烘烤可以提升香氣。杏仁有含皮（保留褐色外皮）與去皮兩種。含皮杏仁的褐色外皮（種皮）能帶來顏色的對比，增添視覺吸引力，比如能突顯杏仁義大利餅乾中的堅果。外皮帶有些許澀味，能使整體風味更具深度。第4章提過，澀味是一種口味特徵，是單寧帶來的口感。

去皮杏仁已去除褐色的外皮，風味比起含皮杏仁較甜而溫和，在烘焙坊中更為常見。去皮杏仁乾淨的白色外觀給人更精緻、高級的印象。如要為杏仁去皮，請在杏仁上澆淋滾水，

圖14.3　杏仁。左上至右下：含皮杏仁碎粒、去皮杏仁條、含皮杏仁片、整顆去皮杏仁、整顆含皮杏仁、含殼杏仁。

靜置數分鐘後就可以輕易剝除外皮。

　　市售杏仁有多種形態，包括整顆杏仁、杏仁片、杏仁條與杏仁碎粒（圖14.3），也可以磨成杏仁醬、杏仁粉或杏仁膏。由於杏仁的型態多樣，且氣味溫和而宜人，是一種非常多用途的堅果。

　　杏仁膏（almond paste）是由去皮杏仁加糖研磨成膏狀，其中通常含有黏合劑與調味劑，尤其是苦杏仁精。杏仁糖膏（marzipan）的製作方法是將杏仁膏加糖揉成可塑形的麵團，你可以把杏仁糖膏想成可食用的黏土。傳統上杏仁糖膏會添加色素並揉捏成小水果或可愛動物的樣子，也可以擀平用來包裹蛋糕。

腰果

　　腰果呈現腎臟的形狀，原生於巴西，不過現今腰果最大宗的生產國是越南。腰果風味甜而溫和，呈象牙白色。腰果主要是當成零嘴直接食用，不過也可以用於製作果仁脆糖等甜品，也可以添加於餅乾等烘焙品中。由於腰果色白、味淡，有時也會浸泡於水中並打成滑順的乳霜狀，可以用來取代冷凍甜品中的乳製品，或起司蛋糕中的起司，製作純素產品。

　　腰果不容易從硬殼中取出，因此價格偏高。困難之處部分在於腰果殼中含有一種皮膚刺激物，類似於野葛和毒櫟中所含的刺激物。要在不污染腰果肉的情況下去殼，腰果須先經過蒸煮、烘烤或油煮，這些程序能使外殼裂開，以便取出腰果肉，這項工作通常由技巧熟練的工人進行。這類產品一般會標示為生腰果，因為雖然堅果殼經過高溫處理，但果肉本身並沒有受熱。除了越南以外，現今腰果的大宗生產國還包括巴西、印度等，腰果須種植於熱帶氣候地區。

栗子

　　栗子含有大量水分及碳水化合物，油脂含量不高（不到5%）。栗子使用前須先烹煮，煮過的果肉柔軟而乾鬆。栗子不能與其他堅果替換使用。

　　新鮮栗子只產於秋季與初冬。其他季節的栗子都經過煮製處理，加工成冷凍或罐裝、整顆或栗泥的型態。開封之後，罐裝的栗子應冷藏或冷凍保存，以免發霉。另外也有乾燥、磨粉或糖漬的栗子產品。

椰子

　　椰子是一種熱帶堅果，和烘焙坊所使用的大部分堅果不一樣。和棕櫚仁、可可（巧克力

如何製作堅果醬與堅果粉？

　　堅果醬（nut butter）是研磨堅果製成，雖然英文名稱中有butter這個字，但其實成分不含奶油。所有堅果都可以製作堅果醬，不過花生、杏仁、榛子應該是最常見的堅果醬原料。

　　堅果醬的製作方式是將烘烤過的堅果放入食物處理機，打成膏狀。烘烤及研磨有助於釋放堅果中的天然油脂，製作出質地滑順的堅果醬。如有需要，可額外添加少量油脂，提高滑順度；也可以加入鹽、蜂蜜或糖漿，增添風味。

　　堅果粉也是以食物處理機製作。製作堅果粉時，注意不要過度研磨，否則會產生過多油脂，變成堅果醬。為避免過度研磨，請混合砂糖與堅果，以重複按壓（而非持續按壓）的方式操作食物處理機。砂糖與一壓一放的操作方式能防止堅果釋放油脂。堅果粉可添加於酥皮麵團及蛋糕麵糊中。

椰漿（coconut cream）與含糖椰漿（cream of coconut）的差別？

　　雖然這兩種產品名稱相似，但其實是不同的東西。椰漿是椰奶上層富含油脂的部分，和椰奶一樣，椰漿不含糖。含糖椰漿則是濃稠的甜液體，成分包含椰奶與糖，主要用於調製飲料，例如鳳梨可樂達。這兩種產品不能互相替換使用。

的原料）、牛油樹果等熱帶堅果一樣，椰子果肉富含飽和脂肪（請見圖14.1）。

　　椰果肉是許多製品的原料，包括椰奶、椰子粉、甜椰絲、烤椰絲。這類產品有多種尺寸，有較大的雪花狀，也有較小的碎末狀。椰子蛋白杏仁餅就是以甜烤椰子粉製成。

　　椰子粉的製作方式是將含有約五成水分的椰肉烤乾至只剩下5%的水分。椰子粉含有豐富的椰子油及椰子風味。

　　甜椰絲的製作方式是，將椰子與糖一同烹煮，再進行乾燥。通常甜椰絲含有其他添加物，以保持產品柔軟、有彈性（例如甘油）、白皙（例如亞硫酸鹽）。甜椰絲是北美消費者最熟悉的椰子型態，烤至金黃就是烤椰絲。烤椰絲主要用來當做蛋糕與甜甜圈的裝飾。

　　椰子水是成熟椰子中心的澄清液體，是一種清涼的飲品。一般民眾常常會將椰子水誤認成是椰奶，椰奶的製作方式是混合切碎的椰子果肉與熱水，壓榨過濾出白色的液體。椰奶不含糖，市售有罐裝或冷凍的型態。罐裝椰奶開封之後，漂浮在表面富含椰子油的那一層就是椰漿。

榛子

　　榛子也稱為榛果，主要種植於地中海地區，美國奧勒岡州也種植少量榛子。榛子是近年才開始在美國普及，不過在歐洲已廣為使用多年，是甜點與糖品中巧克力的好搭檔，榛果巧克力就是混合榛果與巧克力粉製成的。

市售榛子有整顆、切丁或切片的型態，和杏仁一樣，有去皮與含皮兩種。烘烤能大幅提升榛子的獨特香氣，這點也和杏仁一樣。事實上，在所有堅果中，榛子經過烘烤後香氣的提升最為明顯。

澳洲胡桃

澳洲胡桃原生於澳洲，不過現今廣泛種植於夏威夷。澳洲胡桃是所有常見堅果中油脂含量最高的一種，因此擁有濃厚、滑順的風味與口感。由於澳洲胡桃的殼很難撬開，因此去殼的澳洲胡桃相當昂貴，應該只用於高檔、價格相稱的烘焙品中。

花生

花生是一種豆科植物，蛋白質含量比樹堅果高。花生原生於南美洲，雖然在北美非常受歡迎，不過歐洲鮮少使用。最常見的兩個花生品種是維吉尼亞花生和體積較小的西班牙花生。

花生產量豐富，價格不貴。未經烘烤的生花生有一股豆味，所以使用前通常會先烘烤。市售花生有整顆、半顆、碎丁或花生醬的形式。和多數堅果一樣，花生也很適合搭配巧克力。

胡桃

胡桃原生於北美洲，種植於美國南部與西南部。和核桃一樣，完整胡桃的價格比碎塊高，希望製品美觀時可使用完整的胡桃。胡桃派、果仁糖、奶油胡桃冰淇淋，是以胡桃製成的三種傳統特色料理。

松子

松子是矮松毬果中的種子。新鮮的松子氣味香甜而溫和，是地中海、中東及墨西哥部分特色料理的標誌風味。由於不容易從毬果中取出松子，因此松子價格高，應謹慎使用。

開心果

開心果呈現獨特的綠色，能賦予烘焙品不同的風貌。開心果原生於中東，近年來加州也大量種植。雖然過去開心果常直接當成零嘴食用，不過隨著去殼開心果的產量增加，未來在烘焙坊中很可能將有更廣泛的運用。

開心果適合不烘烤或稍微烘烤，以維持其鮮綠的顏色及獨特風味。開心果是卡諾里捲上的經典裝飾，也常用於製作冰淇淋、義大利餅乾和果仁蜜餅。

芝麻

芝麻最早栽種於印度，數千年前就開始在亞洲販售流通，因此芝麻可說是最古老的食物調味料之一，亞洲、中東及地中海料理常見芝麻的身影。

芝麻是高大的草本植物，芝麻長在其豆莢中，小顆淚滴狀的芝麻仁外層還有一層薄薄可食用的殼。天然的芝麻仁以含殼的形式販售。去掉外殼的芝麻仁稱為去殼或去皮芝麻。烘焙坊較常使用去殼芝麻，未去殼者較少見，不過

適量攝取任何堅果都有益健康，其中核桃尤其富含α-亞麻酸（簡稱ALA）。ALA是一種多元不飽和脂肪酸，明確來說，屬於omega-3脂肪酸，能降低罹患冠心病的風險。

北美一般飲食中少有omega-3脂肪酸，尤其是在不常攝取富含油脂魚類如鮭魚的地區。除了核桃和富含油脂的魚類以外，唯一一種含有大量ALA的常見食物是亞麻籽。

兩者都可以使用。最常見的是白芝麻，氣味溫和、具奶香，也有黑芝麻或其他顏色的芝麻。

芝麻常撒在麵包、餐包、貝果、脆餅上一同入爐烘烤。烘烤能使芝麻產生深沉、濃厚的香氣與微脆的口感。芝麻威化餅（benne wafer）是一種薄脆的芝麻餅乾，這是美國南方的特色料理。非洲稱芝麻為benne，最初是由黑奴帶到美國與加勒比海島嶼。

美國並未將芝麻列為主要過敏原，不過在加拿大屬於過敏原。無論如何，芝麻可能在少數人身上引發過敏性休克，因此若產品中含有芝麻，請務必使消費者知情。

核桃

英國核桃是烘焙坊中最普遍使用的核桃，遠超過其他品種。而第二普遍的核桃是黑核桃，具有濃烈風味而且硬殼很難完全撬開。黑核桃原生於北美洲，是一種特產食物，不過價格很高，而且並不是所有人都能接受其濃烈的氣味。由於很難去殼，因此市售只有不規則碎塊的型態，沒有整顆或半顆的黑核桃。以黑核桃為原料的經典料理包括黑核桃冰淇淋。

市售的去殼英國核桃有完整與各種尺寸的碎塊，也有淺色至琥珀色等各種顏色。核桃外層的顏色顯示核桃吸收的陽光多寡，照射越多陽光，顏色就越深，風味也較強烈。核桃的標誌風味包括些許澀味，核桃的風味比杏仁更明顯，因此使用前不一定會先烘烤。全世界核桃供應有三分之二來自加州，核桃在北美洲的烘焙品中相當常見，布朗尼、速發麵包、瑪芬、餅乾、咖啡蛋糕等烘焙品中都有核桃的身影。歐洲及核桃原生的中東一帶製作甜點時也會使用核桃。

烘烤堅果

堅果烘烤之後會開始產生化學反應（包括糖與蛋白質的梅納褐變反應），進而散發香氣。即便是稍微不新鮮的堅果經過烘烤也能改善風味。

除了提升香氣外，烘烤也會加深堅果的顏色，並使口感變脆。

如要烘烤堅果，請在烤盤上鋪上一層堅果，放入325℉至350℉（160℃至175℃）的烤箱，烘烤5至10分鐘，可視情況延長。謹慎觀察烘烤狀況，不同堅果由於體積及含油量不同，所需的烘烤時間也不一樣。烘烤至堅果呈均勻的淺褐色，並飄散出香甜的堅果氣味。

注意烤溫不要過高，也不要以爐火煎烤堅果。爐面火源較難控制，容易使堅果外層燒焦而內部未熟，沒有香氣。

一旦烘烤完成，請立刻移出熱烤盤，以免餘熱使堅果焦掉。放涼後再行使用。已烘烤的堅果若未使用完，請儲藏於密封容器中並存放於冰箱。烘烤過的堅果更容易氧化，所以應於數日內使用完畢。

儲藏與處理

堅果如未妥善保存，或是存放過久，會開始氧化變質。起初變化很細微，仍然可以食用，只不過「特殊」風味稍減，最後氣味會變得難聞，此時就應丟棄。氧化的部分是堅果中的油脂，隨著油脂分解產生不新鮮或變質的怪味。比起新鮮的堅果，久放的堅果味道較苦，沒有甜味。

某些種類的堅果氧化速度較快，其氧化速度與所含油脂種類有關，與油量多寡較無關係。比方說，雖然榛子所含油量與核桃一樣，甚至稍微更多，但核桃較容易氧化。這是因為核桃的ALA含量最高，這是一種omega-3多元不飽和脂肪酸（見圖14.1）。由於屬於多元不飽和脂肪酸，ALA的氧化速度極快。

第9章提到，氧氣、高溫、光、金屬觸媒都會導致脂肪氧化變質，假如能控制這些因素，那麼就可以盡可能延緩氧化變質。雖然以下建議不一定實用或必要，讀者可考慮嘗試。

實用祕訣

下表列出每盎司（30克）常見堅果的平均多元不飽和脂肪酸含量。由於氧化變質的速率與多元不飽和脂肪酸含量密切相關，因此此表有助於了解哪種堅果最容易變質，也有助於判斷一次購買量與特定堅果最合適的保存方式。

核桃	13克
松子	9克
胡桃	6克
花生	4克
開心果	4克
杏仁	3克
榛子	2克
腰果	2克
澳洲胡桃	1克

冷藏的堅果能保存多久？

關於食物儲藏於低溫的環境中能夠延長保存期限多久，食品科學家所提供的大略原則是：溫度每降低15℉（10℃），產品的保存期限能延長一倍（變為原來的兩倍），而這個原則也適用於堅果。

兩倍時間很長。假設某間烘焙坊將核桃放置於烤箱旁容易拿取的地方，這裡的溫度相當高（90℉／35℃）；另外假設核桃一個月後會開始變質、變得不新鮮。那假如將核桃移至較為涼爽的地方（75℉／25℃），那麼核桃的保存期限就能延長為兩個月。如果再移至溫度更低的地方（60℉／15℃），那麼核桃的保存期限能再次延長，變成四個月。冷藏與冷凍是延長堅果保存期限很有效的方法。

當然，相反情況也適用於同樣的原則，溫度每上升15℉（10℃），產品的保存期限就縮短一半。

- 只購買二至三個月內能用完的堅果量。落實先進先出的原則。

- 存放時，保持堅果完整。因為切碎的堅果接觸空氣的表面積更大，更容易氧化。

- 勿預先烘烤，因為烘烤會使堅果中的油脂開始氧化。

- 保存於低溫環境，尤其是已烘烤的堅果，因為高溫會加速變質。請冷藏於35℉至40℉（2℃至4℃）或冷凍保存。

- 避免陽光直射。陽光和高溫一樣，是一種加速氧化變質的能量型態。

- 購買真空包裝的堅果，排除氧氣。同樣

- 的，堅果最好儲藏於真空包裝袋中，或至少妥善密封於容器中。

- 購買添加抗氧化劑的堅果，例如BHA、BHT、維生素E。抗氧化劑能妨礙氧化變質，大幅減緩其速率。添加抗氧化劑的堅果會標示於成分列表中。

- 最後一個關於處理堅果的建議：不使用時隨時加蓋，這能防止食物的強烈氣味（如洋蔥）沾染堅果，也能阻擋昆蟲與齧齒類。同時也能避免濕氣入侵，濕氣會使堅果濕軟，更易發霉、氧化。

複習問題

1　什麼是過敏性休克？

2　什麼方法簡單又美觀，能讓消費者明瞭烘焙品中含有哪些堅果？

3　哪一種常見堅果的油脂含量最高？哪一種最低？各別大約是多少？

4　列出影響堅果價格的五種因素並分別說明。

5　含皮和去皮杏仁的主要差別為何？各自有什麼優點？

6　什麼是澀味？堅果的哪一部分最容易產生澀味？

7　杏仁膏和杏仁糖膏的差別為何？

8　什麼是椰奶？

9　椰漿與含糖椰漿的差別為何？

10　什麼是榛果巧克力？

11　什麼是ALA？有什麼健康益處？哪一種堅果的ALA含量最高？

12　陽光曝曬對核桃品質有什麼影響？

13　核桃氧化速率比其他多數堅果快得多的主要原因是什麼？

14　分別舉出一種相對昂貴／便宜的堅果。

15　烘烤堅果為什麼能提升風味？請舉出兩個原因。

16　舉出一種能大幅受益於烘烤的堅果，而哪一種堅果又最好不經烘烤或稍微烘烤即可？

17　雖然澳洲胡桃的油脂含量極高，但氧化變質的速度不快，為什麼？

問題討論

1　為什麼應該購買生花生，需要時再烘烤，而不是直接購買已烘烤的花生？

2　假設你剛購買的松子存放於室溫（70℉／21℃）的保存期限是兩個月，請根據儲藏溫度與保存期限關係的大略原則來計算，冷藏（40℉／5℃）松子的保存期限會是多久？

習作與實驗

❶ 習作：如何減緩堅果的氧化變質？

說明下列技巧有助於減緩堅果氧化變質的原因（雖然有些技巧可能不適用於所有烘焙坊，但請暫時只考量減緩氧化變質的目的）。第一項已經替你完成了。

1　使用前再切碎堅果，而不是提前切碎。
　　理由：切碎的堅果接觸空氣（氧氣）的表面積更大，因此更容易氧化變質。

2　將堅果冷藏存放，需使用時再取出。
　　理由：＿＿＿＿＿＿＿＿＿＿＿＿＿＿＿＿＿＿＿＿＿＿＿＿＿＿＿＿
　　＿＿＿＿＿＿＿＿＿＿＿＿＿＿＿＿＿＿＿＿＿＿＿＿＿＿＿＿＿＿

3　落實先進先出的原則。
　　理由：＿＿＿＿＿＿＿＿＿＿＿＿＿＿＿＿＿＿＿＿＿＿＿＿＿＿＿＿
　　＿＿＿＿＿＿＿＿＿＿＿＿＿＿＿＿＿＿＿＿＿＿＿＿＿＿＿＿＿＿

4　購買真空包裝的堅果並存放於真空包裝中。
　　理由：＿＿＿＿＿＿＿＿＿＿＿＿＿＿＿＿＿＿＿＿＿＿＿＿＿＿＿＿
　　＿＿＿＿＿＿＿＿＿＿＿＿＿＿＿＿＿＿＿＿＿＿＿＿＿＿＿＿＿＿

5 將堅果存放於不透明容器中。

理由：＿＿＿＿＿＿＿＿＿＿＿＿＿＿＿＿＿＿＿＿＿＿＿＿＿＿＿＿＿＿＿＿

＿＿＿＿＿＿＿＿＿＿＿＿＿＿＿＿＿＿＿＿＿＿＿＿＿＿＿＿＿＿＿＿＿＿＿

＿＿＿＿＿＿＿＿＿＿＿＿＿＿＿＿＿＿＿＿＿＿＿＿＿＿＿＿＿＿＿＿＿＿＿

6 以榛子或杏仁取代核桃或松子。

理由：＿＿＿＿＿＿＿＿＿＿＿＿＿＿＿＿＿＿＿＿＿＿＿＿＿＿＿＿＿＿＿＿

＿＿＿＿＿＿＿＿＿＿＿＿＿＿＿＿＿＿＿＿＿＿＿＿＿＿＿＿＿＿＿＿＿＿＿

＿＿＿＿＿＿＿＿＿＿＿＿＿＿＿＿＿＿＿＿＿＿＿＿＿＿＿＿＿＿＿＿＿＿＿

7 如需烘烤堅果，使用前再烘烤，不要提前處理。

理由：＿＿＿＿＿＿＿＿＿＿＿＿＿＿＿＿＿＿＿＿＿＿＿＿＿＿＿＿＿＿＿＿

＿＿＿＿＿＿＿＿＿＿＿＿＿＿＿＿＿＿＿＿＿＿＿＿＿＿＿＿＿＿＿＿＿＿＿

＿＿＿＿＿＿＿＿＿＿＿＿＿＿＿＿＿＿＿＿＿＿＿＿＿＿＿＿＿＿＿＿＿＿＿

❷ 習作：堅果與種子的感官特性

在結果表中填入各種堅果的別名（如果有），接著比較並描述堅果的外觀、質地與風味。利用這個機會學習單靠感官特性判斷堅果種類。利用表格的最後一欄記錄任何其他心得與觀察，比方說杏仁是否去皮？是整顆杏仁還是杏仁條？是否經過烘烤？表格最後留下兩列空白，可用於評估其他種類的堅果。

結果表　堅果與種子

堅果／種子	別名	外觀	質地	風味	備註
杏仁					
腰果					
栗子					
椰子					
榛子					

堅果／種子	別名	外觀	質地	風味	備註
澳洲胡桃					
花生					
胡桃					
松子					
開心果					
芝麻					
核桃					

請利用以上表格的資訊及本書內容回答下列問題。請圈選**粗體字**的選項或填空。

1　多數堅果的脂肪含量很高（脂肪含量多半超過50%），但**榛子／栗子／松子**的脂肪含量相當低，這種堅果的水分及**蛋白質／碳水化合物**含量較高，因此質地不同於其他堅果。這種堅果的口感是

＿＿＿＿＿＿＿＿＿＿＿＿＿＿＿＿＿＿＿＿＿＿＿＿＿＿＿＿＿＿＿＿＿＿＿＿＿

＿＿＿＿＿＿＿＿＿＿＿＿＿＿＿＿＿＿＿＿＿＿＿＿＿＿＿＿＿＿＿＿＿＿＿＿＿

2　所有堅果都會氧化、變質，其中多元不飽和脂肪酸含量**最高／最低**的，氧化速度最快。由此可推知，氧化變質速度最快的三種堅果（由快至慢排序）分別是＿＿＿＿＿、＿＿＿＿＿、＿＿＿＿＿。根據你的觀察，此次習題中的堅果中是否有已經氧化的？若有，請列出氧化的堅果，並說明其氧化程度是輕微、中等或嚴重。

＿＿＿＿＿＿＿＿＿＿＿＿＿＿＿＿＿＿＿＿＿＿＿＿＿＿＿＿＿＿＿＿＿＿＿＿＿

＿＿＿＿＿＿＿＿＿＿＿＿＿＿＿＿＿＿＿＿＿＿＿＿＿＿＿＿＿＿＿＿＿＿＿＿＿

＿＿＿＿＿＿＿＿＿＿＿＿＿＿＿＿＿＿＿＿＿＿＿＿＿＿＿＿＿＿＿＿＿＿＿＿＿

3　請任選兩種你認為差別很大的堅果。

＿＿＿＿＿＿＿＿＿＿＿＿＿＿＿＿＿＿＿＿＿＿＿＿＿＿＿＿＿＿＿＿＿＿＿＿＿

＿＿＿＿＿＿＿＿＿＿＿＿＿＿＿＿＿＿＿＿＿＿＿＿＿＿＿＿＿＿＿＿＿＿＿＿＿

＿＿＿＿＿＿＿＿＿＿＿＿＿＿＿＿＿＿＿＿＿＿＿＿＿＿＿＿＿＿＿＿＿＿＿＿＿

以一句話描述兩者之間的差異。

_____

_____

_____

4　請任選兩種你認為可以相互取代的堅果，這兩種堅果的外觀、質地與風味都很相近。

_____

_____

_____

請具體說明兩者之間的相似處及任何差別。

_____

_____

_____

❸ 實驗：堅果種類對餅乾整體品質的影響

目標

　　示範堅果種類與烘烤與否，對於餅乾的外觀、風味、質地與整體滿意度有何影響

製作成品

　　以下列材料製成的餅乾

- 不添加堅果（對照組）
- 含皮杏仁片，經烘烤
- 去皮杏仁片，經烘烤
- 去皮杏仁片，未經烘烤
- 去皮杏仁條或杏仁粒，經烘烤
- 核桃粒，經烘烤
- 整顆芝麻，經烘烤
- 可自行選擇其他堅果（例如榛子、松子、澳洲胡桃、花生等）

材料與設備

- 秤
- 篩網
- 烘焙紙
- 5夸脫（約5公升）鋼盆攪拌機
- 槳狀攪拌器
- 刮板
- 堅果棒餅乾麵團（請見配方），每種堅果需製作半盤分量
- 半盤烤盤
- 矽膠墊（非必需）
- 桿麵棍（非必需）
- 麵團切割器（直徑2.5吋／65公釐或類似尺寸，非必需）
- 糕點刷
- 烤箱溫度計
- 鋸齒刀

配方

高油麵團

分量：半盤大小

材料	磅	盎司	克	烘焙百分比
中低筋麵粉		12	350	100
鹽（1小匙／5毫升）		0.2	6	1.7
無鹽奶油		4	115	33
通用酥油		4	115	33
一般砂糖		4	115	33
蛋		1.5	45	13
柳橙皮屑（一顆量，非必需）		0.1	4	1.1
合計	1	10	750	214.8

製作方法

1 材料放置於室溫。

2 充分混合麵粉與鹽，過篩至烘焙紙上，重複三次。

3 在攪拌缸中混合酥油、奶油與糖，以槳狀攪拌器低速攪拌1分鐘。必要時停下機器刮缸。

4 以中速攪拌混合物三分鐘至打發。停下機器刮缸。

5 加入蛋（與柳橙皮屑），低速攪拌30秒。停下機器刮缸。

6 在打發的混合物中加入麵粉，低速攪拌一分鐘。停下機器刮缸。

7 靜置備用。

配方

堅果棒餅乾

分量：半盤大小

材料	磅	盎司	克	烘焙百分比
高油麵團（配方如上）	1	10	750	100
堅果		4.5	125	17
蛋液（以水稀釋蛋白）		視需求	視需求	視需求
合計	1		875	117

製作方法

1 烤箱預熱至375℉（190℃）。半盤烤盤鋪上烘焙紙或矽膠墊。

2 視要求切碎並烘烤堅果。

3 將麵團拍平，放入鋪有烘焙紙的半盤烤盤。或是使麵團鬆弛後，擀平成1/8吋（3公釐）厚。以餅乾切割器切割，放置於鋪有烘焙紙的半盤烤盤中。

4 刷上蛋液。

5 將堅果平均放在麵團上，將堅果輕輕壓入中。

步驟

1 根據上述配方表準備堅果棒餅乾（也可使用其他高油麵團配方再加上堅果）。為每一種堅果準備一批麵團。

2 標示麵團所使用的堅果種類。

3 將烤箱溫度計放置於烤箱中央，記錄烤箱初溫。初溫：_____。

4 烤箱預熱完成後，放進烤盤，烘烤30至35分鐘。

5 烘烤至對照組（無添加堅果）呈現金黃褐色。烘烤同樣時間後將所有餅乾移出烤箱。不過如有需要，可依據烤箱差異調整烘焙時間。

6 將時間記錄於結果表中。

7 記錄烤箱終溫，終溫：_____。

8 取出烤盤，餅乾留在烤盤上一分鐘，使餅乾稍微變硬。

9 若未以餅乾切割器切割，則趁熱將餅乾分切成長方形。

10 將餅乾移出烤盤，冷卻至室溫。

結果

待製品完全冷卻後，評估其感官特性，並將評估結果記錄於結果表格中。請記得每一種製品都要與對照組做比較，評估以下項目：

- 外觀（堅果是否明顯可見、與餅乾的顏色對比、堅果覆蓋餅乾麵團的比率）
- 堅果質地（軟或脆）
- 風味（堅果香氣、甜味、澀味等）
- 整體滿意與否，從高度不滿意到高度滿意，由1至5給分
- 如有需要可加上備註

結果表　添加不同堅果的餅乾之感官特性

堅果種類	烘焙時間（分鐘）	外觀	堅果質地	風味	整體滿意度	備註
無						
含皮杏仁片，未經烘烤						
去皮杏仁片，未經烘烤						
去皮杏仁片，經烘烤						
核桃粒，經烘烤						
整顆芝麻，經烘烤						

誤差原因

請列出任何可能使你難以做出適當實驗結論的因素，特別是妥善打發、烘烤堅果時所碰到的問題，以及與烤箱相關的問題。

_____

_____

_____

請列出下次可以採取哪些不同的作法，以縮小或去除誤差。

_____

_____

_____

結論

請圈選**粗體字**的選項或填空。

1 以去皮杏仁取代含皮杏仁，對烘烤後餅乾成品外觀與口味造成的差異**小／中等／大**。差異如下：

_____

_____

_____

2 烤餅乾前先烘烤杏仁，對餅乾成品外觀與口味造成的差異**小／中等／大**。差異如下：

_____

_____

_____

3 堅果的其中一項功能是為烘焙品添加酥脆的口感，在本次實驗中，口感最脆的堅果種類是：

_____

_____

_____

4　各種堅果在高油麵團表面的覆蓋率差異**小／中等／大**。覆蓋餅乾最全面的堅果是**杏仁片／核桃粒／整顆芝麻**。覆蓋率差異的主要原因，在於什麼的差別 _____

_____

_____

5　你認為哪一種餅乾最好吃，為什麼？

_____

_____

_____

6　關於餅乾與本次實驗的其他心得與觀察：

_____

_____

_____

15

可可與巧克力製品

導論

巧克力是世界上最受歡迎的食品口味，僅次於香草而已。不過不像香草，巧克力本身除了具備風味以外，幾個世紀以來同時也身兼食物、藥物、春藥，還有錢幣等用途。在古代馬雅文明中，巧克力具有宗教儀式的用途。到了十七至十八世紀的歐洲，只要是能負擔起的人，飲用熱巧克力也成為他們的日常。

可可和巧克力源於可可樹，在生長環境上，可可樹是相對挑剔的一種植物。氣候條件和特定的雨量都會影響可可樹每年的產量，更別說還有真菌感染的問題。最近幾年，特別是在巴西和南美部分區域的可可樹，都面臨真菌感染的問題。此外，政局動盪不安的區域，也會影響可可樹的收成和產量，例如西非的象牙海岸，是全世界最大的可可原料供應區。

然而，現今的麵包師和糕點師面對種類多、範圍廣的可可和巧克力製品，選擇多到令人眼花撩亂，而且還要特別考慮最現實的部分，也就是品質和成本。所以，烘焙坊在選擇可可和巧克力的第一步，就是了解每種巧克力本身的性質和用途。第二步，藉由品嘗及分析，鍛鍊自己對於巧克力口感的鑑識能力。最後，在挑選過程中，必須要考慮到的其他要素，像是成本價格。

可可豆

可可豆，或稱可可亞豆，是可可樹果實中的籽或仁（圖15.1），在許多方面和堅果種籽很像，例如杏仁和葵花籽。杏仁和葵花籽的種子部分是由果殼保護，可可粒（見485頁）也是。可可粒是可可豆可以食用的部分，是巧克力製程的產物。

可可豆的種類

可可豆的種類繁多，但大致來說主要分成三種：佛洛斯特羅、克里奧羅，以及千里塔利奧。大部分（約90%）的可可豆品種屬於佛洛斯特羅，是最普遍且產量最大的種類，同時也是巧克力產業中的主力原料。佛洛斯特羅原產自南美雨林區域，但栽種地點如今已遍布各地的可可園區，特別是西非。和其他品種相比，佛洛斯特羅易於栽種，因為它們對於氣候改變的耐性較強，在真菌感染上也有較高的抵抗

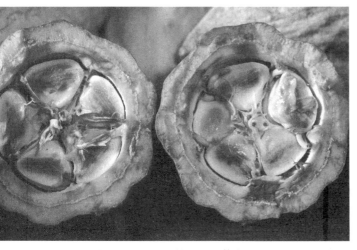

圖15.1　在分隔的可可果莢之中，你可以看到被可可果實包住的可可豆。

可可豆的栽植及採收

　　可可樹（學名：*Theobroma cacao*）生長在靠近赤道的小型可可樹園區，或是熱帶地區的雨林區。大部分的商業農園座落於非洲，但其他大型的可可樹農園則分布在南美、中美、印尼群島、馬來西亞和東南亞。而其他地方也有栽種少量的可可樹，例如夏威夷。

　　可可果莢是由可可樹的枝幹上採收，由於可可樹本身脆弱，因此必須由人工採收可可果莢。技術純熟的工人會用砍刀劈下完全成熟、風味飽滿的果莢。每個可可果莢包含了二十至四十顆可可豆，這些可可豆會被一層薄薄的白色可可果實果肉包圍。果莢採收後，可可豆會保留住那一層白色的果肉，從果莢中被取出來。將取出來的可可豆堆積在一起，覆蓋之後準備發酵。可可豆從生豆轉變成蘊藏風味的巧克力，第一個步驟就是發酵。之後視品種而定，可可豆的發酵過程需要兩天到一個星期不等。可可豆發酵是一系列複雜的過程，牽扯到果肉內微生物經發酵與糖反應，以及可可豆裡酵素分解的作用。此外，發酵也能改變可可豆的顏色和風味，讓豆子顏色更深，風味更明顯。可可豆經過發酵後提升了酸味，降低了本身的苦味。這種經過發酵後所產生的風味，為後續加強豆子風味的烘焙及精磨作業做好了前置作業。

　　當白色的果肉溫度升高，並且開始液化，可可豆就會排出水分。接著，可可豆就會進入乾燥（烘乾）的階段，通常是直接將可可豆曝曬在太陽底下，但有時候是用烤箱烘烤，或是在戶外堆火烘乾，或是用熱空氣烘乾。可可豆在烘乾的過程中會流失近乎本身重量一半的水分，並揮發掉一部分的酸度。如果可可豆烘乾的方式不恰當，或是沒有完全乾燥，可可豆的味道就會走味，反而會產生燒焦味或是霉味。可可豆烘乾完成之後，就會被裝入粗麻布袋中運送到全世界的食品加工廠，進行清理、烘焙、去殼，以及後續的加工。

單品巧克力和單一原產地的巧克力

　　單品巧克力和單品葡萄酒類似，是源自同一種類型的可可豆。而單一原產地巧克力也稱為特等（grand crus），就跟葡萄酒傳統上的稱呼一樣，這種巧克力是指完全出自某個特定的農作區域，或是單一園區種植出來的。許多巧克力專門工廠都會生產單品巧克力或單一原產地巧克力，而且價格不斐。品嘗單一原產巧克力可以拓展你對巧克力的認知，甚至是一開始對某些巧克力沒有感覺，後來卻會慢慢喜歡上。

　　如果你想要深入單品巧克力和單一原產巧克力，不妨試試這些風味可可豆做的巧克力：委內瑞拉的Chuao、Maracaibo和Porcelana criollos；千里達的Arriba，是一種常做為黑巧克力原料的克里奧羅豆；赤道區的Nacional，一種風味接近佛洛斯特羅的可可豆；同樣也是委內瑞拉產的兩種千里塔利奧豆：Carenero Superior和Rio Caribe等等。

力。佛洛斯特羅可可豆顏色較深，巧克力的中味和後味較強。由於本身提供的土壤味道較強，因此缺乏如克里奧羅可可豆那樣的香氣。

克里奧羅可可豆由於複雜微妙的水果氣味，被巧克力產業視為風味別樹一格的高級可可豆。因此，在市場上常看到被冠以「高雅」風味的巧克力，都是由克里奧羅這種的高級可可豆製成。此外，克里奧羅可可豆的苦味和澀味都很低，大多是以輕焙為主，因此豆子本身保留了較多生豆的天然酸味。克里奧羅可可豆價格昂貴，原因是產量低，而且可可樹本身容易受到感染，造成栽種上的困難，因此古代馬雅人將克里奧羅可可豆視為珍寶。今日，全世界克里奧羅可可豆的產量不到2%，也由於農夫改種更為耐寒的樹種，克里奧羅可可樹的栽種範圍也不斷在縮減。中美和南美、加勒比海區域和印尼，也因為克里奧羅及其他風味可可豆的產地而出名。

一般認為千里塔利奧可可豆是佛洛斯特羅和克里奧羅的混種，千里塔利奧也具備這兩種可可豆的特質。和克里奧羅一樣，千里塔利奧也被視為風味可可豆，雖然它的水果味稍弱而且土壤味較明顯。千里塔利奧也和佛洛斯特羅一樣，都很耐寒。千里塔利奧最早是在十八世紀的千里達混種栽植，主要原因是當地引進佛洛斯特羅，藉以取代大量枯萎而死的克里奧羅可可樹。而如今，全世界千里塔利奧的產量不到5%。

大部分的可可和巧克力製品的原料是混合豆，主要由佛洛斯特羅提供巧克力的後味，再加上少量風味豆增添果香香氣做為前味。

可可豆的組成

如同堅果和種子，可可粒也含有豐富的營養成分。圖15.2就列舉了烘焙過的可可粒、杏

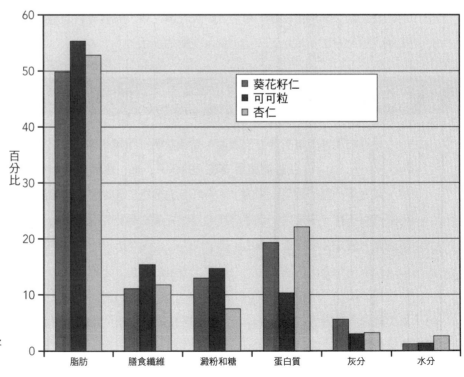

圖15.2　可可粒、葵花籽和杏仁的基本組成比較圖

近年科學家已經做過相當多的研究，想要一探究竟巧克力到底有什麼化學魔力，能讓人們如此陶醉。大部分的研究都著重於巧克力的化學成分中，是否含有鎮定劑或麻醉劑，能夠產生輕微的抗憂鬱作用。事實上，巧克力包含的一些化學物質如可可鹼、鎂、酪胺酸、苯乙胺、大麻素、N-醯基膽胺，的確能引發人腦的化學反應。不過，也有許多生活中常見的食物中也含有同樣的物質，而且含量更高。但這些物質在巧克力中的混合比例特殊，因此賦予了巧克力獨特的化學性質。或者，人們只是單純的享受著巧克力的感官特質——味道、氣味還有口感——這才是我們為之陶醉的原因。

仁和葵花籽基本組成的比較。雖然這三者還是有不一樣的地方（其中最明顯的就是杏仁的蛋白質含量最高，可可粒稍低），但三者還是有許多類似的地方，像是脂肪含量高，水分含量低，而且都是很好的膳食纖維及礦物質（灰分）的來源。

就和其他熱帶植物種子，像是椰子仁和棕櫚樹仁一樣，可可粒也含有天然的飽和脂肪酸，而且在室溫下還能保持固態。雖然可可脂包含的是飽和脂肪酸，但和一般的飽和脂肪酸不同，並不會明顯增加血液的膽固醇指數。除此之外，可可脂還有少量的卵磷脂和天然的乳化成分。

可可中除了可可脂以外，其他的固態物質稱為非脂可可固形物，非脂可可固形物還有大量的蛋白質和碳水化合物。可可中的碳水化物還包含了澱粉、膳食纖維（纖維素和聚戊醣膠）還有糊精。糊精是澱粉受到高溫加熱時分解成的破碎澱粉，通常可可豆在烘焙階段時會產生糊精。就像是澱粉一樣，糊精也會吸收水分，但吸水量很低。

非脂可可固形物還包含了少量的酸類、色素和味道，同時也含有維他命、礦物質以及多酚類。多酚類除了對人體健康有益，也賦予可可豆顏色和風味。最後，非脂可可固形物也含有咖啡因和咖啡鹼，咖啡鹼是一種類似咖啡因微量興奮劑，和咖啡因一樣為巧克力提供了獨有的苦味。

常見的可可和巧克力製品

可可豆生長在熱帶地區，但只要是有需求的地方，不管是歐洲、北美洲或其他區域，都可以看到可可和巧克力的加工品。可可和巧克力類製品可以區別為可可製品、巧克力製品還有代可可脂巧克力。可可製品通常是無糖無甜味的，製品包括可可粒、巧克力（可可）漿、可可粉，還有可可脂。巧克力製品一般會加糖、有甜味，加工程序比可可製品更精緻，但

在幾千年前，巧克力是中美洲的馬雅文明在宗教儀式中使用的飲品，也因此贏得了「神的食物」美稱。可可豆也會和玉蜀黍以及其他種籽穀物一起磨碎、調味後當成食物。巧克力最精緻的食用方式，就是將巧克力飲品裝在一個瓶子中，從很高的高度沖進另一個瓶子，沖出細緻的泡沫。烘焙可可豆的其中一個原因，就是讓巧克力飲品的泡沫更加細緻。

當哥倫布在1502年時遇到馬雅的商人，就發現可可豆受到馬雅人的尊崇，但當時他不明白為何可可豆在馬雅人的心目中如此崇高。1519年，西班牙的征服者埃爾南·科爾斯特入侵墨西哥，這時的西班牙人已經知道可可豆在新世界具有重要的地位，至少知道可可豆可做為交易用的貨幣。除了做為交易貨幣，阿茲提克人稱巧克力飲品為cacahuatl。他們將cacahuatl視做人的血液和心臟，是阿茲提克人貴重的飲料，是上流階級如貴族、戰士還有富商才能獨享的美味。西班牙的書記官就曾經記載，阿茲提克的皇帝蒙克蘇瑪就在一場宴會中，用了五十只黃金高腳杯裝滿巧克力啜飲。

不過，阿茲提克人飲用的巧克力是冷飲，而且是用胭脂樹染紅，加上乾燥辣椒調味，所以西班牙的征服者們並不領情。總之，巧克力還是輾轉來到了西班牙宮廷（也有人說是柯爾斯特自己帶回去的），西班牙人加熱巧克力，用蔗糖調成甜味，再用香草和肉桂增添香氣。所以，巧克力一方面做為藥物，一方面做為提神飲料，即使西班牙人祕密享用了巧克力許多年，巧克力還是在西歐流傳開來。到了十七世紀，巧克力在歐洲成為有能力負擔者之間既流行又健康的飲料。

價格不一，高品質的巧克力通常價格也高，要有心理準備。巧克力製品包括苦甜黑巧克力、甜味巧克力、牛奶巧克力、白巧克力，還有調溫巧克力。代可可脂巧克力是由可可、植物油（取代可可脂）還有糖製作的，成本較低；市面上可以購買的巧克力製品和代可可脂巧克力，有巧克力磚（通常是10至11磅／4.5到5公斤重）和巧克力碎片（或是鈕扣狀、硬幣狀和小片狀），巧克力碎片因為尺寸小，所以很容易融化。

可可和巧克力製品在最低限度上要符合法律規範，這些規範闡明了對於不同製品的標準。而這些規範並沒有讓各廠牌多如繁星的巧克力製品，在種類和品質上受到限制。各國對

巧克力的標準規範也不盡相同，像是北美、瑞士和英國對牛奶巧克力的標準都不一樣。

接下來列舉了表15.1、15.2、15.3和15.5，這四張表格簡述了美國、加拿大和歐盟對於巧克力製品的規範比較。其中歐盟包括了法國、比利時、英國、德國和其他二十三個歐洲國家（英國已於二〇二〇年一月三十一日正式宣布退出歐盟，進入脫歐過渡期，過渡期於二〇二〇年十二月三十一日結束）。瑞士雖不是歐盟會員國，但也有設立自己的規範。

隨著時代的演進，巧克力產業也有很大的變化。在以前，巧克力產業被視為工匠技藝，只能少量生產。今日大批大批的可可豆從全世界各處運送到大型的巧克力工廠加工，生產各

巧克力的歷史既豐富又浪漫，而那些和巧克力有關的國王、皇后和征服者們的故事也很引人入勝。不過，當我們仔細端詳巧克力的歷史，就會發現科技其實扮演了重要的角色。如果沒有這些科技，巧克力的品質和產量恐怕不能相提並論。比方説，巧克力在工業革命的產物蒸氣引擎的推動下，成為價格實惠的商品，吸引了一般人的目光。1828年，巧克力的碾碎技術有了新的發展，巧克力價格降低，市場需求與日俱增。到了十九世紀末，瑞士的製造商，魯道夫‧瑞士蓮開發了一種能改善巧克力風味和口感的精磨方法。差不多在同一時期，另外一位瑞士的製造商，丹尼爾‧彼得則是在巧克力中加入了亨利‧雀巢發明的煉乳，創造出世界上第一款牛奶巧克力。

到了今日，拜科技日新月異之賜，廠商在維持成本之際，還是能提升可可和巧克力製品的質量。在本章中，我們還會看到更詳細的相關文獻和科技的介紹。

種可可和巧克力製品。這些大廠商能夠壓縮巧克力的生產成本，主要的方法就是靠著混合各地的可可豆原料，藉以維持均一的品質，另一個方法就是將生產流程改用大批量的電腦化作業系統。大部分的巧克力工廠互相合併，形成少數的大型廠商，而小型的工匠巧克力廠商則轉而生產量少但特殊的產品。工匠巧克力廠商比較傾向用傳統的方式處理可可豆，也比較常用單品或單一原產可可豆製作特製的巧克力。

可可豆（不管是單一原產還是其他的）要變身為可可和巧克力製品的第一步，就是清潔和烘焙。

可可製品

可可粒　你可以用一小撮烘焙可可粒當原料，增加食品特色。既然可可豆也是一種堅果仁，那可可粒（或是可可亞粒）就是切碎的堅果仁。可可粒的成分和可可豆一樣，都含有大量的可可脂和相同分量的非脂可可固形物。因為可可粒不含糖分，沒有甜味，因此具有濃郁的

巧克力苦味。

可可粒和咖啡豆一樣具有強烈的苦味，會讓麵包糕點產生明顯的風味，在使用上點到為止即可。圖15.3展示了切碎的可可粒、焙烤的可可全豆和內含可可豆的果莢。

圖15.3　可可粒也是一種切碎的堅果仁。圖內以順時針依序為：可可果莢、焙烤的可可全豆、切碎的可可粒。

烘焙可可豆的重要

　　烘焙是可可豆變身為可可和巧克力製品的重要步驟，焙烤的溫度範圍從200℉到400℉（95℃到200℃）不等，並且依據可可豆的尺寸、種類和需求，焙烤的狀況都會有所不同。比方說，比起佛洛斯特羅，克里奧羅需要的烘烤時間比較短，溫度也比較低，才能保留本身的香氣不至於揮發過度。

　　此外，可可豆經過烘焙後，比較容易脫去外皮，減少水氣，並且消滅微生物和其他害蟲，讓可可豆達到可食用的標準。焙烤也能讓可可豆的顏色更深，而且熱氣能幫助可可豆揮發一些酸味，釋放其他的氣味分子，進一步增添風味。熱氣同時也催化許多複雜的化學反應，包括梅納反應，也就是糖和其他碳水化合在蛋白質中進行分解的作用。梅納反應可以讓可可豆產生帶有土壤味道的厚重中味和後味，讓豆子顏色更加深邃。

　　傳統上是以風乾的方式焙烤可可豆，而現代則是用蒸烤或紅外線加熱的方式焙烤。在正式焙烤之前，預先加熱可可豆可以讓外皮容易脫離，有助於後續作業。當可可豆脫去外皮後，可可果的果仁就會碾碎成標準尺寸。不論是哪一種焙烤方式，廠商都能掌控好可可豆的焙烤過程，讓可可豆都能均勻受熱。

　　就如同咖啡豆，每個人都有自己偏好的巧克力焙烤程度。

巧克力漿和無糖巧克力　巧克力漿（chocolate liquor）是由可可粒不斷輾壓而製成的，雖然英文liquor有酒的意思，但是巧克力漿是指本身在加熱時呈現液態，並非是指含有酒精。如果說可可粒是切碎的果仁，那巧克力漿就像是果仁的脂膏，也就是將堅果磨成滑順柔軟的膏狀物。和杏仁膏、花生醬不同的地方在於，巧克力漿（可可亞漿）冷卻後會變硬，形成巧克力磚的固體，這是因為可可脂在室溫中會呈現固體狀。巧克力漿形成固態後，會以巧克力磚的型態出售，而常見的產品名稱有無糖巧克力、可可磚（可可亞磚）、苦味巧克力或是烘

表15.1　美國、加拿大及歐盟的巧克力規範標準比較

主要規範國	名稱	可可脂含量	其他規範
美國	高脂可可	22%（最低）	
歐盟	可可	20%（最低）	以乾重計
美國和加拿大	可可	10%（最低）	美國定22%為最高含量
美國和加拿大	低脂可可	10%（最高）	
歐盟	減脂可可	8~20%	以乾重計
美國和加拿大	無脂可可	0.5%（最高）	

焙巧克力。

無糖巧克力和可可粒的可可脂含量都很高,而且根據法規,無糖巧克力中的可可脂含量至少要有50%（美國的法規則是要求最少要60%）。無糖巧克力因為高含量的可可脂,因此價值很高,是一種昂貴的原料,但品質反應價格,由於可可脂提供無糖巧克力完整濃郁的風味,如果是要製作飽滿的巧克力風味食品,無糖巧克力絕對是首選。

無糖巧克力除了含有可可脂和少量的水氣,也含有非脂可可固形物。可可粒是無糖巧克力的原料,所以無糖巧克力都含有可可粒（根據法規,無糖巧克力還是可以添加少量的乳脂、磨碎的果仁、調味料和鹼性物質）。別忘了,非脂可可固形物也含有酸性物質,若烘焙食品中含有小蘇打粉,會和無糖巧克力中的酸性物質反應,產生少量的二氧化碳,讓烘焙食品膨脹。

雖然無糖巧克力可以為烘焙品提供美妙濃郁的巧克力風味,但使用之前必須先謹慎融化。另一種較簡單、方便、便宜的替代原料是可可粉。使用可可粉時,要額外添加酥油或奶油（圖15.4）。

天然可可粉　以高壓輾壓巧克力漿時,溫度會上升,融化可可脂,濾出部分可可脂,再將剩下的可可餅研磨成細粉,就是市面上的天然可可粉。由於可可來源與烘焙程度不同,天然可可粉可能呈現深淺不一的黃棕色。由於珍貴的可可脂已經榨取出來另外販售,可可粉的價格比無糖巧克力便宜。

天然可可粉和巧克力漿一樣,都是酸性物質,pH值一般介於5至6之間。天然可可粉中的酸性物質能與小蘇打粉發生反應,產生少量二氧化碳,使製品膨脹。

圖15.4　酥油與可可粉（上）可以取代無糖巧克力（下）添加於烘焙品中。

實用祕訣

　　烘焙坊在選擇可可和巧克力製品時,可參考以下的準則:

● 如果是製作巧克力風味最豐富的食品,而且使用的便利性和成本不成問題,可選擇無糖巧克力。

● 如果是製作一般的烘焙食品,只需一些巧克力提味,可選擇可可脂含量22/24的高脂可可粉。

● 若是要製做低脂的烘焙食品,而且使用上的便利和較低成本是重點考量,可選擇可可脂含量10/12的可可粉。

● 若是要製作慕斯、甘納許、裝飾、甜點,可選擇調溫巧克力或其他加糖的甜味巧克力。

十八世紀初時，熱巧克力過於昂貴，一般人負擔不起。一位名叫喬瑟夫·弗萊的英國醫師向病患說明巧克力具有療效，他也是第一位商業化大量生產可可豆粉的人。在此之前的數千年，巧克力都是以人工操作石棍與石磨（類似杵和臼）輾磨而成。量產可降低巧克力的價格，使可可豆粉更為細緻、更受消費者喜愛。

不過熱巧克力表面會浮著一層融化的可可脂，令人不喜。荷蘭人CJ·凡·豪敦於1828年發明一種製程，可以壓榨出巧克力中多餘的可可脂，透過這個方法製作可可粉解決了上述問題。

可可粉發明後的頭幾年，大家不知道該怎麼處理壓榨出的多餘可可脂。後來，十九世紀中期，弗萊家族率先混合可可脂、糖和巧克力，製作出第一款廣受歡迎的巧克力棒。可可脂的市場出現後，可可粉的價格降低，熱可可成了大眾都可以負擔得起的飲品。

可可粉不含額外添加的糖。市面上有含糖的可可粉，方便製作熱可可等飲品，含糖的可可粉也稱做熱可可混和物（hot cocoa mixes），不會用於烘焙。

我們可以根據可可脂含量來為可可粉分類。所謂「可可粉」指的就是一般的可可粉，是北美烘焙的常見原料。法律規定可可粉的可可脂含量最少應在10%以上，一般介於10%至12%之間。事實上，製造商通常將一般可可粉標示為10/12可可粉，數字指的就是可可脂含量。圖15.5列出一般可可粉的其他成分。

北美低脂可可粉的可可脂含量小於10%，有些可可粉產品標示為「零脂」，其可可脂含量甚至可能低於0.5%。要移除這麼多可可脂需要特殊的製程（例如超臨界萃取），因此零脂可可粉較為昂貴，少用於烘焙坊。

美國市面上第四種可可粉是高脂可可粉或早餐可可粉，其中含有至少22%的可可脂。製造商通常標示為22/24可可粉，代表這種可可粉的脂肪含量。10/12或22/24可可粉都可以用於烘焙，雖然可以互相替換使用，不過高脂可可粉風味較濃厚，價格也較高。

歐盟所謂的一般可可粉等於美國的22/24可可粉，不過有時會標示為20/22可可粉，因為根據歐盟的測量方法（以乾重計），其可可脂含量介於20%至22%之間。表15.1統整美國、加拿大、歐盟政府針對可可粉成分的規範。請注意，歐盟所謂的減脂可可粉不等於北美的低脂可可粉。

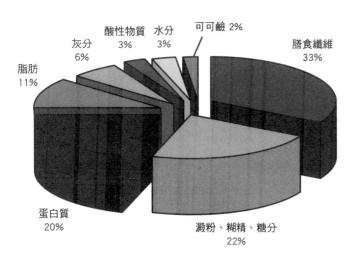

圖15.5　10/12可可粉的組成成分

以可可粉替換無糖巧克力

製作烘焙品時，不可以直接用可可粉取代無糖巧克力，因為可可粉的非脂固形物含量較高，脂肪含量較低。可可粉的用量應少於無糖巧克力，而且須另外加入脂肪（通常會使用酥油）。

如果要以22/24可可粉取代無糖巧克力，請將無糖巧克力重量乘以5/8或0.63，即為可可粉用量；酥油的用量則是巧克力重量的3/8或0.37。如果要使用10/12可可粉取代無糖巧克力，可可粉用量等於無糖巧克力重量乘以9/16或0.56；酥油的用量則是巧克力重量的7/16或0.44。

約略等同於下列轉換公式：

1磅無糖巧克力＝10盎司22/24可可粉＋6盎司酥油

＝9盎司10/12可可粉＋7盎司酥油

1公斤無糖巧克力＝630公克22/24可可粉＋370公克酥油

＝560克10/12可可粉＋440公克酥油

由於酥油使製品酥脆的效果是可可脂的兩倍，麵包師及糕點師通常會將酥油的用量減少一半（每磅無糖巧克力原本應用6盎司酥油，調整為3盎司；每公斤巧克力應用370克酥油，調整為185克）。

使用可可粉時，請與乾料一同過篩，再與酥油及糖一同打發，或是溶解於溫熱液體中，有些師傅認為以溫熱液體溶解可可粉可以釋放其氣味。

雖然以可可粉取代無糖巧克力製作的成品不完全一樣，可是可可粉價格較低、使用上較方便，製品品質也完全沒問題。

荷式可可粉　在烘焙坊中，荷式可可粉（或稱鹼性可可粉）比天然可可粉更常見。和天然可可粉一樣，荷式可可粉也分為10/12或22/24兩種脂肪含量，另外也有低脂或零脂的產品。

天然可可粉沒有經過化學加工，而荷式可可粉中加入弱鹼性物質，中和可可的天然酸性，將酸鹼值提高到七以上。碳酸氫鈉（小蘇打）就是一種鹼性物質，不過不常用來鹼化可可，比較常用的是碳酸鉀。如果可可粉經過鹼化處理，成分標示會註明：可可粉經鹼性物質加工處理。鹼性可可、荷式可可或歐式可可指的都是經過鹼化程序的可可。另一方面，天然可可有時也稱為未鹼化可可或一般可可。

鹼化程序會使可可顏色變深，顏色比天然可可更為深沉，並帶有些許深紅色澤。荷式可可粉的顏色可能呈淺紅棕、深棕或深紅棕色，成品顏色會依鹼化程度而不同。由於可可粒在磨粉、輾壓之前就會先進行鹼化處理，所以市面上也有荷式的無糖巧克力製品。

鹼化程序除了影響顏色外，也會改變可可粉的風味。荷式可可粉的氣味比天然可可粉更柔順、溫醇，少了尖銳的澀味與酸味，氣味更

巧克力簡史（下）

天然可可粉不易溶解於水中。1828年，也就是CJ‧凡‧豪敦研發技術，將多餘可可脂壓榨出來的同一年，他發現於可可粉中添加鹼性物質，可使其輕易溶解於水中。由於凡‧豪敦是荷蘭人，因此鹼性可可粉也叫做荷式可可粉。荷式可可粉易於溶解，此外，鹼化處理也使可可粉顏色更為深黑、氣味溫醇，因此在歐洲廣受歡迎。

什麼是角豆粉？

製作糖品、烘焙品、飲品時，有時會以角豆粉取代可可粉。雖然角豆粉外觀和可可粉相仿，但它不是可可製品，而是以一種刺槐豆（角豆）豆莢製成，豆莢經烘烤後磨成粉就是角豆粉。第12章提到的食材刺槐豆（角豆）膠就是從同一種豆莢中的豆子萃取而出。

有人認為角豆粉是可可粉的健康替代食材，因為其脂肪含量低，也不含類似咖啡因的興奮劑，不過有些角豆製品（例如角豆片）額外添加大量脂肪。可可製品價格高漲時也會使用角豆當做低價的替代材料。

豐富完整，也比較容易溶解於水中。

雖然荷式可可粉與天然可可粉具有以上差異，不過兩者可以互相替換使用，個人可以根據主觀偏好自由選擇。

北美消費者自製烘焙品時傾向使用天然可可粉，而歐洲消費者偏好荷式可可粉，不過大西洋兩岸的專業糕點師製作各種產品時，一般都偏好荷式可可粉，因為荷式可可粉的顏色較深沉、氣味更溫醇。

由於天然可可粉為弱酸性，而荷式可可為弱鹼性，有些師傅會據此調整配方中小蘇打與酸性物質的用量。

可可脂　可可脂是可可豆中的天然油脂，市面上的可可脂產品有淡黃色塊狀或片狀的形式。製作可可粉過程中，自巧克力漿輾壓出可可脂時，其顏色為深褐色，且具有獨特的巧克力味。之後可可脂會進行過濾，移除其中的可可粒子。接著，部分或全部可可脂會經過去味程序，移除大部分（甚至全部的）巧克力味。

可可脂是一種昂貴的脂肪，由於其融化性質獨特而宜人，因此是糖品與化妝品業的重要原料。麵包師與糕點師會用可可脂來稀釋融化的巧克力或調溫巧克力，使巧克力糖衣或醬汁質地更為均勻。除了這一項主要用途，也可能將可可脂刷在派皮表面，防止濕潤的餡料使派皮變得濕軟。由於可可脂富含飽和脂肪，因此不易氧化變質，不過放置過久還是會產生變質的怪味。

巧克力製品

苦甜黑巧克力　苦甜黑巧克力和味道苦澀的無糖巧克力不一樣。苦甜黑巧克力（又稱苦甜巧

為什麼要去除可可脂的顏色與風味？

　　烘焙用的可可脂經過高度精製，色白、味淡，而直接從可可漿榨出的可可脂擁有濃厚的顏色與風味，那為什麼糕點師要選擇平淡無味的產品呢？

　　之前提過，可可脂常會添加於含糖巧克力製品中，用來調整其濃稠度。由於糕點師購買的通常是經過仔細揀選與加工的昂貴巧克力，所以不希望任何食材（包括可可脂等可可製品）改變這種頂級巧克力的風味與外觀。

　　而可可脂的另一種用途是在派皮表面形成防水的表層，在這種情況下也不希望可可脂帶有特殊氣味。

為什麼可可脂擁有獨特的融化性質？

　　由於可可脂富含飽和脂肪酸，因此在室溫中極為脆硬。不過與通用酥油或豬油等其他飽和脂肪相比，可可脂的融化曲線很陡，最終融點偏低，因此能夠入口即化，這種口感獨特而討喜。下圖比較可可脂與通用酥油的融化曲線。請注意，可可脂在室溫下（70℉／21℃）的固態脂肪含量很高（85%），不過到了95℉／35℃，可可脂就已經完全融解。

　　為什麼可可脂具有這種獨特性質？第9章提過，多數食用脂肪含有多種脂肪酸，每一種脂肪酸的融點都不一樣，因此多數食用脂肪融化的溫度範圍很廣，融解速度緩慢。而可可脂中的脂肪酸種類相對少，且融點全都比體溫低。就是這種脂肪酸均質混合物的獨特性，造就可可脂入口即化的宜人口感。

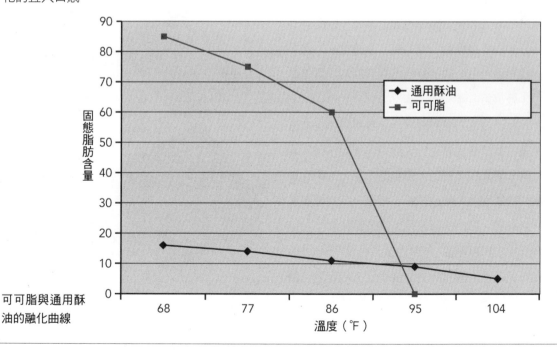

可可脂與通用酥油的融化曲線

精磨是混合材料、揉捏，並以低溫加熱的過程。根據設備與預期成品狀態的不同，整個程序可能長達數小時至數天。精磨過程中，糖和可可粒子都磨成細緻的粉末，外層包裹薄薄一層可可脂。巧克力加水會結塊，反之，透過低溫加熱，水分逐漸蒸發，巧克力越來越滑順，出現光澤。加熱也能驅散酸性物質等揮發性成分，使風味更為細緻。最後，加熱還能延續烘烤過程中展開的化學反應，持續培養風味。精磨程序能使風味與質地變得更為細緻，使巧克力從無光澤、含有顆粒的膏狀物變為滑順、味道溫醇的液體，可以開始塑形、冷卻。

瑞士巧克力製造商魯道夫‧瑞士蓮設計出第一台精磨機，能夠製作出極為滑順的食用巧克力，由於質地滑順細緻，瑞士蓮稱之為「翻糖巧克力」。精磨機英文為conch，意指海螺，正是因為機器外形弧度類似海螺而得名。早先的精磨機裝有厚實的輥子，用於來回攪拌巧克力，現今傳統巧克力工廠仍在使用類似的水平精磨機。這類精磨機完成整個程序通常須耗時72小時以上，不過據說製作出來的巧克力風味最為細緻。

今日的新式精磨機效率更好，能以更短時間提升巧克力風味與顆粒的細緻度。舉例來說，垂直式的旋轉精磨機配備刀刃，靠著刻有羅紋的鋼壁猛烈刮磨巧克力，並以強烈氣流吹拂，使其維持同一個移動方向。

不同的精磨方式沒有優劣之分，製造商還會調整時間、溫度、運轉速度來製作預期中的理想巧克力成品。精磨方式是製造商使自家巧克力品牌與眾不同的程序之一。

克力、黑巧克力、半甜巧克力，也可能直接簡稱為「巧克力」）屬於巧克力製品，因此含有糖分，成分是糖與巧克力漿。由於含糖，如果以苦甜黑巧克力取代無糖巧克力添加於烘焙品中，效果將會不一樣（圖15.6）。

除了巧克力漿與糖以外，苦甜黑巧克力可能還含有少量乳製品、天然或人工調味料、乳化劑、堅果與可可脂。傳統的巧克力工廠會以混合機將混合物磨成細粉，再以一系列輥子進一步細磨。研磨過程不僅能降低顆粒大小，以免巧克力口感粗糙，同時還能釋放粒子中的油脂，使巧克力融化時更具流動性。巧克力研磨完成後再進行精磨，進一步提升口感與風味。成品是滑順的均質混合物，可可脂均勻包裹細

圖15.6　以苦甜黑巧克力（而非無糖巧克力）製成的布朗尼蛋糕（上）有光亮、脆裂的表面，這是高糖配方製品的特色；其蛋糕內部柔軟而具有黏性，比起以無糖巧克力（下）製作的蛋糕較不易切開。

可以用苦甜黑巧克力製作巧克力布朗尼嗎？

　　一般來説，布朗尼蛋糕是以無糖巧克力或可可粉製作，如果改以苦甜黑巧克力製作且沒有另外調整配方，那成品會不太一樣。蛋糕顏色會比較淺、巧克力味較淡、口味更甜，也會比較濕潤、柔軟。事實上，使用某些苦甜黑巧克力品牌時，蛋糕成品的外觀和口味可能會比較類似香草布朗尼而不是巧克力布朗尼，因為苦甜黑巧克力的可可固形物含量比無糖巧克力低。除此之外，苦甜黑巧克力含有糖分，而且含量可能高達65%。

　　由於苦甜黑巧克力的加工程序較多，成品蛋糕的成本也會比較高。如果非得要以苦甜黑巧克力取代無糖巧克力，那麼替換方式大約是2磅（或1000克）苦甜黑巧克力取代1磅（或500克）無糖巧克力。另外，由於苦甜黑巧克力含有糖分，配方中的糖量應減少1磅（或500克）。

緻的巧克力、牛奶、糖粒。

　　巧克力經過精磨後，接著進行調溫、塑形與冷卻。調溫的過程須謹慎將巧克力融化、冷卻，並維持在適當的溫度，使可可脂能順利結晶。調溫是確保巧克力擁有完美口感與外觀的最後一步。麵包與糕點師傅使用巧克力製品前必須經過調溫的步驟，之後的段落將進一步詳細說明。

　　調溫巧克力形式的苦甜黑巧克力常用於製作巧克力鮮奶油、慕斯、甘納許餡料、各種巧克力糖霜、糖衣、醬料；碎片狀的苦甜黑巧克力則可用於製作巧克力碎片餅乾。這些製品多數不經烘烤，才能彰顯優質巧克力的細緻風味與滑順口感。不同品牌苦甜黑巧克力的顏色、風味、糖量與可可固形物含量不太一樣，雖然多數仍可以相互替換使用，不過成品品質會有差異。

　　苦甜黑巧克力通常不會加入麵糊或麵團中（用於麵糊及麵團的主要是無糖巧克力或可可粉），由於苦甜黑巧克力經過精磨等精製程序，售價較高，因此用於烘焙品中會提高不必要的成本。直接品嘗或用於製作巧克力鮮奶油、慕斯、甘納許，苦甜黑巧克力所經過的精磨等精製程序才品嘗得出來。如果將經過高度精製與精磨的巧克力添加於麵糊及麵團中，一經烘烤就難以品嘗出這些程序所造就的差異。不過如果配方要求使用苦甜黑巧克力，也不能直接替換成無糖巧克力，配方中其他成分也會需要隨之調整。

　　北美法律規定苦甜巧克力的可可固形物含量必須在35%以上（美國規定35%的可可固形物必須來自巧克力漿），也就是說，苦甜巧克力的糖量可能高達65%。表15.2比較美國各種巧克力的成分規範；表15.3比較加拿大各種巧克力的成分規範。

　　許多苦甜巧克力的可可含量都高於規定，有些甚至含有50%以上的可可固形物，這類巧克力製品的品名通常會是「苦甜巧克力」，而如果介於35%至50%之間，則會是「半甜巧克力」，不過法律並沒有這樣規定。雖然價格不一定能反映品質，不過可可固形物價格比糖高，因此巧克力的可可固形物含量越高，通常也越貴。

　　美國的苦甜黑巧克力在歐盟通常直接稱為

「巧克力」。雖然歐洲的調溫巧克力不符合北美苦甜巧克力的成分規範,不過多數歐洲的調溫黑巧克力超過其標準。稍後將進一步說明調溫黑巧克力。

牛奶巧克力 牛奶巧克力是含糖的巧克力製品,通常可可固形物含量較低,乳固形物含量較高(參見表15.2與表15.3)。和苦甜黑巧克力一樣,牛奶巧克力通常也含有天然或人工香草調味料、乳化劑與可可脂,其餘成分則是糖。牛奶巧克力的製程與苦甜黑巧克力類似,都包含精製、精磨、調溫與塑形。

多數牛奶巧克力偏甜,風味溫和。雖然少

了巧克力的苦味,不過多了乳固形物的多樣風味。比方說,美國的牛奶巧克力常有酸乳或發酵乳的風味,而瑞士巧克力則有稍微煮過的牛奶味,英式牛奶巧克力常會添加奶酥,因此帶有濃厚的焦糖味。奶酥是加熱煉乳與糖製成的乾燥物質,顆粒大小不一,有時原料包括巧克力漿。焦糖味來自牛奶與糖加熱所產生的梅納反應。

一般來說,配方中的苦甜黑巧克力不能以牛奶巧克力取代,因為後者的可可固形物含量太低,巧克力風味不足,因此成效可能不好。由於可可固形物含量低,且其中的乳製品原料含有乳脂,因此牛奶巧克力質地也比較柔軟。

表15.2 美國各種巧克力的成分規範

巧克力種類	巧克力漿(最低)	乳固形物	其他規範
苦甜巧克力	35%	12%(最高)	
牛奶巧克力	10%	12%(最低)	
白巧克力	0%	14%(最低)	可可脂20%(最低);乳脂3.5%(最低);乳清5%(最高);糖55%(最高)

法規來源:U.S. 21CFR163 2002

表15.3 加拿大各種巧克力的成分規範

巧克力種類	總可可固形物*(最低)	乳固形物	可可脂(最低)	非脂可可固形物(最低)	其他規範
苦甜巧克力	35%	5%(最高)	18%	14%	
牛奶巧克力	25%	12%(最低)	15%	2.5%	
白巧克力	--	14%(最低)	20%	--	乳脂3.5%(最低);乳清5%(最高)

*來自巧克力漿、可可粉與可可脂
法規來源:Canada CRC, c.870, B.04 Dec 31, 2001

由於許多巧克力製品含有糖分等其他材料，因此通常會標示最低可可或可可固形物含量，有時也稱為「可可百分比」。歐盟法律規定成員國皆須標示可可含量。此規範定義中的可可固形物不限於非脂可可固形物，而是包括所有可可豆製成的原料，包括可可漿、可可粒粉、可可粉與可可脂。換句話說，歐盟法規所定義的可可固形物包含所有非脂可可固形物與可可脂。不過包裝標示並沒有說明可可固形物中有多少來自非脂可可固形物，又有多少屬於額外添加的可可脂，不過只要另外詢問製造商，廠商通常會願意提供相關資訊。在其他條件相同的情況下，非脂可可固形物含量越高，巧克力味就越濃厚。高含量的可可脂代表製品融化時會比較稀薄，如果要以巧克力製作糖衣，這點會是重要的考量因素。

照片來源：Ron Manville

乳脂在室溫下柔軟而油膩，可可脂固體結晶會溶解於乳脂中。烘焙坊中牛奶巧克力（調溫巧克力形式）的主要用途是製作沾醬、糖衣或巧克力裝飾。

白巧克力　白巧克力是以糖、可可脂、乳固形物、天然或人工香草調味料製成，有時會添加乳化劑。換言之，白巧克力其實就是牛奶巧克力去掉非脂可可固形物。多年來，美國法規都沒有正式規範白巧克力的成分，直到二〇〇二年美國食品藥物管理局才為白巧克力制定身分標準（表15.2），與歐盟針對白巧克力的規範一樣。

白巧克力最主要的風味是香草，基本上沒有巧克力的味道，因為可可脂在使用前通常都經過去味程序。由於白巧克力中完全沒有非脂可可固形物，因此在多數情況下都不能直接取代配方中的苦甜黑巧克力或牛奶巧克力。如果改用白巧克力，雖然白巧克力凝固速度比其他巧克力快，但成品質地會較軟。白巧克力可以製作白巧克力鮮奶油、慕斯、甘納許餡料、各種糖霜及糖衣、起司蛋糕與各種甜品，白巧克力塊也可以添加於餅乾中。

調溫巧克力　調溫巧克力（couverture chocolate）的「couverture」在法文中是「糖衣」的意思。調溫巧克力至少含有31%可可脂，如果是調溫牛奶巧克力，這31%也包含乳脂。調溫巧克力其實就是更高品質的巧克力製品，可可脂含量更高，通常精磨與精製程序也更繁複，價格也較為昂貴。

許多烘焙坊都會備有調溫牛奶巧克力與調

巧克力慕斯通常以苦甜黑巧克力製作，如果改用牛奶巧克力，慕斯成品會很不一樣。成品的顏色會比較淡，其實會更接近奶油糖慕斯，而不是巧克力慕斯，因為牛奶巧克力的非脂可可固形物含量很低。

由於可可固形物含量低，比起以苦甜黑巧克力製作的慕斯，牛奶巧克力慕斯的質地可能比較柔軟，有時候甚至無法凝固。

最後一點是，牛奶巧克力慕斯會比較甜，有時口味可能太甜，掩蓋其他風味。牛奶巧克力慕斯的奶油、鮮奶油、焦糖或香草味比較重，巧克力味反而不明顯，因為打發充氣*的製品比較容易突顯這些風味，但沒有強化巧克力味的效果。

這代表絕對不能用牛奶巧克力製作巧克力慕斯嗎？也不是這樣，但如果沒有實際測試，通常難以預料某種牛奶巧克力是否合適。要提高成功機率，請選擇風味濃厚且可可固形物含量相對較高、糖量較低的牛奶巧克力；除了牛奶巧克力外，也加入苦甜巧克力；或者直接使用專為牛奶巧克力慕斯所設計的食譜。

---

*充氣製品（aerated）這類製品的製作程序包括打發，因此製品中充滿小氣泡，口感輕盈，故稱為「充氣」製品。

圖15.7 調溫巧克力融化時質地稀薄，因此能均勻地包裹製品。

溫黑巧克力。調溫巧克力主要用於製作巧克力裝飾或蛋糕、餅乾、糖果與甜品的沾醬或糖衣。調溫巧克力也可以取代一般巧克力製品，製作巧克力鮮奶油、慕斯、甘納許或糖衣。調溫巧克力一般不會添加於麵糊及麵團中，原因和苦甜黑巧克力一樣。

比起苦甜黑巧克力，調溫巧克力擁有數項優點：其中額外添加的可可脂更能包覆糖粒與可可粒子，使之任意流動，如此一來，調溫巧克力融化後質地稀薄，可以均勻地填裝模具或包覆製品（圖15.7）。相對來說，半甜巧克力碎片融化時，液體比較濃稠，其中的糖和可可粒子容易結塊，使巧克力變稠。不過這種濃稠度是必要的，廠商才能將巧克力塑形成水滴狀，不過這也意味著添加於巧克力碎片餅乾中

什麼是甘納許？

甘納許就是高脂鮮奶油與融化巧克力的混合物。製作甘納許時，先將新鮮的鮮奶油煮至稍微沸騰，加入切碎的巧克力，攪拌至巧克力完全融化。甘納許有多種用途，可當做蛋糕的糖衣、製作松露巧克力，打發後還可以當做輕盈的填餡。

甘納許中的巧克力與鮮奶油可以有各種比例，巧克力含量較高時，甘納許質地比較濃稠厚重，反之比較柔軟。如要製作其他口味，也可以用牛奶、果汁或咖啡等液體取代高脂鮮奶油，額外添加奶油或蛋黃則能增添濃郁口感。由於巧克力製品的可可漿含量不一，甘納許質地也會因使用的巧克力種類與品牌不同而有濃稠度的差異。

從科學角度來看，甘納許是一種油水乳，乳脂與可可脂結晶懸浮在液體中，由天然的乳化劑與牛奶及巧克力中的蛋白質使其穩定。添加過多苦甜巧克力或奶油，有時會導致混合物油水分離，假如出現這種現象，請加入少量高脂鮮奶油，輕輕攪拌甘納許使之重新乳化。

的巧克力碎片不能製作成巧克力糖衣或沾醬，因為質地過於濃稠（除非糕點師在使用前另外添加可可脂或其他脂肪）。最後，巧克力碎片餅乾烘烤時，巧克力能維持原本的形狀，而某些調溫巧克力（融化後特別稀薄的那一類）則無法維持形狀。

表15.4　調溫巧克力中可可脂的功能

降低黏度，提高融化巧克力的流動性
冷卻後體積稍微縮小，易於將巧克力移出模具
提供光澤
提供堅硬的脆勁
提供入口即化的滑順口感

> **實用祕訣**
>
> 製造商通常會將調溫巧克力的濃稠度與建議使用方法直接標示於包裝上，請先查看包裝，或上製造商的網站查閱相關資訊。

假如經過適當調溫，調溫巧克力中額外添加的可可脂能產生美觀的光澤。由於可可脂在室溫下硬度很高，因此高品質的調溫巧克力擁有獨特的脆勁，可可脂含量較低的產品不具有這項特點。高含量可可脂也能帶來入口即化的滑順口感。請特別注意，以調溫巧克力製作糖衣、沾醬、塑形巧克力或巧克力裝飾時才能展現這些優點，一經烘焙，這些特點就會消失。表15.4總結調溫巧克力與其他巧克力製品中可可脂的重要功能。

歐洲法規針對調溫巧克力的成分進行規範，加拿大及美國沒有。這不代表北美的巧克力製品不符合調溫巧克力的標準，只是不會這樣標示而已。如需了解巧克力製品的可可脂含量，請詢問製造商。表15.5總結歐盟調溫巧克力的成分規範。

代可可脂巧克力　代可可脂巧克力（confectionery coating）在英文中有許多別名：compound coatings、glazes（pâte à glacer）、

巧克力與調溫巧克力中的乳化劑

融化的巧克力與調溫巧克力是由磨成細粉的糖、可可與牛奶粒子組成的複雜混合物，這些粒子漂浮在可可脂中。由於可可與牛奶粒子的含量通常高於可可脂，糖量又大於其他成分，粒子多而擁擠，因此當粒子碰撞、糾結、結塊時，會使融化的混合物變得非常濃稠。卵磷脂等乳化劑能降低融化巧克力的濃稠度，提高流動性，使之滑順而均勻。

巧克力漿中原本就含有少量卵磷脂，不過巧克力製品通常會再額外添加卵磷脂。卵磷脂性質和其他乳化劑一樣，其分子結構一部分具親脂性，另一部分具親水性（包括溶解於水中的其他物質），因此卵磷脂分子親脂的部位會拉住可可脂，而親水的部位會與同樣親水的糖交互作用，這能避免糖粒結塊，提高融化巧克力的流動性。

北美及歐洲法規允許於巧克力及調溫巧克力中使用卵磷脂。由於卵磷脂提高巧克力流動性的效果比可可脂好上十倍有餘，而且價格較為便宜，因此可降低巧克力的價格。昂貴的調溫巧克力也會加入卵磷脂，對濃稠度進行最終調整。

以卵磷脂提高流動性的巧克力性質會不太一樣。比方說，比起可可脂含量較高的調溫巧克力，添加卵磷脂的巧克力冷卻時體積縮小幅度比較小，因此比較難從巧克力模具中取出。不過由於卵磷脂添加量很低（通常為0.1%至0.3%），所以比起精製可可脂含量較高的產品，添加卵磷脂時，巧克力風味反而不會被稀釋。

---

summer coatings、nontempering coatings，或是直接簡稱為coating，指的都是同一種產品，也有可能簡稱為巧克力，不過這不合乎法律規範。北美品名包含「巧克力」的產品，其中油脂只限於可可脂（法律允許少量乳脂）。代可可脂巧克力含有植物油，例如部分氫化的大豆油、棕櫚仁油或椰子油。雖然這類產品部分品質不錯，不過其中的油脂是人造可可脂，就像瑪琪琳是人造奶油。由於代可可脂巧克力含有部分氫化油，其中可能含有反式脂肪，一般認為這會提高罹患冠心病的風險。

由於不含可可脂，因此這類產品比真正的

表15.5　歐盟調溫巧克力的成分規範

調溫巧克力製品	最低可可脂含量	其他規範
調溫巧克力	31%	非脂可可固形物＞2.5%
調溫黑巧克力	31%	非脂可可固形物＞16%
調溫牛奶巧克力	31%（含乳脂）	非脂可可固形物＞2.5%；乳脂＞14%；蔗糖＜55%

歐盟法規允許會員國於巧克力製品中加入最高5%的棕櫚油、牛油樹果油等熱帶油脂（指含有大量飽和脂肪酸的油脂），不過這類產品不得以巧克力的名義於北美販售。

調溫巧克力便宜。所有食材都一樣，不同品牌間的產品品質存在差異。比方說，某些代可可脂巧克力中的油脂經過特殊處理，例如經過分餾，因此擁有與可可脂非常相似的融化特性。有些代可可脂巧克力的價格可能和真正的調溫巧克力一樣高昂，但是不須調溫就能有入口即化的口感及光澤。也有些代可可脂巧克力的融點比可可脂高，融點太高的話可能會有蠟質口感，令人不喜，不過高融點的代可可脂巧克力能在溫暖的天氣中維持形狀。

代可可脂巧克力有黑巧克力、牛奶巧克力與白巧克力等口味，顏色也可以非常繽紛。

巧克力製品的操作

使用無糖巧克力與巧克力製品前，通常都要先將之融化。融化過程必須謹慎，因為巧克力中的蛋白質與碳水化合物混合物很容易加熱過頭，這時候巧克力就會變濃稠、結塊、失去光澤，這時只能丟棄煮壞的巧克力，重頭來過。牛奶巧克力與白巧克力由於含有乳成分，很容易煮焦、變色，因此特別容易加熱過頭。

可以用微波爐或雙層鍋來融化巧克力。不論使用哪一種器材，一定要顧爐並經常攪拌，以免出現熱點，使巧克力加熱過頭。

巧克力融化之後，不要沾到水分或水蒸氣。舉例來說，要沾裹巧克力醬的草莓等新鮮水果表面務必擦乾。水會使巧克力變稠，因為巧克力中具吸濕性的糖會吸收水分，變得黏稠。黏稠的顆粒流動性低，濃稠度上升。一旦因為混入水分而變稠，巧克力製品就無法再做成沾醬或糖衣。

巧克力調溫

巧克力融化並自行冷卻時，需要一些時間才會凝固。凝固後，巧克力的外觀呈現霧面，質地並不討喜。放置一段時間後，巧克力表面會生成不美觀的灰白條紋，這叫做油斑（或稱為泛白油花、脂霜、白霜花），巧克力質地可能變得粗糙，甚至結塊。會出現上述現象，是因為巧克力自行冷卻時，其中的可可脂凝固所導致，也因此使用巧克力製品前都必須先進行調溫。

調溫指的是在巧克力凝固前，控制其融化及冷卻的溫度。調溫的目標是控制巧克力中的可可脂凝固的方式，達到最佳的外觀、質地、風味。所有工作使用到巧克力的人都必須學會調溫的技術。

巧克力調溫有許多種方式，每種方式所調控的溫度、時間與攪拌力道都不一樣。第一個

實用祕訣

濃稠的巧克力醬雖然沒辦法當做沾醬或糖衣，但還有其他用途。比方說，故意在巧克力中添加少許水分，製作巧克力擠花裝飾會比較容易。至於不小心混入水而結塊的巧克力可以用於製作甘納許、餡料等原本就包含液體材料的製品。

結晶的形成：晶核生成與晶體成長

　　液體油脂凝固成固體脂肪結晶的方式有兩種：液體油脂中形成新晶種，這種過程叫做晶核生成；或是現有的結晶體積增大，這叫做晶體成長。

　　調溫是促使β結晶（第五型）晶核生成的方法。調溫有時也稱做養晶，這種說法其實更為準確，因為調溫就是為成功的結晶做好準備，希望能在巧克力冷卻、凝固時培養出安定的β結晶。

　　和烘焙坊的多數工作一樣，成功為巧克力調溫需要拿捏各方平衡。也就是說，溫度、時間與融化巧克力的攪拌程度都需要達到平衡。三項因素中，任一項失衡都會形成過多或過少晶種。假如晶種過多，巧克力就是過度調溫或過度結晶；如果晶種過少，就是調溫不足或結晶不足。

　　巧克力過度調溫的原因之一是使用前冷卻過度，這種巧克力中含有過多晶種。由於大部分巧克力已經冷卻凝固，因此相當濃稠，無法均勻包裹製品。過度調溫的巧克力也很難移出模具，因為其體積不會縮小。巧克力冷卻時之所以會縮小，是因為固態的β脂肪結晶排列緊密。而過度調溫的巧克力中原本就已有大量固體脂肪結晶，因此在模具裡冷卻時的縮小幅度不大。

　　而巧克力調溫不足的原因之一是使用前冷卻不足，其中的晶種數量不夠多。由於凝固的脂肪太少，因此巧克力需要更長時間才能冷卻凝固。更重要的是，由於β晶種不足，因此巧克力凝固時會形成不安定的結晶。而這些不安定的結晶在巧克力凝固後不久就會形成油斑。

方法是將巧克力切碎，置於碗中，隔水加熱使巧克力融化，稍微冷卻後重新加熱，這種方法可以處理大量巧克力。另一種方法是將調過溫的巧克力削成片狀，當做「種子」加入融化巧克力中使之冷卻。不論使用哪一種方法，目標都是一樣的：使可可脂形成正確的脂肪結構，達到最佳的外觀、質地、風味。

調溫與脂肪結晶　可可脂和其他脂肪一樣，都屬於多晶型，意思是可以凝固成不同的結晶形狀，每一種晶形都具有不同特性。可可脂最常見的晶形有三種，依照融點、密度與安定性由低而高排列，依序是α（也稱做第二型）、β'（第四型）和β（第五型）。β（第五型）是調溫所要形成的目標結晶，這是造就巧克力脆勁、光澤及入口即化口感的關鍵。β結晶的融點也是三者之中最高的，因此最為安定，儲藏時不容易融化或出現油斑。β晶形脂肪分子的排列最為緊密，因此擁有上述特性。

　　融化巧克力如果沒有經過適當調溫而直接冷卻，就會形成不安定的α和β'晶形。這些不安定的結晶使巧克力質地軟而無光澤，折斷時也沒有脆裂的聲音。因為這些結晶的排列不如β結晶緊密，冷卻後不太會縮小，因此未經調溫的巧克力放入模具中將難以取出。

　　未經調溫的巧克力冷卻硬化時，起初外觀還算可以接受，不過其中不安定的結晶會在儲藏時不受控地形成大顆、粗糙的β結晶，也稱為第六型結晶，這與經過適當調溫的巧克力中所形成的第五型β結晶並不一樣。之後這種粗糙的第六型結晶會逐漸浮移到巧克力表面，形成油斑。發生這種現象時，巧克力質地會變得

粗糙、有顆粒。由於質地會影響我們對風味的感受，因此出現油斑的巧克力也會走味。請參照表15.4，假如巧克力未經適當調溫，可可脂就無法展現出表中所列的所有理想特質。

為確保巧克力形成大量體積小而安定的 β 結晶，巧克力製品必須經過調溫。調溫方式是緩慢加熱巧克力至115℉至120℉／46℃至49℃，融解所有結晶，再冷卻、攪拌，使溫度降至78℉至81℉／26℃至27℃，促使 β 晶種形成，然後稍微加熱至86℉至90℉／30℃至32℃，融解上述過程中所形成其他融點較低的結晶，最後緩慢冷卻至室溫，讓巧克力凝固（圖15.8）。

巧克力冷卻、凝固的過程中，調溫時形成的 β 晶種會促使 β 結晶生成。由於 β 結晶的成長需要時間，因此巧克力應緩慢冷卻、凝固，也就是不能將巧克力放置於冷藏或冷凍庫藉此加快冷卻過程。

以上提供的溫度範圍只是大略的依據。乳脂、乳化劑等成分都會影響可可脂的結晶，因此牛奶巧克力調溫的溫度低於苦甜黑巧克力。牛奶巧克力也更容易因過度加熱而被破壞。每種品牌的巧克力都有各自理想的調溫方式，建議向製造商詢問明確的調溫準則。調溫說明通常會以圖15.8的結晶冷卻曲線來呈現。雖然結晶冷卻曲線很實用，不過並沒有說明巧克力應該在各個溫度維持多久，圖15.8暫且將時間標示為T-1至T-4。

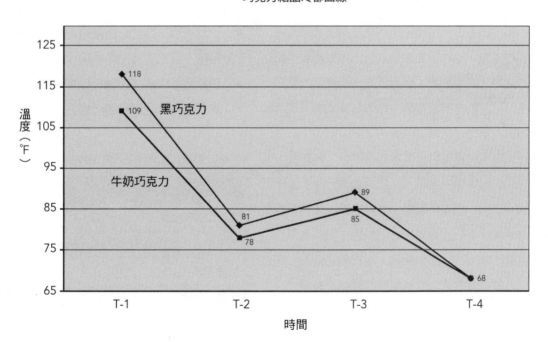

巧克力結晶冷卻曲線

圖15.8 黑巧克力與牛奶巧克力的一般結晶冷卻曲線

可可與巧克力製品的功能

增色

可可與巧克力製品的顏色從淺褐至深紅褐，甚至是黑色都有。顏色不一的原因有很多，表15.6列出其中主要的八項因素。可可栽種者可以控制前三項原因，而後四項由巧克力製造商調控，最後是小蘇打使用量與烘焙品的最終酸鹼值，這是麵包師或烘焙師可以操控的因素。

增味

增添風味是使用可可與巧克力製品最主要的原因。各地所偏好的巧克力風味與種類並不一樣，比方說，法國、比利時及德國多半偏好黑巧克力，不過世界其他地方則比較喜歡牛奶巧克力，差距很大。不過近來大西洋兩岸開始流行所謂的極黑巧克力。極黑巧克力的可可固形物含量高，色深而味苦。

可可與巧克力製品有各種顏色，同樣的，其間的風味差異也很大（原因如表15.6），不過兩者不一定有所關聯，也就是說，深色巧克力的風味不一定強烈。之前提過，風味濃厚的克里奧羅可可豆顏色偏淺，而經鹼化處理的巧克力顏色會變深，但風味反而變得溫醇。

在不同情況下，我們對巧克力風味的感知也會不一樣。比方說，某種牛奶巧克力單吃時風味平衡、美味，但若與其他口味搭配時，可能會顯得薄弱。

另一方面，單吃覺得過於強烈、味苦的苦甜黑巧克力，添加於製品中，也許是成品風味均衡的要角之一。選擇要添加於製品中的巧克力或調溫巧克力時，大量製作前請務必試吃測試品。

以下提供幾個調整巧克力風味的建議。

- 可可脂含量較高的可可與巧克力製品通常風味也較為濃郁而完整，因為未經去味的可可脂本身帶有味道。因此，如果想製作濃郁而令人陶醉的巧克力甜點，多半會選用無糖巧克力而非可可粉。

- 北美巧克力製品也常添加香草風味，在製品中添加少量香草，可以突顯巧克力的味道。

- 天然可可粉通常有明顯的苦味、果香味及酸味，荷式可可粉的氣味則比較柔順。

- 於烘焙品中添加小蘇打粉幾乎等於直接在烘焙品中鹼化可可或巧克力。

表15.6 影響巧克力與可可製品顏色與風味主要因素

可可豆種類與原生地
可可豆成熟程度
可可豆的處理方式，包括發酵、乾燥與儲藏
烘烤方式
精磨方式
脂肪含量
鹼化程度與可可或巧克力的最終酸鹼值
小蘇打用量與成品的最終酸鹼值

為什麼不能單以顏色判斷可可的風味？

影響可可與巧克力顏色的因素有八大項，脂肪含量是其中之一。可可粉中可可脂含量越高，顏色就越深黑飽滿。因此22/24可可粉會很適合用來撒在松露巧克力或裝盤甜點上。

你可能以為22/24可可粉添加於蛋糕、餅乾等烘焙品中也能提供深黑濃郁的顏色，不過高脂可可的深沉色澤只是假象。可可中脂肪含量越多，著色劑就越少（著色劑屬於可可中的非脂成分）。高脂可可的深色是光線所造成的假象，因為被脂肪包覆的可可粒子會反射光線。一旦可可粉混入麵糊或麵團中，外觀顏色就會發生變化。決定顏色的因素不再是可可粉中的脂肪含量，而是非脂可可固形物中著色劑的多寡。在其他條件相同的情況下，分別添加22/24與10/12可可粉的兩個蛋糕，以低脂可可粉製成的蛋糕顏色會比較深。

魔鬼蛋糕的深黑色澤從何而來？

魔鬼蛋糕是美式經典甜點，相關食譜多不勝數。魔鬼蛋糕的口味溫和，不過顏色濃郁、黑中帶紅褐光澤，通常是以可可粉製成（而不是巧克力），首選的可可粉是天然可可粉。

那麼惡魔蛋糕深黑濃郁的色澤從何而來？答案是小蘇打粉。少量的小蘇打能與天然可可粉中的酸性物質發生反應，提供膨脹所需的部分二氧化碳，而多餘的小蘇打則會提高麵糊的酸鹼值。酸鹼值稍高能加深可可粉的顏色，也使可可風味更為溫和，就好像可可粉在麵糊中進行鹼化程序。

不過要注意，也不能在魔鬼蛋糕中加入過多小蘇打粉，否則會干擾風味，帶來化學怪味，也會過度軟化蛋糕組織的孔壁，孔壁一旦破裂，蛋糕組織就會變得粗糙，蛋糕也會塌陷而不美觀。

吸收液體

非脂可可固形物是極為有效的乾燥劑，比起等重麵粉，可可粉能吸收更多液體。非脂可可固形物中的蛋白質與碳水化合物（澱粉、糊精、膠質）會吸收蛋糕麵糊、糖霜、餡料、慕斯與甘納許中的液體（水與油）。如果蛋糕麵糊添加額外可可粉，那麼麵粉量就須減少，或是增加液體量，麵糊才能達到合適的濃稠度。鹼性可可或10/12可可粉（可可脂含量10%至

> **實用祕訣**
>
> 如要將奶油蛋糕或原味餅乾改做成巧克力蛋糕或巧克力餅乾，可先嘗試將10%至12%的麵粉替換成可可粉。根據麵粉與可可種類的不同，可能會需要額外減少麵粉或額外加入水分，每磅可可粉添加的水量可能高達8盎司（或每加入1公斤可可粉，添加500克水）。

12%，非脂可可固形物含量高達88%至90%）更須注意增減液量及麵粉量。

組成結構

非脂可可固形物可提供結構，特別是其中的澱粉糊化時會產生結構。除了吸水量的原因外，因為麵粉也會提供結構，所以蛋糕麵糊如添加可可粉，麵粉量就須減少。同樣的，比起牛奶巧克力（非脂可可固形物含量較少）或白巧克力（不含非脂可可固形物），以苦甜黑巧克力製作的巧克力慕斯結構與分量比較扎實。

可可與巧克力製品（包含脂肪含量超過五成的無糖巧克力）都不算是軟化劑。由於可可與巧克力製品產生結構的效果非常顯著，因此抵銷了其中可可脂微弱的軟化作用。可可脂使製品酥脆或軟化的效果約是通用酥油的一半，

部分原因是可可脂在室溫下為固體。事實上，可可脂本身會形成固體脂肪結晶，也能增加硬度並提供結構。

提供宜人口感

高脂可可與巧克力製品具有宜人的口感，經過高度精製與精磨程序的產品更是如此，造就巧克力鮮奶油、慕斯、甘納許餡料與糖霜的整體感官效果。宜人的口感主要來自可可脂獨特的融化性質，以及可可與巧克力製品的滑順質地。

有人可能以為將可可粉磨得更細，質地就會越滑順，不過這樣反而會產生蠟質口感。各地喜歡的巧克力口味不同，而對於口感，各地的偏好也不一樣，一般來說，歐洲比北美更追求滑順的巧克力質地。

添加營養價值

可可粉的成分除了可可脂與少量水分（約3%）以外，其餘主要是非脂可可固形物（76%至90%），尤其富含膳食纖維與碳水化合物、蛋白質（參見圖15.5）。

除此之外，可可也是維生素、礦物質與多酚化合物的重要來源。可可與巧克力製品中多酚化合物與抗氧化物質的含量與許多蔬果不相上下。

儲藏

齧齒類動物喜愛巧克力製品，因此所有巧克力都應妥善包裝，儲藏於加蓋的容器中。

在各種可可與巧克力製品中，牛奶巧克力與白巧克力的保存期限最短，因為其中的乳固形物在室溫下也會發生梅納反應（糖與蛋白質進行的褐化反應）。假如適當保存，牛奶與白巧克力的保存期限約為六個月至一年，不過梅納褐變反應最終還是會使製品顏色加深並出現怪味。可可脂相對不易氧化變質，但乳脂容易氧化，牛奶與白巧克力中的乳脂氧化變質後也會產生怪味。

其他可可與巧克力製品（包括可可脂）的保存期限為一年以上，不過前提是儲藏條件良好。理想上，可可與巧克力製品應妥善包裝，儲藏於涼爽、恆溫（55°F至65°F／13°C至18°C）的環境中，否則巧克力表面會出現油斑。不過出現油斑的巧克力也不須丟棄，其烘焙特性不受影響，此外，只要油斑情況不嚴重，經過適當調溫後就會消失。

巧克力如果吸收濕氣，表面會出現糖花白（又稱泛白糖花、糖霜、糖晶）。形成原因是巧克力中的糖晶遇濕而溶解，並於表面重新結晶成更大的晶粒，這些粗糙的白色結晶會損害質地與外觀。巧克力調溫之後，糖花白並不會消失。為了防止糖花白出現，請將巧克力儲藏於濕度低於50%的環境；拿取巧克力時戴上手套，以免手上的水分沾染食材；除非巧克力包裝妥當，否則不要加熱冰冷的巧克力。從冰箱中取出的巧克力尤其要注意這一點，因為冷藏的巧克力回復至室溫時，表面很容易形成水珠，使巧克力中的糖晶溶解並形成糖花白。

可可粉具有吸濕性，假如吸收過多水分，就會結塊、產生怪味，而且可能滋生微生物。請將可可粉儲藏於密封加蓋的容器中，並遠離高溫潮濕處。

所有巧克力製品，尤其是白巧克力，都應該妥善包裝，避免沾染其他強烈氣味。和其他脂肪一樣，可可脂很容易吸收異味。

複習問題

1　可可豆中的脂肪與杏仁中的脂肪相比，含量與種類有何差異？

2　「可可粒」指的是什麼？

3　可可粒中類似咖啡因的興奮劑叫做什麼？

4　烘烤可可豆時發生什麼變化？

5　可可漿以固體巧克力磚的形式販售時稱為什麼？

6　無糖巧克力與天然可可粉的成分有何主要差異？

7　哪一種產品比較昂貴：無糖巧克力還是可可粉？為什麼？

8　如果要製作巧克力風味濃厚的烘焙品，應該選用何者：無糖巧克力還是可可粉？如要製作低脂產品應該選用何者？

9　10/12與22/24可可粉的主要差別為何？北美所指的一般可可粉是哪一種？歐盟的一般可可粉又是哪一種？

10　如何製作荷式可可粉？其顏色、風味與酸鹼值與天然可可粉有何不同？

11　為什麼可可脂的口感比通用酥油更好？

12　半糖巧克力有什麼別名？

13　有一項產品標示為可可百分比72%，這是什麼意思？可可百分比與可可脂或非脂可可固形物百分比有什麼不同？

14　根據美國法規，牛奶巧克力與苦甜黑巧克力的可可固形物最低含量有何差別？那加拿大法規如何規定呢？

15　「精磨」是什麼意思？對於用於製作糖衣與沾醬的巧克力，精磨的程序有何重要之處？為什麼添加於烘焙品中的無糖巧克力不那麼需要這道程序？

16　苦甜巧克力與調溫巧克力中的可可脂含量與這兩種產品各自的性質有何關聯？

17　在融化巧克力中加入少量香草精，攪拌之後巧克力變得非常濃稠，為什麼會這樣？

巧克力混合物中的糖與蛋白質發生什麼變化？

18　為什麼巧克力冷卻前必須先調溫？

19　可可脂屬於「多晶型」，這是什麼意思？

20　α、β' 和 β 結晶的主要差別為何？

21　請說明巧克力調溫的過程。

22　為什麼要透過調溫生成大量 β 結晶？

23　可可與巧克力中的何種成分有乾燥劑或吸濕的效果？哪些成分能產生結構？

24　與通用酥油相比，可可脂使製品酥脆或軟化的效果如何？

25　「ORAC」是什麼意思？比起其他食品，巧克力的ORAC如何？

26　白巧克力存放過久會發生什麼變化？

27　可可粉應如何保存？如果保存不當，會發生什麼變化？

28　什麼是油斑？該如何預防？

29　什麼是糖花白？該如何預防？

問題討論

1　請根據可可漿中可可脂的最低含量，以及苦甜黑巧克力中可可漿的最低含量，計算苦甜黑巧克力中可可脂的最低含量（以美國法規為準並寫出計算過程）。比起歐洲調溫黑巧克力中可可脂的最低含量，何者較高、何者較低？

2　下列材料的可可固形物百分比為何：無糖巧克力、可可粉（天然或荷式）、可可脂？

3　某份巧克力餅乾食譜要求使用無糖巧克力，如果改以苦甜黑巧克力製作，餅乾成品會有什麼差異？為什麼？

4　某份甘納許食譜要求使用苦甜黑巧克力，如果改以牛奶巧克力製作，甘納許成品會

有什麼差異？為什麼？

5　根據歐洲法規，牛奶巧克力與調溫牛奶巧克力有何差別？哪一種比較貴？烘焙坊通常會選用哪一種製作巧克力糖衣、沾醬，或用於裝飾蛋糕、餅乾及甜點？

6　你想要製作口味濃郁的巧克力軟糖蛋糕，因此加入更多的可可製品，不過成品乾韌而密實，為什麼會這樣？

7　你想要製作頂級巧克力蛋糕，於是將無糖巧克力替換成等量的頂級調溫黑巧克力，不過成品是色淺、坍塌的蛋糕，口味過甜而且巧克力風味薄弱，為什麼會這樣？

8　你要製作布朗尼蛋糕，不過無糖巧克力用完了，因此想以苦甜黑巧克力（可可含量50%）代替。每磅（或公斤）無糖巧克力該以多少苦甜黑巧克力替代？配方中的糖量又該如何調整？

9　為什麼巧克力蛋糕的成分包含小蘇打粉？請列出三個原因。

10　有兩個巧克力軟糖蛋糕，製作方式相同，食材分量也一樣，唯一不同的是可可製品的種類，請列出四個這兩種蛋糕顏色深淺不同的原因，說明理由時請盡量明確。

11　為什麼以顏色較深的可可製作的蛋糕成品可能顏色比較淺？

習作與實驗

❶ 習作：以可可粉和酥油取代巧克力

根據本章之前提供的公式，應以多少可可粉與酥油替換蛋糕配方中2磅（或2公斤）巧克力？請寫出你的計算過程。

❷ 習作：品嘗巧克力

認識巧克力風味最好的方法就是品嘗各種巧克力。巧克力應回復至室溫中，如果情況允許，最好經過調溫並重新注模，統一巧克力的大小與形狀。利用結果表記錄不同品牌巧克力製品的外觀、風味與口感。依序比較各種白巧克力、牛奶巧克力與苦甜黑巧克力。品嘗至少一種代可可脂巧克力，也要比較不同價格區間的產品。不必使用你不熟悉的形容詞，累積一些經驗後，可以增

加你認為重要的形容方式。評估以下項目：

- 外觀（光澤、顏色深淺、顏色是否帶紅色調等）
- 折斷時的脆裂聲
- 風味（香草味、巧克力味、新鮮乳香、焦糖化乳香、甜味、酸味、苦味）
- 質地／口感（軟／硬、粗糙／滑順、融化快／慢）
- 如有需要可加上備註

結果表　白巧克力製品

巧克力製品	品牌名稱	可可固形物百分比	外觀	脆勁	風味	質地／口感	備註
白巧克力							
調溫白巧克力							
代可可脂白巧克力							

結果表　牛奶巧克力製品

巧克力製品	品牌名稱	可可固形物百分比	外觀	脆勁	風味	質地／口感	備註
牛奶巧克力							
調溫牛奶巧克力							
代可可脂牛奶巧克力							

結果表　苦甜黑巧克力製品

巧克力製品	品牌名稱	可可固形物百分比	外觀	脆勁	風味	質地／口感	備註
苦甜黑巧克力							
調溫黑巧克力							
代可可脂黑巧克力							

請總結品嘗巧克力的主要感想：

白巧克力

_____

_____

_____

牛奶巧克力

_____

_____

_____

苦甜黑巧克力

_____

_____

_____

❸ 實驗：巧克力種類對甘納許品質的影響

目標

示範不同品牌與種類的巧克力對於下列項目有何影響

- 甘納許的外觀、風味與濃稠度
- 甘納許的整體滿意度

製作成品

以下列材料製成的甘納許

- 苦甜黑巧克力或調溫苦甜黑巧克力（對照組，可可含量50%至55%）
- 苦甜黑巧克力或調溫苦甜黑巧克力（不同品牌，可可含量70%至75%，價格較高）
- 代可可脂黑巧克力
- 牛奶巧克力或調溫牛奶巧克力
- 白巧克力或調溫白巧克力
- 可自行選擇其他巧克力（代可可脂牛奶巧克力、代可可脂白巧克力等）

材料與設備

- 秤
- 厚底不鏽鋼深平底鍋
- 甘納許（請見配方），每種甘納許需製作半盤分量
- 烤盤（半盤大小）
- 烘焙紙
- 橡膠刮刀
- 圓形擠花嘴（非必需）
- 擠花袋（非必需）

配方

甘納許

分量：1磅5盎司（600克）

材料	磅	盎司	克	烘焙百分比
高脂鮮奶油		7	200	50
巧克力（切碎）		14	400	100
合計	1	5	600	150

製作方法

1 將鮮奶油倒入厚底深平底鍋中，煮至微滾，煮製期間不斷攪拌。

2 離火。

3 拌入切碎的巧克力，靜置數分鐘，以鮮奶油的熱度融化巧克力。

4 攪拌至巧克力完全融解成滑順的混合物。

步驟

1 半盤烤盤鋪上烘焙紙，標示巧克力的種類。

2 根據上述配方表準備甘納許（也可使用其他基本硬質甘納許配方）。以每一種巧克力製作一份甘納許。

3 將溫熱的甘納許倒在鋪有烘焙紙的烤盤上，並以橡膠刮刀抹平整；或是裝入擠花袋，擠成圓形或一口分量。

4 冷藏冷卻。

5 計算以黑巧克力與代可可脂黑巧克力製作甘納許的成本。將成本記錄於下方的結果表格。如果你不清楚價格，可以參考下列資訊：

- 黑巧克力（可可含量50%至55%）：7.25美金／磅（16美金／公斤）
- 調溫黑巧克力（可可含量70%至75%）：9.10美金／磅（20美金／公斤）
- 優質代可可脂黑巧克力：5.25美金／磅（11.55美金／公斤）

結果

將巧克力產品的相關資訊記錄於結果表格中的「品牌名稱」欄位。

待製品完全冷卻後，評估其感官特性，並將評估結果記錄於結果表格中。請記得每一種製品都要與對照組做比較，評估以下項目：

- 外觀（顏色、光澤、濃稠度）
- 風味（甜、苦、香草味、焦糖味、烹煮過的乳香等）
- 質地與口感（軟／硬、濃稠／稀薄、厚重、蠟質口感、油膩等）
- 整體滿意與否，從高度不滿意到高度滿意，由1至5給分
- 如有需要可加上備註

結果表　以不同品牌與種類的巧克力製作甘納許的感官特性

巧克力種類	品牌名稱	成本	外觀	風味	質地與口感	整體滿意度	備註
苦甜黑巧克力或調溫苦甜黑巧克力（對照組）							
苦甜黑巧克力或調溫苦甜黑巧克力（不同品牌）							
代可可脂黑巧克力							
牛奶巧克力或調溫牛奶巧克力							
白巧克力或調溫白巧克力							

誤差原因

請列出任何可能使你難以做出適當實驗結論的因素，特別是鮮奶油烹煮至微滾的時間差異、甘納許冷卻與操作的方式、品嘗時製品的溫度。

_____

_____

_____

請列出下次可以採取哪些不同的作法，以縮小或去除誤差。

_____

_____

_____

結論

請圈選**粗體字**的選項或填空。

1　不同種類黑巧克力甘納許外觀的差異**小／中等／大**。外觀的差異如下：

_____

_____

_____

2　兩種黑巧克力甘納許之間，可可固形物含量較低（對照組，可可含量50%至55%）與較高者（可可含量70%至75%）甘納許硬度的差異**小／中等／大**。對照組較為**柔軟／堅硬**，原因大概是其非脂可可固形物含量較**低／高**，非脂可可固形物中含有重要的乾燥劑與能產生結構的成分，也就是_____

_____

_____

3　不同種類黑巧克力甘納許風味與口感的差異**小／中等／大**。風味與口感的差異如下：

_____

_____

_____

4　在風味與口感方面，可可固形物含量較低的黑巧克力（對照組，可可含量50%至55%）與代可可脂黑巧克力甘納許的差異小／中等／大。風味與口感的差異如下：

_____

_____

_____

5　在成本方面，可可固形物含量較低的黑巧克力（對照組，可可含量50%至55%）與可可含量較高者的差異小／中等／大。我認為這兩種甘納許成品品質之間的差異，**是／不是**在這項製品中選擇較為昂貴的巧克力之充分理由，原因是 _____

_____

_____

_____

6　在成本方面，可可固形物含量較低的黑巧克力（對照組，可可含量50%至55%）與代可可脂黑巧克力甘納許的差異小／中等／大。我認為這兩種甘納許成品品質之間的差異，**是／不是**在這項製品中選擇較為昂貴的巧克力之充分理由，原因是 _____

_____

_____

_____

製作其他類似甘納許的製品時，上述結論同樣成立，請列出兩至三種類似甘納許的製品：

_____

_____

_____

製作不同於甘納許的製品時，上述結論並不成立，請列出幾種與甘納許差異較大的製品：

_____

_____

_____

7　以不同巧克力製作的甘納許，還有下列其他差異（例如冷卻速度和凝固的時間差異）：

_____

_____

_____

16

水果與水果製品

本章目標

❶ 列舉與說明可供烘焙坊採購的各種水果形式。

❷ 以蘋果與藍莓為例，示範在不同品種的水果中做選擇時要考慮的因素。

❸ 陳述水果熟成的過程。

❹ 說明如何妥善地儲存與調理水果。

導論

水果是天然的甜食。它是許多傳統甜點受喜愛的核心要素，比如水果塔、水果派、燉洋梨與維也納蘋果卷，也能為許多盤飾甜點增色。在烘焙坊裡，水果是風味、顏色與質地的重要來源。

現在能在烘焙坊中找到的水果與水果製品可沒有三十年前那麼少。今日，冷凍果泥已被廣為使用，芒果、奇異果等過去被當做異國風味的水果幾乎就跟草莓和蘋果一樣普遍。不斷有新的水果品種被培育出來，如波森莓和馬里昂黑莓，還有些新品種被引進與普及，如較甜的梅爾檸檬和沙梨。

本章的內容並不打算涵蓋所有水果，也不會將每種水果逐一討論。相對的，本章會著重介紹幾種常見的水果，以及水果的使用形式，並讓人理解到那些關於適當選擇、儲存和使用水果的原則，通常可以為適應這個求新求變的產業打下基礎。

如何選購水果

我們可以買到新鮮、冷凍、罐裝或乾燥的水果，有整顆、切片或泥狀的形式販售，或是浸在水或糖中包裝，以及製成果醬、預做好的派或烘焙品的內餡。

隨著水果中早熟與晚熟品種的發展，以及越來越多南半球水果在冬季出口到北美，現在全年都能取得的新鮮水果比以往更多。在理想的情況下，烘焙坊會使用新鮮且完全成熟的水果，但這並非什麼時候都能辦到。舉例來說，在仲冬購買的新鮮藍莓顏色或味道可能比較差，又或是價格過高。有些麵包師和糕點師會出於實際或哲理上的思量而只使用當季水果，有些人則更偏向一整年都使用所有類型的水果，不論是否當季。像蘋果和草莓這些最常見的水果一整年都能採收到新鮮的，但石榴和荔枝這種較特殊的水果只能在一年中的某些月分取得。

購買當季的新鮮水果並不能確保它們的品質。水果極易腐爛，儲藏不良的水果很快就會失去價值。水果是天然農產品，品質在季節內會有所變化，也會因生長地區而變。每一年的水果也都會有所不同，其中有部分原因是因為氣候條件每年都在變化，根據陽光、降雨量以及生長期長短，水果可能變得味道較淡、顏色較差，也可能變得味道甜密、顏色鮮豔而帶有香味。最後，同一種水果在不同品種間的品質差異也很大。

加工過（冷凍和罐裝）的水果和新鮮水果比起來具有一些優勢。除了能全年供應外，加工水果也比新鮮水果更不易腐爛，品質通常也更穩定。當所用的水果不在產季時，加工水果的品質通常比新鮮水果更好，價格也可能更低。非當季水果必須經過長途運輸，通常會從中南美洲、澳洲或紐西蘭運過來，運輸成本高

如何培育新的水果品種？

全新或改良的水果品種源源不絕地加入市場中。新水果通常在風味、口感、外觀和大小方面都比既有的水果更進一步，也因此給消費者更好的體驗。除此之外，改良的面向也包括抗病性、每英畝產量和其他有益於農民的優點。

新品種要如何培育，又由誰來做這件事呢？有種行之有年的技術稱為植物育種。植物育種的第一步是選擇兩種具有不同理想性狀的植物。比如說，有一株草莓可能風味很好，質地堅實，但需要大量的水才能生長；另一株植物需要的水量或許很少，但味道和口感卻可能較差。植物育種者會將其中一株的花粉轉移到另一株，希望藉此使其結成具有兩者優點的種子。唯一能確認結果是否如此的方法就是將異花授粉產生的種子播種，確定有沒有種子長成具有理想風味、質地和需水量的植物。這是一個耗時、花費高昂又碰運氣的過程，但大部分的水果都以這種方式育種。

以下內容可以讓你對這類事務的規模有點概念。加利福尼亞大學草莓育種計畫的研究人員在苗圃中以親本植株雜交育種出了約一萬株幼苗，每一株植株都經過生命力、果實品質和產量的評估，接著再選擇約兩百到三百株進行繁殖，種到室外的田地。在每株種到戶外的植物都進行進一步評估後，再選擇一或多株植株進行大量種植。

加利福尼亞州以這樣的傳統植物育種技術來研發新品種的草莓，而不是用基因工程。為什麼一個州要花費那麼多時間和金錢培育更優質的草莓呢？在北美賣出的草莓中有80%以上都產自加利福尼亞，這使草莓交易對該州來說成了價值數十億美元的大生意。

昂，品質耗損也更大。

在水果正當季時，就算新鮮水果價格合理品質也高，加工水果製品在許多烘焙產業中還是占有一席之地。以冷凍果泥為例，只要先解凍再於使用前打開蘋果罐頭就能用了，幾乎不需要人力處理，也不會造成浪費。

冷凍水果

冷凍水果有整顆、切片、切丁和製成果泥的形式。原樣包裝的冷凍水果會將水果直接裝進桶罐或盒子裡凍成固體，以這樣的形式販售。由於原樣包裝的水果冷凍過程緩慢，因此常會失去完整的形貌。如果這點無傷大雅，那麼原樣包裝水果的品質就在可接受的範圍內了。原樣包裝水果的缺點是使用前必須將整罐或整盒一起解凍。

個別急速冷凍（Individually quick frozen，簡稱IQF）水果會將整顆或切塊的水果急速冷凍後裝罐、裝盒或裝袋。只要IQF水果沒有融化後再冷凍，其水果塊就會保持分離。想在瑪芬裡加入水果（如製作藍莓或蔓越莓瑪芬）時，這會是個不錯的選擇。IQF水果比原樣包裝水果更貴，但是它有個很大的優勢：IQF水果不用一次解凍整個容器就能使用任意數量所需的水果。

IQF水果冷凍得更快，意味著它形成的冰晶較小，這通常也表示對水果完整性的損害

會比原樣包裝的水果更小。不過，也不要期望IQF水果的品質能和最佳狀態的新鮮水果相同。即便經過快速冷凍，大多數水果在融化時還是會皺縮，也會滲出一些液體。有些水果（如蔓越莓和蘋果切片）有很好的支撐力，而有些水果（如草莓和覆盆子）則會變成軟糊狀。IQF水果通常也會在經過長時間冷凍後流失風味。如果需要顏色與風味在最佳狀態的冷凍水果，可以考慮選用泡糖水或糖漬的水果。

　　泡糖水或糖漬的冷凍水果在冷凍前就已經加入定量的晶粒砂糖或葡萄糖玉米糖漿了，這樣可以防止水果暴露在空氣中而使顏色和風味受損變質。糖漬的冷凍水果也比IQF水果更能保留維生素C（抗壞血酸），糖還能使水果細胞壁中的果膠更堅實。換句話說，在中等價位中，糖漬冷凍水果通常會比原樣包裝或IQF的水果品質更好。

　　因為大部分烘焙坊的商品都有加糖，所以糖漬冷凍水果在實務上就很適合烘焙坊。不過它有個缺點，就是在使用前必須解凍一整份包裝，因此不如IQF水果方便。

　　使用糖漬冷凍水果時，要先確認配方中所添加的糖量有做出調整。糖漬水果通常會以4＋1、5＋1或7＋1包裝的形式販售。這上面的數字都是指水果與糖的比例。比如說，4＋1草莓就是由4份草莓和1份糖組成，也能說是含五分之四（即80%）的水果和五分之一（即20%）的糖。草莓通常以4＋1的比例販售，櫻桃則是5＋1（含16.7%的糖），而蘋果是以7＋1（含12.5%的糖）的比例包裝販售。

冷凍果泥　冷凍果泥是一種方便但昂貴的水果形式，最常用於製作醬汁、果汁雪酪、巴伐利亞奶油、慕斯和冰淇淋。冷凍果泥是許多烘焙

水果是天然產物，品質差異甚大。加拿大和美國都有針對在國內產銷的水果品質進行分級的全國性規畫。美國農業部（USDA）實施的方案是一種自願分級機制，未分級的水果未必品質較低，可能只是該水果的加工處理商選擇不參與USDA的分級。

每個水果都有相應的不同標準，但所有水果的標準都是基於一些共同的特性所設計，包括大小、形狀、顏色，以及損壞和腐爛的容許程度。

業者的主流原料，就和製備好的翻糖、萃取物和利口酒一樣重要。

先將洗好的水果濾壓成泥，再加熱進行巴氏殺菌並使酵素失活，即能製成果泥。有些果泥會另外添加糖，也能加入果膠或其他增稠劑來控制稠度。即便是原汁果泥也能做為水果風味的集中源，不過有些品牌會進一步將其中的水分去除，使一份果泥等同於兩份以上的新鮮水果。

不論果泥是否含有種子，其中都具有多樣的風味。有些果泥（如覆盆子和櫻桃）可以達到很高的品質，其他水果（如奇異果）則較難在不損失風味和色澤的前提下由製造商進行熱處理。在確定冷凍果泥的品質是否符合你的標準且值得增加成本前，還是使用新鮮果泥吧。

> **實用祕訣**
>
> 冷凍果泥看起來可能像是現成的醬汁和淋醬，但其實它們不是。在將其直接用於盤飾甜點前，先嘗一嘗果泥吧，即使其中有加糖，還是可能太酸或太濃。最好是將果泥做為最初的基礎原料，在其中添加甜味劑、調味劑和其他成分，好把果泥做成醬汁或淋醬。

水果罐頭、水果內餡和果醬

我們會預期水果罐頭、水果內餡和果醬的鮮味不如新鮮水果，它們的質地有時也會比新鮮水果更軟。然而，有時候新鮮水果的味道、顏色和質地並不是我們追求的。舉例來說，想想焦化桃醬吧，它在製作時會與香料一同慢燉。罐裝桃子會有更一致的風味、顏色和質地，比新鮮的桃子更易使用，成本也更低。由於這種醬汁會經過燉煮，也會添加香料，因此不需要用到最新鮮的桃子風味。加熱稠化過的柳橙塗料或草莓果醬也是同理，它們都具有比新鮮水果更濃郁而深刻的水果風味。對這些製品而言，新鮮水果的味道、顏色和質地可能反而是個累贅。

市面上的水果罐頭分為幾種，它們的差別主要是糖和水的添加量不同。固體罐頭不加水，含汁罐頭中會添加少量的水或果汁，而水浸罐頭中則會加水。除了這幾種分類，水果罐頭也會添加糖或其他甜味劑，如果有添加任何一種甜味劑，那就稱為糖水罐頭（syrup pack）。

根據甜味劑的添加量，罐頭中的糖水會被界定為輕量、中量、重量或超重量。可別把含汁罐頭與重糖水罐頭混為一談了，前者富含水

為了保留水果的質地（通常也能保留風味和顏色），最好不要水煮，而是用糖水燉煮。有些燉煮用的糖水非常稀，也就是說，有些糖水的比例大約是一份糖加上五份以上的水（或酒）。也有些糖水比前者濃縮了好幾倍，一份的水會加上一份以上的糖。在確定要添加多少糖到燉煮用的液體前，要先知道以下事項。

當水果在糖水中慢燉時，糖和水都可以自由擴散（移動）進出水果，這種擴散會一直持續到糖漿中的糖對水的濃度與水果中糖對水的濃度相同。

如果糖漿中的糖濃度超過水果中的糖，水就會從水果裡擴散出來，使糖漿被稀釋（圖16.1）。這個時候，水果會隨之縮小，通常顏色看起來也會更鮮明、更有吸引力（即便色素同時從水果擴散出來也會如此）。同時，糖會從糖水擴散到水果裡，使水果變甜，也把將水果固定在一起的果膠變得更堅固。糖水中的糖分越多，水果就變得越甜、越堅實，但它的收縮幅度也會越大。

如果糖水中的含糖量少於水果，情況就反過來了。水會擴散進水果，而糖則擴散出去。通常會有足夠的水流進水果，使其增重，外觀也變得飽滿誘人。然而，如果用水煮水果的話，就會有大量的水流進水果裡。水的作用力會使水果崩解，使其軟化成糊。雖然這個效果讓水對於整顆或切片的水果來說是不良烹煮媒介，但也讓它成為加快製備果泥和蘋果醬的有效手段。

每種水果各不相同，但通常用於使水果更甜更緊實的良好燉煮液體比例為每兩份液體加一份糖。這樣既能使水果變甜與變硬，又不會過度收縮。為了進一步確保能燉煮出堅實的水果，要在維持液體不沸騰的同時以文火燉煮，並在燉煮液體中加入少量的檸檬汁。檸檬汁中的酸會使將水果細胞相連的果膠變得更堅固，還能防止褐變，也會增加誘人的風味。

果，後者則含大量甜味劑。

一般來說，添加的甜味劑越多，水果本身就越堅實，通常顏色和風味也會越好。烘焙坊烹煮新鮮水果（比如製備燉洋梨）的時候也是如此。

水果罐頭是現成的產品，可用於水果派、丹麥糕點和其他烘焙食品。它們之間品質差異很大，因此在決定哪種品牌適合自己的需求和預算前，要先試用過各種不同的品牌。儘管並非所有罐裝水果內餡都含添加劑，但其中有些還是會對顏色、風味和稠度進行改良，並盡可

能使微生物生長量降至最低。比如說，鈣鹽（如氯化鈣或乳酸鈣）有時會添加以便讓水果

> **實用祕訣**
>
> 在決定要使用新鮮、冷凍還是罐裝水果前，要先釐清對最後做出來的成品來說，重要的是哪些部分。舉例來說，新鮮水果通常是以水果裝飾盤飾甜點時的最佳選擇。不過，如果水果在使用前還要先經過燉煮、加熱稠化或過濾，就不值得費時費錢去買新鮮水果了。

變硬，鈣能防止果膠分解與軟化，而果膠則將果肉中的細胞維繫在一起。增稠劑（如澱粉和果膠）也常會被添加，以增加濃稠度並改善烘烤時的狀態，這也表示那些所謂的「烘烤時穩定」餡料內含增稠劑，因為增稠劑可以降低餡料變稀後溶入糕點麵團的現象，如此一來就能防止麵團變濕和褪色。

人造色素則可能會添加到易變色的水果罐頭（如櫻桃）中。其他常見的添加劑包括防黴劑（如苯甲酸鈉）、褐變抑制劑（如檸檬酸、抗壞血酸〔維生素C〕）和亞硫酸鹽。防黴劑並非裝罐製程中的必需品，因為黴菌不會在正確加工的罐頭食品中生長，防黴劑的作用反而是在打開罐頭後延遲微生物的生長。

有些水果產品不會裝罐，而是裝在軟包裝袋中。這通常表示該產品經無菌製程加工。無菌製程是一種在無菌環境中加熱、冷卻和包裝食品的製作方式。

和罐頭食品一樣，未開封的無菌加工食品包裝可以存放在室溫下，也不會有微生物生長的風險。一旦打開，就必須將其冷藏。就我們的使用目的而言，罐頭食品和無菌加工食品幾乎沒有差別。

果乾

最初，水果是為了保存而進行乾燥，但時至今日，果乾會由於其獨特的顏色、風味和質地而被選用。最常見的果乾是葡萄乾，但無花果乾、棗乾、杏桃乾、蘋果乾和西梅乾也很受歡迎。近年來，櫻桃乾、藍莓乾、草莓乾和蔓越莓乾也變得更容易取得使用了。

有些果乾會以糊狀出售，用於無花果棒等產品的無花果膏最被廣為使用，西梅乾醬則做為脂肪替代品出售。這點會在之後章節討論。

葡萄乾 任何葡萄都可以乾燥成葡萄乾（圖16.2），但是大多數葡萄乾都是以天然甘甜的湯普森無籽葡萄（在北美以外被稱做蘇丹娜葡萄）乾燥製成。湯普森葡萄主要在氣候炎熱的加利福尼亞中央谷地種植。當葡萄在八月下旬採收後，就會在陽光下放置長達數週使其乾燥、顏色變深，再進行清潔和包裝。葡萄乾和葡萄乾製品（如葡萄乾醬）能為烘焙品帶來風味、顏色和甜味。它們也具有吸濕性，使烘焙食品保持濕潤，延長其保存期限。葡萄乾製品中也含少量天然抗菌劑，有助防止黴菌生長。

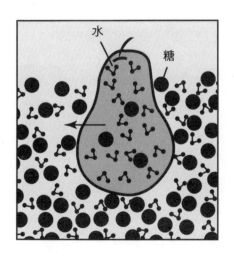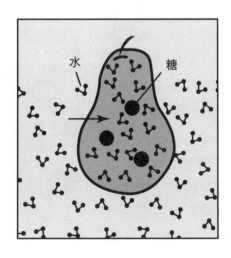

圖16.1　水在燉煮液體和水果之間的流動，取決於兩者的糖濃度。

圖16.2　葡萄可以乾燥成葡萄乾。

金黃葡萄乾是湯普森無核葡萄在嚴格控制的條件下進行隧道式乾燥（而非曬乾）製成的葡萄乾。二氧化硫（或另一種可做為硫來源的物質，如亞硫酸鹽）會被塗抹在葡萄上以漂白其天然色素，防止它們在乾燥過程中顏色變深。金黃葡萄乾的葡萄乾風味較溫和，同時也帶有源自二氧化硫的苦味。其他淺色果乾同樣能用二氧化硫避免顏色暗沉，比如杏桃乾、木瓜乾、桃乾和梨乾。那些使用二氧化硫或其他硫化物處理過的產品都必須在標籤上標示相關資訊。

桑特醋栗小葡萄乾與歐洲的紅醋栗之間沒有關聯。桑特醋栗小葡萄乾以黑柯林斯葡萄製成，而黑科林斯葡萄是一種暗紫色的小葡萄，有時會被稱為「香檳葡萄」。桑特醋栗小葡萄

乾的大小約為一般葡萄乾的四分之一。一般大小的葡萄乾也被稱做「精選葡萄乾」。圖16.3中將小葡萄乾和精選葡萄乾的大小做了比較。每一磅（450克）精選葡萄乾大約含一千粒，而小葡萄乾則每磅（450克）達四千粒以上。小葡萄乾常用在製作司康上，除此之外也能用在任何這種小尺寸具有優勢之處。

烘焙葡萄乾就是湯普森無籽葡萄乾，它們較濕軟，因為水分含量比一般的葡萄乾更多。這會使得它們在隨手拿來吃的時候更容易弄髒，但這也意味著它們可以直接加進烘焙食品中，不用事前先進行調理。關於使用前的調理準備，本章稍後也會進行討論。

糖漬蔓越莓乾、櫻桃乾、草莓乾和藍莓乾　大部分的水果都沒有湯普森葡萄的高含糖量。如果不加糖就直接進行乾燥，這些水果就會發硬、變得乾澀與變酸。為了讓它們夠軟、夠甜，蔓越莓、櫻桃、草莓和藍莓會先泡在糖裡，然後在控制條件下的隧道式乾燥器中進行乾燥。

糖漬果乾價格昂貴，因此要如何使用就得慎選，例如糖漬果乾在麵團未發透或含水量較少的產品中應用起來會比新鮮或冷凍的水果效果更好。舉例來說，它們用在餅乾和司康中的

(a)　　　　　　　　　　(b)

圖16.3　（a）精選葡萄乾（b）桑特醋栗葡萄乾。

西梅乾和乾燥西梅之間有何差別？

西梅乾（prune）和乾燥西梅（dried plum）之間沒有任何差別，這兩個詞彙可以交替使用，不過現今更恰當的說法還是dried plum。不過，根據加州梅乾協會的說法，並非所有西梅都會進行徹底的乾燥。西梅必須在陽光下曬乾且不發酵才算合格，而這個工序最好使用本身就含有大量糖分的西梅。然而，西梅乾未必都是經由曬乾來製成。就像葡萄乾，西梅也能在精密控制的條件下以隧道式乾燥器進行乾燥。如果希望西梅乾的風味較溫和、顏色較淺，隧道式乾燥就比較適切。

用於做成西梅乾的加州李是法國西南部的小阿讓李的後代。這是一種深紫色的橢圓形李子，果肉呈琥珀色。加利福尼亞超過99%的西梅乾都屬於這個品種，而加利福尼亞的西梅乾供應量占全球的70%以上。

> *prune和dried plum兩者皆為西梅乾，但與亞洲的酸梅乾不同，多以歐美的李、西梅製成的果乾。prune在國教院又譯為乾果李。

效果就很不錯，其一是對這些麵團來說，新鮮水果中的高含水量並不理想，尤其是如果想做口感乾脆的餅乾的話。

此外，新鮮水果很難在混入未發透麵團的同時不被撕裂與破壞，而果乾則可以混入未發透麵團而不會被撕裂或破壞。

不過，如果要將水果產品運用在其他方面，大多都還是會考慮使用其他形式的水果。舉例來說，在瑪芬中使用新鮮、冷凍或裝罐的藍莓都比用藍莓乾更好，能讓瑪芬有更新鮮而鮮明的水果風味，而這樣的風味能與瑪芬本身的清淡風味形成良好的對比，而且，它們也比較便宜。

西梅乾醬 西梅乾醬在烘焙食品中用來做為脂肪替代品。因其顏色與風味的緣故，西梅乾醬最適合用在深色產品如布朗尼和薑餅中。

西梅乾醬無法取代所有脂肪的功能，但可以有效地使烘焙食品增濕與嫩化。其中包含了幾種能達成這些功能的成分，包括果糖、葡萄糖、果膠和山梨醇。回想一下第8章，其中有提到山梨醇是一種稱為多元醇的甜味劑，十分吸濕。其他關於使用西梅乾醬的資訊可參見第18章。

常見水果

麵包師與糕點師能取得的水果實在太多了，本章無法盡述。無論是桃子還是梨子、西梅還是櫻桃，在選擇其一而非其他水果時，基本上都遵循著相同的通用準則。

以下討論會聚焦在如何於不同品種的蘋果和藍莓中進行選擇，但這些相同的準則可以應用在所有水果上。

蘋果

有種類繁多的蘋果可供選擇，而蘋果產業還在不斷推出新品種。有些新的蘋果品種是意外發現的偶發實生苗，有些則是從那些具有理想特質的親本蘋果中刻意培育出來的產物。

在加拿大和美國東北部，旭蘋果是蘋果的首選。美國在這十年以前，五爪蘋果、金冠蘋果和青蘋果一直位居前三。隨著於一九九〇年代在美國種植的新樹種（如布雷本蘋果、富士蘋果、加拉蘋果、紅龍蘋果和脆蜜蘋果）開始能大量採收，排名也隨之改變。富士蘋果是日本最熱銷的蘋果，而紅龍蘋果則早已在歐洲家喻戶曉。

每個品種都有自己獨特的顏色、風味和質地。和所有水果一樣，蘋果在甜度和酸度之間的平衡非常重要，尤其是在生吃時更是如此。不過，要明白一件事，那就是沒有一種蘋果能在所有用途上都做為理想選擇。

舉例來說，很多人都認為要整顆烘烤的話以羅馬蘋果為最佳，生吃相關用途則是金冠蘋果和科特蘭蘋果，而要烤蘋果派的話，青蘋果是首選。不過，對此的見解十分多樣，這就是為什麼具有一些關於不同蘋果品種的知識和個人經驗會對實際選用有所幫助，你也可以建立自己的觀點，其他水果也是同樣的道理。

在對任何水果包括蘋果的不同品種做評估時，要注意水果做為天然農業產品，其品質會隨著年分、季節不同而有所變化。舉例來說，青蘋果和旭蘋果的品質比較所得出的任何結論，都會因在秋季（多數蘋果在此時收成）還是春季完成評估而有所不同。蘋果一年一穫，但每一個品種都有自己的高峰產季。如果不在某種特定蘋果品種的高峰產季，那麼該種蘋果可能會存放在人工氣體環境（controlled atmosphere，簡稱CA）的儲藏室裡。

用來做派或水果餡卷的蘋果　為派或水果餡卷選擇合適的蘋果，大多是出自個人或客戶的喜好。要明白很重要的一點是，蘋果之間的差異確實存在，你對蘋果的選擇會影響到派的品質。在為加入派或水果餡卷的蘋果選擇品種時，要考慮以下幾點。

● 香氣：如果蘋果不具蘋果香，那麼你最後做出來的就是糖派或香料派了。具有獨特又強烈蘋果香氣的品種包括旭蘋果、帝國蘋果和紅玉蘋果，而香氣淡薄的蘋果則有羅馬蘋果、五爪蘋果和青蘋果。有些蘋果如金冠蘋果，則具有類似梨子的香氣。

● 質地：製作派的時候，通常會選用口感脆而堅實的蘋果，而非軟而粉質的蘋果。質地較硬的蘋果有科特蘭蘋果、青蘋果、國

什麼是CA儲藏？

人工氣體環境（CA）儲藏是一種存放水果（如蘋果）的方法，能長時間保鮮，可以存放長達六個月以上。CA儲藏的蘋果會放在一個溫度恰好大於冰點的大房間裡，同時嚴格控制濕度、氧氣與其他氣體的量。CA蘋果看起來或許很新鮮，但風味和質地可能會產生明顯的變化。

經CA儲藏的蘋果會喪失一些酸味和香氣，但它們通常也會變得更甜，不過質地常變成不理想的粉質，而且切片後顏色變褐的速度也變得更快了。如果你發現收到的蘋果未達到平時的水準時，就要改用其他品種、用冷凍或罐裝的蘋果，或僅在蘋果產季販售該商品。

一天一蘋果真的能讓醫生遠離我嗎？

現代科學經常重新發現某些保健傳說的真相，比如說，蘋果是膳食纖維和多酚化合物的良好飲食來源。膳食纖維在體內有許多功能，包括預防癌症和心血管疾病。

多酚化合物（多酚類）是一大類在植物產品（包括水果）中發現的化合物。多酚類有時會被稱做類黃酮，它們都是強抗氧化劑，據報告結果來看可預防癌症和心血管疾病。含多酚類和其他有益化合物的食品有時會被稱為機能性食品，因為它們的功能不是只有提供對基本健康狀態很重要的常見營養素。

蘋果不是唯一一種有益於身體健康的水果。大多數水果都是膳食纖維的良好飲食來源，很多水果中也含有植物色素，其作用並不只是提供顏色。花青素在植物的世界中做為紅色和紫色存在，它們是多酚化合物，就像其他多酚化合物，它們也具有抗氧化的活性，有許多健康方面的益處。黑莓、藍莓、櫻桃、蔓越莓、石榴、覆盆子、紅葡萄和草莓都富含能共同促進健康的花青素。

類胡蘿蔔素則是另一類植物色素，是強抗氧化劑，也有助於保持身體健康。類胡蘿蔔素是黃色、橙色和橙紅色的色素。桃子、梨子、瓜類、柑橘類、木瓜和芒果只是含有大量天然類胡蘿蔔素的水果中的一部分。

北美人健康指南中就包括增加水果和蔬菜攝取量的建議。在美國，有些健康組織會贊助一項名為「天天五蔬果改善健康狀況」的計畫，促進美國人每天能吃進五份以上的水果和蔬菜。

是什麼使蘋果口感脆而多汁？

　　每個人都喜歡脆又多汁的蘋果，消費者也通常不選那些軟又粉質的蘋果。脆又多汁的蘋果通常也會很硬。蘋果之所以硬，是因為構成這些蘋果果肉的細胞在牢固的果膠網裡彼此緊密結合。通常來說，在堅固的蘋果中，這些細胞也充滿了水分。這些水壓在細胞壁上，使每個細胞有剛性，維持住形狀，就像水球一樣，生物學家稱此為膨壓。當你咬進堅硬而脆的蘋果，果膠黏合劑會緊緊相連，你會因此咬得更大力，直到牙齒穿過一層層細胞壁，細胞中的水分因此釋出到你的嘴裡，產生多汁的感覺。細胞內物質的快速釋出也會在空氣中產生振動，從而產生清脆響聲。

　　軟而粉質的蘋果細胞膠結較弱，因為果膠網已經受到破壞了。當你咬進一個軟而粉質的蘋果，細胞之間的果膠黏合劑會在你的咬合下變形、斷裂，細胞會彼此分離而不會破裂。那種粉質的感覺就是因為一口吃下去都是乾燥而顆粒狀的細胞，而它們內部的物質都還留在裡面。這種粉質蘋果可能與多汁的蘋果含有一樣多的水分，但如果細胞完好無損，你就不會察覺到。

　　所有蘋果都會隨著時間過去而軟化與形成粉質，因為水果本身蘊含的酵素會在熟成的過程中分解果膠。不過，如果沒有將蘋果冷藏，或是將蘋果冷藏在低濕度的環境裡，蘋果都會軟化與粉化得更快。這就是為什麼在冷藏和高濕度的環境下存放蘋果很重要了，對於某些較易變軟與粉化的蘋果品種如五爪蘋果來說尤其是如此。

王蘋果和約克帝國蘋果。軟質的蘋果則是旭蘋果。但是，每一種蘋果都會隨著時間的流逝而軟化與變粉質，如果在溫暖乾燥的地方存放得太久就更是如此了。鮮脆的蘋果也未必就硬得足以烘烤，比如說，適當儲存的五爪蘋果有適合直接生吃或相關運用的爽脆質地，但未必適合拿來烘焙。

- 酸味：通常來說，較酸的蘋果較本身不太酸的蘋果更適合拿來烘焙。即便可以藉由添加檸檬汁來增加酸度，但檸檬汁也會增添檸檬風味，加了之後可能會改變你理想中的味道。蘋果中酸度較高者為青蘋果，酸度低者則包括金冠蘋果和五爪蘋果。

- 甜味：蘋果派的甜度可以輕易地藉由調整糖的添加量來加以調節。糖含量低的蘋果

有青蘋果和約克帝國蘋果；金冠蘋果和五爪蘋果則是甜味高的蘋果。

　　整體而言，最適合拿來做蘋果派的蘋果要具有強烈的蘋果香氣，質地堅硬，酸而不甜，為此有些麵包師和糕點師會將不同的蘋果品種加以組合。舉例來說，在蘋果派中同時使用青蘋果和旭蘋果，這樣就能具備旭蘋果的香氣和青蘋果的堅硬質地與酸度。

整顆烘烤的蘋果　被選擇用來整顆烘烤或煸炒切片的蘋果在加熱時必須維持其形狀，羅馬蘋果可能是首選，因為它們會保持自身的形狀，在烘烤或煸炒時不會爆開或塌陷。旭蘋果就是另一番光景了，它在烘烤時往往會破裂、塌

新鮮水果褐變

　　許多新鮮的水果和蔬菜在切開後幾分鐘內就開始褐變，也會在冷凍和解凍時逐漸變褐棕色，這種快速褐變的現象在室溫下就會發生。有趣的是，加熱可以阻止這個現象，以下是原理所在。

　　新鮮的水果和蔬菜在室溫下產生褐變的現象，是由一種稱為酚酶或多酚氧化酶（polyphenoloxidase，簡稱PPO）的酶所引發。酚酶會使水果和蔬菜中的多酚化合物互相結合，形成大分子而吸收多種顏色的光譜，這就是使它們呈棕色的原因。

　　所有酵素（包括酚酶）都是受熱就會失去活性的蛋白質。要讓酚酶失活所需的熱度不太一定，但只要讓蔬菜水果的切塊小到足以使熱量快速滲透的程度，通常汆燙（180℉／80℃以上）60秒以下就行了。

　　汆燙的作法在蔬菜比在水果（太容易因加熱而煮熟）更為常見。比起汆燙，新鮮水果延遲酵素性褐變的方法通常是藉由添加酸好讓pH值降至3.5以下、浸泡在液體中、用糖或是亮面塗層的方式隔絕氧氣，又或者直接選擇褐變緩慢的品種。

　　會因酚酶作用而褐變的水果包括部分品種的蘋果、香蕉、櫻桃、桃子與梨子。酚酶具有活性，有時候也會產生令人喜愛的效果，例如咖啡、茶和可可的獨特風味與其帶有的褐色，有一部分就是酵素性褐變的功勞。

陷，說得更精確一點，會在其接縫般的紋理處爆裂。就像你猜的，旭蘋果非常適合拿來製作蘋果醬。

直接生吃或相關運用的蘋果　通常被選來生吃的蘋果應該會比較甜而不酸，在理想的情況下它們也應該要硬而脆，而更重要的是不該太快褐變。傳統上會選來生吃或鮮切呈現的蘋果包括科特蘭蘋果和金冠蘋果，適用於此的新品種則有卡蜜兒蘋果和富士蘋果。

　　如果蘋果存放較久或存放不當，會比新鮮採收的蘋果褐變得更快。為了進一步維持白淨的果肉顏色，首先要將蘋果浸入加入少量檸檬汁的水中，檸檬汁會減緩引起褐變的酵素活性。抗壞血酸（維生素C）有時候也會用在此用途。

藍莓

　　藍莓有兩種主要的種類：野生種與栽植種。野生種藍莓也稱做矮叢藍莓，生長在緬因州和加拿大大西洋省分的碎岩土，為貼地生長的藤狀植物。栽植種藍莓也稱做高叢藍莓，生長在美國和加拿大多個地區，為灌木。藍莓有時還會因品種而有其他名稱，如山桑子、兔眼和越橘莓。

　　栽植種的藍莓相對來說較大，咬下去時往往滿口都是汁液的味道，通常是生吃、以鮮果形式呈現，是製作派與水果塔的首選。一般來說，每磅野生種藍莓的價格會比栽植種藍莓更昂貴，供應量也較少，通常會用在瑪芬和其他烘焙食品中，尺寸較小，這表示每磅（或每公斤）會有較多野生種藍莓。在麵糊中加入一磅

烘焙食品中的藍莓有時在周圍形成不討喜的綠環，在比較極端的情況下，整個內裡組織都會被染綠。當形成藍莓色澤的色素花青素暴露於大於6左右的高pH值時就會褪色，之所以會發生這種狀況，是因為花青素受pH值影響很大，它會從低pH值的紅色變為中pH值的藍色或紫色，到高pH值又變為綠色。事實上，花青素有時會被稱做「天然pH值指示劑」，因為可以藉由一物質將色素轉變成什麼顏色來預測其pH值。

所有含大量花青素的水果或其他原料都會導致成品變色。除了藍莓，蔓越莓、櫻桃和核桃也都是最常產生該反應的原料。

最可能使烘焙食品的pH值偏高的原因如下：

- 加入太多小蘇打或其他鹼
- 加入太少塔塔粉或其他酸
- 將酸性水果或果汁減量，或是用較不酸的水果將其替代，比如用蘋果替代蔓越莓堅果麵包中一半的蔓越莓
- 將快速反應的泡打粉換成了慢速反應的泡打粉
- 滲入麵糊或麵團的水果汁液過多

野生種藍莓，你的產品就會具有更豐富的色澤和風味，因此就能減少水果的使用量，尺寸較小也意味著在麵糊中分布的水果會更均勻。也就是說，這樣就比較不會發生吃瑪芬時有幾口不含水果，再咬幾口卻又充滿水果的狀況。

較小的水果通常也不像較大的水果那麼容易損壞，因此使用野生種藍莓的第三個優點是它們更能承受攪拌和加熱時的破壞。最後，消費者的觀感也很重要。野生種藍莓量少又貴，人們卻認為它們比植栽種更好，味道也較濃烈，由於野生種藍莓公認的價值較高，因此可以將較高的成本轉嫁給消費者。

水果的熟成

熟成涉及了所有水果隨著時間過去而發生的一連串變化。每一種水果都會經歷該水果特有的變化。不過一般來說，水果熟成時都會變軟、變得更多汁、顏色和風味變得更豐富，也會變得更甜而不酸。

有些水果在採摘或收成後可以繼續熟成。表16.1是一部分收成後能成功熟成的水果清單。儘管這個清單看起來結論很明確，但實務上並非所有的水果都熟成得一樣徹底。比如說，香蕉在收成後的熟成度可能超越其他所有

水果，所有性質都會進一步改善，包括顏色、風味、甜度和質地。另一方面，哈密瓜和木瓜會變軟和變色，但是它們在收成後就不會變甜或進一步改善風味了。

對任何水果來說，能否充分熟成都取決於兩個因素。首先，水果的發育必須完全成熟。這個意思是就算它可能仍然很硬、還是綠色，在收成時還是得長到其完整大小。第二，果實在熟成前必須妥善存放。

比如說，有許多水果如果先暴露在低溫下，之後就不會繼續熟成了。以桃子為例，如果它在熟成前於46℉（8℃）以下的溫度中存放，就算只是幾個小時，也無法如常熟成了。其他無法在冷藏後正常熟成的水果包括香蕉、芒果和木瓜。有些果實則是即便有妥善保存，卻還是完全無法在收成後熟成，表16.2是一部分採收後無法成功完全熟成的水果清單。這裡要注意，漿果果實（包括黑莓、藍莓、覆盆子和草莓）全都是一旦採收後就不會熟成的水果。柑橘類水果也是如此，其中包括檸檬、萊姆、柳橙和柑橘。採購這些水果時，只能選購已經完全熟成的果實。

實用祕訣

許多水果在熟成時顏色會比風味改變得更快，舉例來說，藍莓在變甜與形成風味前就已經變成深藍色了。由於藍莓是其中一種收成後不會繼續熟成的水果，因此在收下一批藍莓或將其用於製品之前，要確保有品嘗過藍莓和其他水果的味道。

表16.1　採收後熟成的水果

蘋果
杏桃
香蕉
梨果仙人掌
哈密瓜
楊桃
冷子番荔枝
番石榴
蜜香瓜
奇異果
芒果
油桃
木瓜
百香果
桃子
梨子
柿子
西梅、李子

表16.2　採收後不會熟成的水果

漿果類果實
櫻桃
柑橘類水果
無花果
葡萄
鳳梨
西瓜

有關熟成過程的更多資訊

在水果熟成時，果實中的酵素會將大分子分解為較小的分子。比如說澱粉會被分解為糖，使水果變甜。酸被分解，所以水果變得比較不酸了。蛋白質和脂肪會分解成那些具有討喜水果香氣的分子。將水果內部粘合在一起的果膠被分解，則使水果變得軟又多汁。

植物真的會呼吸嗎？

新鮮而未經加工的水果在收成後仍在繼續呼吸。就像人類呼吸，植物呼吸也涉及了從空氣中吸收氧氣、利用氧氣使維生機制繼續進行，以及釋放二氧化碳。在這個過程中，澱粉、糖和其他分子會被分解與利用。就像人類，如果植物的呼吸停止了，細胞就會停止運作，而植物也會死亡。

儘管植物可以呼吸，但與人類不同的是它們亦能進行光合作用。光合作用與呼吸作用正好相反，也就是說，在光合作用的過程中並非吸收氧氣、釋出二氧化碳，而是吸收二氧化碳、釋出氧氣。植物在這個過程中會利用土壤中的水和陽光中的能量將二氧化碳化為糖分。哺乳動物以進食攝取糖分，植物則藉由光合作用產生糖。

儲藏與處理

新鮮水果

新鮮水果有可能很貴，因此正確選擇、存放和處理它們就很重要了。舉例來說，當一批水果抵達時，務必要檢查其品質，永遠都要在簽收一批貨品前就先嘗過樣品。要牢記水果是一種天然農業產品，每批貨品的品質可能都會有所不同。

出於衛生因素，未經烹煮的新鮮水果應該要特別謹慎地進行處理。新鮮水果永遠都要在使用前洗過，去除污垢和微生物。尤其是草莓，它生長在靠近地面處，會吸附黴菌孢子，而覆盆子則是昆蟲會隱藏在其凹陷處。雖然水果在使用前應該先清洗過，但在儲存前卻不能洗，殘留在水果上的水會促進黴菌生長，而且洗淨的水果會將水吸收進細胞裡，這時候水果就會膨脹並變軟成不討喜的質地。

瓜類，尤其是哈密瓜，必須在切之前洗乾淨。瓜類生長在地面上，而哈密瓜表面粗糙，往往藏有微生物。當刀子穿過瓜類時，瓜類表面的微生物就能藉著刀片轉移進水果裡。

下面列出一些儲存新鮮水果的要點。儘管繁忙且空間有限的烘焙坊內可能無法完全遵循這些要點，但還是應該盡可能去遵循。

一顆爛蘋果會讓整堆蘋果都發爛嗎？

你有沒有聽說過「一顆爛蘋果就讓整堆都發爛」（one bad apple spoils the whole bunch，等同於中文的「一顆老鼠屎，壞了整鍋粥」）這句話呢？這可是真的。表16.1中所列出的水果（包括蘋果）在碰損和腐爛時會釋出大量乙烯氣體，這種氣體會加速所有水果的呼吸作用。如果水果已經熟成，暴露在乙烯氣體中就會導致其腐爛。

- 將新鮮水果存放在高濕度中，以免乾掉，通常這也表示要保存在原始包裝中。

- 請勿將新鮮水果長時間置於密閉的塑膠袋或塑膠包裝中，除非有專門為此用途設計的塑膠包裝。塑膠會隔絕氧氣，阻止植物（包括水果）呼吸（進行呼吸作用）。不過，如果水果本來就包在塑膠裡，那就可以將其存放在此原始包裝中。用於運輸和發送新鮮蔬菜水果的塑膠包裝與烘焙坊使用的塑膠袋和塑膠包裝並不相同。

- 將熟成的果實儲存在低溫下，這樣它們的呼吸速度會更慢，可以保存更長的時間。這表示要將大多數水果冷藏到盡可能接近32℉（0℃）的溫度中。不過，未熟成的水果就要避免冷藏。回想一下前文，有許多水果（如桃子、芒果和木瓜）如果暴露在低溫下，就無法如常熟成了。

雖然較低的儲存溫度會減緩呼吸速率，但並非所有水果（即便已熟成）應該被冷藏。低溫會導致某些水果受凍傷，可能會使它們的顏色、風味和質地受損，這種凍傷的損害常常都是在水果恢復到較高的溫度後才顯現出來。凍傷最容易發生在熱帶或亞熱帶地區的水果，如香蕉、多數柑橘、芒果、瓜類、木瓜和鳳梨。

這些水果要存放在略高於冷藏的溫度下，通常是50℉至60℉（10℃至16℃）。

當然，在烘焙坊中並非總是能找到比冰箱更熱但比室溫更冷的位置。如果當時是冬天且烘焙坊裡有涼爽的地方，就在那裡存放熱帶水果吧。如果夏天實在炎熱，就把水果冷藏起來，但要盡快使用掉。

- 將表16.2中的水果存放在遠離表16.1中所列的熟成水果的位置，後者會自然散發一種稱做乙烯的氣體。乙烯氣體跟激素的作用相同，就是發訊號給水果使其加快呼吸與熟成。由於表16.2中的水果無法進一步熟成，因此這些水果如果暴露在乙烯氣體中就會腐爛。如檸檬，這就是為什麼它不能存放在熟成的蘋果附近。

- 儲存水果前，請將任何變質或腐爛的水果移走與丟棄，它們會釋出乙烯氣體。

- 為了使果實盡快熟成，請將其儲存在溫暖的溫度下，並使其暴露在乙烯氣體和氧氣中。封閉的紙袋和紙箱能讓氧氣進出，但會將乙烯留在其中。這表示紙袋和紙箱是放置水果使其熟成的理想選擇。將紙袋或紙箱放在溫暖處，接著放入成熟的蘋果或香蕉，好讓它們釋出乙烯。

果乾

　　果乾不太受微生物損害，相對來說較為安全，但最好還是將果乾存放在低於45℉（7℃）的溫度下，可以防止其風味變化或受損，也能防止昆蟲和囓齒動物的侵擾。由於在烘焙坊中的冷藏空間通常十分寶貴，如果果乾存放時間只有一個月以下，那也可以將其存放在烘焙坊裡的陰涼處。要確保有被蓋緊，以免水分流失和生物侵擾。

　　果乾在冰箱中長時間存放後，其中的葡萄糖通常會結晶。這有時稱做糖析，當這個現象發生時，果乾會變得乾硬而粗糙。這些水果不用丟，適當的調理就能使糖析的果乾風味和口感都恢復原狀。

調理葡萄乾和其他果乾　調理是指在使用前將葡萄乾和其他果乾浸泡在水中或其他液體中的處理方式。調理可以使水果更飽滿，從而讓成品不會乾硬而無味。調理也能預防果乾吸收麵糊和麵團中的水分。不然如果它們從麵糊和麵團中吸收的水分過多，成品就會烤得太乾。

　　葡萄乾業者建議不要將葡萄乾浸泡在熱水或沸水中，因為這很容易使它們過度調理。過度調理的果乾會因浸泡溶液而失去其寶貴的風味和甜度，在攪拌過程中也容易撕裂並弄髒麵糊和麵團。

　　調理葡萄乾和其他果乾有兩種建議的方式。兩者都需要在幾個小時前就進行規畫。第一種方法包括將果乾撒入或浸入微溫的水（80℉／27℃）中，接著馬上瀝乾水分，再將水果蓋住，直到表面的水分被吸收為止。大約需要四個小時。第二種方法則是每磅果乾添加1到2盎司80℉（27℃）的水（或每公斤80至120克），然後將果乾蓋住，浸泡約四個小時或直到所有水分被吸收為止。要偶爾攪拌或轉動一下好讓果乾均勻地被調理，也可以使用其他液體如蘭姆酒或果汁代替水。

　　切丁的果乾（如切丁的蜜棗和糖漬蔓越莓乾）最好不要調理，切面很容易吸收水分，因此在麵糊或麵團中還是太硬的風險其實很小。它們調理的風險反而是很容易被過度調理，導致水果的色素和果肉滲入麵糊，而且也很容易被撕裂。

實用祕訣

　　即使經過適當的調理，葡萄乾和其他果乾在攪拌混合的過程中還是會被撕裂。要讓撕裂程度最小化，就要等攪拌的最後一兩分鐘再添加果乾，然後將攪拌器設置成低速。

複習問題

1 跟冷凍水果或水果罐頭比起來，新鮮水果有什麼優點？又有什麼缺點？

2 原汁包裝水果是指什麼？IQF水果是指什麼？什麼是4＋1包裝？

3 IQF水果和原汁包裝、糖漬或泡糖水的水果比起來，主要優勢為何？

4 燉煮液中的糖含量會如何影響燉煮水果的顏色、風味和質地？

5 罐裝水果中的含汁罐頭和重糖水罐頭有什麼差別？

6 為什麼水果罐頭類產品（如蘋果罐頭）可能含有氯化鈣？

7 請列舉一些最可能含二氧化硫（或其他形式的硫）的果乾。為什麼要添加硫化物呢？

8 金黃葡萄乾與普通葡萄乾有何相似之處？又有何不同？

9 為什麼用在餅乾麵團時糖漬的藍莓乾可能是較好的選擇，而新鮮、IQF冷凍或罐裝的整顆藍莓則更適合製作瑪芬？

10 什麼是CA儲藏？會如何影響蘋果的品質？

11 一批尚未熟成的新鮮芒果到貨了。以下哪一種作法比較好，為什麼？先讓果實熟成再冷藏到需要使用，還是先冷藏，之後再讓它們熟成？

12 請列舉四種最好存放在40℉（4℃）以上的水果，與四種最好存放在40℉（4℃）以下的水果。

13 哪裡能找到乙烯氣體，對水果有何影響？

14 為什麼熟成的香蕉不應該放在葡萄旁邊？

15 一箱成熟的香蕉中有一根被嚴重碰傷了，為什麼這根碰傷的香蕉應該要從箱子裡取出來呢？

16 有一盒未熟成的梨子在幾天後就要用了，這些梨子應該如何存放才能迅速熟成呢？

17 為什麼果乾長期存放時會建議冷藏？

18 葡萄乾在冷藏了一個月後變得乾硬而粗糙，發生了什麼事？這些葡萄乾應該丟掉嗎？

19 調理葡萄乾是什麼意思？請敘述調理葡萄乾的兩種建議方式。

20 如果葡萄乾調理不足，會發生什麼現象？

21 如果葡萄乾調理過度，又會如何？

問題討論

1 請列出並解釋導致新鮮水果品質變化的五個原因。

2 你正在使用冷凍草莓製備草莓冰淇淋。跟4＋1冷凍草莓比起來，使用IQF草莓有什麼優點？比起IQF草莓，使用4＋1個草莓又可能有什麼優點？

3 請以野生種藍莓和栽植種藍莓的比較做為參考，解釋桑特醋栗葡萄乾相對於一般葡萄乾具有哪些優點？

4 為什麼以少量的水燉煮水果，直到水果崩解時才加糖，能夠較快製作水果淋醬（加糖果泥）？

習作與實驗

❶ 習作：草莓與糖

一個配方需要用到8磅（3.6公斤）草莓和4磅（1.8公斤）糖，應該使用多少4＋1包裝的草莓，又該額外再加多少糖？請呈現你的計算過程和結果。

❷ 實驗：生吃蘋果並比較不同蘋果的品質

目標

演示蘋果的品種和處理方式對於下列項目有何影響

● 新鮮蘋果的外觀、風味與質地

● 新鮮蘋果切片後是否容易褐變

● 不同蘋果品種在生食水果相關用途的整體滿意度

製作成品

用以下原料與方式準備蘋果切片

● 未經處理的青蘋果（對照組）

● 未經處理的五爪蘋果

● 未經處理的金冠蘋果

● 未經處理的旭蘋果（或其他會快速褐變的蘋果）

● 旭蘋果，浸入加酸的水中30秒

● 旭蘋果，在加酸的水中浸泡15分鐘

● 可自行選用其他蘋果品種（布雷本蘋果、科特蘭蘋果、富士蘋果、加拉蘋果、脆蜜蘋果、紅龍蘋果、麥坤蘋果、國王蘋果、羅馬蘋果等等）

● 可自行嘗試其他處理方式（在水中加入不同量的檸檬汁、不同浸泡時長、將兩片200毫克的維生素C錠壓碎後溶於14液量盎司／400毫升水中〔0.1%的抗壞血酸〕、使用商業製添加劑如香保利等等）

材料與設備

● 蘋果，每個品種與處理方式各三顆以上

● 加酸的水：將1湯匙（15毫升）檸檬汁倒入16液量盎司（500毫升）的水中

● 烘焙紙

步驟

1 觀察處理方式對新鮮蘋果切片品質的影響：

● 將一個旭蘋果削皮後切成六或八片相等大小的切片。將任何受碰傷或其他壞損的切片丟掉。

- 立刻將切片放入加酸的水中浸泡15分鐘（如果時間允許的話可以泡更久）。
- 15分鐘後，從加酸的水中取出切片，將其排成一列放置在烘焙紙上。標註這一列為「浸泡15分鐘」。
- 接著立刻將另一顆旭蘋果切片，浸入加酸的水裡。30秒後將其取出，在烘焙紙上排成第二列並標為「沾過」。
- 馬上將第三顆旭蘋果切片，將其在烘焙紙上排成第三列，標為「未經處理」。
- 在室溫下放置30分鐘以上。

2 觀察不同的蘋果品種：
- 每種品種的蘋果都選兩個以上削皮並切成六或八片相等大小的切片。將任何受碰傷或其他壞損的切片丟掉。
- 將各個品種的蘋果切片排列在烘焙紙上，每一顆排一列，每列都要標註蘋果品種的名稱，並記錄該樣品擺放上去的時間。

結果

1 過了30分鐘以上後，對旭蘋果切片進行評估並將結果記錄在結果表一中。確保將它們與未經處理的旭蘋果交替進行比較，並評估下列幾項：
- 褐變量，從褐變很少到大範圍褐變，分為1到5級
- 風味（蘋果香氣、甜味、酸味、澀味等）
- 質地（硬／軟、脆／粉質、多汁／乾）
- 整體滿意與否，從高度不滿意到高度滿意，由1至5給分
- 如有需要可加上備註

2 如果時間足夠，經過一段時間後再次進行外觀評估，記錄在結果表一的備註欄。

結果表一　經防褐變處理的旭蘋果所具有的感官特性

蘋果經過的處理	褐變量	風味	質地	整體滿意度	備註
未經處理					
沾過加酸的水					
浸泡過加酸的水					

3 對各蘋果品種整顆與鮮切切片進行評估，並將評估記錄在結果表二中。請確保每種蘋果都要與對照組（未經處理的青蘋果）交替進行比較，並對以下幾項進行評估：

- 整顆蘋果的外觀（外皮顏色、整顆蘋果的形狀）；也要留意蘋果果頂（在蒂頭的反邊）的外觀
- 新鮮果肉切片的外觀（顏色、濕潤／乾燥）
- 風味（蘋果香氣、甜味、酸味等）
- 質地（硬／軟、脆／粉質／多汁／乾）
- 直接生吃的整體滿意度，從高度不滿意到高度滿意，由1至5給分
- 如有需要可加上備註

4 經30分鐘以上後，對蘋果切片的外觀進行評估。請確保每種蘋果都要與對照組交替進行比較，並著重在觀察每個蘋果的褐變程度，從褐變很少到大範圍褐變，分為1到5級。

結果表二　不同品種鮮切蘋果切片的感官特性

蘋果品種	整顆蘋果外觀（外形與顏色）	鮮切果肉外觀	風味	質地	30分鐘後的褐變量	整體滿意度	備註
青蘋果（對照組）							
五爪蘋果							
金冠蘋果							
旭蘋果							

誤差原因

請列出任何可能使你難以做出適當實驗結論的因素，尤其必須考量到不同蘋果間可能存在的各種異同，另外也要注意各個蘋果品種的產季，以及這些蘋果可能是新鮮採收還是經過CA儲藏。

_____

_____

_____

請列出下次可以採取哪些不同的作法，以縮小或去除誤差。

_____

_____

_____

結論

請圈選**粗體字**的選項或填空。

1 當被稱做 _____ 的酵素活化時，蘋果會褐變。用酸處理過蘋果後應能延遲褐變，因為
   酸**將pH值降低／將pH值升高**到酵素活性較低的程度。如果不進行處理，本實驗中使用的旭
   蘋果**會大量／會少量／不會褐變**，因此它可能**具有很多／具有很少／不具有酵素活性**。在沾
   過加酸的水後，蘋果的褐變量與未經處理的蘋果相比**更多了／更少了／大致相同**。延長時間
   的浸泡對於防止這些蘋果褐變的效果比沾過加酸的水**更好／更差／大致相同**。

2 旭蘋果經過處理（沾或浸在加酸的水中）是否會影響它的風味或質地？如果會的話，請對此
   加以描述：_____

3 根據本實驗的結果，由於蘋果的顏色會變褐，最好**沾一下就放在一邊／一直浸泡到需要使用
   為止**，因為：

   _____

   _____

   其他經過加酸的水處理後可能有益的水果有：

   _____

   _____

   _____

4 不同蘋果品種之間外皮顏色差異**很小／中等／很大**。差異如下：

   _____

   _____

   _____

5   各蘋果品種整顆的外形差異**很小／中等／很大**。比如說，較高、有棱角且有清晰星形果頂的蘋果品種為**青蘋果／五爪蘋果／金冠蘋果／旭蘋果**。其他的外形差異有：

_____

_____

_____

6   各蘋果品種之間的質地差異**很小／中等／很大**。蘋果品種中最硬、最脆的是**青蘋果／五爪蘋果／金冠蘋果／旭蘋果**。最軟、最乾，也最粉質的蘋果是：

_____

_____

_____

7   各蘋果品種之間的香氣差異**很小／中等／很大**。在你看來，哪種蘋果品種有最好的蘋果香氣呢？_____在班上進行一下調查吧，確認將每一種蘋果香味評為最佳的學生人數各有多少？班上的同學對此結果有多認同呢？

_____

_____

_____

8   不同蘋果品種之間的甜度差異**很小／中等／很大**。蘋果品種從最甜排到最不甜可以排序如下：

_____

_____

_____

9   不同蘋果品種之間的酸味差異**很小／中等／很大**。蘋果品種從最酸排到最不酸可以排序如下：

_____

_____

_____

10　大部分的時候（但不總是如此），最甜的蘋果也最不酸，反之亦然。這個實驗所評估的蘋果**有／沒有**符合這個規律。你會如何解釋這些結果？

_____

_____

你認為哪種蘋果的酸甜達到了最佳的平衡，也就是說，以你的口味而言，哪種蘋果既不會太甜也不會太酸？　_____

11　有幾個因素會影響水果是否容易褐變。比如說，就算這些蘋果都含有一樣多的酵素，很酸的蘋果還是可能比其他蘋果**更不會／更會**褐變。哪個蘋果褐變得最快？　_____
哪個蘋果褐變得最慢？　_____　蘋果的酸味感覺像是其中一個影響褐變量的因素嗎？
是／否
你認為蘋果之間還有其他哪些差異可以解釋褐變速度的快慢之別？

_____

_____

_____

12　關於蘋果之間的不同之處或實驗本身，我還想補充一些其他意見：

_____

_____

_____

13　對此實驗中所使用的各蘋果品種產季做點研究（www.bestapples.com；www.michiganapples.com；www.nyapplecountry.com）。在一年中的哪個季節（春、夏、秋、冬季）完成此評估會如何影響本實驗的結果？

_____

_____

_____

③ 實驗：將不同的蘋果用於烤蘋果奶酥並加以比較

目標

蘋果的品種對下列項目有何影響
- 蘋果奶酥的外觀
- 奶酥中蘋果的硬度和多汁程度
- 蘋果奶酥的整體風味
- 蘋果奶酥的整體滿意度

製作成品

使用以下列材料分別製作蘋果奶酥
- 青蘋果（對照組）
- 五爪蘋果
- 金冠蘋果
- 旭蘋果
- 可自行選擇其他品種的蘋果（布雷本蘋果、科特蘭蘋果、加拉蘋果、紅龍蘋果、國王蘋果、高級蘋果、羅馬蘋果、約克帝國蘋果等）

材料與設備

- 秤
- 5夸脫（約5公升）鋼盆攪拌機
- 槳狀攪拌器
- 烘焙紙（非必需）
- 半盤烤盤
- 奶酥酥粒（請見配方），分量要足以為每個蘋果品種都做出一個半盤烤盤的分量
- 蘋果奶酥（請見配方），分量要足以為每個蘋果品種都做出一個半盤烤盤的分量
- 烤箱溫度計

配方

奶酥酥粒

分量：足以製作五個蘋果奶酥的配料

材料	磅	盎司	克	烘焙百分比
中低筋麵粉	1	5	600	100
糖（淺紅糖）	1		450	75
鹽（1茶匙／5毫升）		0.2	6	1
奶油（無鹽）		13	375	62
合計	3	2.2	1,431	238

製作方法

1　使用樂狀攪拌器在低速下攪拌麵粉、紅糖和鹽。如果需要的話，可以在攪拌時將烘焙紙蓋住攪拌機的鋼盆，以免奶酥酥粒從鋼盆裡噴灑出來。

2　將奶油切塊並加入麵粉混合物，以低速攪拌2分鐘，或直到攪拌均勻且呈碎狀為止。

3　放到一旁直到準備好使用。

配方

蘋果奶酥

分量：一個半盤烤盤大小

材料	磅	盎司	克	烘焙百分比
蘋果（去皮去核）	1	8	680	100
糖（一般沙糖）		1.25	40	6
奶酥酥粒（如上述）		10	280	42
合計	2	2 - 3	960 - 1,000	144 - 148

製作方法

1　將烤箱預熱至400℉（200℃）。

2　稱量蘋果並切成相等大小的切片（較大的蘋果約切16片）。

3　如果有使用一般砂糖的話，將砂糖加到蘋果切片中輕緩地混合。

4　將蘋果切片放入半盤烤盤中，鋪一層。

5　在表面均勻灑上一層奶酥酥粒。

步驟

1 以上述配方或任何基礎蘋果奶酥配方製備蘋果奶酥。每個蘋果品種都要各準備一批蘋果奶酥。

2 將烤箱溫度計放置於烤箱中央，記錄烤箱初溫。初溫：＿＿＿＿＿＿＿。

3 在烤箱適當預熱後，將裝滿的烤盤放入烤箱，並設定計時器為14至18分鐘。

4 烘烤到對照組中的蘋果（由青蘋果製成）略微軟化且奶酥酥粒呈淺棕色時。所有蘋果奶酥取出時都必須經過相同的時長，不過如有必要，可以針對烤箱差異調整烘烤時間。請在結果表一記錄烘烤時間。

5 記錄烤箱終溫，終溫：＿＿＿＿＿＿＿。

6 將蘋果移出烤盤，冷卻至室溫。

結果

當蘋果奶酥冷卻後，請評估其感官特性，並在結果表一中記錄評估結果。請確保將每種變因與對照組交替進行比較，並參考下列因素進行評估：

- 整體外觀（淺色／深色、濕／乾、緊實／膨鬆）
- 蘋果質地（硬／軟、脆度、粉質、是否多汁）
- 風味（甜味、酸味、蘋果香味、紅糖味、奶油味等）
- 整體滿意與否，從高度不滿意到高度滿意，由1至5給分
- 如有需要可加上備註

結果表一　不同品種的蘋果製成的蘋果奶酥所具有的感官特性

蘋果品種	烘焙時間（分鐘）	整體外觀	蘋果質地	風味	整體滿意度	備註
青蘋果（對照組）						
五爪蘋果						
金冠蘋果						
旭蘋果						

誤差原因

　　請列出任何可能使你難以做出適當實驗結論的因素，尤其要去考量蘋果切片大小是否平均、蘋果與奶酥酥粒是否在烤盤中分布平均，以及關於烤箱的任何問題。

_____

_____

_____

　　請列出下次可以採取哪些不同的作法，以縮小或去除誤差。

_____

_____

_____

結論

　　請圈選**粗體字**的選項或填空。

1　將製作蘋果奶酥所使用的不同蘋果品種從最不硬排到最硬。

_____

_____

_____

　　它們之間硬度的差異**很小／中等／很大**。

2　將製作蘋果奶酥所使用的不同蘋果品種從最不甜排到最甜。

_____

_____

_____

　　它們之間甜度的差異**很小／中等／很大**。

3　根據該實驗，風味最佳的蘋果奶酥使用**青蘋果／五爪蘋果／金冠蘋果／旭蘋果／其他蘋果品種**所製作。請解釋為什麼這種蘋果奶酥會具有最好的風味。

_____

_____

_____

4　根據本實驗，整體來說，最適合用於製作蘋果奶酥的蘋果品種是**青蘋果／五爪蘋果／金冠蘋果／旭蘋果／其他蘋果品種**。請解釋為什麼這種蘋果奶酥的接受度最高。

_____

_____

_____

你認為該品種的蘋果還能用於製作其他哪些烘焙食品？

_____

_____

_____

5　根據本實驗，整體而言最不適合用於製作蘋果奶酥的蘋果品種為**青蘋果／五爪蘋果／金冠蘋果／旭蘋果／其他蘋果品種**。請解釋為什麼這種蘋果奶酥的接受度最低。

_____

_____

_____

要如何調整配方（糖要增加還是減少、加入檸檬汁和／或香料、縮短烘烤時間等等）才能讓這些蘋果奶酥的接受度更高？

_____

_____

_____

6　為什麼此實驗的結果會隨著不同年分改變，甚至會因不同季節或不同批貨物而改變？

_____

_____

_____

7 　我對蘋果奶酥所用的蘋果之間存在的差異或實驗本身有其他意見要補充：

17

天然與人工
調味料

導論

當被問及喜歡某種食物的原因時，多數人會回答是因為風味或口味。並不是說食物的外觀或質地不重要，而是風味的重要性通常更高。因此，大廚準備餐點時，也應該把風味當做第一考量。每天每一批製品的口味，廚師都應該先品嘗過，確保品質，這是精進味覺的方式之一，更重要的是，這能防止顧客買到失敗的產品。

訓練味覺的重要性不亞於巧克力擠花裝飾技巧，或在打發鮮奶油中成功拌入明膠。和其他技巧一樣，味覺的培養需要不斷的練習與經驗的累積，本書第4章第一次提到這個概念，由於風味是食物美味與否的一大關鍵要素，值得深入探討。

精進味覺最好的方法就是練習描述各種食材與製品的風味。請找一個安靜的地方，嗅聞並品嘗食材與製品，並記錄心得感想。請直接相互比較食材及製品，比方說，比較糖蜜與深色玉米糖漿的口味、烘烤與未烘烤的榛子、用香草精及香草豆莢製作的香草卡士達醬。仔細比較的學習成效會比個別品嘗好得多。如果可以的話，請和旁人討論你的評估結果，盡量完整描述各種製品的風味。第4章提過，氣味與記憶息息相關，因此你可以善加利用這種關係來幫助自己辨別、記憶氣味。也就是說，如果你沒辦法以文字來辨別氣味，那不妨記錄下這種味道令你聯想起什麼東西，或曾在何處聞過這種味道。

比方說，也許你不確定某種香料的名稱，不過其氣味令你想起祖母，那就記錄下來，然後想想為什麼你會有這樣的記憶連結。也許在你小時候，祖母為你烘烤的餅乾中加了這種香料，或者是她的薰香中包含這種香料。一旦把記憶與氣味及香料名稱連結起來，未來就更容易想起來。認識風味描述與食品調味料有助於精進味覺。

簡單回顧風味的定義

第4章提過，風味包含三大要素：基本味道、三叉神經作用與氣味。

基本味道包含口舌嘗到的甜、鹹、酸、苦、鮮味。三叉神經作用也叫做化學感覺因子，包括薑的辛辣、肉桂的暖香、薄荷的清涼、酒精的刺激。

一般認為氣味（或稱為香氣）是風味三大要素中最重要的一項，也的確是其中最複雜的一個要素，舉例來說，奶油的香氣其實是由上百種不同化學化合物組合而成。

風味描述

風味描述包含某種製品最初所散發的氣味到吞嚥完畢後所留下的味道，比方說，某種牛奶巧克力的風味描述可能以香草及烘烤可可的香氣為開頭，接著是甜味及焦糖化奶香，最後是稍苦的餘味。風味描述也指特定文化的食物所特有的獨特風味組合，比方說，美式蘋果派的風味描述一般包含肉桂及豬油（或味道較淡的酥油），但不會有奶油香。另一方面，許多歐洲蘋果塔及甜點（例如蘋果夏洛特塔）的主要風味會來自奶油，再佐以檸檬、杏桃或香草香氣。

不論來自何種文化，擁有完整風味描述的氣味最吸引人，完整的風味描述包含前調、中調、後調及餘味。前調是立即帶來衝擊的氣味，也就是烘烤糕點時首先縈繞在烘焙坊中的味道。由於前調是人們對製品風味的第一印象，所以如果有人形容製品風味平淡，其實通常只是前調不明顯。揮發性風味是食品前調的主要來源，是容易揮發的氣味，分子通常小而輕。現切檸檬、成熟草莓及水蜜桃的氣味就屬於前調。由於這些氣味具高度揮發性，人們能立即察覺，但水果切開或烹煮後不久就會快速散失。

風味描述中，中調緊隨前調之後。中調來自揮發速度較慢的氣味分子，通常比前調的分子體積更大、更重。中調是一種久久縈繞而令人滿足的氣味。經烹煮而焦糖化的水果、蛋、鮮奶油及椰子的氣味就屬於中調。烘烤過程發生的梅納褐變反應也賦予烘烤堅果、可可、巧克力及咖啡濃厚的中調。酪乳、熟成起司、醬油等經過發酵或熟成的食品也能為製品增添寶貴的中調。

後調主要由體積最大、重量最重的分子構成，不易揮發。不易揮發的氣味分子揮發速度緩慢，甚至完全不會揮發。基本味道和三叉神經作用都包含在後調之中。假如製品風味薄弱，似乎少了什麼東西時，通常是因為欠缺中調和後調。

餘味是在吞下食物後仍留在口中的最後風味，這是食物留下綿長正面印象的最後機會。基本味道中的苦味以及丁香、薑等香料帶來的三叉神經作用都是重要的餘味。

實用祕訣

由於多數氣味分子能溶解在脂肪中，並在我們進食過程中慢慢釋放出來，被感覺受器接收，而低脂的食物味道通常不持久，因此在低脂製品中加入富含中調與後調的食材能改善其風味。

調味料種類

幾乎所有食材都能提供風味,不過本章所稱的調味料指的是主要功能為增添風味的材料,尤其是增添香氣,因此蜂蜜、杏仁、可可不算是調味料,因為這些食材對於製品的外觀、質地、營養也都有作用;糖和鹽同樣不屬於調味料,因為這兩者提供的是基本味道,而不是香氣(糖和鹽也能以多種方式改變食物的型態)。

雖然食物調味料能豐富整體風味描述,但主要作用在於提供前調香氣和三叉神經作用。麵包師及糕點師所使用的調味料主要可以分為「草本調味料與香料」以及「加工調味料」兩大類。

一般不會被當做香料的柑橘皮、咖啡豆、香草豆莢,同樣屬於香料。

所有香料都含有大量揮發油。揮發油(也稱為精油)容易揮發,能帶來濃烈而令人喜愛的前調,因此不同於烹調油。

香料的品質與揮發油含量有關。比方說,一般認為越南(西貢)肉桂是最高品質的肉桂,因為其肉桂油含量相當高,揮發油含量常常是印尼肉桂的兩倍,價格一般也是其他品種的兩倍。

除了揮發油帶來的前調,香料也具有三叉神經作用。肉桂、眾香子、丁香、薑、茴芹等眾多香料都能為食物帶來辛辣感。

草本調味料與香料

多數(但並非全部)香料來自高溫的熱帶氣候地區。美國香料貿易協會對香料的定義是:主要用於調味的乾燥植物產品。香料可能來自樹皮(如肉桂)、果乾(眾香子、八角)、種子(小豆蔻、肉豆蔻、茴芹和芝麻)、花苞(丁香、薰衣草、玫瑰)、根(薑)、綠葉或草本調味料(薄荷、牛至草、香芹),見圖17.1。請注意,在此定義中,草本調味料也是香料的一種。依照這個定義,一

圖17.1　香料可能來自(由左上順時針依序)植物根部(薑)、樹皮(肉桂)、綠葉(薄荷)、花苞(丁香)、果乾(眾香子)、種子(小豆蔻)。

低品質香料什麼時候會是合適的選擇?

高品質肉桂富含肉桂油,但這可能不是理想情況。舉例來說,假如在糕點上大量撒上肉桂粉當做裝飾時,所謂高品質肉桂(例如越南肉桂)的氣味可能過於強烈,氣味溫和而較為便宜的肉桂粉反而才是合適的選擇。

香草豆莢是特定蘭花品種的種子莢，主要根據原生地來分類，例如墨西哥、大溪地、印尼（爪哇）、馬達加斯加都是香草的產地。馬達加斯加香草也稱為波本香草，因為法國人首次栽培香草豆莢的地點位於波本島（今留尼旺島）。

香草豆莢的培育是勞力密集的工作，須費時一整年才能收成。植物開花時間只有數個小時，須以人工授粉才會結果。藤上的果莢（或豆莢）要經過長達九個月才會成熟。成熟的果莢主要呈綠色，此時還沒有香氣，工人須倚賴經驗判斷果莢成熟與否（此時尚無氣味），摘採能培養出頂級風味的香草果莢。收成後，香草豆莢須經加工才會散發出特有的香氣及巧克力般的褐色色澤。

加工程序各地不同，不過第一步都是所謂的「殺青」，也就是加熱香草豆莢，阻止香草繼續成熟。有些製造廠會以滾水燙過香草豆莢，或是在陽光下曝曬，或鋪在墊子上以直火烘烤。接著改為日間加熱、夜間覆蓋發酵，這個階段會持續數週，直到香草豆莢逐漸脫水，然後再覆蓋進行熟成。假如經過適當的栽植與加工，香草豆莢能產生多達2%的天然香草醛，香草醛就是香草中的主要氣味分子。

由於各地氣候及加工程序不同，每一種香草都具有獨特的風味。美國最受歡迎的香草種類為波本香草（馬達加斯加香草），這種香草擁有深沉而濃郁的風味，令人想起木頭與蘭姆酒。由於大溪地香草來自不同的蘭花品種，因此風味也截然不同，比較偏向香甜的花香，帶有些微櫻桃的氣味。進口至美國的大溪地香草極少（少於1%），大溪地香草多半輸至歐洲。

香料之所以討人喜歡，因為其風味是天然的，不過香料也有一些缺點。由於香料屬於農產品，因此品質、氣味濃淡、價格可能波動很大，也可能受蟲害侵襲。其他影響香料品質的因素，還包括了植物品種、原生產地、採集與加工方式、年度氣候、製造流程、熟成與儲藏環境等等。

為了減少可能發生的問題，請向值得信賴的經銷商購買香料，並視同新鮮農產品加以儲藏，或是考慮使用加工調味料。

加工調味料

加工調味料的類型包含香精、利口酒、化合物、香精油、乳化香精及粉類。還有其他類型的加工調味料，不過在烘焙坊中並不常見。加工調味料有天然與人工兩種。

比起香料，加工調味料有數項優點，首先，加工調味料的風味品質及濃淡較為穩定，幾乎不須擔心蟲害，使用上也較為方便。比方說，量出1盎司檸檬精或乾檸檬皮要比削出新鮮檸檬皮屑快得多。

不過加工調味料的主要缺點有時候會抵消所有優點：比起香料，部分加工調味料的風味（即便是天然的加工調味料）可能較不自然、濃郁或完整。舉例來說，即便是天然的檸檬精，風味仍然很難比得上新鮮檸檬皮屑，杏仁精嘗起來也和杏仁不一樣。

自製香草精

如果你喜歡某種香草豆莢的風味，但又希望使用上如香草精一樣便利，可以考慮自製香草精。請沿長邊剖開香草豆莢，以刀背刮出香草籽，再將豆莢切碎。將刮出的香草籽及切碎的豆莢放入可密閉的罐中，每一整根香草豆莢（約0.1盎司或3克）注入1液量盎司（30毫升）酒度（proof）80的伏特加。偶爾搖晃一下，放置兩週以上就能製成所謂的一倍香草精。

如果你所製作的香草精風味濃度不如市售香草精，這是因為商業製程可以有效萃取出豆莢的完整風味。如果你希望增強自製香草精的風味，可以在每液量盎司（30毫升）伏特加中放入兩倍量的香草豆莢，製作兩倍香草精。

香精　香精是烘焙坊中最常見的加工調味料。所有香精都含有酒精，酒精能稀釋、溶解氣味成分，並能防止微生物孳生，具有保存的效果。常見的香精口味包括香草、薄荷、柑橘、檸檬、薑、茴芹與杏仁。根據添加的風味來自天然香料或人工物質，香精有天然與人工兩種。由於香草是北美烘焙品中最常使用的調味料，遠超過第二順位，因此以下段落將著重討論香草豆莢及香草精，而香草精也是一種極為複雜的香精。

多數香精的製作方式是將調味劑溶解於酒精中，舉例來說，檸檬精的製作方式是將一定比例的檸檬精油溶解於酒精溶液中。不過也有一些香精是以酒精來萃取植物中的氣味，之所以使用酒精，是因為酒精溶解、萃取氣味分子的效果比水更好。

舉例來說，純香草精的商業製造方式是將香草豆莢浸泡在酒精中，酒精會逐漸滲入碾碎的香草豆莢中，經過數週，逐漸熟成。美國規定每加侖（128液量盎司）的香草精必須至少含有13.35盎司香草豆莢；加拿大規定每100毫升香草精須含有10克香草豆莢，大約等於每液量盎司（2大匙或30毫升）香草精含有一根香草豆莢。香草精也必須含有一定含量的酒精（35%）與香草豆莢萃取出的香草醛。香草醛是香草中天然含有的重要氣味化學物質，雖然香草醛只是眾多氣味化學物質之一，不過卻是衡量香草品質的實用指標。由於香草豆莢的品質差距可能很大，不同香草精的整體品質與味道濃淡也有很大的差異。

香草豆莢可以取代香草精，反之亦然。每製作1液量盎司（30毫升）香草精約需一根香草豆莢，但一根香草豆莢的風味濃烈度比不上1液量盎司香草精。香草精商業製程中的萃取程序效率極高，因此一般來說，一根香草豆莢所提供的風味很難比得上1盎司（30毫升）香草精。

不過香草豆莢的風味和香草精有些許不同。使用時，要先剖開香草豆莢，刮出其中的香草籽，浸泡在溫熱液體中（常用牛奶）。浸泡10至20分鐘後，液體已充滿香草風味，再移除豆莢。由於浸泡時間以分鐘計，而不是數個小時，而且浸泡液通常不包含酒精，且未經熟成過程，這種程序所產生的風味不同於等量香草精。

選擇香草豆莢或香草精時，除了風味品質

香草豆莢值多少？

香草豆莢的價格差距很大而且有其道理。首先，不同地區會為香草豆莢的栽培與加工制定不同的品質標準，馬達加斯加可說是品質的標竿，這裡出產的香草價格也最高。其次，香草豆莢的生產是勞力密集的工作，而世界各地的勞力成本不一。第三，豆莢有長有短，較長的豆莢優點在於使用方便，籽量也較多（雖然風味不一定較佳）。第四，豆莢的外觀也是影響因素。A級（「優質」或「頂級」）香草豆莢呈現美觀、均勻的褐色，表面無缺陷，雖然價格較高，但不一定風味較飽滿。B級（「香精用」）香草通常有脫色現象，形狀不規則或裂開。第五，濕潤油亮的豆莢等級較高，價格比乾燥豆莢高。雖然濕潤的豆莢較容易剖開並刮出香草籽，也比較美觀，但風味不一定勝出。事實上，同樣重量的香草豆莢相比，乾癟的B級香草要比飽滿、濕潤的A級香草風味更濃烈。B級香草通常用來製作香草精。

實用祕訣

如果配方要求使用純香草精，但你想要使用香草豆莢（或是相反情況），可嘗試以下的轉換公式，再視需求調整。

1液量盎司（30毫升）純香草精＝3至6根香草豆莢

1根香草豆莢＝1至2小匙（5至10毫升）香草精

實用祕訣

如要製作品質穩定的高品質製品，請不要重複使用香草豆莢，因為刮除香草籽的豆莢已喪失大半風味，尤其是前調的部分，不過與其直接丟棄，可以放入乾燥糖類中。

香草香氣會融入糖中，而這些香草糖可用於製作烘焙品；也可以把空豆莢加入香草精之中，增強其風味；豆莢乾燥後也可用香料研磨機打成粉，過篩之後當做裝飾使用。

外，還有其他應考量的要點，表17.1 列出兩者的優點。

市面上也有濃縮香草精，也就是定量酒精中含有更多香草「萃取物」。一般常見的香草豆莢與酒精比例稱為1X或一倍香草精，但也有更高倍數的香草精，例如在2X香草精中就含有兩倍的香草豆莢。雖然每盎司或每克兩倍香草精的價格較高，但每次使用的單價較低，而且品質一樣好。不過要記得，兩倍香草精的用量是一倍香草精的一半。市面上可找到濃度高達四倍的高品質香草精。

表17.1 香草豆莢與香草精的優點比較

香草豆莢	可以選擇具有標誌風味的特定豆莢
	沒有酒精味
	含有天然香草籽，增添視覺吸引力
	較不易使淺色醬料暗沉或變色
香草精	每次使用的風味一致
	使用較方便、快速
	保存期限較長（通常長達數年）

利口酒　你可以把烘焙坊中使用的利口酒想成是添加糖分的香精。和香精一樣，利口酒的成分有天然及人工兩類，原料可能是水果、堅果、莓果、花等。以中性穀物烈酒（如伏特加）調製且顏色透明、甜度如糖漿的利口酒稱為crèmes；另有些利口酒以干邑白蘭地、白蘭地、威士忌調製而成，因此含有這些烈酒的風味。

利口酒適合用於為糕點調味，不過由於酒精稅賦的關係，利口酒價格偏高。一些較受歡迎的口味另有濃縮調味料的產品，由於不含酒精，稅較低。濃縮調味料適合為鮮奶油調味，因為酒精量過多可能會使乳製品結塊。不含酒精的濃縮調味料也適合用於冷凍甜點中，因為酒精會降低冰點，如果含量過高，甚至會使甜點無法凝固。

如果某些消費者基於宗教或個人原因而不能攝取酒精，不妨享用以濃縮調味料製成的產品。雖然和利口酒相比，濃縮調味料擁有某些優點，但要記得，酒精也有獨特的口味。少了利口酒中酒精的燒灼感，即便使用高品質的濃縮調味料，製品還是可能會少一味。

利口酒有各種不同口味，價格也不一。某些利口酒是以單一風味為主，例如杏仁利口酒（苦杏）或胡椒薄荷蒸餾酒。也有些利口酒的風味較為複雜，不容易界定，例如班尼迪克丁酒或蜂蜜香甜酒（詳見表17.2）。

所有調味料都一樣，就算是同一種利口酒，不同品牌的味道也會不一樣。比方說，卡魯哇咖啡酒與添萬利都是咖啡味的利口酒，但其風味品質與甜度不同。也不要單以價格來判斷品質，只有透過品嘗與比較才能知道哪一種利口酒最符合自己的需求。

調味化合物與基底　化合物與基底是在果泥、巧克力、堅果粉或香草豆莢粉等材料中加入調味料與糖，可以把調味化合物想成是調味很重的食材。化合物與基底使用很方便，食材本身擁有完整的風味描述。同樣的，調味化合物的品質會因原料、品牌而有很大的差異。調味化合物有各種不同口味，例如草莓、覆盆子、檸檬、香草。舉例來說，杏仁糖膏是以杏仁粉、糖與杏仁油製成，基本上就是一種杏仁味化合物。

香精油　之前提過，香料中的揮發油或精油是香氣的主要來源。香精油就是從植物中提取（蒸餾或壓榨）而出的油脂，可單獨販售。香精油的口味包括薄荷、檸檬、柑橘、苦杏、肉桂與丁香等。

香精油濃度相當高，應謹慎使用。最常用於水分含量低的製品，例如巧克力製品與糖品。雖然香精油有其優點，但不適合日常使用。相較之下，香精因濃度較低，易於測量，能快速溶解於液態麵糊或麵團中，因此比較適合日常使用。閱讀成分標示就會發現，許多風味香精都是以酒精稀釋香精油製成，比方說，薄荷精含有薄荷油，檸檬精含有檸檬油，杏仁精含有杏仁油，都是以酒精加以稀釋。

香精油幾乎只能提供前調是一項缺點，香精油缺乏完整的風味描述，因此最好當做補充用的調味料。比方說，單用檸檬油或檸檬精只有檸檬棒棒糖般的平板風味，加入檸檬汁與檸檬皮屑才會使風味飽滿而豐厚。

乳化香精　乳化香精的製作方式是將香精油與水混合，再加入澱粉或膠質幫助乳化。澱粉或

表17.2 利口酒列表

利口酒名稱	風味描述
杏仁利口酒	苦杏／杏仁
茴香酒	茴芹等草本調味料與香料
愛爾蘭貝禮詩奶酒	愛爾蘭威士忌與鮮奶油、焦糖、巧克力、咖啡與香草風味
班尼迪克丁酒	干邑白蘭地混合27種植物及香料，於橡木桶中熟成
尚波酒	干邑白蘭地混合黑樹莓、黑莓、香草、柑橘與蜂蜜
夏爾特酒	混合130種草本調味料的淺黃綠色酒精
君度橙酒	乾燥甜橙與苦橙皮
可可酒	巧克力
黑醋栗酒	黑醋栗
薄荷酒	薄荷
庫拉索酒	乾燥庫拉索柑橘（一種苦橙）皮
蜂蜜香甜酒	蘇格蘭威士忌與蜂蜜及綜合草本調味料、香料
夫蘭波伊酒	覆盆子
榛果酒	榛子與可可、香草及綜合草本調味料
加利安諾酒	綜合草本調味料及香料調製而成的淺黃色酒精
柑曼怡酒	干邑白蘭地添加苦橙香精
卡魯哇咖啡酒	咖啡添加香草、綜合草本調味料、水果香精
櫻桃酒	野櫻
野格酒	綜合草本調味料及香料
檸檬甜酒	檸檬皮
蜜多麗哈密瓜酒	哈密瓜
茴香烈酒	茴芹等草本調味料與香料
杉布卡酒	八角與白接骨木花
南方安逸酒	波本威士忌與香草、水果、香料
女巫酒	混合70種草本調味料，包括薄荷、小茴香與番紅花
添萬利酒	牙買加咖啡與香草

膠質（通常是阿拉伯膠或三仙膠）扮演乳化劑的角色，有利油脂與其他材料充分混合，因此乳化香精較易與麵糊和麵團混合均勻。最常見的乳化香精口味是檸檬與柑橘。

乾燥調味料與膠囊調味料　乾燥調味料也不適合日常使用，不過乾預拌粉中常有這種成分，例如蛋糕或瑪芬預拌粉。乾燥調味料有天然與人工兩種。

膠囊調味料就是包裹保護層的乾燥香料或調味料，可防止濕氣、光線、高溫及空氣破壞調味料。膠囊調味料的保存期限比一般香料長，也比其他調味料更能耐受烤箱的高溫。

天然乾燥香草有兩種產品類型：香草豆莢粉與香草粉。香草豆莢粉完全是由豆莢磨成粉，沒有添加其他成分。香草粉是乾燥的香草精混合糖（通常是右旋糖）或麥芽糊精。由於加工程序較繁複，香草粉的價格也較高。

這兩種粉類產品不含酒精，烘烤時不像香草精容易蒸發。不含酒精的產品也可以用於製作清真認證的製品，也就是符合伊斯蘭教食品律法規範的產品。香草精含有酒精，不屬於清真認證的產品。

香草糖泛指添加香草風味的糖，香草糖可撒在甜點上，或補充配方中的香草風味。

人工調味料

人工調味料的製作原料有時和天然風味的來源毫無關聯。法律規定人工調味料必須標示「人工」或「人造」，同樣的，天然調味料也須標示「天然」或「純」，但利口酒不受此規定限制。在美國，利口酒由酒菸武器暨爆裂物管理局（簡稱BATF）規管，BATF並未要求利口酒標示以人工或天然原料製成。所有加工調味料，包括香精、利口酒、化合物、香精油、乳化香精及粉類產品都可能來自天然或人工原料，或兩者兼有之。

並非人工調味料都一樣差，許多人工調味料的品質在這幾年獲得大幅提升，品質相當好。下列說明只適用一般情況，無法套用在所有產品上，請根據自己與顧客的需求來選購產品。

使用人工調味料最常見的原因就是降低成本。儘管對部分商家來說，成本不是考量的重點，但多數商家都須仔細評估成本。此外，由於風味化學的進展，低成本產品的品質不一定低落。

比方說，人造杏仁精就是天然杏仁精很好的替代產品。天然杏仁油的風味很單純，主要由單一氣味化學物質構成，因此很容易以人工調味料調製出來。

不過天然香草含有上百種氣味化學物質，除了前調以外，還有深沉而濃郁的中調，所以比較難以複製。有些人工香草調味料只有以香草醛為主的一、兩種前調氣味，這類簡單的化

> **實用祕訣**
>
> 假如須考量成本，那可以考慮以較便宜的人工香草調味料製作烘焙品，因為天然香草的大部分風味會在烘烤過程中散失。而省下來的經費可用於選購高品質香草精或香草豆莢，用於不需烘烤的產品中，例如卡士達醬、香草冰淇淋，在這類製品中，天然與人工調味料的風味差異較為明顯。

　　有時候香精或化合物都不是提升製品風味的好選擇，以下是改善問題製品風味的幾個建議。

　　假如慕斯或鮮奶油的風味淡薄，可減少明膠、澱粉或麵粉等增稠劑的用量，因為我們較難品嘗到濃稠厚重製品中的氣味分子。

　　一般來說，結合兩種基本味道能產生有趣的對比風味。比方說，酸味水果醬就適合搭配甜鮮奶油。

　　如要使糕點擁有濃郁、完整的風味，可添加能突顯中調的材料。糕點師要增添豐厚口感，最常使用的材料包括蛋、牛奶、鮮奶油，不過椰奶、香蕉泥、焦糖與楓糖也有同樣的功效。少量陳年蘭姆酒、白蘭地、白酒及香草能為水果風味增添深度；同樣，覆盆子等莓果經過烹煮後會產生些許果醬般的黏稠感，這也能使水果風味更加深沉。

　　如果製品中的風味消散太快，可以考慮從加強餘味著手，因為完整的風味描述應包含適當的餘味。薑、肉桂等香料的辛辣與暖香，也許可以提供製品所缺乏的綿長餘韻。

　　雖然過苦的餘味令人不喜，但只要能與甜味適當融合，少量咖啡、蔓越莓、柑橘皮或無糖巧克力能增添餘味的深度。

　　如果果醬的果香不足，可以調整糖與酸性物質的用量。每一種水果都有獨特的酸甜平衡，這是整體風味的關鍵，有時提升果香最好的方法就是添加少量的糖或酸性物質，或是同時增加兩者的用量。

　　如果薑味糖蜜餅乾的味道平淡，請減少小蘇打的用量，如此一來，餅乾顏色可能變淡，面積稍微變小，但可以提升風味。

　　至於巧克力起司蛋糕，可以嘗試將起司與巧克力分為兩層（或多層），但不要混合在一起。因為起司蛋糕的酸鹼值偏低，但巧克力維持在中性時風味最好。只要將巧克力與起司分開，巧克力就可以維持適當的酸鹼值。這麼做還有另一個好處：讓甜中帶苦的巧克力與鹹酸交織的起司蛋糕產生對比風味。

　　拿捏成本與品質的平衡時，可考慮疊加兩至三種風味。比方說可以用較便宜的濃縮調味料搭配利口酒，以前者突顯後者的風味；或是添加新鮮檸檬皮屑、少量新鮮檸檬汁或檸檬精來補充瓶裝檸檬汁的風味。

　　如果希望製品看起來像是使用真正的香草豆莢，但又不想費工剖開豆莢並刮出香草籽，可以考慮購買香草豆莢醬（圖17.2），這種化合物混合了香草精、萃取氣味後剩餘的香草籽與糖所製成。這些香草籽是製造香草精剩餘的籽。

　　如果配方要求加入一小撮鹽，請不要省略。鹽可以突顯風味，雖然嘗不到鹽本身的鹹味，但鹽有融合、提升風味的作用。 一小撮鹽不到1/16茶匙（稍少於1/3毫升）。

合物較適合當做天然香草的補充調味料，而非完全取代天然調味料，尤其是製作以香草為主要風味的製品，例如香草冰淇淋、香草奶油醬或香草鮮奶油。

許多人工調味料的風味過於單一，但風味強度多半勝過天然調味料。假如人工調味料嘗起來淡薄，是因為缺乏完整風味描述的緣故，雙倍甚至三倍用量也無法彌補這項缺點，反而可能造成風味燒灼的後果，這指的是舌頭感受到的尖銳風味或令人不適的刺激感；不論是天然或人工調味料，調味過重時就會產生這種現象。某些人工調味料常見這類問題，因為這些調味料本身的風味就比較突兀而強烈。在某些情況下，這是一大問題，不過也有的時候反而是一項優點。比方說，巧克力的風味相當強烈，這個時候就需要人工香草醛的強烈氣味加以平衡。其實許多高品質巧克力的成分都包含香草醛，而非天然香草。

許多人工調味料的組成成分較為穩定，因此適合添加於會經過高溫烘烤的烘焙品，因此

熱穩定性高的人工調味料特別適合添加於餅乾和比司吉中。

市面上有許多品質優良的人工調味料，不過沒有一種適用於所有製品，有些製品特別會明顯反映出調味料品質的良莠。

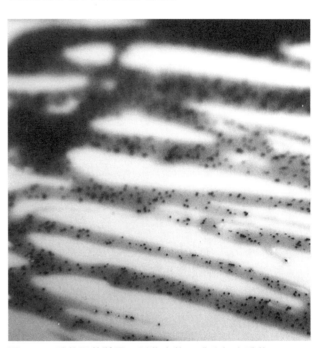

圖17.2　香草豆莢醬是一種化合物，成分包含香草精、糖、香草豆莢中的籽。

什麼是透明香草調味料？

多數人造香草調味料含有焦糖色素，以模仿天然香草精的外觀。假如不額外添加焦糖色素，這種人造香草調味料其實是透明無色的，如果希望製品保持純白，有時會使用透明香草調味料來製作醬料、糖霜與蛋糕。

評估新的調味料

請不要單以價格來評斷調味料的品質，直接從瓶口嗅聞味道也沒什麼幫助，請透過品嘗實際添加該種調味料的製品來評估調味料的優劣。不過如果需要快速篩選，可以用較簡單的製品代替實際要使用該種調味料的製品，比方說，我們可以製作甜煉乳或打發鮮奶油來測試香草調味料的品質。不過要注意的是，人類感知風味的機制相當複雜，因此不要預期會有某種調味料可以適用於所有製品，適合製作卡士達醬的香草調味料如果添加於海綿蛋糕中，口味可能過於平淡。

許多配方對於調味料用量的指示是「適量」，食譜不得不如此，因為不同品牌的同一種調味料口味濃淡可能差異很大，初次使用某份配方時，請測試調味料的合適用量。假如要以香草精為蛋白奶油霜調味，請先稱量出比所需分量稍多的香草精，接著邊品嘗邊加入香草精，最後稱量香草精的剩餘量；一開始稱量的分量減去剩餘量就是實際使用量。記得將用量記在配方上以便日後參照。

實用祕訣

烹調與烘烤的高溫對於調味料中易揮發的前調是一大挑戰。雖然無法完全避免風味在烹調與烘烤過程中散失，但我們可以採取數種措施來盡量保留風味。首先，考慮以人工調味料替換天然調味料，尤其建議選購烘焙專用的人工調味料。以人工的香草調味料來說，選擇含有乙香草醛者，其熱穩定性特別高，另外也可以考慮使用膠囊調味料，原因同上。

避免使用含有酒精的調味料，例如香精和利口酒。因為酒精很容易揮發，揮發過程會帶走寶貴的前調香氣，因此如果擔心風味散失，可嘗試使用含有非酒精溶劑（例如甘油和水）的調味料，或是使用乾燥調味料，例如天然香草粉。

直接將調味料添加於油脂中，比方說把香草精與奶油一同打發，而非添加於液體中。許多調味料都能溶解於脂肪中，混合油脂後較不容易蒸發散失。

烹調時，盡可能延遲添加調味料的時機，比方說等到卡士達醬離火之後再加入香草精。過早加入的香精會揮發掉，但如果添加時機過晚，酒精未能揮發，可能會使醬料嘗起來有酒味。

調味料能將普通的糕點變得獨特，甚至令人留下深刻印象。尋找調味的新想法時，你可以研究異文化的食物，像是中東、南美洲、東南亞與地中海地區，那麼你可能就會發現，柑橘、咖啡、蜂蜜與香料的搭配是西西里地區巧克力的經典風味。

你也可以研讀歷史上的美食風潮與曾經廣受歡迎的風味，那你就會發現，在西班牙人自美洲引入香草之前，玫瑰水等調味料曾經風行歐洲。

廚房中的香料也可以用於烘焙，比方說，少量黑胡椒能為南瓜派增添隱微卻重要的餘味。這個活用黑胡椒的靈感來自十九世紀美國的一本食譜。

不過在探索風味的旅途中，不要偏離熟悉的味道太遠，因為雖然顧客喜歡多變的產品，但他們比較能接受在已知的口味上做變化，完美的經典絕對勝過思考不周的新奇製品。

儲藏與處理

只要買入時品質良好並適當保存，新鮮的草本調味料可存放數天至兩週。要防止新鮮草本調味料枯萎、發黃，可將其綁成一束並插入裝有適量水的杯中，再以保鮮膜輕輕覆蓋葉面。也可以用微濕的紙巾包裹葉片，放入塑膠袋中，保存於冰箱。

乾燥香料等其他多數調味料不太會壞掉，只是風味可能變淡，或是味道、顏色改變，某些粉類香料可能會結塊。雖然香料存放數年仍能維持一定程度的風味，但仍會逐漸降解。濕氣、光線、高溫與空氣中的氧氣都會加速降解的過程，因此香料最好存放於陰涼處。完整的香料能比粉狀香料保存更久，因為完整香料的細胞結構有助於保護風味，防止散失。

一般來說，香草等香精沒有保存期限，不過最好還是存放於乾燥陰涼處。香草豆莢應存放於加蓋的容器中，以免水分流失。香草豆莢存放期間，表面常會生成乾燥的粉狀或針型香草醛結晶，這是自然的現象，不代表香草豆莢壞掉。如果香草豆莢變乾，會難以剖開刮出其中的香草籽，不過請不要丟棄，可以放入香草精中。

管理香料等調味料時，請落實庫存管控。理想上，一次只須購買三至六個月內能用畢的存量，並遵從先進先出的原則。香料通常以真空包裝，排除氧氣，不要預先拆封，需使用時再打開包裝。

美國香料貿易協會提出以下建議措施，有助於將粉狀香料的保存期限延長至六個月至一年。

- 每次使用後盡速緊閉容器。
- 以乾淨用具稱量。
- 儲藏於68℉（20℃）以下的環境，冷藏更佳。
- 遠離潮濕環境，例如清洗區或洗碗機附近。

複習問題

1　請分別舉出由下列植物部位所製成的香料：葉、種子、花苞、根、樹皮。

2　什麼是香精？

3　香草精的製作方式是？

4　薄荷精的製作方式是？

5　香草精和香草豆莢各自有什麼優點？

6　香精的「倍數」是什麼意思？

7　**攪拌麵糊及麵團時**，為什麼香精應與油脂一同打發，而不是添加於液體中？

8　請舉出一種較適合使用利口酒口味的濃縮調味料，而非利口酒本身的製品。

9　香精油最常用於什麼類型的製品？

10　調味化合物是什麼？

11　請列出人造香草調味料的優缺點。

12　下列製品中，何者最適合使用人工香草調味料，而何者適合使用天然香草精或香草豆莢，並請說明原因：香草餅乾、香草冰淇淋、蛋白奶油霜。

13　請說明何謂風味燒灼及預防方式。

14　假如某份配方指示「適量」添加調味料，你該如何操作？

15　請舉出兩種儲藏新鮮草本調味料的方式。

16　請列出六種保存乾燥香料風味的建議方法。

問題討論

1 請說明覆盆子醬（熬煮覆盆子果汁至濃稠）與新鮮覆盆子的風味描述有何異同。

2 你用牛奶取代鮮奶油製作低脂卡士達派，除了製品外觀較白皙以外，派的風味似乎也比較淡薄，香味不持久。請複習風味描述的相關資訊，並提出哪些作法能改善卡士達派的風味，或者舉出什麼口味的低脂搭配醬料，能夠彌補卡士達派風味描述的弱點。

習作與實驗

❶ 習作：香料的感官特性

請在白色小碟或淺杯中分別放入少量結果表格中所列的香料，並標示香料名稱或號碼。請準備糖與水比例為一比二的糖水，然後請在糖水中分別加入2%的香料（烘焙比例），攪拌均勻。也就是說，每100克糖水請加入2克香料（約1茶匙／5毫升）。

評估香料粉的外觀與香氣，並將結果記錄於表格中。品嘗混合糖水的香料，評估其味道與三叉神經作用。品嘗下一種香料前，請先吃一口無鹽蘇打餅並喝水，清潔味蕾。評估整顆乾燥種子香料各個面向的特性。請於結果表的備註欄列出你對於該種香料的任何記憶，或是那種香料令你想起什麼食物（媽媽的蘋果派、你最喜歡的餅乾、烤火腿、義大利香腸等）。

填完之後，請檢查一遍，確認是否已充分描述每一種香料。尤其要注意是否明確區分下列幾組特別容易搞混的香料：肉豆蔻與豆蔻乾皮、眾香子與丁香、大茴香籽與小茴香籽。

表格最後留下兩列空白，可用於評估其他種類香料。

結果表　乾燥香料之感官特性

	香料名稱	外觀	香氣（乾燥香料）	口味（混合糖漿）	備註
1	肉桂				
2	肉豆蔻				
3	荳蔻乾皮				
4	薑				
5	小荳蔻				
6	眾香子				
7	丁香				
8	大茴香籽（Anise Seed）				
9	小茴香籽（Fennel Seed）				
10	藏茴香籽				
11					
12					

　　請利用前頁表格資訊及本書內容回答下列問題。請圈選**粗體字**的選項或填空。

1　香氣最甜的香料是**肉桂／小豆蔻／丁香**。

2　具有三叉神經作用，會使舌頭稍微麻痺的香料是**眾香子／丁香**。

3　請描述薑的三叉神經作用：＿＿＿＿＿＿＿＿＿＿＿＿＿＿＿
　　＿＿＿＿＿＿＿＿＿＿＿＿＿＿＿＿＿＿＿＿＿＿＿＿＿＿＿
　　＿＿＿＿＿＿＿＿＿＿＿＿＿＿＿＿＿＿＿＿＿＿＿＿＿＿＿

4　請任選兩種你認為差別很大的香料。＿＿＿＿＿＿＿＿＿＿＿＿
　　＿＿＿＿＿＿＿＿＿＿＿＿＿＿＿＿＿＿＿＿＿＿＿＿＿＿＿

　　以一句話描述兩者之間的差異。＿＿＿＿＿＿＿＿＿＿＿＿＿＿
　　＿＿＿＿＿＿＿＿＿＿＿＿＿＿＿＿＿＿＿＿＿＿＿＿＿＿＿
　　＿＿＿＿＿＿＿＿＿＿＿＿＿＿＿＿＿＿＿＿＿＿＿＿＿＿＿

5　請任選兩種風味很相近、你認為可以相互取代的香料。

_____

請具體說明兩者之間的相似處及任何差別。

_____

_____

_____

6　有沒有哪種香料是你能夠單憑某種食物的記憶聯想就辨識出來的？如果有的話，請說明哪些
　　食物分別令你想起哪些香料。

_____

_____

_____

❷ 習作：單憑氣味辨識香料

　　請在數個深色廣口小瓶中放入一層香料粉，有些瓶子只放入一種香料，有些放入數種香料混合。瓶口塞入棉球，以免測試者看到香料的外觀，然後在瓶底標示內容物。蓋上瓶蓋，輕輕搖晃瓶身，攪動其中的揮發性分子。打開瓶蓋，嗅聞氣味，測試能否單憑氣味分辨香料種類。重複上述動作直到辨識出所有單一與綜合香料。

❸ 實驗：不同香草調味料對於卡士達醬品質的影響

目標

　　示範香草調味料品牌與種類對於下列項目有何影響

- 香草卡士達醬的外觀
- 香草卡士達醬的風味強度與品質
- 香草卡士達醬的整體滿意度

製作成品

　　以下列材料製成的香草卡士達醬

- 純香草精（馬達加斯加香草，對照組）
- 人造香草調味料
- 香草豆莢（馬達加斯加香草）
- 可自行選擇其他香草調味料產品（例如大溪地香草豆莢、純香草精與人造調味料的混合物、兩倍量的純香草精、兩倍量的香草豆莢、兩倍量的人造香草調味料、其他品牌的純香草精、其他品牌的人造香草調味料等）

材料與設備

- 秤
- 不鏽鋼深平底鍋，容量2夸脫
- 打蛋器
- 錶或鐘
- 電子速讀溫度計
- 耐熱刮刀
- 不鏽鋼盆
- 冰塊水
- 香草卡士達醬（見配方），每種香草調味料需製作16液量盎司（500毫升）香草卡士達醬

配方

香草卡士達醬

分量：2杯（500毫升）

材料	磅	盎司	克	烘焙百分比
全脂牛奶		8	240	50
高脂鮮奶油		8	240	50
一般砂糖		4	115	25
蛋黃（6顆）		4	115	25
香草精或調味料 （1.5茶匙／7.5毫升）		0.25	7	1.5
合計	1	8.25	717	151.5

製作方法（香草精或香草調味料）

1 將牛奶、高脂鮮奶油與糖倒入2夸脫不鏽鋼深平底鍋中，煮至微滾。

2 以打蛋器輕輕打散蛋黃。緩緩將約二分之一杯（125毫升）熱牛奶混合物倒入蛋黃中，調整其溫度。

3 再將蛋黃與牛奶的混合液倒回熱牛奶混合物中。記錄開始烹煮的時間：_____

4 以小火烹煮牛奶及蛋黃混合物，直到濃稠度可在湯匙背面覆蓋薄薄的一層，或溫度達180℉（82℃），過程中持續以耐熱刮刀攪拌。

5 達到目標濃稠度或溫度後，立刻離火，將混合物倒進不鏽鋼盆中。記錄停止烹煮的時間：_____

6 將鋼盆底部放進冰塊水中。

7 加入香草精／香草調味料，持續輕輕攪拌至冷卻。

製作方法（香草豆莢）

1 製作方法1時剖開香草豆莢，刮出香草籽，連同豆莢一起加入牛奶與鮮奶油的混合物中。

2 製作方法5卡士達醬離火之後，取出香草豆莢。

3 省略製作方法7加入香草精／香草調味料的動作。

步驟

1 根據上述配方表準備香草卡士達醬（也可使用其他基本香草卡士達醬配方）。以每一種調味料製作一份卡士達醬。

2 以分鐘為單位，計算總烹煮時間，記錄於結果表中。

3 以冰水浴的方式使製品冷卻至同樣的溫度（約40℉／5℃）。

4 根據香草調味料的價格，計算每種製品的成本，並記錄於結果表中。如果你不清楚價格，可以參考下列資訊：

- 一倍純香草精：1美元／盎司（30克）
- 兩倍純香草精：1.75美元／盎司（30克）
- 人造香草精：0.25美元／盎司（30克）
- 香草豆莢（馬達加斯加香草）：1美元／根

結果

待製品完全冷卻後，評估其感官特性，並將評估結果記錄於下一頁的結果表中。請記得每一

種製品都要與對照組做比較，評估結果表格所列的各項特性。評估風味強度與品質時，請考慮以下幾點：

- 立刻感受到的香草味
- 縈繞的香草中調
- 甜度
- 酒味

請記錄整體滿意度，從高度不滿意到高度滿意，由1至5給分。如有需要可加上備註。

結果表　以各種香草調味料與不同用量製作的香草卡士達醬

香草調味料 種類與用量	總烹煮時間 （分鐘）	外觀	風味強度 與品質	整體滿意度	香草調味料 的成本	備註
純香草精（對照組）						
人造香草調味料						
香草豆莢						

誤差原因

請列出任何可能使你難以做出適當實驗結論的因素，特別是醬料烹煮時間的差異、冷卻時攪拌力道的強弱、冷卻後的終溫。

_____

_____

_____

請列出下次可以採取哪些不同的作法，以縮小或去除誤差。

_____

_____

_____

結論

請圈選**粗體字**的選項或填空。

1   以純香草精（對照組）與香草豆莢製作的卡士達醬在外觀方面的差異**小／中等／大**。其中一個差異是，以香草豆莢製作的卡士達醬顏色比較**淺／深**。其他差異包括：

_____

_____

_____

2   以純香草精（對照組）與香草豆莢製作的卡士達醬，在風味描述與風味強度方面的差異**小／中等／大**。比方說，以香草豆莢製作的卡士達醬風味**較淡／較濃／一樣**。根據上述結果，本次實驗製作卡士達醬所使用的香草豆莢之品質與體積所帶來的風味大約**等於／小於／大於**1/4盎司（7公克）或1.5茶匙（7.5毫升）香草精。假如使用的香草豆莢等級或體積不同，或是使用另一種香草精，結果**仍會／不會**保持一致。

_____

_____

_____

3   人造調味料與純香草精之間的風味品質差異**小／中等／大**。兩者差異如下：

_____

_____

_____

4   香草豆莢與純香草精之間的成本差異**小／中等／大**。我認為以香草豆莢與純香草精製作之成品品質之間的差異，**是／不是**在這項製品中選擇較為昂貴的香草豆莢之充分理由，原因是：

_____

_____

_____

5　人造香草調味料與純香草精之間的成本差異**小／中等／大**。我認為價格之間的差異**是／不是**

　　在這項製品中選擇較為便宜的人造香草調味料之充分理由，原因是 _____

　　_____

　　製作其他類似卡士達醬的製品時，上述結論同樣成立，請列出兩至三種類似卡士達醬的製

　　品：_____

　　_____

　　製作不同於卡士達醬的製品時，上述結論並不成立，請列出兩至三種與卡士達醬差異較大的

　　製品：_____

　　_____

6　不同卡士達醬之間其他明顯差異如下：

　　_____

　　_____

　　_____

18

烘焙兼顧
健康與保健

本章目標

1. 呈現適用於北美人的最新健康飲食指南。

2. 提供能使更多烘焙食品有益健康的通用技巧。

3. 提供能加強烘焙食品對健康益處的特殊技巧。

4. 列出主要的食物過敏原與不耐症，並對之加以描述，以及提供有關替代物的指南。

導論

直到最近，大多數麵包師與糕點師才開始覺得自己是健康事務的一環。過去烘焙食品與糕點被視為罪惡的，它們大多都是由精白麵粉、脂肪與糖，再加上相對較少的調味品和其他食材構成。

不過，回顧歷史，人類第一個吃進肚裡的甜點可是水果。時至今日，許多文化還是會用未經加工的水果來妝點佳餚。當你在思量麵包師與糕點師在促進顧客健康方面所扮演的角色時，請將這件事牢記在心。

現在美國有三分之二的國民被歸為過重或肥胖，而這會對他們的健康造成長遠的影響。有許多疾病，包括心臟病、中風、部分癌症與糖尿病，可以透過飲食來預防或控制。本章將會討論麵包師與糕點師如何在提供美味糕點和烘焙食品的同時，滿足顧客們的健康需求。

為消費者著想的健康烘焙

如果沒有人在飲食上提供消費者更好的選項，消費者自然無法做出更好的選擇。麵包師與糕點師可以在提供一般產品的同時也提供健康產品，從而協助改善這種情況，使消費者能有所選擇。只要可行，就盡量提供免費試吃品吧，讓你的顧客明白：有益健康的食物也能很美味。

如果你的產品在剛開始就被嫌棄、冷落，那就重新評估、做出修正，然後再試一次。沒有必要為此降低你的水準或期待顧客降低他們的標準。健康的烘焙食品在外觀和口味上可能會不太一樣，但如果做得好，它們可以──也應當要──既吸引人又美味。以下是一些以健康為考量的常識性指引。

● 重新檢視現在使用的配方，並確認其中有哪些已經是有益於健康或特別容易往健康方向微調者。舉例來說，香蕉堅果麵包本就已經含有健康的食材了，製作時也可以

輕易地以油替換原先使用的融化奶油或酥油。

● 在更換重要原料前，要確保你了解這項食材在產品中的作用。這有助於預判將這項食材減量或去除的後果，也對尋找合適替代品有所助益。這時也要記得在嫩化劑與增韌劑之間、增濕劑與乾燥劑之間取得平衡的重要性。

● 從調味濃重的產品開始著手，相較於味道平淡者，替換它們的原料會更為容易。舉例來說，比起從普通的甜餅乾裡去除奶油，從巧克力餅乾裡去除奶油會更容易，因為在後者中奶油的氣味相對而言對整體風味較不重要。

● 保持單純。遠離那些需要用到你沒有庫存的昂貴、異國特殊食材的配方。如果你的目標是做出低脂布朗尼，你真的需要一份以龍舌蘭糖漿取代砂糖、以斯佩耳特小麥

取代一般小麥的配方嗎？不過，還是要規畫一下如何對你現有的食材庫存做出些許更動。

- 從逐步調整你的產品開始。舉例來說，如果你的麵包現在由40%的全麥製成，那你能用50%的全麥做出美味的麵包嗎？接下來你還能將比例調得更高嗎？

- 追求全面性的健康烘焙。比如說，如果你是以飽和脂肪含量更高的油脂來替換反式脂肪，那不含反式脂肪的糕點就不一定更有益健康了。不過即便如此，一種產品也未必得滿足每一種需求。舉例來說，一項產品可能不需要同時具備脫脂、去麩質又含糖量低的特性。

- 在重要食材上試著使用不同品牌，因為它們之間可能有驚人的差別。尤其是塑性酥油，品牌之間互不相同、各有差異，豆漿也是如此。通常只有一種方式能知道哪個牌子最適合，那就是多方嘗試。

- 比起思考哪些食材應該被去除，也該轉而思考何種食材可以加入烘焙食品來增進健康。舉例來說，你能在其中加入更多水果、堅果、籽仁、全穀類或香料嗎？這些改變不只會讓產品更健康，也會增加其價值。而且每一種都能增添風味。如果製作得當，大部分的消費者都會願意為此花費更多錢。

- 水果是一種有助於改善營養成分的選擇。如果盤飾甜點中本來就用了一片芒果，有沒有辦法能夠在不對你的藝術原則造成破壞的前提下再加三片或放上更多片呢？

- 注意每一份的尺寸。如果你提供相當美味而價格公道的產品，消費者也就會願意接受較小的尺寸。

- 了解那些真正有益於健康的食材與商業噱頭間的區別。舉例來說，哪些甜味劑真的對我們有益，而哪些只是讓我們在攝取糖分時心裡好過一些？

- 謹記有機食材未必更健康，而且就算這些食材有正面影響，產生的差異通常會呈漸進變化而互不一致。投身於有機食材主要是一種生活方式的選擇——將選擇對環境傷害較少的產品做為生活方式。

- 每當設計新的配方時，都要將原版做出來與之比較。這能確保你處於正軌，並為可能有所欠缺或改變的部分提供線索，有助於你在調整配方時做出有憑有據的決定。

- 如果你以「低脂」、「無糖」、「高纖」等名稱銷售產品，就要向消費者提供營養資訊來證明你的宣稱。這是法律所規定的事項。

- 最後，要去了解真正優質的營養成分有哪些。在為你的顧客製作產品時，可以參照北美的飲食指南。當你改變既存產品、創造新產品時，看看你能在烘焙場合中多常遵照這些指南。這或許沒有你想像中那麼困難。

健康飲食並不只是一場熱潮，不過每當出現飲食影響健康的新資訊時，健康飲食指南就會有所改變。下一節將討論現在最新的健康飲食指南。

　　美國食品暨藥物管理局（FDA）要求餐廳與烘焙業者在宣稱產品含有的營養成分或保健功效時，應提供任何索取的顧客營養成分資訊。舉例來說，這代表當你宣稱一項產品含有高比例纖維時，你必須提供足以證實的營養資訊。在形式上，可以簡要地告知顧客某種高纖產品每份含有6克膳食纖維。如果資訊是以口述提供，還是要保存一份書面備份，以確保你的工作人員能夠恰當地傳達事實。

　　食品的營養含量可以透過營養相關的軟體來確認，但FDA認為食譜中提供的資訊也同樣可信。如果你決定花錢使用營養相關軟體，請注意不同版本的軟體在可信度、資料庫規模、特長和操作難易度等方面可能各有不同。價格則從免費到上千元不等。

健康飲食指南

　　美國政府與加拿大政府為攝取健康飲食頒布了詳盡又務實的指南，將最新的科學與營養學研究，轉寫成簡單易懂的疾病預防飲食建議。比如《美國膳食指南》（Dietary Guidelines for Americans）由美國衛生及公共服務部和農業部共同頒布，每五年發行一版。美國農業部的「飲食金字塔」指南就是以此為基礎，用來推廣全方位的保健以及改善整體健康狀況。同樣地，加拿大衛生部也發行了《加拿大飲食指南》（Canada's Food Guide）。

　　根據這些指南，大多數的北美人都被鼓勵落實以下的作法。

- 盡量選擇富含纖維的水果、蔬菜和全穀類。在食用的穀物製品中，至少要有一半來自全穀類，而每天至少要攝取三份全穀類。以下列出的食物都相當於一份全穀製品：一片全穀麵包、半個全穀貝果、二分之一杯煮熟的糙米。

- 每天攝取多種水果與蔬菜。特別是五大類蔬菜，每一類都應該選到，包括深綠色、橘色的蔬菜，以及豆科（乾豆類）。

- 每天攝取三杯脫脂或低脂鮮奶，又或是等量的乳製品。

- 選擇低脂或無脂的家禽、乾豆類、乳製品和肉類，或是瘦肉。

- 確保脂肪的攝取量只占總卡路里的20%至35%，且大都來自多元不飽和或單元不飽和脂肪酸，如魚類、堅果和植物油。

- 將含有大量飽和脂肪酸與反式脂肪酸的油脂攝取量限制在總卡路里的10%以下，且反式脂肪酸的攝取量越低越好。

- 限制每天攝取的膽固醇低於300毫克*。

*美國2015-2020膳食指南中不再訂定每日膽固醇最高攝取量，不過仍提到應減少食用高膽固醇食物。

糖尿病：一種全國性流行病

美國第二型糖尿病的新增個案比率從1997年至2007年翻了一倍。這反映出了這個國家肥胖人口的增加，而這是兩大致病主要風險因子之一，另一項則是缺乏運動。

第二型糖尿病主要肇因於人體對荷爾蒙中的胰島素使用效率低下，而胰島素是促使糖分從血液中離開、進入細胞的傳訊因子。現在時常在兒童身上診斷出第二型糖尿病，而這在二十年前可是前所未聞。

第一型糖尿病與第二型不同，這是一種自體免疫疾病，會導致身體完全不製造任何胰島素。除了調整飲食與運動之外，第一型糖尿病患者需要施打胰島素以控制血糖值。

- 對添加糖或熱量甜味劑的攝取量加以限制。
- 對添加鹽的攝取量加以限制。同時也要攝取富含鉀的食物，如蔬果。

這些指南符合由美國國家衛生院（NIH）為降低高血壓而設計推廣的「得舒飲食」，同時也符合美國糖尿病協會的建議，這些建議將健康飲食視為降低糖尿病罹患風險最重要而可行的措施之一。以下是其他關於糖尿病的資訊。

糖尿病與烘焙食品

許多人認定糖會導致糖尿病，又確信糖尿病患者應該徹底避免攝取糖類。事實上，食用糖類與罹患糖尿病之間並沒有任何關係，除非對糖的攝取導致飲食不均衡或體重增加。

儘管糖尿病患者確實需要控制自身的血糖值，但他們可以透過飲食和運動來控制。首先，糖尿病患者需要控制碳水化合物的總量，而糖就是一種碳水化合物。

糖尿病患者也必須控制自烘焙品中攝取的碳水化合物，像是麵包和蘇打餅乾中可見的澱粉。藉著關注碳水化合物總量而非只著眼於

> **實用祕訣**
>
> 像提供加大版產品那樣，為你的顧客——不論是否為糖尿病患者——提供迷你版的熱銷餅乾和瑪芬。即便是全穀小圓麵包或高纖瑪芬這樣的健康產品，這依然會是個好主意。
>
> 如果你有使用營養相關軟體的權限，就藉此計算那些較小產品的營養含量（包括碳水化合物總量），然後將這些資訊提供給你的顧客。
>
> 根據美國糖尿病協會（ADA）的說法，對大多數糖尿病患者而言，碳水化合物總量15至30克者較適合做為點心。ADA也提供了下列各種食物碳水化合物的標準總量資訊：
>
> | | |
> |---|---|
> | 白麵包，1片 | 15克 |
> | 布朗尼（2吋正方形） | 15克 |
> | 餅乾2小塊（2/3盎司） | 15克 |
> | 抹上糖霜的蛋糕（2吋正方形） | 30克 |
> | 南瓜派，直徑8吋派的1/8 | 30克 |
> | 水果派，直徑8吋派的1/6 | 45克 |
> | 米布丁，1/2杯 | 45克 |

升糖指數是測量食物升糖反應（即食物提供能量的效率）時最普遍利用的數值。葡萄糖直接被訂為升糖指數（GI值）100，相較之下，蔗糖的GI值為60，果糖為20，全脂牛奶為35，而精白麵粉則為70。

「升糖反應」意指糖分以及其他含糖、含其他碳水化合物的食物，以多快的速率在消化過程中被分解，並提供身體能量。食品中的碳水化合物越快被消化，就能越快提高血糖值，而升糖反應也就越高。蛋白質與脂肪並不會提高血糖值，只有消化後的碳水化合物會如此。儘管膳食纖維由碳水化合物構成，但它在通過人體時會維持未消化的狀態，因此也不會提高血糖值。

升糖指數的有效性在營養學家與醫事人員中存有爭議，即便一般來說都會認為低升糖食物對健康更有益。有些減重餐會將低GI值飲食宣傳成一種降低飢餓感、有助減重並能幫助糖尿病患者控制胰島素濃度的方式。美國2005年飲食指引建議協會、加拿大衛生部與其他掌管北美洲公共衛生的機構在做出建議時，都不以食物升糖反應做為基礎。

糖，糖尿病患者可以更適當地控制自身的血糖。從這個角度來說，他們可以偶一為之地享用一小份甜點，只要當時碳水化合物的攝取總量維持在合理程度。

在為糖尿病患者準備烘焙食品時，要遵守一般的健康飲食指南，但也要特別注意每份餐點的分量。控制餐點分量對每個人來說都很重要，但對糖尿病患者更是至關緊要，他們能藉此在任何時候為碳水化合物的攝取量進行最恰當的規畫。

許多糖尿病患者都透過一種稱為「碳水化合物計數法」的方式監控自己攝取的碳水化合物分量，透過營養標示上的資訊以及列出常見食物碳水化合物平均含量的清單，可以隨時估算自己的碳水化合物攝取量。

除了建議藉由計算碳水化合物來控管糖尿病，美國糖尿病協會（ADA）也支持其他有助於糖尿病患者的技巧。舉例來說，食物中的升糖指數（glycemic index，簡稱GI）會標示出含碳水化合物的不同食物如何提高血糖。低或中GI值的食物則包括多種全穀類、大部分的水果、不含澱粉的蔬菜以及乾豆類，相對白麵包和精糖這種高GI值食物來說，這些中低GI的食物對於提升血糖的影響較小。但ADA強調，如果碳水化合物的總攝取量過高，就算食用的是低、中GI值的食物亦無助益。

健康烘焙的策略

準備健康的烘焙食品可能是項挑戰，這需要能在偏好的配方中，將標準食材替換成更健康的食材時，做出明智判斷的能力。儘管過往的經驗對於在烘焙坊中做出正確判斷有不少助益，但對食材的了解在這個過程中也能起到極大用處。

本書透過各個切入點，最終極的目標就是藉由呈現食材的資訊使你對整個烘焙環境瞭若指掌。接下來的各小節將會應用整本書中提到的資訊來製作更健康的烘焙食品。

增加全穀物的使用

回想之前的內容，全穀類由完整的穀物或植物的果仁構成。無論籽粒是否被敲開、碾碎、剝落成片或磨成粉，要被定義為全穀類，就必須擁有與原始穀物相同比例的麩皮、胚芽和胚乳。

最近的調查顯示，消費者們因為對自身健康保健的認知而開始尋求由全穀物製成的產品。儘管有一部分人能欣賞全穀物的堅果風味，但其他人還是習慣更平淡的精白麵粉風味。顧及這些消費者，一開始可以從精白麵粉與全麥麵粉的混用來著手，同時也能考慮用白麥全麥麵粉取代普通（紅麥）全麥麵粉。

白麥全麥麵粉在顏色上較淺，口味也比紅麥全麥麵粉來得溫和。儘管白麥全麥麵粉的部分植物營養素含量較少，仍是一種在你的產品中增加全穀類的絕佳手段。

從精白麵粉換成全麥麵粉時，多嘗試不同品牌和種類的麵粉特別重要。紅麥和白麥的全麥麵粉都能分別由軟硬兩種小麥製成，此外碾磨廠還可以使用特定品種的小麥，將穀物碾磨成不同程度的細度，並改變處理工序（如脫色）和添加物（抗壞血酸、麥芽大麥粉）。這些都會在重要層面上改變麵粉的烘焙特性。

以下列出幾項在烘焙食品中增添全麥麵粉時可做為參考的概略指南：

- 一般來說，製作麵包和其他酵母發酵製品時會選用由硬質小麥製成的粗粒全麥麵粉。蛋糕、餅乾、派皮、瑪芬和比司吉則選用軟質小麥製成的細質全麥麵粉。

- 從少量增加你所用的全麥麵粉下手。一開始，以普通（紅麥）全麥麵粉取代10%的精白麵粉，或以白麥全麥麵粉取代30%的精白麵粉，只要質地不至於變得太過厚重；在薑餅、胡蘿蔔蛋糕或布朗尼等口味濃厚的製品中還能試著加入更高比例的全麥麵粉。接著，觀察你的烘焙食品是否還能加入更多全麥麵粉。

- 製作酵母發酵麵團時，藉由加入（烘焙百分比）2%至5%的小麥蛋白來提高麵粉中的蛋白質含量，並增強韌度。又或是使用含筋量較高的精白麵粉，以補足因你替換全麥麵粉而缺乏的筋度。

- 若是酵母發酵麵團，要減少攪拌時間以將筋度的弱化減到最低。

- 要增加加入的水量，因為全麥麵粉做為乾燥劑比精白麵粉效果更好。根據過往經驗，每增加10%的全麥麵粉，水量就要增加1%。

- 若是製作全麥派皮，要加一點點（1%的

烘焙百分比）的泡打粉好讓派皮變得較輕盈而軟質。

別忘了除了全麥之外還有其他全穀類。比如說，每當你取用燕麥片時，不論用的是普通、快煮還是鋼切燕麥片，都是在取用全穀類。玉米粉與粗粒玉米粉也都能做為全穀類使用。去找未去胚芽的玉米製品吧，取得後也要確保它們儲藏妥當，因為當中含有大量容易氧化的油脂。

儘管不屬於穀物，亞麻籽對健康的全穀烘焙食品來說也是種熱門的添加物，整粒亞麻籽應在使用前以攪拌機或食品加工機細細碾磨，好使其中營養素的利用率最大化。亞麻籽可少量（10%的烘焙百分比）加入多種麵包和其他烘焙食品而不被察覺。如果要用更多亞麻籽的話，可將配方中的油類用量減少，而水量則通常需要增加，因為碾磨後的亞麻籽含有大量膠質（黏液），使它成為一種絕佳的乾燥劑。

多樣性對消費者來說很重要，對維持健康而言亦然。儘管如此，不要預設異國穀物必然是更健康的選擇。斯佩耳特小麥、卡姆小麥和二粒小麥各有其優點（參見第6章），但它們在營養上並沒有特別優於一般的全穀類。

麵粉的功用

以下列出一些烘焙食品中麵粉功用的摘要：

- 形成結構／做為增韌劑
- 吸收液體／做為乾燥劑
- 增添風味
- 增添色彩
- 增加營養價值

鹽鈉減量

鈉是維持良好健康的必須營養素，但美國人普遍來說都攝取了超出所需量的鈉，大多數從美式飲食攝取的鈉來自加入食物的食鹽（氯化鈉）。

多數的鹽並非由消費者添加進食物。而是來自調理食品，其中包括了糕點和其他烘焙食品。除了鹽之外，其他烘焙坊中常見的鈉來源包括小蘇打（碳酸氫鈉）、泡打粉、人造奶油和花生醬。若水有經過軟水劑處理以降低其中礦物質含量，那麼即便是水也可能是鈉的來源。

鹽在烘焙食品中最主要的功能是增添風味。鹽當然會帶來鹹味，但也會加強其他風味。尤其是在適當加鹽的狀況下，烘焙食品的風味會更有深度，嘗起來較不具麵粉味、較不平淡，且風味之間會更加平衡。鹽也會將金屬味和化學的餘味降到最低。

好消息是，減少些微（10%以上）的鹽量，在多數烘焙食品中對風味的影響都不大。某些製品則可以減量更多，尤其是含有較重調味的食材如辛香料、焦糖、咖啡或烤堅果者。儘管如此，剛開始慢慢來很重要。人們已經習慣鹽的味道，如果鹽量降低得太多、太快，他們就會對這些產品說不。當人們開始集體性降

> **實用祕訣**
>
> 確認烘焙坊中製作或加工的食材所含有的鈉含量。舉個例子，你或許會發現製作好的水果內餡中加入了苯甲酸鈉以避免黴菌生長，或乳酸硬脂酸鈉出現在部分麵團調整劑中，用以強化麵筋。

使用全穀類的益處

全穀類有助於減少心臟病、特定癌症與糖尿病的風險，益於改善腸道健康和控制體重，也能協助控制糖尿病患者的血糖。全穀物能夠帶來這些健康上的益處，有部分是因為其中富含可溶與不可溶的纖維素，也含有必要的脂肪酸、維生素、礦物質與大量植物營養素等在精白麵粉中已經流失的養分。植物營養素是植物性食物中具有促進健康或預防疾病特性的成分，全穀類中能促進健康的植物營養素包含多酚抗氧化劑，這些營養素也會存在於巧克力、水果與堅果中。

低鹽攝取量時，對鹽味的需求也會逐漸降低。

以下有一些關於在烘焙食品中減少鈉含量與增加鉀含量的建議。

- 在選擇使用何種食材前，先考慮其中的鈉含量。比如說，用常見的SAPP（酸性焦磷酸鈉）泡打粉製作的2吋（5公分）大小比司吉會增加190毫克的鈉含量。若換成SAS（硫酸鋁鈉）泡打粉，則其鈉含量可以降至120毫克。使用無鈉泡打粉的話，則能降至零。

- 要在烘焙食品中增加鉀含量，最好的方式就是加入水果，加入蔬菜也行。加入的水果可以是新鮮、冷凍、罐頭或果汁的形

式。那些特別富含鉀的水果包括：杏桃、香蕉、哈密瓜、柳橙、桃子和李子。

- 甘薯在所有水果和蔬菜中可說是鉀的最佳來源之一。試著在派餡、麵包和瑪芬中用甘薯替換南瓜，然後與顧客分享原因。

- 使用牛奶和優格等乳製品成分增加鉀含量，可行的話也請選用低脂乳製品。

- 糖蜜是鉀的重要來源（鈣與鐵亦然），色澤越深，鉀和其他養分的含量就越高。由於其深色與強烈風味，並非所有烘焙食品都能使用糖蜜。對於那些確實可以含糖蜜的烘焙食品（如薑餅），請考慮使用較深色的糖蜜製作。不過，如果用了糖蜜，添

為何應減少鹽、增加鉀的攝取量？

攝取較少的鹽對大多數人來說都是一種降低高血壓風險的重要方式，藉此也可能減少心臟病、中風、鬱血性心衰竭和腎臟受損的風險。富含鉀的餐點則有助於平衡一部分鈉的有害影響，因此對於大部分人來說，藉飲食攝取更多鉀對身體有益。

從數據來看

鈉的攝取量不應超過每日2300毫克（2.3克），且攝取越少越好。這大約就是一茶匙（5毫升）鹽的量。高血壓者、非裔美國人與中老年人應該攝取更少的鈉，低至每日1500毫克。飲食中鉀的建議攝取量則是4700毫克，且攝取越多越好。

鹽除了改善風味，還能對酵母發酵的烘焙食品造成以下影響：

- 控制（減緩）酵母發酵
- 增加麵筋強度，使其更難延展
- 延長攪拌時間（藉由強化麵筋）
- 改善整體大小和內裡結構（藉由強化麵筋）
- 增加褐化（藉由減緩發酵）

幸好，只需少量的鹽即可達成這些功能。這表示在酵母發酵食品中，限制鹽分減量的主要考量還是風味。

加的小蘇打分量就得減少。雖然必須讓一些小蘇打與糖蜜產生反應從而膨發，但過量的小蘇打會使酸鹼值上升並使整體顏色加深。如果不移除這些多餘的小蘇打，烘焙食品的顏色可能會變得太深。雖然糖蜜未必總能切合你想要的風味，但知道糖蜜是所有一般甜味劑中營養成分最優質的一種後味，可能會促使你更有意願地提供糖蜜餅乾與薑餅。

還原糖

對所有北美人（不限於糖尿病者）的飲食建議中都認為糖和熱量甜味劑應受限制。紅糖、蜂蜜、糙米糖漿、龍舌蘭糖漿、楓糖漿、葡萄糖玉米糖漿和糖蜜都被歸在此類，應適量食用。這是因為糖和其他熱量甜味劑雖然能提供卡路里，其中卻只有很少的維生素和礦物質，甚至沒有（儘管糖蜜和其他未精製糖漿確實能提供一些維生素和礦物質）。這會使食用者很難在不超出熱量需求的前提下得到所需的營養，也很容易導致體重增加。

從營養的角度來看，使烘焙食品變甜的最佳選擇還是盡可能在可行時使用水果，可以藉由在烘焙食品和甜點中加入葡萄乾、蜜棗、蘋果醬、香蕉和其他甜味水果來減少糖和甜味劑的添加量。當然，水果也會在其中添入自身的風味，雖然這對蘋果醬蛋糕或香蕉瑪芬來說沒問題，但有時還是需要較中性的口味，這時不妨考慮使用高強度甜味劑或多元醇。

低熱量、高強度甜味劑可以降低烘焙食品中的糖分。但是，如果烘焙食品中只以它們做為甜味劑，就無法好好發揮作用了，因為烘焙食品需要糖達成的不僅止於甜味。此外，高強度甜味劑有甜味延遲的問題，而且對許多人而言，尾韻會有苦味。不過，能換掉的糖量還是因不同烘焙食品而異，有些最多能換掉一半的糖而不會出現太多負面影響。

山梨糖醇、異麥芽酮糖醇和麥芽糖醇等多元醇（糖醇）可以視為中等熱量甜味劑，因為它們的熱量略低於糖。儘管每種甜味劑的卡路里含量都不同，但平均而言，多元醇的卡路里只有普通糖的一半，同時在烘焙食品中也能提供糖類的主要功能以及其他功能，如水分和柔

儘管糖和其他甜味劑在烘焙業中提供了多樣的功能，但最重要的功能還是下面這幾點：

- 增添甜味
- 嫩化
- 保持濕潤與延長保存期限
- 增添褐色與焦糖味

- 有助於膨發
- 做為甜品糖食主體
- 穩定蛋白霜
- 提供酵母發酵的原料養分

軟度。同理，多元醇也能用於甜品糖食中。甘油與山梨糖醇都有吸濕性，糖果甜點業者和糕點師多年來都用它來使甜品糖食變得柔軟而濕潤。要做硬糖的話，多元醇中則可選擇異麥芽酮糖醇。

多元醇是碳水化合物，但是因為不被人體充分吸收、代謝，因此對血糖的作用不會和糖一樣。實際上，對糖尿病患者而言，每克多元醇算是半克碳水化合物。多元醇通常會在甜品糖食與烘焙食品中做為糖的等量替代物。

只用多元醇增甜的產品可以標為「無糖」。然而，大多數多元醇都有通便的作用，大量食用會引起腹瀉。因此，最好是用多元醇來減少烘焙食品中的糖類總量和卡路里，而非以此完全去除糖分。

在健康烘焙食品中運用脂肪

人們確實需要限制攝取的卡路里總量，因此許多烘焙食品中的脂肪含量就成了問題。可頌麵包、酥皮、丹麥麵包和派皮中特別富含脂肪。不過也有許多烘焙食品的脂肪含量比較適中，若再進行一些微調，脂肪含量還可以再進一步降低。

脂肪和油在烘焙食品中有太多重要功能，因此無法完全去除，通常那些能讓人接受的產品都只需要適量的脂肪就能做出來了。最好的方法還是用「優質」油脂製出低脂產品。

那些特別需要減少或去除的脂肪包括飽和脂肪、反式脂肪和膽固醇。膽固醇只存在於動物脂肪中，包括奶油和豬油。烘焙坊很難完全屏除奶油，但還是應該審慎使用，因為它的飽和脂肪含量比烘焙坊使用的其他脂肪都要高。反式脂肪的來源則包含人造奶油、代可可脂巧克力以及酥油。

要減少烘焙食品中的飽和脂肪、反式脂肪和膽固醇，最好的方法是盡可能使用液態植物油。（戚風）蛋糕、瑪芬、粉質派皮、布朗尼和餅乾都已經有些設計成用油製作的配方了，這些烘焙食品因此得以更加健康。舉例來說，用油製成的粉質派皮脂肪含量總是會比酥狀派皮的脂肪含量低，這是因為油在包覆麵粉顆粒與減少麵筋增韌作用方面比固體脂肪更有效。與酥狀派皮不同，粉狀外皮在盛裝多汁的餡料時不會出現不討喜的橡膠感，因此通常會用來當做鮮奶油派的底殼。由於大部分的液態植物油都比酥油、豬油或奶油還健康，因此這是一種輕鬆做出更健康的派皮的簡便方法。

以下是一些運用脂肪製作健康烘焙食品時要考量的其他方針。

- 從固體脂肪換成液態油時，應該要知道除了熱帶油脂，基本上所有油的飽和脂肪含量都很低，但其中還是有些特別低，例如，芥花油在烘焙坊中是一種良好的通用油，飽和脂肪酸含量特別低，還能從許多供應商取得，而且價格合理。因為它的不飽和脂肪酸總量也比許多油更低，所以也延緩了酸敗的異味。儘管第9章的圖9.6親切易懂地將芥花油與其他油脂的脂肪酸成分做出比較，但我們還是要記住，任何油類都能經由育種或基因改造而具有類似芥花油的脂肪酸成分。

- 考慮在製作餅乾、蛋糕、糖霜等產品時將奶油與其他脂肪混合，從而在增添奶油風味的同時具有較少飽和脂肪。有些通用酥油的飽和脂肪含量能低至25%，而奶油的飽和脂肪含量卻將近70%。當用酥油或油替代奶油時，要記住兩者的脂肪含量都高於奶油，因此請相應地調整配方（有關換算的詳細資訊，參見第9章）。

- 儘管製作餅乾可以用所有油類替代奶油或酥油，但可能會因此延展得更開。若要抵消這種效果，就得將部分或全部的麵粉改為低筋或高筋麵粉。

- 為了減少蛋糕中的脂肪含量，請使用高甘油酥油，其中包含高效用的乳化劑，比油脂更能增濕、嫩化與通氣。舉例來說，將通用酥油、奶油或人造奶油換成液態高甘油酥油，就能將典型蛋糕配方內含有的脂肪減少20%至40%。不過也要記得液態酥油無法打發，因此如果使用這種脂肪的話，就得改變製作方法。

- 在烘焙坊中用低脂乳製品原料替代一般的奶油起司、酸奶油、半對半鮮奶油和優格。這些成分會因為添加植物膠而具有乳脂般的口感。可以將它們用於製作低脂起司蛋糕、烤布丁餡和糖霜。

- 用蛋白替代掉食譜中全部或部分的全蛋。因為蛋黃大約有三分之一是脂肪，而每個蛋黃中含有每日建議攝取量（300毫克）三分之二以上的膽固醇，所以去除它們可以顯著地降低烘焙食品中的膽固醇量（如果不提脂肪的話）。如有必要，可以用玉米粉替換掉少量的精白麵粉（約5%或10%）以增添黃色。

- 堅果是健康脂肪的重要來源，也會為烘焙食品增添美好的風味與質地。為了使堅果的風味達到最佳效果，在使用前就要先烘烤過。堅果中的脂肪含量很高（大多數含50%至75%的脂肪），因此磨碎加入麵糊和麵團中，就可以將其他脂肪減量。不過，由於它們脂肪含量高，價格又昂貴，因此不應任意使用。此外，有些消費者可能會對某些堅果過敏，因此請確保使用堅果製成的產品都有明確的標示。

- 核桃富含ALA（α-亞麻酸）這種Omega-3脂肪酸，即健康的脂肪。其他富含ALA這種Omega-3脂肪酸的烘焙原料包括亞麻籽、亞麻籽油和芥花油。雖然亞麻籽油價格昂貴且不易取得，但亞麻籽可能在一些特殊的烘焙食品中有所作用，因為其脂肪酸有一半以上是ALA Omega-3脂肪酸。

脂肪替代物　有時油脂可以逐步減少而無需用到任何其他物質來代替脂肪，這尤其會發生在同時減少雞蛋或其他結構充填劑時。不過在大

多數的狀況中，如果要大量減少脂肪，就得用到脂肪替代物。

因為脂肪在烘焙食品中會起到很多功用，所以單憑任何一種脂肪替代物都很難完成它的作用。比如說，某一種脂肪替代物可能會提供奶油的風味，但不會增加柔軟度，而另一種可能會增加柔軟度與濕度，卻不會增添任何味道。很少替代物（如果有的話）能使其產生層狀結構，而只有一種（蔗糖聚酯）可用於油炸。即便將脂肪替代物加以組合使用，也很難在不經反覆試驗的狀況下完全去除脂肪。

脂肪的功能

正如烘焙坊中所有重要原料，脂肪、油和乳化劑也都具有多種功能。其中，最重要的功能是：

- 嫩化
- 使層狀結構形成
- 有助於膨發
- 增添濕度
- 防止老化
- 增添濃郁而持久的風味

要在製作特定產品並於多種脂肪替代物中決定選用哪些，首先得要確定脂肪在該產品中提供了哪些功能。接著再選擇一個以上可以達到相同功能的脂肪替代物。

表18.1列出了烘焙食品中各種脂肪替代物的功能，但不同的脂肪替代物未必在所有產品中都能發揮同樣有效的作用。再強調一次，這通常都需要反覆試驗。

另外也要注意糖和甜味劑也被列為脂肪替代物。糖和甜味劑能提供兩個脂肪的重要功能：增濕與嫩化。然而，以糖替代脂肪必須謹慎而為，因為健康指南建議的是同時降低脂肪與糖分。下文會更詳細地討論一些常見的脂肪替代物。

- 西梅乾醬。乾燥的西梅（西梅乾）醬適合用於風味濃厚又耐嚼的製品，如偏軟糖口感的布朗尼或糖蜜軟餅乾。與所有乾燥過的水果（包括葡萄乾和蜜棗）一樣，西梅乾自然含有糖、果膠與果肉，這些果肉會在口中產生增濕、嫩化與增添膠粘的咀嚼感。此外，西梅乾中含有大量山梨糖醇，而山梨糖醇是一種能進一步增濕與嫩化的多元醇。

西梅乾醬可以直接買到，也能用食品加工機自行製備，將西梅乾醬與水混合至滑順的狀態。每磅西梅乾加約12盎司的熱水。在烘焙食品中使用時，每磅脂肪可以用8盎司的西梅乾醬來替代（換算一下，將約750克熱水和1公斤西梅乾混合，然後用500克西梅乾醬替代每公斤的脂肪）。這僅能做為一個起點，還是得根據需求進行調整。

- 蘋果醬。未加糖的蘋果醬在瑪芬、速發麵

表18.1　烘焙食品中的脂肪替代物

種類	舉例	替代的脂肪功能
奶油風味	天然與人工的奶油調味品	增添風味
乳化劑	單酸與二酸甘油酯	增加濕度、柔軟度和通氣度，以及延緩老化
特定水果	西梅乾醬、蘋果醬、香蕉泥	增加通氣度（若濕度高則氣體來自於水蒸氣）、濕度、柔軟度，延遲老化
豆泥	黑豆或白腰豆	增加濕度、柔軟度和通氣度（源於水蒸氣），以及延遲老化。
植物膠	果膠、纖維素膠、三仙膠	增加柔軟度、通氣度，以及乳脂般的滑順口感。
不可消化脂質	蔗糖聚酯	輔助熱傳導（油炸）、增加濕度與含油脂般的口感
燕麥製成的食材	燕麥片、燕麥粉	嫩化低濕度製品、延緩老化
澱粉與澱粉副產物	馬鈴薯澱粉、麥芽糊精	嫩化低濕度製品
糖與甜味劑	右旋糖、晶粒砂糖	增加濕度與柔軟度

包、蛋糕和較像蛋糕的布朗尼中替代脂肪時可達到不錯的效果。高水分含量（約占88%）能使這些成品具有良好的通氣性。然而，同樣是因為這麼高的水分含量，才使得蘋果醬不適用於酥脆的餅乾或口感稠密的布朗尼。

由於蘋果醬的風味相對溫和，因此不會像其他果泥一樣影響風味。使用蘋果醬代替脂肪或油時，應從一比一替代開始，然後再根據需求進行調整。通常必須減少配方

> **實用祕訣**
>
> 要使低脂食品具有令人滿意的風味，就得用那些所謂中調與後調濃郁的成分，包括香料、焦糖、烤堅果、可可和楓糖漿。

中的液體來平衡蘋果醬中的水分。最好的作法是減少雞蛋分量，使增韌劑與嫩化劑重新達到平衡。

一定得重新達成平衡才行，因為蘋果醬做為嫩化劑不如脂肪一樣有效，有時甚至還會增加形成的結構，因為它的高水分含量會促使澱粉糊化。

● 豆類。罐裝黑豆常用在布朗尼中做為脂肪替代物。儘管其水分含量不如蘋果醬，但也有70%左右，需要減少配方中的液體，有時則是減少雞蛋量。

包括黑豆在內，豆類都具有令人驚訝的中性風味，而且富含蛋白質、纖維、維生素和礦物質，能增添優質的營養。由於罐裝豆類含鹽，因此應減少或直接忽略配方中添加的任何鹽。

食物過敏

每年都有數百萬的美國人對食物產生過敏反應，而其中又有數千次的過敏反應足以使他們掛急診。

儘管大多數的食物過敏只會引起相對來說較輕微的症狀（表18.2），但嚴重的食物過敏還是會危及生命，這種現象稱為過敏性反應。嚴重的過敏性反應會導致嘴、喉嚨和通向肺部的氣管腫脹，甚而阻礙過敏者呼吸，此外血壓也可能會急劇下降，而這又會導致過敏性休克與死亡。

當食物中的某些蛋白質（過敏原）觸發人體免疫系統產生反應時，就會發生過敏反應，目前尚無治癒食物過敏的方法，因此若是希望不會發生過敏反應，唯一方法就是完全避免該食物。

有一百六十種以上的食物會引起過敏反應。表18.3列出了那些最常引發過敏反應的食品，這八種食物加起來就引發了美國90%的食物過敏案例。一定要注意，在這八種過敏原中，就有六種常用於製作烘焙食品。

加拿大還有另外兩種食物被當做最主要的食物過敏原：芝麻籽與亞硫酸鹽（許多乾果都會添加的食品添加劑）。

不同於美國，加拿大的法律目前並沒有要求製造商要在食品標示上標明過敏原，不過這點應該很快就會有所改變。

實用祕訣

即便是極為微量的堅果和麵粉顆粒都可能對嚴重過敏者造成生命危險。在理想情況下，為過敏者準備食物時應將工作檯面、設備和容器分開使用。如果無法做到這點，請回顧烘焙坊中所有要做的事，並將那些可能導致過敏原在無意間從某產品沾染到另一種產品的事物排除掉，比如烘焙紙重複使用。永遠都要嚴謹地清潔工作區域，以防因疏忽而造成交叉污染，以及食物過敏原在製品間相互轉移的情況發生。

表18.2 對食物起過敏反應的常見症狀

皮膚上起紅疹
嘴巴周遭變得紅腫
肚子絞痛、腹瀉、噁心、嘔吐
流鼻水、眼睛發癢泛淚、打噴嚏
虛弱無力甚至暈厥

表18.3 八種食物過敏原的主要來源

過敏原	舉例
小麥	所有麵粉，包含粗粒杜蘭小麥粉、斯佩耳特小麥、卡姆小麥、黑小麥、一粒小麥與二粒小麥
黃豆	黃豆粉、豆腐、大豆卵磷脂等，但大豆油不算
牛奶	所有牛奶與乳製品，包含鮮奶油、優格、起司、乳清蛋白、固態乳清和奶油
蛋	包含蛋的所有部分
花生	包含花生醬
木本堅果	杏仁、腰果、榛子、澳洲胡桃、胡桃、松子、開心果和核桃
魚類	鮭魚、鱈魚、黑線鱈、吳郭魚
甲殼類	蝦、龍蝦和螃蟹

無小麥與無麩質產品

小麥過敏和乳糜瀉之間有一點差異。當人體的免疫系統對一種以上小麥蛋白質的存在產生反應時，就會發生小麥過敏，這可能會導致重度過敏與死亡。乳糜瀉則是一種對麩質的遺傳性不耐症，會導致腸道發炎。在過去幾年中，由於人們對乳糜瀉有了更多認識，也有更多人被診斷出患有乳糜瀉，因此消費者開始要求生產者提供更多的無麩質產品讓人選購。

由於所有無麩質產品都不含小麥，因此在以下提到的皆為無麩質產品，同時也理解到這些產品就包含了無小麥產品。

製作無麩質的烘焙食品可能是項挑戰，但並非不可能。有些傳統的烘焙食品本就不含麩質。舉例來說，無麵粉蛋糕是用花生磨成的粉做為增積劑製成，而非麵粉；有些海綿蛋糕也不含麵粉，而是以馬鈴薯或稻米澱粉製成。

無麩質產品通常以稻米、馬鈴薯和樹薯澱粉來代替麵粉。通常也會添加黃豆粉或鷹嘴豆粉，以增加蛋白質含量。通常會添加1％至3％的三仙膠或其他植物膠，因為它們能夠留住空氣。正是這種留住空氣的能力使得無麩質的蛋糕、瑪芬和麵包能夠適當地膨脹，也能具有膨鬆、輕盈的內裡組織。三仙膠還改善了無麩質麵團的黏結性與柔韌性，使其可以被擀平與進行其他處理而不會開裂（圖18.1）。經過一些實驗後，就有可能開發出適合乳糜瀉患者的產品。

由於無麩質的烘焙預拌粉中含有大量會吸水的植物膠與澱粉，因此請確保加入的水足夠讓植物膠水合、澱粉糊化。如果水加得太少，烤出來的成品就會質地粗糙、略帶砂質，因為有澱粉顆粒未完全糊化，玉米澱粉尤其會如此。發生這種情況時，可行的話就加入更多水、烘烤更長的時間，或選用別種在較低溫度時就會糊化的澱粉（例如稻米澱粉）來換掉玉米澱粉。無需加熱即可糊化的速溶澱粉和預煮過的粗粒玉米粉在無麩質蛋糕與麵包中特別有用，這些蛋糕和麵包都需要糊化澱粉的柔軟結構才能形成適當的質地。

無乳產品

牛奶是嬰幼兒最常見的食物過敏源之一。儘管大多數的人都不會對牛奶過敏，但並非所有人都如此。越來越多的人患有乳糖不耐症，這是一種食物敏感症，病發於胃腸道，因無法消化牛奶中的乳糖而引起。與牛奶過敏不同，乳糖不耐症是一種與免疫系統無關的敏感症，症狀包括腹痛、腹脹、腹瀉和胃腸氣積。由於這些也可能是牛奶過敏的症狀，因此兩者之間看似幾乎沒有差別。然而，牛奶過敏較乳糖不

圖18.1 較靠前者：無添加三仙膠的無麩質派皮麵團崩解了。較靠後者：添加三仙膠的無麩質麵團可黏合在一起，也能被擀平。

乳糜瀉

　　乳糜瀉是由於食用麩質（更具體來說是麩質中的穀膠蛋白）而引起的腸道疾病。當患有乳糜瀉的人食用麩質時，即使是極少量的麩質，他們的身體也會產生反應，對小腸造成損傷。小腸是將營養成分吸收進人體的器官，如果沒有適當地吸收營養，患乳糜瀉（也稱做麵筋不耐症）的人會營養不良，可能會出現一連串與腸道不適或營養不良有關的症狀。

　　由於患有乳糜瀉的人無法耐受任何分量的麩質，因此他們終其一生都必須遵守嚴格的無麩質飲食。這意味著他們無法食用任何含有小麥的產品，也不能吃進任何裸麥或大麥，而燕麥可能對許多患者來說也是個問題。患有乳糜瀉的人通常也無法耐受乳糖。

　　乳糜瀉是遺傳性疾病，會一代一代遺傳下去。由於它是歐洲最常見的遺傳病（舉例來說，每250名義大利人中就有一人受此影響），因此很可能也有許多美國人患有乳糜瀉。

　　雖然在這個國家中還有許多乳糜瀉患者未得到明確診斷，但這其實可以藉由血液檢查或小腸活體組織切片來診斷。

耐症更嚴重，因此牛奶過敏者必須完全避免食用牛奶製品，而那些乳糖不耐症的人通常能夠耐受少量或中量的牛奶。

　　牛奶成分在糕點和烘焙食品中具有許多功能，不過幸運的是，這些功能起到的效果通常都很小。這表示牛奶與雞蛋、脂肪或麵粉不同，相對來說，它較容易從多種烘焙食品中去除，通常只需要用水代替牛奶即可。不過，對某些產品來說，牛奶對於平衡風味還是十分重要，少了它，烘焙食品就會變得淡而無味。

　　以下是一些關於製作無乳產品與做給乳糖不耐症患者產品的建議。

- 仔細檢視配方。你說不定會發現自己已經生產過許多無乳產品。舉例來說，有很多布朗尼、餅乾、舒芙蕾、派、海綿蛋糕、磅蛋糕和麵包中本來就不含牛奶了。

- 使用人造奶油替換奶油，但請先確認它的標籤。有些人造奶油含有牛奶或乳清成分，牛奶過敏的人無法耐受這些，不過那些僅是無法消化乳糖的人就可能可以。

- 部分黑巧克力與所有牛奶巧克力、白巧克力都含有乳製品成分。一定要記住，即使是極少量的乳蛋白都可能危及牛奶過敏者的生命。

- 大部分的蛋糕、瑪芬、比司吉和司康都含有牛奶，但也可以以水製成。不過，牛奶會將風味調和，減弱烘焙食品帶有的生麵粉味，因此在食用風味平淡的成品時，就會惦念牛奶的缺席了。

- 對於牛奶過敏的人來說，克非爾、優格、酪乳和其他發酵乳製品都無法耐受，但有許多乳糖不耐症患者可以。這是因為乳酸菌會將乳糖轉化為乳酸。實際轉化量會隨發酵程度的不同而變，但克非爾通常含有最少乳糖，有時其乳糖含量只有牛奶的一半。

- 由於腰果的味道較淡、色澤較淺，有時會將腰果浸在水中後混合成滑順的奶油狀，

絹豆腐是什麼？

豆腐是黃豆凝乳的別稱。製作豆腐的傳統方法是使用鈣鹽或鎂鹽（鹽滷）使豆漿凝結，形成類似起司的凝乳。接著重壓凝乳，擠出多餘的液體，就像在製作起司時將凝乳與液態乳清分離一樣，擠出的液體越多，豆腐的硬度就越高。豆腐在加熱時會維持其形狀，其清淡的風味會將任何烹煮它的液體所帶有的風味加以吸收。

如果說一般豆腐的產製與起司相似，那麼絹豆腐（也稱做日本豆腐）在某種程度上就類似於酸奶油的製作方式。絹豆腐的製作過程從用更少的水製成豆漿開始，加熱至巴氏殺菌的程度，然後再冷卻。在其中加入一種溶解緩慢的酸（葡萄糖酸內酯〔glucono delta-lactone，簡稱GDL〕），將豆漿裝盒，然後將密封的容器置於熱水浴中放置約一小時。以這種方式加熱時，GDL會釋出酸，該酸會使大豆蛋白凝結，形成均質的凝膠，將液體留在內部。由於沒有液體被擠出來，因此絹豆腐的表面光滑柔順。絹豆腐能做成不同的稠度，從軟到特別堅實皆有。

當放入攪拌機時，絹豆腐會形成一團濃稠、奶油狀的均勻物，而一般的豆腐則會碎成小塊。在烘焙坊中，絹豆腐就是能用來替代鮮奶油和其他乳製品的豆腐。

用來代替冷凍甜點中使用的鮮奶油和起司蛋糕中的起司。

如有需求，可以用牛奶替代物換掉牛奶和其他乳製品成分。最常見的牛奶替代物是豆漿，其他牛奶替代物還包括米乳、杏仁奶和腰果奶。這些乳狀物都是將稻米、杏仁或腰果浸泡在熱水中，加以混合後濾出固體而製成。

牛奶的功能

以下是一些牛奶在烘焙食品中的功能簡述：

● 增添外皮顏色
● 強化外皮柔軟度
● 減緩老化
● 改善風味
● 增加營養價值

豆漿製牛奶替代物　豆漿通常是將黃豆在熱水中煮到發白後研磨，再過濾掉固體物質而製成。整個過程其實有許多複雜的步驟，最後做出來的結果會隨著品牌不同而在外觀、風味和口感上有不小的差異。大部分的品牌都包含調味劑和甜味劑，以掩蓋豆漿的「豆」味，也會用鹿角菜膠或其他植物膠來稠化。因為豆漿是個十分常見的牛奶替代物，所以經常會加入鈣、維生素D和維生素B來進行營養強化，以仿照全脂牛奶的營養組成。

儘管豆漿和其他牛奶替代物在烘焙食品中的功能未必比水更好，但豆漿因為具有高品質蛋白質，因此特別在營養成分上與一般牛奶最為相似。這或許就是用它而非水來換掉牛奶的充分理由。不過，豆漿也會增添自身的風味，而且它本身也是一種食物過敏原。

豆漿與卵蛋白的相互作用不如普通牛奶強烈，因此製作以卡士達醬為基底的甜點時會需

要更長的烹煮或烘烤時間。此外，某些含鹿角菜膠的即溶布丁粉，如果用黃豆或其他代乳品製作，就不會稠化或膠凝。鹿角菜膠是一種從海藻中萃取出的植物膠，在乳蛋白存在時其稠化與膠凝的效果最佳。

比起較稀的豆漿，豆漿奶精或絹豆腐更適合用來製作許多種卡士達醬與鮮奶油甜點。絹豆腐具有類似卡士達醬的質地，因此有時會被用來替換蛋與牛奶，是製作布丁、鮮奶油和以卡士達醬為基底的產品（包括南瓜派、巧克力鮮奶油派、起司蛋糕、焦糖布丁）和香草卡士達醬時的首選。還是要謹記：黃豆製品都經過高度加工，因此會隨品牌不同而有不小的差異。試著使用不同的品牌，好確定哪一牌最適合你。

無蛋產品

雞蛋在許多烘焙食品中都很重要，但還是有某些食品比其他食品更需要蛋。就像要替換任何重要成分一樣，在選擇雞蛋替代物前，要先確認雞蛋在烘焙食品中的功能。如果它們主要做為結構充填劑，那通常可以將其替換為另一種充填劑，如澱粉。通常來說，當從配方裡去除雞蛋時，也必須將脂肪減量，以使嫩化劑與增韌劑重新達成平衡。如果該製品需要雞蛋協助充氣，那可能要添加更多的水分與可以將不斷膨脹的蒸氣留住的成分。

以下是一些去除烘焙食品雞蛋的建議。

- 從雞蛋本來就已經很少量的配方開始著手。需要的雞蛋越少，移除它們就越容易，比如說，餅乾和瑪芬通常會相對容易在沒有雞蛋的情況下重新調配。事實上，

某些餅乾如厚酥餅就不含雞蛋，本來就含很少雞蛋的蛋糕和麵包也是轉變的好選擇。另一方面，就別碰海綿蛋糕、天使蛋糕和泡芙餡了。

- 對於餅乾、瑪芬和蛋糕，首先嘗試用水、牛奶或水加奶粉來替代雞蛋。通常只要這些就行了，儘管雞蛋中的水含量約為75%，但你替換時所需的水量會比雞蛋中的水量少，因為卵蛋白可以起到乾燥劑和結構充填劑的作用。

- 果泥和豆泥可做為雞蛋的代用物，因為它們的水分含量高，也有助於膨發。這些果泥本就含有植物膠和漿狀物質，因此也能稠化，有助於留住空氣。

- 燕麥餅乾特別容易用水代替雞蛋製成，因為潤濕的燕麥片在烘烤時，成分之間會互相結合。與其用傳統燕麥片或鋼切燕麥片，不如用即食燕麥片來做，使用比替換的雞蛋更少的水量，否則餅乾經過烘烤後會變得太軟質。即食燕麥的較小切片能使此形式的燕麥片快速稠化與相互結合。

- 對於用水或牛奶代替雞蛋的烘焙食品，如果其原先的顏色濃厚、呈黃色，可以將精

表18.4　烘焙食品中的雞蛋替代物

雞蛋替代物	取代的雞蛋功能
僅加水	加濕／與其中的乾燥劑水合、提供膨發時的水蒸氣
水加奶粉	加濕／與其中的乾燥劑水合、提供膨發時的水蒸氣、增加營養成分、改善風味與促進褐變
澱粉，如馬鈴薯、稻米、樹薯、預煮玉米粉 麵粉或穀粒，如低筋麵粉、燕麥片 以澱粉製成的雞蛋替代粉，加上植物膠	形成結構、使麵糊與麵糰相互結合、稠化以留住氣體來膨發
黃色玉米粉	在烘焙食品中增添蛋的黃色、形成結構
絹豆腐	加濕、增稠、提供膨發時的水蒸氣、增加營養成分、增添乳化劑（卵磷脂），也能做為牛奶替代物
亞麻籽（研磨後與水攪打）	加濕、提供膨發時的水蒸氣、增加營養成分、使麵糊與麵團相互結合、稠化以留住氣體來膨發
水果（香蕉、蘋果醬）與豆泥（黑豆或白腰豆）	加濕、提供膨發時的水蒸氣、增加營養成分、使麵糊與麵糰相互結合，也能做為脂肪的部分替代物

白麵粉的10%至20%換成細磨的黃色玉米粉。如果可行，請用速溶（預煮）玉米粉來解除油膩感，或者是將配方中的液體加熱至沸騰後拌入玉米粉，放置冷卻之後再使用。

- 用絹豆腐（而非一般豆腐）製作不含雞蛋的鮮奶油和卡士達（包含卡士達醬、鮮奶油派的內餡、麵包布丁，米布丁和起司蛋糕）。將其置於攪拌機或食品加工機中攪拌，以達到滑順的同質性。絹豆腐可以同時替代雞蛋與牛奶，且與其他黃豆製品一樣，都適合用於製作口味濃烈的產品，如巧克力、咖啡、焦糖與香料。

- 提供顧客義式奶酪，以此代替卡士達與布丁。義式奶酪是一種以牛奶為基底的甜點，用明膠而非雞蛋製成。洋菜也可以用來製作牛奶為基底的凝膠甜點。

- 磨碎的亞麻籽有時會被用做餅乾、蛋糕和其他烘焙食品中的雞蛋替代物。當與水（一份的亞麻籽加四份的水，以重量計）高速攪拌時，亞麻籽中的膠質黏漿會使該混合物稠化，也能使麵糊和麵團稠化。亞麻籽的味道略帶堅果味，但是在少量使用時幾乎不會被注意到。

雞蛋的功能

以下是一些雞蛋在烘焙食品中的功能簡述：

- 形成結構／做為增韌劑
- 藉充氣與增添水分促進膨發
- 將原料乳化並加以結合
- 增添風味
- 增添色彩
- 增加營養價值

複習問題

1　北美人食用全穀類的準則為何？

2　增加全穀類的攝取對健康有什麼好處？

3　北美人食用鈉和鉀的準則為何？

4　列出三個做為鈉大宗來源的烘焙原料。

5　列出三個做為鉀大宗來源的烘焙原料。

6　北美人食用脂肪、油與膽固醇的準則為何？

7　哪些常用的烘焙原料含較多飽和脂肪？又有哪些含膽固醇？

8　北美人食用糖的準則為何？

9　食物過敏原的主要來源是哪八種？

10　除了普通小麥，其他哪些穀物也要標示為小麥過敏原（因為屬於小麥的不同品種）？

11　小麥過敏和乳糜瀉／麩質不耐症之間有什麼差別？

12　除了小麥，還有哪些穀物含麩質，不適合乳糜瀉患者？

13　牛奶過敏和乳糖不耐症之間有什麼差別？

習作與實驗

❶ 實驗：不同的全麥麵粉與無麩質預拌粉，如何影響瑪芬的整體品質

目標

演示麵粉種類對下列項目有何影響

- 瑪芬外皮的酥脆度與梅納褐變反應程度
- 內裡組織的顏色與結構
- 瑪芬的濕度、柔軟度與高度
- 瑪芬的整體風味
- 瑪芬的整體接受度

製作成品

以下列材料製成的瑪芬

- 中低筋麵粉（對照組）
- 全麥麵粉（硬質小麥）
- 全麥中低筋麵粉（軟質小麥）
- 白麥全麥麵粉（軟質小麥）
- 無麩質烘焙預拌粉（參見配方，或直接購買預拌粉）
- 可自行選擇其他麵粉（以70/30的比例混合中低筋麵粉與全麥麵粉、以50/50的比例混合中低筋麵粉與全麥麵粉、以30/70的比例混合中低筋麵粉與全麥麵粉。）

材料與設備

- 秤
- 篩網
- 烘焙紙
- 瑪芬模（直徑2.5／3.5吋或65／90公釐）
- 烤模噴油或烤盤油
- 5夸脫（約5公升）鋼盆攪拌機
- 打蛋器
- 槳狀攪拌器
- 基礎瑪芬麵糊（參見配方），分量足以為各變因製作24個以上的瑪芬
- 16號（2液量盎司／60毫升）冰淇淋勺或同等容量量匙
- 半盤烤盤（非必要）
- 烤箱溫度計
- 竹籤（測試用）
- 鋸齒刀
- 尺

配方

無麩質烘焙預拌粉

分量：足夠製作一批基礎瑪芬麵糊

材料	磅	盎司	克	烘焙百分比
米穀粉（白米）		13.2	375	67
馬鈴薯澱粉		4.5	125	23
樹薯澱粉		2	60	10
三仙膠		0.3	10	1.8
合計	1	4	570	101.8

製作方法

1　將原料混合並過篩三次。

2　放到一旁直到準備好使用。

配方

基礎瑪芬麵糊

分量：24個瑪芬（會剩一點麵糊）

材料	磅	盎司	克	烘焙百分比
麵粉	1	4	570	100
糖（一般砂糖）		8	225	40
鹽（1茶匙／5毫升）		0.2	6	1
泡打粉		1.2	35	6
油（植物油）		7	200	35
蛋（全蛋）		6	170	30
牛奶（全脂）	1		455	80
合計	3	10.4	1,661	292

製作方法

1　將烤箱預熱至400℉（200℃）。

2 在瑪芬模上墊紙襯、以烤盤油噴霧輕輕噴塗，或是塗上薄薄一層烤盤塗膜。

3 將乾原料一同過篩放進攪拌缸。注意：若有些顆粒（如麩皮顆粒）無法通過篩網，請將其重新拌入混合物。

4 輕輕攪拌雞蛋，摻入牛奶與油。

5 將液體倒進乾原料，以槳狀攪拌器加以攪拌，直到麵粉沾濕為止。麵糊裡看起來有些結塊。

6 使用16號勺（或任何能將杯子填滿1/2到3/4的勺子）將麵糊舀入準備好的瑪芬烤盤中，每一份約重2盎司（57克）。

7 如果需要的話，將瑪芬模放在半盤烤盤上。

步驟

1 以基礎瑪芬麵糊配方或任何基礎瑪芬配方製作瑪芬麵糊，為每種變因都各準備一份。

2 在各個瑪芬烤盤或烤箱上標示該盤的瑪芬麵糊使用的麵粉種類。

3 將烤箱溫度計放置於烤箱中央，記錄烤箱初溫。初溫：＿＿＿＿＿＿。

4 將烤箱正確地預熱後，將裝滿的瑪芬烤盤放入烤箱，並設定計時器為20至22分鐘。

5 持續烘烤，直到對照組（中低筋麵粉製成）在輕按中心頂部時會回彈，且竹籤插入瑪芬中心再拔出後呈乾淨狀，即可取出。對照組此時應該呈淺褐色。即使其中有一些瑪芬顏色還很淺或沒有正確地膨脹起來，這些瑪芬還是要在經過相同時長的烘烤後取出。不過如有必要，可以針對烤箱差異調整烘烤時間。

6 將時間記錄於結果表二。

7 記錄烤箱終溫，終溫：＿＿＿＿＿＿。

8 將瑪芬移出熱烤盤，冷卻至室溫。

結果

1 當瑪芬完全冷卻時，請按下述方式評估其高度：

● 在每一批中都取三個瑪芬對切，注意不要在切的時候擠壓到。

● 將尺沿著平面那邊的中心處擺放，測量每個瑪芬的高度。以1/16吋（1公釐）為單位分別記錄三個瑪芬的測量結果，並記錄在結果表一。

● 將每批瑪芬的高度相加再除以三，算出每一批的平均高度。記錄在結果表一。

● 評估瑪芬的形狀（均勻的圓頂、尖峰狀、中心凹陷等等），並記錄在結果表一。

結果表一　不同麵粉做出的瑪芬尺寸與形狀評估

麵粉種類	烘焙時間（分鐘）	三個瑪芬個別的高度	平均高度	瑪芬的形狀	備註
中低筋麵粉（對照組）					
全麥麵粉					
全麥中低筋麵粉					
白麥全麥麵粉					
無麩質烘焙預拌粉					

2　對完全冷卻的成品在感官上的特性進行評估，並在結果表二中記錄評估結果。請確保將每種變因與對照組交替進行比較，並參考下列因素進行評估：

- 外皮顏色，從極淺到極深分為1到5級
- 內裡外觀（氣室小／大、氣室分布均勻／不規則、孔洞等），也請評估顏色
- 內裡質地（韌性／嫩性、濕潤／乾燥、易碎、粗糙砂質、膠黏狀、海綿狀等）
- 風味（穀物味、麵粉味、鹹味、甜味、苦味等等）
- 整體滿意與否，從高度不滿意到高度滿意，由1至5給分
- 如有需要可加上備註

結果表二　以不同麵粉做成的瑪芬所具有的感官特性

麵粉種類	外皮顏色	內裡的樣子與質地	風味	整體滿意度	備註
中低筋麵粉（對照組）					
全麥麵粉					
全麥中低筋麵粉					
白麥全麥麵粉					
無麩質烘焙預拌粉					

誤差原因

　　請列出任何可能使你難以做出適當實驗結論的因素，尤其要去考量麵糊的攪拌與處理方式是否有所不同、分配等重麵糊到瑪芬烤盤時遇到的困難，以及關於烤箱的任何問題。

_____

_____

_____

　　請列出下次可以採取哪些不同的作法，以縮小或去除誤差。

_____

_____

_____

結論

1　用普通全麥麵粉製成的瑪芬比用中低筋麵粉製成的瑪芬還要**矮／高／高度相同**。兩者的高度差**很小／中等／很大**。

2　用普通全麥麵粉製成的瑪芬和用中低筋麵粉製成的瑪芬之間的質地差異**很小/中等/很大**。兩者差異可以描述如下：

_____

_____

_____

3　將全麥中低筋麵粉製成的瑪芬與普通全麥麵粉製成的瑪芬進行比較。兩者在外觀、風味與質地上的主要差異為何？

_____

_____

　　這些差異**很小／中等／很大**。你會如何解釋這些結果？

_____

_____

_____

4 請將無麩質烘焙預拌粉製成的瑪芬與用中低筋麵粉製成的瑪芬（對照組）進行比較。兩者在外觀、風味與質地上的主要差異為何？

_____

_____

_____

這些差異**很小／中等／很大**。你會如何解釋這些結果？

_____

_____

_____

5 整體而言，你認為哪幾種瑪芬不可接受，為什麼？

_____

_____

_____

下次你可以採取什麼樣的不同措施，來讓這些瑪芬更能讓人接受？

_____

_____

_____

6 你還有注意到瑪芬之間的其他差異嗎？或者對實驗本身有沒有其他意見呢？

_____

_____

❷ 實驗：布朗尼中的脂肪替代物

改動標準配方通常是個反覆試驗的過程。通常最好的方法就是逐步進行調整，一次只改一種成分，且在決定下一步要怎麼做之前先評估每一種成品。

本實驗差不多就是製作低脂布朗尼時修改配方的過程。首先，將布朗尼中的所有油脂都以黑豆替代，接著逐步調整以做出品質接近全脂產品的低脂布朗尼。你可以從中了解黑豆如何做為脂肪替代物，以及使用黑豆替換脂肪時，如何將不符期望的變化加以抵銷。

目標

1　演示逐步修改配方的過程

2　演示脂肪替代物對下列項目有何影響

- 布朗尼的外觀
- 布朗尼的濕度、柔軟度與高度
- 布朗尼的風味
- 布朗尼的整體滿意度

製作成品

以下列材料製成的布朗尼

- 油（對照組）
- 黑豆泥
- 黑豆泥搭配一半蛋液量
- 一半油、一半黑豆泥搭配一半蛋液量
- 可自行選擇其他材料（未加糖的蘋果醬、未加糖的蘋果醬搭配蛋液量減半，一半油／一半蘋果醬搭配一半蛋液量）

材料與設備

- 秤
- 半盤烤盤
- 烘焙紙、矽膠墊、烤模噴油或烤盤油
- 5夸脫（約5公升）鋼盆攪拌機
- 槳狀攪拌器
- 篩網
- 食品加工機
- 布朗尼（請見配方），分量要足以將每個變因都做出半盤烤盤的大小
- 刮刀
- 烤箱溫度計
- 竹籤（測試用）
- 鋸齒刀
- 尺

配方

布朗尼

分量：一個半盤烤盤大小

材料	磅	盎司	克	烘焙百分比
油（芥花油）		12	340	150
糖（一般砂糖）	1	9	700	311
香草精		0.5	15	6.5
蛋（全蛋）		12	340	150
麵粉（中低筋）		8	225	100
可可粉（荷式可可）		4.5	125	56
泡打粉		0.25	7	3
鹽		0.25	7	4.5
合計	3	14.6	1,762	781

製作方法（製作對照組）

1 將烤箱預熱至350℉（175℃）。

2 在半盤烤盤上墊烘焙紙或矽膠墊，以烤盤油噴霧輕輕噴塗，或是塗上薄薄一層烤盤塗膜。

3 使用槳狀攪拌器，以低速拌合攪拌缸中的油與糖1分鐘。

4 加入香草精與蛋。以低速攪拌30秒。

5 將麵粉、可可粉、泡打粉與鹽一起過篩三次。

6 將乾原料加到濕原料，以低速攪拌40秒，或攪拌到相互混合為止。

7 在每個準備好的烤盤中均勻鋪展3磅8盎司（1550克）的麵糊。

製作方法（製作不同分量的黑豆泥與蛋液所製成的布朗尼）

按照對照組的製作方法進行，但要進行下列的改動：

1 在濾網中沖洗、瀝乾3個16盎司（454克）的罐裝黑豆。

2 用食品加工機將豆泥攪拌成滑順而均質的狀態。

3 對於以黑豆泥製成的布朗尼，請在步驟3中用12盎司（340克）的黑豆泥來替代所有的油。

4 對於以黑豆泥搭配一半蛋液量所製成的布朗尼，也要在步驟3中用12盎司（340克）

的黑豆泥來替代所有的油,並在步驟4中將雞蛋的量從12盎司(340克)減少成6盎司(170克)。

5　對於以一半油、一半黑豆泥搭配一半蛋液量製成的布朗尼,請在步驟3中使用6盎司(170克)的油與6盎司(170克)的黑豆泥,並在步驟4中使用6盎司(170克)的雞蛋。

步驟

1　以上述的配方或任何基礎布朗尼配方製備布朗尼。為每個變因各製備一份布朗尼。

2　在各個烤盤或烤箱上標示布朗尼所使用的脂肪替代物。

3　將烤箱溫度計放置於烤箱中央,記錄烤箱初溫。初溫:＿＿＿＿＿＿＿＿。

4　在烤箱適當預熱後,將裝滿的烤盤放入烤箱,並設定計時器為30至35分鐘。

5　烘烤至布朗尼變得堅實且竹籤插入再拔出後呈乾淨狀,即可取出。

6　在下面的結果表中記錄烘烤時間。

7　記錄烤箱終溫,終溫:＿＿＿＿＿＿＿＿。

8　將布朗尼移出熱烤盤,冷卻至室溫。

結果

1　當布朗尼完全冷卻時,請按下述方式評估其高度:

● 每一批都進行對切,注意不要在切的時候擠壓到。

● 將尺沿著平面那邊的烤盤中心處擺放,測量每個布朗尼的高度。以1/16吋(1公釐)為單位記錄測量結果,將結果記錄在結果表中。

2　對完全冷卻的成品進行感官特性評估,並在結果表中記錄評估結果。請確保將每種變因與對照組交替進行比較,並參考下列因素進行評估:

● 外皮顏色與外觀(顏色深／淺、有光澤／黯淡、滑順／粗糙／有小型突起)

● 內裡外觀(顏色深／淺、膨鬆／緊密、偏像蛋糕／呈膠黏狀等等)

● 質地(韌性／嫩性、濕潤／乾燥、膠黏狀、海綿狀等)

● 風味(甜、鹹、苦、巧克力、香草,或是其他風味等等)

● 整體滿意與否,從高度不滿意到高度滿意,由1至5給分。

● 如有需要可加上備註。

結果表　對用不同脂肪替代物製成的布朗尼進行評估

變因	烘焙時間（分鐘）	高度	外皮顏色與外觀	內裡外觀	質地	風味	整體滿意度	備註
完整分量的油（對照組）								
黑豆泥								
黑豆泥搭配一半蛋液量								
一半油、一半黑豆泥搭配一半蛋液量								

誤差原因

　　請列出任何可能使你難以做出適當實驗結論的因素，尤其要去考量麵糊的攪拌與處理方式是否有所不同、黑豆糊的滑順程度，以及關於烤箱的任何問題。

　　請列出下次可以採取哪些不同的作法，以縮小或去除誤差。

結論

　　請圈選**粗體字**的選項或填空。

1　用黑豆泥製成的布朗尼比用完整分量的油製成的布朗尼還要**矮／高／高度相同**。兩者的高度差**很小／中等／很大**。黑豆泥有助於膨發是因為它含有的水分會在烤箱中轉變為＿＿＿＿＿＿，而這是烘烤食品的三種主要膨發氣體之一。

2 用黑豆泥製成的布朗尼比用完整分量的油製成的布朗尼還要**更像蛋糕／更有嚼勁**。兩者質地的差異**很小／中等／很大**，部分原因是黑豆的**水分／脂肪**含量高，而澱粉**糊化／回凝**時就需要它。黑豆泥製成的布朗尼和用完整分量的油製成的布朗尼（對照組）之間的其他差異如下：

_____

_____

_____

3 將用黑豆泥製成的布朗尼中使用的蛋液減半，會使布朗尼**更像／更不像**用完整分量的油製成的布朗尼蛋糕（對照組）。也就是說，減少雞蛋用量會使布朗尼的質地**更像蛋糕／更耐嚼**。用半份蛋液製作的黑豆布朗尼和用整份蛋液製作的黑豆布朗尼之間的其他差異如下：

_____

_____

_____

4 用半份油、半份黑豆泥搭配一半蛋液的原料製成的布朗尼，整體上**還能／不能**讓人接受。與用完整分量的油製成的布朗尼（對照組）相比，那些以半份的油製作的布朗尼在外觀、質地和風味上具有以下差異：

_____

_____

_____

整體而言，這些方面的差異**很小／中等／很大**。

5 你還可以對使用半份的油、半份黑豆泥，以及減半蛋液所製成的布朗尼做哪些改動，使其更接近以完整分量的油製成的布朗尼（對照組）？考慮去改變鹽、可可粉、泡打粉等原料的分量吧。

_____

_____

_____

6   你還有注意到布朗尼之間的其他差異嗎？或者對實驗本身有沒有其他意見呢？

_____

_____

_____

附錄

美式英制單位和公制單位換算表

重量	
1盎司（oz）	＝28.4克（g）
1磅（lb）	＝454克（g）
容量	
1 茶匙（tsp）	＝5毫升（ml）
1 大匙（Tbsp）	＝15毫升（ml）
1 夸脫（qt）	＝0.95公升（l）

常見容積單位和美式英制單位換算表

1 大匙（Tbsp）	＝3茶匙
	＝0.5液量盎司（fl oz）
1 量杯（cup）	＝48茶匙
	＝16大匙
	＝8液量盎司
1 品脫（pint）	＝16液量盎司
	＝2量杯
1 夸脫	＝32液量盎司
	＝4量杯
	＝2品脫
1 加侖	＝128液量盎司
	＝16量杯
	＝8品脫
	＝4夸脫

波美度和布里糖度單位換算表

糕點師使用的糖度計量單位，波美度（Baumé）和布里糖度（Brix）的換算公式如下：
布里糖度＝波美度÷0.55；波美度＝0.55×布里糖度

波美度（Baumé）	布里糖度（Brix）
10	18
12	22
14	25
16	29
18	33
20	36
28	50

攝氏與華氏溫度換算表

華氏（°F）與攝氏（°C）溫度的換算如下：
華氏＝（攝氏×9/5）＋32；攝氏＝（華氏－32）×5/9
以下表格，攝氏（160度至230度）換算華氏的烤箱溫度為四捨五入。

攝氏（°C）	華氏（°F）
0	32
10	50
20	68
30	86
40	104
50	122
60	140
70	158
80	176
90	194
100	212
165	325
175	350
190	375
205	400
220	425
230	450

常見代替表（一）

美式英制單位	
1 磅中筋麵粉	0.5磅高筋麵粉＋0.5磅低筋麵粉
1 磅有鹽奶油	1磅無鹽奶油＋0.4盎司的鹽（2茶匙）
1 磅酥油	20 盎司奶油；減少4盎司水
1磅奶油	12.75盎司酥油＋3.25盎司水
1 盎司壓縮酵母	1/3盎司即發酵母
1 盎司活性乾酵母	3/4盎司即發酵母
1 磅牛奶（液態）	14盎司（0.88磅）水＋2 盎司（0.12磅）奶粉
1 磅蛋黃	1 磅又1.5盎司（約1.1磅）糖醃蛋黃；減少1.5盎司（0.1磅）糖
1 顆大全蛋	1.5盎司全蛋
1 顆大全蛋的蛋白	1.2盎司蛋白
1顆大全蛋的蛋黃	0.55盎司蛋黃
1 磅紅糖	14 盎司晶粒砂糖＋2 盎司糖蜜
1 磅糖	1 磅蜂蜜；減少2.5至3盎司水（或其他液體）
1 盎司明膠粉（230 Bloom）	15至18片明膠片
1 磅無糖巧克力	10盎司22/24可可粉＋3盎司酥油
1 磅無糖巧克力	2磅苦甜黑巧克力（50%可可固形物）；減少1磅糖
1磅可可粉	1磅又9盎司無糖巧克力；減少4.5盎司酥油或其他脂肪
1磅酪乳	15 盎司低脂牛奶＋1盎司醋

常見代替表（二）

公制單位	
1 公斤中筋麵粉	500克高筋麵粉＋500克低筋麵粉
1 公斤有鹽奶油	1公斤無鹽奶油＋25克的鹽
1 公斤酥油	1.25公斤奶油；減少250克水
1公斤奶油	800克酥油＋200克水
30克壓縮酵母	10克即發酵母
30克活性乾酵母	22克即發酵母
1公斤牛奶（液態）	880克水＋120克奶粉
1 公斤蛋黃	1.1公斤糖醃蛋黃；減少0.1公斤（100克）糖
1 顆大全蛋	50克全蛋
1 顆大全蛋的蛋白	33克蛋白
1顆大全蛋的蛋黃	17克蛋黃
1 公斤紅糖	900克晶粒砂糖＋100克糖蜜
1 公斤糖	1 公斤蜂蜜；減少160至190克水（或其他液體）
30克明膠粉（230 Bloom）	15至18片明膠片
1公斤無糖巧克力	630克22/24可可粉＋185克酥油
1公斤無糖巧克力	2公斤苦甜黑巧克力（50%可可固形物）；減少1公斤糖
1公斤可可粉	1.6公斤22/24可可粉；減少300克酥油或其他脂肪
1公斤酪乳	940克低脂牛奶＋60克醋

參考文獻

以下列出相關參考文獻。網址在本書出版時還是準確的，但必要的時候還是建議讀者借助搜尋引擎參照。

Atwell, William. A. *Wheat Flour*. St. Paul, MN: Eagan Press, 2001.

Beckett, Stephen T., ed. *Industrial Chocolate Manufacture and Use. 4th ed.* Oxford, UK: Blackwell Publishing, 2008.

——.*The Science of Chocolate.*2nd ed. Cambridge, UK: Royal Society of Chemistry, 2008.

Belitz, Hans-Dieter, W. Grosch, and P. Schieberle. *Food Chemistry, 3rd ed.* Translated from the fifth German edition by M. M. Burghagen. Berlin and New York: Springer, 2004.

Calvel, Raymond. *The Taste of Bread*. Edited by James J. MacGuire. Translated by Ronald L. Wirtz. Gaithersburg, MD: Aspen Publishers, 2001.

Canada Department of Justice（加拿大司法部）. Food and Drug Regulations（食品藥物條例）(C.R.C.,c.870) http://laws.justice.gc.ca/en/ShowTdm/cr/C.R.C.-c.870.

Canadian Food Inspection Agency（加拿大食品檢驗局）."Food." http://www.inspection.gc.ca/english/fssa/fssae.shtml.

Cauvain, Stanley T., and Linda S. Young. *Baked Products: Science, Technology and Practice*. Oxford, UK and Ames, IA: Blackwell Publishing, 2006.

——.*Bakery Food Manufacture and Quality: Water Control and Effects*.2nd ed. Chichester, West Sussex, UK and Ames, IA: Wiley-Blackwell, 2008.

——.*Technology of Breadmaking*.2nd ed. New York: Springer, 2007.

Charley, Helen, and Connie M. Weaver. *Foods: A Scientific Approach* 3rd ed. Upper Saddle River, NJ: Prentice Hall, 1998.

Chen, James C. P., and Chung Chi Chou. *Cane Sugar Handbook: A Manual for Cane Sugar Manufacturers and Their Chemists*. 12th ed. New York: John Wiley & Sons, 1993.

Coe, Sophie D., and Michael D. Coe. *The True History of Chocolate*.（《巧克力：一部真實的歷史》）2nd ed. New York: Thames and Hudson, 2007.

Dendy, David A. V., and Bogdan J. Dobraszczyk. *Cereals and Cereal Products: Chemistry and Technology*. Gaithersburg, MD: Aspen Publishers, 2001.

DiMuzio, Daniel T. *Bread Baking: An Artisan's Perspective*. Hoboken, NJ: John Wiley & Sons, 2010.

Edwards, W. P. *The Science of Sugar Confectionery*. Cambridge, UK: Royal Society of Chemistry, 2000.

European Union. EUR-Lex: "The Access to European Union Law." http://eur-lex.europa.eu/en/index.htm.

Damodaran, Srinivasan, Kirk L. Parkin, and Owen R. Fennema, eds. *Fennema's Food Chemistry*.4th ed. Boca Raton, FL: CRC Press/Taylor & Francis, 2008.

Gisslen, Wayne. *Professional Baking*（《專業西點烘焙入門》）. *5th ed.* Hoboken, NJ: John Wiley & Sons, 2009.

Health Canada（加拿大衛生部）. http://www.hc-sc.gc.ca/index-eng.php.

Hoseney, R. Carl. *Principles of Cereal Science and Technology*.2nd ed. St. Paul, MN: American Association of Cereal Chemists, 1994.

Hui, Yui H., ed. *Bakery Products Science and Technology*. Ames, IA: Blackwell Publishing Professional, 2006.

Jackson, E. B., ed. *Sugar Confectionery Manufacture*. 2nd ed. London and New York: Blackwell Academic & Professional, 1995.

McGee, Harold. *On Food and Cooking: The Science and Lore of the Kitchen*. rev. ed. New York: Scribner, 2004.

Pyler, E. J., and L. A. Gordon. *Baking Science and Technology, 4th ed.*2 vols. Kansas City, MO: Sosland Pub. Co., 2008.

Reineccius, Gary, ed. *Source Book of Flavors*.2nd ed. Berlin and New York: Springer, 1998.

Stadelman, William J., and Owen J. Cotterill, eds. *Egg Science and Technology*.4th ed. New York: Food Products Press, 1995.

University of California Postharvest Technology Research and Information Center. "Produce Facts." http://www.coolforce.com/facts/

U.S. Department of Agriculture. "USDA Food Composition Data." http://www.nal.usda.gov/fnic/foodcomp/Data/.

U.S. Department of Health and Human Services, U.S. Department of Agriculture. "Dietary Guidelines for Americans 2005." http://www.healthierus.gov/dietaryguidelines.

U.S. Food and Drug Administration. http://www.fda.gov/Food.

圖片版權

中英譯名對照

熱氣乾燥法 dry heat
穀膠蛋白 gliadin
糊粉 aleurone
麩胱甘肽 glutathione
噻胺硝酸鹽 thiamine mononitrate
膳食纖維 dietary fiber
營養添加麵粉 enriched flour
磷酸二氫鈣 monocalcium phosphate
薄力粉 weak flour
離胺酸 lysine
類胡蘿蔔素 carotenoid

第6章

α-亞麻酸 alpha linolenic acid
β-葡聚醣 beta-glucan
omega-3脂肪酸 omega-3 fatty acid
一粒小麥 einkorn
丁克爾 dinkel
二粒小麥 emmer
大麥 barley
小麥屬 triticum
中裸麥 medium rye
木聚糖 lignan
卡姆小麥 kamut
卡莎 kasha
去胚芽 degerminated
去殼穀粒 groat
古斯米 couscous
布利尼 blini
布格麥食 bulgur
白裸麥 white rye
禾本科 grass family
禾穀類 cereal grain
全穀裸麥粉 whole rye flour
因傑拉 injera
米穀粉 rice flour
老麵 old dough
乳糜瀉 celiac disease
亞麻籽 flaxseed
法羅小麥 faro
珍珠粟 pearl millet
苔麩 teff
脂氧合酶 lipoxygenase
氫氧化鈣 calcium hydroxide

淺色裸麥 Light rye
異黃酮 isoflavone
粗磨穀粉 grit
粗磨裸麥粉 pumpernickel
莧菜 amaranth
斯佩耳特小麥 spelt
植物性 phyto
植物雌激素 phytoestrogen
植物營養素 phytonutrient
植酸酯 phytate
植酸酶 phytase
無麩質 gluten-free
黑小麥 triticale
黑麥草 rye grass
黑裸麥 dark rye
準穀物 pseudocereal
裸麥／黑麥 rye
裸麥酸麵包 sour rye bread
蕎麥 buckwheat
糙皮病 pellagra
糙米 brown rice
黏漿 mucilage
藏茴香 caraway
雜糧麵包 multigrain bread
藜麥 quinoa

第7章

化學擴展 chemical dough development
巴斯德氏殺菌法 pasteurization
自解法 Autolyse
抗拉強度 tensile strength
亞基 subunit
延展性 extensibility
高溫處理 high-heat
動態系統 dynamic system
基本發酵 bulk fermentation
捲起階段 cleanup stage
硫酸鈣 calcium sulfate
軟化劑 softener
最後發酵 proofing
發酵耐受度 fermentation tolerance
鈣鹽 calcium salts
韌性 tenacity
聚合性 cohesiveness

機械擴展 mechanical dough development
蕭邦吹泡儀 Chopin alveograph
還原劑 reducing agent
黏彈性 viscoelastic
薄膜測試 windowpane test
麵筋束 gluten strand
攪拌過度階段 letdown stage

第8章

山茱萸蜜 tupelo honey
山梨糖醇 sorbitol
干擾劑 interfering agent
天冬胺酸 aspartic acid
巴貝多糖 Barbados sugar
木糖醇 xylitol
比重計 hydrometer
水果糖 fruit sugar
水活性 water activity
水解 hydrolyze
加州梅乾委員會 California Dried Plum Board
右旋糖 dextrose
左旋糖 levulose
布里糖度 brix
甘油 glycerine／glycerol
甲醇 methanol
石蜜 jaggery
圭亞那粗糖 demerara sugar
多元醇 polyol
多醣 polysaccharide
安托萬‧波美 Antoine Baum
米糖漿 rice syrup
含蜜糖 noncentrifugal sugar
吸濕性 hygroscopic
抗晶劑 doctoring agent
折射計 refractometer
赤藻糖醇 erythritol
乳糖 lactose
和三盆糖 wasanbon toh
帕內拉糖 panela
果糖 fructose
波美度 baum
阿斯巴甜 aspartame
阿道夫‧布里 Adolf Brix
非精煉糖 unrefined milled sugar

保濕劑 humectant
活性雙羧基 reactive dicarbonyl
紅糖 brown sugar
耐滲壓酵母 osmophilic yeast
苯丙胺酸 phenylalanine
粉糖 dusting sugar
紐甜 neotame
胰島素 insulin
酒石酸 tartaric acid
高甜度甜味劑 high-intensity sweetener
高醣類 higher saccharide
甜味劑 sweetener
甜苜蓿蜜 sweet clover honey
異麥芽酮糖醇 isomalt
麥芽糊精 maltodextrin
麥芽糖 maltose
麥芽糖醇 maltitol
單一碳水化合物 simple carbohydrates
單醣 monosaccharide
菊糖 inulin
萊鮑迪甙 A Rebaudioside A
著色劑 colorant
黑糖 muscovado sugar
微公尺 micrometer
楓糖漿 maple syrup
葡萄糖 glucose
寡醣 oligosaccharide
裸食 raw food
增稠劑 thickener
增積劑 bulking agent
廢糖蜜 blackstrap molasses
澄清劑 clarifying agent
糊精 dextrin
蔗糖 sucrose
蔗糖素 sucralose
調味劑 flavorant
醋磺內酯鉀 acesulfame potassium
橙花蜜 orange blossom honey
糖度計 saccharometer
糖晶 sugar crystal
糖蜜 molasses
糖醇 sugar alcohols
龍舌蘭蜜 agave nectar
鍵 bond

翻糖 fondant
藍色龍舌蘭 blue agave
轉化酶 invertase
轉化糖漿 invert syrup
雙醣 disaccharide

第9章

丁基羥基甲氧苯 butylated hydroxyanisole
二丁基羥基甲苯 butylated hydroxytoluene
三酸甘油酯 triglyceride
山梨酸 sorbic acid
山梨酸鉀 potassium sorbate
己烷 hexane
不飽和脂肪酸 unsaturated fatty acid
中性脂肪 neutral fat
中果皮 mesocarp
五倍子酸丙酯 propyl gallate
反式脂肪 trans fat
反式脂肪酸 trans fatty acid
曝氣 aeration
加工軟化 work softening
可可脂 cocoa butter
可塑劑 plasticizer
甘油單硬脂酸酯 glyceryl monostearate
生育酚 tocopherol
交酯化作用 interesterification
多元不飽和 polyunsaturated
低次亞麻酸植物油 low-lin vegetable oil
冷榨油 cold-pressed expeller oil
冷榨橄欖油 cold pressed olive Oil
卵磷脂 lecithin
貝涅餅 beignet
乳化酥油 emulsified shortening
乳蛋白 milk protein
乳酸硬脂酸鈉 sodium stearoyl-2-lactylate
初榨橄欖油 virgin olive oil
板油 leaf lard
油棕櫚 oil palm tree
油酸 oleic acid
芥花 canola
厚酥餅 shortbread cookie
柔軟度 tenderness
界面活性劑 surfactant
苯甲酸 benzoic acid

苯甲酸鈉 sodium benzoate
氧化酸敗 oxidative rancidity
消泡劑 antifoaming agent
特級初榨橄欖油 extra virgin olive oils
珠光子酸 margaric acid
胭脂樹 achiote
胭脂樹紅 annatto
脂肪酸 fatty acid
脆性 shortness
除臭 deodorization
高油酸油 high-oleic oil
高脂鮮奶油 heavy cream
國際橄欖理事會 International Olive Oil Council
氫化 Hydrogenation
氫化棉籽油 cottonseed oil, hydrogenated
混酸三甘油酯 mixed triglyceride
第三丁氫醌 tert-butylhydroquinone
細菌性腐敗 bacterial spoilage
脫色 bleach
脫模劑 release agent
脫膠 degumming
蛋糕糖霜酥油 cake and icing shortening
單元不飽和脂肪酸 monounsaturated fatty acid
單甘油脂 monoglyceride
單酸與二酸甘油酯 mono-and diglycerides
棉籽 cottonseed
棕櫚油 palm oil
無反式脂肪塑性酥油 trans fat-free plastic shortening
發泡鮮奶油 whipped cream
發酵鮮奶油 cultured cream
硬脂酸 stearic acid
結構脂肪 structured fat
塑性脂肪 plastic fat
塑性高甘油酥油 high-ratio plastic shortening
微滴 globule
飽和脂肪酸 saturated fatty acid
榨油機 expeller press
熔融行為 melting behavior
精煉橄欖油 refined olive oil
維生素A棕櫚酸酯 Vitamin A palmitate
聚二甲矽烷 dimethylpolysiloxane
聚山梨醇酯60 polysorbate 60
聚甘油酯 polyglycerol ester
聚矽氧 silicone

銑削 fraisage
層壓 laminate
熟成奶油 ripened butter
機榨油 expeller-pressed oil
膨土 bentonite clay
醒麵 rest
鋼絲攪拌配件 wire whip attachment
雙甘油酯 diglyceride
離心法 centrifuging
寶鹼公司 Procter & Gamble
鹼液 lye
鹼精製 alkali refining

第10章

月桂基硫酸鈉 sodium lauryl sulfate
水浴法 water bath
丙酸鈣 calcium propionate
安定劑 stabilizer
伴白蛋白 conalbumin
卵白蛋白 ovalbumin
卵黏蛋白 ovomucin
抗結塊劑 free flowing agent
球型攪拌器 piano whisk
沙門氏桿菌 salmonella
美國食品暨藥物管理局 The U.S. Food and Drug
　　Administration（FDA）
食品輻照 irradiation
球狀蛋白質 globular protein
球蛋白 globulin
疏水性胺基酸 hydrophobic amino acid
硫化鐵 iron sulfide
蛋白質凝聚 protein aggregation
蛋白霜 meringue
硬化劑 firmer
溶菌酶 lysozyme
儒略曆 Julian date
凝乳現象 curdle
凝固作用 coagulation
磷脂 phospholipid
磷酸基群 phosphate group
檸檬酸三乙酯 triethyl citrate
關華豆膠 guar gum
纖維狀蛋白質 fibrous protein
鹼度 alkalinity

鹽溶 salting in

第11章

乙醇 alcohol
老麵 old dough
即發酵母 instant yeast
育種孔穴 seed cell
乳酸菌 lactic acid bacteria
放置耐受度 bench tolerance
明礬 alum
泡打粉 baking powder
阿摩尼亞粉 baking ammonia
流體化床 fluidized bed
耐滲透壓酵母 osmotolerant yeast
草木灰 pearl ash
酒石酸氫鉀 potassium acidtartrate
硫酸鋁鈉 sodium aluminum sulfate
路易·巴斯德 Louis Pasteur
滿點即發酵母 Fermipan Brown
碳酸氫鈉 sodium bicarbonate
碳酸氫銨 ammonium bicarbonate
酵母菌 Saccharomyces cerevisiae
酸式磷酸鈣 calcium acid phosphate
酸性焦磷酸鈉 sodium acid pyrophosphate
酸種 sourdough
膨脹劑 leavener
磷酸鋁鈉 sodium aluminum phosphate
醣解 glycolysis
麵團反應速率 dough rate of reaction
釀酶 zymase

第12章

十字花科黃單孢菌 Xanthomonas campestris
支鏈澱粉 amylopectin
牛海綿腦病變 bovine spongiform encephalopathy
卡拉格恩 Carragheen
布倫分數 Bloom rating
布倫膠強度計 Bloom gelometer
瓜爾膠 guar gum
甲基化纖維素 methylcellulose
石花菜屬 Gelidium
江蘺屬 Gracilaria
改良植物膠 modified vegetable gum
刺槐豆膠 locust bean gum

明膠／吉利丁 gelatin
明膠片 leaf gelatin
直鏈澱粉 amylose
特拉卡甘膠 gum tragacanth
粉狀馬鈴薯澱粉 potato starch flour
細磨馬鈴薯澱粉 ground potato starch
魚膠 isinglass
鹿角菜膠／卡拉膠 carrageenan
鹿角菜屬 Chondru
植物膠 vegetable gum
絲蘭 cactus yucca
黃耆 Astragalus
葛鬱金 arrowroot
預糊化澱粉 pregelatinized
精玉米粉 cornflour
熱水糊化型澱粉 cook-up starch
膠原蛋白 collagen
膠凝劑 gelling agent
磨粉明膠 ground gelatin
諾克斯‧吉利丁 Knox Gelatine
離水現象 syneresis
糯玉米 waxy maize
蠟質玉米澱粉 waxy cornstarch
纖維素膠 cellulose gum

第13章

加糖煉乳 sweetened condensed milk
奶渣 quark
卵蛋白 egg protein
均質化 homogenization
乳化液 emulsion
乳油層 cream layer
乳脂分離機 milk separator
乳清蛋白 whey protein
乳蛋白 milk protein
乳黃素 riboflavin
乳糖不耐症 lactose intolerance
泡沫奶油 whipping cream
保加利亞乳酸桿菌 Lactobacillus bulgaricus
食品輻照 food irradiation
益生菌 probiotic
脂肪球 fat globule
起司凝塊 cheese curd
骨質疏鬆 osteoporosis

高溫短時殺菌法 high-temperature, short-time pasteurization
無菌製程 aseptic processing
稀鮮奶油 single cream
超高溫殺菌法 ultra-high-temperature pasteurization／ultra-pasteurization
嗜熱性鏈球菌 treptococcus thermophilus
微胞 micelle
酪蛋白 casein
噴霧乾燥法 spray-dry process
德文夏 Devonshire
德文郡雙倍奶油 double Devon cream
凝脂奶油 clotted cream
雙倍奶油 double cream

第14章

牛油樹果 shea nut
卡諾里捲 cannoli
含糖椰漿 cream of coconut
杏仁利口酒 amaretto liqueur
杏仁糖膏 marzipan
毒櫟 poison oak
苦杏仁 bitter almond
堅果醬 nut butter
甜椰絲 sweetened coconut
野葛 poison ivy
椰子粉 desiccated coconut
椰子蛋白杏仁餅 macaroon coconut
椰漿 coconut cream
過敏性休克 anaphylactic shock
榛果巧克力 gianduja
鳳梨可樂達 piña coladas
糖漬栗子 marrons glacés

第15章

CJ‧凡‧豪敦 C. J. Van Houten
N-醯基膽胺 N-acylethanolamine
千里塔利奧 trinitario
大麻素 anandamide
丹尼爾‧彼得 Daniel Peter
分餾 fractionated
代可可脂巧克力 confectionery coating
半甜巧克力 semisweet chocolate
可可脂 cocoa butter

可可鹼 theobromine
奶油糖 butterscotch
奶酥 milk crumb
巧克力漿 chocolate liquor
多晶型 polymorphic
亨利·雀巢 Henri Nestlé's
佛洛斯特羅 forastero
克里奧羅 criollo
杏仁膏 almond butter
油水乳 oil-in-water emulsion
油斑 fat bloom
苦甜黑巧克力 bittersweet dark chocolate
苯乙胺 phenylethylamine
埃爾南·科爾斯特 Hernando Cortés
混合機 melangeur
喬瑟夫·弗萊 Joseph Fry
晶核生成 nucleation
超臨界萃取 supercritical gas extraction
酪胺酸 tyrosine
精磨 conching
蒙克蘇瑪 Montezuma
養晶 precrystallization
魯道夫·瑞士蓮 Rodolphe Lindt
糖花白 sugar bloom
鎂 magnesium
類黃酮 flavonoid
魔鬼蛋糕 devil's food cake

第16章

乙烯 ethylene
人工氣體環境 controlled atmosphere
水浸罐頭 water pack
加州李 California plum
北美人健康指南 Health guidelines for North
　　Americans
多酚化合物 polyphenolic
多酚氧化酶 polyphenoloxidase
多酚類 polyphenol
含汁罐頭 heavy pack
亞硫酸鹽 sulfite
花青素 anthocyanin
香保利 NatureSeal
個別急速冷凍 Individually quick frozen
桑特醋栗小葡萄乾 Zante currant raisin

偶發實生苗 chance seedling
異花授粉 cross-pollination
酚酶 phenolase
晶粒砂糖 granulated sugar
植物育種 plant breeding
湯普森無籽葡萄 Thompson Seedless grape
無菌製程 aseptically process
葡萄乾醬 raisin paste
蜜香瓜 honeydew melon
酵素性褐變 enzymatic browning
機能性食品 functional food
糖水罐頭 syrup pack
糖析 sugaring
膨壓 turgor pressure
隧道式乾燥 tunnel-died
檸檬酸 citric acid

第17章

乙香草醛 ethyl vanillin
女巫酒 Strega
干邑白蘭地 Cognac
中調 middle note
夫蘭波伊酒 Framboise
加利安諾酒 Galliano
卡魯哇咖啡酒 Kahlúa
可可酒 Crème de cacao
君度橙酒 Cointreau
杉布卡酒 Sambuca
尚波酒 Chambord
波本香草 bourbon vanilla
前調 top note
南方安逸酒 Southern Comfort
後調 background note／base note
柑曼怡酒 Grand Marnier
美國香料貿易協會 American Spice Trade Association
胡椒薄荷蒸餾酒 peppermint schnapps
香氣 aroma
香草醛 vanillin
夏洛特塔 apple charlotte
夏爾特酒 Chartreuse
庫拉索酒 Curaçao
班尼迪克丁酒 Benedictine
茴香烈酒 Ouzo
茴香酒 Anisette

大茴香籽 anise seed
小茴香籽 fennel seed
肉桂 cinnamon
肉荳蔻 nutmeg
荳蔻乾皮 mace
小荳蔻 cardamom
丁香 cloves
眾香子 allspice
藏茴香籽 caraway seed
酒菸武器暨爆裂物管理局 Bureau of Alcohol,
　　Tobacco, Firearmsand and Explosives
添萬利酒 Tia Maria
眾香子 allspice
野格利口酒 Jägermeister
揮發油 volatile oil
黑醋栗酒 Crème de cassis
愛爾蘭貝禮詩奶酒 Baileys Irish Cream
蜂蜜香甜酒 Drambuie
榛果酒 Frangelico
精油 essential oil
蜜多麗哈密瓜酒 Midori
膠囊調味料 encapsulated flavoring
餘味／後味 aftertaste／finish
薄荷酒 Crème de menthe

檸檬甜酒 Limoncello
櫻桃酒 Kirsch

第18章

升糖指數 glycemic index
代乳品 milk replacer
白腰豆 cannellini beans
自體免疫疾病 autoimmune disease
克非爾 Kefir
豆漿奶精 soy creamer
得舒飲食 DASH diet
植物營養素 phytonutrient
氯化鈉 sodium chloride
飲食金字塔指南 MyPyramid
絹豆腐 silken tofu
葡萄糖酸內酯 glucono delta-lactone
過敏性反應 anaphylaxis
碳水化合物計數法 carbohydrate counting
熱量甜味劑 caloric sweetener
蔗糖聚酯 olestra
義式奶酪 panna cotta
鹽滷 nigari
鬱血性心衰竭 congestive heart failure

i 生活 16

烘焙原理：藝術與科學的美妙碰撞

作　　者　寶拉‧費吉歐尼
中文審定　葉連德
譯　　者　林怡婷——第2、5、8、11、14、15、17章
　　　　　高子晴——第3、6、9、12、13、16、18章
　　　　　劉玉文——第1、4、7、10章
封面設計　Dinner illustration　內文排版　游淑萍
總 編 輯　林獻瑞　責任編輯　黃郡怡

出 版 者　好人出版 / 遠足文化事業股份有限公司
　　　　　新北市新店區民權路108之2號9樓
　　　　　電話02-2218-1417　傳眞02-8667-1065
發　　行　遠足文化事業股份有限公司（讀書共和國出版集團）
　　　　　新北市新店區民權路108之2號9樓
　　　　　電話02-2218-1417　傳眞02-8667-1065
　　　　　電子信箱service@bookrep.com.tw　網址http://www.bookrep.com.tw
　　　　　郵撥帳號 19504465 遠足文化事業股份有限公司
　　　　　讀書共和國客服信箱：service@bookrep.com.tw
　　　　　讀書共和國網路書店：www.bookrep.com.tw
　　　　　團體訂購請洽業務部(02) 2218-1417 分機1124
法律顧問　華洋法律事務所　蘇文生律師
印　　製　成陽印刷股份有限公司　電話02-2265-1491

出版日期　2023年10月13日二版一刷
　　　　　2024年5月2日二版二刷
定　　價　1200元
ISBN　978-626-7279-36-6（紙本書）
ISBN　9786267279373（EPUB）
ISBN　9786267279380（PDF）

How Baking Works : exploring the fundamentals of baking science, 3rd edition by Paula Figoni. Copyright © 2011. This edition arranged with John Wiley & Sons, Inc. through Big Apple Agency, Inc., Labuan, Malaysia. Tranditional Chinese edition copyright © 2020 by Atman Books, an imprint of Walkers Cultural Co., Ltd. All Rights Reserved. This translation published under license with the original publisher John Wiley & Sons, Inc.

國家圖書館出版品預行編目(CIP)資料

烘焙原理：藝術與科學的美妙碰撞／寶拉‧費吉歐尼（Paula Figoni）作.
　　林怡婷、高子晴、劉玉文譯. -- 初版. -- 新北市：遠足文化事業股份有
　限公司好人出版, 2023.10
　　面；　公分. --（i生活；16）
　　譯自：How baking works : exploring the fundamentals of
　　　　baking science, 3rd ed.
　　ISBN　978-626-7279-36-6（平裝）
　　1.CST: 烹飪 2.CST: 點心食譜
427.8　　　　　　　　　　　　　　　　112015211